U0448249

水库经济学
——江河大型水库的成本分担与利益分享

戴思锐　著

商务印书馆
The Commercial Press
2013 年·北京

图书在版编目(CIP)数据

水库经济学:江河大型水库的成本分担与利益分享/戴思锐著.—北京:商务印书馆,2013
ISBN 978-7-100-09605-8

Ⅰ.①水… Ⅱ.①戴… Ⅲ.①大型水库—水利建设—研究—中国 Ⅳ.①TV632

中国版本图书馆 CIP 数据核字(2012)第 250543 号

所有权利保留。
未经许可,不得以任何方式使用。

水 库 经 济 学
——江河大型水库的成本分担与利益分享
戴思锐 著

商 务 印 书 馆 出 版
(北京王府井大街36号 邮政编码 100710)
商 务 印 书 馆 发 行
北京瑞古冠中印刷厂印刷
ISBN 978-7-100-09605-8

2013 年 5 月第 1 版 开本 787×1092 1/16
2013 年 5 月北京第 1 次印刷 印张 32¼
定价:78.00 元

序

　　中华人民共和国成立以来,以治理江河、防灾减灾、开发利用水资源和水能资源为主旨的江河大型水库建设,便作为促进经济社会发展的大事加以推进。经过50余年艰苦卓绝的不懈努力,中国不仅成为建设江河大型水库最多的国家,也成为少数几个建设江河大型水库能力最强的国家。目前,中国的江河大型水库建设仍以惊人的速度和规模向前推进,每年都有一批新的水库开工建设,也有一批建成的水库投入运行,如无意外,这一态势还可能延续三五十年。

　　中国的江河大型水库建设,极大减轻了洪涝灾害,保护了人民生命财产安全,显著增强了灌溉和供水能力,为工农业生产和城乡居民用水作出了重要贡献,还提供了巨大电力,明显改善了电力不足对经济发展的制约。当人们惊叹雄伟的拦河大坝、巨大的人工湖泊、分享江河大型水库带来的好处时,也不得不承受由其建设及运行所产生的多种矛盾和压力。在江河大型水库建设已历经50余年而今后还将继续发展的今天,如何使其在江河治理及水资源和水能资源开发利用中发挥更大、更好的作用,并尽可能避免或减轻对社会、经济、生态环境的负面影响和冲击,已是我们必须面对和解决的重大问题。

　　1980年代以来,世界范围内出现了一股反对江河大型水库建设的思潮,中国也因1992年批准长江三峡工程建设而引起激烈争论。反对者认为江河大型水库淹占大量土地,造成大量移民搬迁、损害移民权益,改变江河形态、对流域生态系统造成灾难性冲击,破坏生态环境甚至带来生态危机,建设及运营业主受益而社会公众受损。支持者则认为江河大型水库在防洪、发电、灌溉、供水、通航等方面的功能巨大且难以替代,为经济社会发展所需而且有益,对淹占损失和移民搬迁可以通过合理的补偿解决,对生态环境的影响利弊兼有,不利影响可经人为努力而降低,相关利益分享可以通过调控实现公正。反对者和支持者虽各执一端,但他们的很多观点对江河大型水库建设是极为重要的,也是十分有益的,应当受到珍惜与重视。

　　对中国这样一个水旱灾害频发、水资源严重不足且时空分布不均、能源需求量大而资源相对不足的发展中大国,充分有效利用江河水资源和水能资源优势,建设大型水库治理江河以防治水患、扩大灌溉促进农业发展、增加供水保证生产生活需要、生产电力保障能源供给,无疑是现实而又正确的选择。中国的江河大型水库建设也产生和积累了不少社会经济矛盾及生态环境问题,并对经济社会发展与生态环境保护带来负面影响,需要加以研究和解决。本人有幸在1995—2007年间承担三峡水库建设的国家科技攻关、科技部的库区发展、国务院三峡建委的水库移民等项目研究,发现中国江河大型水库建设及运行中产生的社会经济矛盾和生态环境问题,仅有小部分是由工程建设本身所引起,而大部分是相关主体利益关系失衡所导致。特别是在中央政府主导、央企市场垄断体制下,为追求江河大型水库建设及运行的低成本与高效益,重工程建设轻环境保护、建设成本向移民和地方政府转嫁、运营收益向业主和中央政府集中,是诱发社会经济矛盾和带来生态环境问题的重要原因,由此萌生了对水库经济的研究。经过五年的探索,草就了《水库经济学——江河大型水库的成本分担与利益分享》一书,作为研究的总结。

本书通过国情与经济社会发展需求分析,论证中国江河大型水库建设的必然性及合理性;通过相关主体行为目标与方式的研究,阐释江河大型水库建设在中国兴起的原因;通过成本及风险分担的分析,揭示相关主体在江河大型水库建设中的实际贡献;通过利益分享的分析,揭示相关主体在江河大型水库建设及运行中的利益关系及存在的矛盾与问题;通过库区发展与移民权益保护的分析,研究江河大型水库建设中全国发展与区域发展、全局利益与局部利益、公权利与私权利的理性关系;通过利益博弈与协调的分析,研究江河大型水库建设及运行中相关主体的利益关系重构;通过功过是非的评价,探索中国江河大型水库建设的思路创新、体制创新与管理创新。

本书以中国50余年江河大型水库建设及运行的实践为素材,以三峡水库为典型案例,采用历史的、综合的、理论与实证结合的分析方法,以期提高可信度与说服力。书中借鉴了先贤及同仁的诸多睿智,在此表示谢忱。在撰写过程中,徐江、赵刚同志协助收集了相关政策法规方面的资料,周洪文、王炯、吴振华、李瑞琴、肖端同志协助收集了江河大型水库建设方面的资料,向他们表示谢意。

戴思锐

2012年3月于西南大学

目 录

第一章 中国江河大型水库建设 ………………………………………… 1
 一、江河水库建设概况 ………………………………………………… 1
 二、已建的江河大型水库 ……………………………………………… 9
 三、在建的江河大型水库 ……………………………………………… 18
 四、拟建的江河大型水库 ……………………………………………… 24
 五、江河大型水库建设的前景 ………………………………………… 33

第二章 中国江河大型水库建设的动因 ………………………………… 40
 一、江河大型水库建设是社会经济发展的需要 …………………… 40
 二、中央政府对江河大型水库建设的推动 ………………………… 46
 三、地方政府对江河大型水库建设推波助澜 ……………………… 51
 四、国有大型电力企业的推动与运作 ……………………………… 55
 五、社会公众对江河大型水库建设的期待和热情 ………………… 59

第三章 中国江河大型水库建设及运行的主体与行为 ………………… 64
 一、江河大型水库建设及运行的主体确认 ………………………… 64
 二、中央政府在江河大型水库建设及运行中的行为 ……………… 67
 三、建设和运营业主在江河大型水库建设及运行中的行为 ……… 72
 四、地方政府在江河大型水库建设及运行中的行为 ……………… 76
 五、相关居民群体在江河大型水库建设及运行中的行为 ………… 82
 六、江河大型水库建设及运行中的主体行为关联 ………………… 87

第四章 中国江河大型水库建设及运行的特征 ………………………… 94
 一、江河大型水库建设决策由政府主导 …………………………… 94
 二、江河大型水库建设地位显赫 …………………………………… 99
 三、江河大型水库建设势头猛、规模大、地域集中 ……………… 104
 四、江河大型水库建设的行政力量推进 …………………………… 111
 五、江河大型水库建设存在严重工程倾向 ………………………… 116

第五章　中国江河大型水库的建设成本 …………………… 123
一、建设成本的内涵、类别及影响因素 ………………… 123
二、建设成本的构成 ……………………………………… 129
三、建设成本核算中的人财物力消耗计量与计价 ……… 140
四、建设成本的核算 ……………………………………… 146
五、建设成本核算存在的问题 …………………………… 153

第六章　中国江河大型水库的运行成本 …………………… 161
一、运行成本的内涵、类型及影响因素 ………………… 161
二、运行成本的构成 ……………………………………… 167
三、运行成本核算中的人财物力消耗的计量与计价 …… 176
四、运行成本的核算 ……………………………………… 181
五、运行成本核算存在的问题 …………………………… 188

第七章　中国江河大型水库建设及运行成本的分担 ……… 196
一、建设及运行成本的多主体分担 ……………………… 196
二、建设及运行成本分担的影响因素 …………………… 202
三、建设及运行成本分担的机制 ………………………… 208
四、建设成本的分担 ……………………………………… 214
五、运行成本的分担 ……………………………………… 220

第八章　中国江河大型水库建设及运行的风险与分担 …… 227
一、风险生成的影响因素 ………………………………… 227
二、经济风险 ……………………………………………… 234
三、社会风险 ……………………………………………… 240
四、生态风险 ……………………………………………… 247
五、风险的承受与分担 …………………………………… 254

第九章　中国江河大型水库建设及运行的效益 …………… 262
一、经济效益 ……………………………………………… 262
二、社会效益 ……………………………………………… 269
三、生态效益 ……………………………………………… 275
四、效益的动态变化 ……………………………………… 282
五、水库建设的负面效应 ………………………………… 290

第十章　中国江河大型水库建设及运行的利益分享 ………… 297
　　一、江河大型水库建设及运行的利益与分享 ………… 297
　　二、中央政府的分享 ………… 304
　　三、业主企业的分享 ………… 312
　　四、所在地的分享 ………… 318
　　五、其他主体的分享 ………… 325

第十一章　中国江河大型水库建设与库区发展 ………… 333
　　一、江河大型水库的库区 ………… 333
　　二、江河大型水库建设及运行对库区发展的影响 ………… 340
　　三、库区在江河大型水库建设及运行中的贡献与损失 ………… 347
　　四、库区发展的必要性和重要性 ………… 355
　　五、库区发展的任务及思路 ………… 362

第十二章　中国江河大型水库建设与移民权益保护 ………… 370
　　一、水库建设及运行中的移民 ………… 370
　　二、移民的贡献 ………… 378
　　三、移民的损失 ………… 385
　　四、保护移民合法权益的重要性和必要性 ………… 392
　　五、移民合法权益保护的目标与任务 ………… 399

第十三章　中国江河大型水库建设及运行主体的利益博弈 ………… 406
　　一、在决策中的博弈 ………… 406
　　二、在任务承担上的博弈 ………… 413
　　三、在成本分担上的博弈 ………… 419
　　四、在利益分享上的博弈 ………… 425
　　五、博弈的策略与手段 ………… 432

第十四章　中国江河大型水库建设及运行主体的利益协调 ………… 440
　　一、对管理决策权的共同分享 ………… 440
　　二、对任务的公正分担 ………… 447
　　三、对成本的合理分摊 ………… 454
　　四、对利益的公平分享 ………… 460
　　五、对风险的按责分担 ………… 466

第十五章 中国江河大型水库建设的功过是非 ……………… 473
  一、江河大型水库建设既有必要也须有节制 ……………… 473
  二、江河大型水库建设的体制机制亟待改革 ……………… 480
  三、江河大型水库建设要三大效益兼顾 …………………… 486
  四、江河大型水库建设应促进库区经济社会发展 ………… 492
  五、江河大型水库建设必须保护移民的合法权益 ………… 499
参考文献 ……………………………………………………………… 506

第一章 中国江河大型水库建设

从1950年代至今的50余年间,中国以"治水患、兴水利"为宗旨,主要在江河(少数在洼地或凹地)兴建水库,用于蓄水、防洪、发电、灌溉等。据水利部门统计,至2009年年底已建成大中小型水库87151座,总库容达到7064亿立方米,发电装机容量19629.0万千瓦,居世界首位。

一、江河水库建设概况

1949年中华人民共和国成立之后,水库建设就被提到政府议事日程,并作为治国安邦的大事加以推进。迄今为止的半个多世纪,尽管国家经济社会发展有高潮也有低谷,但水库建设从未中断,甚至在"文革"十年动乱中亦未停止。经过多年艰苦努力,中国的水库建设无论在数量和规模上,还是质量和水平上,在世界都占有极其重要的地位,亦具有重大影响。

1. 建设历程

1950年代,由于综合国力弱小、技术落后,中国主要依靠农民的劳动积累,在小江小河上兴建中小型水库(小型水库为主),用于农业灌溉。人民群众积极性的高涨、政府的有效组织调配,在50年代中后期形成了水库建设高潮。同时,在苏联专家的帮助下,也试探性地在大江大河上建设大型水库,主要用于发电。整个50年代是中国水库建设的第一个高潮,在此期间除建成了大量小型水库、部分中型水库外,河南省的三门峡、青海省的刘家峡等大型水库也相继开工建设。

1960年代初,由于"大跃进"、"人民公社"造成的严重经济困难,使水库建设陷入停顿,一些已经上马的工程被迫停工。但到60年代中期,由于经济发展的恢复,国家又利用农村集体经济的力量,组织动员大量人力和物力兴建水库,水库建设的势头又高涨起来。尽管随后的"文革"浩劫对水库建设有很大冲击,但在"工业学大庆"和"农业学大寨"的改天换地冲动以及增产粮食解决温饱的驱动下,仍然兴建了一大批小型水库和一部分中型水库,是中国水库建设的第二个高潮。在这一时期,水库建设仍以中小型为主,各省、直辖市、自治区的水库建设也比较均衡,主要用于农业灌溉。与此同时,也开始主要依靠自己的力量建设江河大型水库,湖北省的葛洲坝、贵州省的乌江渡等大型水库先后开工建设,主要用于生产电力。

1970 年代中前期,"文革"动乱的恶果充分显现,国家经济处于极端困难之中,水库建设进入低潮,但中小型水库建设并未停止,只是建设速度放缓。到 70 年代中期,"文革"动乱结束,中小型水库建设有短暂的恢复与发展。到 70 年代末期,由于农村土地家庭承包经营制度的推行,集体经济组织逐步解体,中小水库建设的政府组织动员机制因失去载体而丧失效力,农村大规模的水库建设急剧萎缩。但在整个 70 年代,中国的中小型水库建设在数量上仍有一定增长,国家对水库建设的投资也有一定程度增加。同时,水库建设(特别是大型水库建设)的技术力量有显著提高。青海省的龙羊峡、吉林省的白山等大型水库亦相继上马建设。

从 1980 年代至今,水库建设体制的改革、国家经济及技术实力的增强、经济社会发展对电力的巨大需求以及水电产业的良好效益,诱发了中国水库建设特别是大中型水库建设的热潮。这一时期的水库建设主要由业主承担,利用市场力量加以推动,大中型水库由国有或国有控股电力企业建设与经营,小型水库由民营企业建设与经营,少数用于蓄水和灌溉的水库由政府建设与运营,建设水库的主要目的是生产电力,农村用于灌溉的小型水库建设则趋于停顿。在最近的 30 年间,中国的大中型水库建设进入快速发展期,是水库建设的第三个高潮。在这期间,云南省的漫湾及小湾和景洪、广西的岩滩及天生桥二级和龙滩、福建省的水口、湖北省的三峡和隔河岩、四川省的二滩和瀑布沟、重庆市的彭水、贵州省的天生桥一级和三板溪、河南省的小浪底、山西省的万家寨等一批大型水库开工建设,同时还有不少中型水库开工建设,其中的一部分已建成投产。

1980 年代以来建设的大中型水库主要是为了生产电力和防洪,只有少数用于蓄水与灌溉。为满足发电对水库不断补水及防洪的需要,绝大多数大中型水库都建设在江河之上,只有极少数蓄水、灌溉水库建在洼地。因此,中国的大中型水库基本上都属于江河水库。

2. 功能分类

每座江河水库建设都有其特定目的,要求在建成后发挥特定功能。水库的选址、水坝的高程及建筑要求、水库的库容、建成后的运行调度等,都是根据其特定功能决定的。根据中国经济社会发展的需要,在江河上建设水库的目的,主要是为了防洪、发电、灌溉、供水、航运、旅游、淡水养殖等。虽然水库建设可以实现多个目标,很多水库在实际上也具有多种功能，但仍然可以依据其主要功能，将其区分为发电水库、防洪水库、灌溉水库、供水水库、航运水库、旅游水库、养殖水库及多功能水库几大类。

发电水库（代号H）一般建在流量较大且比较稳定的江河上，以保证电力生产的稳定。为了增加发电能力，水坝一般选择在江河自然落差较大的地段兴建。同时，水坝一般较高，以增加水库库容，保证平时机组能正常出力、枯水季节能正常发电。发电水库有大中小型之分，大型发电水库建设难度极大、要求极高、投资巨大、建设周期长，但发电量大、使用寿命长。中型发电水库建设有一定难度、要求较高、投资较大、建设周期较短，但发电量较少、使用寿命也较短。小型发电水库建设较为容易，要求不高、投资较小、建设周期短，但发电量少、使用寿命一般不长。在发电水库中，小型水库数量最大，而大中型水库数量较少，小型水库生产的电力在水电中占有的份额不小。很多发电水库（特别是大中水库）除发电之外，同时也兼具其他功能，有的甚至兼有多种功能。

防洪水库（代号C）一般建在大江大河上游或上中游过渡地段，以发挥对上游洪水的拦蓄和调节作用，避免或减轻中下游地区的洪涝灾害。防洪水库大多在洪水频发且危害巨大的江河上建设，且多为大型水库。这类水库一般都有很大的库容，调蓄巨大的洪水，故水坝较高，水库面积大。由于洪水在夏秋两季发生，这类水库的运行要在夏秋两季留出防洪库容，以备蓄洪调洪之需，冬春两季则蓄水至高水位，以发挥水库的其他功能。由于防洪水库的这些特点，使其一般具有多种功能，如发电、航运、养殖等。

灌溉水库（代号I）一般建在江河地势较高位置，为给自流灌溉创造条件，这类水库也一般建在灌区上游。水库到灌区需要建设输水渠道，为降低输水成本，这类水库与灌区距离越短越好。灌溉水库也有大中小之分，小型水库蓄水较少，灌溉面积有限，一般紧邻灌区；中型水库蓄水较多，灌溉面积较大，与灌区的距离一般稍远；而大型水库蓄水量巨大，灌溉面积甚巨，一般距灌区较远。中国的灌溉水库多为小型水库，就地蓄水、就地灌溉，水库建设成本和输水成本低且使用方便，对小型灌区特别适合，在农业发展中作用很大。而大型灌溉水库数量较少，虽可远距离输水，灌溉面积大，但建设成本和输水成本高，对集中的大型灌区较为适合。专门的灌溉水库一般不具备发电功能，但常兼具旅游、养殖等功能。

供水水库（代号S）一般建在流量较大且较稳定、流域内水资源有较多富余的江河上，以保证供水的充足与稳定。这类水库主要为城乡居民生活用水和工业用水提供水源，对水质要求高，为保证水质洁净，主要在生态环境较好、无污染或少污染的江河地段建设。为实现自流输水、降低输水成本，这类水库一般建在受水地上游。供水水库又分为两类，一是为当地城镇和农村提供生活和生产用水，另一类是为外地调水，前一类多为中小型水库,而后一类多为大型水库。供水水库专用性强、水质要求高、供水要求稳定,一般不宜兼有其他功能。

航运水库(代号 N)一般建在江河的险滩段或峡谷段,以便通过提高水位淹没险滩,扩宽江河水面以改善航道,增加航运能力,提高航运安全,降低航运成本。但在江河的这些地段建设水库投资巨大,技术难度很高,一般不会单独为航运去建设水库,而是建设一个别种类型的水库,顺带解决航运问题。通过建设水库改善航运条件,只有对通航任务重、航运潜力巨大的江河才是必要的,也才是经济的。淹没险滩和增加河道宽度需要提高水位,所以航运水库的水坝一般都较高,水库很长且较深。

养殖水库(代号 F)一般并不单独建设,而是利用其他类型的水库(供水水库除外)兼作养殖,以发挥水库的多重功能。在水库中养殖鱼、虾、贝等有两种方式,一种是不用设施、不投饵料的天然放养,另一种是使用设施、投放饵料的人工饲养。天然放养有利于净化水体,在各类水库中都可以进行。而人工饲养对水体会造成污染,除可在专用于灌溉的水库中适度发展外,在其他类型的水库中都应严格禁止,以保护水库水体。其他类型的水库,特别是中小型水库,在原有功能丧失之后,大多数可转用于养殖,成为专门的人工养殖水库。

中国现有的 87151 座水库中,属于发电、防洪、灌溉、供水四大类别的水库占绝大多数,还没有专门用于航运、水产养殖的水库,小型旅游水库建设近年有所发展,但还处于起步阶段。在这些水库中,小型发电水库和小型灌溉水库又占绝大多数,在水电生产和农业灌溉中发挥了巨大作用,功不可没。据统计,至 2009 年年底中国有小型水库 83348 座[1],其中的 45000 余座为发电水库[2],小型水库既是提供灌溉水源的生力军,又是生产电力的重要力量。

3. 大小分类

出于对水库建设及运行管理与决策的需要,有必要对江河水库的大小进行分类。由于各国建设江河水库的目的不尽相同,对水库分类的角度与着眼点也不一致,使判别其大小的标准存在很大差异,但有代表性是国际大坝委员会(ICOLD)的分类和中国的分类。

国际大坝委员会(International Commission on Large Dams)对江河水库主要按水坝高度分为小坝水库、大坝水库、主坝水库三大类(表 1—1)。

---

[1] 《2010 年中国水利统计年鉴》,中国水利水电出版社 2010 年版,第 35 页。
[2] 同上书,第 36 页。

表 1—1　国际大坝委员会江河水库大小类别标准*

水库大小类别	主要标准	辅助标准
小坝水库	水坝高度**<15 米	
大坝水库	水坝高度≥15 米	水坝高度 10—15 米,满足下列条件之一: A. 坝顶长度≥500 米 B. 水库库容≥100 万立方米 C. 最高洪水放流量≥2000 立方米/秒 D. 有特别困难的地基问题 E. 有不寻常的设计
主坝水库	水坝高度≥150 米	水坝高度<150 米,满足下列条件之一: A. 水坝体积≥1500 万立方米 B. 水库库容≥250 亿立方米 C. 水电装机容量≥100 万千瓦

* 据国际大坝委员会对不同类型水库的定义整理。
** 指从水坝坝基至坝顶的高度。

很显然,国际大坝委员会是从水坝工程建设角度,对江河水库的大小级别进行分类,即主要依据水坝的高度、长度、体积及建造的难度划分水库的大小,而不是按水库自身的库容、面积、发电装机容量等区分大小等级。从分类角度上看,国际大坝委员会提出的标准更适合对水坝进行分类,而不大合适对水库进行分类。

中国水利部门主要按库容将江河水库分为大型水库、中型水库、小型水库三大类,在大型水库中有大Ⅰ型和大Ⅱ型之分,在小型水库中有小Ⅰ型和小Ⅱ型之别(表1—2)。

表 1—2　中国江河水库大小类别标准*

水库大小类别**		主要标准	辅助标准			
		水库库容 (亿立方米)	保护农田 (万公顷)	治涝面积 (万公顷)	灌溉面积 (万公顷)	发电装机容量 (万千瓦)
大型水库	大Ⅰ型水库	>10	>33.33	>13.33	>10	>120
	大Ⅱ型水库	1—10	6.67—33.33	4—13.33	3.33—10	30—120
中型水库		0.1—1	2—6.67	1—4	0.33—3.33	5—30
小型水库	小Ⅰ型水库	0.01—0.1	0.33—2	0.2—1	0.03—0.33	1—5
	小Ⅱ型水库	0.001—0.01	<0.33	<0.2	<0.03	<1

* 据《防洪标准》国标 GB20201—94 整理,该标准 1995 年起执行。
** 库容小于 10 万立方米称为塘坝,不称为水库,未纳入水库统计范围。

很明显,中国对江河水库大小的分类,依据的主要是水库的水体规模(库容),与国际大坝委员会依据水坝规模(坝高)的分类不同。依据水库的水体规模划分水库的大小,便于准确判定其效能,如蓄水量、防洪能力、灌溉能力、供水能力、发电能力等,也有利于对水库实施科学管理与调度。同时,国际大坝委员会确定的大坝水库标准起点较低、跨度范围很大,而中国确定的大型水库标准起点较高、跨度范围较小。中国所指的大Ⅰ型水库,又称为超大型水库或巨型水库,就其规模而言,与国际大坝委员会所指的主坝水库应属同一级别,甚至更大。

4. 水系及大区分布

半个多世纪以来,中国在各大水系江河之上先后建设了大量的水库。由于各水系水资源数量、开发需求、开发能力、开发难易程度的不同,水库建设的数量和构成差异很大。按水资源一级区划的分区,全国10个一级分区在2009年年底的水库建设情况如表1—3所示。

表1—3 2009年中国10个水资源一级区已建成的水库

地区	已建成水库 数量（座）	已建成水库 总库容（万立方米）	大型水库 数量（座）	大型水库 总库容（万立方米）	中型水库 数量（座）	中型水库 总库容（万立方米）	小型水库 数量（座）	小型水库 总库容（万立方米）
全　国	87151	70636662	544	55062419	3259	9213526	83348	6360717
长江区	44948	24196415	174	18367944	1175	3027786	43599	2800685
珠江区	14922	10670267	83	7506251	637	1823700	14202	1286316
淮河区	8929	6208321	57	4772453	290	880808	8582	555060
东南诸河区	7183	5697272	47	4410155	292	775893	6844	511224
黄河区	2791	8419831	29	740950	185	665837	2577	353044
西南诸河区	1944	639185	6	315140	76	191420	1862	132625
松花江区	2304	5779261	44	4923041	185	577085	2075	279135
海河区	2094	3227656	34	2629698	150	428892	1910	169066
辽河区	1241	4199797	41	3698196	121	361470	1079	140131
西北诸河区	795	1598657	29	984591	148	480634	618	133432

由表1—3可看出,流域面积大、支流江河数量多、水资源丰富的长江流域内建设水库最多,流域面积较小的辽河流域内建设水库不少,而流域面积虽大但支流江河数量不多、水资源不足的黄河流域内建设水库较少。

最近50年,中国各大区域都十分重视水库建设,根据经济发展需要和水资源状况,建设了一批又一批的水库,但受水资源禀赋、水资源开发能力及水资源开发难易程度的制约,水库建设的数量及构成同样存在很大差别。按传统的地域分区,全国七大区域在2009年年底的水库建设情况如表1—4所示。

表1—4　2009年中国七大区域已建成的水库*

地区	已建成水库 数量（座）	已建成水库 总库容（万立方米）	其中 大型水库 数量（座）	其中 大型水库 总库容（万立方米）	其中 中型水库 数量（座）	其中 中型水库 总库容（万立方米）	其中 小型水库 数量（座）	其中 小型水库 总库容（万立方米）
全国总计	87151	70636662	544	55062419	3259	9213526	83348	6360717
东北地区	3331	8553744	75	7369621	264	792926	2992	391197
华北地区	2403	5014027	48	4081114	206	675100	2149	257764
华东地区	29137	15706568	135	11396062	899	2426922	28103	1886584
华南地区	12789	8992818	78	6227614	562	1606337	12122	1158858
华中地区	19977	17913154	112	14893808	661	1755575	19204	1263771
西南地区	17233	7624333	47	5481549	417	1070894	16769	1067390
西北地区	2281	6832019	49	5612651	250	888214	1982	331154

* 东北地区包括黑龙江、吉林、辽宁三省,华北地区包括北京、天津、河北、山西、内蒙古五省市区,华东地区包括上海、江苏、浙江、安徽、福建、江西、山东七省市,华南地区包括广东、广西、海南三省,华中地区包括河南、湖北、湖南三省,西南地区包括重庆、四川、云南、贵州、西藏五省市区,西北地区包括陕西、甘肃、宁夏、青海、新疆五省区。

从表1—4可看出,华东地区建设水库最多,无论是大型水库还是中小型水库,还是水库库容都远多于其他地区。其次是华中地区、西南地区、华南地区,已建成的水库也较多,华中和华南地区建设的大中型水库较多,而西南地区建设的大中型水库较少。东北地区、华北地区及西北地区已建成的水库较少,主要是小型水库数量远比其他地区少。

5. 省区分布

从1950年代至今,中国各省、直辖市、自治区为促进经济社会发展,都将治水患、兴水利作为大事来抓,大力推进江河水库建设。在50年代初至70年代中,以兴建中小型水库特别是小型水库为主,主要用于农业灌溉。1980年代至今,兴建的大中型水库逐渐增多,主要用于生产电力,同时亦重视用于防洪和供水。由于各省、直辖市、自治区江河分布、水资源状况、地形地貌、经济社会发展需求、水库建设投资能力的不同,加之中央政府水利水电建设布局与投资的区域差异,造成各省区在江河水库建设数量、大中小构成、功能类别上的差别,有的省区水库建设较多,有的省区水库建设较少;有的省区大中型水库较多,而有的省区以小型水库为主。截至2009年年底,中国31个省、直辖市、自治区已建成的水库及大小类别如表1—5所示。

表 1—5　截至 2009 年中国已建成的水库*

省级区域	已建成水库 数量（座）	已建成水库 总库容（万立方米）	大型水库 数量（座）	大型水库 总库容（万立方米）	中型水库 数量（座）	中型水库 总库容（万立方米）	小型水库 数量（座）	小型水库 总库容（万立方米）
黑龙江	737	1751126	26	1295284	91	306888	620	148954
吉　林	1642	3203667	16	2794657	99	272986	1527	136024
辽　宁	952	3598951	33	3279680	74	213052	845	106219
北　京	82	938716	4	880000	17	50388	61	8328
天　津	28	261544	3	223900	11	32256	14	5388
河　北	1068	1613691	22	1387295	42	146685	1004	79711
山　西	731	567714	8	313503	57	164255	666	89957
内蒙古	494	1632362	11	1276416	79	281566	404	74380
上　海								
江　苏	909	1894007	8	1672671	42	120431	859	100905
浙　江	4207	3962040	31	3272912	149	417222	4027	271906
安　徽	4809	2805865	13	2208693	105	323347	4691	273825
福　建	3120	1839831	20	1206534	153	386229	2947	247068
江　西	9809	2936794	26	1741258	240	566483	9543	629053
山　东	6283	2268037	37	1293994	210	610210	6036	363827
广　东	7424	4286749	34	2830092	305	850714	7085	605943
广　西	4370	3753260	38	2770864	185	536584	4147	445812
海　南	995	952809	6	626658	72	219049	917	107103
河　南	2352	4022690	23	3521310	108	302476	2221	198904
湖　北	5801	10012741	63	8851376	253	711215	5485	450150
湖　南	11824	3877723	26	2521122	300	741884	11498	614717
重　庆	2831	556862	6	239447	59	147756	2766	165659
四　川	6752	2106476	11	1422070	109	288104	6632	396302
云　南	5517	1289565	11	494760	181	448114	5325	346691
贵　州	2069	3542482	16	3216672	62	171983	1991	153827
西　藏	64	128948	3	108600	6	15437	55	4911
陕　西	1012	765716	9	434860	58	226056	945	104800
甘　肃	311	1029983	8	839280	38	141967	265	48736
青　海	157	3419393	7	3380600	10	20594	140	18199
宁　夏	224	260758	1	73500	28	128555	195	58703
新　疆	577	1356169	24	884411	116	371042	437	100716
总计	87151	70636662	544	55062419	3259	9213526	83348	6360717

* 据《2010 年中国水利统计年鉴》第 37 页资料整理，不含港澳台地区。

由表 1—5 可知，水库总数位列前三的是湖南、江西、四川，水库总库容位列前三的是广东、河南、湖南，大型水库数量位居前三的是湖北、广西、山东，大型水库库容位居前三的是湖北、辽宁、浙江,中型水库数量居前三的是广东、湖南、湖北,中型水库库容居前三的仍是广东、湖南、湖北,小型水库数量位处前三的是湖北、江西、广东。从总体上看,水库在各省、直辖市、自治区的分布极不均衡,长江沿线省份水库较多。

二、已建的江河大型水库

截至 2009 年年底,中国先后在不同水系的江河之上建成了大型水库 544 座,总库容 5506.2419 亿立方米,发电装机容量 9041 万千瓦,是世界上大型水库最多的国家。大型水库在中国水库总数中虽仅占 0.62%,但其库容占全部水库库容的 77.88%、发电装机容量占全部水库装机总容量的 46.06%,地位十分重要。尤其是大Ⅰ型水库,因其库容和装机容量巨大,具有极强的防洪能力、发电能力、供水能力,对国家经济社会发展影响很大。

1. 装机 100 万千瓦及以上的水库

中国经过 1950 年代的探索、60 年代的积累,到 70 年已基本具备建设江河大型水库的能力,经过 80—90 年代的实践和提高,已能对大型及特大型水库进行自主设计、对大坝自主建设、对设施及设备自主制造与安装、对水库运行进行科学管理与调度。在国家强大经济力量的支撑下,中国的江河大型水库建设取得长足进展,到 2009 年年底已建成装机 100 万千瓦及以上的主要大Ⅰ型水库名录如表 1—6 所列示。

表 1—6　截至 2009 年年底中国已建成装机 100 万千瓦及以上的大Ⅰ型水库*

水库名称	所在江河	所在区位	最大坝高（米）	总库容（亿立方米）	灌溉面积（万公顷）	装机容量（万千瓦）	年发电量（亿千瓦时）
三　峡	长江	湖北宜昌	175.00	393.00	100.00	1820.00	847.00
葛洲坝	长江	湖北宜昌	53.80	15.80	100.00	271.50	157.00
水布垭	清江	湖北巴东	233.00	45.80		184.00	30.00
隔河岩	清江	湖北长阳	151.00	34.70		121.20	30.40
五强溪	沅江	湖南怀化	87.50	42.00		120.00	53.70
彭　水	乌江	重庆彭水	116.50	14.65	0.3487	175.00	63.51
乌江渡	乌江	贵州遵义	165.00	23.00		125.00	33.40
构皮滩	乌江	贵州余庆	232.50	55.64		300.00	96.67
三板溪	清水江	贵州锦屏	186.00	42.50		100.00	24.28
二　滩	雅砻江	四川攀枝花	240.00	58.00	11.64	330.00	170.00
漫　湾	澜沧江	云南云县	132.00	9.20		155.00	78.80
大朝山	澜沧江	云南云县	115.00	9.40		135.00	59.31
景　洪	澜沧江	云南西双版纳	107.00	11.39		175.00	79.30

续表

小湾	澜沧江	云南凤庆	292.00	151.32		420.00	188.90
瀑布沟	大渡河	四川汉源	186.00	53.90		360.00	147.90
龚嘴	大渡河	四川沙湾	85.60	3.10		133.00	61.00
天生桥一级	南盘江	贵州龙安	178.00	102.60		120.00	52.26
天生桥二级	南盘江	广西隆林	60.70	2.60		132.00	82.00
龙滩	红水河	广西天峨	216.50	162.10	8.0667	490.00	131.00
岩滩	红水河	广西大化	110.00	33.80		121.00	83.40
水口	闽江	福建古田	101.00	29.70		140.00	61.00
公伯峡	黄河	青海循化	127.00	6.20	1.0667	150.00	51.40
李家峡	黄河	青海化隆	155.00	16.48	1.3333	160.00	59.00
龙羊峡	黄河	青海共和	178.00	247.00	0.840	128.00	60.00
万家寨	黄河	山西忻州	105.00	8.96		108.00	27.50
刘家峡	黄河	甘肃永靖	147.00	61.20	106.6667	116.00	55.80
小浪底	黄河	河南洛阳	154.00	126.50	0.0267	180.00	58.51
白山	第二松花江	吉林桦甸	149.50	59.10	0.1567	170.00	20.37
丰满(扩)	第二松花江	吉林市	90.50	107.80	3.4900	100.25	19.41

* 据《2009年中国水力发电年鉴》第594—598页及《2010年中国电力年鉴》第708—709页资料整理。

表1—6中所列的是完全建成并投入正式运行的主要水库，对在建过程中已部分投入运行的水库未列入其中。由于有些水库已建成运行多年，装机容量及发电量与设计指标存在一定差异。由该表可看出，发电装机容量达到100万千瓦的水库都是江河水库，水坝都比较高，且库容也很大。另外，截至2009年年底还建成装机100万千瓦及以上的抽水蓄能水电站6座，分别是桐柏(120万千瓦)、泰山(100万千瓦)、宜兴(100万千瓦)、张河湾(100万千瓦)、天荒坪(180万千瓦)、广州(240万千瓦)，这些电站调节能力强、电力生产数量巨大，具有极强的调峰供电能力。

2. 装机100万千瓦以下的主要大Ⅰ型水库

至2009年年底，中国除建成了表1—6所列装机容量100万千瓦及以上的29座大Ⅰ型水库外，还先后建成了一批装机容量小于100万千瓦、但库容达到10亿立方米或灌溉面积达10万公顷的大Ⅰ型水库。这些水库有的库容特别巨大，供水能力很强，甚至可以为跨流域调水提供充足水源；有的蓄水能力很强，可以为大面积、大范围农业灌溉供水；有的调节库容很大，蓄洪调洪能力强，具有很强的防洪功能；大多数具有较强的电力生产能力，可以为较大区域提供电力。这些大Ⅰ型水库已在防洪、发电、供水、灌溉等方面发挥了巨大作用，为经济社会发展作出了重要贡献。已建成并投入运行的这类主要大Ⅰ型水库如表1—7所示。

表1—7 截至2009年中国已建成装机小于100万千瓦的主要大Ⅰ型水库*

水库名称	所在江河	所在区位	最大坝高（米）	总库容（亿立方米）	灌溉面积（万公顷）	装机容量（万千瓦）	年发电量（亿千瓦时）
新安江	新安江	浙江杭州	105.00	220.00	7.62	66.25	18.60
丹江口	汉江	湖北丹江口	97.00	208.90	24.00	90.00	38.30
新丰江	新丰江	广东河源	105.00	138.96	3.96	29.25	9.90
三门峡	黄河	河南三门峡	106.00	96.00	80.00	40.00	13.17
拓林	修河	江西修水	85.50	79.20	3.00	18.00	6.30
洪家渡	六冲河	贵州黔西	179.50	49.25	26.67	60.00	15.94
密云	潮白河	北京密云	66.00	43.80	26.67	8.80	1.15
观音崖		贵州黔东南	16.07	43.77	0.01		
官厅	永定河	北京怀来	52.00	41.60	10.00	3.00	0.0009
云峰	鸭绿江	吉林集安	113.75	38.95		40.00	17.50
拓溪	资水	湖南益阳	104.00	35.65	19.60	44.70	21.74
松涛	南渡江	海南儋县	80.10	33.45	11.67	2.00	0.87
潘家口	滦河	河北宽城	107.50	29.30	16.67	42.00	5.89
响洪甸	西淠河	安徽金寨	87.50	26.32	33.33	4.00	1.07
红山	老哈河	内蒙古赤峰		25.60	15.00	0.87	0.24
宝珠寺	白龙江	四川广元	132.00	25.50	15.50	70.00	22.78
安康	汉江	陕西安康	128.00	25.80		85.00	28.57
陈村	青弋江	安徽宣城	76.30	27.76	9.77	15.00	4.96
花凉亭	长河	安徽太湖	57.00	23.98	7.00	4.00	1.02
梅山	史河	安徽金寨	88.24	23.37	6.53	4.00	1.10
万安	赣江	江西万安	58.00	22.16	1.35	50.00	15.16
大伙房	浑河	辽宁抚顺	48.00	21.87	8.60	3.20	0.56
观音阁	太子河	辽宁本溪	82.00	21.68	2.67	1.94	0.77
棉花滩	汀江	福建永定	111.00	20.35		60.00	15.20
湖南镇	乌溪江	浙江衢州	129.00	20.60	3.33	17.00	5.40
漳河	沮漳河	湖北荆门	67.00	20.35	17.37	0.96	0.28
枫树坝	东江	广东龙川	95.40	19.40	0.67	15.00	5.20
飞来峡	北江	广东清远	25.80	19.04		14.00	5.55
镜泊湖	牡丹江	牡丹江市	6.00	18.24	0.60	9.60	3.20
珊溪	飞云江	浙江温州	132.50	18.24	6.67	20.00	3.55
长甸	鸭绿江	辽宁丹东	37.70	88.78		13.50	6.66
太平哨	浑江	辽宁宽甸	44.20	18.50		16.10	4.30
街面	尤溪	福建尤溪	126.00	12.29		30.00	2.55
西津	郁江	广西横县	41.00	10.29	1.90	24.22	9.80
大广坝	昌化河	海南昌化	44.00	13.00	6.63	24.00	5.60
吉林台	喀什河	新疆伊犁	157.00	14.70		46.00	10.20

* 据《2009年中国水力发电年鉴》第594—598页及《2010年中国电力年鉴》第708—709页资料整理。

表1—7所列只是已建成的装机容量小于100万千瓦大Ⅰ型水库的一部分，这些水库虽装机容量和年发电量比不上表1—6所列的大Ⅰ型水库，但一般库容很大、灌溉面

积甚巨,防洪、灌溉、发电、供水等综合功能较强,在区域经济社会发展中发挥了重要作用。这些水库大多建在大江大河干流或主要支流上,大坝也比较高,故不少水库还有较强的通航能力。

3. 主要大Ⅱ型水库

在过去的半个多世纪,中国除建了不少大Ⅰ型水库,还先后建成了一大批大Ⅱ型水库。这些水库虽然库容、装机容量、年发电量比大Ⅰ型水库小,但数量多、分布在全国各地,在防洪减灾、电力生产与供应、农业灌溉、城镇生产及生活供水等方面发挥重大作用。大Ⅱ型水库的防洪、灌溉、供水等功能主要在局部区域内发挥,但生产的电力可以并网远距离输送。到2009年年底,中国已经建成并投入运行的主要大Ⅱ型水库如表1—8所示。

表1—8 截至2009年中国已建成装机小于100万千瓦的主要大Ⅱ型水库*

水库名称	所在江河	所在区位	最大坝高（米）	总库容（亿立方米）	灌溉面积（万公顷）	装机容量（万千瓦）	年发电量（亿千瓦时）
街子	大渡河	四川沙湾	82.00	2.00	0.89	60.00	32.10
清河	清河	辽宁清河	39.60	9.71		0.24	
碧流河	碧流河	辽宁大连	53.50	9.34		0.53	0.12
港口湾	水阳江	安徽宣城	68.00	9.40	3.10	6.00	1.13
鲇鱼山	灌河	河南信阳	38.50	9.16	9.53	1.21	0.66
江口	袁河	江西新余	33.36	8.90	3.57	4.00	1.00
池潭	金溪	福建泰宁	78.00	8.70		10.00	5.00
桃林口	青龙河	河北秦皇岛	74.50	8.59	8.00	2.00	0.63
那板	明江	广西上思	57.00	8.32	0.23	1.26	0.42
上犹江	上犹江	江西赣州	67.50	8.22	0.04	7.20	2.90
龙河口	巴泽河	安徽舒城	75.00	8.20	10.33	0.32	0.10
大化	红水河	广西大化	74.50	8.74		56.60	28.85
东津	修河	江西修水	85.50	7.95		45.60	21.00
葠窝	太子河	辽宁辽阳	50.30	7.91	8.13	3.72	0.80
徐家河	府河	湖北孝感	35.00	7.78	5.70	0.39	0.01
牛路岭	万泉河	海南琼海	90.50	7.78	0.80	8.00	2.81
红枫	猫跳河	贵州清镇	45.00	7.61		2.00	0.55
岸堤	东汶河	山东临沂	29.80	7.36	3.80	0.54	0.08
长潭	永宁江	浙江黄岩	36.50	7.32	6.95	1.19	0.28
昭平台	沙河	河南平顶山	34.00	7.24	6.67	0.62	0.24
陆水	陆水	湖北咸宁	49.00	7.06	1.67	3.52	1.17
洪潮江	洪潮江	广西北海	34.30	7.03	2.03	0.12	0.04
汾河	汾河	山西太原	61.40	7.00	9.95	3.00	1.50

续表

双 碑	清水	湖南永州	58.80	6.90	2.13	13.50	5.85
王 英	富水	湖北营石	54.00	6.83	5.06	0.25	0.11
板 桥	汝河	河南驻马店	50.50	3.75	3.00	0.32	0.06
冲巴湖	年楚河	西藏康马	11.00	6.61	4.33		
大 桥	安宁河	四川冕宁	93.00	6.58	3.53	9.00	3.50
山 美	晋江	福建泉州	76.50	6.55	4.33	6.00	1.32
安 砂	九龙溪	福建永安	92.00	6.40	1.93	11.50	6.14
南 引	嫩江（引水）	黑龙江大庆		6.54	2.22		
白龟山	沙河	河南平顶山	23.60	6.40	53.33	0.32	0.08
克孜尔	塔里木河	新疆阿克苏	44.00	6.40	16.70	2.60	1.34
大王滩	八尺江	广西南宁	37.30	6.38	1.82	0.51	0.08
柴 河	柴河	辽宁铁岭	27.00	6.36	2.67	0.64	0.15
铁 山	新墙河	湖南岳阳	44.50	6.35	6.36	0.42	0.18
龙头桥	桡力河	黑龙江宝清	25.50	6.15	4.24	0.25	0.04
黄 石	白洋河	湖南常德	40.40	6.02	2.50	0.73	0.18
青铜峡	黄河	宁夏吴忠	42.70	6.06	36.67	30.20	13.50
青狮潭	漓江	广西桂林	62.00	6.00	3.00	1.28	0.54
龟 石	贺河	广西贺州	42.70	5.95	1.08	1.20	0.52
洈 水	洈河	湖北荆州	43.00	5.95	3.70	1.24	0.46
古田溪	古田溪	福建屏南	72.00	5.94	0.06	25.60	11.31
汤 河	汤河	辽宁辽阳	48.50	5.90	2.87	0.35	0.05
大 浦	柳江	广西柳州	35.30	5.88		9.04	4.50
册 田	桑干河	山西大同	42.00	5.80	2.67		
温峡口	敖水	湖北钟祥	51.50	5.78	3.40	0.17	0.04
毛家村	礼河	云南会泽	80.50	5.53	4.93	1.60	1.20
石 泉	汉江	陕西安康	65.00	5.70	0.03	13.50	6.06
浮桥河	举水	湖北麻城	30.00	5.40	0.86	0.32	0.05
引子渡	三岔河	贵州平坝	134.50	5.31	0.64	36.00	9.78
跋 山	沂河	山东沂水	33.65	5.28	1.96	0.56	0.08
碧 口	白龙江	甘肃陇南	101.80	5.21	0.06	30.00	14.63
新立城	伊通河	吉林长春	18.15	5.92			
巴家嘴	蒲河	甘肃庆阳	74.00	5.11	0.96	0.21	0.04
薄 山	臻头河	河南驻马店	130.00	5.10	2.33	0.52	0.06
水府庙	涟水	湖南湘潭	35.80	5.60	6.67	3.00	1.09
凤亭河	西江	广西上思	53.82	5.19	1.14	0.65	0.15
石梁河	新沭河	江苏连云港	30.00	5.31	6.00	0.12	0.02

* 据《2009年中国水力发电年鉴》第594—598页资料整理。

表1—8列出的是大Ⅱ型水库中的一部分。与大Ⅰ型水库相较，大Ⅱ型水库的库容及调节库容、装机容量及发电量都要小些，特别是与超大型水库相比更是如此。但在数量上大Ⅱ型水库占多数，故其总库容、总装机容量、年发电量、灌溉面积等方面数量巨

大，而且在所有大型水库中占有不小份额，加之在全国的分布范围较广，对区域经济社会发展的作用显著，其重要性不能低估。

4. 已建成江河大型水库的分布特征

由建设条件、建设需求及建设能力等多种因素所决定，中国已建成的江河大型水库呈现出明显的行政辖区分布、地理区位分布、水系分布特征。这一分布既反映出各行政辖区对江河水资源和水能资源开发利用的规模与水平，也反映出各区域在江河水资源和水能资源开发利用上的差异与特征，还反映出不同水系的水资源和水能资源已开发利用的程度以及进一步开发利用的潜力及前景。

在已建成并运行的 544 座大型水库（2009 年）中，湖北以 63 座居榜首，广西以 38 座列第二，山东以 37 座列第三，广东以 34 座列第四，辽宁以 33 座列第五，其后依次是浙江的 31 座，江西、黑龙江、湖南的各 26 座，河南的 23 座，河北的 22 座，福建的 20 座，吉林和贵州的各 16 座，安徽的 13 座，内蒙古、四川和云南的各 11 座，陕西的 9 座，甘肃、江苏和山西的各 8 座，青海的 7 座，海南和重庆的各 6 座，北京的 4 座，天津和西藏的各 3 座，宁夏的 1 座，上海无水库排不上名次。大型水库在省级行政辖区的分布极不均衡，最多的湖北大型水库占全国的 11.58%，最少的宁夏大型水库仅占全国的 0.18%，大型水库最多的五个省区占全国总数 37.68%。总体特征是，境内江河较多且经济又比较发达的省区大型水库较多，境内江河较少或经济不发达的省区大型水库较少。

现已建成的 544 座大型水库总库容为 5506.2419 亿立方米，按分布在各省级辖区的大型水库总库容排序，由大到小的依次顺序是湖北、河南、青海、辽宁、浙江、贵州、广东、吉林、广西、湖南、安徽、江西、江苏、四川、河北、黑龙江、山东、内蒙古、福建、新疆、北京、甘肃、海南、云南、陕西、山西、重庆、天津、西藏、宁夏，与水库数量的多少排序不大一致。但在总体上，大型水库数量越多的省区，其水库库容也比较大。各省级辖区大型水库的库容大小十分悬殊，最大的湖北为 885.1376 亿立方米，占全国的 15% 以上；最少的宁夏为 7.35 亿立方米，占全国的 0.13%；名列前五位的省区大型水库库容占全国总数的 40.15%。总体特征是，境内水量丰富的大江大河较多又建成有特大型水库的省区，其库容就大；而境内无大江大河，或江河水量较小、大Ⅰ型水库较少的省区，其库容就小。

现已建成运行的 544 座大型水库，华东地区 135 座居榜首，占全国总数的 24.81%；华中地区 112 座居次席，占全国总数的 20.59%；华南地区 78 座居第三，占全国总数的 14.34%；东北地区 75 座居第四，占全国总数的 13.78%；西北地区 49 座居第五，占全国总数的 9.01%；华北地区 48 座居第六，占全国总数的 8.82%；西南地区 47 座居末位，占全国总数的 8.65%。在全国 544 座大型水库总库容中，华中地区有 1489.3808 亿立方米，占总量的 27.04%；华东地区有 1139.6062 亿立方米，占总量的 20.74%；东北地区有 736.9621 亿立方米，占总量的 13.36%；华南地区有 622.7614 亿立方米，占总量的 11.31%；西北地区有 561.2651 亿立方米，占总量的 10.19%；西南地区有 548.1549 亿立方米，占总量的 9.95%；华北地区有 408.1114 亿立方米，占总量的 7.41%。总体的格局表现为华东和华中地区大型水库多且总库容大，华南和东北地区大型水库较多但库容较小，华北地区大型水库及库容都较少，西北地区大型水库少但库容较大，西南地区大型水库及库容都少。这表明华东及华中地区对江河水资源和水能资源的开发利用程度较高，东北及华南地区对江河水资源和水能资源开发利用已达到一定程度但还有潜力，华北地区对江河水资源及水能资源开发利用已近极限而潜力不大，西北地区对江河水资源及水能资源开发利用程度还不高尚有一定潜力，西南地区对江河水资源及水能资源开发利用程度很低而潜力巨大。

现已建成运行的 544 座大型水库，在长江水系的有 174 座居首位、占总数的 31.98%，在珠江水系的有 83 座居第二、占总数的 15.26%，在淮河水系的有 57 座居第三、占总数的 10.48%，在东南诸江河水系的有 47 座居第四、占总数的 8.65%，在松花江水系的有 44 座居第五、占总数的 8.09%，在辽河水系的有 41 座居第六、占总数的 7.53%，在海河水系的有 34 座居第七、占总数的 6.25%，在黄河与西北诸江河水系的各有 29 座并列第八、各占总数的 5.33%，在西南诸江河水系的有 6 座居末位、仅占总数的 1.10%。在 544 座大型水库的总库容中，长江水系的大型水库占 33.46%、珠江水系的大型水库占 13.63%、黄河水系的大型水库占 13.44%，松花江水系的大型水库占 8.95%，淮河水系的大型水库占 8.66%，东南诸江河水系的大型水库占 8.01%，辽河水系的大型水库占 6.71%，海河水系的大型水库占 4.79%，西北诸江河水系的大型水库占 1.78%，西南诸江河水系的大型水库占 0.57%。从数量上看，中国的大型水库主要分布在长江、珠江、淮河三大水系，在东南诸河、辽河、海河、松花江水系也有较多分布，在黄河及西北诸河水系分布较少，在西南诸河水系的分布最少。从江河水资源和水能资源开发利用上看，长江、珠江、淮河水系流域面积广、江河多、水量大，建设大型水库条件优越，已建成的大型水库虽多，但开发利用程度还不高；东南诸河、辽河、松花江水系流域面积较小、江河不多、大型水库建设受到局限，已建成的大型水库却不算少，开发利用已达到较高水平；黄河及西北诸江河水系流域面积虽广，但江河较少、水量不足，已建成 58 座大型水库，开发利用程度不低；西南诸河水系流域面积大，江河较多，水量充沛，但建成的大型水库太少，开发利用程度很低。

5. 已建成江河大型水库的功能特征

江河大型水库因经济社会发展需要而建，各行政辖区、各地理区域、各水系流域经济社会发展的需求不同,建设大型水库的目的也不一样,建成的大型水库所发挥的功能随之而不同。当然,各地经济社会发展对水资源及水能资源又有共同的需求,建设大型水库的目的又具有同一性,建成的大型水库所发挥的功能亦有一定的相似性。江河大型水库的功能主要是防洪、发电、供水、灌溉、航运等方面,不同行政辖区、地理区域、水系流域的大型水库主要发挥其中的一种或多种功能。

从总体上看,现已建成的544座大型水库,绝大多数为多功能水库,少数为单功能水库。多功能水库中,大多有一两个主要功能,兼有一个或多个辅助功能,如以电力生产为主兼有防洪及供水等功能,或以防洪为主兼有电力生产及供水等功能,或以灌溉为主兼有电力生产及其他功能,或以供水为主兼有电力生产及其他功能。几种功能都很强的水库也有但很少,如三峡水库防洪、发电、通航功能都极强,远非其他水库所能及。单功能水库主要表现为某种功能突出而其他功能弱小,而并非只有一种功能,如将发电功能很强而其他功能弱小的水库、灌溉功能很强而其他功能弱小的水库、供水功能很强而其他功能弱小的水库视为单功能水库,但这些水库仍具有一定的灌溉、发电、防洪功能。从表1—6可看出,装机容量100万千瓦以上的江河大Ⅰ型水库,发电和防洪能力都很强,近半数的水库通航能力很强,还有近半数的水库有一定灌溉能力。从表1—7可看出,装机容量100万千瓦以下、库容10亿立方米以上的江河大Ⅰ型水库,灌溉、防洪功能都很强,部分水库供水功能很强,并都具有较大的发电能力,部分水库还有一定的通航能力。从表1—8可看出,装机容量100万千瓦以下、库容1亿立方米以上的江河大Ⅱ型水库,灌溉功能都很强,同时具有较大的防洪功能和一定的发电功能,少数水库还有一定的供水功能和通航功能。从总体上看,无论是大Ⅰ型还是大Ⅱ型水库,几乎都是多功能水库,在发挥某种(或某几种)主要功能的同时,还能发挥其他几种辅助功能。若对江河大型水库的功能科学开发与合理利用,其作用可以得到更加全面和充分地发挥。

将大Ⅰ型水库与大Ⅱ水库分别考察,两类水库在功能上具有不同的特点。大Ⅰ型水库的总库容及调节库容大、发电装机容量大,所以蓄洪调洪能力强、发电量大,一般是防洪和发电两大功能兼备,同时还兼具其他功能,多功能特点突出。大Ⅰ型水库中也有少数功能较为单一的水库,如主要用于发电、或灌溉、或供水等,这类水库的单项功能特别强。主要用于发电的水库装机容量往往上百万甚至数百万千瓦、年发电几十亿甚至上百亿千瓦时,主要用于灌溉的水库灌溉面积往往达到上万甚至数十万公顷,主要用于供水的水库供水能力往往达到数十亿甚至上百亿立方米。大Ⅱ型水库的总库容及调节库容、发电装机容量要小些,所以蓄洪调洪能力相对较小、发电量也不太大,但灌溉能力和区域供水能力较强,一般是发电和灌溉两大功能兼备,同时也兼具其他功能,多功能性也很突出,只不过功能较大Ⅰ型水库小。大Ⅱ型水库中亦有少数主要用于发电或灌溉、或供水的单功能水库,其单项功能也较大。主要用于发电的大Ⅱ型水库装机容量可达数十万千瓦,年发电量达到数十亿千瓦时。主要用于灌溉的大Ⅱ水库灌溉面积可达上万甚至数十万公顷,主要用于供水的大Ⅱ型水库可为周边城乡提供数亿立方米生活及生产用水,作用不可小视。

由于各大区域及各省、直辖市、自治区的地理区位、地形地貌、江河水资源、水能资源状况及经济社会发展需求等方面的差异,造成中国大型水库在不同地理区域及省级行政辖区内功能上的分区特征。华北地区的北京、天津、河北、内蒙古、山西五省市区,以及华东地区的山东、华中地区的河南,境内江河稀疏、水量不足,加之人口众多,城镇密布(内蒙古除外),工农业用水量及居民用水量巨大,因此,大型水库主要用于城镇生活及生产供水和农业灌溉,只有极少数水库用于发电。西北地区的陕西、甘肃、宁夏、新疆属干旱地区,降水严重不足,境内江河较少、水量不丰,但人口较少、城镇稀疏,农业依赖灌溉,故大型水库的主要功能是提供灌溉用水。该区内的青海省属高原地区,黄河及其主要支流在峡谷内穿流,因此大型水库主要用于发电,但有些水库也兼有灌溉功能。东北地区的黑龙江、吉林、辽宁三省,人口密集、城镇密布、工农业发达,江河水量较丰但地理分布不均,因此大型水库的主要功能是城镇生活、生产供水和农业灌溉,只有松花江上的三座水库和鸭绿江上的一座水库主要用于发电。华东地区的江苏、浙江、安徽、江西四省,地势低平、人口稠密、城镇密集、工农业十分发达、江河密布、水量丰沛,因此大型水库主要用于城镇生活、生产供水和农业灌溉,并兼有发电、防洪功能,只有钱塘江上的两座水库主要用于发电和防洪。华南地区的广东、广西、海南,降水量虽然不少,但雨季与旱季分明,季节性缺水严重,大型水库主要用于城镇生活、生产供水和农业灌溉,只有广西的几座大型水库主要用于发电并兼有较强的防洪功能。西南地区的四川、重庆、云南、贵州、西藏五省市区,江河较多且水量丰沛,但在深山峡谷中穿流,所建的大型水库主要用于发电和防洪,只有少数大型水库主要用于灌溉及供水。华中地区的湖南、湖北两省,西部是山地、中东部为平原,境内江河众多、水量很大、出山即入平原,受洪灾威胁巨大,加之大型水库多建在西部山区,所以主要用于防洪和发电,并兼有农业灌溉和供水功能,只有少数大型水库主要用于农业灌溉。

从各水系大型水库的功能考察,既有同质性也有差异性。各水系绝大多数的大型水库都具有一定的电力生产能力,发电功能是共同性。但各水系的江河因所处区位、水资源及水能资源的不同,使其流域内的大型水库的主要功能及辅助功能各有侧重、各有特点。总体上看,长江、珠江、淮河三大水系的大型水库主要发挥防洪和发电功能,兼有航运、供水、灌溉功能;黄河水系流域内的大型水库主要发挥发电和灌溉功能,兼有一定其他功能;海河水系流域内的大型水库主要发挥农业灌溉和供水功能,兼有一定其他功能;辽河及松花江水系流域内的大型水库主要发挥供水和农业灌溉功能,兼有发电和防洪功能;东南诸河流域内的大型水库主要发挥发电和供水功能,兼有防洪功能;西南诸河流域内的大型水库主要用于发电,其他功能比较微弱;西北诸河流域内的大型水库主要用于农业灌溉和供水,发电等功能较小。

三、在建的江河大型水库

中国江河大型水库建设采取统一规划、分步推进,每年都有一批水库建成运行,也有一批水库新开工建设。由于其建设周期较长,加之不同水库开工时间和建设周期不一致,在某一时间节点(如某一年)总有一批水库处于在建状态。对于2009年这一时间节点,少数在1990年代末开工尚未建成的江河大型水库、一批在2001—2009年间开工尚未建成的水库便处于在建状态。20世纪最后十年和新世纪头九年,中国开工建设的江河大型水库数量较多、单个水库的规模巨大,在建的水库在整个大型水库中占有极为重要的地位。

1. 装机100万千瓦及以上的江河大Ⅰ型水库

1990年以来,中国依托已经增强的经济实力和已掌握的自主知识产权技术,先后开工建设一批江河大型水库,多数已在2009年年底前建成运行,少数建设工期长的水库在2009年之后才能完工。21世纪头九年,中国又有一批江河大型水库建设先后上马,有一部分已于2009年年底前建成运行,其余的要延续到2009年之后才完工。因此,2009年年底在建的江河大型水库少数是1990年代后期开工的工程,绝大多数是21世纪头九年开工建设的工程,这些水库因开工先后不同,建设周期差异很大,其建成运行的时间也不会相同。表1—9是2009年年底中国在建的主要江河大Ⅰ型水库的基本情况。

表1—9 2009年年底中国在建装机100万千瓦及以上的主要大Ⅰ型水库*

水库名称	所在江河	所在区位	最大坝高(米)	总库容(亿立方米)	灌溉面积(万公顷)	装机容量(万千瓦)	年发电量(亿千瓦时)
向家坝	金沙江	四川屏山	162.00	51.63	45.89	640.00	307.47
溪洛渡	金沙江	四川雷波	278.00	126.70	45.44	1386.00	571.20
金安桥	金沙江	云南丽江	160.00	9.13		240.00	110.43
白鹤滩	金沙江	四川宁南	277.00	179.00	43.03	1250.00	515.00
龙开口	金沙江	云南鹤庆	119.00	5.44	0.72	180.00	78.20
锦屏一级	雅砻江	四川木里	305.00	77.60	10.25	360.00	174.10
锦屏二级	雅砻江	四川盐源	39.00	0.143	10.26	480.00	242.30
官 地	雅砻江	四川盐源	136.00	7.60	11.01	240.00	110.16
两河口	雅砻江	四川雅江	293.00	81.00	6.56	300.00	116.87

续表

大岗山	大渡河	四川石棉	210.00	7.42	6.27	260.00	109.80
独松	大渡河	四川金川	235.80			136.00	
长河坝	大渡河	四川康定	180.00	6.00	5.65	124.00	68.00
硬梁包	大渡河	四川泸定	38.00	0.21	5.89	110.00	58.30
沙沱	乌江	贵州沿河	88.50	6.31	5.45	112.00	38.80
苗家坝	白龙江	甘肃文县	263.00	42.98	1.63	104.00	25.03
亭子口	嘉陵江	四川苍溪	115.00	40.67	19.48	110.00	31.94
光照	北盘江	贵州关岭	200.50	32.45		104.00	27.54
拉西瓦	黄河	青海贵德	254.00	10.56	1.36	420.00	102.30
积石峡	黄河	青海循化	100.00	2.64	0.38	102.00	33.90
糯扎渡	澜沧江	云南普洱	261.50	227.41		585.00	239.12
小南海	长江	重庆巴南	45.00	0.50	70.50	176.40	93.00

* 据《2009 年中国水力发电年鉴》第 99—259 页及《2010 年中国电力年鉴》第 52—79 页资料整理。

表 1—9 所列在建的江河大Ⅰ型水库，基本上都是高坝水库，大多数库容巨大且发电装机容量大，有的还是世界少有的超大型水库，在中国的江河大型水库中占有极其重要的地位。这些水库在未来几年的建成运行，将显著增强中国的防洪能力、电力生产及供给能力、抗旱及供水能力，在经济社会发展中发挥重大作用。

2. 装机 100 万千瓦以下的江河大Ⅰ型水库

至 2009 年年底，中国还有一批装机 100 万千瓦以下、库容达到或超过 10 亿立方米、或灌溉面积达到 10 万公顷的江河大型水库在建。这些水库或因主要用于防洪、灌溉、供水，或因受建坝成库条件限制，发电能力相对较小，但其他功能巨大。这些江河大Ⅰ型水库也是在本世纪头九年先后开工建设的，由于工程量巨大建设周期要延续到 2009 年之后，开工较早的水库要 2010—2012 年完成，2005 年前后开工的水库要在 2015 年左右完成，2008—2009 年开工的水库则可能要在 2020 年前后建成。表 1—10 是 2009 年年底中国在建的装机 100 万千瓦以下的主要江河大Ⅰ型水库的基本情况。

表 1—10　2009 年年底中国在建的装机 100 万千瓦以下的大Ⅰ型水库*

水库名称	所在江河	所在区位	最大坝高（米）	总库容（亿立方米）	灌溉面积（万公顷）	装机容量（万千瓦）	年发电量（亿千瓦时）
丹江口**	汉江	湖北丹江口	176.60	290.00	24.00	90.00	38.30
兴隆枢纽	汉江	湖北潜江	11.50	4.85	21.83	4.00	2.25
江坪河	娄水	湖北鹤峰	219.00	13.66		45.00	9.64
滩坑	瓯江	浙江青田	162.00	41.90		60.00	10.23
潘口	堵河	湖北竹山	114.00	23.38		50.00	10.50

* 据《2009 年中国水力发电年鉴》第 99—259 页及《2010 年中国电力年鉴》第 52—79 页资料整理。
** 原丹江口水库大坝加高、水位上升、库容加大。

表 1—10 所列在建的江河大Ⅰ型水库,发电装机容量和年均发电量不如表 1—9 所列水库大,但也多为高坝水库,且多数库容巨大,有的水库供水能力很强,有的水库灌溉面积很大。这类大型水库在中国的江河大型水库中同样占有极为重要的地位。这类江河大Ⅰ型水库建成运行后,将显著提高中国防洪、灌溉及水资源调度能力,在经济社会发展中发挥不可替代的作用。

3. 装机 30—100 万千瓦的江河大Ⅱ型水库

至 2009 年年底,中国还有一批在建的发电装机 30—100 万千瓦、或库容 1—10 亿立方米、或灌溉面积达 3.33—10 万公顷的江河大Ⅱ型水库,这些水库绝大多数是在 2005 年前后开工建设的,要到 2009 年之后才能建成运行。江河大Ⅱ型水库既可在大江大河干流上兴建,也可在大江大河的部分支流上兴建,加之投资和工程量比大Ⅰ型水库小,故在建的江河大Ⅱ型水库远比大Ⅰ型水库多。表 1—11 是 2009 年年底中国在建的发电装机 30—100 万千瓦的主要江河大Ⅱ型水库名录及基本情况。

表 1—11　2009 年年底中国在建装机 30—100 万千瓦的主要大Ⅱ型水库*

水库名称	所在江河	所在区位	最大坝高（米）	总库容（亿立方米）	灌溉面积（万公顷）	装机容量（万千瓦）	年发电量（亿千瓦时）
银盘	乌江	重庆市武隆	78.50	3.20	7.49	60.00	27.28
索风营	乌江	贵州修文	115.80	2.01	2.19	60.00	20.10
深溪沟	大渡河	四川汉源	49.50	0.32	7.27	68.00	32.00
沙湾	大渡河	四川乐山	43.59	0.49	7.64	48.00	24.07
崔家营	汉江	湖北襄樊	67.20	2.45	13.06	9.00	3.90
蜀河	汉江	陕西旬阳	66.00	1.76	4.94	27.60	9.53
喜河	汉江	陕西石泉	60.50	1.85	2.52	18.00	5.26
石虎塘	赣江	江西泰和	26.50	7.43		12.00	5.27
井冈山	赣江	江西万安		4.83	4.05	14.80	5.11
湘祁	湘江	湖南祁阳		3.13	2.70	8.00	3.18
浯溪	湘江	湖南祁阳	28.00	2.76		10.00	3.96
河口	黄河	甘肃兰州	37.00	0.04		7.40	3.85
戈兰滩	李仙江	云南绿春	113.00	4.09		45.00	20.18
龙马	李仙江	云南江城	135.00	5.50		24.00	12.84
居甫渡	李仙江	云南江城	95.00	1.74		28.50	13.07
巴山	任河	重庆城口	155.00	3.17		14.00	4.50
安江	沅水	湖南洪江	54.00	2.32	4.02	14.00	5.62
鲁布革	南盘江	贵州兴义	103.80	1.11		60.00	27.50
董菁	北盘江	贵州贞丰	150.00	9.55		88.00	30.26
万家口子	北盘江	云南宣威	167.50	2.79		18.00	7.14
大盈江四级	大盈江	云南盈江	35.50	16 万		87.50	34.18

续表

马鹿塘二期	盘龙河	云南麻栗坡	154.00	5.50		34.00	18.14
林海	海浪河	黑龙江海林	68.90	3.77	1.20	6.00	1.03
直孔	拉萨河	西藏墨竹工卡	56.00	2.24	0.50	10.00	4.07
藏木	雅鲁藏布江	西藏加查	116.00	0.93		51.00	25.01
江边	九龙河	四川九龙	32.00	0.01		33.00	16.20

* 据《2009 年中国水力发电年鉴》第 99—259 页及《2010 年中国电力年鉴》第 52—79 页资料整理。

表 1—11 中所列的水库，仅为 2009 年年底在建的大Ⅱ型水库的一部分，属库容较大或灌溉面积较大或发电装机容量较大者。在建的单个大Ⅱ型水库虽蓄水、防洪、发电、灌溉、供水等功能比大Ⅰ型水库弱小，但这些水库散布于不同江河或同一江河的不同区段，其群体效应和地域效应突出。这些水库的建设工程量相对较小，绝大多数可在 2015 年左右建成运行，并将在当地及全国的经济社会发展中发挥重要作用。

4. 在建江河大型水库的分布特征

由建设的条件要求、水资源及水能资源状况、经济社会发展的客观要求、中央政府的开发布局等多种因素所决定，在建的江河大型水库在个别行政辖区、局部地域、少数江河高度集中，与已建江河大型水库的分布特征显著不同。这一分布特征既反映了不同省区水资源及水能资源的多寡，也反映了不同江河水资源及水能资源开发利用的差别，还反映了中央政府对水资源及水能资源开发利用的布局调整。在建水库的这一分布特征，既从一个侧面反映了当前中国的江河大型水库建设态势，也在很大程度上决定了中国江河大型水库的基本布局。

在所列的 52 座在建江河大Ⅰ型和大Ⅱ型水库中，四川有 15 座，占 28.84%，高居榜首；云南 9 座，占 17.30%，居次席；贵州和湖北各 5 座，各占 9.62%，并列第三位；重庆、湖南各 3 座，各占 5.77%，同居第四位；江西、青海、甘肃、陕西、西藏各 2 座，各占 3.85%，同居第五位；浙江、黑龙江各 1 座，各占 1.92%。在所列出的 21 座在建的发电装机容量 100 万千瓦以上的江河大Ⅰ型水库中，四川 12 座，占 57.14%；云南、贵州、青海各 2 座，各占 9.52%。在所列示的 5 座在建的发电装机容量 100 万千瓦以下的江河大Ⅰ型水库中，湖北 4 座，占 80%；浙江 1 座，占 20%。在所列示的 26 座大Ⅱ型水库中，云南 6 座，占 23.08%，高居榜首；贵州、四川、湖南各 3 座，各占 11.54%，同居第二位；重庆、陕西、江西、西藏各 2 座，各占 7.69%，同居第三位；湖北、黑龙江、甘肃各 1 座，各占 3.85%，同居末位。由此可见，在建的江河大型水库集中在四川、云南、贵州、湖北四省，占所列在建大型水库的 65.38%，另有 8 个省、直辖市、自治区有少量分布，其余的 18 个省、直辖市、自治区在 2009 年年底没有在建的江河大型水库。

从地域分布上看，所列示的52座在建江河大型水库主要集中在东经96°—106°、北纬25°—40°的区域内，即主要集中在四川西南部、云南西北部及西南部、贵州东北部及西部、陕南及鄂西、湘西、青海东部几个局域地区，特别是在川西南和滇西北连片区域内在建的江河大型水库高度密集，且多为装机容量巨大的大Ⅰ型水库。在建的江河大型水库之所以呈现这一地域分布特征，一是因为这几块局域地区水资源及水能资源丰富的江河密集，具备建设大型及超大型水库的优越条件；二是因为在这几块局域地区建设大型水库可以集中生产大量电力，充分发挥防洪等多种功能，为全国经济社会发展提供有力支持；三是因为在这些地区建设江河大型水库需要有巨大的投资和先进的技术，中国目前已具备这些方面的能力。正是因为这些因素的综合作用，才使这些地区原来规划的江河大型水库在本世纪头几年相继开工建设，形成在建大型水库在这几个地区"扎堆"的局面。

从水系分布上观察，所列的52座在建江河大型水库主要集中在长江上游干支流、黄河上游干流、珠江的西江干支流及西南诸河中少数江河上，尤以在长江部分支流上高度集中。按水系划分，所列52座在建江河大型水库，在长江水系的35座，占67.30%；在珠江水系的有4座，占7.69%；在西南堵河水系的有8座，占15.38%；在黄河水系的有3座，占5.77%；在其他水系的有2座，占3.86%。再按江河划分，所列52座在建的江河大型水库，在金沙江干流上有5座，在雅砻江干流上有4座，在大渡河干流上有6座，在汉江及堵河干流上有6座，在乌江干流上有3座，在赣江干流上有5座，在嘉陵江（白龙江）干流上有2座，在长江水系其他支流上有5座，在北盘江上有3座，在南盘江和海浪河上各有1座，集中分布在金沙江、砻雅江、大渡河、汉江之上。这几条江河水资源及水能资源丰富，建设大型水库条件优越，且水库的发电能力、防洪能力、灌溉及供水功能很强，在21世纪初被优先开发，导致了在建的大型水库在这些江河上集中。

5. 在建江河大型水库的功能特征

与已经建成运行的江河大型水库相似，中国在建的江河大型水库大多数也属多功能水库，具有发电、防洪、灌溉、供水、通航等多种功能。这些在建的多功能水库多以发电为主，兼有其他功能，如兼有防洪、灌溉、供水、通航功能等。由于在建的江河大型水库中有一批库容巨大，装机容量特大的超大型水库，它们的发电功能和兼有的其他功能都很强。加之在建的江河大型水库在地域及江河上高度集中，这些水库的群体功能十分巨大，无论是电力生产与供给或防洪减灾、灌溉抗旱、蓄水供水等方面都可以产生重大影响。在建的江河大型水库中有一些主要用于灌溉、供水、通航，重点发挥公共功能。

在建的江河大Ⅰ型水库和大Ⅱ型水库在功能上存在显著差异。在建的大Ⅰ型水库库容大、蓄水量大、装机容量大、发电和防洪功能突出，有的灌溉和供水能力特强。如金沙上在建的向家坝、溪洛渡、金安桥、白鹤滩、龙开口5座水库，总库容达到371.24亿立方米，接近三峡水库，总装机容量达到3696万千瓦，是三峡水库的两倍，年发电量可达1582.3亿千瓦时，相当于三峡水库的1.88倍，可有效拦蓄宜宾以上金沙江干支流洪水，确保宜宾至重庆沿长江地区百年一遇洪水安全度汛。在建的大Ⅱ型水库库容较小，装机容量不大，虽也具有防洪、发电、灌溉、供水功能，也属多功能水库，但其功能远小于大Ⅰ型水库，且这些功能都只能在较小的范围内发挥。在建的大Ⅱ型水库中也有少部分库容和装机容量较大，如乌江上在建的银盘和索风营水库、大渡河上在建的深溪沟水库、赣江上在建的石虎塘水库、李仙江上在建的龙马水库、南盘江上在建的鲁布革水库、北盘江上在建的董菁水库、盘龙河上在建的马鹿塘水库、黄河上在建的河口水库就属于这一类，这些水库在防洪、发电、灌溉、供水等方面的功能远大于一般的大Ⅱ型水库。

江河大型水库建设的目的不同，使其功能存在较大差别。库容大、装机容量大的在建大Ⅰ型水库，建设目的主要是生产电力，防洪、灌溉、供水、通航则是其辅助（或兼有）功能，如在建的向家坝、溪洛渡、白鹤滩、锦屏一期及二期、两河口、拉西瓦、糯扎渡等水库。库容巨大、装机容量较小的在建大Ⅰ型水库，主要功能是灌溉或供水或通航，发电则成了辅助（或兼有）功能，如在建的亭子口、丹江口、兴隆水利枢纽、江坪河、滩坑、潘口等水库。在建的大Ⅱ型水库因建设目的不同功能差异也很大，有的主要功能是发电，如在建的河口、银盘、深溪沟、藏木、江边等水库；有的主要功能是灌溉、供水等，如在建的石虎塘、湘祁、浯溪、林海、崔家营等水库。在建的江河大Ⅱ型水库中，有相当一部分具有发电和灌溉（供水）双重目的，其功能也表现出双重性，如在建的索风营、戈兰滩、龙马、大盈江四级、马鹿塘二期等水库，发电、灌溉（或供水）功能并驾齐驱、双功能特征明显。

在建的江河大型水库因区位不同，其功能也存在较大差异。江河上游深山峡谷在建的大型水库，因其水量和落差大，主要功能是生产电力，其他功能虽有但受条件约束难以充分发挥，如白鹤滩、金安桥、龙开口、大岗山、独松等水库。丘陵区、平原区的在建大型水库，水量虽大但落差较小，除生产一定电力外，一般都有较强的灌溉、供水、通航功能，如丹江口、亭子口、江坪河、滩坑、潘口等水库。有的在建大型水库虽处山地但距丘陵或平原区较近，既可利用大水量及高落差生产电力，又可利用高水头为下游地区提供灌溉和供水，发电、防洪、灌溉、供水功能都很强，如向家坝、溪洛渡等水库便是如此。

四、拟建的江河大型水库

中国江河水库建设无论数量上，还是发电装机容量上都高居世界各国之首，但由于江河众多、落差巨大、水资源及水能资源开发较晚，相对于资源蕴藏量，开发程度还远低于发达国家。加之中国经济社会发展对能源和水资源的巨大需求，以及石油、天然气资源和水资源的不足，建设江河水库（特别是大中型水库）、充分开发利用江河水资源及水能资源是现实的选择。因此，在未来三五十年中，中国还将陆续开工建设一大批江河水库、包括一批江河大型水库及巨型水库。

1. 尚存巨大未开发水能资源及水资源

中国大陆地区江河众多，且多发源于山地，上游集水面广、径流落差大，水资源及水能资源丰富。经先后四次普查和复查，水能资源理论蕴藏量6.9440亿千瓦、年发电量60829亿千瓦时，技术可开发量5.4164亿千瓦、年发电量24740亿千瓦时，经济可开发量4.0179亿千瓦、年发电量17534亿千瓦时[1]。至2009年年底，已建成运行的大中小型水库87151座（其中大型水库544座），总库容7064亿立方米（其中大型水库库容5506亿立方米），发电装机容量19629万千瓦，在建的大中小型水库发电装机容量为0.7亿千瓦（2008年年底数据）[2]左右。按发电装机容量计算，已建和在建的大中小型水库装机容量已达2.6629亿千瓦，分别占技术可开发总量和经济可开发总量的49.17%及56.32%，还有2.7560亿千瓦的技术可开发量，或1.3550亿千瓦经济可开发量的水能资源有待开发。若按近年的水电开发速度和水利建设进程，未来30年左右的时间内还可以建设一大批江河水库，且其中有一小部分是大型水库。

在中国江河水资源及水能资源中，技术可开发量只是总蕴藏量的一部分，而经济可开发量又是技术可开发量的一部分。按现有普查数据，江河水能的技术可开发量占总蕴藏量的78.0%，经济可开发量占总蕴藏量的57.86%、占技术可开发量的74.18%。技术可开发量受制于技术水平及技术手段，随着水电工程、设施、设备技术的提高，水能及水资源技术可开发量有提升的空间。例如，复杂地质结构、高寒地区建坝成库技术的突破，使这些地区的江河水资源及水能资源开发成为可能。经济可开发量则受制于成本及效益，当电力需求及水资源需求增加、价格上扬，或开发条件改善、开发成本降低，

---

[1] 《2009年中国水力发电年鉴》，中国电力出版社2011年版，第52—53页。
[2] 同上书，第76页。

水能及水资源经济可开发量也会增加。如川西、滇西、西藏部分江河的水能及水资源，受开发条件、电力和水资源输送、市场需求及投资的约束，在过去未计入可开发范围，现在就成为可开发的资源了。如此一来，江河水能资源经济可开发量就会大于原来测算的4.0197亿千瓦，今后可以建设的江河水库（包括大型水库）也会比原来预计的要多。

经过多次规划与调整，主要江河干流、支流、次级支流都有梯级开发方案，这些方案包括江河干支流拟建设水库的数量、坝址、坝高及坝长、库容、发电装机容量、防洪及灌溉（或供水）能力、年均发电量等，是建设立项的重要依据。如黄河上游龙羊峡至青铜峡河段规划建设15座（或14座）梯级水库、北干流托克托至禹门口河段规划建设8座梯级水库，长江上游宜宾至宜昌江段规划建设5座梯级水库，金沙江上游规划建设9座、中游规划建设8座、下游规划建设4座梯级水库，雅砻江干流规划建设21座梯级水库，大渡河规划建设22座（或17座）梯级水库，乌江干流和湘江干流各规划建设11座梯级水库，汉江规划建设14座梯级水库，赣江规划建设8座梯级水库，嘉陵江规划建设24座梯级水库，澜沧江和怒江各规划建设25座梯级水库，雅鲁藏布江上中游规划建设10座、下游规划建设9座（或2座）梯级水库等。这些规划的江河水库多为大中型水库，少数已经建成或在建，多数还未建设而处于拟建状态，有可能在今后陆续开工兴建。

2. 拟建装机100万千瓦及以上的江河大Ⅰ型水库

半个多世纪以来，中国先后四次对数千条江河的水资源及水能资源进行了普查，对重点江河的水资源及水资源进行了详查，并在此基础上分批制定了长江、黄河、珠江、淮河、海滦河、东北诸河、东南诸河、西南诸河、北方内陆及新疆诸河九大流域或区域的重要干支流及河段的综合开发规划，经过多次论证修订，主要江河干支流的水资源及水能资源开发规划大多已经完成，部分规划已经得到中央或省级政府批准。根据这些规划，中国在未来几十年内还将有一批江河大型水库可能上马建设，表1—12是拟建的装机容量达到100万千瓦及以上的主要江河大Ⅰ型水库的基本情况。

表1—12　中国拟建装机100万千瓦及以上的主要江河大Ⅰ型水库*

水库名称	所在江河	所在区位	最大坝高（米）	总库容（亿立方米）	灌溉面积（万公顷）	装机容量（万千瓦）	年发电量（亿千瓦时）
石　硼	长江	四川宜宾		30.80		213.00	126.00
朱杨溪	长江	重庆江津		28.00		300.00	112.00
白　立	金沙江	四川白玉		85.00		150.00	74.00
阿曲河口	金沙江	四川白玉		76.00		320.00	160.50
巴　塘	金沙江	四川巴塘		37.00		250.00	113.30
王大龙	金沙江	西藏芒康		141.00		280.00	129.20

续表

日冕	金沙江	四川得荣	346.00	62.00		280.00	129.40
拖顶	金沙江	云南德钦		59.00		250.00	131.00
龙盘	金沙江	云南丽江	119.00			420.00	
两家人	金沙江	云南丽江	99.50	0.04		300.00	114.38
梨园	金沙江	云南丽江	155.00	7.27		228.00	107.03
阿海	金沙江	云南玉龙	130.00	0.09		210.00	88.77
鲁地拉	金沙江	云南宾川	135.00	17.18		216.00	99.57
观音岩	金沙江	四川攀枝花	168.00	33.70		360.00	122.40
乌东德	金沙江	四川会东	265.00	76.00		870.00	387.00
牙根	雅砻江	四川雅江	158.00	7.30		150.00	64.60
楞古	雅砻江	四川甘孜	174.00	8.50		230.00	117.80
孟底沟	雅砻江	四川甘孜、凉山	240.00	8.68		160.00	93.50
杨房沟	雅砻江	四川凉山	155.00	5.10		150.00	70.53
卡拉乡	雅砻江	四川木里	128.00	2.49	8.01	106.00	52.44
双江口	大渡河	四川金川	312.00	31.15		200.00	74.00
巴底	大渡河	四川金川	112.00	4.65	4.01	110.00	48.20
丹巴	大渡河	四川丹巴	216.00	0.51		110.00	52.40
猴子岩	大渡河	四川康定	223.50	7.06	5.40	170.00	73.90
苗尾	澜沧江	云南云龙	139.80	6.06		140.00	64.68
黄登	澜沧江	云南兰坪	202.00	15.00		190.00	86.29
乌弄龙	澜沧江	云南维西	137.50	2.72		120.00	57.50
古水	澜沧江	云南德钦	305.00	15.39		180.00	83.37
古学	澜沧江	西藏芒康		12.20		168.00	90.70
真达	澜沧江	西藏芒康				148.00	80.10
巴龙普	澜沧江	西藏察雅				124.00	68.10
卡得木	澜沧江	西藏察雅				132.00	72.20
岩桑树	怒江	云南保山	84.00	5.22		100.00	52.10
赛格	怒江	云南保山	94.00			100.00	53.60
泸水	怒江	云南泸水	175.00	12.88		240.00	122.90
亚碧罗	怒江	云南泸水	133.00	3.44		180.00	92.90
碧江	怒江	云南福贡	118.00	2.80		150.00	72.90
鹿马登	怒江	云南福贡	165.00	6.64		200.00	102.40
马吉	怒江	云南福贡	300.00	46.96		420.00	189.70
丙中洛	怒江	云南贡山	54.50	0.14		160.00	82.20
松塔	怒江	西藏察隅	307.00	63.12		420.00	178.70
色邑奔巴	怒江	西藏察隅				114.00	63.10
罗拉	怒江	西藏察隅				105.00	57.80
王卡	怒江	西藏八宿				150.00	83.30
加查	雅鲁藏布江	西藏加查				165.00	
朗县	雅鲁藏布江	西藏朗县				120.00	
墨脱	雅鲁藏布江	西藏墨脱		175.00		4380.00	2630.00

续表

日 果	雅鲁藏布江	西藏墨脱				350.00	208.00
协其桥	西巴霞曲	西藏隆子				104.00	58.00
多 松	黄河	青海玛曲	136.00	81.00		110.00	44.50
多尔根	黄河	青海同德	166.00	3.75		126.00	56.50
茨 哈	黄河	青海同德	170.00	2.78		100.00	44.30
班 多	黄河	青海兴海	132.00	2.69		100.00	44.30
小观音	黄河	甘肃景泰	143.00	70.20		140.00	53.42
大柳树	黄河	宁夏中卫	163.50	110.00		200.00	78.00
碛 口	黄河	山西临县	143.50	124.50		180.00	47.00
龙 门	黄河	山西宁乡	220.00	125.00		210.00	79.50
大藤峡	黔江	广西桂平	37.52	30.13	11.67	160.00	57.50
漠 河	黑龙江	黑龙江漠河	122.45	311.50		200.00	58.30
连 釜	黑龙江	黑龙江塔河	60.64	57.10		100.00	30.90
欧 浦	黑龙江	黑龙江呼玛	80.83	291.50		160.00	50.70
黑 河	黑龙江	黑龙江黑河	62.94	145.20		140.00	40.80
太平沟	黑龙江	黑龙江萝北	41.43	17.40		180.00	71.20

*表中所列水库及有关信息来源于相关江河综合开发规划。

由表1—12看出,中国拟建的装机100万千瓦及以上的江河大Ⅰ型水库数量多、规模大,要将这些水库建成,不仅需要较长的时间,还需要有巨大的投入,并需要克服多种困难。但这些水库一旦建成,其发电、防洪、灌溉、供水等功能特别巨大,将在经济社会发展中发挥重大作用。应当指出,所列的这些拟建水库虽经多次论证,但随经济社会发展和科技进步,在今后的建设中仍可能有所调整,其数量和规模可能发生一定变化。

3. 拟建装机100万千瓦以下的江河大Ⅱ型水库

根据中国(大陆地区)主要江河综合开发规划,以及江河水库建设情况,不仅有如表1—12所列的装机100万千瓦及以上的大Ⅰ型水库今后可能建设,而且还有一批装机30—100万千瓦、或库容1—10亿立方米、或灌溉面积3.33—10万公顷的大Ⅱ型水库拟建,表1—13是这类主要水库的基本情况。

表1—13 中国拟建装机100万千瓦以下的主要江河大Ⅱ型水库*

水库名称	所在江河	所在区位	最大坝高(米)	总库容(亿立方米)	灌溉面积(万公顷)	装机容量(万千瓦)	年发电量(亿千瓦时)
东就拉	金沙江	四川邓柯		1.90		16.10	9.03
赛 拉	金沙江	四川邓柯		1.70		17.70	9.97
俄 南	金沙江	四川邓柯		31.10		90.00	43.60
桐子林	雅砻江	四川盐边	66.60	0.72		60.00	29.75
仁青岭	雅砻江	四川德格				30.00	18.80

续表

英 达	雅砻江	四川新龙				50.00	28.00
新 龙	雅砻江	四川新龙				50.00	27.90
共 科	雅砻江	四川新龙				40.00	22.20
龚坝沟	雅砻江	四川新龙				50.00	26.70
下尔呷	大渡河	四川阿坝	231.00	28.00	1.58	54.00	22.21
巴 拉	大渡河	四川马尔康	220.00	3.56	1.58	70.00	22.62
达 维	大渡河	四川马尔康	107.00	1.77	1.77	36.00	16.30
卜寺沟	大渡河	四川马尔康	130.00	2.46	1.84	36.00	16.40
金 川	大渡河	四川金川	111.50	4.65		88.00	38.00
黄金坪	大渡河	四川康定	95.5	1.40	5.69	85.00	38.61
泸 定	大渡河	四川泸定	86.00	2.80	5.89	80.00	41.80
老鹰岩	大渡河	四川石棉	72.00	1.39	6.48	64.00	31.90
枕头坝	大渡河	四川峨嵋山	86.00	0.47	7.27	44.00	24.10
沙 坪	大渡河	四川乐山	20.00	0.21		78.00	39.00
安 谷	大渡河	四川乐山	31.70	0.63		76.00	32.57
卡基娃	木里河	四川木里	171.00	3.75		45.24	16.51
立 洲	木里河	四川木里	132.50	1.90		35.50	15.46
金塘冲	资水	湖南桃江	34.70	4.11		22.00	10.30
鱼 潭	沅水	湖南辰溪	50.00	8.46	5.40	6.00	2.63
白 市	沅水	贵州天柱	47.50	1.53		42.00	15.67
旬 阳	汉江	陕西旬阳	57.50	3.90	4.24	32.00	8.00
夹 河	汉江	陕西白河	58.00	1.40	5.11	27.00	7.80
孤 山	汉江	湖北郧西	41.00	2.33	6.04	16.00	7.15
王甫洲	汉江	湖北老河口	12.00	1.07	9.59	10.90	5.95
碾盘山	汉江	湖北钟祥	19.60	8.90	14.03	25.00	10.80
泰 和	赣江	江西泰和	21.00	3.39	4.09	4.00	2.23
沙川坝	嘉陵江	甘肃舟曲	188.00	17.87	0.89	28.50	10.05
苍 溪	嘉陵江	四川苍溪	38.50		6.14	6.60	5.13
官 仓	黄河	青海甘德	160.00	45.00		54.00	23.50
门 堂	黄河	青海久治	168.00	12.50		58.00	25.40
玛尔档	黄河	青海玛沁	88.00	1.40		27.00	25.70
尔 多	黄河	青海玛沁	99.00	1.60		72.00	32.30
江 前	黄河	青海同德		1.26		58.44	24.68
羊 曲	黄河	青海兴海	119.00	2.10		65.00	28.40
大 峡	黄河	甘肃白银	72.00	0.90		32.50	14.55
军 度	黄河	山西柳林				30.00	15.85
马马岩	北盘江	贵州贞丰	109.00	2.60		60.00	18.70
长 洲	浔江	广西梧州	45.80	56.00	2.69	62.00	29.40
榕 江	柳江	贵州榕江	132.50	30.90		11.00	6.90
从 江	柳江	贵州从江	81.80	69.60		13.50	7.28
潓 溪	柳江	贵州从江	74.10	21.20		13.50	7.20

续表

瓦 村	郁江	广西田林	103.00	5.36		23.00	7.00
功果桥	澜沧江	云南云龙	130.00	5.19		90.00	40.40
勐 松	澜沧江	云南勐腊	65.00			60.00	28.88
托 巴	澜沧江	云南维西	158.00	10.39		90.00	46.30
重 底	澜沧江	云南维西	74.00	0.75		30.00	6.80
光 坡	怒江	云南龙陵	58.00	1.97		60.00	31.50
石头寨	怒江	云南保山	59.00	0.70		44.00	22.90
糯 贡	怒江	云南福贡	60.00	0.18		40.00	22.10
巴巴村	怒江	西藏左贡				48.02	26.30
松 古	怒江	西藏左贡				33.00	18.10
作 巴	怒江	西藏左贡				51.00	28.00
庄 嘎	怒江	西藏左贡				40.00	22.10
怒江桥	怒江	西藏八宿				80.00	44.30
加 玉	怒江	西藏洛隆				42.00	23.10
通 拉	怒江	西藏洛隆				42.00	23.30
洛 河	怒江	西藏洛隆				35.00	20.10
格容脚	怒江	西藏边坝				51.00	28.50
江 达	怒江	西藏边坝				45.00	20.70
大盈江	大盈江	云南盈江	34.00	0.002		50.00	36.00
彭错林	雅鲁藏布江	西藏拉孜				30.00	
索朗嘎咕	雅鲁藏布江	西藏贡嘎				50.00	
日 雪	雅鲁藏布江	西藏米林				42.00	
扰 罗	贡日嘎布曲	西藏察隅				54.40	30.30
瓦 弄	贡日嘎布曲	西藏察隅				52.00	28.50
古王通	贡日嘎布曲	西藏察隅				34.00	18.90
嘎灵公	贡日嘎布曲	西藏察隅				44.80	25.00
巴 嘎	贡日嘎布曲	西藏察隅				30.00	15.60
依 德	丹巴曲	西藏墨脱				38.80	21.50
瓦 林	丹巴曲	西藏墨脱				90.00	49.90
阿提尼	丹巴曲	西藏墨脱				33.60	18.70
阿艾林	丹巴曲	西藏墨脱				50.00	27.70
叶 罗	西巴霞曲	西藏错那				38.00	20.10
纳 丘	西巴霞曲	西藏隆子				72.00	40.10
西 来	西巴霞曲	西藏隆子				48.80	27.20
马落山	西巴霞曲	西藏隆子				42.80	23.80
阿夏比拉	西巴霞曲	西藏隆子				48.00	25.60
沙 墨	阿润河	西藏定结				39.20	19.70
拉 乡	阿润河	西藏定结				40.80	20.50
聂当拉	阿润河	西藏定结				56.00	28.20
曲 当	阿润河	西藏定结				42.00	21.10
康 工	阿润河	西藏定结				31.20	15.70

续表

呼　玛	黑龙江	黑龙江呼玛			30.00	10.00
三间房	黑龙江	黑龙江呼玛			30.00	6.80
乔巴特	额尔齐斯河	新疆布尔津			50.00	20.70
康克格干尔	叶尔羌河	新疆塔什库尔干			40.00	14.30
阿尔塔什	叶尔羌河	新疆塔什库尔干			50.00	18.10
皮　勒	叶尔羌河	新疆塔什库尔干			40.00	19.50
大石峡	托什干河	新疆哈合奇			36.00	15.60

* 表中所列水库及有关信息来源于相关江河综合开发规划。

表1—13所列水库只是拟建的装机100万千瓦以下大Ⅱ型水库的一部分，更多的拟建大Ⅱ型水库未能反映。即使如此，也表明中国今后还有众多的江河大Ⅱ型水库可以建设，江河水资源和水能资源开发潜力还十分巨大，这些水库在今后的陆续建成，其防洪、发电、灌溉、供水功能亦十分惊人。与拟建的江河大Ⅰ型水库相类似，表1—13中所列水库及规模在今后的建设中有可能局部调整。

4. 拟建江河大型水库的分布特征

由于中国江河及其水资源、水能资源空间分布的不均衡性，以及过去数十年江河水资源及水能资源开发的先后顺序选择，导致沿海地区、东北地区、部分中部地区江河开发较早且较充分、剩余开发的资源相对较少，而西部地区、边远地区江河开发较晚且不充分、剩余开发的资源量较多，造成拟建的大型水库集中在某些区域及江河，甚至集中在某些局域地区和江河的某些区段，其区域及江河分布特征极为明显。

中国拟建的江河大型水库在少数水系上高度集中，特别是在长江水系及西南诸河集中。在表1—12列出的63座拟建装机100万千瓦及以上的主要大Ⅰ型水库中，分布在长江水系的有24座，西南诸河水系的有25座，黄河水系的有8座，黑龙江水系的有5座，珠江水系的只有1座。在表1—13列出的94座拟建装机100万千瓦以下的主要大Ⅱ型水库中，分布在长江水系的有33座，西南诸河水系的有40座，黄河水系的有8座，珠江水系的有6座，西北诸河水系的有5座，东北诸河水系的有2座。这一态势的形成，一方面因为长江及西南诸河水资源及水能资源巨大，具有密集建设大型水库的资源条件；另一方面长江上游干支流及西南诸河因远离经济发达地区、水资源及水能资源开发难度较大，启动开发时间较晚，使大多数可供建设的大型水库尚未建设，成为拟建对象。

中国拟建的江河大型水库在少数江河上亦高度集中，特别是在金沙江、雅砻江、大渡河、黄河、澜沧江、怒江、雅鲁藏布江、黑龙江等几条江河上集中分布。在表1—12列出的63座拟建装机100万千瓦及以上的大Ⅰ型水库中，分布在金沙江的有13座，怒江

12座,澜沧江及黄河干流各8座,雅砻江及黑龙江各5座,大渡河及雅鲁藏布江各4座,长江干流2座,其他2条江河各1座,金沙江、怒江、澜沧江、黄河之上拟建的大Ⅰ型水库较多。在表1—13列出的94座拟建装机100万千瓦以下的大Ⅱ型水库中,分布在怒江的有13座,大渡河11座,黄河干流8座,雅砻江6座,汉江、贡日嘎布曲、西巴霞曲、阿润河各5座,澜沧江、丹巴曲各4座,金沙江、雅鲁藏布江、叶尔羌河、柳江各3座,沅水、通天河、黑龙江、嘉陵江、木里河各2座,其他9条江河各1座,怒江、大渡河、黄河之上拟建的大Ⅱ型水库较多。这一分布格局的形成一方面因为大渡河、雅砻江、澜沧江、怒江、雅鲁藏布江、黄河上游水量丰富且落差很大,具有密集建设大型水库的良好资源条件;另一方面这些江河(或江段)处在高寒或高海拔地区,交通不便且水库建设难度很大,导致水资源及水能资源开发迟缓;再一方面这些江河开发生产的电力需长途输送,在大规模远距离输电未有效解决之前,大型水库建设只能放后。

拟建大型水库在水系及江河(或区段)的集中,导致了中国拟建江河大型水库在地理区域及行政区域的集中。表1—12和表1—13所列拟建的157座大型水库中,主要集中在川西、藏东、(青)海东连片地区,少数分布在甘陕、黔桂、鄂湘局域,以及东北边疆地区。这一地域分布与拟建大型水库的江河分布相一致,拟建大型水库多的金沙江(含通天河)、大渡河、雅砻江、澜沧江、怒江、雅鲁藏布江、黄河上游密集于这一连片地区,故这一连片区域拟建的江河大型水库众多。在行政区域分布上,拟建的江河大型水库主要集中在四川、云南、西藏、青海,其余省、市、自治区分布较少或无分布。在表1—12所列拟建的63座大Ⅰ型水库中,四川占16座(4座与西藏共占、2座与云南共占),云南占18座,西藏占13座,青海占4座,黑龙江占5座,甘肃和陕西各占2座,宁夏和广西及重庆各占1座,云南、四川、西藏拟建的江河大Ⅰ型水库多。在表1—13所列拟建的94座大Ⅱ型水库中,四川占23座,云南占8座,西藏占32座,贵州占5座,青海占6座,新疆占5座,湖北占3座,甘肃、湖南、陕西、广西、黑龙江各占2座,江西、山西各占1座,西藏、四川两区拟建的江河大Ⅱ型水库多。

5. 拟建江河大型水库的功能特征

拟建的江河大型水库与已建和在建者相类似,因所在江河、地理区位、行政辖区及建设目标的不同,在功能上存在较大差异,有的主要用于防洪、有的主要用于发电、有的主要用于灌溉、有的主要用于供水等。拟建的江河大型水库除部分地处低山丘陵区外,大多分布在高海拔、高寒、深山峡谷或边疆地区,受地形、地貌、区位的限制,一些水库的防洪、灌溉、供水、通航功能会受到一定抑制,与已建和在建大型水库存在一定的区别。

按逐步完善成熟的江河水资源和水能资源开发规划,以及江河治理的要求,中国各大水系干支流都还有多少不等的大型水库拟待建设。这些拟建的水库与已建和在建者都具有库容大、发电装机容量大的特点,具有很强的防洪、发电、灌溉、供水、通航功能,只要具备一定的条件且经济社会发展又有需要,其多种功能便可综合发挥。从这个意义上讲,拟建的江河大型水库仍为多功能水库,大多具有一至两个主要功能及一至多个辅助功能,某些看似单功能的水库只要进行综合开发利用,多种功能仍可充分发挥。以表1—12所列拟建的63座大Ⅰ型水库为例,除都具有很强的发电功能外,大多数还具有防洪、灌溉、供水功能。而表1—13所列拟建的94座大Ⅱ型水库,有相当一部分主要功能是灌溉和供水,兼有一定发电能力;还有一部分是发电功能较强,兼有灌溉及防洪能力;也有一部分主要功能是发电,其他功能难以发挥。

拟建的江河大Ⅰ型水库与大Ⅱ型水库在功能上有显著差异。拟建大Ⅰ型水库最典型的特征是库容大、发电装机容量大,有的主要用于生产电力而其他功能较弱(如墨脱水库),有的除生产电力外还具有很强的防洪、灌溉、供水功能(如石棚、朱杨溪、观音岩、乌东德、大柳树、龙门等水库)。大Ⅰ型水库潜力巨大,若进行综合开发,其多种功能可以充分发挥(如金沙江、大渡河、雅砻江上游拟建大Ⅰ型水库还可以作为跨流域调水的水源)。而拟建大Ⅱ型水库的库容及装机容量有限,无论单一功能还是综合功能都比大Ⅰ型水库弱,但多数具有一定发电和灌溉(或供水)双重功能,少数仅具发电功能,而其他功能很弱,还有一部分拟建的大Ⅱ型水库主要功能是灌溉或通航、发电功能弱小。

拟建的江河大型水库所在江河(或河段)及地理区位不同,在功能上有明显差异。干旱地区(如新疆、青海、甘肃等)和农业发达地区(如黑龙江、川南、陕南、鄂北、黔南、桂西等)的拟建江河大型水库,一般都兼具发电和灌溉功能,有的灌溉功能还很强。高原向丘陵或平原、盆地过渡地带(如青藏高原向四川盆地过渡地带、云贵高原向黔南、滇南过渡地带等)的拟建江河大型水库,不仅具有较大的发电和灌溉功能,同时也有较强的防洪功能。而高海拔、高寒及深山峡谷区的拟建江河大型水库,大多主要具备发电功能,其他功能难以发挥,只有少数高海拔水库兼有调水功能。拟建江河大型水库因区位不同而表现的功能差异,一方面是因为不同区位的江河较适宜建设具有某些特定功能的水库,另一方面是因为不同地域经济社会发展需要建设其功能与之相适应的水库,前者是条件使然,后者由需求决定。如长江干流拟建的石棚及朱杨溪水库、金沙江下游拟建的观音岩及乌东德水库,发电、防洪、灌溉功能兼具且巨大;西北诸河、黄河、东北诸河拟建的大型水库,多数是发电和灌溉功能兼具,少数则主要发挥灌溉功能;嘉陵江、乌江、汉江、赣江、沅水、珠江上拟建的大型水库,除具发电、灌溉功能外,还具有一定防洪、通航功能;而金沙江、大渡河、澜沧江、怒江中上游及雅鲁藏布江和西藏其他江河上拟建的大型水库,则主要功能是发电,其他功能因难以发挥而较弱。

五、江河大型水库建设的前景

中国江河众多,水灾频发,治理江河(大江大河及小江小河)仍是今后几十年的重要任务。中国水资源时空分布严重失衡,区域干旱和季节干旱严重,合理开发及科学调度水资源是面临的重大问题。中国石油、天然气资源不足,煤炭为主的能源结构导致严重环境污染,开发可再生清洁能源、增加能源供给已成为经济社会发展的迫切需要。中国大小江河上万条,水资源和水能资源丰富,目前的开发还不到技术可开发量的一半,开发潜力十分巨大。在这一大背景下,依靠现有开发基础、继续建设江河大型水库,对于治理江河、防治水旱灾害、合理配置水资源、增加水电生产与供给,无疑是科学与明智的选择。据此,中国的江河大型水库建设还会延续数十年,发展前景十分广阔。

1. 大型水库建设已成为江河综合治理与开发的重要手段

中国的众多江河灾害频发需要综合治理,江河水资源和水能资源丰富需要开发利用。治理和利用江河既是人民的长期愿望,也是中国经济社会发展的现实要求。在以往长期的实践中,受认知、技术及投资等多方面的局限,未能将江河治理与利用有机结合起来,也未能将江河开发与其综合功能的发挥有效衔接起来。由于近几十年中国在江河治理与开发研究上的进步,相关技术特别是重大技术的突破、综合国力的增强,建设江河大型水库已成为综合治理和开发江河的重要手段。

在数千年的历史中,中国治理江河都采用"疏"、"堵"两法,即疏通河道使水畅其流、建筑堤坝将水堵在河床。新中国成立后,江河治理逐步形成"疏"、"堵"、"蓄"三法结合,蓄就是建设江河水库(特别是大型水库)拦蓄和调控洪水。在江河上建设大型水库,利用其庞大的库容可以在汛期拦蓄数亿、数十亿,甚至上百亿立方米的洪水,并在人为控制下逐渐下泄,加之下游河堤拦堵,可以抗御更大洪水、避免或减轻洪灾损失。中国近几十年建设的江河大型水库,特别在江河上中游建设的大型水库,都有巨大的防洪功能并在洪涝灾害防治中发挥了重大作用。黄河上中游建设的大型水库有效拦蓄和调节洪水,已使其多年未发生洪灾,三峡水库的建成运行可在汛期大量拦蓄和调控上游洪峰,能有效避免或减轻华中及华东两大区域的洪灾威胁,丹江口水库的建设更是直接解除了汉江洪水对武汉的威胁。由于江河大型水库在蓄洪调洪中的重大作用,其建设和调度已成为治理江河的重要手段。

江河蕴藏巨大水资源和水能资源、也拥有不少生物资源,江河也是重要航道,江河还能保护生态环境,提供独特景观,其功能多样且巨大。在过去低技术条件下,人们对江河的利用主要是依靠其天然径流,如通过引水或提水实现灌溉及供水、利用自然落差开发水能、利用天然河道通航等,受到的局限很大。在现代技术条件下,人们已经有能力局部摆脱对江河天然状态的依赖,通过开发将治理与利用结合起来,将多种功能的综合利用结合起来,使江河在经济社会发展及生态环境保护中发挥更大的作用。在江河开发中,大型水库及水利枢纽建设是其重要组成部分,对于江河综合功能的发挥有着不可替代的作用。江河大型水库不仅能在汛期蓄洪调洪、防治水患,还能在丰水期蓄积水资源、抬升库段江河水位、提供灌溉及供水和调水水源,更可拦截江河径流,抬高落差、蓄积水能生产电力,也能加宽加深库段江河改善航道、增加航运能力,同时还能提供旅游景观和水产养殖场所等,使其成为江河治理与利用的结合点、江河综合功能发挥的载体。

正是江河大型水库所具备的多种功能和可能发挥的巨大作用,才使其建设具有"一举多得"的特征,从而备受政府偏爱和公众支持,加之巨额发电收益对业主的吸引,中国目前的江河大型水库建设热潮还会延续。可以预见,在未来三五十年内,拟建的江河大型水库将有相当部分分批建设和先后建成运行,已建的江河大型水库也将有一部分得到改造或扩建,且无论是新建或改造,都会高度重视江河大型水库综合功能的发挥,多功能水库将占有越来越重要的地位。

2. 大型水库建设更加关注江河及水系的整体开发

对于特定江河及由干支流形成的江河水系,在何处建设及建设多少个大型水库,对江河或水系的治理效果和综合功能的发挥具有决定性影响。从江河及水系总体开发利用着眼,统筹安排江河大型水库建设,无疑有利于提高江河治理和利用效果,而要做到这一点就必须有系统的规划、严密的论证和科学的决策。中国近几十年的江河大型水库建设,基本遵循了这一正确轨道,今后会继续坚持并逐渐走向成熟。

1950—1990年代,中国先后四次对全国的3000余条主要江河进行水资源及水能资源普查,对其开发利用进行系统规划。至1992年前后,先后完成了长江、黄河、珠江、淮河、海滦河、东北诸河、东南诸河、西北诸河、西南诸河中的数百条重要干支流及数十个重要江段、河段的综合开发规划,并形成了相应的规划报告。1990年代至今,中央和省级政府又组织专门力量,一方面对原有规划进行调整、补充和完善,另一方面加紧制定其余江河的综合治理和开发规划,目前已完成部分原有规划的修订和新规划的拟定。这些规划以江河治理与综合功能优化为目标,将治理与利用紧密结合,上中下游开发相衔接、干支流开发相统筹,体现了江河及水系整体开发的要求。这些规划不仅提出了相关江河及水系综合开发的总体设想,还拟定了相应的大中型水库建设方案,包括水库的数量、规模、区位等,对大型水库(特别是控制性水库)还作出了功能定位,使其成为江河大型水库建设的基本依据。

中国的江河大型水库建设不仅要以江河及水系整体开发规划为依据,而且每个水库的开工建设都必须通过严格的立项论证。一方面论证其建设的技术可行性和经济合理性,只有在技术上可行而又在经济上有利的水库才可能立项建设;另一方面论证其建设对经济、社会、生态环境的影响,只有在总体及流域范围内至少不存在较大或不易克服的负面影响和风险的水库才可能被立项建设。此外,还要论证水库建设对所在江河及水系综合开发的影响,只有在总体上有利于江河及水系有效治理和综合功能充分发挥的水库才可能立项建设。立项论证与审批对江河大型水库建设设置了一道较高的门槛,只有通过全面论证的水库才能开工建设,从而既可保证单个水库建设决策的科学性,又可保证单个水库建设与所在江河及水系综合开发的协调性。例如长江三峡水库经过近百年的规划和近半个世纪的论证,建设方案也经过多次修改完善,最后才被批准建设。

应当指出,随着人们对江河运行规律认识的加深、对江河作用及功能认识的深化、对人与江河关系认识的逐步理性以及现代科学技术的飞速发展,对江河治理和综合开发的规划理念会越来越科学,思路会越来越宽广,手段与方法也会越来越先进,因此,规划考虑的影响因素更多、追求的目标更加多元、更讲求整体性和系统性,这可能对江河大型水库建设方案的拟订施加更多的约束。同时,随着政府和公众对社会问题和生态环保问题的重视,在江河大型水库建设立项论证中可能提高相关要求,导致在这些方面存在缺陷的水库被排除在建设行列之外。无论是规划约束的增强,还是论证要求的提高,都会对今后的江河大型水库建设进行更为严格的控制。

3. 大型水库建设向少数区域和重点江河集中

中国各江河之间水资源及水能资源蕴藏量差异很大,加之所处区位及流域地形地貌、自然落差上的巨大差别,建设江河大型水库的条件各不相同,有些江河可建大型水库较多,有的江河可建大型水库则较少。加之在过去几十年的水库建设中经济较发达地区、便于开发的江河优先,使有些地区和某些江河的大型水库建设较多、剩余建设数量较少,而其他地区和江河的大型水库建设较少,尚需建设的数量较多,导致今后的江河大型水库建设向少数区域的重点江河(甚至江段、河段)集中。

从各大水系及江河基本情况看,长江水系的长江干流及金沙江、雅砻江、岷江、嘉陵江、乌江、湘江、资水、沅水、澧水、汉江、赣江、抚河,黄河水系的黄河干流及洮河、湟水、无定河、汾河、渭河、伊洛河、沁河,珠江水系的柳江、北江、东江,淮河水系的淮河干流及颍河、史河、浉河、沂河、沭河,海滦河水系的海河、滦河、潮白河、永定河、大清河、子牙河、漳卫南运河,辽河水系的辽河干流及浑河、太子河,东北诸河水系的松花江、嫩江、第二松花江、牡丹江、黑龙江、鸭绿江,东南诸河水系的钱塘江、瓯江、闽江,西北诸河水系的塔里木河、额尔齐斯河,西南诸河水系的澜沧江、怒江及滇西诸河,雅鲁藏布江及藏南和藏西诸河,集水面积大、有较大长度和一定自然落差,大多江河年均径流量大,有建设江河大型水库的条件。其中尤以长江水系上游干支流、黄河上中游干流、西南诸河干流、雅鲁藏布江及藏南和藏西诸河,建设江河大型水库的水资源和水能资源条件最好。从资源开发利用的角度,江河大型水库建设应当向这些江河集中。

从各大水系及江河治理和开发进程看,相互间的先后和进度相差很大。黄河、海滦河、淮河的治理与开发规划早、建设早,黄河因三门峡水库建设受挫而使其他大型水库建设放缓,而海滦河、淮河的大型水库建设推进较快,到1970年代就已基本完成。东北的辽河及松花江、华东的钱塘江及瓯江和赣江、华中的湘江和汉江、华南的东江和北江的治理与开发在1950年代中后期便已开始,这些江河上规划的大型水库也多已建成。黄河中上游、乌江、红水河等江河上规划的部分大型水库在20世纪六七十年代开工建设并先后建成,尚有部分水库拟建。沅水、资水、澧水、清江、闽江等规划的大型水库多在1980年代开建,并已先后建成运行,拟建者所剩不多。长江上游干支流(金沙江、雅砻江、大渡河)及西南诸河(澜沧江、怒江)上规划的大型水库,只有少数在20世纪80年代末至90年代初才开始兴建。至于雅鲁藏布江及藏南和藏西诸河的大型水库建设,目前还处在规划阶段。

对比各水系及江河的大型水库建设规划与进展,中国今后的江河大型水库建设将在重点江河和少数区域高度集中。至2009年年底,在建和拟建大型水库在长江上游干流分别有1座和2座,金沙江(含通天河)分别有5座和16座,雅砻江分别有4座和11座,大渡河分别有6座和15座,黄河上中游分别有4座和16座,澜沧江分别有1座和12座,汉江(含堵河)分别有7座和5座,乌江有3座在建,柳江(含红水河、南盘江、北盘江)分别有4座和7座,嘉陵江(含白龙江)分别有2座,雅鲁藏布江及西藏诸河分别有2座和27座,西北诸河分别有1座和5座,东北诸河分别有1座和7座,而怒江拟建的大型水库有25座,在建和拟建的江河大型水库主要集中在金沙江(21座)、雅砻江(15座)、大渡河(21座)、澜沧江(13座)、汉江(12座)、柳江(11座)、怒江(25座)、黄河(20座)、雅鲁藏布江及西藏诸河(29座)等少数几条江河上。由于除汉江、柳江之外的几条江河分布在川西、滇西、青海东南部和西藏东部连片地区,所以这一片区便成为今后江河大型水库建设最集中的区域。

4. 大型水库建设难度越来越大

中国的江河大型水库建设在经历了 50 多年的岁月之后,面临的经济社会环境、区位及自然条件、国际环境有了很大的变化。这些变化有的对江河大型水库建设产生促进作用,有的则对其施加约束、增加困难,甚至使其遇到新的更为复杂的局面。虽然这些变化对江河大型水库建设影响的方向和强度各不相同,但从总的情况看,今后的建设会遇到更多更大的困难。

随着社会的进步,人们对江河大型水库建设的要求越来越高,不仅要求水库具有很好的防洪、发电、灌溉、供水、通航功能,还要求能较好地保护生态环境、尽可能少淹占资源和财产,尽可能减少移民搬迁。而要达到这些要求不仅使江河大型水库建设立项难度加大,而且还会使建设任务加重,建设及运行成本增加。随法律、法规的完善及公民权益维护的加强,江河大型水库建设中的土地征用、房屋拆迁、淹占补偿、移民安置等工作的程序会更加复杂,工作任务会更加繁重,工作难度会更大,付出的成本也会显著增加。可以预见,凡是对经济、社会、生态环境可能带来重大负面影响或风险巨大或因多种原因争议很大的江河大型水库,将很难立项建设。而低价征用土地、强制拆迁、淹占不足额补偿、移民低标准安置的办法也越来越难以推行,靠低价土地、低标准补偿和安置降低江河大型水库建设成本的做法已经走到了尽头。

中国在建和拟建的江河大型水库,主要分布在青藏高原东部及东南部、横断山脉、川西高原及云贵高原的深山峡谷,不少还位于高海拔、高寒地区。深山峡谷交通不便,使水库建设所需设施、设备、建筑原材料运输困难。能源等基础设施薄弱,使水库建设的前期工作任务大增。工作和生活条件的恶劣,带来施工难度的增大。地形地貌、地质结构的复杂及自然条件的严酷,使建设的难度和质量要求极大提高。一些在建和拟建的江河大型水库还位于地震带附近,更要求有很强的抗震能力。在这些地区建设江河大型水库无疑是一种巨大的挑战,不仅要做大量的前期准备、为施工创造基本条件,还要攻克一个又一个技术难关,克服建设施工中的各种困难以保证建设质量,也要投入大量的人财物力以满足建设的需要,同时还需要应对在特殊自然环境下大型工程建设可能遇到的风险。要将这些问题都解决好,而且还要万无一失,难度之高绝非过去的江河大型水库建设可比。

中国在建和拟建的部分江河大型水库有的位于出境江河(如澜沧江、怒江、雅鲁藏布江、额尔齐斯河等),有的位于边境界河(如黑龙江、鸭绿江等),前者需要与相关国家沟通,后者需要与相关国家合作。这些水库的建设与相关国家的利益或多或少有些联系,加之中国与相关国家的关系较为复杂,无论是沟通或合作都存在一定难度。好在界河的大型水库建设已与相关国家有良好合作,只有出境江河的大型水库建设尚有争议,还需要与相关国家协调,并争取国际支持。

5. 大型水库建设改革任务繁重

中国 50 多年的江河大型水库建设,既取得了举世公认的成就,也累积和遗留了不少问题,需要加以解决。改革开放 30 多年,经济社会发生了巨大变化,江河大型水库建设的条件发生了很大改变,思路与做法需要进行调整,以适应新的形势。无论是解决旧矛盾或是适应新形势,都只有通过深化改革才可能实现。由于现有管理体制及相关制度的约束、传统思维方式及理念的束缚、既定利益格局的形成,江河大型水库建设的改革不仅任务繁重,而且难度很大。

江河大型水库建设的规划与立项制度应当改革。目前的江河大型水库建设规划主要是由水利、水电部门组织专业技术人员,通过调查、勘测、分析、研究提出方案,经中央或省级政府主管部门(一般为发展和改革委员会)批准后生效。这一规划体制易受政府业务部门的左右与控制,不利于相关主体和社会公众的参与,并可能使规划更多偏向于水资源及水能资源的开发利用,而忽视江河治理及综合开发的其他要求。目前的江河大型水库建设立项,主要由业主或水利、水电部门提出可行性论证报告和立项建设申请,经政府主管部门组织评审,在审查通过之后批准立项建设。这一论证审批制度既可能受业主企业的操控和干扰,也易于受政府部门偏好的影响,难以作出客观准确的判断。现有的规划及立项制度不适应江河大型水库建设科学决策的要求,有必要改革和完善,重点是严格程序、明晰内容、确立标准、吸收相关主体参与,并建立相应的工作规范和责任追究制度。

江河大型水库建设及运营管理体制需要改革。中央直属电力企业(或集团)垄断、政府又直接卷入其中,使江河水资源和水能资源的控制权向中央政府集中、水电生产与供给的控制权向少数几家中央直属企业集中。中央政府对江河水资源和水能资源的过度控制,一方面可能影响其充分、合理和有效地利用或降低利用效率,另一方面也增大了中央政府对江河水资源和水能资源分配的责任与压力。中央政府直接参与江河大型水库的建设及运营,既削弱了对江河治理与开发宏观管理的有效性和公正性,也增大了责任与风险。少数几家电力巨头对江河大型水库建设及运营的垄断,阻塞了民间资本的进入及主要水电生产与供给竞争市场的形成。长此以往,这些企业可能会逐渐丧失其发展的内在活力、增加对政府的依赖,进而造成江河大型水库建设成本的增加和运行效率及效益的降低。江河大型水库建设及运营的现行体制与市场化改革的方向相悖,也带来了很多弊端,改革已势在必行。改革的方向是政府角色正确定位,当好管理者和决策者，逐步退出对江河大型水库的直接投资及运营，打破少数电力巨头的垄断，培育有序竞争市场，推进中央直属电力企业改革，增强内在发展动力与活力，依靠自身努力而非政府扶持得到发展壮大。

江河大型水库建设的淹占补偿制度必须改革。依靠行政力量低价征用土地、低水平补偿淹占财物、低标准安置移民，严重损害了淹占区和水库周边人民群众的合法权益，带来了一系列社会经济问题，并损害了政府与人民群众的关系，已经到了非改不可的地步。应当尽可能避免动用行政力量直接干预淹占土地征用、淹占财产补偿和移民迁移安置，建立起在政府指导下充分保障人民合法权益的土地市场化征用制度、淹占财物的协商补偿制度、移民安置的生活、生产（就业）及发展条件保障制度，并建立相应的监督检查制度和责任追究制度。只有这些制度的建立和完善及认真推行，江河大型水库建设中出现的利益矛盾和冲突才能得到缓解。

第二章 中国江河大型水库建设的动因

过去的半个多世纪里,中国在江河上修建了数以万计的水库。1980年代以来,在世界出现反对修建江河大坝的思潮和生态环保主义兴起的背景下,中国的江河大型水库建设不仅没有减少,而且越建越多,水库的规模也越来越大。出现这种情况,是由中国的特殊国情所致。

一、江河大型水库建设是社会经济发展的需要

在大江大河上兴建水库,既不是一件容易的事,也不是一个完美的选择。中国人近几十年在江河上筑坝建库,也并非对此情有独钟,而是存在深远的历史渊源和现实的经济社会根源,是以下一些原因促进了江河大型水库建设的兴起。

1. 减轻洪涝灾害威胁

中国地势西高东低,西部为山地,东部多为低矮平原,主要河流(海河、黄河、淮河、长江、珠江)都是发源于山地,自西向东流。江河径流居高临下,一出山谷即进入平原低地,极易造成洪涝灾害。加之主要江河上游集水面积广大,每年的5—9月(部分地区为4—11月)降水集中,不少地区还常出现多日连降暴雨,造成上游河水猛涨,巨大的洪水在山谷中横冲直闯,扫荡一切,并借助山势落差积累巨大能量冲出山谷,猛扑平原,毁坏乡村,城镇,淹没大片土地,造成巨大财产损失和人员伤亡。部分地区遭受洪水袭击后成为一片废墟,难以恢复重建。

由于特殊的地形,洪涝灾害始终与中国人相伴。在漫长的历史进程中,大江大河多次泛滥,给国家和人民带来了巨大而深重的灾难。黄河的大洪水曾使中原数省受淹,数千万人流离失所,数十万人溺毙。在近代,由于多种因素的综合影响,大江大河的水患更为频繁,大约三五年就会发生一次大的洪涝灾害,而小的洪灾几乎年年光顾,造成的

损失也越来越大。以近50年为例,1954年夏长江发生大洪水,湖北、湖南等数省受灾,大片土地被淹、众多城镇被毁,数万人被夺去生命,物资财产损失无数。1963年夏海河发生大洪水,河北大片地区沦为泽国,平地起水1—3米,工农业生产遭受重创。1981年夏汉江、嘉陵江上游多日暴雨引发山洪,汹涌的洪水横扫沿江两岸大片地区,毁坏公路和铁路上千公里、农田数万公顷、房屋上百万间,洪水所至席卷一切,地表物体荡然无存,陕西、四川两省遭受惨重损失。1998年夏长江上游和中游同时连降暴雨引发洪灾,华中、华东地区全面告急,湖北、湖南、安徽、江西、江苏等省大范围受灾,直接经济损失1600余亿元;松花江、辽河同时发大水,东北三省数十座城市和主要工业基地面临灭顶之灾,虽经奋力抢救脱险,但造成了巨大的财产损失。更为罕见的是,2003年8月渭河上游大范围暴雨引发洪水,使下游数县大片地区受淹,毁损民房数十万间,30余万人流离失所,直接损失近百亿元。

频繁发生的洪涝灾害,所造成的大量人员伤亡和巨大财产损失,使治理水患成为中华民族生存与发展的大事,并贯穿于数千年文明史的始终。从远古传说中的大禹治水,到历朝历代的江河堤防建设,再到现代的修堤、疏浚、筑坝,都是中国人民与洪涝灾害抗争的写照,同时也反映历代政府对治理水患的重视和努力。新中国成立之后,党和政府将大江大河治理、根治水患作为重大历史使命,在加强江河堤防建设、水系治理与疏导、防洪分流设施建设的同时,对建设江河大型水库蓄洪调洪、减轻洪涝灾害的治水方略,自然予以高度重视。先是在小江小河上兴建中小型水库积累经验,在国力和技术水平提高之后,便在大江大河上建设大型水库,利用水库巨大的容量和吞吐能力,调节洪峰、防御洪涝灾害。根治水患,防御洪涝灾害,是政府和人民群众的共同愿望,促成了江河大型水库建设在中国的兴起。

2. 抗御旱灾

中国是一个降水区域分布和季节分布都极不均衡的国家,南方降水多、最多年降水量可达1600毫米以上,北方降水少、最少的不足50毫米;冬春降水少、占全年降水量的30%以下,夏秋降水多、占全年降水量的70%以上。同时,全国不少地区在年际间的降水变幅也较大,在干旱年份和干旱季节,降水量不到正常水平的70%。降水的这一时空分布特征,导致中国的北方和南方都受到旱灾威胁。南方虽然降水总量丰沛,但一年四季都可能遭遇季节性干旱,冬旱、春旱时有发生,夏旱和伏旱在不少地区的发生频率超过80%。北方地区本来干旱缺水,水资源总量严重不足,受干旱威胁的程度更高。降水特征和水资源分布格局,造成北方农业发展要依赖人工灌溉,而南方农业发展也需要解决季节性缺水问题,使全国农业发展在总体上受旱灾威胁极大。

由特殊的气候环境条件所决定,中国旱灾发生频率之高、范围之广、危害之烈实属世界罕见。在历史上,不仅北方旱灾频繁,而且南方旱灾也时有发生,受灾范围小则数县、数十县,大则数省、十数省。严重的旱灾在河南、河北、山东、山西、陕西、安徽等省反复出现,而大范围旱灾在江浙、两湖、两广、四川和重庆也曾发生。在清代,几次大的旱灾都造成严重饥荒,上千万人沦为难民,上百万人成为饿殍。即使在水利设施有了极大改善的近50年,中国的旱灾也如影随行,局部旱灾连年不断,大范围的旱灾三年左右就有一次。大范围的旱灾可造成上千万公顷农作物歉收,轻的旱灾减产10%左右,重的旱灾则减产20%—30%,严重的旱灾还往往造成绝收。2006年7—8月川东大片地区和重庆全市连续大旱,100余县(市、区)的80余万公顷农作物严重减产或绝收,大片林木枯死,上千万人饮水困难,直接经济损失200余亿元。旱灾是中国农业的主要自然灾害,导致农业减产和农民歉收,大范围的严重旱灾,特别是连年大旱,还会造成饥荒,并对整个经济社会带来巨大冲击。

中国是一个13亿人口的大国,也是一个多种农产品产量居世界前列的农业大国,农业的发展关系国计民生,关系国家安全与稳定,历来备受关注与重视。兴修水利、建设灌溉系统,解除旱灾威胁,确保农业丰收,顺理成章地成为农业基础设施建设的重要任务。新中国成立后的半个多世纪,党和政府组织人民群众建库蓄水、修渠引水、解决农业灌溉问题,使耕地有效灌溉面积比重达到48.69%,在农业发展中发挥了巨大作用。但由于城镇化、工业化进程的加快,中国农业用水形势越来越严峻。北方广大地区地下水严重超采,水位急剧下降,部分河流干涸断流,使一些重要农产区失去水源,引发严重的农业用水危机。南方经常出现季节性缺水,在一些地区的干旱季节,不仅无水灌田,就连人畜饮水亦发生困难。在这一大背景下,建设江河大型水库,将丰季多余的水拦蓄起来,作为农业用水的储备,以解决干旱的灌溉用水,便成为合理的选择。

3. 获取可再生能源

中国改革开放以来,经济高速发展,人民收入和生活水平显著提高,对能源的需求也越来越多,已是世界第一煤炭消费大国、第二石油消耗大国,用电量也名列世界前茅。目前,世界能源(特别是石油、天然气)需求巨大、供给有限、价格猛涨,各大国对能源的争夺控制更达到白炽化程度。中国虽煤炭资源较丰,但石油、天然气资源不足,经济社会发展将长期面临能源紧缺的压力。为确保经济社会发展和能源安全,中国必须主要依靠自己解决能源供给问题。面对巨大而持续的能源需求,中国又必须在可再生能源上下工夫。水电是在现有技术条件下易于获取的可再生能源,不仅在一次性投资后可多年连续获取,而且产能量大、产能比较稳定、产能集中又便于输送,具有其他类型能源不具备的优势。

中国是一个水能资源极丰富的国家,水能资源蕴藏量在1万千瓦及以上的河流共有3886条,水能理论蕴藏量69440万千瓦、年发电量60829亿千瓦时,技术可开发量54164万千瓦、年发电量24740亿千瓦时,经济可开发量40179万千瓦、年发电量17534亿千瓦时,数量十分巨大[①]。水能资源主要集中在西部,占全国蕴藏量的85.8%,水能资源最集中的是西南地区,占全国蕴藏量的72.7%。西南地区的金沙江、雅砻江、大渡河、红水河、乌江、嘉陵江等江河,水量丰沛、流量稳定、落差很大,是理想的水电开发基地。西北地区的黄河上游也有较好的水电开发前景。西部地区的大江大河地处深山峡谷,在这些地方建设江河大型水库、拦截江河水流发电,具有淹占耕地少、移民搬迁任务轻、产能量大、投资较省、效益较高的优势。目前在西部地区已建和在建的江河水库都很大,发电装机容量小的上100万千瓦,较大的有500万千瓦,最大的有上1000万千瓦,每万千瓦装机的建设投资低的四五千万元,最高的1亿元左右,远远低于其他地区的建设投资成本。

建设江河大型水库生产电力,可以持续获取巨大的能源,供生产、生活直接使用。发展水电近期可以缓解中国电力供给的不足,长期可以提高水电在能源供给中的比重,实现水电对矿物能源(石油、天然气、煤等)的部分替代,缓解对矿物能源的需求压力。中国水电建设的实践,充分证明了水电在能源供给中的巨大作用,贵州水电为广东经济发展提供动力、二滩电站缓解四川和重庆用电紧张、三峡电站生产的巨大电力保障华中及华东地区使用就是明证。中国能源需求持续增长、石油资源相对不足、能源压力长期存在,利用自己丰富的水能资源建设江河大型水库生产电力,既是经济社会发展的客观要求,也是符合国情的现实选择。

4. 为城市和工业供水

随着社会经济的发展,中国的城镇化进程加快,城镇人口以每年超过1%的速度增长。2009年年底,城镇人口已达到6.45亿人,占总人口的46.6%。原有城镇的扩大、新城镇的不断涌现、城镇人口的急剧增加,使城镇用水量猛增,水资源供给严重不足,造成城镇用水十分紧张。据初步统计,在全国的600多个城市中,有400多个城市供水不足或严重缺水。不仅干旱的北方城市如北京、西安等严重缺水,就连降水丰沛的南方城市如广州、上海等也存在缺水问题。城镇缺水越来越严重,已成为中国经济社会发展中的热点。

[①] 《2009年中国水力发电年鉴》,中国电力出版社2011年版,第52—53页。

近十余年,中国工业化进程明显加快,每年以超过10%的速度递增。传统工业不断壮大,新兴工业迅猛发展,钢铁、煤炭、水泥、家电、服装、通信设备等工业产品位居世界之首,很多其他工业产品生产规模亦居世界前列,中国已成为名副其实的世界制造基地。工业的大发展导致对水资源需求大增,造成不少工业基地严重缺水,轻者影响正常生产,重者甚至使企业被迫搬迁。

城市和工业用水的猛增,一方面使不少地区超采地下水,另一方面挤占农业用水和生态环保用水,带来一系列经济、社会、生态环境问题。北方很多城市和工业区连年超采地下水,造成地下水位猛降,形成地下漏斗,滨海地区甚至造成海水入侵。不少地区为保证城市和工业用水,截堵河流、抢占水源,造成下游缺水,农业发展受到严重影响,生态环境遭到破坏,并由此引发区际之间、产业之间、社会群体之间的用水矛盾与纠纷,有时甚至为争水酿成群体事件。

中国是一个水资源人均拥有量偏少、而时空分布又极不均衡的国家,随着社会、经济的发展,对水资源的需求也随之增加。尽管可以采取多种节水措施降低水资源的消耗,但需水量增加、水资源供给的紧张状况难以逆转。在这一大背景下,对水资进行科学的时空配置、合理调度,就成为解决供需矛盾的现实途径。在江河上建设大型水库,将丰水季节的江河径流拦蓄一部分形成稳定的水源,既可以就近为城镇和工业基地供水,又可以通过调控缓解局域地区季节性缺水问题。江河大型水库可以蓄积数十亿至数百亿立方米水量,使其成为巨大的水源地,为跨区域调水、供水提供可靠水源保障,以缓解水资源地域分布不均的矛盾。很显然,兴建江河大型水库、蓄积一部分水资源调节使用,对保证水资源的合理利用和稳定供给,在现实条件下是一种可行的选择,也是一种相对可靠的办法。

5. 减少用煤污染

中国是世界上少数几个对煤炭依赖程度很高的国家,在一次性能源消耗中,煤炭占比高达68%左右,比世界平均水平高出40多个百分点。大量用煤产生巨量烟尘、二氧化碳、二氧化硫、氮氧化合物,污染大气、水体和土壤,造成严重的生态环境破坏,不仅给经济社会发展造成巨大危害,也引起其他国家的非议。解决大量用煤产生的生态环境问题,既是中国经济社会可持续发展的需要,也是中国应尽的大国责任。

由资源禀赋所决定,煤炭是中国的主要能源,解决燃煤产生的生态环境问题,最直接的办法就是减少对煤炭的消耗;而要使煤炭用量真正减下来,就需要有其他较为"清洁"的能源对其实施替代,并且这种替代要在技术经济上可行。在众多的可替代能源中,水电具有开发量大、应用普适性强、开发技术成熟、替代成本较低、便于传输等众多优点。利用水力发电,因源源江河水流不息,使电力生产持续稳定性强;水电生产、输送、使用不产生有形废弃物,对生态环境负面影响较小;水电价格不高,用户不增加用电成本,易于接受。同时,水力发电是利用流水的动能与势能,并不直接消耗水资源本身,不会因生产电力造成水资源在数量上的减少。

在中国的电力生产中,火电占了绝大部分,而火电又主要是燃煤发电。火电是主要的用煤大户,也是造成生态环境污染最重的行业。兴建江河大型水库,利用水能发电增加电力供应,用水电替代部分煤电,具有诸多好处。首先,可促进可再生水能资源开发利用,节省储量有限而又不可再生的煤炭资源消耗;其次,可减少煤炭的生产、储存、运输数量,减轻煤炭开采过程中对土地、水资源的占用,减轻煤炭生产、储运过程中对生态环境的污染;再次,可直接减少发电用煤,减少燃煤污染物排放量,减轻生态环境污染的压力;最后,水电与煤电生产的产品都是电力,完全是同质的,煤电用户改用水电勿需更新用电设施、设备,不增加用电成本,在用户层面不存在替代障碍。从水电替代煤电的角度,可以实现一举多得。以三峡水库为例,其水电生产能力相当于5000万吨煤的发电量,即在三峡水库全部建成发电后,每年可省去5000万吨的发电用煤,其生态环保效果十分明显。综合权衡,中国发展水电以实现对煤电的部分替代,不仅在改善生态环境上是有效的,而且在技术经济上也是合理的。

6. 改善内河航运

内河航运在中国漫长的历史进程中,是最重要的交通运输通道,只是由于近代铁路、公路、航空运输的发展,内河航运的总体地位才有所下降。但由于内河航运具有运量大、运输成本低、航道不占用陆上土地等独特优势,内河航运业特别是货运业仍保持很大规模,在货物及人员运输上仍发挥着重要作用。在可预见的未来,内河航运业还有很大的市场需求和发展空间,不应对其有所忽视。

内河航运的基础是航道,深水、平缓、宽阔的河道才能使航运实现安全、便捷、大运量和低成本。而中国江河的上游或中游多在山谷中穿行,不仅水面较窄、水流湍急、礁石险滩丛生,而且弯道多、弯道大,航运能力受到很大限制,且极不安全。江河流入平原后,虽水面宽阔、水流平稳,但因上游来水季节变化较大,在冬春枯水季节航道变窄、水位降低,同样使航运能力受限。鉴于此,加宽加深上游航道、保证下游来水稳定,便是改善内河航运条件的基本对策。而要达到这一目的,只有在江河上游兴建大型水库,一方面通过蓄水使上游河道加宽加深,另一方面通过水库调节使下游水量相对稳定,使通航能力得到总体提高。

中国的不少江河本来就具有通航条件,但因航道存在一些障碍,导致航运能力不强。在过去几十年中,虽经除险、疏浚而使航运条件有所改善,但未能从根本上改变航道较差的问题。经过长期探索,在江河上游建设大型水库,可以明显改善航运条件,增强内河航运能力。以三峡水库为例,水库建成后可改善长江上游近700公里航道,并使下游航道终年畅通,通航船队等级可由3000吨提高到5000吨,航道运输通过能力可由1000万吨提高到5000万吨以上。

二、中央政府对江河大型水库建设的推动

新中国成立之后,中央政府在不同时期始终对江河大型水库建设给予高度重视,集中全国的人力、物力、财力推进建设,使江河大型水库建设经久不衰。中央政府大力推动江河大型水库建设,有其外在的压力和内在的冲动,压力和冲动的结合,使其成为江河大型水库建设的主要推动者。

1. 治理江河水患的历史重任

中国江河水患频繁,小洪灾年年有,大洪灾三五年就有一次。轻的洪涝灾害造成数百万人受灾,严重的洪涝灾害则使数千万人甚至上亿人遭灾,给人民生命财产造成巨大损失。

为保障用水的供给和交通运输的便捷,中国历来有依江河建城的传统,全国很多大中城市和众多小城市、集镇都紧靠江河。这些城市和集镇人口高度密集、工商业发达,是社会、经济、科技、文化发展的中心和极点,一旦遭遇特大洪灾,损失极为惨重。中国的大江大河上游为连绵山地,中下游为低矮平原,上游集水面积广大,一旦夏秋两季上游大范围暴雨或连绵大雨,上游沿江河的富庶河谷地带首先遭受洪水洗劫,洪水进入中下游更是势不可挡,造成大范围洪涝灾害。

频繁发生的江河水患及其所造成的重大损失,使中央政府面临治理江河水患的重大历史责任。江河两岸广大人民群众饱受洪灾之害,免遭洪涝威胁是世代的强烈愿望,政府在历史责任和人民愿望面前自然不能也不应回避,组织治理江河、根治江河水患,便成为顺应潮流的理性选择。

从防治水患的角度,江河治理是为了防灾减灾,保障人民生命财产安全,保证人民安居乐业和经济社会稳定发展,属于公共工程建设,这便成为政府的一项责任。对于大江大河的治理,因其涉及范围广(跨省区)、建设任务艰巨(工程量大、难度高)、建设投资巨大(财力、物力、人力投资数量大)、建设周期长(数十年坚持),只有中央政府才有能力组织、动员和推进。因此,中央政府便成为大江河治理的重要角色,且这一角色不能由

其他主体所替代。

基于上述原因,新中国成立以来,中央政府始终将治理江河水患作为安邦治国的大事来抓。开国领袖毛泽东亲临黄河、长江考察,并发出治理大江大河的号召。为治理水患频发、危害严重的大江大河,中央还成立了长江水利建设委员会、黄河水利建设委员会、海河水利建设委员会,专门研究和规划其治理的重大问题。在国家发展的中长期规划和每一个五年计划(规划),江河治理都作为重要内容给予高度重视。无论是在经济困难的 1950—1970 年代,还是国力有所增强的 1980 年代至今,中央政府每年都投入很大的财力,组织动员人民群众对众多江河、特别是大江大河进行有计划的治理,并取得了显著成效。海河的堤防建设和子牙新河的开凿,使华北平原的洪涝灾害基本解除。黄河堤防的加固和上游调洪、蓄洪水库的建设,使黄河流域在近几十年未发生大的洪涝灾害。淮河的治理虽未消除其危害,但已使洪涝次数减少和程度降低。长江堤防的建设、通江湖泊的疏浚、分洪区的设置,以及上游干流和支流调洪、蓄洪水库的兴建,使洪涝灾害的危害程度大为减轻。

随着国力的增强和技术水平的提高,中国近 30 年来更加重视在江河上游建设大型、超大型水库,用于蓄洪调洪,以防治和减轻中下游的洪涝灾害。作为江河水患治理的重要组成部分,江河大型水库建设更受到中央政府的特别重视,建设规划由中央政府组织制定,勘测设计由中央政府组织权威机构和专家完成,建设立项由中央政府审批,建设及运营由中央政府确定业主承担,建设及运行中的多种复杂关系由中央政府协调,投融资得到中央政府的强有力支持。正是由于中央政府的大力支持和推动,中国的江河大型水库建设才会有如今突飞猛进的局面,才会出现一座座大坝屹立于江河、一个个高峡平湖惊现于世界。

2. 基础设施建设的艰巨任务

江河大型水库具有调洪减灾、蓄水供水、农业灌溉、生产电力、改善内河航道等多种功能,这些功能对国家经济社会发展起着基础性作用,故其建设属于基础设施的范畴。在 1949 年之前的中国,江河大型水库建设几乎是一片空白,在新中国成立之后加强建设,具有典型的发展与补课的双重性质和特点。

中国传统上的江河水患治理,主要是加高加固河堤以防治洪水泛滥成灾。这一拦堵式的治水之法,并不能减少江河汛期洪水流量,一遇特大洪水,往往对河堤造成巨大威胁,若河堤溃决更会造成毁灭性后果。加之泥沙淤积河床,河堤越建越高,以致江河水面高过堤外平地,成为地上悬河。在江河上游建设大型水库蓄洪调洪,使江河中下游在汛期的行洪流量控制在安全范围内,既可使中下游地区减少洪水威胁,又可减轻河堤压力和确保河堤安全。事实证明,综合应用大型水库蓄洪调洪和江河堤防拦堵洪水,可以显著提高治理江河水患的安全性和可靠性。基于这一理由,中央政府高度重视和推动江河大型水库的建设。

中国是水资源并不丰富、人均占有量低且时空分布极不均衡的国家,水资源已成为继能源、矿产之后对国家发展产生重大影响的制约因素。江河汇集地表径流,是主要的水源,具有来水量大而又较稳定的特征。在江河上游建设大型水库,将丰水季节的部分水资源蓄积起来,供枯水季节和缺水地区使用,是解决我国水资源不足的可行办法。特别是在中国工业化和城镇化进程加快、用水量增加而供水又明显不足的情况下,兴建江河大型水库储备水源,保障城镇和工业用水,已经刻不容缓。由于中国的西北、华北地区缺水严重,国家已制定了"南水北调"的宏伟规划,要实现调水,也需要在水资源较丰沛的江河建设大型水库储备水源。这些原因加在一起,也使中央政府下决心建设江河大型水库这样的水源储备基础设施。

中国是人口大国,也是农业大国,农业发展关系国计民生,也直接影响世界农产品的供求态势与价格变化。虽然农业在国民经济中的比重不断下降,但农业在中国的重要地位不仅没有降低,反而得到增强。中国农业基础薄弱,水旱灾害频发,沿江河地区的农业遭受洪涝灾害威胁极大,干旱及半干旱和季节性干旱地区的农业则饱受缺水摧残。在水旱灾害的双重胁迫下,水利成为中国农业的命脉,农田灌溉设施建设更是重中之重。为保证农业稳定发展,建设江河大型水库防治洪涝,以水库为源头建设农田灌溉系统,便成为长久之策。出于对农业发展和国家粮食安全的战略考虑,中央政府始终如一地对包括江河大型水库在内的水利基础设施建设给予大力扶持和推动。

中国 30 余年的经济高速增长和人民生活水平的提高,对电力的需求越来越大,尽管电力生产能力增长迅速,但仍然不能充分满足消费需求。在今后的一个相当长的时期内,还需要建设一批发电站,以增强电力生产与供给能力。中国水能资源丰富、石油和天然气资源相对不足,核电燃料的矿藏也不丰厚,利用水能生产电力是从长远解决能源问题一条现实途径。建设江河大型水库,利用蓄积的水能生产电力,在一次性投资后可长期获得电能。水电是可再生能源,生产过程不消耗水量,不产生污染,对生态环境的负面影响较小。江河大型水库发电量大,生产稳定,运行成本低。由于水电的这些优点,中央政府推动兴建江河大型水库、建设水电生产基地在所必然。

更为重要的是江河大型水库一般兼有多种功能,一旦建成可以发挥多种作用。这种社会公益功能和经济功能兼备、一举多得的基础设施建设,无疑对中央政府具有很大的吸引力,也自然受到青睐。正是受到中央政府的重视和推动,中国在 20 世纪五六十年代才有对江河大型水库建设的勇敢尝试,70年代才有对江河大型水库的成规模建设,80年代至今才会有江河大型水库建设的热潮。

3. 巨大经济利益的诱引

江河大型水库在客观上可以发挥多种功能,但就兴建的大多数江河大型水库而言,其主要目的还是为了生产电力,其他功能只是兼而有之。由于江河大型水库库容大、水量足、落差大,因而发电装机容量大、发电量大且较为稳定,加之上网电价较高,运营效益很好。江河大型水库虽然建设投资巨大,但使用寿命很长,运行成本很低,投资回报率很高,在大型基础设施建设中是效益很好的投资领域。

大型水电项目建设的良好经济效益,对中央政府投资江河大型水库建设产生很大的吸引力。在计划经济年代,江河大型水库建设直接由中央政府投资,建成后属于国有企业,直接由中央政府或其指定的部门进行管理,以电力生产为主的收益归中央政府所有。在经济体制转轨后的市场经济年代,中央政府不再直接对江河大型水库进行建设与运营,改由其所指定的国有或国有控股电力生产企业作为业主,通过向业主注资、调拨国有资产等手段,对江河大型水库的建设与运营实施控制。江河大型水库以发电为主的收益,通过国有或国有控股企业转归中央政府所有。

中央政府是国家利益的代表者,按理不应有超越公共利益的独立经济利益,更不应对这种经济利益进行追求。政府的职责是为社会提供公共品和公共服务,不应直接从事产业经营活动。但事实证明,中央政府历来具有增加财源、扩大预算的强烈偏好和冲动,以便为自己实现特定的行政目标提供可靠的财力支持,使自己处于更加有利和主动的地位。在这种偏好支配下,加之所掌握的巨大经济资源,中央政府便具有投资和推进江河大型水库建设以获取丰厚回报的强烈愿望,并有能力将这种愿望变为具体行动,以增加财源。以三峡水库为例,建成后年发电量超过800亿千瓦时,水电生产的收益巨大,是国家的利税大户、中央财政增收的来源。除扩大财源、增强经济实力之外,中央政府还有控制重要资源和产业的倾向。水资源是经济社会发展的重要资源,水电是重要的能源产业,中央政府通过对江河大型水库建设的直接和间接投资、强有力的推进、严格的管理,可以十分有效地控制数量巨大的水资源和电力生产,并以此对全国经济社会发展实施调节与控制。仍以三峡水库为例,建成后可蓄水393亿立方米、年均发电量847亿千瓦时,中央政府可以通过对水资源和电力的调度,对西南、华中、华东大片地区经济社会发展实施调控。

在计划经济时代,中央政府直接从事江河大型水库的建设与运营,利用财力和行政手段直接推动。在目前,中央政府通过国有或国有控股企业从事江河大型水库建设与运营,表面上是企业推动,实际上中央政府通过对这些企业的控制和管理,以及对工程建设的投资、相关政策的制定与推行,使用行政和经济两种手段,牢牢掌握了江河大型水库建设及运营的权力。在企业行为的背后,中央政府仍然是事实上的"大老板",仍旧是推动江河大型水库建设的决定性角色。

4. 能力展示与形象塑造

江河大型水库建设不仅投资巨大,而且技术复杂且要求极高。只有当一个国家具备了一定的经济实力,且掌握了相关的技术之后,自主建设江河大型水库才有可能。如果一个国家能自主建设质量优良的江河大型水库,并在防洪、发电、供水等方面长期发展良好作用,表明这个国家在众多科学技术领域已达到世界先进或领先水平。

对中央政府而言,江河大型水库建设是能力的展示:一是展示出中央政府有能力在存在多种意见纷争的情况下,协调各方面的意见,对江河大型水库这样具有重大影响的基本建设项目作出决策;二是展示出中央政府有能力在短期内组织动员和集中大量的人力、财力、物力,建设江河大型水库这样的大型、超大型基础设施工程;三是展示中央政府有能力协调各方利益关系、调动各方面的积极性,推进江河大型水库这样复杂艰巨工程建设的有序进行和顺利开展,并能按计划完成和发挥效能;四是展示中国已具有较强的经济实力,有能力成百上千亿投入江河大型水库这样的基础设施建设,且不会对经济社会发展的其他方面造成冲击;五是展示中国的科学技术已达到了很高的水平,有能力解决江河大型水库建设与运行中的一系列科学技术问题,在相关的科学技术领域已步入世界先进行列。

江河大型水库建设,也是中央政府的一个形象塑造。首先,通过建设江河大型水库治理水患、防范和减轻洪涝危害、完成中华民族千百年治水宿愿,可以塑造中央政府亲民、爱民、勇于承担历史责任、完成历史使命的形象。其次,通过建设江河大型水库这样的基础设施,为经济社会长远发展奠定牢固基础,可以塑造中央政府目光远大、宏才大略、深谋远虑的形象。再次,通过对江河大型建设的推动和建成后作用的发挥,可以塑造中央政府坚强有力、行政效率高的形象。

江河大型水库建设对中央政府能力的展示和形象的塑造,有利于提高威望,取得人民的信任与支持。而崇高的威望和人民的信任与支持,是中央政府最宝贵的政治资源和坚实的社会基础,可以为顺利施政带来诸多便利和好处(如提高施政效率及降低施政成本),这对中央政府是孜孜以求的。因此,中央政府在时机成熟时积极推动江河大型水库这样具有重大影响的工程建设,便有其必然性,可谓是一种"优化选择"和"理性行为"。

三、地方政府对江河大型水库
建设推波助澜

对中央政府推进江河大型水库建设的决策,水库所在地方政府(主要指省级和区、县级政府)不仅支持和拥护,而且主动争取和促成,表现出极大的热情。地方政府对江河大型水库建设的主动与热情,既有政治上的原因,也有经济上的考量。正是政治和经济上的需要,地方政府在江河大型水库建设上推波助澜,成为重要的推动者。

1. 地方政府对中央政府的支持与服从

在中国有"下级服从上级"、"地方服从中央"的历史传统,中央政府与地方政府之间是一种上级与下级、领导与服从的关系。中国又是一个中央集权的国家,社会经济发展重大决策由中央政府决定、地方政府执行。在这种行政架构和体制安排下,中央政府要求地方政府在重大决策上与自己保持一致,而地方政府也把"与中央保持一致"作为行为准则。

对于江河大型水库建设,中央政府在作决策时虽然也要认真听取和重视地方政府的意见,但决策的依据主要是国家总体发展的需要,并且在作出决定后难以更改。在这一情况下,地方政府对赞同的江河大型水库建设项目自然会支持和拥护,对不赞同的江河大型水库建设项目也只能服从。地方政府的这一行为准则是明智的选择,既可以表明对中央政府的尊重和决策权的认同,也可以表明对全国发展大局的顾全,还可以表明对中央政府决定的严肃对待和服从态度。当然,地方政府出于多种原因,本身对江河大型水库建设就很热衷,一般不会反对中央政府推进建设的决策。只有当某个具体的江河大型水库建设损害了地方的利益时,这些地方的政府才会提出要求,其目的是为了维护和争取自己的利益,而不是反对江河大型水库建设。中央政府可以利用所掌握的政治资源和经济资源,采取不同的方式满足或部分满足地方政府的要求,以"换取"地方政府对江河大型水库建设的支持。

地方政府在江河大型水库建设中对中央政府决策的支持与服从,一方面使江河大型水库建设项目在论证与立项上易于过关,另一方面也使中央政府在制定和实施江河大型水库建设相关政策上减少阻力,还使中央政府可以利用地方政府的支持与服从顺利推进江河大型水库建设。在这个意义上,地方政府对江河大型水库建设是一个重要推动者。

2. 水库所在地方政府对发展的渴望

江河大型水库的所在地区,是指水坝和水库所在的行政辖区。这些地区要为江河大型水库建设让出土地、搬迁部分城镇和工矿、迁移安置移民,要遭受一些损失。按常理,这些地区的地方政府对江河大型水库建设不会积极主动,但事实正好与此相反,不仅不会反对、抵制,而且还会竭力争取。在中国出现这种反常情况,有其特定的经济社会原因。

首先,渴望引起国家重视和社会关注。江河大型水库一般建在江河上游,这些地区较为偏僻,远离国家和区域政治、经济、文化中心,社会发展缓慢、经济贫困、科技文化落后,又未得到国家的充分重视和社会的扶持。一旦江河大型水库开工兴建,这些地区的社会发展和经济建设便会引起国家的重视和社会的关注,得到较多的发展机会和外部支持,摆脱边缘地位,走上新的发展轨道。因此,地方政府把江河大型水库建设视为本地区发展的良好机遇、趋之若鹜、梦寐以求。江河大型水库建设也与国家其他大型建设项目一样,在哪里落户,那里的地方政府就认为给自己送来了发展机会,给予接纳与欢迎。基于这一态度,地方政府还会为江河大型水库建设提供多种帮助和便利,如提供土地及劳动力资源,帮助完成城镇和工矿搬迁、移民安置,完成水库建设的相关配套工作等。

其次,借机改善发展的基础条件。江河大型水库的建设区,不仅地处偏远,而且多为山区,有的还是大山区,交通、通信、能源基础设施落后,建设难度高、投资巨大,没有外部支持、单靠本地区的力量很难完成。江河大型水库的建设及建成后的运行,自然会对所在地区的交通、通信、能源设施进行建设,并使其受益。江河大型水库建设可以带来基础设施条件的极大改善,完成这些地区想完成而又无力完成的交通、通信、能源设施建设的艰巨任务,为其经济社会发展创造基本条件,具有很大的诱惑力。同时,江河大型水库建设区的城镇设施一般也很落后,一些淹占城镇通过搬迁重建,可以很快改变落后面貌,成为新的区域经济、文化中心,促进区域经济社会发展。江河大型水库建设可能给建设区带来的这些实惠,诱使地方政府的支持和欢迎。

再次,借机引进资金和建设项目。江河大型水库的建设,不仅能改善所在地区的发展条件,而且还将所在地区的发展前景充分展现出来,吸引国内外投资者来投资兴业。加之中央政府对江河大型水库所在地区的一系列扶持政策和投资优惠措施,使在这类地区的投资和建设项目具有一定的优势。而外来资金的投入和新的建设项目的启动,无疑会推动这些地区的经济发展。同时,中央政府号召和安排沿海发达地区对江河大型水库所在地区进行对口支援,沿海省区不仅会给予技术、资金、项目的援助,而且还会将一些产业向这类地区转移,促进其经济社会发展。正是由于江河大型水库的建设,才使这类地区引进资金和项目成为可能,因此,这些地区的政府对此表现出极高的热情。

3. 水库所在地方政府对利益的追求

水库所在地方政府对江河大型水库建设的欢迎与支持,有其政治利益和经济利益的追求。所谓政治利益,是地方政府可以因有力支持和坚决拥护中央政府的决策,而得到信任和更多的支持。所谓经济利益,是利用江河大型水库建设发展地方经济,改变贫困落后面貌,增加财政收入来源,壮大地方经济实力。

在中国行政层级关系分明、地方自治权较弱的体制下,地方政府与中央政府的关系表现得极为重要。地方政府对中央政府决策的支持和拥护,可以保证全国政令的统一和通行,相应也可以得到中央政府的信赖、重视和扶持,并获得更多的政治资源和经济资源,用于地方经济社会发展。在江河大型水库建设上,所在地方政府支持中央政府的决策,并积极参与其中,将所承担的各项工作做好,可以表现出"顾全大局"的风范、"勇担责任"的精神、"完成任务"的能力,树立"值得信赖"、"坚强有力"的形象,从而得到中央政府的肯定和重视。中央政府也会对这样的地方政府更加信任,更多地支持其在地方经济社会发展中所作出的努力。

中央政府不仅享有极高的权威,而且还拥有巨大的经济资源,可用于经济社会发展的调节与调度。为了江河大型水库的顺利建设和建成之后的安全运行,中央政府可以利用行政权力制定有利于水库所在地区发展的多种优惠政策,也可以利用所掌握的经济资源直接支持水库所在地区的发展。这些举措对长期不被重视、发展举步维艰的水库所在地区而言,真是雪中送炭、梦寐以求。在中央政策倾斜和投资扶持下,水库所在地区的经济发展速度会加快,发展质量和水平也会提高,地方经济实力亦会相应增强。同时,江河大型水库建设工程浩大、投资巨大、建设周期较长,对所在地区的建材业、建筑业、农业、食品业、服务业、生态环保业等一系列产业的发展,具有极大的拉动和促进作用,使这些产业在水库所在地区得到快速发展和提升,进而推动地方经济的成长与壮大。江河大型水库建设对所在地区经济发展的激活和拉动效应,对地方政府是一个巨大的诱惑,使其对江河大型水库建设表现出极高热情,起到推波助澜的作用。

江河大型水库工程建设及由此引发的迁建、复建工程建设,建设周期长、投资巨大,这些建设投资都需要向水库所在地区交纳数量可观的税费,使地方政府增加一笔不小的财政收入。同时,水库建成发电后每年也要向当地政府纳税,因大型水库发电收益数额巨大,纳税数额亦不在少数,成为了水库所在地方政府的稳定财源。水库建设税收和水库运行收益的纳税,对地方政府是十分诱人的,所以他们不仅不会反对江河大型水库的兴建,而且还会主动争取。

4. 水库建设受益地区的趋利取向

江河大型水库建设受益地区,指水库所在地区之外的享受水库防洪、灌溉、供水、供电及其他好处的地区。这类地区在不遭受水库建设损失、不担负建设投资的情况下享受诸多好处,对江河大型水库建设自然会摇旗呐喊助威并竭力促成。

与水库所在地区相比,水库建设受益地区不需要让出土地,没有城镇和工矿的淹占,不存在移民与安置,不承担水库生态环保任务,不承受水库建设及运行带来的灾害风险,不受水库建设对经济发展的约束。虽然也承担诸如安置少量移民、对口支援水库所在地区建设的轻微任务,但从总体上看,这些地区不会为江河大型水库建设承担风险、分担责任,更不会面临冲击和压力。对中央政府推动于已毫无损害的江河大型水库建设,受益地区的地方政府只会支持和拥护,而不可能反对与阻挡。

江河大型水库建设,可以利用巨大的库容拦蓄和调节洪水,使水库大坝之下广大地区减轻或免遭洪涝灾害威胁与损失。一是使这些地区人民生命财产得到基本安全保障,不必年年为洪水来临而提心吊胆;二是大幅度减少甚至免除洪灾造成的巨大财产损失,降低经济发展的自然风险;三是大大减轻防洪压力,减少防洪支出,节省防洪人力、物力和财力;四是减少或消除分洪压力,使原有蓄洪及分洪区得到有效利用。例如三峡水库建成后可以拦蓄百年一遇的大洪水,使下游的两湖、江浙、安徽、江西等省免遭类似1998年那样的洪灾,免除上千亿元的经济损失。这些省在不进行投资、不承担风险的情况下,能享受到如此巨大的好处,防洪压力又会大为减轻,对三峡水库建设自然是求之不得。

江河大型水库所生产的巨大电力,可以远距离输送到广大地区,供生产、生活使用。特别是西南的水电,对华中、华东、华南广大地区的经济社会发展有很大支持作用,不仅使这些地区节省电力生产投资,还使这些地区因减少本地电力生产而降低安全风险和生态环境污染。这便使需要大量输入电力的地区对水电生产抱有极大期待,必然对能够提供大量电力的江河大型水库建设积极支持,并大力促进其上马。

江河大型水库蓄水量大且水头较高,是周边及下游地区生活、生产用水的理想水源地,也是跨区域(甚至跨流域)调水的水源地。对于受水地区,江河大型水库就是他们的水源储备库,不仅供应充足可靠,而且部分区域还可自流引水。受水地区自己不花钱建设,就可得到水源保障,当然是一件大好事,这些地区的政府自然也会支持和促成江河大型水库建设。

四、国有大型电力企业的推动与运作

在电力生产体制改革过程中,中央政府组建了华能、大唐、华电、国电、电力投资、三峡工程等国有或国有控股大型电力生产企业(集团)。这些企业与中央政府关系密切,得到中央政府有力支持,经济实力雄厚,在巨大电力市场吸引和高额利润驱使之下,圈占水库建设地盘、运作水库建设项目上马、推进水库工程建设,充当了江河大型水库建设的急先锋。

1. 巨大的电力市场诱惑

改革开放以来,中国经济以9.8%的高速度递增,特别是工业、商贸业、服务业更是超高速增长,经济总体规模也越来越大。经济的高速增长,带来用电量的急增,尽管电力生产增长也较迅速,但仍然满足不了市场对电力的巨大需求。电力供应存在的缺口,不仅造成沿海发达地区供电不足,而且在内地欠发达地区也存在用电紧张。每年因电力供应不足,导致部分企业间歇停产或减少生产,经济损失很大。还有部分地区因电力缺乏,产业结构调整升级受到一定制约,影响了区域经济发展。

中国经济的高速发展,带来了城镇化进程的加快。原有的城市和集镇规模急剧膨胀,新的城市和集镇不断产生,城镇人口每年以超过1%的速度增加。随之而来的城镇建设、城镇日常运转、城镇居民生产与生活用电大幅度增长,更加重了全国电力供应的紧张,使不少城镇在夏季和冬季生活用电高峰期限电、分区供电甚至停电,缺电严重的城镇还出现停生产、保生活用电的情况,不仅严重影响了城镇居民正常生活,还给经济发展造成一定损失。

随着中国农村经济发展和农村生活水平的提高,农业生产用电、农产品加工用电、农民生活用电大幅度增加,更加剧了全国电力供应的紧张。除了农忙季节和农业抗灾用电基本能得到保证外,一到夏季和冬季用电高峰期,广大农村地区经常大范围停电,农民生活受到极大影响,对农村经济发展亦造成很大损失。

近年来人们的生态环保意识增强,大多数城市和部分行业为降低污染,严格控制对煤炭的使用,改用电作为能源,部分家庭也改用电作为生活能源,使全国电力消费量大增。同时,国家为保护生态环境,强行关闭了一批小型火电厂,减少了部分火电生产能力,在一定程度减缓电力生产的总量增长。

上面的这些因素加在一起,使中国的电力需求呈现爆发式增长,电力市场出现供不应求的局面。从近期和中期看,中国对电力需求增长的因素还在强化,对电力需求增长的态势还会延续,电力生产与供应的市场前景一片光明,发展空间很大。在这种情况下,大型电力企业争夺水电建设地盘、抢建大型水电项目、抢占全国电力市场,以谋求自身发展壮大便顺理成章。

2. 巨大的经济利益吸引

在我国电力生产不足、市场需求旺盛、电价较高的情况下,整个电力生产行业的投资回报和盈利水平较高,且市场风险较小。对于这样的优势行业,众多投资者都想进入,国有和国有控股大型电力企业自然也不例外。从能量转化的角度,规模化的电力生产可分为煤电、水电、核电、风电四大类,它们在技术经济效益上各具特点,但从总体上衡量,水电具有更大的优势。

首先,水电产能量大而集中。建设大型江河水库利用水能发电,装机容量可达数百万甚至上千万千瓦,年发电量可达数百亿甚至上千亿千瓦时,这是煤电、核电难以达到的,风电更是望尘莫及。单个电站的生产能力巨大而集中,不仅便于管理和调度,而且有利于对大片区域集中供电,既提高电力供应的保障程度,又提高企业对电力市场的占有率。同时,单个电站的电力生产量巨大,其产值、利税总量亦会十分庞大,有利于增强企业的经济实力和市场竞争能力。

其次,水电获益期长且总量极大。建设江河大型水库发电,投资巨大(少则上百亿元,多则上千亿元),回收期较长(短则 10 年左右,长则 15 年左右)。但水库建成之后使用时间可长达百年左右,虽发电能力会随水库泥沙淤积而逐渐降低,但在完全收回建设投资后,仍然有长达几十年的净盈利期。江河大型水库发电量巨大,每年的电力生产收益可达数十亿甚至上百亿元,在一个极长的回报期内,获益总量极为巨大。在投资回报上,建设江河大型水库生产电力的效益是极高的。

再次,水电可变生产成本低。江河大型水库建成之后,利用蓄积的水能发电,水电站运行及电力生产成本(可变成本)低。一是水电生产只是利用水的动能和势能,并不需要消耗水资源,对水能的利用基本上是不用付费的,省去了煤电、核电生产中大量的燃料费用;二是水电生产不直接产生废渣、废气、废水,没有直接的"三废"治理任务,省去了煤电、核电生产中的巨额"三废"处理开支;三是水电生产是在常温常压下进行,电站设施及设备维护相对容易,费用亦相对较低。

由于建设江河大型水库生产电力存在的巨大经济利益,使国有及国有控股电力企业竞相抢占水电生产资源,拼命争夺水库建设及经营权。造成凡是有可能建设江河大型水库的地盘都被这些公司圈占,凡是有可能上马建设的江河大型水库,这些公司都争先恐后地上马。而民营的和地方国有的电力企业也不甘落后,拼命在江河小型水库建设上进行争夺,谋求在电力生产行业分享利益。如此一来,便出现了江河水库建设、特别是大型水库建设一哄而上的局面。

3. 强大经济实力的支持

国有或国有控股电力企业,既有建设与经营江河大型水库的强烈欲望,也有建设与经营江河大型水库的经济实力。正是由于强大经济实力做后盾,才使这些企业有能力将建设江河大型水库生产电力谋利的欲望变为行动,成为强有力的推动者和生力军。

国有和国有控股电力企业,主要是原国营电力企业进行优化重组基础上建立起来的。中央政府直接将一些规模较大、实力较强、效益较好的国有电力企业,划拨给新组建的国有或国有控股电力企业(集团)经营,使这些新生的电力企业(集团)掌握了数额巨大和质量优良的国有资产,在初生阶段便具有巨大的资本实力。由于近年电力市场极佳的发展机会,这些企业(集团)通过对划拨资产的经营,获取了丰厚的回报,又使其经济实力进一步增强,并以电养电,向江河大型水库建设投资,继续增强实力。

国有和国有控股大型电力企业,以其强大实力与经营业绩,可以直接上市从股市筹集大量的资金。还容易得到批准发行企业债券,从社会上筹集大量资金。直接融资的便利,使这些企业(集团)在江河大型水库建设上的巨额投资易于获取;加之商业银行对江河大型水库的信贷支持、中央政府的筹资(如提升电价募集资金等),为其提供坚强后盾,使国有或国有控股电力企业(集团),在江河大型水库建设投资上没有后顾之忧,凡是有大型水电项目都竞相投入。

大量的国有资产被这些电力企业掌控,巨额的社会资金向大型电力企业流入,使少数国有和国有控股电力企业(集团)成为垄断型的巨无霸。它们以其强大的经济实力,抢占江河大型水库建设的有利地盘,推动江河大型水库建设工程的上马,争夺江河大型水库的建设权和经营权,每一个江河大型水库建设都可以见到他们中某一成员的身影。正是这些国有或国有控股电力企业的推动和内部竞争,才造成了目前中国的江河大型水库建设竞相上马、难以遏止的形势。

4. 强大运作能力的促进

国有或国有控股电力企业,与中央政府和地方政府关系密切,不仅具有强大的经济实力,而且还具有不小的社会影响和政治影响能力。在江河大型水库建设的规划、立项、建设及运营上,这些企业(集团)有较大的话语权,并对中央的政策和决策具有重要影响。

首先,国有和国有控股电力企业在国家电力生产与供应中占有举足轻重的地位,发挥着重大作用,中央政府有关江河大型水库建设的决策,都会充分听取和重视他们的意见。而这些电力巨头也会充分利用参与决策的机会,向决策层渲染江河大型水库建设的必要性、重要性及巨大的效益,诱导决策偏好,使中央政府作出有利于立项上马的决策。由于电力巨头所宣扬的江河大型水库建设可实现的功能效应,在很多方面(如防洪减灾、增加电力、减少污染等)与中央政府的施政目标相一致,很容易被接受并产生共鸣,所以它们对促进江河大型水库立项上马的努力十分奏效,并屡屡获得成功。

其次,国有和国有控股电力企业属中央政府直接管理,其利税的一部分也直接上缴中央财政,企业的利益与中央政府的利益紧密地联系在一起。在这种情况下,中央政府必然支持其发展壮大、增加产值和盈利的种种努力,为中央财政创造更多财源。江河大型水库建设,可生产大量电力,并具有很高的经济效益,国有和国有控股电力企业自然希望多上项目,并通过多种努力加以促成。中央政府为实现某些施政目标和增加财政收入,也会作出积极反应,最终形成有利于江河大型水库建设立项上马的决策。

再次,国有和国有控股电力企业与国家机关、业务部门、学术界、传媒界等有广泛联系,在江河大型水库建设上,便于通过多种途径和手段,使国家机关作出有利的决定,业务部门提供有利的表态,学术界作出有利的论证,新闻媒介制造有利的"社会舆论"。特别是在江河大型水库建设立项论证阶段,这些电力巨头有时甚至应用"公关"手段,动员支持者为江河大型水库建设摇旗呐喊,以撞过一道道论证的难关。在这种运作方式下,江河大型水库建设立项上马的反对意见或不同看法很难发挥作用,使其立项上马成功的几率大增。有时这些电力巨头还动员地方政府的力量,以促进区域经济发展为名,向中央政府施加影响,促进江河大型水库建设的立项上马。

5. 以国家的强力支持为后盾

国有和国有控股电力企业,因从事其产业的特殊性及与中央政府的密切关系,在资金、市场、政策上受到国家的强有力支持。它们以国家的支撑为后盾,不遗余力地推动江河大型水库建设,掀起了目前中国江河大型水库建设的高潮,甚至达到了难以遏止的程度。

首先,国家将巨额电力资产划拨给国有或国有控股电力企业,使其拥有巨大经济实力和投资能力。同时,国家推动这些电力巨头上市,使其可以从股市上获取巨额资金,进一步壮大其资金实力。再者,国家为这些电力巨头发行企业债券、获得贷款提供了方便,使其在资金紧缺时可以得到有效补充。对于特大型的江河大型水库建设(如三峡水库),国家还为其直接集资(如提高电价集资)。如此一来,就使这些电力巨头财大气粗,在江河大型水库建设投资上无所顾忌。

其次，国家现行政策规定，大型水电站建设和运营，只能由国有或国有控股企业充当业主。这就给这些企业赋予了建设和经营江河大型水库的市场垄断地位，使少数电力巨头毫不费力地排斥了众多竞争对手，独占其发展机会和利益。同时，对江河大型水库建设和经营权的垄断，又会带来对电力生产和供应的部分垄断，使这些电力巨头占有强势市场地位，减小和降低江河大型水库建设与运营的市场风险，并进而更为大胆地推动江河大型水库建设项目的上马。

再次，为了降低江河大型水库建设成本，由国家制定的水库淹占土地补偿、水库淹占财产补偿、移民安置标准较低，使国有或国有控股电力企业在水库建设中的征地费、淹占损失赔付费、移民搬迁安置费大大降低，在节省大量建设投资的同时，还可显著缩短投资回收期，极大提高投资回报，这更加激活了电力巨头推进江河大型水库建设的热情。

最后，江河大型水库建设及运行中可能产生的一些负面问题，一般由国家兜底，不由业主负主要责任，如水库淹占引发的补偿纠纷问题、移民安置中出现的社会问题、水库生态环境保护问题等，都主要由中央政府和地方政府解决，甚至其中的部分支出都由政府财政负担。这就大大减轻了国有或国有控股电力企业的投资负担和工作压力，使它们有机会将部分投资和繁重的工作转嫁给政府，而一身轻松和无所顾忌地推动江河大型水库建设。

五、社会公众对江河大型水库建设的期待和热情

在江河大型水库建设问题上，中国公众虽不能说是众口一词地持赞同和支持的态度，但主要的倾向还是赞成和拥护。当然，社会公众中的不同群体因认知水平、判断能力、利益取向上的差异，对江河大型水库建设的态度是不可能一致的，有人支持也有人反对，支持和反对原因也各不相同，且程度上的差别也极为巨大。只是因为赞同和支持的公众表现出某种优势，反对者或异议者的意见难以充分表达也未予充分重视，江河大型水库建设的热潮才没有减缓，一些有争议的江河大型水库建设项目才未被阻止。

1. 普通公众对中央政府决策的信任

在中国，中央政府在公众中享有很高的权威性，这种权威不仅来源于传统文化对中央政府的认同与服从，更来源于人民群众对中央政府在推进国家发展进步中主要作为和绩效的肯定、赞同与期待。

新中国成立以来,中央政府组织、动员和引导全国人民,进行波澜壮阔的经济建设,战胜了千难万险,经历了艰难曲折,取得了一个又一个胜利。特别是改革开放以来,中央政府制定了一系列重大决策,采取了一系列有效措施,推进国家经济社会发展,取得了震惊世界的成就。中国经济发展的成就为世界所赞誉,更为国内人民所感受,中央政府的威望亦随之提高。随着人民群众对中央政府信任程度的增强,中央政府在经济社会发展中的重要决策与举措,就易于得到人民群众的赞同、支持与拥护,并使其易于推行。

江河大型水库建设由中央政府决策与推动,一旦中央政府作出上马建设的决定,普通公众一般都会支持和拥护。这种支持和拥护,并不是公众对中央政府的盲从,而是建立在对中央政府推进社会经济发展所作努力的认同基础上。在普通公众看来,江河大型水库建设可以防洪发电、供水通航,建成后还可长期受益,对国家发展有利,对人民群众有益,中央政府对这样的建设项目加以推进是正确和必要的,应当给以支持和拥护。由于普通公众不具备江河大型水库建设及运行的专门知识,他们不可能对其利弊得失进行全面准确的衡量与判断,出于对中央政府的信任,出于对国家社会经济发展的期待,对江河大型水库建设表现出热情是十分正常的。

普通公众对江河大型水库建设的热情与期待,与舆论导向密切相关。一方面,中央政府为了推进江河大型水库建设,通过政府组织体系对干部和群众进行宣传动员,说明其重要性、必要性,以谋求认识上的一致;另一方面,通过各种传媒工具(广播、电视、报纸、杂志等)对江河大型水库建设的意义、作用与功能进行正面宣传造势,引导公众对其赞同与支持。由于舆论宣传倾向于正面作用与功能的肯定与渲染,对其负面影响涉及较少或加以回避,就容易给普通公众造成江河大型水库建设"迫切需要"、"有利无害"的印象与观念,从而对其采取支持和拥护的态度。

2. 水库所在地区居民对发展的期待

江河大型水库所在地区的居民,要为水库建设及运行承担一定责任(如移民安置、生态环保建设等)和作出某些贡献(如让出部分土地、限制某些产业发展等),要蒙受一定的损失。按常理,他们应当对江河大型水库建设有所顾忌与保留,但实际上他们却表现出一定的欢迎与支持态度。究其原因,主要有以下三条。

第一,对改善发展条件的期待。江河大型水库所在地区,一般地处偏远、山重水复,基础设施落后且建设困难。当地居民希望通过江河大型水库建设,促使国家和水库建设业主投资,将交通、通信、能源网络建设起来,开通与外界的联系与沟通,改变封闭状况,使当地经济社会可以得到较快发展,并使自己能从发展中受益。

第二,对国家扶持的期待。江河大型水库所在地区,一般经济社会发展滞后、经济实力较弱、自我发展能力不强。当地居民期望利用江河大型水库建设,引起国家与社会对水库所在地区经济社会发展和生态环境保护的重视,在政策上予以倾斜,在投资上给予照顾,在财政上给予扶持,帮助他们发展经济,摆脱贫困。

第三,借机谋求发展。江河大型水库所在地区一般以农业为主,二、三产业不发达,非农就业机会不多。当地居民期望通过江河大型水库建设,促进和带动非农产业发展,为他们创业和就业提供新的机会,提高收入和生活水平。

江河大型水库淹占区的居民,为给水库建设提供土地,要让出世代繁衍生息的家园、舍弃祖辈积累的家产、脱离原有的生产及生活环境,搬迁到外地谋生,遭受的损失很大。他们对江河大型水库建设的态度,存在矛盾心理,情况较为复杂。

首先,不直接反对和抵制。这些居民具有舍弃家园支持国家建设的思想基础,不会直接而公开反对江河大型水库建设。同时,这些居民也明白,在政府作出决定之后,工程建设上马势在必行,反对与抵制不仅无济于事,而且还可能承受来自政府和社会的巨大压力,于己不利。

其次,要求得到合理补偿。这些居民的房屋、财产要被水库淹占,他们要求被淹占的财物在种类和数量上得到全部确认,在补偿标准和数额上合理及适当优惠,使淹占财物通过补偿能够保值或实现重置,不在淹占补偿上蒙受损失,能获得超值补偿更佳。

再次,期望搬迁改善生产生活条件。水库淹占区的居民需要进行搬迁和安置,他们期望能搬迁到交通便利、经济发达、创业和就业条件更好、气候相宜的地方安家落户。通过搬迁安置,使生产条件、生活条件、发展条件较原住地有较大改善,收入和生活水平有较大提高。

由此可见,水库所在地区居民对江河大型水库建设的支持是有一定条件的。当江河大型水库建设能够实现他们的期望就支持和拥护,当江河大型水库建设只是给他们带来损失和负担时就反对、抵制。当然,这种抵制与反对更多是表现在具体行动上,而不是表现在口头上。

3. 水库建设受益地区居民的渴望

江河大型水库受益地区的居民,在不遭受损失、不承担风险的条件下,可以享受多种好处和利益,是"搭便车"的受益者。他们出于自身利益的渴望,对江河大型水库建设积极支持、坚决拥护,是坚定的支持者。

大江大河中下游广大地区饱受洪灾威胁,每年夏秋两季,特别5—9月期间,这些地区的居民都是洪水袭击的对象,生命财产处于极不安全的状态,且需投入大量的人财物力防洪抗洪。一旦在上游兴建了大型水库,可以调蓄上游洪水,使水库下游地区居民减轻或避免洪水袭击,不仅确保了安全,而且还能更好发展。对于为自己提供安全保护和发展条件的江河大型水库,自然是渴望建设。

电能因其独有的优点,成为当前重要的生产、生活能源。中国电力供应不足,使不少地区居民生产、生活受到很大影响。这些地区的居民迫切希望增加电力的生产和供应,以满足正常生产与生活的需要。江河大型水库发电装机容量大、电生产能力强、供电范围广,对增加电力生产供应作用大。对于缺少电力又迫切要求满足供应地区的居民,他们不仅支持江河大型水库建设,还希望尽快建成投产。

水资源已成为中国经济社会发展的重要因素,不少地区因水资源不足,不仅影响工业、农业、服务业发展,而且还影响到城乡居民的生活,个别地方甚至出现了水危机。这些地区的居民迫切希望有可靠的水源保障,以满足他们生产、生活对水的基本需求。江河大型水库库容量大,可以蓄积大量的水源供周边地区使用,也可以远距离输水供更大范围使用。对于这些用水地区的居民,江河大型水库就是他们可靠的供水源头,他们自然支持拥护其建设。

4. 知识界对江河大型水库建设的思考

这里的知识界,特指受过较高程度教育、具备某些专业知识与技能,对江河大型水库建设的利弊得失具有较强分析判断能力的群体。这一群体构成较为复杂,但人数只占社会公众的极少数。与普通公众较为一致支持和拥护江河大型水库建设的倾向不同,在知识界对大型水库建设既有支持者也有反对者,其态度表现出极大的差异,且各持己见,互不相容。

知识界中的一部分人,以国家经济社会发展的现实需要为出发点,对江河大型水库的作用与功能给以正面的高度评价,认为其负面影响有限且可克服,坚信对其建设的必要性和正确性,坚定地支持和拥护中央政府推动江河大型水库建设的决策。这部分人的观点与政府的主张一致,也与普通公众的倾向相唱和,容易被政府和公众所接受并成为主流。

知识界中的另一部分人,以国家经济社会可持续发展与生态环境安全为出发点,在承认江河大型水库正面作用与功能的同时,还强调其可能带来的严重负面影响,并指出克服这些负面影响所面临的各种困难,以及所要付出的巨大代价。他们确信,江河大型水库建设不仅不是解决防洪、发电、供水等问题的良策,还会给国家长治久安带来一系列社会问题、经济问题和生态环境问题,因而对其持否定和反对的态度。这部分人的观点与政府的主张相悖,也与普通公众的倾向不合,不易被政府和公众相容,使其成为少数。

知识界中还有一部分人,对江河大型水库建设既不一概支持也不一概反对,而是采取区别对待的态度。他们认为,江河大型水库因建设地点、功能定位、运行方式不同,其正面作用与功能的发挥与负面影响的大小互不相同,对正面作用与功能巨大、而负面影响较小又易于克服的江河大型水库应支持其建设,对正面作用与功能虽大、但负面影响大而深远又难以克服、且可能对国家长治久安带来巨大风险的江河大型水库应阻止其建设。这部分人的观点虽符合情理,也比较客观,但因不同的评判者对江河大型水库负面影响的大小及克服的难易程度总是各执一词,难于统一认识,使之成为难以实现的理想。

应当指出,知识界在社会公众中人数虽少,但在江河大型水库建设上的态度对中央政府和普通公众的影响较大,可惜的是,由于知识界自身在这一重大问题上的分歧严重,加之政府和普通公众对不同意见未予足够重视,使其在江河大型水库建设决策中的应有作用得不到充分发挥。

第三章 中国江河大型水库建设及运行的主体与行为

中国江河大型水库建设及运行有众多参与者,在这些参与者中,直接发挥重要作用而又不可替代的机构、组织、单位、人群(社会群体)是其主体。不同的参与主体有各自特定的行为目标与行为方式,并由此对水库的建设及运行、对各主体的相互关系产生直接或间接的影响。对相关主体的身份进行确认,对其行为进行规范,对他们的关系进行协调,有利于推进水库的顺利建设及运行,也有利于明确相关主体的责任、维护其合法权益。

一、江河大型水库建设及运行的主体确认

中国江河大型水库建设及运行的主体事实上是明确的,只是由于认识上的偏差和体制上的缺陷,有的主体具有明确的身份与相应的地位,而有的主体则没有明确的身份、其主体地位不被承认。所谓的主体确认,就是对江河大型水库建设及运行中事实上的主体加以界定,并赋予相应的身份与地位,以利于其作用的有效发挥。

1. 确认依据

什么样的机构、组织、单位及人群可以作为江河大型水库建设及运行的主体,主要由其所承担的责任、发挥的作用、实现的功能来决定。谁承担的责任重大、发挥的作用关键、实现的功能强大,并且具有不可替代性,谁就应该是主体。确认主体的基本依据,是其在江河大型水库建设及运行中的作用与功能。

江河大型水库建设及运行有一系列重要而关键的工作,如建设论证与立项、规划设计、资金筹措、土地征用、移民搬迁安置、淹占搬迁及恢复重建、水坝工程施工建设、水库成库、水库污染及泥沙淤积防治、水库运行安全维护、组织管理与协调等,都需要有相应的机构、组织、单位及人群来承担并完成。凡是承担并完成这些重要而关键工作、其作用与功能又不可被替代的机构、组织、单位和人群,就是江河大型水库建设及运行的主

体,就应当明确其主体身份并赋予主体地位。很显然,涉及江河大型水库建设及运行的重要而关键的工作很多,在性质与内容上又各不相同,不可能由一个主体承担并完成,而只能由多个主体分别承担并完成。因此,江河大型水库建设及运行的主体不只一个,而是有多个。只不过在多个主体中,各自承担和完成的工作在性质和内容上不同,有的主要承担并完成某一项工作,有的则要承担并完成多项工作。

江河大型水库建设及运行的主体,无论是机构、组织或是单位及人群,都必须具备特定的条件,以履行相应的职责:或具有相应的权威,可对江河大型水库的建设及运行作出重大决策;或掌握重要的资源,可对江河大型水库建设及运行提供有效支持;或拥有某种特殊身份(地位)及能力,可对江河大型水库建设及运行施加重大影响。很显然,这些条件有一定的专属性,只有某些特定的机构、组织、单位及人群才拥有,其作用与功能也不易被替代。当然,具备条件只是充当主体的前提,是不是真正的主体,主要还是依据其在江河大型水库建设及运行中,是否直接发挥了重要而关键的作用。

2. 确认标准

按照所提出的主体确认依据,可以拟定出一些具体的标准对其进行确认。根据在江河大型水库建设及运行中直接发挥作用的大小,凡符合以下条件之一者,便应当具有主体的身份与地位:第一,在江河大型水库建设及运行中拥有最终决策权、管理权、监督权;第二,在江河大型水库建设及运行中承担投融资任务及其他重要任务;第三,拥有并能提供江河大型水库建设及运行所必需的土地资源;第四,在江河大型水库建设及运行中拥有最高的组织、指挥、协调权力;第五,在江河大型水库建设及运行中发挥重要而关键的支撑及保障作用。

上述条件只有具备一定权威和能力的机构、组织、单位或特定人群(社会群体)才可能拥有,而个人不可能具备。因此,江河大型水库建设及运行的主体只能是某些机构、组织、单位及人群,而不可能是特定的个人。这与江河大型水库建设及运行的实际情况相符,因其所涉及的一系列重要而关键的工作,都只有组织和团体才有能力承担并完成,任何个人都是力所不及的。

3. 主体及其职责

按江河大型水库建设及运行主体的确认标准,可以将其分为决策与监管主体、建设与运营主体、支持与服务主体三大类。在现有体制下,建设及运行的主体主要有中央政府、水库建设与运营业主、地方政府、水库淹占区及周边地区居民群体,他们在江河大型水库建设及运行中承担重要任务、履行关键职责,成为重要的角色。

(1)中央政府。中央政府根据国家经济社会发展和生态环境保护的总体需要,制定江河大型水库建设规划,确定江河大型水库建设布局,决定江河大型水库建设的功能、规模及时序安排,制定江河大型水库建设的相关政策法规,选择江河大型水库建设及运营的业主,为江河大型水库建设筹措资金,通过行政的、政策的、经济的手段,对江河大型水库建设及运行实施调控、管理和监督。

(2)水库建设与运营业主。中国的江河大型水库建设及运营,由中央政府或水坝所在省级政府选择(在选择中也有竞争)国有或国有控股企业(企业集团)为业主,负责水库建设的论证立项,建设方案设计,建设资金筹措,制定土地征用、移民安置、淹占迁建规划,组织、指挥水库的工程建设及设备安装,管理和经营水库,维护水库安全运行,保证水库功能充分发挥,承担水库建设与运营的盈亏。

(3)地方政府。主要指江河大型水库所在的省级(直辖市、自治区)及水库淹占区及周边地区的县级(市、区)和乡级(镇、街道办)政府,这几级政府要承担水库建设用地的征用、淹占补偿的实施、淹占搬迁与恢复重建、移民安置,要承担水库周边污染治理、水土流失治理、生态环境保护的组织、实施、管理,还要解决征地、淹占补偿、淹占重建及移民安置中的各种矛盾和问题。

(4)水库淹占区及周边地区的居民群体。主要指水库淹没区、坝区、淹占复建区及水库周边县级(市、区)辖区内的城乡居民。水库淹占区居民的主要职责,是为水库建设让出家园、提供土地,并按中央政府有关政策规定接受淹占补偿、在要求的时间内迁出淹占区。水库周边居民的主要职责是为淹占搬迁重建提供土地和其他条件,承担水库周边污染防治、水土流失治理、森林植被恢复等重大生态环保建设任务,以及承担水库安全运行的一些维护工作。

当然,江河大型水库的建设及运行还有众多其他直接和间接的参与者,他们也承担并完成了很多重要而关键的工作,发挥了不可缺少的作用。但这些参与者所承担的职责和所发挥的作用,仅限于水库建设及运行的局部,与上述四个主体对水库建设及运行的全局性、整体性影响相比,就显得相形见绌。所以,将中央政府、水库建设与运营业主、地方政府、水库淹占区及周边地区居民群体,作为江河大型水库建设及运行的主体,反映了水库建设及运行的需要与现实,也可以充分肯定和凸显他们的重要地位与关键作用。

4. 权利界定

江河大型水库建设及运行的主体确认之后,应当对其所拥有的权力和分享的利益进行界定,以理顺不同主体之间的关系、促进其作用的充分发挥。在江河大型水库的建设及运行中,不同主体承担不同的职责,需要拥有相应的权力,在作出实际贡献之后也应分享一定的利益,权、责、利之间应当存在一定的对应关系。

中央政府在江河大型水库的建设及运行中,应当拥有的权力主要是建设立项的决策权、建设及运行相关政策及法规的制定权、建设及运行的监管权、水库的所有权,应当享有的利益主要是水库建设及运行对社会经济发展的促进、对生态环境的改善、人民福利的增进、政府良好形象的树立和威望的提高。在中国几十年的江河大型水库建设及运行的实践中,中央政府应拥有的权力和应分享的利益都得到了充分的保障。

建设与运营业主在江河大型水库建设及运行中,应当拥有的权力主要是建设的组织权、指挥权、调度权及水库建成后经营权、管理权、收益权,应当享有的利益主要是对重要水电资源的控制、水库运营的收益、企业实力的展示和企业形象的树立。在计划经济时代,水库建设及运营业主既没有掌握应有的权力,也不能独立分享相应的利益。在目前情况下,水库建设及运营业主已经掌握了应有的权力,也得到了应分享的利益。

地方政府在江河大型水库建设及运行中,应当拥有建设决策的建议权、建设及运行相关政策及法规制定的参与权、本地区合法利益的维护权、所作贡献的补偿权、本地区经济社会的发展权,应当享有的利益主要是发展条件的改善、发展机会的增加、水库运营收益的分享。时至今日地方政府应当拥有的权力还未得到充分尊重,应当分享的利益也没有得到落实,导致中央政府和水库建设及运营业主对地方政府正当权利的侵蚀。

淹占区及周边地区居民群体在江河大型水库建设及运行中,应当拥有的权力主要是建设决策的知情权、建设及运行相关政策与法规制定的建议权、自身合法权益的维护权、所作贡献的补偿权、自身的生存权和发展权,应当享有的利益主要是生产及生活条件的改善、就业的增加、发展机会的增多、水库运营收益的分享。与地方政府的情况相类似,淹占区及周边地区居民应当拥有的权利未得到充分尊重,应当分享的利益也没有完全兑现,导致政府和水库业主对淹占区及周边地区居民正当权益的部分侵蚀、损害甚至剥夺。

二、中央政府在江河大型水库建设及运行中的行为

中央政府因其特殊的地位和作用,是江河大型水库建设及运行的关键角色,有特定的行为目标、独特的行为方式、鲜明的行为特征。中央政府的行为对其他主体的行为及权力、责任和利益产生重大影响,并对江河大型水库的建设及运行起到重要的决定作用。

1. 行为目标

中央政府作为国家利益的代表,在江河大型水库建设及运行中的行为目标,主要应

当是公益性的,具体表现在以下五个方面。

第一,有效治理江河特别是治理大江大河,防治数千年以来对我国造成深重灾难的频繁洪涝灾害,根治和减轻水患危害,为国家经济社会发展和人民生命财产安全提供有效保障。

第二,充分合理开发利用水资源,对稀缺的水资源进行科学调度与调控,为重点城市提供生活用水,为重点工业区提供生产用水,为重要农产区提供灌溉用水,为重点生态区提供环保用水。

第三,科学有效开发利用水能资源,增加水电供给,实现水电对火电(主要是煤电)的部分替代,实现电能对石油、煤炭等不可再生能源的部分替代,改善我国的能源结构,保护生态环境,并减少对国外能源的过度依赖。

第四,协调相关主体的权责利关系,规范相关主体的行为,使相关主体正确行使权力、充分履行职责、合理分享利益,各司其职,各得其所,促进水库的顺利建设和安全运行。

第五,通过江河大型水库的建设与有效运行,促进整个国家特别是重点区域的经济社会发展和生态环境保护,并为国家中长期发展打下坚实的基础,创造更好的条件,增强发展的后劲与实力。

由此可见,中央政府在江河大型水库建设及运行中的主要行为,其目标都具有解决国计民生的取向性、国家安全(主要是经济社会安全)的综合性、经济社会发展的宏观性,体现了国家意志和经济社会发展的总体要求。这些目标既代表了国家的总体利益,也代表了社会公众的根本利益,与其他主体的利益在根本上趋于一致,不存在根本的矛盾与冲突。

中央政府作为江河大型水库建设及运行的决策者、投资者,以及作为江河大型水库的所有者,其行为当然也具有功利性目标,具体表现在以下两个方面:第一,追求江河大型水库建设及运行的低成本,以及水库运行的高效益,使其成为中央政府的重要财源,增强和壮大中央政府的财力,并实现中央政府对重点水资源和大水电的直接控制;第二,通过江河大型水库的建设及运行,彰显中央政府推进经济社会发展的能力和丰功伟绩,凸显国家的技术经济实力,树立中央政府在当代的良好形象及在国家发展历史进程中的重要地位。

中央政府在江河大型水库建设及运行中的功利行为目标,犹如一柄"双刃剑",发挥正反两方面的作用:一方面可以激发和调动中央政府推动江河大型水库建设的主动性和积极性,促进我国江河大型水库的建设;另一方面则可能诱发中央政府好大喜功的行为,在江河大型水库建设决策上主观片面、盲目冒进,在建设及运行中不讲科学、忽视安全,为降低建设及运行成本而损害相关主体的合法权益。

2. 行为内容

由其独特的地位和发挥的特殊功能所决定,中央政府在江河大型水库建设及运行中承担着特定的责任,并有着与之相应的行为内容,主要表现在以下五个方面:第一,根据全国水资源及水能资源的状况及经济社会发展的需要,制定江河大型水库建设的总体规划,包括建设的数量、规模、布局,以及建设的先后顺序和大致的时间安排等,为江河大型水库建设提供宏观指导;第二,根据经济社会发展的需要,以及国家的技术经济能力,对每一个特定的江河大型水库建设作出决策,包括建设立项的审批、建设方案的审定、建设及运营业主的选择等,为具体的江河大型水库建设作出决断;第三,根据江河大型水库建设及运行的需要,制定相关的政策、法规或条例,包括建设及运行管理体制、建设资金筹措办法、淹占补偿标准与方式、移民安置标准及方式、地方政府职责等,为江河大型水库建设提供制度保证;第四,通过发行国债、发行企业债券、调度国有资产、提高电费等手段筹措资金,为江河大型水库建设提供基本的资金保障,满足其最基本的资金需求,保证工程建设的如期开工和顺利推进;第五,对建设进度与质量、建设资金使用、淹占补偿、移民安置等进行监管,对水库调度与运行进行指导,对建设及运行中存在的突出问题进行协调,确保江河大型水库的顺利建成和有效运行。

中央政府不仅是江河大型水库建设及运行的决策者,也是水库的所有者,是最终的业主。所以,中央政府的行为既包含宏观管理、决策、指导、监督方面的内容,又包含组织、实施方面的内容。作为管理者和决策者,中央政府有权力和义务对江河大型水库建设及运行的重大问题作出决断和规定。作为水库的所有者,中央政府必然关注江河大型水库建设及运行的推进及调控。中央政府的双重角色,使其在江河大型水库建设及运行中的公益行为与功利行为交织在一起,从而有可能导致其公益行为的弱化和功利行为的强化,并可能最终造成不良后果。

3. 行为方式

中央政府是国家最高行政机构,具有广泛的行政权力,掌握大量的经济资源,拥有巨大的社会资源。在江河大型水库建设及运行中,中央政府的行为方式有较大的选择余地,在具体操作上主要表现为以下四种。

第一,行政推动。中央政府利用手中的行政权力,通过规划制定、项目建设审批等手段,推动或调控江河大型水库的建设。利用所掌握的巨大经济资源,通过资源的行政配置特别是资金配置,加快或延缓江河大型水库建设的进程。利用自上而下的行政组织及其在群众中的动员能力，实现政府在江河大型水库建设上的意图。无论从公益或是从功利的角度，中央政府都存在建设江河大型水库的内在冲动，行政手段多用于推动江河大型水库的建设。

第二，政策约束。中央政府利用制定政策的权力，体现自己的行为目标和选择偏好，规范、引导和约束其他主体的行为，协调相关主体的关系，界定相关主体的权力、责任和义务，以利于江河大型水库高质量、低成本的建设及安全、高效的运行。江河大型水库建设及运行的政策（如征地政策、淹占补偿政策、移民政策、库区发展政策等）一旦制定和实施，对相关主体便具有很强的刚性约束，不能随意违背和变更，这极有利于中央政府有关江河大型水库建设及运行目标的实现。

第三，宣传鼓动。中央政府利用各种舆论工具和多种宣传手段，对政府在江河大型水库建设及运行上的目标、政策、行为进行广泛宣传、鼓动，形成一定的舆论导向和社会倾向，进而在公众中形成对政府目标、政策和行为的认同，最终在全社会形成对江河大型水库建设及运行的共识。宣传鼓动，特别是应用现代传媒的宣传鼓动，具有巨大的引导和灌输作用，使政府在江河大型水库建设及运行上的行为得到社会赞同，并对相关主体造成一定的压力，情愿或不情愿地对中央政府的行为进行跟进。

第四，利益诱导。中央政府利用所掌握的大量经济资源，通过对工程建设进行投资、对淹占区进行补偿、对库区发展进行扶持等手段，使江河大型水库建设及运行的相关主体在利益上得到一定的满足，在相互关系上得到一定协调，在行为目标上形成一定交集，进而使政府在江河大型水库建设及运行的目标和行为得到相关主体的认同与支持，形成相关主体围绕政府行为运作、为实现中央政府目标而协同推进的有利局面。

在江河大型水库建设及运行中，中央政府利用行政权力和所掌握的资源，推行自己的行为，实现自己的目标，使其居于主导地位，而其他主体则只能处于从属地位，在行为上只能围绕中央政府的要求转。在这种情况下，如果中央政府的目标确定正确、政策制定科学、行为选择恰当，就可能使这种行为方式带来高效率；如果中央政府的目标确定失准、政策制定失误、行为选择不当，则这种行为方式就会造成严重不良后果。在现阶段，中央政府决策离科学化、民主化还有一定距离，难以达到万无一失，在江河大型水库建设及运行中以行政推动为主的行为方式，存在较大的缺陷和风险。

4. 行为特征

由中央政府的特殊地位和作用所决定，在江河大型水库建设及运行中的行为方式与其他主体有很大不同，表现出明显的个性特征，这些特征主要反映在以下四个方面。

第一，充分利用行政资源。中央政府利用行政审批权，直接决定江河大型水库建设的规模和布局、直接决定每一特定江河大型水库的建设及运行,以实现宏观调控。中央政府利用政策制定权,确定江河大型水库建设及运行的方针、政策、法规、条例,指导和规范相关主体的行为,推进江河大型水库建设及运行目标的实现。中央政府利用从上到下的行政组织体系,组织动员各级地方政府的力量,直接参与江河大型水库建设及运行的相关工作,保证工程建设的顺利推进和建成后的安全运行。行政资源的利用,特别是各级地方政府的直接参与,使中央政府在江河大型水库建设及运行中的行为目标和意图易于得到落实。

第二,广泛利用公共资源。中央政府利用所掌握的国有资源、资产,直接用于江河大型水库建设及运行,或用于扶持库区经济社会发展,或用于解决与江河大型水库建设及运行相关的其他问题。一方面为其提供一定的资源与资金保障,另一方面满足相关主体的发展和利益诉求,为其行为实施创造必要的物质条件和社会环境,以促进其行为目标的实现。中央政府利用公共资源作为行为手段,有利于集中力量办大事,推动江河大型水库建设,但公共资源过度集中于江河大型水库建设,可能对其他重要建设项目造成一定冲击。

第三,带有明显的倾向性。中央政府在江河大型水库建设及运行中的行为,无论是采取行政命令手段、宣传鼓动手段,还是利益诱导手段,都反映出明显的倾向性。行政审批反映出中央政府对江河大型水库建设的态度,相关政策制定和实施反映出中央政府的价值取向,宣传鼓动反映出中央政府的偏好,经济手段的应用更反映出中央政府对相关主体利益关系处理的倾向性及差异性。中央政府行为方式的倾向性,可以对其他主体的观念和行为产生引导作用,诱导他们与中央政府的行为保持一致。

第四,具有典型的强制性。中央政府在江河大型水库建设及运行中的行为方式,不仅是实施其行为的手段,而且对其他主体发挥强制性作用。中央政府对江河大型水库建设及运行的审批,是其他主体行为的前提和依据。中央政府对江河大型水库建设及运行的政策规定,其他主体必须遵照执行,不能随意更改。中央政府对各级地方政府安排的任务和职责,只能认真完成和履行,不能讨价还价。中央政府对江河大型水库建设及运行采取的利益诱导措施,具有很强的指令性和计划性,也只能服从和遵守,不能随意变更。

上述这些行为特征,显示中央政府在管理和决策中的主导和核心地位,其他主体则处于从属地位。在江河大型水库建设及运行中,中央政府可以动用公共资源实施其行为、实现其目标,其他主体只有跟进,才能分享公共资源的利用。如此一来,便很容易形成中央政府作决定、其他主体遵照执行的局面,从而抑制其他主体在江河大型水库建设及运行中主动性和创造性的发挥。

三、建设和运营业主在江河大型水库
建设及运行中的行为

在现行体制下,江河大型水库建设及运营,由中央政府或水坝所在省级政府选择国有或国有控股电力企业担任业主。这一特殊的业主产生方式及业主的属性和所承担的使命,使江河大型水库建设及运营业主具有中央政府或省级政府代表和普通企业的双重身份,其行为目标、行为方式既带有中央政府和省级政府的印记,又具有一般企业的行为理性。业主的行为对地方政府和水库淹占区及周边地区居民的权力、责任、利益产生重要影响,并在江河大型水库建设及运行中发挥重大作用。

1. 行为目标

业主作为中央政府或省级政府授权的国有(或国有控股)企业,在江河大型水库建设及运行中,其行为目标带有一定的公益性,但主要是对经济效益的追求,具体表现在以下五个方面。

第一,有效治理江河,防治洪涝灾害,为国家经济社会发展和人民生命财产安全提供有效保障。充分合理开发利用水资源,为国家经济社会发展提供水源保障。通过水能资源的开发利用,为国家发展和人民生活提供能源保障。

第二,为江河大型水库建设做好各项前期准备工作,确保如期开工。搞好工程建设的组织、协调,使水库的各项工程建设有序地进行和顺利推进。做好工程建设的管理与监督,确保工程建设质量。促进各项工程建设高质量、高标准、准时完成,并使江河大型水库如期投入运行。

第三,有效防治污染,保持水库水体洁净,为库区和下游地区提供清洁水源。有效治理库周危岩滑坡,防治地质灾害,确保水库及人民生命财产安全。有效治理库周水土流失,减少泥沙入库,防治水库泥沙淤积,延长水库使用寿命。科学调度、严格监管,确保江河大型水库安全稳定运行。

第四,低价征用水库建设用地,低标准进行淹占补偿、低水平实施移民安置、优惠获取建设资金,降低江河大型水库建设投入。将量大面广、费时费事的土地征用、淹占补偿、拆迁重建、移民安置的工作交由地方政府承担,减少江河大型水库建设的工作费用支出。将库周污染防治、水土流失治理、地质灾害防治交由地方政府完成,转嫁江河大型水库生态环保和安全防护的建设投入,并以此降低江河大型水库建设及运行的成本,减轻投资压力,扩大盈利空间。

第五,确保水库多蓄水、多发电,增加发电收入。在保证水库安全条件下,扩大水库经营范围,增加经营渠道,拓展收入来源,使江河大型水库运营获取更多的收入,得到更多的盈利,壮大自己的经济实力。

在江河大型水库建设及运行中,由于业主是由中央或省级政府选择的,所以其行为目标应当表达中央和省级政府的意志,应当体现中央和省级政府对江河大型水库建设及运行的总体目标要求,不能与之相悖。但业主又是一个独立的经济主体,有着与政府完全不同的职能和行为理性,为了生存与发展,追求利润的最大化是其必然选择。因此,业主在江河大型水库建设及运行中可能会把降低成本、增加盈利作为主要目标,而将公益目标放在次要地位。同时,业主还可能以实现公益目标为由,争取政府的特别支持与照顾,或者将江河大型水库建设及运行的部分成本转嫁给其他主体,为企业谋取更多的利益。

2. 行为内容

业主作为指挥者、组织者和管理者,在江河大型水库建设及运行中,承担繁重的任务和肩负重大的责任,其行为内容比较广泛,也较为复杂,主要表现在以下六个方面。

第一,根据全国江河大型水库建设总体规划,对特定江河大型水库建设进行可行性论证,并向中央政府申请建设立项,对中央政批准建设的江河大型水库进行规划设计,拟订详细的建设方案。

第二,在全面深入调查基础上,对土地征用与补偿、淹占物资财产补偿、淹占城镇及工矿和事业单位搬迁重建、淹占基础设施恢复重建、移民生产及生活安置、库周危岩滑坡治理与生态环境保护等,进行规划并提出实施方案。

第三,通过政策性筹集、发行债券、银行贷款等方式,为江河大型水库建设筹措足够的资金。由于江河大型水库建设周期较长,建设资金的筹措可以分次进行,而无须一次筹齐。

第四,组织江河大型水库工程建设与设备采购招标,对工程建设及设备安装进行组织、指挥和管理,对工程建设和设备安装质量进行监督,对建设进度进行协调控制,确保工程建设的顺利推进与高质量,并降低建设成本。

第五,按中央政府制定的政策,配合地方政府搞好土地征用、淹占土地补偿、淹占财产物资补偿、淹占城镇迁建、淹占工矿企业和事业单位恢复重建、淹占基础设施恢复重建、城镇和农村移民的生产及生活安置、水库周边生态环境保护等工作。

第六,按规划设计的要求,搞好江河大型水库的调度、管理,确保安全运行和各项功能的充分发挥,节省运行成本,提高运营效益,获取更多利润,壮大自身经济实力。同时，按中央政府要求，使江河大型水库的公益功能得到有效发挥。

在江河大型水库建设及运营中，业主既是主体，又是中央政府的代表，其行为主要体现在组织、指挥、实施、协调、管理等方面。同时，也要按中央政府的要求，对建设及运行中的重要问题作出决断、及时处理和解决。业主的企业及中央政府代表的双重身份，决定其行为内容主要集中在江河大型水库建设及运行的成本节约和盈利增加上，并兼有公益行为。这种盈利行为与公益行为交织的情形，有可能导致业主盈利行为的增强和公益行为的减弱，并进而导致业主对中央政府行为目标的扭曲、对其他主体合法权益的侵害、对社会公共利益的损害。

3. 行为方式

业主作为江河大型水库的建设者和经营者，不仅掌握巨额经济资源，而且还拥有水库工程建设、水库调度运行的组织、指挥、管理、监督等权力。同时，业主作为国家重点工程建设的代表，与政府关系极为密切，也拥有一定的社会资源。在江河大型水库建设及运行中，业主这一主体有特定的行为方式，在具体操作上主要表现为以下五种方式的选择。

第一，组织管理推动。业主利用所拥有的地位与资源，通过组织对江河大型水库建设的可行性论证、申报立项、建设方案设计，通过制定土地征用及补偿规划、淹占搬迁及补偿规划、移民安置及补偿规划，并通过对征地、淹占搬迁重建、移民安置的组织协调和实施，以及对水库工程建设的组织实施和严格管理，推动江河大型水库的建设。通过严密的组织和有效的管理，为水库建设创造良好条件，确保工程建设质量，降低建设成本，促成水库早日建成投产。

第二，按政府要求办事。业主由中央或省级政府选择，并代表政府行使江河大型水库的建设权与经营权，因此，业主在水库建设及运营中，有义务和责任按政府要求行事，也只有按政府要求办事，才能得到政府的支持。业主要按政府的要求设计水库的类型、规模与功能、工程建设方案，按政府的政策要求做好征地与补偿、淹占搬迁与补偿、移民安置与补偿，按政府相关规定搞好水库工程建设的组织及管理，确保工程建设质量与进度，并严格控制工程建设成本，设计并实施江河大型水库的运行方案。

第三，与相关主体沟通协调。在江河大型水库建设及运行中，业主与相关主体存在错综复杂的工作关系和利益关系，需要与之沟通协调。首先，业主要同中央政府（包括相关部委）沟通协调，以便得到政策、资金、物资上的支持，为江河大型水库建设及运行创造更好的条件。其次，业主要同水库淹占区及周边地区的政府沟通协调，求得地方政府在征地、淹占搬迁重建、移民安置和其他工作上的支持与协助，以及在水库工程建设、生态环境保护与建设、水库安全运行维护等方面的帮助与配合。再次,业主要与水库淹占区及周边地区的居民群体进行沟通协调,确保他们的合法权益,使他们支持江河大型水库的建设及维护其安全运行。

第四,市场运作。在市场经济体制下,业主一般应用市场机制推动江河大型水库的建设与运行。一是通过市场融资,筹集水库建设资金;二是通过公开招投标,选择水库工程建设施工单位;三是通过公开招投标,采购相关设施、设备;四是通过招标竞标,对江河大型水库建设与运行的相关技术问题、经济问题、生态环境问题、政策问题、组织管理问题等进行研究解决。通过市场运作,获取水库建设及运行所需资金、技术、人才,提高建设效率,确保建设质量,降低建设及运行成本。

第五,利益诱导。业主利用所掌握的巨额资产和江河大型建成后丰厚的回报,吸引建设投资,解决建设资金的筹措问题。通过对淹占基础设施的恢复重建,改善水库周边地区经济社会发展条件,获得地方政府对水库建设的支持。通过对水库周边的生态环境保护与治理,获得社会对水库建设的认同与支持。通过对移民的有效安置和后期扶持,维护移民的合法权益,获得移民对水库建设的赞同与支持。通过对库周居民所作贡献的合理补偿及提供更多的发展机会,调动其参与水库建设与维护的积极性。

在江河大型水库的建设及运行中,业主不仅按企业方式行事,实现自己的目标,而且往往还借助政府的力量强化自己的行为,以促成自己目标的实现。在这种情况下,业主的行为方式与政府的行为方式时有交织,由此可能导致业主行为方式的行政化,而脱离市场机制的正确轨道,造成业主行为效率的降低。

4. 行为特征

业主作为江河大型水库建设及运营的国有或国有控股企业,与政府有着十分密切的关系。这种关系不仅表现在工作依存上,而且还反映在利益关联上。因为江河大型水库是国有资产,其建设成本、运营收益与政府利益紧密相关。由于业主的特殊身份,在江河大型水库建设及运行中,其行为既具有一般企业的行为特征,又具有一些行政化的色彩,主要表现在以下四个方面。

第一,有效利用政策工具。江河大型水库建设与运营业主是一个企业,只有执行政策的义务,没有制定政策的权力。但业主可以利用与政府的密切关系与利益上的一致性,诱导和说服政府制定对其有利的政策(如土地征用政策、淹占补偿政策、移民安置政策、融资政策等),并通过政策的实施,为水库建设及运行创造优越的条件,降低建设成本。业主对政策工具的重视和应用,实际上是假政府之手,聚集资源和资金,并形成方方面面对水库建设的支持。

第二,借用地方政府的力量。江河大型水库建设中的土地征用与补偿、淹占财产物资补偿、淹占设施及工矿和城镇的搬迁重建,以及水库运行中的生态环境保护和安全维护,涉及面广,关系到很多企事业单位和庞大居民群体的切身利益,不仅工作量大,而且难度极高。业主作为一个企业,无力完成如此繁重而复杂的工作,即使能完成也要花费巨大的成本。鉴于此,业主便将这些工作交由地方政府完成,而只需向地方政府支付有限的工作经费,既省事又可降低工作成本。

第三,行为的程序化。对江河大型水库建设及运行,从技术的角度有规范的程序要求,从政策的角度具有很强的约束刚性。为确保水库建设质量,业主必须按工程建设的规定和要求,组织施工并进行严格监控。为确保水库安全运行,业主必须按要求的内容和质量对水库及其设施进行维护,按水库调度方案实施运行。为协调相关主体的工作关系和利益关系,业主必须认真执行相关政策。

第四,行为的功利倾向。作为国有或国有控股企业的业主,也与其他企业一样,具有追求利润最大化的行为理性。在江河大型水库的建设中,业主表现出强烈的工程倾向,一方面利用各种手段降低建设成本,另一方面注重工程建设而忽视地方经济发展。在江河大型水库的运行中,业主表现出强烈的逐利倾向,一方面重点关注水库的自身安全而忽视水库的周边安全,另一方面更多关注水库经济效益而忽视水库公益功能的充分发挥。

业主的这些行为特征,凸显出其逐利本性。业主作为江河大型水库的建设者和经营者,要负责水库建设与运营的盈亏,设法降低建设及运营成本,增加运营收益,尽快偿还债务,更多获取盈利本属正当。问题在于业主在降低建设成本和追逐运营效益时,可能造成对相关主体利益的损害,特别是业主有条件借用政府的力量,将建设及运营成本部分转嫁给相关主体,减少或剥夺相关主体对运营效益的合法分享。从这个角度讲,业主在江河大型水库建设及运行的实际操作中,处于十分关键的支配地位,而水库淹占区和周边地区的政府及居民群体则处于较为被动的从属地位。

四、地方政府在江河大型水库建设及运行中的行为

地方政府的独特地位与能力,使其在江河大型水库建设及运行中具有不可替代的作用。由其身份与职责所决定,地方政府的行为既有与中央政府一致的方面,也有较大的差异。地方政府特定的行为目标、行为方式及行为特征,对其他主体的行为产生重要影响,并在江河大型水库建设及运行中产生多重关联效应。

1. 行为目标

江河大型水库所在的省级政府,水库淹占区及周边地区的县级政府、乡级政府,既是国家利益的代表,又是所辖区域利益的代表,在江河大型水库建设及运行中的行为目标,既追求国家的总体利益,也追求所在辖区的局部利益,同时还承担维护辖区内居民合法权益的重任,具体表现在以下六个方面。

第一,支持国家对江河特别是大江大河的治理,防治和减轻在我国频繁发生的洪涝灾害,根治和减轻水患损失,保护人民生命财产安全,促进国家经济社会发展和生态环境改善,对国家治水目标的实现作出特殊贡献。

第二,支持国家对水资源的合理开发利用及科学调度与调控,积极配合国家为解决重点城市生活用水、重点工业区生产用水、重要农产区灌溉用水、重点生态区环保用水所作的努力,为缓解我国水资源分布失衡及区域性严重缺水的问题作出应有的贡献。

第三,支持国家开发水能资源、大力发展水电的努力,增加水电生产能力,实现水电对火电的部分替代和电能对石油、煤等不可再生能源的部分替代,优化能源结构,减少对国外能源的依赖,在国家大型水电基地建设上作出重要贡献。

第四,按中央政府的要求,如期完成土地征用、淹占搬迁和恢复重建,城乡移民生活及生产(就业)安置。对所征用的土地、淹占的财产物资及设施进行合理补偿,确保移民安置质量,维护辖区居民及企事业单位的合法权益,保持社会的稳定和经济的正常发展。

第五,利用江河大型水库建设的契机,加快交通、通信、能源基础设施建设,改善基础设施条件。加快老城镇改造与新城镇建设,推进城镇化进程。加快教育、科技、卫生等社会公共设施建设,促进社会事业发展。利用维护水库安全运行和促进移民安稳致富的要求,向国家争取更多的优惠政策和投资支持,促进生态环境保护、传统产业改造和新兴产业及特色产业发展,加快辖区内经济社会发展的进程。

第六,以其独特的区位和在江河大型水库建设及运行中的特殊贡献,提升本地区在全国经济社会发展中的地位及作用,争取更多的发展机会,并相应分享江河大型水库运行所带来的好处。

地方政府作为一个特殊的主体,在江河大型水库的建设及运行中,其行为除追求公共利益之外,也存在一些功利性目标。主要表现在,做好土地征用、淹占搬迁重建、移民安置、水库生态环境保护与建设等工作,可以作出政绩,获得上级政府,特别是中央政府的赏识与信任。

在江河大型水库建设及运行中,地方政府的国家公益行为目标,使其在大的决策与政策上和中央政府保持一致,努力完成中央政府交办的各项工作。地方政府的区域公益行为目标,使其可能在某些方面偏离中央政府的要求,偏重于对辖区实际利益的追求。地方政府的功利行为目标,一方面使其努力完成中央政府安排的任务,另一方面则可能使其夸大成绩和掩盖矛盾及问题,对江河大型水库的顺利建设及安全运行带来隐患或造成不利影响。

2. 行为内容

地方政府作为中央政府政策、指令的执行者和辖区经济社会发展的组织者、管理者和服务者,在江河大型水库建设及运行中,承担艰巨而繁重的工作任务,其行为内容极为广泛且十分复杂,主要表现在以下八个方面。

第一,在江河大型水库建设通过立项审批后,水库所在辖区的省(直辖市、自治区)、县(市、区、旗)、乡(镇、街道办)三级地方政府,成立专门的工作机构,承担土地征用、淹占搬迁及重建、移民安置、生态环境保护与建设等工作,并对辖区内的干部群众宣传江河大型水库建设的目的意义、政策规定及相关要求,提高水库淹占区和周边地区干部群众对江河大型水库建设的认同和支持。

第二,协同业主对淹占土地、基础设施、物资财产及所涉及的农村、城镇、工矿企业和事业单位进行详查,并在此基础上制定土地征用及补偿规划、基础设施恢复重建及损失补偿规划、淹占城镇迁建规划、工矿企业搬迁重建或转停(转产或停产)补偿规划、事业单位搬迁重建规划、移民安置及补偿规划、水库周边生态环境保护与建设规划等,为江河大型水库工程建设进行前期准备。

第三,按照规划,组织对淹占的公路、铁路、车站、码头、输电网、变电站、输油(气)管网、油库、通信网、广播网、电视网等公共基础设施进行恢复重建。一方面保证辖区内经济社会活动的正常进行,另一方面为江河大型水库的建设创造必要的条件。

第四,按江河大型水库工程建设的进度要求,实施对水库淹占区的城镇及企事单位分批进行搬迁和重建,对城镇居民进行生活安置及就业安置,对有发展前途的工矿企业搬迁重建、对无发展前途的工矿企业关停,并解决职工的生活保障和再就业问题,为水库建设让出土地。

第五,按江河大型水库工程建设的进度要求,实施对水库淹占区的农村居民分批进行搬迁安置,包括确定安置方式及选择安置地点、为移民准备生活及生产用房、为农业安置移民解决承包土地、为非农安置移民解决就业、为农村移民安置后的正常生活及其生产创造条件等,为江河大型水库建设让出土地,并使农村移民"安得稳、逐步能致富"。

第六,按照中央政府的政策规定,实施对淹占土地、居民及企事业单位的房屋、财产、物资、设施、设备、不可(或不必)恢复重建的基础设施、土地上的附着物(林木、果树、青苗等)、农业基础设施(水库、池塘、渠道等)进行分类、计量和补偿,并使补偿工作与淹占城镇及企事业单位的迁建和城(镇)乡移民搬迁安置保持同步。

第七,根据江河大型水库安全运行的要求,按水库生态环境保护与建设规划,组织实施水库周边城镇污水及垃圾处理工程建设、水库周边防护林建设、辖区水土流失治理及农业面源污染防治,确保水库的水体洁净和周边生态环境安全,为江河大型水库的安全持久运行提供保障。

第八,利用江河大型水库工程建设,改善辖区的基础设施条件,调整和优化产业结构与布局,加快城镇化进程,使经济社会发展有一个新的起点。利用中央政府对移民安置、水库所在区域经济社会发展和生态环境保护的重视,争取更多的政策扶持、投资倾斜及发展支持,促进辖区经济社会的快速发展和生态环境改善,实现城乡居民的安居乐业、收入增加和生活改善,实现经济、社会、生态的协调发展。

因为具有中央政策和法令执行者及辖区经济社会发展决策者的双重身份,所以地方政府在江河大型水库建设及运行中的行为内容,既包含对中央政策的执行和中央交办工作的完成,又包含对辖区经济社会发展的谋划和区域利益的追求。作为中央政策和法令的执行者,地方政府的行为应当符合中央政府的要求。作为区域发展的决策者和区域利益的追求者,地方政府的行为往往突破中央政府的要求。在这里存在两个关键的问题,一是中央政府要对地方政府的理性行为给予有效激励,二是地方政府要正确处理江河大型水库建设及运行与辖区经济社会发展和生态环境保护的关系。

3. 行为方式

地方政府作为辖区的行政机构,拥有较大的行政权力,具有一定的行政权威,拥有广泛的社会基础和丰富的社会资源,同时还掌握一定的经济资源(在不发达地区的乡级政府除外)。在江河大型水库建设及运行中,地方政府的行为方式有一定的选择空间,且往往多种手段并用,在具体操作上主要表现为以下五种方式。

第一,政策引导。地方政府利用中央政府制定的政策法规,引导和约束业主及淹占区和库周居民的行为,协调辖区内居民、企事业单位与水库业主的利益关系,使其正确行使自己的权力,充分履行自己的职责,切实尽到自己的义务。通过中央政策的认真贯彻落实,搞好土地征用与补偿、淹占搬迁与恢复重建、淹占损失补偿、移民搬迁安置、生态环境保护与建设等中央交办的工作,为江河大型水库的顺利建成及安全运行作出贡献。

第二,宣传教育。地方政府利用多种舆论工具和宣传手段、教育方式,向辖区内的居民、企事业单位广泛宣传江河大型水库建设的目的、意义及相关政策,利用辖区内的党、政、群、团组织体系,层层对广大干部群众做教育工作,求得大家达成对江河大型水库建设的认同与共识,并将其转化为具体的支持行动,在土地征用、淹占补偿、搬迁安置等方面采取理性行动、积极配合,为江河大型水库建设及运行作出贡献。

第三,行政推动。地方政府利用行政组织,将所承担的江河大型水库建设及运行的任务,在横向上分解到相关业务部门,在纵向上分解到不同的层级,动员庞大的行政力量,推进各项工作任务的完成。同时,各级地方政府拥有合法的行政权力,在必要时可以通过行政手段规范辖区内居民和企事业单位的行为,使其符合江河大型水库建设及运行的要求和中央相关政策的规范;也可以在必要时利用行政手段协调相关主体的利益关系,使其更有利于地方政府完成中央政府布置的相关任务。

第四,利益诱导。地方政府中的省(直辖市、自治区)、县(市、区、旗)两级政府,掌握一定的经济资源,可以动用一部分用于水库周边地区和移民安置区的经济社会发展,解决城镇移民的就业和生活困难,帮助农村移民改善生产、生活条件,使这些地区的居民在为江河大型水库建设作出贡献之后,能得到地方政府的关心、照顾、扶持,使其更加支持水库建设,更加积极配合政府完成相关的工作任务。

第五,争取中央政府支持。在江河大型水库建设及运行中,地方政府承担的工作类型多、量大面广,难度很大。加之诸如征地补偿、淹占补偿、移民安置等工作,中央政府有严格政策规定,地方政府在实施中活动余地较小,且受自身能力限制,也不具有较大的调控能力。当地方政府在实际工作中遇到自身难以解决的困难时,就只有向中央政府求助,请求在政策上进行适当调整或在投入上给予支持。只要地方政府的请求事实有据、言之有理,中央政府一般会帮助解决。

在江河大型水库建设及运行中,地方政府按中央政府的政策和自己掌握的行政资源、社会资源、经济资源,推行自己的行为,实现自己的目标。在这种情况下,如果中央政府的政策比较宽松和符合实际,地方政府的行为就易于实施,目标也容易实现;如果中央政府的政策较为严苛,与客观要求差距较大,地方政府因自身能力的限制,行为实施就会遇到很大的困难,不仅目标难以实现,而且还容易与辖区内的居民(特别是移民)及淹占搬迁的企事业单位产生直接的利益冲突。地方政府在江河大型水库建设及运行中的行为要采用一些行政手段,如果掌握适度则有利于行为的实施和目标的实现,如果过度依赖则可能导致强迫命令、激化矛盾、造成适得其反的后果。

4. 行为特征

地方政府在江河大型水库建设及运行中的行为方式,既与中央政府有某些相似之处,又与中央政府有很大不同,更与业主的行为方式存在极大的差异,表现出五个方面的独有特征。

第一,按中央政策办事。在江河大型水库建设及运行中,中央政府交由地方政府完成的工作主要是土地征用及补偿、淹占财产核定与补偿、淹占搬迁与恢复重建、移民迁移与安置、库周生态环境保护与安全维护等。这些工作政策性很强,中央政府又有相关政策规定,按中央政策办事合理合法,有利于这些工作任务的完成。同时,地方政府承担这些工作难度大、矛盾多,按中央政策办事可以降低风险,在一定程度上减轻工作压力。

第二,充分利用行政资源。地方政府利用辖区内各级行政机构,组织动员各部门的力量,直接参与江河大型水库建设及运行的相关工作,各司其职,各负其责,共同完成相关工作任务。同时,地方政府在中央政策框架内,还可依据本地情况,制定出一些地方性法规、条例,指导和规范辖区内居民及企事业单位的行为,以利于江河大型水库建设及运行相关工作任务的完成。

第三,谨慎应用强制手段。在江河大型水库建设及运行中,地方政府所承担的工作大多与辖区内的居民(特别是淹占区居民)和企事业单位的切身利益相关。在工作过程中,地方政府对单位和群众主要采取政策宣传、说服教育、解决实际困难的办法,以求得对地方政府推进水库建设行为的支持与配合,激发对水库安全运行的关心。不到万不得已,绝不会通过强制手段迫使群众接受某些决定与安排。这样做,一方面可以避免矛盾的激化,另一方面可以降低工作风险。

第四,带有明显的倾向性。在江河大型水库建设及运行中,地方政府表面上虽然只充当中央政策执行者和交办任务完成者的角色,但其行为仍典型地表现出支持水库建设的倾向。这固然是因为江河大型水库建设是中央政府的决定,地方政府不便反对,即使反对也难以改变。更为重要的是,在辖区内建设江河大型水库,对本地区发展有一些好处,如巨大的工程建设可以带动地方经济发展、利用水库建设可以向中央政府争取相关项目建设与投资等。

第五,行为上的趋利避害。在江河大型水库建设及运行中,地方政府的行为带有明显的趋利避害特征:首先,通过努力完成中央政府安排的各项工作任务,获得赞赏和信任;其次,利用江河大型水库的建设及运行,千方百计地向中央政府争取政策优惠、建设项目安排和建设投资支持,谋取辖区发展的实际利益;再次,在诸如征地补偿、淹占财产物资补偿、移民迁移安置等工作上,凡是遇到较大的矛盾与问题,往往逐级上交、请求上级解决,而不主动承担责任,以借此逃避风险。

地方政府的这些行为特征,反映出地方政府在江河大型水库建设及运行中,不仅是政策执行者和任务完成者的角色,而且是追求辖区发展利益的强大主体。作为前者,地方政府会认真执行中央政策,完成中央政府安排的相关工作任务,推进江河大型水库的顺利建设与安全运行。作为后者,地方政府会将辖区发展的众多问题与水库的建设及运行相联系,以获取中央政府和业主的支持,促进辖区经济社会发展。如此一来,地方政府与中央政府及业主在行为上,便既有一致性,又具有竞争性。

五、相关居民群体在江河大型水库建设及运行中的行为

水库淹占区及周边地区居民,在江河大型水库建设及运行中,主要发挥服务与支持的作用,其行为受中央政府的政策和地方政府的举措影响很大,同时也受业主行为的影响。受其地位、能力的局限,居民群体的行为选择余地较小,但由于保护自身利益、维护自身权益的强烈愿望,使其具有与其他主体不同的行为目标、行为方式及行为特征,并对其他主体的行为施加一定的影响。

1. 行为目标

江河大型水库淹占区及周边县级(市、区、旗)辖区内的城乡居民,有义务也有意愿支持国家重点工程建设。这一特殊的居民群体作为经济社会活动的参与者,又有特定的追求和行为理性。由其特质所决定,他们在江河大型水库的建设及运行中,既有对国家公共利益的追求,又有其自身利益得到满足的强烈希望,行为目标相对简明,具体表现在以下六个方面。

第一,支持国家的江河大型水库建设,让出土地和家园,为水库工程建设、淹占城镇及企事业单位搬迁、淹占基础设施恢复重建、农村移民就地后靠安置等创造条件,为江河大型水库的顺利建设作出实际贡献。

第二,按中央和地方政府的要求,积极参与水库周边的城镇污水和垃圾处理、库周防护林建设、入库水系的流域水土流失治理和面源污染防治、水库周边的安全防护等,为江河大型水库的安全运行提供保障,促进水库功能的有效发挥,并获得良好的效益。

第三,淹占区的居民要求让出的土地能够得到合理的补偿,淹占的私人房屋及其他财产物资能够得到足额的赔偿,淹占的集体资产、设施、设备能够合理赔付,淹占土地上的林木、果树、青苗能够得到足额补偿。淹占财物的数量核定和质量认定要准确、补偿或赔付标准应适当从优,在整个淹占补偿中不受到亏待,不遭受人为造成的财产损失。

第四,淹占区的城镇居民希望通过迁移安置,改善生活、工作、就业条件,增加收入,

提高生活水平。淹占区的农村居民则希望迁移到生活及生产条件优越的地区,能够得到较多的资源(特别是耕地),具有良好的发展前景、较多的非农就业机会、较高的收入预期。城乡移民都希望迁移安置后,在生产、生活及发展上得到政府扶持。

第五,水库周边居民希望将库周城镇生活及生产污染防治、库岸安全防护、周边县级(市、区、旗)辖区水土流失治理及面源污染防治、移民安置区建设等纳入江河大型水库建设的内容,给予专项投资支持,以减轻库周居民的负担和压力,并对参与这些工程建设和维护的居民给予合理补偿。

第六,淹占区和水库周边居民希望,水库的建设及运行能带来经济社会发展条件的改善、发展机会的增多,社会对自己所作贡献的充分肯定、对作为江河大型水库建设主体地位的认同与尊重,并希望自己所作的贡献能得到合理的回报,且能合理分享江河大型水库建设及运行所带来的利益。

相关居民群体作为一个构成复杂的主体,在江河大型水库的建设及运行中,虽行为目标存在一定差异,但在总体上其行为除追求公共利益外,更多的是追求自身的利益,主要表现在对淹占的土地、房屋、财产、物资要求较高的补偿,移民要求优越的安置条件及较高的安置标准,对水库建设及运行作出的贡献要求较高的回报,将生产、生活、发展的所有问题都与水库建设及运行联系在一起,而要求政府解决。这些目标可能与中央政府、业主及地方政府的目标发生冲突,并对江河大型水库的建设及运行带来不利影响。

2. 行为内容

水库淹占区及周边地区的居民,在政府政策指导和行为引导下,一方面为江河大型水库建设及运行创造条件和提供服务,另一方面要维护自己的合法权益和争取更多的利益。因此,这些居民的行为既包含支持水库建设和维护水库安全运行的内容,又包含追求自身利益的内容,并且往往将这两方面的行为搅和在一起,主要表现在以下八个方面。

第一,水坝建设区、水库淹没区、淹没城镇及工矿企业迁建区的城乡居民,要根据水库建设的需要,让出土地、让出家园,为水库建设创造条件。水库坝区及淹没区的居民要迁移到异地他乡落户谋生,淹占城镇及工矿企业迁建区的居民要重建家园和另谋职业。这些居民为支持江河大型水库建设,要实施迁徙、改变生活及生产环境条件、重新择业等一系列行为。

第二,农村移民后靠安置区、水库淹占基础设施复建区的居民,要按有关规划的要求,让出部分土地用于安置农村移民和用于基础设施的恢复重建。同时,还要为移民提供公共设施、协助其恢复生产与生活,并参与基础设施的恢复重建,以及在移民安置区进行新的生产及生活条件建设。

第三,水库周边县级(市、区、旗)辖区内的居民,要按水库安全运行的要求,参与城镇和工矿生产及生活污染的治理、库岸防护林带建设、水土流失治理、农业及农村面源污染防治等工程建设,为江河大型水库的安全运行、延长使用寿命、更好发挥综合效益提供保障。

第四,水库建设淹占土地(包括坝区占地、淹没占地、淹没城镇及工矿复建用地、淹没基础设施恢复重建用地、农村移民安置用地)的所有者与使用者,要求按丈量面积确定数量、按实际用途确定类别、按国家土地管理法和水利工程建设征地规定的上限标准补偿,并以各种方式争取落实。

第五,水库建设淹占房屋、设施、设备及其他财产物资的所有者,要求准确界定数量、合理确定质量与类别、正确衡量赔偿标准,按重置价格而不是按原置价格进行补偿,使自己遭到淹占的财产、物资通过赔付得到全额补偿,不受直接或间接的损失,并为此向政府和水库建设及运营业主进行一系列讨价还价。

第六,水库淹占区的城镇移民,为争取迁移后有一个较好的生活环境、工作条件和就业环境,在住房拆迁、安置地点、工作与就业保障、生活保障等方面向政府和水库建设及运营业主提出各种要求,并采取多种相应的行为使这些要求能够得到实现,以期达到自己满意的结果。

第七,水库淹占区的农村移民,为争取安置后有一个较好的生活、生产和发展条件,在安置方式和地点选择、承包土地数量与质量、安置住房面积与质量、生活及生产条件建设和扶持等方面,向政府和水库建设及运营业主提出多种要求,并在是否按时迁移、是否接受安置、是否在迁移安置后稳定下来等方面,采取理性或非理性的行动,以期达到自己满意的结果。

第八,移民群体因受水库建设直接影响,在安置之后会以多种理由要求补偿和扶持,并采取行动力争使其合法化,以期分享水库运营利益。水库周边县级(市、区、旗)辖区居民因长期参与水库安全维护,也会以配合与不配合的方式,争取对自己所作贡献获得应有的回报。

相关居民群体由不同的人群所构成,既承担不同的义务、履行不同的职责,又有各自不同的利益诉求,故其在江河大型水库建设及运行中的行为内容互有差别,但在为水库建设及运行提供支持和为自身谋取权益这两点上,他们又是彼此类同的。当他们采取支持行动、为水库建设创造条件、为水库运行提供安全保障时,其行为会受到政府与业主赞赏,并对江河大型水库的建设及运行起到促进作用。当他们为谋取权益而采用非理性甚至过激行为时,其行为就会与政府的要求相悖,对江河大型水库的顺利建设及安全运行产生负面影响。

3. 行为方式

水库淹占区和周边县级(市、区、旗)辖区内的居民,构成复杂、组织化程度不高、居住分散、分布范围较广,加之他们既无行政权力,又无较强的经济实力,在江河大型水库建设及运行中的行为选择余地较小,可利用的手段也不太多。在大多数情况下,他们的行为受政策和地方政府行为的影响很大,在行为上表现出一些独特的方式,具体表现主要有以下五种。

第一,接受国家建设安排。江河大型水库建设及运行,要求淹占区及水库周边地区居民为其创造条件和提供支持。为支持国家重点水利工程建设,这些居民一般会顾全大局,让出土地和家园,参与水库的建设与安全维护,促进江河大型水库的顺利建成和安全高效运行。这种接受国家建设安排的行动,出自于这些居民对建设强大国家的愿望和对政府的信任,具有内在的主动性。

第二,充分利用政策工具。在江河大型水库建设及运行中,淹占区及水库周边地区居民按中央政策要求,履行支持水库建设和维护水库安全的责任和义务,做好要求完成的工作;也充分利用政策工具维护自己的合法权益,争取自己正当的利益。当已有政策规定对自己有利时,他们便要求地方政府和水库业主兑现政策;当已有政策对自己不利时,便想方设法要求中央政府调整政策。

第三,依靠地方政府组织。在江河大型水库建设与运行中,淹占区及水库周边地区居民的土地征用、淹占损失补偿、迁移安置,以及水库周边县级(市、区、旗)辖区居民参与的城镇及工矿污染治理、水土流失防治、农业及农村面源污染防治、库岸安全防护等,都是在地方政府严密组织之下进行的。没有地方政府的精心组织,这些活动单靠相关居民的自发行动很难进行。

第四,从众行为。在江河大型水库建设及运行中,淹占区及水库周边地区的居民,无论是在为水库建设创造和提供条件方面、在为水库安全运行提供保障方面,还是在为自身追求和谋取利益方面,都具有明显的从众心理,跟随大多数人的做法采取行动。在这种行为方式下,如果政策引导得当,就会使这些居民的行为趋于理性;如果政策引导失误,便会使这些居民的行为发生偏差。

第五,贡献与索取结合。在江河大型水库建设及运行中,淹占区及水库周边地区居民要作出多方面的贡献,但这种贡献是要求有偿和有回报的。如淹占的土地及财产物资要求足额补偿、迁移安置要求达到较好的条件、相关工程建设要求有对应的投资和回报等。这些居民往往将对水库建设及运行所作的贡献与可获得的报偿联系在一起，报偿高贡献行为就踊跃，报偿低贡献行为就不积极甚至抵制。

在江河大型水库建设及运行中，淹占区和水库周边县级(市、区、旗)辖区内居民的上述行为方式，既有支持国家重点水利工程建设、为水库建设及运行创造条件和提供服务的一面，也有维护自身合法权益、争取更多实际利益(主要是经济利益)的一面。如果在政策上体现了他们对利益的合理要求，再加以有效的引导与组织，就会强化他们支持水库建设及维护水库安全运行的理性行动。如果在政策上忽视了他们对利益的合理要求，这些居民就会对水库建设及运行采取抵制行动。

4. 行为特征

由于淹占区及水库周边县级(市、区、旗)辖区内居民构成复杂且组织松散，处于相对劣势，加之他们既有支持水库建设的意愿，又有追求自己利益的强烈要求，因此在江河大型水库的建设及运行中，其行为方式完全有别于其他主体，表现出十分鲜明的特征，这些特征主要反映在以下五个方面。

第一，对政府决定选择性接受。在江河大型水库建设及运行中，淹占区及水库周边县级(市、区、旗)辖区内的居民，对政府决定和要求的接受与执行选择性较强。当政府的决定与要求符合他们的意愿并体现其基本利益诉求时，他们就乐于接受并认真执行。当政府的决定与要求违背他们的意愿并损害其基本利益时，他们就会以各种方式加以抵制，有时甚至可能采取对抗行为。

第二，将政府作为追索对象。在江河大型水库建设及运行中，相关政策由中央政府制定，具体落实由地方政府执行。因此，水库淹占区及水库周边县级(市、区、旗)辖区内的居民，将水库建设及运行给他们造成的损失及带来的困难与问题，都归因于政府，要求政府解决。政府由此承担了无限责任，成为这些居民要求解决困难和问题、维护自身权益的追索对象。

第三，回避风险。江河大型水库的建设及运行，无疑要给淹占区及水库周边县级(市、区、旗)辖区内的居民造成损失，并带来不少困难和问题。这些居民自然也会千方百计地维护自己的合法权益，但在维护权益的过程中，这些居民会讲究"策略"以回避风险，不会公开反对水库建设和抵制搬迁，以免留下"不支持国家重点工程建设"的恶名。他们通常以延缓拆迁与政府讨价还价或"上访"提出要求等方式谋取利益，而不采用过激行为相要挟，以免遭惩罚和背上"破坏社会安定团结"的罪名。当然，如果他们采取这些"温和"方式争取合法权益得不到应有的回应，就可能激化矛盾，使他们转而采取过激行为。

第四,强烈的趋利倾向。在江河大型水库建设及运行中,淹占区及水库周边地区居民的行为具有强烈的趋利倾向。首先,在淹占土地、房屋及其他财产物资的补偿上,要求较高的标准,力争在补偿上不受损失或有所获益;其次,在搬迁安置上,要求有较好的生活环境、就业机会、生产条件,以期在搬迁安置后收入与生活有所改善;再次,对江河大型水库建设及运行所作出的贡献,要求有相应的回报,不愿意无偿付出。

第五,行为韧性极强。淹占区及水库周边县级(市、区、旗)辖区内的居民,无论是在参与江河大型水库建设及维护安全运行的行动中,或是在维护和争取自身权益的行动中,都表现出极强的韧性。只要水库的建设及运行与他们的利益相一致,他们会长期努力支持水库建设和维护水库安全。只要他们的合法利益及合理要求得不到满足,他们会一直坚持要求政府解决,甚至在几十年之后都不放弃。

相关居民群体的上述行为特征,反映出他们不仅是江河大型水库建设及运行的参与者和贡献者,而且也是自身利益的追逐者。作为前者,他们支持并参与水库建设及安全维护,且作出实实在在的贡献;作为后者,他们又利用水库建设及运行的机会谋取自身利益,且期望值较高。如此一来,他们的行为与水库建设及运行的要求既有一致的方面,也有相悖的方面,并且往往纠缠在一起。只有当水库的建设与运行较好地兼顾了他们的合法权益和合理要求,才能使其行为趋于理性。

六、江河大型水库建设及运行中的主体行为关联

在江河大型水库建设及运行中,虽然中央政府、业主、地方政府、相关居民群体四大主体的行为目标、行为内容、行为方式和行为特征存在差异,但他们的行为相互影响、相互制约,存在紧密的关联关系。每一个主体的行为目标只有得到其他主体的认同才具有可行性,行为内容只有与其他主体相协调才可能付诸实施,行为方式只有被其他主体接受才有可能推行,行为特征只有与其他主体相容才能发挥正面作用。对于每一个主体而言,他们的行为既对其他主体施加重要影响,又受其他主体行为的强烈制约。

1. 中央政府与其他主体的行为关联

中央政府在江河大型水库建设及运行中,凌驾于其他主体之上,居于绝对的主导地位:一方面,中央政府对江河大型水库的建设及运行作出决策,而由其他主体实施;另一方面,中央政府制定江河大型水库建设及运行中的行为规则,而其他主体遵循这些规则

行事;再一方面,中央政府界定江河大型水库建设及运行中各主体的利益关系,而其他主体在界定范围内各取其利。当然,这并不意味中央政府可以为所欲为、单方面采取行动。事实上,业主、地方政府、相关居民群体对中央政府的行为可以施加影响,有时还具有不小的反制能力。由此,便形成了中央政府与其他主体之间支配、服从、反制的复杂关系,并对江河大型水库建设及运行产生决定性影响。

中央政府与业主之间本来应当是管理与监督的关系,但由于中央政府也是一个经济利益主体,使其与业主成为一种同气连枝的关系。业主是中央直属企业,中央政府对江河大型水库建设及运行作出决策,交由业主组织建设和进行经营,二者目标相同、利益一致。中央政府的决策依靠业主实施,目标通过业主的行为而达成,二者的行为关联表现为一种"决策—执行"模式。在这种模式下,中央政府的行为向业主倾斜,如为其提供宽松的政策环境,保证资金及物资和资源的供应,组织地方政府和相关居民为其提供支持与服务,在利益关系处理上向其倾斜等。中央政府与业主的这种近似"联盟"的关系,使他们的行为目标基本一致、行为内容基本趋同、行为方式彼此呼应,在江河大型水库建设及运行中处于唯我独尊的地位,对其他主体的行为形成支配。

中央政府与地方政府是领导与被领导的上下级关系,不具有平等地位。从行政管理的角度,中央政府的重大决策地方政府必须执行,中央政府安排的工作地方政府必须完成。在江河大型水库建设及运行中,中央政府与地方政府的行为关联表现为一种"决定—服从"的模式。在这种模式下,中央政府向地方政府下达工作任务、提出具体要求、确定行为规则,并赋予一定的权力和提供一定的条件,检查监督地方政府完成江河大型水库建设及运行的相关任务。由于中央政府更加重视全局利益,而地方政府主要关注辖区发展,他们在江河大型水库建设及运行中的目标不完全相同,利益也不完全一致,中央政府的行为一般也不会向地方政府倾斜。除提供完成工作任务的基本条件之外,中央政府主要通过监管而不是利益诱导促使地方政府完成工作任务。

中央政府与相关居民群体之间是一种从属与依存的关系,前者是具有决策权、管理权的强者,后者是接受决策与管理的弱者,地位与能力极不对称。从经济社会发展和国家管理的角度,中央政府有权力、有责任引导和组织动员广大人民群众参与国家重点工程建设,人民群众也有义务支持和参与国家重点工程建设。在江河大型水库建设及运行中,中央政府与相关居民群体的行为关联表现为一种"诱导—跟进"的模式。在这种模式下,中央政府通过宣传教育、政策指引、利益诱导等方式,调动相关居民群体支持水库建设和维护水库安全的积极性,将他们的行为纳入自己所期望的轨道。但由于中央政府对江河大型水库建设低成本和运行高效益的追求,可能将一部分建设与运行成本转嫁给相关居民群体,从而损害他们的合法权益,并遭到他们的反对和抵制。在这种情况下,中央政府一般不会作出让步,而是先采用说服教育、政策约束的办法加以解决,在个别情况下也利用行政强制的办法令其接受,或采用一些替代办法加以弥补。

2. 业主与其他主体的行为关联

业主与中央政府经济利益一致,关系十分密切,加之掌握大量资源,在江河大型水库建设及运行中,处于十分有利的地位。业主作为中央直属企业,可以方便地得到中央政府的支持与关照;作为国家重点水利工程建设的承担者和运行的经营者,可以名正言顺地要求其他主体的支持、协助与配合;作为巨大资源的拥有者,有能力采取经济手段影响其他主体的行为。由此,便形成了业主与中央政府、地方政府、相关居民群体之间在行为上的特殊关联关系,并对江河大型水库建设及运行产生重要影响。

业主受中央政府(或省级政府)选派,充任江河大型水库建设的组织者和经营者,既对中央政府有强烈的依赖,又与中央政府的经济利益保持一致。由于这一层关系,业主只有得到中央政府的有力支持,才可能顺利完成水库建设和保障水库安全运行。在这种情况下,业主的行为主要是贯彻中央政府的意图,落实中央政府的要求,完成中央政府的各项任务,尽可能与中央政府的行为保持一致,以争取中央政府更大的支持。事实上,业主的很多行为就是中央政府行为的具体体现,而中央政府的很多行为又要通过业主的行为去实施和完成。当然,业主作为一个经济主体,会本能地追求水库建设的低成本与运行的高效益,不会自觉追求社会公益目标,从而导致其行为偏离中央政府要求。同时,江河大型水库建设投资巨大、影响深远,一旦上马便难以变更,业主可以借此向中央政府提出多种条件与要求,甚至采取某些机会主义行为向中央政府施加压力,使自己处于更为有利的地位。在这一方面,业主与中央政府的行为又存在某种博弈关系,与中央政府的行为并不完全一致。

业主与地方政府之间互不隶属,本来应当是一种工作上的对等依存关系,但在江河大型水库建设及运行中,由于中央政府的作用,将诸如征地、拆迁、淹占补偿、淹占重建、移民安置、水库安全维护等本应由业主完成的工作,转而由地方政府承担,只是相关经费由业主承担。业主与地方政府之间由此便形成了特殊的行为依存,即业主通过中央政府向地方政府提出工作任务,按中央政府规定支付所需经费,地方政府完成业主所需要的工作。从表面上看,地方政府是完成中央政府安排的工作,但从实质上看,地方政府承担的工作是由业主间接委托而来,业主与地方政府在水库建设及运行相关工作上,是一种以中央政府为媒介的"委托—代理"关系。在这种关系下,业主间接向地方政府委托工作任务,并借用中央政府的力量使工作任务具有刚性,同时又利用中央的政策对地方政府的行为施加约束,并按委托的工作支付相关经费。在一般情况下,业主会配合地方政府的工作,以确保自己行为目标的实现。但业主为降低水库建设与运行成本,提高水库运营效益,不会给予地方政府以中央政策规定之外的支持,有时甚至会采取机会主义行为,将水库建设及安全维护的部分成本连同工作任务转嫁给地方政府。

业主与相关居民群体属于不同的经济主体,在经济活动中本来应当是一种平等的交易关系,但由于政府的介入和强力干预,业主成为强势方而相关居民群体成为弱势方,二者的关系被扭曲为"支配—承受"的模式。在江河大型水库建设及运行中,业主要占用淹占区居民的土地及土地上的财产、物资、设施、设备,要依靠水库周边县级(市、区、旗)辖区内居民完成城镇及工矿点源污染治理、农业及农村面源污染防治、库岸防护、水土流失治理等任务,但业主并不与这些居民直接进行交易,而是通过中央政府制定政策确定交易规则,通过地方政府具体实施交易活动,实现与相关居民群体之间的间接交易。在这种交易方式下,业主处于对相关居民群体的支配地位,交易规则通过中央政府单方面决定,交易过程按自己要求通过地方政府完成,而相关居民群体只能被动承受。业主为降低水库建设及运行成本,往往以低价征用土地、不完全补偿淹占损失、低标准安置移民、让相关居民无偿承担水库建设和维护任务等手段,以损害相关居民群体的利益为代价,实施自己的机会主义行为目标。

3. 地方政府与其他主体的行为关联

地方政府对上要接受中央政府的领导,对下要面对相关居民群体众多的要求和巨大的压力,虽然拥有一定的行政权力和掌握一定资源,但因受中央政策的刚性约束、承担任务的繁重、面对矛盾和问题的众多,在江河大型水库建设及运行中处于相对不利的地位。作为下属,地方政府有义务完成中央政府安排的水库建设及运行的有关工作;作为辖区的行政主体,地方政府有责任搞好区内经济社会发展、保护公民合法权益、维护社会稳定,由此便形成了地方政府与中央政府、业主、相关居民群体在行为上的独特关系,并对江河大型水库建设及运行产生直接的影响。

地方政府与中央政府之间是下级与上级、被领导与领导的关系,地方政府有义务认真执行中央政府的政策,有责任完成中央政府布置的工作任务。在江河大型水库建设及运行中,地方政府要按中央政府的规定,完成土地征用、淹占补偿、恢复重建、移民安置、水库安全维护等工作,为水库顺利建设与安全运行提供可靠支持和保障。地方政府为了完成这些工作任务,也会向中央政府提出一些条件和要求,反映工作中的困难与问题,向中央政府争取更多的资源、更宽松的政策、更大的支持,以减少工作压力和困难。同时,地方政府作为一个辖区利益的代表,也会将本地区的发展与江河大型水库建设及运行紧紧挂钩,以期将发展中的问题纳入水库建设及安全运行之内加以解决,或以此为理由,争取国家的专项建设投入,争取中央政府在建设项目安排、财政投资等方面的扶持。

地方政府与业主之间原本只是工作上的依存与配合关系,由于中央政府的干预,地方政府成了受托为业主完成某些任务的主体。在江河大型水库建设及运行中,地方政府所承担的主要任务是涉及量大面广的群众工作,诸如征地、淹占补偿、拆迁及恢复重建、移民安置、水库安全维护工程建设等。这些工作既涉及当地居民的切身利益,又涉及本地区经济社会发展,任务繁重、难度很大。地方政府为完成这些任务,除贯彻中央政府有关政策规定外,也向业主提出一些条件和要求,或通过中央政府向业主施加一定压力,使其提供更多的资源、创造更有利的条件,保证工作任务的完成。同时,地方政府为维护本地居民的合法权益,会向业主提出合理补偿淹占损失、妥善安置移民等方面的要求。另外,地方政府为促进本地区的发展,也会将一部分基础设施建设、城镇建设、生态环境保护、产业发展项目与水库的建设及运行联系在一起,以争取在水库建设与运行投资中获取项目资金,从而与业主产生行为上的博弈。

地方政府与相关居民群体之间是管理与被管理、服务与被服务的关系,从利益关系上讲,地方政府与相关居民群体的利益基本一致。在江河大型水库建设及运行中,地方政府一方面要组织动员相关居民群体完成征地、拆迁、恢复重建、移民、水库安全维护等工作,为水库建设及安全运行提供支持;另一方面又要维护相关居民群体的合法权益,使其在为江河大型水库建设及运行作出贡献之后,得到合理补偿和应有的回报;再一方面还要对相关居民群体进行教育和引导,使其行为符合中央政策与法律的规定。如此一来,地方政府与相关居民群体之间的行为关系便形成一种"诱导—依附"模式。在这种模式下,地方政府采取引导及说服等方式,组织相关居民群体完成水库建设与安全维护的相关任务,通过贯彻落实中央政策和解决具体的实际问题、维护相关居民群体的基本权益,通过与中央政府和业主的沟通、反映相关居民群体的诉求。当然,当诱导手段失效时,地方政府也可能应用行政强制手段,将相关居民群体的行为规范到政策的框架之内。

4. 相关居民群体与其他主体的行为关联

水库淹占区及水库周边县级(市、区、旗)辖区的居民,是一个组织松散、难以形成统一意志的群体,既要遵守国家法规、执行中央政策,又要接受地方政府的直接领导,还要为自己的生存与发展谋划。这一群体既无行政权力,也无组织载体,掌握的资源也极其有限,在江河大型水库建设及运行中,处于一个软弱无力的不利地位。他们作为国家的一员,有义务支持重大水利工程建设;作为辖区的公民,应当接受当地政府的领导;作为经济人,有追求利益最大化的强烈愿望,他们因此与中央政府、业主、地方政府形成了特有的行为关联关系,并对江河大型水库的建设及运行产生一定的影响。

相关居民群体与中央政府之间是从属与主导、诱导与反馈的关系,在利益关系上,既有一致的方面,也有冲突的方面。在江河大型水库建设及运行中,他们会响应中央政府的号召,让出土地甚至家园,为水库建设创造条件,并积极参与水库建设与安全维护,为国家重大水利工程建设作出贡献。为了自己的生存与发展,他们对水库建设及运行所作的贡献都要求有相应的补偿与回报:一是要求中央政府制定有利于自己的淹占补偿政策,保证自己不因水库淹占而遭受财产损失,或能争取到超过损失的赔付;二是要求中央政府采取实际措施,改善自己的生产(就业)、生活条件,通过水库建设获得更好的发展机会;三是要求中央政府公正处理相关主体的利益关系,在自己为水库建设及运行作出了实际贡献后,能够合理地分享水库运营的利益。他们的这些要求有多种表达方式,但主要是通过其具体行为来反映。当中央政府的政策与行为体现其要求时,他们对水库建设与安全维护就采取积极支持和主动参与的行动。若其利益受到损害,他们对水库建设与安全维护就采取消极应付或加以抵制的行动,在个别情况下甚至会采取对抗行动。

相关居民群体与业主之间是一种交易关系,即他们向业主提供资源与服务,而业主向其提供补偿与回报。只是由于政府的介入,使这种交易演化为以间接的方式进行。在江河大型水库建设及运行中,相关居民群体出于对国家重大水利工程建设的支持,具有向业主让渡资源和提供服务的积极性,但因他们所让渡的资源和提供的服务是自己赖以生存与发展的基础,故基本的要求是"等价"交换、理想的要求是有利于自己的"超值"交换。当业主通过政府给出的交换条件满足其基本要求时,他们可以接受,并能采取相应行动对业主承担的水库工程建设与安全运营给以基本的支持。如果业主通过政府对其淹占补偿较高,对其贡献的回报较优厚,则他们对业主承担的水库工程建设与安全运营就会给予全力支持与配合。如果业主通过政府给出的交换条件有损其合法利益,则他们就会拖延、抵制甚至拒绝向业主让渡资源,也不愿为水库建设与运行提供服务,从而使业主在江河大型水库建设及运营中遭遇极大困难。

相关居民群体与地方政府之间的关系比较密切,他们在生活及生产活动中要接受地方政府的直接领导,需要地方政府提供公共服务,他们的合法权益也有赖于地方政府的有效保护。在江河大型水库建设及运行中,他们会从国家建设与发展的大局出发,按地方政府的要求,为水库建设及运行让渡资源,提供服务,但条件是让渡的资源可以得到合理补偿、提供的服务能够得到相应的回报。由于水库建设中的征地、淹占补偿、移民安置及水库安全维护等工作,由中央政府安排地方政府组织实施,他们对补偿与回报的要求自然就会针对地方政府,是否按地方政府要求对水库建设与安全运行采取支持行动,要视地方政府维护他们合法权益的程度而定。如果地方政府能够有效维护其合法权益,满足其利益诉求,他们就会紧跟地方政府为水库建设及运行提供资源和服务。如果情况相反,则他们就不会与地方政府采取一致行动支持水库的建设及运行。因为涉及淹占补偿和贡献回报这些与相关居民群体利益攸关的政策由中央政府制定,地方政府只能执行,而现行的政策又过偏严,难以满足他们的要求,因此,在江河大型水库建设及运行中,相关居民群体的行为与地方政府的要求难以协调一致。

第四章 中国江河大型水库建设及运行的特征

在市场化改革大背景下，中国江河大型水库虽不再由政府包办，转而由业主（企业）建设与运营，但由于特定的经济和行政管理体制的作用，以及既有利益关系格局的约束，仍然表现出鲜明的政府主导特征。在政府的主导下，水库建设的决策模式、投资方式、推进办法、运作形式等，与其他国家相比，有着鲜明的特征。这些特征既有效推动中国江河大型水库建设的蓬勃兴起，也产生与众不同的经济社会问题，并对国家和区域发展造成广泛而深远的影响。

一、江河大型水库建设决策由政府主导

江河大型水库建设由中央政府主导，是计划经济的传统，但随着经济体制的转轨和市场经济体制的确立，这一管理决策方式只进行了局部调整，在主要的方面并未发生根本改变。政府主导江河大型水库建设，主要体现在管理决策和推进两大方面，而其作用所及则涵盖众多领域。

1. 建设规划由中央政府制定

新中国成立之后，中央政府便将大江大河治理和水资源、水能开发纳入国家总体规划。国务院设有专门管理这一事务的水利部，长江、黄河、海河三大水系还设立了专门的水利委员会，对水资源和水能开发利用进行规划与管理。各省、直辖市、自治区政府也设有水利厅或水利局，从事辖区内江河治理、水资源和水能的开发利用与管理。

早在20世纪五六十年代，中央政府就组织专家对全国水资源和水能资源进行多次调查，对富集地区及主要江河还进行多次勘察。并在较大的江河上建立了数以千计的水文观测站，积累了长达半个世纪的水文资料。各省、直辖市、自治区亦组织专家对辖区内的水资源及水能资源进行多次调查，对其开发利用的重点区域及江河进行勘察，作为对中央政府相关工作的补充。迄今为止，我国主要江河的水资源和水能资源的基本情况已经查清，开发利用前景已有基本评估。

在进行全面调查和重点调查基础上,由中央政府主导多次制订和修订全国水资源和水能资源开发利用规划,并将江河大型水库建设作为规划的重要内容。在20世纪五六十年代,受技术水平和经济实力的限制,对江河大型水库建设规划的范围较窄、数量较少、规模较小。到80年代中后期,由于社会经济发展对水资源及电力需求的急剧增加,以及国家技术的进步、经济实力的增强,对江河大型水库建设规划的范围拓展到主要江河,数量急剧增加,规模也越来越大。与此同时,各省、直辖市、自治区为开发利用辖区内的水资源和水能资源,也与中央政府同步进行或自主进行江河大型水库建设的规划,并积极争取中央政府的审批。

在中国,江河大型水库能否立项建设,受到规划的严格约束,只有列入规划的江河大型水库才有可能立项建设。中央政府掌握江河大型水库建设的规划权、省级政府对江河大型水库建设的规划要由中央政府批准,这便意味着中央政府从规划环节就掌握了江河大型水库建设的决定权。从规划最终审批确定的角度,中央政府对江河大型水库的规划权具有垄断性,既不能由民间分享,也不能由下级政府(如省级政府)分享。当然,这并不排除中央政府在规划过程中采纳社会公众和下级政府的意见与建议。

2. 建设项目由中央政府审批

江河大型水库建设属于国家重大工程建设项目,要经过一系列可行性论证、详细的规划设计、全面的影响评估,并经过批准才能开工建设。中央政府直接或委托代理人控制这些过程,并对项目建设是否上马具有最终决定权,对江河大型水库建设实施有效控制。

在可行性论证阶段,由中央政府的相关业务主管部门(如水利部、发展和改革委员会)遴选专家组成多个论证专家组,对江河大型水库建设在技术上的可行性及经济上的合理性进行调研和论证;或由中央政府的相关业务主管部门委托研究机构,对江河大型水库建设进行专门的技术经济论证。政府通过选择论证专家或机构、设定论证内容、提出论证任务等,对可行性论证施加影响,使论证工作按中央政府的要求进行,论证结论有利于支持中央政府的决策偏好。在这样的论证方式下,虽然被选专家和受托机构具有独立判断的机会,但毕竟受聘或受托于政府,无论论证工作的开展还是论证结论的作出,都会或多或少地受到中央政府决策倾向的影响,使中央政府不同程度地实现对可行性论证的控制。

在规划设计阶段,无论是中央政府的业务主管部门还是水库建设业主,一般都会委托技术力量强又具权威性的国有专业规划设计院所,对江河大型水库进行规划设计。中央政府还要对水库的作用、功能甚至一些重要的技术经济及生态环境指标作出基本限定,对规划设计提出指导原则和要求。作为国有专业规划设计机构,容易接受、理解政府的意图,将中央政府的决策偏好体现在规划设计中。在中央政府有明确规定和要求的情况下,规划设计机构作为受托方,亦只能按委托方——中央政府及业主的限定,在工程技术的规划设计上尽可能加以实现。虽然规划设计机构要为江河大型水库规划设计的科学性、可靠性、先进性负重大责任,也不会甘愿冒巨大的技术风险,去附和政府的某些难以达成的意愿,但其规划设计工作和最终的规划设方案,必定受到中央政府决策偏好的约束,中央政府亦以此实现对江河大型水库规划设计的主导。

在项目影响评估及审批阶段,中央政府一方面聘请专家对江河大型水库建设的经济影响、社会影响、生态环境影响进行分析评估,另一方面也要组织政府内部机构对这些影响进行测算与评价。在这一过程中,专家的评价虽具有独立性,但政府部门可以通过资料提供、情况介绍等方式,对专家的评价施加影响;至于政府内部机构的评价,更要受到中央政府决策偏好的影响。同时,中央政府还可以利用各种宣传工具及传媒手段,引导江河大型水库建设影响评估的方向,并形成一定的社会舆论。通过这些途径和手段,中央政府便达成了主导水库建设影响评估的目标。至于项目建设审批,更是由中央政府或相关业务主管部门直接作出决定,完全体现政府意志。

3. 相关政策由中央政府制定

江河大型水库建设涉及土地征用、拆迁、移民安置、生态环境保护、库区发展等一系列重大问题,需要政策的指引和协调才能解决。中央政府通过制定与实施相关政策,实现对相关主体的行为进行规范,对其利益关系进行协调,进而实现对江河大型水库建设的控制。

江河大型水库建设要淹占土地,这些土地由中央政府制定政策进行征用,不仅确定征用范围和数量,还严格规定了征用方法和补偿标准,土地所有者(或使用者)和水库业主只能遵照执行而不得变更。水库淹占区内的房屋、设施、设备需要拆迁,城镇、工矿、机关、学校、医院等需要迁建,拆迁补偿、迁建投资等,也由中央政府通过政策作出规定,相关主体亦只能执行而不得抗拒。水库淹占区内的城镇居民和农村居民需要迁移安置,而安置方式、途径、标准、补偿办法及安置工作的步骤和任务分派,也由中央政府出台相应政策作出规定与安排,无论是移民、水库业主或是所在地方政府,都只能严格执行,未经中央主管部门同意不得变更。江河大型水库建设的生态环境保护和库区的社会经济发展,中央政府也有相关的政策规定或政令的要求,水库业主、库区地方政府及库区居民,还是只能遵照执行,既没有讨价还价的余地,更不能自行改变。

中央政府通过政策制定权的垄断,对土地征用、淹占补偿、移民安置、拆迁与恢复重建等与相关主体利益和水库建设成本密切相关的重大问题,以及与水库安全运行和库区居民生活、生产紧密相关的生态环保及库区发展问题,作出刚性的政策规定,实现对江河大型水库建设的掌控。亦即中央政府通过政策手段,界定相关主体的利益关系,规范相关主体的行为,控制水库建设成本,保障水库安全运行,推动库区经济社会发展和生态环境保护,达到对江河大型水库建设的有效控制。

4. 业主由政府确定

在计划经济年代,中国江河大型水库建设由中央政府的主管部门直接充当业主,建成后即成为国有企业,直属中央政府管理。在水电建设改制之后,政府不再直接从事江河大型水库建设及运营,而由企业充当业主进行建设及经营,但业主要由中央政府或水库所在的省级政府选择和确定。按现行的行业准入要求,发电装机容量在5万千瓦以下的小型水库才允许民营企业建设,而大中型水库只能由国有企业建设与运营。加之江河大型水库建设技术要求高、管理复杂、投资巨大,只能由大型国有或国有控股电力企业(或企业集团)充当业主。目前全国大型国有电力生产企业(或集团)主要有华能集团公司、大唐集团公司、华电集团公司、网电集团公司、电力投资集团公司、长江三峡工程开发总公司等少数几家,政府在确定江河大型水库建设业主时,也只能在这少数几家企业中选择。

华能、大唐、国电、华电、电力投资、三峡工程开发等国有或国有控股公司,是在国有企业改制过程中,由原国营电力企业合并重组而来,经资产重组、公司治理、运营改制而成为中央政府直属的大型电力企业或企业集团,在全国电力生产与供给中占有举足轻重的地位。中央和省级政府选择江河大型水库建设业主,有时是经过比较之后直接指定,有时则是这几家企业经过竞争择优选择。对于特大型的江河水库建设,一般由中央政府直接确定一家国有大型电力企业充当建设及运营业主。对于一般江河大型水库建设,多由几家国有大型电力企业通过竞争选择与确定建设及运营业主。由省级政府推动的江河大型水库建设项目,省级政府对业主选择有更大的决定权,几家国有大型电力企业的争夺较为激烈。中央政府对江河大型水库建设业主的选择,主要依据企业的技术实力、经济实力和经营管理能力,以保证水库的顺利建成和高效运行。省级政府对江河大型水库建设业主的选择,除依据企业的实力和能力外,还要考虑企业对地方经济社会发展的贡献与支持,那些愿意对水库所在地区给予更多利益与支持的企业,更受省级政府的欢迎,充当业主的机会较大。

国有或国有控股大型电力企业(或集团)都是中央政府的直属企业,直接由中央政府管理,由这些企业充当江河大型水库建设及运营的业主,中央政府可以十分方便地通过直接管理,间接实现对江河大型水库建设及运行的调控。如通过业主对江河大型水库建设规模、投资规模、工程进度、工程质量、建设成本以及水库运行与调度、公益功能发挥、运营效益等进行管理、监督、调节与控制,实现政府的经济社会发展目标。同时,政府利用对业主的选择和决定权,在江河大型水库建设及运行上提出要求或作出规定,迫使业主遵照执行,从而将业主的行为纳入政府经济社会发展目标的轨道,并通过业主的实施将政府的意愿转化为实际的行动,进而实现政府对江河大型水库建设及运行的有效管理和控制。

5. 江河大型水库的类型与功能由政府设定

中国江河大型水库虽由国有大型电力企业建设及运营、充当业主,且业主为独立经济主体要自负盈亏,但建设什么类型的水库、水库应当发挥什么样的功能,以及发挥多大的功能,都是由政府设定的,而不是由业主决定的。严格地讲,是政府界定江河大型水库的类型、功能、规模,业主按政府要求进行建设及运行。这就意味着中国的江河大型水库建设,不仅在建与不建的决策上由政府主导,而且在水库类型与功能设定上亦由政府作主。之所以出现这种情况,不仅与江河大型水库建设的影响有关,还与中国江河大型水库建设的决策过程和实施过程的特点紧密相连。

与主要追求经济效益的一般产业发展项目建设不同,中国在江河上兴建大型水库具有多重目标,既追求经济效益,也追求社会效益,还追求生态环境效益。而这些目标的达成及互相兼顾,主要通过水库的类型、规模大小、运行调度来实现。作为江河大型水库建设业主的企业,无论其所有制属性如何,追求的主要是经济效益,不可能将社会效益和生态效益作为重要目标。若由业主确定江河大型水库的类型与功能,势必导致只重经济功能而忽视社会功能及生态功能的结果,从而违背实现多目标兼顾的初衷。在这种情况下,由代表公共利益的政府对江河大型水库的类型及功能作出界定,由业主按政府要求加以实现,是一种较为稳妥的办法。同时,江河大型水库的类型与功能对一定区域甚至对整个国家的经济、社会、生态环境会造成一定影响,对于这样一个事关地区或全国发展全局的问题,由政府作决定更为合理合法,并有利于综合权衡,减少失误。

政府对江河大型水库类型、规模、功能的界定,是从项目论证、立项审批、建设监管、运行监管四个环节控制的。在项目论证阶段,政府通过提出建设目标,作为对项目优劣评判的依据,对江河大型水库的类型、规模、功能作出定位。在项目审批环节,政府通过对江河大型水库的类型、规模、功能作出具有约束力的规定,或要求业主按政府意愿对项目进行规划设计,以满足实现多重目标的需要。在工程建设阶段,政府通过对工程设计、工程建设监管,强制业主按规定的类型、规模、功能,对江河大型水库进行建设。在水库运行阶段，政府通过对运行的监管以及必要时（如在洪涝期）的行政干预，保证江河大型水库多种功能的充分发挥，特别是公益性功能的充分发挥。政府通过对江河大型水库建设及运行的过程控制，保障对其类型、规模、功能界定的严格遵循和有效实现。

中国的江河大型水库建设，是先有项目建设规划，然后才能立项建设。而建设规划是政府组织制定的，且在规划阶段对江河大型水库的类型、规模、功能便有基本定位。当规划的江河大型水库要立项建设时，才会确定业主，并进入立项论证、工程设计程序。亦即在业主进入之前，江河大型水库的类型、规模、功能等已由政府初步界定，业主在对项目进行论证、设计时，可以对其补充、修改、完善，但政府的基本要求不能改变。在这一建设程序下，业主对江河大型水库的类型、规模、功能的决定作用是很有限的，在政府的主导与约束下，业主更多地表现为按政府意图建设水库、按政府要求组织水库运营。

二、江河大型水库建设地位显赫

江河大型水库建设由中央（或省级）政府主导与推进的体制，以及建设的浩大工程及巨额投资、可能发挥的重大作用和产生的巨大功能、对大片区域以至全国经济社会和生态环境的长期深远影响，使其享有远高于其他大型工程建设的显赫地位。这种优越的地位既给江河大型水库建设带来诸多好处，又给其健康有序推进造成一些干扰，并进而给国家经济社会发展、生态环境保护造成重要影响。

1. "国家重大建设工程"的地位

在中国的经济发展进程中，建设项目繁多，类型也各不相同，为保证重点、带动一般，促进各类建设项目的有效实施，往往按重要程度将建设项目分为不同的级别，并在决策与管理、组织与动员、支持与保障等方面，采用不同的措施，来适应和满足项目建设的需要，推动项目建设的顺利进行。凡是涉及国家经济社会发展或生态环境保护全局的建设项目，便成为国家建设项目，其中，建设投资庞大而建成后作用巨大的项目是国家重大建设项目，而关键和重要领域的项目是国家重点建设项目。凡涉及产业部门发展的项目，因只涉及国家发展的局部，便只能算作部门或行业建设项目，这些项目也有重大项目、重点项目、一般项目之分。凡涉及区域发展的项目，因只限于局部地域，只能作为区域性建设项目，这些项目同样也有重大项目和重点项目及一般项目之分，只不过是针对特定地区而言的，不具全局性质。

国家建设项目特别是国家重大建设项目，因其对国家发展全局的重要作用，从而受到高度重视。首先，这类项目的建设由中央政府决策、管理和调控，在必要时中央政府还可能进行直接干预。其次,中央政府进行全国组织动员,形成上下一致支持这类项目建设的社会环境,组成强大的支持这类项目建设的社会力量。再次,中央政府集中全国的人财物力,为这类建设项目提供技术支持、资金及物资保障,保证项目建设的成功。在中国,凡是国家重大建设项目,它便具有了最重要的身份与地位,而这种地位又使其获得最好的发展环境和建设条件,其他项目建设可能遇到的困难或障碍,对这类项目一般不会产生,即使发生也极易解决。

江河大型水库建设,在中国历来被认为是国家大事,是治理江河、改造自然、造福人民的壮举,加之江河大型水库建设投资巨大、技术复杂、影响深远,其成败不仅对区域而且对全国发展造成重大影响,还涉及国家和政府声望,理所当然地成为国家重大项目而受到中央政府的高度重视。为保证江河大型水库建设的成功,规划由中央政府制定(或由省级政府制定上报中央政府审批),建设立项由中央政府审批,建设业主由中央(或省级)政府确定,社会支持力量由中央政府组织动员,人财物力由中央和省级政府提供保障,优惠的政策由中央政府给予。在这种情况下,江河大型水库建设享有优先占有和使用资源的权利、要求相关主体(包括地方政府)为其提供支持和服务的权利、对淹占损失进行低补偿的权利,使其处于绝对有利的地位。而社会公众和地方政府(特别是基层政府)在中央政府组织动员及政策约束下,对江河大型水库建设只能大力支持,对所提出的要求尽可能满足,对配套的服务工作尽可能做好。如此一来,便在全国范围内形成了一股支持江河大型水库建设的强大力量,使其可以畅通无阻,要风得风,要雨得雨。

2. "国家重大防洪工程"的桂冠

中国是一个江河水患频发、危害严重的国家,从古至今江河泛滥延绵不绝,给人民带来深重的灾难。近几十年虽对江河进行了大规模治理,但洪灾发生频率仍然很高,对人民生命财产造成的损失仍然很大。治理江河、预防和减轻水患,是中国人世世代代的愿望。江河治理有疏、堵、蓄三策,最好是疏导。但因中国主要江河发源于山地、流经平原入海,加之集水面积大,在夏秋两季的暴雨季节,大量洪水在平原地区汇集,单靠疏导难以免除洪灾。而在江河上游由于落差大,在暴雨季节不仅河水猛涨,而且来势凶猛,疏导也非易事。在此情况下,在江河上游建大型水库蓄洪调洪,是江河治理、防洪减灾的重要一策。

江河大型水库的库容大,且蓄水量可以通过运行调度实现人为调节,可在洪水季节的前夕预留库容用于蓄洪调洪,遭遇洪水时拦蓄部分洪水、减缓洪水下泄流量与速度,不仅可以使中下游平原地区减轻或免除洪涝灾害,而且也可以减轻或免除上游沿江两岸的山洪威胁。应当指出的是,江河水患威胁的地区涵盖了大部分国土,而这些地区又是我国人口、城镇最密集的区域，也是经济最发达的区域。每年的夏秋两季，大江大河中下游广大地区都要动用大量人财物力防洪抗灾，若遭遇特大洪水，人民生命财产还会遭受巨大损失。江河大型水库的防洪减灾功能，对世代饱受洪灾威胁的地区和人民，可以说是一种福音。而政府特别是中央政府，也将兴建大型水库作为治理江河、保护人民生命财产安全的一项重大措施。在这一背景之下，人们往往强调江河大型水库防洪减灾的公共功能，而"忽视"或淡化其他功能，将江河大型水库建设作为防洪工程对待，为其加上"国家重大防洪工程"的桂冠，使其地位进一步提升。

与世界各国的情况相似，在中国，凡是对保护人民生命财产安全或防治重大自然灾害的公共工程，都会得到人民的广泛支持，也会受到政府的高度重视。江河大型水库建设被加上了"国家重大防洪工程"的桂冠，获得"重大公共工程"的重要身份，有了这种身份，就意味着政府有责任和义务高度重视和有效支持，也意味着社会各界和广大公众有责任和义务支持其建设并为其作出贡献。亦即由这种身份所决定，江河大型水库建设不仅具备了充分的理由，同时也得到了政府和社会重视、支持的权力。这种理由及权力，可以使江河大型水库建设享有立项的便利，享受到国家的多种优惠政策如财政扶持、融资优先权等，同时还可以"名正言顺"地向各级政府和社会公众提出要求，在组织动员、资源提供、技术保障、物资供应等方面给予支持与配合，甚至可以要求某些主体为服从"公共利益"而牺牲或放弃合法权益。在江河大型水库建设的实践中，有相当一部分水库正是以"防洪减灾"为由而立项，也是以"防洪减灾"公共工程的名义才得到诸多政策优惠、大量财政扶持、社会公共资源支撑，还是以"防洪减灾"的名义才得以低价获取土地、低价补偿淹占损失，并把维护水库安全的众多工作和责任转嫁给其他主体承担。

3. "国家重大供水工程"的头衔

中国不仅是一个江河水患危害严重的国家，而且还是一个旱灾频发的国家。在北方许多地区，由于降水偏少加之区外来水不足，干旱已成为常态，因干旱缺水对经济发展、人民生活及生态环境保护造成极大障碍。而在南方广大地区，虽降水量不少但季节分布不均，季节性干旱发生频率很高，有些地域甚至出现三年一大旱、两年一小旱的情况。洪涝灾害主要威胁沿江河地区，而旱灾威胁的范围更广，受灾的人数更多。严重的干旱首先对农业发展带来沉重打击，轻则减产、重则绝收，使农民的收入和生活遭受重创。干旱缺水也给工业、商贸、服务业发展造成严重困难，严重时甚至导致停产、停业，带来的损失极为巨大。干旱缺水对中国经济社会发展造成的损失和制约、对生态环境保护的阻碍，就范围和强度而言，远远大于洪涝灾害。有鉴于此，兴修水利、解决生产及生活用水，保证生态环保用水，既是社会公众的愿望，也成为政府的责任。

中国的江河夏秋两季径流量大，而冬春两季径流量小。在江河上兴建大型水库，利用巨大的库容，在水量丰沛季节拦蓄一部分作为储备，在干旱缺水季节用于农业灌溉、城乡居民生活供水、工业及服务业生产经营供水。江河大型水库蓄水量巨大，少则数亿或数十亿立方米，多则上百亿立方米，巨大的蓄水能力使其成为重要的水源地。依托江河大型水库，可以在周边及其下游建设大型灌区，使大面积农田旱涝保收，提高农作物产量和增加农民收入；可以建设大型调水设施，将水资源由丰裕地区调往缺水地区，促进缺水地区经济社会发展；可以建设供水设施，为水库周边及下游广大地区的城镇和乡村供水，保证居民生活用水，保障工业生产、商业经营、服务业发展用水。江河大型水库可能发挥的这些功能，正是中国经济社会发展中迫切需要解决的问题，出于对这些功能充分发挥的期盼，人们又往往有意或无意强调江河大型水库的抗旱、供水功能，而"忽视"或淡化其功利功能，将江河大型水库建设这一经济建设项目，视为公共工程项目，为其加上"重大供水工程"的头衔，使其具有特殊身份。

在中国，农业发展备受关注，城镇缺水已成为热点，部分农村人畜饮水困难也到了非解决不可的地步。因此，凡是对农业发展具有重大保障和促进作用的建设项目，凡是对保证城乡生活及生产用水的供水工程建设项目，都会得到社会公众的热烈响应与支持，也会受到各级政府的高度重视。江河大型水库建设拥有了"重大供水工程"的头衔，便会得到公众无保留的支持和政府的重视与扶持。有了这种头衔，也会使江河大型水库建设获得诸多好处，项目建设易于得到认可而顺利通过立项程序，项目建设资金筹措、物资及技术要求易于得到保证，遇到的困难与问题可以要求政府解决，可以享有优先占用资源的权利，可以通过政府及社会力量降低建设成本。在享受多种特权时，还能利用其"公共性"和"公益性"而受到社会公众和政府的容忍及认可。

4．"国家重大电力工程"的名头

随着工业化与城镇化进程的加快，人民生活水平的提高，中国对电力的需求猛增。尽管电力生产增长较快，但电力供给仍不满足市场需求，以致在每年最冷和最热的季节居民生活用电高峰期，电力供应严重不足，不得不采取压生产用电保生活用电或分区分片轮流停电及限量供应的办法，应对电力紧张的问题。由于电力需求增长很快，电力供不应求的局面还会延续一个时期。在这一背景下，建设电站、发展电力生产、增加电力供给，便成为经济社会发展的客观要求，而备受社会公众关注和政府重视，并将电站建设特别是大型及超大型电站建设，作为国家重大基础设施工程建设项目。

在中国的电力生产中，火电、水电、核电、风电、太阳能发电各有优势与特色，都有一定的发展空间,但是水电优势与特色较为突出,具有较好的发展条件和独特优势：一是中国水能资源丰富、蕴藏量巨大,为水电发展提供了资源基础;二是中国已掌握水电工程建设与设备制造的关键技术,水电发展有可靠技术支撑;三是中国已具备较强经济实力,可以为水电发展的大量投入提供资金支持;四是水电的单机组、单电站产能量大、产能集中,且电站运行成本较低;五是水电为可再生能源,只消耗水能而不消耗水资源本身,生产过程无"三废"排放,对生态环境的负面影响远小于火电,对不可再生资源的消耗也远小于火电和核电。由于水电发展的优越条件和独特优势,所以在中国的能源基础设施建设中受到高度重视。近十余年西南地区的水电开发,对增加电力供给、缓解用电紧张起到了重要作用,也充分显现了中国发展水电的优势与潜力。

江河大型水库坝高库大,利用巨大的水量和落差,可以建设大型或超大型电站,生产大量的电力供应市场。在中国,江河大型水库的发电站装机容量上百万千瓦、年发电量数十亿千瓦时的不算大,发电装机容量数百万千瓦、年发电量两三百亿千瓦时的不少见,发电装机容量上千万千瓦、年发电量五百亿千瓦时以上的也有建成。可以说,建成一个江河大型水库也就随之出现一个大型水电站（极少数灌溉、供水水库除外）,并生产出巨大的电力供大片地区使用。正是江河大型水库与大型水电站建设紧密联系在一起,所以人们又将江河大型水库建设作为大型电力基础设施建设,将江河大型水库建设工程视为"国家重大电力工程"。电力生产与供应既关系到国家经济社会发展,又关系到广大居民的生活,在电力生产与供给不足的情况下,电力工程建设自然成为国家的重要基础设施建设,而得到人民的支持和政府的关注。江河大型水库建设有了"国家重大电力工程"的名头,下可得到社会公众认同与支持,上可得到政府重视与扶助,在建设立项、资金筹措、资源获取、技术保障等方面,都可以占据先机、占尽便利,是其他一般的基础设施建设所不能比拟的。

5. "多功能工程"的形象

江河大型水库如果规划设计科学、运行调度合理,确实具有蓄洪调洪、供水、灌溉、发电、航运、养殖、景观等多种直接功能。这些直接功能的发挥,又显示出一系列经济功能、社会功能和生态功能。江河大型水库的蓄洪调洪,可以避免或减轻下游洪涝灾害,保障人民生命财产安全,不仅可以免除或降低洪涝灾害的大量损失,还可以节约巨额的防洪抗洪成本。江河大型水库对周边及下游广大地区城镇和乡村的供水,不仅可以保证居民生活用水所需,还能保证生产经营用水的需要,促进工业、商贸业、服务业的发展。江河大型水库的灌溉,可以使大范围农田旱涝保收,增加农产品产量、提高农民的收入,同时也使农业发展的基础条件得到改善,土地产出率和劳动产率得到提升。江河大型水库的发电,可以生产巨大的电力满足生产、生活所需,既能为工农业发展提供可靠能源保障,还可以提高人民的生活水平,用水电替代火电还可以节省大量煤炭、减少燃煤所造成的污染,有利于节约资源和保护环境。江河大型水库使内河航道变宽变深,可以大幅提高航运能力,减轻陆路运输压力,降低运输成本,促进经济发展。江河大型水库还可放养大量鱼类,既可净化水库水体,还可增加渔业产出。江河大型水库及电站设施也是一大景观,可以用于发展景观旅游、工业旅游,增加劳动力就业,增加旅游收入。

江河大型水库的多功能性,对频繁遭受洪涝和旱灾威胁、很多城镇和乡村缺水、能源生产和供应不足、燃煤环境污染严重的中国,具有极大吸引力和诱惑力。在政府和普通公众看来,建设江河大型水库不仅可以解决防洪、抗旱、供水等重大民生问题,还能解决大量可再生能源生产与供应、不可再生能量节省、增加电力生产收益等经济发展问题,也能解决或缓解大规模燃煤发电所造成温室气体排放、粉尘污染、废弃物积存等生态环境问题,同时还会给内河航运、旅游业发展、水产养殖改善条件,可以同时解决众多的经济、社会、生态环境问题,带来一系列好处。在这种认识基础上,人们对江河大型水库建设寄予极高期望,期盼着随其进程的加快,众多困扰中国的问题能够迎刃而解。江河大型水库的多功能性,还容易使人们对其产生"利多"的印象,并进而得出其建设是"利多弊少"、"百利无害"的结论,将江河大型水库建设的地位和作用提到无与伦比的高度,树立了"多功能工程"的形象。

江河大型水库的多功能性及其工程建设的美好形象,使政府对其产生很大的热情,使社会公众对其产生很高的期望,并由此极大提高了其身价。在这种情况下,江河大型水库建设既是"国家重大基础设施工程",又是"国家重大公共工程",还是"国家重大生态环境工程",凡是这些工程建设的优惠政策、国家扶持、公众支持都可以得到。工程建设项目能够优先立项,资源可以优先占用,资金和物资可以优先得到满足,技术可以充分得到保障,遇到的困难和问题可以得到政府的及时解决,同时还能得到相关主体和社会公众的配合与支持。有了这些,便使江河大型水库建设享有诸多特权,占尽天时、地利、人和的条件,可以畅行无阻地发展、大规模地扩张。

三、江河大型水库建设势头猛、规模大、地域集中

自1980年代以来,中国江河大型水库建设进入高潮,至今已历30余年仍呈迅猛发展之势。一批江河大型水库建成运行、一批江河大型水库正在加紧建设,另一批江河大型水库又在申请立项,还有一批江河大型水库已完成"跑马圈地"。水库也越建越大,几

十亿立方米库容、上百万千瓦装机容量的水库不算大,上百亿立方米库容、几百万千瓦装机容量的水库不足奇,数百亿立方米库容、上千万千瓦装机容量的水库也已出现。江河大型水库建设也逐渐向长江和黄河上游集中,向川西、滇西北集中。

1. 江河大型水库建设工程争相上马

70年代,开工建设的只有贵州乌江渡(1970)、湖北葛洲坝(1971)、吉林白山(1975)、青海龙羊峡(1978)等大Ⅰ型水库,及湖南镇、枫树坝、潘家口、安康、碧流河、鲇鱼山、池潭、大化、东津、葰窝、王英、安沙、南引、铁山、石泉等大Ⅱ型水库。到80年代,除续建的水库外,又开工了广西岩滩(1984)和天生桥二级(1984)、云南漫湾(1985)、福建水口(1987)、湖北隔河岩(1987)、青海李家峡(1988)、湖南五强溪(1989)等大Ⅰ型水库,及宝珠寺、观音阁、大广坝、铜街子、克孜尔等大Ⅱ型水库。到90年代,除续建的水库外,又开工了四川二滩(1991)、贵州天生桥一级(1991)、河南小浪底(1991)、湖北三峡(1993)、山西万家寨(1993)、云南大朝山(1997)等大Ⅰ型水库,及洪家渡、飞来峡、珊溪、港口湾、桃林口、大桥、龙头桥等大Ⅱ型水库。新世纪前九年,除续建的水库外,又新开工了广西龙滩(2001),贵州三板溪(2001)和构皮滩(2003),青海公伯峡(2001)、拉西瓦(2006)及积石峡(2005),云南小湾(2002)和景洪(2004),四川瀑布沟(2003)、向家坝(2006)、溪洛渡(2006)及亭子口(2009),湖北丹江口(加高,2005),重庆彭水(2005)等大Ⅰ型水库,及引子渡、冲巴湖、吉林台、银盘、藏木、马鹿塘、蜀河、苗家坝、万家口子、崔家营、浯溪、湘祁、大化(扩建)、毛尔盖等大Ⅱ型水库。80年代以来的30余年间,新开工间的江河大型水库越来越多,呈现出多座大型水库同时建设、前后交错又齐头并进的局面。

改革开放前五年,农业得到高速发展,农产品紧缺局面得到根本改变,国民经济走上了快速发展的轨道,人民生活水平也有了显著提高。为满足经济发展和人民生活改善对电力的需求,中央政府加快了水电建设的步伐。对原来已有成熟规划设计的江河大型水库立项建设,对原来已经规划的江河大型水库加紧勘测设计和项目论证,对有开发价值和前景的江河大型水库建设组织前期调研。这样一来,一批江河大型水库建设工程上马建设,另一批江河大型水库建设项目作好了前期准备等待审批,还有一批江河大型水库建设项目作为后备。这些工作的大力开展,使江河大型水库建设在80年代中期加速,延续至今30余年仍保持迅猛势头。

在电力市场持续看好、水电产业回报较高的诱引下,水能资源丰富的省、直辖市、自治区将水电开发作为区域经济发展的重要方面,不仅大力促成辖区内已有规划设计的江河大型水库尽快上马建设,而且加紧对辖区内原已规划的江河大型水库进行设计与论证以争取立项,同时还对原规划之外的江河大型水库建设进行前期调研与论证,争取进入国家建设规划。为加快辖区内的江河大型水库建设,省、直辖市、自治区政府还与大型国有电力企业大力合作,甚至给出众多优惠条件,共同推动辖区内的江河大型水库工程建设项目多立项、快上马。在省级政府的努力争取下,一些江河大型水库工程提前立项建设,一些有争议的江河大型水库工程也通过了论证立项,个别的甚至仓促上马。

水电建设体制改革之后,几家大型国有电力企业大力介入江河大型水库建设及运营,不仅争相承揽国家已立项的江河大型水库建设与运营权,而且还根据国家水电发展规划促进新的江河大型水库建设工程上马,同时又对未来可能规划立项的江河大型水库建设项目进行圈占。在这些企业的推动下,提出了一批新的江河大型水库建设项目规划,加快了一批江河大型水库建设的勘测设计,促进了一批江河大型水库建设项目的论证立项,有力推动了江河大型水库工程建设的上马。由于水电的巨大市场和丰厚的回报,这几家大型国有电力企业在江河大型水库建设上展开竞争,以谋求更多的市场份额和更为有利的地位,形成了江河大型水库建设争相上马的局面。

2. 江河大型水库建设工程越来越多

在1980—2009年的30年间,中国新建设的江河大型水库共有218座(表4—1)。

表4—1　1980—2009年中国已建成的大型水库*　　单位:座、亿立方米

年份	水库数	总库容	年份	水库数	总库容	年份	水库数	总库容
1980	326	2975	1990	366	3397	2000	420	3843
1981	328	2989	1991	367	3400	2001	433	3927
1982	331	2994	1992	369	3407	2002	445	4230
1983	335	3007	1993	374	3425	2003	453	4279
1984	338	3068	1994	381	3456	2004	460	4147
1985	340	3076	1995	387	3493	2005	470	4197
1986	350	3199	1996	394	3260	2006	482	4379
1987	353	3233	1997	397	3267	2007	493	4836
1988	355	3252	1998	403	3595	2008	529	5386
1989	358	3357	1999	400	3164	2009	544	5506

*据《2010年中国水利统计年鉴》第36页资料整理。

从表4—1可看出,80年代以来中国江河大型水库建设数量增加、速度加快,建成和投入运行的大型水库越来越多。与1980年相比,2009年大型水库增加了218座、增加了68.71%,大型水库总库容增加了2531亿立方米,增加了85.08%。同时,大型水库库容相应扩大,每座大型水库平均库容由1980年的9.12亿立方米增加到2009年的

10.12亿立方米,增加了10.96%。在大型水库数量变动中,1999年比上年减少了3座,是由于扩建或维修所造成,当扩建和维修完成之后,其数量继续增加。在大型水库总库容变动中,1996年及1997年比1995年、1999年比1998年、2004年及2005年比2003年有所减少,也是因为维修、改造、扩建所造成的波动,一旦完成总库容又继续扩大。

从表4—1还可发现,近30年中国的江河大型水库数量变动在年际间不均衡,在不同时间段也存在较大差异。从实际变动看,2008年比2007年增加36座,2000年比1999年增加20座,2009年比2008年增加15座,是增加最多的3个年份,1991年比1990年增加了1座,是增加最少的一年,而1999年还比上一年减少了3座,是唯一数量下降的一年。从时间段上看,1980年至1989年大型水库增加了32座,1990—1999年大型水库增加了34座,2000年至2009年大型水库增加了124座,前两个时段增加较慢、而后一时段增加很快,表明1990年代以来中国开工建设的大型水库越来越多、建设的速度也明显加快。

从表4—1也可看出,近30年中国江河大型水库总库容变动在年际间和时间段也显示出不同的特点。在年际间,2008年比2007年增加550亿立方米,2007年比2006年增加457亿立方米,1998年比1997年增加328亿立方米,是增长最多的3年,1982年比1981年增加了5亿立方米,是增长最少的一年,而1999年比1998年减少了431亿立方米、1996年比1995年减少了233亿立方米、2004年比2003年减少了132亿立方米,是仅有的3个减少年份。在时段上,1980年至1989年大型水库总库容增加了382亿立方米、增长较为平稳,1990年至1999年大型水库总库容波动较大、期末降至低点,2000年至2009年大型水库总库容增加了1763亿立方米,虽有波动但增长很快。

应当指出,80年代至今,生态环保问题受到广泛关注,反对在江河筑坝建库的思潮兴起,国外江河水库建设处于低潮。中国在这一背景下,根据水能资源开发程度低、经济社会发展急需清洁能源、防灾减灾急需治理江河的国情,坚持推进江河大型水库建设,才形成了现今越建越多的局面。

3. 单个江河大型水库建设规模越来越大

1950年代初中国只能在小江小河上兴建中小型水库,坝高较矮、坝长较短、库容也较小。到50年代后期至60年代,中国开始独立设计和建设大型水库,经过50余年的发展,已具备在大江大河复杂水文地质条件下自主设计和施工建设高坝、长坝、大库容水库的能力,以及自主设计与生产大型水利、水电设施和设备的能力,单个江河水库的建设规模越来越大、功能越来越强。中国已成为世界江河大型水库建设强国,也是拥有江河大型水库最多的国家。

我国1950年代开工建设的江河大型水库,最大坝高为106米(三门峡水库),坝顶最长为960米(密云水库)。60年代开工建设的江河大型水库最大坝高为101.8米(碧口水库),坝顶最长为1141米(丹江口水库)。70年代开工建设的江河大型水库,最大坝高为178米(龙羊峡水库),坝顶最长为2561米(葛洲坝水库)。80年代开工建设的江河大型水库,最大坝高为155米(李家峡水库),坝顶最长为1040米(观音阁水库)。90年代开工建设的大型水库,最大坝高为240米(二滩水库),坝顶最长为2335米(三峡水库)。新世纪头九年开工建设的江河大型水库,最大坝高为305米(锦屏一级水库),坝顶最长为1369米(浯溪水库),水库大坝越建越高,越建越长。

20世纪以来,中国建设的江河大型水库的库容也越来越大:50年代开工建设的江河大型水库,最大库容为220亿立方米(新安江水库);60年代开工建设的江河大型水库,最大库容为208.9亿立方米(丹江口水库);70年代开工建设的江河大型水库,最大库容为247亿立方米(龙羊峡水库);80年代开工建设的江河大型水库,最大库容为34.7亿立方米(隔河岩水库);90年代开工建设的江河大型水库,最大库容为393亿立方米(三峡水库);2001年以来开工建设的江河大型水库,最大库容为293亿立方米(两河口水库)。水库从坝前至库尾的距离越来越长,短则几十公里,长则数百公里。

半个多世纪以来,中国建设的江河大型水库发电装机容量也呈急剧上升趋势:50年代开工建设的江河大型水库,最大发电装机容量为116万千瓦(刘家峡水库),年发电量为55.8亿千瓦时;60年代开工建设的,最大发电装机容量为70万千瓦(龚嘴水库),年发电量34.18亿千瓦时;70年代开工建设的,最大发电装机容量为271.5万千瓦(葛洲坝水库),年发电量157亿千瓦时;80年代开工建设的,最大发电装机容量为160万千瓦(李家峡水库),年发电量59亿千瓦时;90年代开工建设的,最大发电装机容量为1820万千瓦(三峡水库),年发电量847亿千瓦时;2001年以来开工建设的,最大发电装机容量为1386万千瓦(溪洛渡水库),年发电量571.2亿千瓦时。水库的发电装机容量和发电能力越来越大,个别大水库生产的电力可以满足一个特大城市或大片区域的使用。

4. 江河大型水库建设在某些水系集中

至2009年年底,中国已建成并投入运行的544座江河大型水库,分布在长江水系的有174座,珠江水系83座,淮河水系57座,东南诸河水系47座,辽河水系41座,海河水系34座,松花江水系44座,黄河水系及西北诸河水系各29座,西南诸河水系65座。建设大型水库最多的是长江水系,其次是珠江水系,再次是淮河水系,三大水系内的江河大型水库分别占全国总数的31.98%、15.26%、10.48%,集中度极高。

长江水系的江河大型水库数量占了全国总数的近1/3,一是因为流域面积广(跨10

余省、直辖市、自治区），二是因为支流众多（大的支流有大渡河、雅砻江、嘉陵江、乌江、汉江、湘江、赣江等），三是水量丰沛、流量大。长江干流及支流上均有建成的大型水库，但建在支流上的大型水库远多于干流。至 2009 年年底，在长江干流上（宜宾—宜昌段）建成的大型水库只有两座（三峡、葛洲坝），而在支流及金沙江上建成的大型水库有 172 座。在长江的主要支流中，大渡河、雅砻江、岷江、嘉陵江、乌江、汉江、清江、沅江、湘江、赣江等都有不少已经建成运行的大型水库和中型水库，其中大渡河和乌江建成运行的大型水库较多。

珠江水系和淮河水系流域范围较小，但支流较多且水量较为丰沛，故已建成的大型水库也比较多，水库在流域内的分布也较为密集。珠江水系已建成的大型水库有 83 座，在区域分布上较为均衡，不仅上游各大支流上已建成一批大型水库，而且下游的北江、东江、西江上也有已建成的大型水库。在珠江的各大支流中，南盘江、红水河、柳江、郁江上已建成的大中型水库较多，南盘江和红水河上已建成的大型水库最多。淮河水系已建成的江河大型水库 57 座，主要分布在上游及各主要支流，淮滨以上干流及红河、颍河、涡河、西淝河上都有一批已建成运行的大中型水库。

西南诸河水量足、落差大、水能资源丰富，但目前开发程度尚低，对澜沧江的开发启动较快，已建成四座大型水库。西北诸河水量相对不足，只有新疆的额尔齐斯河、塔里木河、玛纳斯河、叶尔羌河水量较大，大型水库也主要建在这几条河上。松花江及辽河水系流域面积较大、水量丰沛，已建有 85 座大型水库，主要集中在第二松花江、西辽河、嫩江干支流上，黑龙江和吉林两省的国界河黑龙江、乌苏里江、鸭绿江上也建有大型水库。海河水系流域面积较小且水量较少，已建成大型水库只有 34 座，主要集中在潮白河、大清河、子牙河、永定河上。

中国第二大河流黄河，虽然流域面积广大，但因大的支流较少、水量不足，流域范围内的江河大型水库不多。与其他水系江河大型水库的分布不同，黄河水系的江河大型水库建在干流上的较多。截至 2009 年年底，在黄河干流上已建成 9 座大型水库，是大江大河干流上建设大型水库最多的河流，在黄河水系已建成的大型水库中占 36.36%。同时，黄河干流大型水库分布在洛阳以上河段，特别是兰州以上河段较为密集，洛阳以下河段干流无大型水库分布。另外，黄河干流上建成的大型水库的库容和发电装机容量较大，龙羊峡水库的库容达到 247 亿立方米、小浪底水库 126.5 亿立方米、三门峡水库 96 亿立方米、刘家峡水库 61.2 亿立方米，发电装机容量达到 100 万千瓦及以上的水库有 6 座，占全国已建成同级别水库数量的 20% 左右。

值得注意的是，虽各大水系已建成的江河大型水库数量差异较大，但各大水系中都有一部分支流上建成了较多的大型水库，在较小的流域内形成了大型水库比较集中的态势。长江水系的乌江、湘水、举水、府河,珠江水系的红水河,淮河水系的汝河,海河水系的大清河,辽河水系的西辽河等一级及二级支流,已建成的大型水库较多,密集程度较大。

5. 江河大型水库建设在某些地域集中

由水资源及水能资源的空间分布所决定,中国已经建成的江河大型水库在地域分布上极不均衡,在某些地域比较集中。这种集中不仅表现在江河大型水库在省、直辖市、自治区的分布上,而且还表现在省级辖区内的局域分布上,也表现在跨省级辖区的特定地域分布上。

中国大陆地区的各省、直辖市、自治区中,辖区内没有大型水库(以水库大坝为准)的只有上海。截至2009年年底,辖区内有1—5座大型水库的有4个直辖市及自治区(宁夏1座、西藏3座、天津3座、北京4座),辖区内有6—10座大型水库的有6个省、市(海南6座、陕西9座、甘肃8座、山西8座、重庆6座、江苏8座),辖区内有11—20座大型水库的有7个省、自治区(安徽13座、吉林16座、内蒙古11座、福建20座、四川11座、云南11座、贵州16座),辖区内有21—30座大型水库的有6个省、自治区(河北22座、黑龙江26座、河南23座、湖南26座、江西26座、新疆24座),辖区内有31—40座大型水库的有5个省、自治区(辽宁33座、广东34座、山东37座、浙江31座、广西38座),湖北有63座大型水库。已建成的大型水库主要集中在湖北、辽宁、广东、山东、浙江、广西6省、自治区,其大型水库数量占全国的40%以上。

在已有建成大型水库的省、直辖市、自治区所辖地域内,大型水库的分布也存在局域地区集中的特点。比较集中的地区有鄂西、湘西、川西、黔北、滇西、桂西、粤西、苏东北、浙西、闽北、淮西、赣西、冀中、内蒙东北、辽中、吉中、黑西、甘肃临夏、青海东南、新疆西北等。

从跨省级辖区的角度观察,鄂西和湘西地区、西宁至兰州地区、川西南和滇西北地区、豫东南至淮西南地区、黔东南至桂西北地区是大型水库较为密集的区域。在这些区域内,有的大型水库跨两个省级辖区。如果把在建和拟建的大型水库也考虑在内,则川西、滇西、藏东连片地区,黔南、桂西连片地区,青海、甘肃、宁夏沿黄河地区,是江河大型水库最为集中的区域。这几大片跨省级辖区的连片区域内大型水库比较集中,主要是因为江河分布、特殊的地形与独特的区位所决定的。鄂西和湘西地区内有水量丰富的清江、沅江、澧水、资水等长江支流,且地处武陵山区向两湖平原过渡地带,江河落差大,有建设大型水库的良好条件。川西、滇西、藏东连片区域内有水量巨大的金沙江、大渡河、雅砻江、澜沧江、怒江、雅鲁藏布江及其支流,这些江河在深山峡谷中穿行,落差很大,极为适合建设特大型水库。跨青海、甘肃、宁夏的黄河上游河段,水量较丰且从青藏高原奔腾而下在深山峡谷中穿行,建设大型水库的条件也极为优越。黔东南至桂西北地区内有水量丰富的南盘江、红水河,这些河流从云贵高原经这一地区流向平原,落差巨大,很适合建设大型水库。豫东南至淮西北连片区域内有淮河及其主要支流黑河、涡河、颖河,水量较丰,地处大别山向江淮平原的过渡地带,江河落差大,适合建设大型水库。

四、江河大型水库建设的行政力量推进

江河大型水库建设主要是一项经济活动(专用于防洪、灌溉、供水者除外),应当用经济手段和市场力量进行推进。但在中国,由于江河大型水库的特殊地位和重要作用,以及可能带来的重大影响,而备受政府的重视。中央政府和省级政府在江河大型水库建设中充当了特殊角色,对其建设利用行政力量进行推动的特点突出。

1. 政府组织动员和服务保障

在江河大型水库建设的过程中,政府在宣传、动员、组织等方面发挥了重要作用。正是由于中央、省、县、乡各级政府在舆论宣传、群众动员、工作组织、服务保障等方面做的大量工作,才使江河大型水库建设得以顺利推进。

在论证立项阶段,政府利用各种传媒向社会公众宣传项目建设的重要性、必要性,以获得社会公众对建设项目的认同与支持。政府利用行政组织系统自上而下地对干部、群众进行宣传、动员,形成赞同、支持和参与项目工程建设的共识。在规划设计阶段,中央政府调集全国最优秀的技术人才,对工程建设方案进行优化与完善。对于工程建设中的技术难题,政府组织强有力的科技力量联合攻关加以解决。在施工准备阶段,中央或省级政府将支援工程建设开工作为任务下达给地方政府,由地方政府完成淹占城镇的搬迁重建、淹占工矿企业的迁建和恢复生产、淹占事业单位的迁建和工作及职能恢复、淹占基础设施的重建和改建,并配合有关单位,对土地和物资财产淹占补偿、移民搬迁做一系列前期工作。在施工阶段,地方政府不仅要为施工人员提供生活服务、为工程建设提供配套物资支援,还要与工程建设同步进行水库周边的生态环境保护与治理,如城镇点源污染治理、农村面源污染防治、水土流失治理等。在蓄水阶段,地方政府要组织大量人员清除库底障碍物和污染物,进行消毒、防疫,在蓄水后还要组织专门人员打捞和处理库面漂浮物。在建成运行后,水库周边地方政府还要组织力量进行库周防护林建设、危岩滑坡治理和地质灾害防治、水环境安全保障,以及水库安全保护等。

政府的动员、组织与服务，贯穿于江河大型水库建设及运行的全过程。政府所做的这些工作涉及各个方面，并且与广大群众的切身利益相关，不仅工作量大面广，而且难度极高。政府利用行政力量和权威来完成这些工作，无疑能大大提高效率、节约成本。若这些工作交由建设业主来做，不仅要消耗很长的时间、花费高额的成本，而且很多工作还难以完成。

2. 政府出面征用土地

江河大型水库用地，被国家认定为基础设施建设用地，而非一般的商业用地。基础设施建设用地具有公益性，依据土地管理的相关法规，国家可以强制征用。正是依照这样的逻辑，江河大型水库建设用地是通过国家征用获取，而不是通过业主购买获取。具体做法是，国家对水库建设用地通过征用将其变为国有土地，再将这些土地交由水库建设业主使用。

江河大型水库一般比较狭长，淹没范围较大，淹占土地较多。在淹占区内，城镇土地和国有企事业单位的土地归国家所有，其他土地归农村集体所有。淹占的国有土地，分属于不同的企业、事业、行政机构和城镇居民使用，他们拥有这些土地的使用权，是这些土地的使用主体，且数量众多。淹占的集体土地，已经承包给农户经营，农民拥有这些土地的使用权，是这些土地的使用主体，且分布面广、数量庞大。对于水库建设淹占的国有土地，只需从众多的使用者手中收回使用权。对于水库建设淹占的农村集体土地，不仅需要从数量庞大的农民手中收回使用权，而且还需要将这些土地的权属由集体所有转变为国家所有。水库淹占的土地要带来用途的改变，淹占的国有土地主要由城镇、工矿建设用地转变为工程建设用地，而淹占的农村集体土地则主要由农业用地转变为非农用地。

江河大型水库建设对土地的淹占，使淹占区居民的生产、工作、就业、生活及发展受到极大影响。淹占城镇的居民因失去原有土地的使用权，工作、就业、生活环境条件随之发生巨大改变，而这种改变又往往给城镇居民造成一定损失，对其生存与发展造成一些困难或增加某些不确定性。淹占区农民因失去原有土地的使用权，需要搬迁到异地生产、生活和发展，放弃原有家园要蒙受不少有形和无形损失，而到异地谋生又要面临不少困难和承受不小的风险。正因为如此，江河大型水库的建设征地是一件涉及面很广而难度很大的工作。所谓涉及面广，是指水库建设征用土地的使用者众多，只有他们放弃这些土地的使用权，水库建设才可能使用。所谓工作难度大，是指土地使用权涉及使用者的切身利益，要让众多的土地使用者放弃使用权供水库建设利用，绝不是容易办到的事。

江河大型水库建设用地由政府征用,政府可以社会公共需要为由对这些土地强制性征收,并可按相关规定对征用的土地较低的补偿,而被征用土地的所有者和使用者不得拒绝。同时,在征地过程中,通过政府自上而下的组织体系,层层落实征地任务,再由各级政府去完成土地征用的各项工作。由于政府的权威以及人民群众对政府的信任,加之政府的广泛动员和行政手段的使用,政府出面为江河大型水库建设征地易于被群众接受和响应,征地的速度快、效率高、成本低。如果江河大型水库建设用地由业主征用,则征用的土地会被公众认定为开发性用地,具有商业性质,应当通过所有权和使用权交易来实现。要获得这些土地的所有权和使用权,水库建设业主就要与这些土地的所有者和使用者进行协商与谈判。而土地的所有者,特别是使用者人数众多,且不具有组织化特征、各自的目标要求又难以统一,要与这些毫无组织的成千上万个对象协商、谈判并达成一致,是比登天还难的事情。正是政府征地解决了这些困难,使江河大型水库建设能顺利而迅速获得土地,并及时开工建设。

3. 利用行政力量实施淹占补偿

江河大型水库淹占范围大,淹占的财产、物资种类繁多、数量庞大,且分属众多的所有者和使用者,补偿工作复杂而困难。为推进水库工程建设,淹占财物补偿这一本应由水库建设业主完成的工作,主要是由政府利用行政力量完成的。

江河大型水库建设淹占财产、物资的补偿,既是一件十分复杂的工作,又是一件非常困难的事情。首先,需要对淹占财物进行调查、统计、计量,并确定补偿范围;其次,需要对淹占财物进行分类、分等、定级、定价,有些被淹占财物还需要估价;再次,需要界定淹占财物的所有者和使用者,确定补偿方式,并将补偿落实到权益主体。每项工作都面临巨大的任务和艰难的协调。淹占财物因数量大、范围广、种类繁多,对其调查、统计、计量工作量大得惊人。淹占财物类型庞杂、类别多样、质量规格各种各样,对其分等定级、定价非常复杂,淹占财物物权关系复杂,有些易于界定权益主体,有些存在权益纷争,权益主体难以界定。淹占补偿涉及权益主体数量很大,要逐一落实工作量也十分巨大。同时,对淹占财物的权益主体和水库建设业主,补偿关系到他们双方的切身利益,在淹占财物的计量、计价、补偿范围界定、所有者和使用者认定、补偿标准及方式等方面,为了维护自己的合法权益或为自己争得更多的利益,双方存在激烈的博弈,意见难以达成一致,这给淹占财物的补偿工作带来极大困难。这一工作如果由水库建设业主来做,不仅要花费大量的人财物力,还要耗费很长的时间,而且有些工作还难以完成。

为了解决水库建设淹占财物补偿工作的困难,推进水库工程建设,这一工作由政府利用行政力量来完成。政府利用行政组织系统,结合专业人员,组织专门力量在大范围同步对淹占财物进行调查、核实、计量、分类,可在较短的时间内完成这一复杂工作,为补偿提供基础。政府通过政策、法规制定,对淹占财物确定分类、定级、价格的标准或指导性办法,使这一工作有章可循,减少淹占财物权益主体与水库建设业主的矛盾与冲突。政府利用行政力量,将淹占补偿工作逐级分解落实,可以在较短的时间内将补偿明确到每一个淹占财物的权益主体,并按规定的补偿方式逐一兑现。由于政府在公众中的公信力,由政府利用行政力量解决淹占财物的补偿,虽然要承担风险,但可以减少补偿中的众多矛盾和冲突,并能集中力量在较短的时间内完成这一复杂而又艰巨的工作,为江河大型水库工程建设及时开工创造条件。同时,由政府利用行政力量解决淹占财物的补偿,可以减少工作程序上的脱节和反复,大大节省人力、财力和物力,也使水库建设成本得到节省。

4. 主要利用行政手段安置移民

江河大型水库淹占面积大、范围广,移民数量庞大,安置任务十分繁重。由于江河大型水库建设被视为国家重大基础设施建设工程,政府有责任提供支持与保障,所以移民安置虽然是水库建设工作的重要组成部分,但安置工作并不是由水库建设业主承担,而主要是由政府利用行政手段推动和行政力量完成,建设业主只充当配合和提供安置费用的角色。

江河大型水库建设移民属于非自愿移民,为了给水库建设让出土地,他们必须从原来生产、工作、生活的土地上迁走,到别的地方重建家园,具有强制性。这些移民一部分是水库淹占区的城镇居民,一部分是水库淹占区的农村居民,两类移民的安置具有不同的任务和特点。城镇移民的安置,一般通过城镇的迁移重建来完成,重点是解决他们的住房、就业、服务设施等问题。农村移民的安置,一般通过迁移到新的安置地点来完成,重点是选择适宜的安置地,解决承包土地、生产及生活设施、公共服务设施及发展条件等问题。作为非自愿移民,他们为水库建设让出了家园,总希望迁移到生产、生活、就业、发展条件较好的地方重新兴家立业,对安置条件的期望较高。但由于安置资源的限制,移民的愿望很难得到充分满足,给移民安置工作带来极大困难。城镇移民虽可随城镇迁移重建被安置下来,但由于新建城镇产业发展有一个渐进过程,加之配套设施、区位等一系列因素,就业问题不容易解决,使一部分移民缺乏稳定的工作和收入来源。而农村移民的安置要找到生产、生活、发展条件都好的安置地异常困难,可以安置农村移民的地方大多是生产、生活、发展条件较差的区域,如果将农村移民安置在这类地方,生产难以发展,生活难有保障,安置很难稳定。加之江河大型水库淹占范围广,移民数量庞大，移民安置工作就成了最大的难题。

为了解决水库建设移民安置中的诸多困难，这一工作主要由政府利用行政力量加以推动。淹占城镇的迁移重建和城镇移民的安置，交由所在地方政府完成，地方政府按上级政府规定解决移民的住房、就业、公共服务设施建设、社会保障等问题。农村移民由中央或省级政府将安置任务分解到下一级政府（中央政府将安置任务分解到省级政府、省级政府将安置任务分解到县级政府），下一级政府按要求为农村移民选择安置地点、解决承包土地、帮助建设生活及生产用房、帮助恢复生产、使生活走上正轨等。农村移民迁出地和迁入地工作上的衔接与协调，也由两地地方政府协商解决。为规范移民安置中相关主体的行为，中央或省级政府对安置程序、标准、各方权利、义务等作出明确规定，使安置工作能顺利有序地进行。

以政府为主利用行政力量和手段安置移民，可以依靠行政权力和行政机制对相关主体实施一定的强制，按政府相关规定进行移民的搬迁安置，减少相关主体之间的利益摩擦和过度竞争；可以将移民安置作为一项政府工作任务层层下达，充分发挥基层政府解决实际问题的优势和能力，并将庞大的移民安置任务分解落实到更多的承担主体，使移民安置任务易于完成；可以组织动员社会各方面的力量，参与、支持和帮助移民安置工作，加快移民安置的进度，提高移民安置的质量，增强移民安置的稳定性。尽管政府主导水库建设移民安置要承担很大的风险，但正是由于政府行政力量的介入，才使中国在安置条件较差、安置人数极为庞大的情况下，能够以较快的速度、较低的成本，将移民从水库淹占区迁出，并安置到新的地方生产、工作和生活。虽部分移民安置质量不高，但要做到这一点已实属不易。

5. 政府为工程建设筹资

江河大型水库建设投资巨大、回收期长，虽然建设业主为国有大型电力企业（公司或集团），经济实力雄厚，但仅凭他们自己的能力仍难满足投资需求，还需要筹集大量的资金。由于江河大型水库建设被作为国家重要的基础设施建设项目，而建设及运营业主又是中央政府的直属企业，所以政府在水库建设筹资中发挥着重大的作用。

江河大型水库建设工程浩大，投资少则几十亿元，多则数百亿甚至上千亿元，且属于长期投资，短则十余年，长则二十余年才能收回。如此巨大的长期投资，不仅存在一定的风险，而且来源也存在一定困难。若从市场直接融资，业主企业就必须上市，或经政府批准发行债券；若要向商业银行贷款，则需要大量的抵押品，且单个银行还难有如此巨大的资金供给能力和风险承受能力；单靠向商业银行举债筹集建设资金，还会提高资金使用成本，同时还会增大水库建设和运营风险。

为解决江河大型水库建设的巨大资金需求,政府在筹集资金过程中发挥了重大作用。首先,中央政府将一部分优质国有资产划归国有大型电力企业经营,增强其经济实力,使其具备承担大型水库建设与运营的基本条件。其次,中央和地方政府推动国有大型电力企业上市,使它们在成为水库建设业主之后,可以通过市场直接融资。再次,中央政府批准水库建设业主发行企业债券,或通过政府发行专项债券,面向社会直接为水库建设筹资。最后,政府通过提高电价,让社会公众为大型水库建设筹集资金。除了这些办法外,中央和省级政府有时也以投资人的身份,直接为江河大型水库建设投资。利用政府所创造的这些有利而优惠的条件,使江河大型水库建设的巨额资金投入有了较为可靠的来源,对于仍然不足的部分,建设业主通过商业银行信贷亦易于解决。

政府为江河大型水库建设筹资,实际上是利用政府的公信力,将一部分社会资金集中起来用于其工程建设,以及将政府所掌握的一部分资产投入其工程建设,这等同于集中全国各个方面的投资力量,为大型水库建设筹集资金。这种资金的筹集模式,无疑会使政府承担不小的风险,但在中国的特定条件下,这一模式能够实施,在资金筹集上也显得有效。正是因为政府在资金筹集中所发挥的重大作用,才使中国江河大型水库建设的巨额投资有了保障,工程建设不会受到资金短缺的影响,开工建设和建成速度领先于别国。

五、江河大型水库建设存在严重工程倾向

所谓工程倾向,是指在江河大型水库建设中,以工程建设和业主利益为中心的思路、做法及行为。以工程建设为中心,关注的是水库工程建设的高质量和如期完成,要求的是相关地区和部门为其创造良好条件、提供全力支持、搞好全面服务。以业主利益为中心,追求的是工程建设的低成本和高效益,要求的是相关地区、部门及个人的利益服从水库建设的利益,甚至牺牲相关地区、部门和个人的利益确保水库建设的利益。江河大型水库的工程倾向反映在诸多方面,并有不同的表现形式。正是这种倾向,引发了不少矛盾和问题。

1. 对淹占集体土地低价征用

江河大型水库建设用地,是由国家按公用土地进行征用。征用的范围包括水库坝区及水库淹没区的土地,征用范围内的国有土地由国家直接划拨给水库建设使用,而农村的集体土地则由国家征用,变为国有土地后划归水库建设使用。国有土地用于水库建设不存在计价付费问题,但要给原使用者以补偿,以解决迁移后的用地所需,对农村

集体土地的征用则需要计价购买。在农村集体经济年代,水库建设占地只给集体经济组织少量补偿或不予补偿。在土地家庭承包经营之后,水库占地的征用,一般按征用前三年产出平均值的6—9倍补偿。在土地管理法、物权法出台之后,土地征用的补偿有所提高,一般为征用前三年产出平均值的12—15倍,最高可达30倍。由于淹占的农村集体土地基本上都是农业用地,产出水平不高,按这样的办法计算补偿,每亩耕地的征用补偿费少的只有几千元,多的也不过上万元,每亩非耕地的征用补偿费少的只有几百元,多的也不过上千元,而未利用的土地因征用前三年无产出还不给予补偿。毫无疑问,按这样的标准对淹占的农村集体土地进行补偿,实在是太低了,完全是一种超低价征用。

江河大型水库建设对淹占土地的低价征用,是政府通过政策强制实现的。首先,政府将水库建设用地作为公共用地,而不作为商业用地,便可以依据相关法律对水库淹占区的土地进行强制征用,而无需征得土地所有者和使用者的同意。其次,水库建设用地不是由建设业主而是由政府征用,被征集体土地的所有者和使用者难以与政府抗衡,更没有讨价还价的能力,只能服从政府意志。再次,水库淹占的集体土地转变为国有土地,所有权的转让没有交易的过程,而是通过行政手段强制实现,政府利用政策法规使农村集体失去了土地所有权和使用权。最后,水库建设征用集体土地的补偿范围、面积、价格标准等,不是由相关主体通过谈判、协商共同确定,而是由政府以政策、法规的形式作出强制性规定,农村集体和农民只能接受而不能变更。

江河大型水库建设低价征用农村集体土地,虽然降低了水库建设用地成本,但却极大侵害了国家法律所赋予农村集体的土地所有权和使用权,更直接对被征用土地的农民利益造成了严重伤害。因为农民依靠土地维持基本(而不是全部)生计,土地被征用后,要么用征地补偿费到异地"购买"承包地(由政府出面或自己解决)继续以农为生,要么以征地费作为资本以其他职业谋生。在征地补偿费很低的情况下,被征用土地的农民若迁移到外地务农,就没有足够的资金补偿迁入地以获取量足质优的承包土地,还容易引起迁入地原住民的不满;若谋求其他职业则投资严重不足,其生计难有保障。

2. 淹占财物不足额及低价补偿

江河大型水库建设要淹占城镇、工矿、机关、学校、医院、道路、管网、线路及其设施、设备,还要淹占居民的房屋及其他固定资产,也要淹占农业基础设施和农村公共设施,种类繁多、数量庞大,应由水库建设业主对淹占财物的物主进行补偿。按现行补偿办法,淹占的城镇、机关、学校、医院等按原值补偿,补偿经费包干;淹占工矿有的按原规模、原设备、原有技术水平迁建,有的则转产或破产清算;淹占的道路、管网、线路及其他设施、设备原则上按原标准迁移复建或按原值补偿;淹占的城乡居民用房(生活及生产用房)按政府规定的建筑面积量算方法、分类标准、单位面积价格进行补偿,单位面积价格一般按原值确定,房屋内的固定设施及设备不单独补偿;淹占的农村公共设施(交通、能源、通信、水源设施等)和农业基础设施(灌溉设施、农田水利设施等)不单独计价补偿,只按占地面积进行土地补偿;淹占的生产经营设施(如养殖场等)、果园、林木等,只按实物极低折价补偿,对生产经营损失不予补偿。由此可见,淹占补偿只包含了淹占财物的一部分而不是全部,还有相当一部分淹占财物未纳入补偿范围,淹占财物基本按原值补偿,补偿标准太低,难以实现重置。

　　江河大型水库建设对淹占财物的不足额低价补偿,同样也是政府通过政策强制得以实现的。首先,政府通过政策制定,对淹占财物的补偿范围、计量方法、分类定级、定价标准作出刚性规定,未纳入补偿范围的淹占财物得不到补偿,计量方法上的失准不能变更,分类定级不合理及定价标准低也得不到调整。其次,在政策的强制下,被淹占财物的物主只能被动接受政策规定,而不能对政策施加影响,若不接受政策规定,便会受到很大的社会压力和行政强制。再次,淹占财产的补偿不存在水库建设业主与淹占财物物主的谈判、协商机制,以政府作后盾的水库建设业主一方处于绝对强势,而分散、松散的被淹占财物的物主一方处于绝对弱势,前者可以单方面按有利于自己的标准与方式进行补偿,而无需与后者进行协商与谈判,甚至不必得到后者的赞同。最后,物主对被淹占财物的丧失与淹占者对物主损失的补偿,不是通过市场的"等价交换"来完成,而是以政府强制的"低价补偿"来实现,使被淹占财物的物主从根本上失去了维护自己合法权益的机会和手段。

　　江河大型水库建设对淹占财产的不足额低价补偿,虽然减少了建设成本支出,但却使水库淹占区内大量的单位和个人遭受巨大的财产损失,严重侵害了他们合法的财产权利。这种部分剥夺财产的做法,对所有淹占财物的物主均会产生不利影响,区别仅在于影响程度上的差异。对于国有事业单位和政府部门,被淹占财物的不足额低价补偿的损失,可以通过财政手段给予弥补,对其发展与运行的影响程度较低、时间较短,只是加重了地方政府的财政负担。对于企业单位,被淹占财物的不足额低价补偿,就会造成企业资产的绝对损失,这种损失不仅只能靠自己弥补,还可能因此而导致企业无力恢复生产经营,造成停产或破产倒闭。对于淹占区的大量居民,被淹占财物的不足额低价补偿,就会导致他们财产的部分丧失,仅利用淹占补偿不能恢复淹占前的生活及生产水平,对其搬迁安置后的生活、生产带来极为不利的影响,甚至可能造成生活水平下降,生产难以恢复。

3. 对移民低标准安置

江河大型水库淹占范围广,淹占区内城乡居民多,需要迁出并进行安置。中国水库建设移民安置的思路与办法虽几经变换,并逐步向好的方向发展,但从总的方面看,移民低标准安置的状况没有根本的改变。在计划经济年代,移民安置由地方政府完成,在安置经费极少的情况下,城镇移民由当地政府分配住房和安排工作(就业),农村移民由政府安排到当地或异地农村集体生产组织(生产队)中落户,房屋由集体帮助建设,参加集体劳动和收入分配。由于安置地的生产、工作、生活条件一般都比较差,那一时期的水库建设移民(特别是农村移民)安置质量普遍较差,不少人长期处于贫困状态。改革开放之后,移民安置由普通生活、生产安置转变为开发式安置,重视移民安置后的就业保障、生产发展、生活水平的提高。按现行的移民安置政策,城镇移民随城镇迁建在新建城镇安置,原来有固定工作岗位的仍从事原职业,原来无固定工作岗位的自谋职业;工矿移民或随工矿迁建从事原职业,或在工矿破产倒闭后自谋职业;农村移民除少数自谋职业外,由政府组织在本地(本村、本乡、本县)后靠安置,或迁往外地(省内县外、省外)农村安置,仍以务农为业,在迁入地的承包地通过调剂获取,与原住民享受同等用地权利(以提交淹占土地补偿金为条件),移民在迁入地的用房用淹占房屋补偿金购买或自建。这些办法看似周全,但实施结果却不尽如人意。新建城镇产业发展跟不上,部分城镇移民就业困难,很多搬迁工矿企业破产倒闭,大批工人下岗失业;大多数农村移民后靠到山区,耕地量少质差,基础设施落后,生活及生产条件恶劣,生产难以恢复,收入及生活水平下降。

江河大型水库建设对移民的低标准安置,既有主观原因,也有客观原因。在主观上,由于淹占土地和财物的低补偿,使移民难以用补偿金在迁入地换回与迁移前相当或更好的生活、生产条件;政府制定的移民安置标准本来就较低,相关规定的执行刚性又不强,在安置中又打了折扣,造成安置质量不高。在客观上,建大型水库的地区多为山区,经济发展水平低,二、三产业发展落后、交通不便、耕地严重不足、基础设施差,既难以为城镇移民提供足够的就业机会,也难以为农村移民提供较好的生活、生产条件。虽然移民也可以跨县、跨省安置,但条件好的地方已是人满为患、接纳能力有限。这些因素加在一起,最终导致移民安置标准低、质量差,部分移民安置不稳。

移民的低标准安置,虽然减少了江河大型水库建设的成本,但对移民造成了很大的伤害,并由此产生了严重的社会、经济问题。对于城镇移民,淹占房屋补偿金不足以在迁入地购房而花费积蓄或贷款,可能引起生活水平下降;而新建城镇就业和创业条件的不良,可能使部分城镇移民失业而失去收入来源;对于拆迁工矿、企业的工人,因恢复生产的困难或者破产倒闭而下岗、失业,失去生活依靠;对于就地后靠安置的农村移民,承包地的量少质差、基础设施匮乏、教育与科技的落后,使生产难以发展、收入和生活水平降低。在这种情况下,部分城镇和工矿移民要靠政府救济(低保)才能维持生存,而农村移民中的一部分会处于贫困状态。当这些移民就业、生产经营遇到巨大困难、收入和生活水平下降,又对困难处境的改变失去信心与耐心时,就会将责任归结到政府,并可能采取返迁、上访甚至群体事件表达诉求与不满,影响社会安定。

4. 将建设成本向地方政府和居民转嫁

江河大型水库建设成本按理应由建设业主完全承担,但实际上有一部分成本被转嫁给了地方政府和居民。除了淹占土地及财物不足额低价补偿、移民低标准安置的成本转嫁外,还有其他方面的成本转嫁。其一,水库建设用地的征用、淹占城镇及企事单位和基础设施迁建、淹占补偿及移民安置等工作均由地方政府完成,要完成这些繁重而复杂的工作任务,地方政府要分担数额不小的工作经费。其二,淹占城镇及事业单位迁建、淹占基础设施恢复重建因补偿不足要由地方政府出资补缺,这些支出数额巨大。其三,为化解淹占补偿、移民搬迁安置中的矛盾,地方政府要消耗不少资源和资金,在移民安置后还要承担部分移民的最低生活保障。其四,防治水库泥沙淤积和水体污染的生态环境保护与建设交由地方政府承担,要消耗大量的人力、物力和财力。其五,在不付费征用、又不给补偿的情况下,要将水库周边一定范围内农民的土地用于水库生态环保建设。其六,通过提高环保标准,使水库周边城镇居民为高于常规标准的污染治理付费,使水库周边农民为严格的面源污染防治和水土流失治理增加生产投入和生态环保投入。这些消耗和投入本来应当由水库建设业主负担,通过工作和责任的转嫁,就落在了地方政府和居民头上。

江河大型水库建设成本的转嫁,也是通过政府的政策强制实现的。首先,中央或省级政府将水库建设用地征用、淹占城镇及企事业单位迁建、淹占基础设施恢复重建、淹占财物补偿、移民安置工作,作为行政任务下达给地方政府完成,各项经费定额包干又不许变更,在包干经费不足的情况下,地方政府只能兜底。其次,中央或省级政府将移民安置后的生产发展、生活保障、社会稳定的责任交由地方政府负责,在移民安置标准低、安置质量不高的情况下,地方政府不得不消耗大量资源和资金去解决移民的生产、就业和生活问题。再次,中央政府对水库周边地区制定了更高更严的生态环保标准,强制地方政府执行,地方政府只能按要求去治理城镇、工矿的点源污染和农村的面源污染,不仅地方政府要投入巨额资金,而且城乡居民也要承担更多的环保费用。最后,中央政府对水库周边地区土地利用提出了很高的生态环保要求,使农民被迫调整农业生产结构、改变生产方式以保护水库安全,造成农民的土地利用为江河大型水库服务,且农民还要承担相应的投入。

江河大型水库建设成本的转嫁,虽然降低了建设业主的成本支出,但对水库周边地方政府与居民的权益造成了侵害,增加了他们的负担,同时也会对中央财政造成不小的压力。一是地方政府要花费大量的人力、物力、财力,去完成水库建设和安全保护的众多任务,会使本区域正常的经济社会发展受到一定影响;二是地方政府要长期背负移民生产、就业、生活保障的沉重负担,每年都必须花费大量的投入去解决移民的各种问题,以维持移民稳定;三是地方政府要承担巨额的生态环保投资,居民要承担高额生态环保费用,这对本来就比较贫穷的水库周边地区是一个难以承受的压力;四是水库周边广大地区的农民在没有补偿的情况下,要为水库污染和泥沙淤积防治投资,还要在产业结构调整与生产方式转变中增加投入,使其负担加重、发展难度加大;五是在地方政府承担水库建设众多任务而财力又严重不足的情况下,便需要中央政府在基础设施恢复重建、生态环境保护、移民生产发展和生活保障等方面给予资金扶持与项目支持,由于所需数额巨大,会给中央财政造成不小压力。

5. 对生态环境保护重视不足

江河大型水库建设对生态环境有重大影响,这已为国内外实践所证实,也逐步为世人所认知。但在以工程建设为中心的思想引导下,中国的江河大型水库建设对生态环境保护的重视存在严重不足,以致留下不少生态隐患。

在江河大型水库建设立项论证阶段,虽然包含了生态环境影响的内容,但由于这一方面论证涉及的内容多、因素和机理复杂、不确定性强、容易产生意见分歧,加之人为因素干扰,易于出现疏漏、误判甚至走过场的问题:一是大型水库建设对生态环境影响涉及内容多,对一些需要花费很大人财物力和较长时间才能搞清楚的问题,不做深入调研而被排斥在论证内容之外,使一些重要的论证内容缺失;二是对一些有重大争议的生态环境影响问题,不是通过进一步研究分析进行判断,而是予以悬置,或服从权威意见,或由政府甚至个别领导拍板;三是对一些公认的生态环境问题,人为将负面影响程度缩小,或片面夸大人为治理和防范的能力,将大问题变成了"小问题";四是一些生态环境论证未通过的项目,经过水库建设业主的多方"活动"和政府干预,经过再论证仍可获通过,使论证失去了严肃性;五是生态环保部门在立项论证中处于较为弱势和配角地位,无力对生态环境影响论证严格把关。这些原因综合作用的结果,导致江河大型水库建设的立项论证,未能对生态环境保护起到严格把关的作用。

在规划设计阶段,本应将生态环境保护作为设计内容,并计列到建设预算中。但实际上除特种生物保护、入库泥沙冲排、临库危岩滑坡治理等极少数生态环保项目建设有规划设计外，对水库库岸防护、水环境安全保障、库周水土流失治理、库周污染防治、江河生态系统维护等重要生态环境建设项目，既缺乏详细规划设计又无预算安排。而这些建设项目对维护水库安全运行、防治生态风险都是极为重要的，对这些建设项目的忽视，使江河大型水库建设中的生态环保工程严重缺乏，也给这些工程建设的投资留下很大的缺口。更为严重的是，在水库工程建设阶段，除了列入规划的生态环保项目得到同步建设外，其他生态环保项目几乎无一进行同步建设。当水库工程建设到了一定阶段，一些生态环保问题突出显现而不能再拖延回避时，才对相关的生态环保建设项目加以启动，但这些项目的建设（如库岸防护林建设、库周城镇污水和垃圾处理、水土流失治理等）不是交由水库建设业主、而是交由地方政府完成。

　　江河大型水库建设对生态环保的重视不足，使一些存在较大生态环境风险的大型水库建设起来，对一定区域造成重大生态环境风险，甚至严重影响经济社会发展。将应与水库工程建设相配套的生态环保项目排除在外，虽然降低了水库建设成本，但不仅会给大型水库自身安全带来不利影响，还会对水库相关区域造成生态环境危害。将本应由水库建设业主承担的生态环境保护任务交给地方政府完成，既有违常理，同时还会因为地方政府无力承担而使其落空。若这些问题得不到有效解决，江河大型水库建设中的生态环境保护就不可能实现。

第五章 中国江河大型水库的建设成本

江河大型水库建设投资巨大,科学的成本核算,无论对水库建设评价、资金筹措、成本控制,还是对水库建设效益评估、成本分摊、利益分享,都有极为重要的意义。由中国江河大型水库建设的体制所决定,无论是水库建设的预算或决算,都存在不完全、不准确、人为缩小建设成本的问题。成本核算的失真,对江河大型水库建设的决策与管理造成很大困难,也给建设工程的推进和建成后的运行带来负面影响。

一、建设成本的内涵、类别及影响因素

江河大型水库建设成本是工程建设立项、筹资及投资安排、水库功能及效益评价的重要依据,备受政府和社会公众的关注。对江河大型水库建设成本的内涵进行科学界定,对其类别进行明确区分、对其影响因素进行深入分析,可以提高成本预算与决算的准确性,并为水库建设的决策管理提供可靠依据。

1. 成本的内涵

"成本"是一个极为普通而又易于理解的概念,泛指生产某种产品、提供某项服务、建设某项工程、完成某项工作所消耗的人财物力。但对于江河大型水库这样巨大而复杂的工程建设项目,虽其成本仍可用"所消耗的人财物力"加以界定,但因人们对"所消耗的人财物力"在认知和界定上的不一致,导致对其成本内涵的歧义。追根溯源,这一歧义来源于对江河大型水库建设的不同理念,以及在此基础上衍生的对其建设目标、建设内容、建设方式的不同认定。很显然,从不同建设理念出发,所认定的江河大型水库的建设目标、建设内容、建设方式大相径庭,建设成本自然大不一样,其成本内涵亦随之迥异。

从促进经济社会发展和人类文明进步的角度审视,江河大型水库这样的重大建设项目应达到经济效益、社会效益、生态效益良好及三大效益的协调。从这一目标出发,

江河大型水库建设的内容就不只是大坝枢纽工程建设及水库成库,而且还应当包括水库生态环境保护、水库安全运行保障、相关配套工程的建设,以及水库建设相关主体的权益维护。这些工程建设和工作开展的质量与标准,应当确保水库建设目标的实现。与此相对应,江河大型水库的建设成本便应当是大坝枢纽工程建设、水库成库、水库生态环保工程建设、水库安全运行保障工程建设、水库其他配套工程建设、相关主体权益维护所消耗的人财物力的总和。这一成本概念具有明显的社会属性,即从社会要求与付出的角度,对江河大型水库建设所应当消耗的人财物力进行完全的核算,这样的核算范围广、内容多,可以较为真实全面地反映成本水平。按这样的成本建设江河大型水库,就可以建设出对经济社会发展有重要促进作用、显著增进社会福利、广受人民欢迎的理想工程项目。

从建设业主投资及经营的角度考察,江河大型水库建设的目标,是在满足政府规定的基本公共功能要求下,追求经济效益的最大化。从这一目标出发,江河大型水库建设的主要内容便是大坝枢纽工程建设和水库成库两大部分,以及水库内部的生态环保及部分水库安全运行保障的工程建设,而不包含水库周边及纵深区域与水库生态环保和安全运行保障的相关工程建设,也不包括水库某些公益功能发挥所需的配套工程建设,更不包含维护相关主体权益的内容。且建设的质量与标准,主要以水库经济功能的充分发挥为依据,而不以经济效益、社会效益、生态效益的协调作考量。这一成本概念具有典型的企业属性,即从建设业主的要求与付出的角度,对水库建设所消耗的部分人财物力进行不完全的核算,核算的范围窄、内容少,只能反映江河大型水库建设成本的局部情况,而不能反映成本的全貌。

应当指出的是,从社会角度与企业角度界定的建设成本是两个不同的概念,有着不同的内涵:从社会角度界定的成本,是从整个社会对水库建设的要求(或期望)出发,核算建设理想江河大型水库所需消耗的人财物力;而从企业角度界定的成本,是从业主对水库建设的要求出发,核算建设最为有利可图的江河大型水库所需消耗的人财物力。因江河大型水库建设对较大区域甚至全国的经济、社会、生态环境有重要影响,故对其建设成本应从社会而不是从企业的角度进行考察。

2. 成本的类型

江河大型水库的建设成本,不仅因建设目标与内容不同而不同,而且因核算的范围不同存在很大差异,还因核算中计量及计价方法的差别而出现不同的结果,也因承担主体的不同而产生分歧。为区分不同成本的内涵、辨别成本的真伪,有必要对江河大型水库建设中具有不同含义的成本概念加以分类,以示彼此间的区别与联系。

按建设目标和内容的不同,江河大型水库建设成本可分为理论成本与实际成本两类。理论成本是建设经济效益、社会效益、生态效益俱佳且协调的江河大型水库所需要消耗的人财物力的总和。要建设这样的理想水库,不仅要搞好大坝枢纽工程建设和水库成库的各项工作,还要搞好水库生态环保工程建设和水库安全运行保障工程建设,以及防范各种风险的配套工程建设,同时还要求处理好与相关主体的利益关系,维护其合法权益。要达到这样的要求,江河大型水库建设的内容多、要求高、任务重,花费的建设成本大。实际成本是建设具有某种或某几种功能、能满足经济社会发展特定要求的江河大型水库所消耗的人财物力的总和。建设这样非完美但实用的水库,可以在重点搞好大坝枢纽工程建设和水库成库各项工作基础上,有选择地搞好水库生态环境保护和安全运行保障工程建设,并对相关主体的合法权益给予一定程度的维护。按这样要求,江河大型水库建设的内容有限、要求不苛、任务减轻、花费的建设成本较少。与理想水库建设相比,实用水库建设在任务上有所减少、在某些要求上降低,因此,建设理想水库比建设实用水库的成本高,理论成本应高于实际成本。

按核算的范围和内容不同,江河大型水库建设的实际成本又可分为完全实际成本与非完全实际成本两类。完全实际成本是水库建设实际完成的各项工程和工作所消耗的人财物力的总和,只要是水库建设实际消耗的都应全部计入,而不论在哪项工程或工作消耗、在何时何地消耗,也不论由谁消耗及由谁承担消耗。非完全实际成本是指水库建设实际完成的一部分工程和工作所消耗的人财物力的总和,只有这一部分工程和工作的消耗才能计入,而水库建设其他工程和工作消耗的人财物力不计算在内。由于江河大型水库建设在目标、内容、任务确定之后,相应的工程建设和工作任务便随之确定下来,而完成这些工程建设和工作任务的人财物力消耗也可按一定的标准进行核定,所以完全实际成本是江河大型水库建设一定会发生并可计量的成本。由于不同的核算需要,有时仅对水库建设实际完成的一部分工程和工作所消耗的人财物力进行考核,而将实际完成的其他工程和工作所消耗的人财物力排斥在外,由此计算的成本就是江河大型水库建设的非完全实际成本。非完全实际成本虽然也是必定发生和可计量的,但它只反映了江河大型水库建设实际成本的一部分而不是全部,所以小于完全实际成本。

按核算的构成和承担主体的不同,江河大型水库建设的实际成本还可分为社会成本与业主成本两类。社会成本是水库建设实际完成的所有工程和工作所消耗的、由包括水库业主在内的多种主体承担的人财物力消耗的总和,社会成本就是完全实际成本,只不过前者是针对承担主体而言的,而后者是针对核算范围和内容而言的。业主成本是水库建设实际完成的部分工程和工作所消耗的、由水库业主所承担的人财物力的总和,但不包括水库建设实际完成的其他工程和工作消耗的、由其他主体所承担的人财物力,这一成本只是水库建设社会成本中的一部分,应当比社会成本小。在江河大型水库建设中,业主承担的主要是水库大坝枢纽工程建设和水库成库的人财物力消耗,以及水库生态环保和安全运行保障的部分工程建设的人财物力消耗,故这几个部分的消耗构成江河大型水库建设业主成本的主体。

3. 成本的工程及工作任务因素

江河大型水库建设消耗的人财物力,与建设的工程和所需完成的工作任务直接相关,工程建设和工作开展的任务越多,建设成本就越高,反之便越低。江河大型水库建设工程和工作任务,是由建设理念、建设目标、建设条件所决定的,不同的建设理念与目标,导致对建设工程和工作的不同取舍,而不同的建设条件又在客观上对工程建设和工作开展施加了不同的约束,进而对江河大型水库的建设成本产生直接影响。

科学理念指导下的江河大型水库建设,追求的是经济、社会、生态三大效益的优良与统一,要求达到的是对经济社会发展的促进和社会福利的增进。按这一要求,水库的工程建设必须完善配套、工作必须全面细致,建设内容不仅应包括大坝枢纽工程、水库成库相关工程和工作,还应包括水库及库周生态环保工程、水库安全运行保障工程,也包括对水库建设移民的利益保护和库周经济社会发展的促进等,包含的内容多,涉及的范围广,任务繁重且要求很高。要高质量、高水平完成这些工程建设和工作任务,需要花费大量的人财物力,建设成本较高。但如此建设江河大型水库,可使其工程体系完善配套,运行安全稳定可靠,综合效益持久发挥,负面影响及风险大大降低,应当作为水库建设的理性选择。

急功近利思想指导下的江河大型水库建设,主要追求的是有限期间的经济效益,社会效益和生态效益只是次要或兼顾的目标,要求工程建设和工作开展主要满足水库经济功能的充分发挥。按这一要求,水库建设就主要是大坝枢纽工程建设、水库成库相关工程及工作,其他的仅包括水库内部生态环保及库岸地质灾害防治等工程。至于水库建设移民的权益维护和库周经济社会发展的促进、库周及纵深区域生态环境工程、污染防治工程、水土流失治理工程等,都不被作为建设的硬任务。如此一来,水库建设的内容较少,涉及的范围主要集中在淹占区内,任务相对较轻,建设成本较低。但如此建设的江河大型水库,工程体系不完善不配套,运行的安全性、可靠性、稳定性降低,社会效益与生态效益不高,经济效益不可持久,负面影响较大且逐渐增强,有的甚至造成严重的不良后果。很显然,这既是得不偿失的,也是风险极大的,不应为江河大型水库建设所取。

江河大型水库建设所选择的大坝坝址及成库区的自然条件、社会条件,对水库工程建设和工作任务有很大影响。在地质条件优越的地方建设水库大坝枢纽,省工省费、成本较低。在地质条件复杂的地方建设大坝枢纽,要增加很多前期工程、辅助工程、基础工程,且工程复杂、技术难度高,建设成本大增。在水文、地质条件复杂的区域成库,要增加很多防渗漏、防地灾等方面的工程建设而加大成本,若在水文、地质条件优良的区域成库则这些成本便可节省。当水库周边生态环境恶劣、森林植被稀少或污染严重时,水库建设的生态环保、森林植被恢复、污染治理的任务就十分繁重,这些方面的建设成本就会大增。如果水库建在人口稠密地区,移民的数量就十分庞大,移民搬迁安置的成本也就十分巨大。

4. 成本的工程规模因素

江河大型水库建设消耗的人财物力,与建设工程的规模和工作任务的大小直接相关。工程建设的规模越大、工作任务越重,建设成本就越高,相反建设成本就越低。水库建设工程规模的大小与工作任务的多少,是由建设目标和水库功能及建设条件决定的。江河大型水库建设的目标不同、功能定位不同、建设条件不同,造成水库建设工程规模和难易程度的巨大差异,进而对成本产生极大影响。

江河大型水库建设目标,主要反映在所要求达到的技术经济指标、生态环保及安全运行水平等方面,这些指标直接决定工程建设规模的大小和工作量的多少,并进而决定水库建设成本。所要求同时达到的指标越多、越高,工程建设的规模也越大,质量要求也越高,建设成本随之上升。相反,建设成本随之下降。不同的水库因目标的不同,工程建设的规模和工作量的大小自然不同,建设成本相差明显。同一个水库也会因目标的不同设定,导致工程建设规模和工作任务的巨大差别,使建设成本差别很大。

水库总库容、防洪库容、发电装机容量、通航能力、水库水质、水库使用寿命、防洪能力、供水能力等指标,常用于反映江河大型水库建设的目标。这些指标与水库大坝的高度、体积、质量及大坝枢纽的设施及设备数量、类型、质量,以及水库的长度、深度、面积,还有水库生态环保工程的类型、数量、质量和水库安全保障工程的类别、规模等要求密切相关,并直接影响江河大型水库的建设成本。在一般情况下,水库库容和发电装机容量越大,水库大坝就越高,体积也越大,设施和设备越多且越复杂,水库淹占面积越大,水库大坝枢纽工程建设和水库成库工程及工作的规模与范围越大越广,成本也就越大。水库防洪能力要求越高,水库库容就要求越大,水库总体规模随之扩大,建设成本相应上升。水库水质要求越高,使用寿命要求越长,生态环保工程和水库安全保障工程的建设规模就会大幅度增加与扩展,加之可能涉及的类型多、范围广,建设成本可能急剧增大。

根据经济社会发展的需要,要求江河大型水库发挥一种或多种功能。对水库功能的要求越多,工程建设的内容也越多、复杂程度也越高,工程建设的规模会相应增大。加之不同功能发挥对水库建设的要求并不相同,也增加了扩大建设规模、添加建设内容的可能性。因满足水库多功能性或提高某项单一功能标准,都会带来工程建设规模的扩大、建设内容的增加、建设难度的提高,进而显著增加水库建设成本。若要求水库既有巨大的发电能力又有很强的防洪能力,就需要建高坝增大总库容和防洪库容,大坝枢纽工程和水库成库的规模必然扩大,建设成本必然增加。若要求水库既有巨大的发电能力又有强大的通航能力,则不仅要提高大坝高度增加水库长度以改善航道,还需要在大坝建更多更大的船闸,使工程建设规模扩大和成本增加。若要求水库既有巨大发电能力又有很强的供水能力,则不仅需要加高大坝提高水库蓄水能力、显著增加库容,还需要附加建设输水、引水设施,造成工程建设规模扩大和成本增加。

江河大型水库大坝和成库区域的自然条件、社会条件对水库工程建设和相关工作的规模及任务有决定性影响,并对建设成本的高低发挥重大作用。在宽阔的河段建设大坝,在较为平坦的区域成库,水库大坝就会很长、水库淹占面积就很大,若人口稠密则搬迁安置任务十分繁重,不仅会使工程建设规模大增带来成本上升,还会因征用土地增多、淹占财产物资增多、移民安置数量猛增,带来巨额的土地补偿、淹占损失补偿和移民安置补偿,造成建设成本的猛增。而在人口、耕地稀少的偏远山区或峡谷地带建设江河大型水库,则水库大坝较短、淹占土地(特别是耕地)较少,移民搬迁安置数量较小,大坝枢纽工程和水库成库工程规模较小,建设成本可大幅度降低。在地质灾害频发地区建设江河大型水库,要增加大量的危岩滑坡治理工程,从而加大水库建设成本。而在地质条件良好的区域建设水库,便可以大量减少地质灾害防治费用,使水库建设成本下降。

5. 成本的计量和计价因素

江河大型水库建设成本是其所消耗的人财物力的总和,一般用价值进行量度。为了将水库建设所消耗的各种不同类型的人财物力综合起来进行考察,就需要确定这些人财物的数量及其价格。对于任何一个江河大型水库的建设,所完成的工程和工作消耗的人财物力是客观存在的,有一个真实的数量。对于水库建设所消耗的各种类型的人财物力,也存在一个与其价值相当的合理价格。但在成本核算中,水库建设消耗的人财物力需要人为计量和计价,由于加进了人为因素,这种计量与计价可能发生偏离客观实际的情况,进而对江河大型水库建设成本的核算结果产生影响。

若设江河大型水库建设实际完成的工程和工作有 N 项,序号用 $j(j=1,2,\cdots,N)$ 表示,第 j 项工程或工作消耗的人力数量为 Y_j、单位人力价格为 R_j,第 j 项工程或工作消

耗的资源或物资有 M 种,对第 i 类($i=1,2,\cdots,M$)资源或物资的耗消量为 X_{ij}、所消耗的 i 类资源或物资的价格为 P_{ij},第 j 项工程或工作消耗的其他费用为 Z_j,在不考虑资金使用利息及水库建设对社会造成的损失情况下,水库建设的静态成本 Q 可用下式表示:

$$Q=\sum_{j=1}^{N}Y_jR_j+\sum_{j=1}^{N}\sum_{i=1}^{M}X_{ij}P_{ij}+\sum_{j=1}^{N}Z_j \qquad (i=1,2,\cdots,M;j=1,2,\cdots N) \qquad (5-1)$$

要对江河大型水库建设成本 Q 进行核算,需要确定各项工程建设和工作开展所消耗的人力 Y_j、消耗的物资 X_{ij}、消耗的其他费用 Z_j 的数量,也需要确定单位人力的价格 R_j、单位资源或物资的价格 P_{ij} 的水平,前者是水库建设消耗人财物力的计量问题,后者是消耗人财物力的计价问题。很显然,所消耗人财物力的准确计量和合理计价,是保证水库建设成本核算正确性的基础。若所消耗的人财物力计量不准、计价不合理,就必然造成江河大型水库建设成本的虚增或虚减。

对水库建设所消耗人财物力的准确计量有三重含义:一是对消耗的人财物力要分项分类计量,即按水库建设的每项工程和工作,对所消耗的不同类型的人财物力进行逐一的数量测定与登记;二是对消耗的人财物力的计量要全覆盖,即凡是水库建设所消耗的人财物力都必须纳入计量,不得人为增加或减少;三是对消耗的人财物力的计量要准确,即确认的人财物力消耗数量要与实际消耗数量相符,不能有明显的误差。要做到这些,首先应搞好人财物力消耗的分项分类登记,其次要选择科学的计量方法,再次要防止人为因素(机会主义行为或不负责任行为)对计量工作的干扰。

对水库建设消耗人财物力的合理计价也有三重含义:一是对所消耗的各类人财物力都必须计价,即水库建设所消耗的任何一类人财物力都是有价的,都是应当付费的,不能无偿使用或占有;二是对所消耗的各类人财物力的定价要基本反映其市场价格,不能与之相背离;三是所消耗人财物力的定价应通过相关主体的协商并为其所接受,而不能由单方面决定,更不能由单方面进行价格强制。要做到这几点,首先应尊重水库建设所消耗人财物力所有者和使用者的财产(或资产)权利,水库建设消耗的人财物力要通过等价交换获取;其次应使水库建设所消耗人财物力的所有者和使用者得到合理的补偿,不使其因向水库建设提供人财物力而蒙受财产损失;再次是建立水库建设所消耗人财物力定价的协商机制,防止价格强制及其他不端行为。

二、建设成本的构成

江河大型水库建设的成本,是由其各项工程建设和工作开展所消耗的人财物力所组成,水库工程建设项目越多、工作内容越多成本构成就越复杂,反之则成本构成越简单。水库建设的目标、任务决定其成本构成,而水库建设成本构成又反映水库建设的理念。在中国,江河大型水库建设的理念在渐进变化,建设的目标要求越来越高,对社会效益和生态效益的重视日益增强,对安全保障和风险防范越来越重视,使建设的内容增加、任务加重,建设成本的构成亦随之变化,趋向于复杂化。

1. 成本构成趋向复杂化

中国江河大型水库建设历经半个多世纪,通过不断学习、总结、探索,建设理念逐步科学化、建设目标趋于多样化、建设行为逐渐理性化。随着这一变化,对建设经济效益及社会效益和生态效益俱佳且协调、可显著增进社会福利和促进经济社会发展、能长期安全稳定运行的理想水库的追求越来越强烈,并逐渐体现在江河大型水库建设的实践中。如此一来,使中国江河大型水库建设的工程和工作任务越来越多,建设成本的构成也越来越复杂。

在20世纪五六十年代,由于经验的不足、技术的落后、经济力量的弱小,中国的江河大型水库建设的目标和功能较为单一,或为生产电力,或为农业灌溉,或为提供水源,等等,主要是为了获取某种经济效益,对社会效益重视不足,对生态环保问题考虑更少。那时的江河大型水库建设,主要是水库大坝枢纽工程建设,专门的水库生态环保工程及水库安全运行保障工程极少或没有,而水库建设相关主体的合法权益维护更是在"为国家建设做贡献"的名义下被抛开。那时的江河大型水库建设投资,也主要用在水库大坝枢纽工程的建设上,用在淹占土地补偿、淹占财物补偿、移民搬迁安置上的支出甚微,至于水库生态环境保护、水库安全运行保障等工程建设投入几乎未予考虑。例如1950年代中期建设的三门峡水库,基本的工程就是水库大坝建筑及设施、设备安装,移民安置不作为水库建设的组成部分而交由地方政府完成,对淹占土地(主要是农村集体土地)仅给予极低补偿,有的只给有限的青苗费,对水库上游及周边严重的水土流失也没有进行治理。

到了20世纪七八十年代,中国吸取了之前江河大型水库建设的经验教训,同时也吸收了国外水库建设的一些科学思想,在建设理念、目标、任务、方式上逐渐进行调整,逐步趋向理性。在建设理念上更加重视对经济社会发展的促进和对社会福利的增进,在建设目标上更加强调经济、社会、生态效益的良好与协调,在建设任务上更加重视大坝枢纽工程的高质量、水库生态环保工程和水库安全保障工程的不可缺少,在相关主体利益关系的处理上越来越重视其合法权益的维护与协调。特别是1990年代以来,中国的江河大型水库建设对水库及周边地区污染防治和生态环境保护、危岩滑坡等地质灾害防治、水土流失治理、森林植被恢复与生态屏障建设等工程,以及淹占土地及居民财产的合理补偿、移民的稳定安置等工作,要求越来越高,约束刚性也越来越强,使水库建设的任务增加、难度加大、消耗人财物力的类型和数量扩大,建设成本的构成也越来越复杂。

根据目前江河大型水库建设的主要任务,水库建设的实际成本主要由大坝枢纽工程、输变电工程、水库生态环保工程、水库安全运行保障工程、淹占搬迁与恢复重建工程、移民迁移安置等方面所消耗的人财物力所构成。当然,对于不同的江河大型水库,由于建设目标、功能要求、建设条件的不同,在上述各项工程和工作中需要完成的具体任务也是不同的,其建设成本的构成存在很大差异。

2. 理论成本的构成

随着人们对江河大型水库建设客观规律认识的加深、对水资源和水能资源可持续利用的重视、对生态环境保护的关注,建设经济、社会、生态效益俱佳且协调的新型理想水库,已成为社会共识和普遍要求。建设人们期望的理想水库,无疑要增加很多工程建设与工作任务,也需要花费更高的成本。这一成本反映的是建设综合效益优良、可有效促经济社会发展、能显著增进社会福利的江河大型水库对人财物力消耗的客观需要,即"应有的"消耗,但在实际的水库建设中不一定全部发生,故将其称为理论建设成本。

按建设理想水库的目标要求,可以排列出主要的工程建设和工作任务的内容,并据此列出江河大型水库建设的理论成本核算科目(A 科目),依据这些大类的科目可较为清晰地考察水库建设理论成本的构成状况。

A_0:水库建设的前期费用

  A_{01}:水库建设前期调研、勘测费

  A_{02}:水库建设可行性研究费

  A_{03}:水库建设论证及立项费

  A_{04}:水库建设工程设计费

  A_{05}:水库淹占土地、物资、财产调查及补偿方案设计费

  A_{06}:水库淹占城镇、企事业单位、基础设施调查及恢复重建方案设计费

  A_{07}:水库淹占区移民调查及移民安置规划费

  A_{08}:水库建设其他前期费用

A_1:水库建设淹占处理费

  A_{11}:淹占土地(含坝区建设、水库淹占、淹占城镇及工矿和基础设施迁建与复建占地)补偿费

  A_{12}:淹占基础设施恢复重建及损失补偿费

  A_{13}:淹占城镇迁建费

A_{14}：淹占企事业单位迁建费

A_{15}：淹占居民房屋、财产、物资补偿费

A_{16}：淹占文物、历史遗产、人文及自然景观保护、迁建费

A_2：移民搬迁安置费

A_{21}：规划内移民①搬迁补助费

A_{22}：规划内移民生产及生活安置费

A_{23}：淹占城镇、企事业单位、基础设施迁建占地移民生产及生活安置费

A_{24}：超规划移民②搬迁补助费

A_{25}：超规划移民生产及生活安置费

A_{26}：二次移民③搬迁补助费

A_{27}：二次移民生产及生活安置费

A_{28}：移民安置试验④费

A_3：水库大坝枢纽工程建设费

A_{31}：大坝及配套和辅助设施建筑工程费

A_{32}：机电设备购置及安装工程费

A_{33}：金属结构设备购置及安装工程费

A_{34}：大坝枢纽临时工程费

A_{35}：大坝枢纽工程建设其他费用

A_{36}：大坝枢纽工程建设基本预备费

A_4：输变电工程建设费

A_{41}：输变电设施及配套和辅助设施建筑费

A_{42}：输变电设备购置及安装工程费

A_{43}：输变电临时工程费

A_{44}：输变电工程建设其他费用

A_{45}：输变电工程建设基本预备费

A_5：水库生态环境保护及建设费

A_{51}：水库淹占区珍稀动植物保护工程建设费

A_{52}：水库生态环境监测设施建设及设备购置安装费

---

① 指移民安置调查时按基期(调查期)水库淹占区人口加上1.2%增长率计算的移民人口。
② 指移民安置调查的漏计及安置等待期内符合国家政策超增(超过1.2%增长率)的移民。
③ 指安置在条件十分恶劣或危险地区、不能正常生产和生活、需要重新安置的移民。
④ 指开垦陡坡地安置移民、迁移到边疆安置移民等方面的试验,多以失败告终。

A_{53}：水库库岸防护林带建设费

A_{54}：水库周边及纵深区域①生态防护林建设费（超常规要求的追加投入部分）

A_{55}：水库成库前的清库费和蓄水成库过程中的漂浮物清理费

A_{56}：水库周边及纵深区域点源污染②防治工程建设费（超常规标准建设追加投入部分）

A_{57}：水库周边及纵深区域面源污染③防治工程建设费（超常规标准要求的追加投入部分）

A_{58}：水库上游江河污染防治工程建设费（超常规标准建设追加投入部分）

A_6：水库安全持久运行保障工程建设费

A_{61}：水库近岸区域危岩滑坡治理工程费

A_{62}：水库库岸防护工程费

A_{63}：水库近岸泥沙拦截工程费

A_{64}：库周及纵深区域小流域治理工程费（超常规标准治理的追加投入部分）

A_{65}：水库上游江河流域水土保持工程费（超常规标准要求的追加投入部分）

A_{66}：水库库段江河礁石和其他障碍物清除工程费

A_7：水库建设其他费用

A_{71}：水库建设期内的价差费用

A_{72}：水库建设各类管理费

A_{73}：水库建设期内偿还贷款利息

A_{74}：水库建设相关科研及咨询费

A_{75}：水库建设交纳的税金及费用

A_{76}：水库建设流动资金

A_8：水库库区④发展和移民稳定安置扶持费

A_{81}：水库库区基础设施⑤建设扶持费

A_{82}：库区传统农业改造和现代农业（特别是高效生态特色农业）发展扶持费

A_{83}：水库库区传统工业改造和新兴工业发展扶持费

A_{84}：水库库区重要生态环保工程建设扶持费

---

① 指水库周围入库江河、溪流的流域。
② 主要指城镇生活污水和垃圾污染及工矿企业废水、废渣、废气污染。
③ 主要指化肥、农药和农业废弃物污染。
④ 指水库周边县级行政辖区。
⑤ 主要指交通、通信、能源设施及农田水利设施。

A_{85}：移民创业、就业扶持费

A_{86}：移民安置区经济社会发展扶持费

上面所列成本科目（A科目）虽不算完善，但基本包括了建设经济、社会、生态效益良好且协调的、可有效促进经济发展和增进社会福利的理想水库所需要的消耗。它不仅包括了江河大型水库枢纽工程建设和水库成库的消耗，还包括了水库建设前期准备、水库及周边生态环境保护工程建设及水库安全运行保障工程建设的消耗，也包括维护库区和移民合法权益、促进库区发展及移民稳定安置的消耗。如果按照这一预算建设江河大型水库，不仅能建成一个优质的大型工程，还能带动大片区域的经济社会发展，并能为众多的居民带来巨大的利益。

3. 完全实际成本的构成

中国的江河大型水库建设虽越来越重视生态环境保护、安全持久运行、相关主体的权益维护，但离建设理想水库的要求还有相当距离。在实际建设中，主要还是根据建设目标及功能定位确定重点建设内容，再依据重点建设内容安排投入，并在保证重点工程建设项目和重要工作开展的前提下，兼顾其他的建设内容。按这一思路建设水库，综合效益、对经济社会发展的促进、对社会福利的增进不如理想型的水库高，但建设内容和工作任务相对减轻，建设成本也会有所下降。这一成本反映的是建设并非理想的江河大型水库对人财物力的实际消耗，即"真实发生的"消耗，故将其称为完全实际成本。

按一般水库建设的目标要求，亦可排列出主要的工程建设和工作任务的内容，并据此列出江河大型水库建设的完全实际成本核算科目（B科目），依据这些分类科目亦可对水库建设完全实际成本的构成进行考察。

B_0：水库建设的前期费用

B_{01}：水库建设前期调研、勘测费

B_{02}：水库建设可行性研究费

B_{03}：水库建设论证及立项费

B_{04}：水库建设工程设计费

B_{05}：水库淹占土地、物资、财产调查及补偿方案设计费

B_{06}：水库淹占城镇、企事业单位、基础设施调查及恢重建方案设计费

B_{07}：水库淹占区移民调查及移民安置规划费

B_{08}：水库建设其他前期费用

B_1：水库建设淹占处理费

  B_{11}：淹占土地（仅含坝区建设和水库淹占用地）补偿费

  B_{12}：淹占基础设施恢复重建及损失补偿费

  B_{13}：淹占城镇迁建费

  B_{14}：淹占企事业单位迁建费

  B_{15}：淹占居民房屋、财产、物资补偿费

  B_{16}：淹占文物、历史遗产、人文及自然景观保护、迁建费

B_2：移民搬迁安置费

  B_{21}：规划内移民搬迁补助费

  B_{22}：规划内移民生产及生活安置费

  B_{23}：移民安置遗留问题处理费

  B_{24}：移民安置试验费

B_3：水库大坝枢纽工程建设费

  B_{31}：大坝及配套和辅助设施建筑工程费

  B_{32}：机电设备购置及安装工程费

  B_{33}：金属结构设备购置及安装工程费

  B_{34}：大坝枢纽临时工程费

  B_{35}：大坝枢纽工程建设其他费用

  B_{36}：大坝枢纽工程建设基本预备费

B_4：输变电工程建设费

  B_{41}：输变电设施及配套和辅助设施建筑费

  B_{42}：输变电设备购置及安装工程费

  B_{43}：输变电临时工程费

  B_{44}：输变电工程建设其他费用

  B_{45}：输变电工程建设基本预备费

B_5：水库生态环境保护及建设费

  B_{51}：水库淹占区珍稀动植物保护工程建设费

  B_{52}：水库生态环境监测设施建设及设备购置安装费

  B_{53}：水库库岸林带建设费

  B_{54}：水库周边生态防护林建设费（超常规要求的追加投入部分）

  B_{55}：水库成库前的清库费和蓄水成库过程中的漂浮物清理费

B_{56}：水库周边点源及面源污染防治工程建设费（超常规标准建设的追加投入部分）

B_6：水库安全持久运行保障工程建设费

B_{61}：水库近岸区域危岩滑坡治理工程费

B_{62}：水库库岸防护工程费

B_{63}：水库周边小流域治理工程费

B_{64}：水库库段江河礁石和其他障碍物清除工程费

B_7：水库建设其他费用

B_{71}：水库建设期内的价差费用

B_{72}：水库建设各类管理费

B_{73}：水库建设期内偿还贷款利息

B_{74}：水库建设相关科研及咨询费

B_{75}：水库建设交纳的税金及费用

B_{76}：水库建设流动资金

B_8：水库库区发展和移民稳定安置扶持费

B_{81}：水库库区基础设施建设扶持费

B_{82}：水库库区高效生态农业发展扶持费

B_{83}：水库库传统工业改造与清洁生产扶持费

B_{84}：水库库区重要生态环保工程建设扶持费

B_{85}：移民创业、就业扶持费

B_{86}：移民安置区经济社会发展扶持费

上述成本科目（B科目）虽不够详尽，但基本包括了一般水库建设的实际消耗。这些消耗既包括了水库大坝枢纽工程建设和水库成库的消耗，也包括了水库生态环保和安全运行保障的基本工程建设消耗，还包括了一些扶持库区发展和移民稳定安置的消耗，以及水库建设前期准备的消耗。如果按照这一预算建设江河大型水库，则建成的水库不仅有较高的经济效益，也会有较好的社会效益和生态效益。

4. 业主成本构成

在中国特定的体制下，江河大型水库建设的实际成本是由多个主体分担的，其中由水库建设业主分担的部分称为业主成本。业主成本是水库建设实际成本的一部分，是一种非完全实际成本。这一成本仅反映水库建设中由业主所承担的人财物力消耗，而不包括水库建设中由其他主体所承担的人财物力消耗。业主成本也是水库建设"真实发生的"消耗,不过它只是其中的一部分而不是全部。

按中国目前江河大型水库建设中的任务分工及成本分担,可列出建设业主所承担的工程建设和工作任务及所承担的成本范围,并据此列出业主成本核算科目(C 科目),依据这些分类科目也可对业主成本的构成进行考察。

C_0：水库建设的前期费用[①]

  C_{01}：水库建设论证及立项费

  C_{02}：水库建设工程设计费

  C_{03}：水库淹占土地、物资、财产调查及补偿方案设计费

  C_{04}：水库淹占城镇、企事业单位、基础设施调查及恢复重建方案设计费

  C_{05}：水库淹占区移民调查及移民安置规划费

  C_{06}：水库建设其他前期费用

C_1：水库建设淹占处理费[②]

  C_{11}：淹占土地(仅含坝区建设和水库淹占用地)补偿费

  C_{12}：淹占基础设施恢复重建及损失补偿费

  C_{13}：淹占城镇迁建费

  C_{14}：淹占企业和事业单位迁建费

  C_{15}：淹占居民房屋、财产、物资补偿费

  C_{16}：淹占文物、历史遗产、人文及自然景观保护、迁建费

C_2：移民搬迁安置费[③]

  C_{21}：规划内移民搬迁补助费

  C_{22}：规划内移民生产及生活安置费

  C_{23}：移民安置遗留问题处理费

  C_{24}：移民安置试验费

C_3：水库大坝枢纽工程建设费

  C_{31}：大坝及配套和辅助设施建筑工程费

  C_{32}：机电设备购置及安装工程费

  C_{33}：金属结构设备购置及安装工程费

  C_{34}：大坝枢纽临时工程费

[①] 江河大型水库建设的前期调研、可行性论证大多由国家水利部组织专门机构完成,再确定业主承担建设任务,上述工作的相关投入亦由水利部门承担。

[②] 指按较低标准核算的补偿费。

[③] 指按较低标准核算的搬迁安置费。

C_{35}：大坝枢纽工程建设其他费用

C_{36}：大坝枢纽工程建设基本预备费

C_4：输变电工程建设费

C_{41}：输变电设施及配套和辅助设施建筑费

C_{42}：输变电设备购置及安装工程费

C_{43}：输变电临时工程费

C_{44}：输变电工程建设其他费用

C_{45}：输变电工程建设基本预备费

C_5：水库生态环境保护及建设费

C_{51}：水库淹占区珍稀动植物保护工程建设费

C_{52}：水库生态环境监测设施建设及设备购置安装费

C_{53}：水库成库前的清库费和蓄水成库过程中的漂浮物清理费

C_6：水库安全持久运行保障工程费

C_{61}：水库近岸区域危岩滑坡治理工程费

C_{62}：水库库段江河礁石和其他障碍物清除工程费

C_7：水库建设其他费用

C_{71}：水库建设期内的价差费用

C_{72}：水库建设各类管理费用

C_{73}：水库建设期内偿还贷款利息

C_{74}：水库建设相关科研及咨询费

C_{75}：水库建设交纳的税金及费用

C_{76}：水库建设流动资金

上述成本科目（C科目）虽然较粗，但基本反映了业主在江河大型水库建设中的实际支出。这些支出主要包括水库大坝枢纽工程建设及输变电工程建设的全部人财物力消耗，以及水库建设前期准备、水库淹占补偿、移民搬迁安置补偿、水库生态环境保护、水库安全运行保障等消耗的人财物力的一部分，以及水库建设的其他人财物力消耗。很显然，按这一科目核算的成本，只反映江河大型水库建设实际消耗人财物力的一部分，是不完全的成本，自然也不能作为水库的建设成本。

5. 理论成本、完全实际成本、业主成本的区别与联系

从成本核算科目A、科目B、科目C可以发现，江河大型水库建设的理论成本、完全实际成本、业主成本在内涵上是不同的概念，在构成上有很大的区别，在数量上有很大的差异。但同时它们在构成及内容上又有密切的关联关系,科目 B 是科目 A 的一部分,科目 C 又是科目 B 的一部分。江河大型水库建设理论成本、完全实际成本、业主成本在构成和内容上既相区别又相联系,主要表现在以下五个方面。

第一,成本内涵上的显著差别。理论成本所反映的是建设经济、社会、生态功能俱佳且协调的理想水库需要消耗的人财物力,完全实际成本所反映的是建设具有某种(某些)特定功能的实用水库实际消耗的人财物力,业主成本所反映的是水库建设中由业主承担的人财物力消耗。理论成本是应当消耗的人财物力,是否全部发生要视水库建设理念和功能要求而定。完全实际成本是必须消耗的人财物力,只要水库功能一经确定,相应建设的人财物力消耗就一定会发生。而业主成本则只是实际消耗人财物力的一部分,虽不是消耗的全部,但一定会发生。

第二,成本内容上差异巨大。理论成本不仅包括水库大坝枢纽工程建设和水库成库的全部人财物力消耗,还包含了生态环境保护、水库安全持久运行保障的人财物力消耗,以及维护相关主体合法权益的人财物力消耗。完全实际成本主要包括大坝枢纽工程建设和水库成库的实际人财物力消耗,以及部分生态环境保护、水库安全持久运行保障的人财物力消耗,而缺少维护相关主体权益的人财物力消耗。而业主成本基本上就是大坝枢纽工程建设和水库成库的人财物力消耗,外加少量生态环境保护及水库安全运行保障的消耗。在成本的构成上,理论成本的内容多,完全实际成本的内容较少,业主成本的内容最少,前者包含后者,后者是前者的一部分。

第三,成本核算的着眼点不同。理论成本着眼于建设理想水库所需要的人财物力消耗核算,考察建设这样的水库所消耗人财物力的数量与类型,以及所消耗人财物力的领域分布与结构特征。完全实际成本着眼于建设在某方面实用的水库所实际消耗的全部人财物力核算,考察建设虽非理想但却实用的水库所消耗的人财物力数量与类型、所消耗人财物力的领域分布与结构特征。业主成本着眼于建设在某方面实用的水库所消耗的特定部分人财物力核算,单独考察业主在水库建设中所承担的人财物力数量与类型,以及这部分人财物力消耗的领域分布与结构特征。从核算针对的主体区分,理论成本与完全实际成本是着眼于社会的核算,而业主成本是着眼于企业的核算。

第四,成本核算的要求不同。理论成本的核算,要求对水库建设所有需要完成的工程和工作消耗的人财物力都必须纳入核算范围,并对其进行准确计量和合理计价,既不能在核算范围上缩小或扩大,也不能在所消耗人财物力计量及计价上有大的偏差。完全实际成本的核算,要求对水库建设实际完成的工程及工作消耗的人财物力全部纳入核算范围,也要求对其进行准确计量和合理计价,同样不允许缩小或扩大核算范围,也不允许在所消耗人财物计量与计价上有大的偏误。而业主成本核算,只要求将水库建设中由业主承担那一部分人财物力消耗纳入核算范围,且对这部分人财物力消耗按业主标准进行计量与计价,而不是按实际消耗计量和按市场规则计价。

第五,成本核算的功能各异。理论成本的核算是为江河大型水库建设科学决策、水资源和水能资源科学合理开发利用、促进经济社会协调发展服务的,因此要求全面准确。完全实际成本的核算是为江河大型水库建设管理决策、水资源和水能资源定向开发利用、满足经济社会发展某方面需要服务的,要求核算真实、具体、正确。业主成本的核算是为江河大型水库建设的立项申报、可行性论证、建设投资安排、追求企业盈利服务的,自然要求核算的成本越低越好。由于这三类成本核算的功能不同,导致各自的核算范围、核算内容、所消耗人财物力的计量方法和计价标准也不一致,核算的结果相差也比较大。

三、建设成本核算中的人财物力消耗计量与计价

在江河大型水库建设的成本核算中,水库建设所消耗人财物力的准确计量和合理计价,既是一个关键问题,也是一个复杂问题。对消耗的人财物力进行准确计量和合理计价,是江河大型水库建设成本核算的基础,任何计量和计价的失准,都会导致成本核算的错误。加之江河大型水库建设消耗的人财物力种类繁多、数量庞大、来源渠道和获取方式不同、使用去向和承担主体也不一样,准确计量和合理计价存在不少困难。为避免江河大型水库建设成本核算的失真,必须解决所消耗人财物力的准确计量和合理计价,这就需要确定计量和计价的范围、选择计量和计价的方法、建立计量和计价的机制。

1. 人财物力消耗的计量和计价范围

江河大型水库建设所消耗人财物力的准确计量和合理计价,需要给"所消耗的人财物力"确定范围和边界,以其作为计量和计价的基础。从合理合法的角度,水库建设所消耗的人财物力,应当包括从勘测设计到建成投入安全运行全过程中各项工程建设和工作开展的全部,即凡是水库建设中实际完成的工程和工作所消耗的人财物力,都应全部纳入计量和计价范围,不得减少也不能增加。这就要求对江河大型水库建设每一个环节的人财物力消耗进行计量和计价,对江河大型水库建设每一项工程和工作消耗的人财物力进行计量和计价。

江河大型水库建设周期长,建设过程复杂,粗略地可分为建设准备阶段、主体工程(枢纽工程)建设阶段、水库成库阶段、生态环保及安全保障工程建设阶段。这四个大的

阶段中又包括若干小阶段,如建设准备阶段中包括可行性论证与立项、勘测设计、淹占调查及补偿与恢复重建规划、移民调查及安置规划、工程建设招投标等,枢纽工程建设阶段中包括大坝及配套设施建设、输变电工程建设、设备安装调试等,水库成库阶段中包括淹占搬迁复建及补偿、移民迁移安置、危岩滑坡治理、文物景观保护、清库蓄水等,生态环保及安全保障工程建设阶段包括珍稀动植物保护、护岸林及防护林建设、点源和面源污染防治、水土流失治理等。在这一复杂而又较长的建设过程中,每一个阶段都要消耗人财物力,且类型众多,数量庞大,供给主体和消耗主体各不相同,给计量与计价带来不小困难。但为了成本的准确核算,对各环节消耗的人财物力都应全部计量和计价,都应尽可能准确,不允许将某些建设环节的人财物力消耗排除在计量和计价范围之外。应当特别指出的是,江河大型水库建设在事实上存在多个主体,且分别承担某个(某些)建设阶段的部分建设任务,完成这些建设任务无疑都会消耗人财物力,在计量和计价时,无论何种主体承担建设任务的消耗都应纳入其中,不能只对建设业主承担的水库枢纽工程建设和水库成库阶段的人财物力消耗计量和计价,而将其他主体在别阶段承担建设任务的人财物力消耗排除在计量和计价范围之外。

江河大型水库建设是一个庞大的工程和工作系统,在每个阶段既需要同时进行多项具体的工程建设,又需要同步开展多种实际工作。这些工程和工作的性质不同、任务各异、类型多样(如建设准备阶段的淹占调查就包括淹占土地调查、淹占城镇调整、淹占工矿企业调查、淹占基础设施调查、淹占城乡人口调查、淹占居民财产调查等,枢纽工程建设阶段的大坝建筑就包括江河导流工程、江河截流工程、坝基工程、坝首工程、大坝建筑工程等,水库成库阶段的移民安置就包括安置地选择、迁入地生活及生产条件准备、移民淹占财产补偿、移民搬迁、移民安置后的稳定等,生态环境保护阶段的污染防治包括城镇污水和垃圾处理、工业"三废"治理、化肥和农药控制、农业废弃物资源化利用等),要完成这些形形色色的工程和工作,要消耗大量不同类型的人财物力。这些消耗无论发生在何项工程或何种工作上,都是水库建设消耗的组成部分,都应当如实计量与计价,而不应以任何理由将其中的某些部分排除,也不可无中生有地添加。

2. 人财物力消耗的计量和计价准则

江河大型水库建设人财物力消耗的范围确定之后,建设成本核算的正确性就取决于所消耗人财物力计量的准确性和计价的合理性。计量准确且计价合理,核算的水库建设成本就真实可靠;若计量失准或计价失真,核算的水库建设成本便不会有任何意义与价值。为对水库建设消耗的人财物力准确计量和合理计价,应确立为社会公认和接受的准则,用以指导水库建设所消耗人财物力的计量和计价。

江河大型水库建设消耗的人财物力的所有权或使用权分属于不同的主体,其中一部分属于水库建设业主,而另一部分属于其他主体。这些分属于不同主体的人财物力用于江河大型水库建设,对业主拥有的部分只是用途的转移,对其他主体拥有的部分则是所有权或使有权的转移。前者是业主将自有的部分人财物力由其他用途转到水库建设上,后者是其他主体将自己某些人财物力的所有权或使用权让渡给业主用于水库建设。对这两种不同来源的水库建设所消耗的人财物力,在客观上既有其实际的数量也有其真实的价值,对这些人财物力进行准确计量和合理计价,一是为了准确计算水库建设的消耗,二是为了保证水库建设所消耗人财物力的所有权或使用权让渡公平与公正。为达此目的,水库建设消耗人财物力的计量就应以"全面真实"为准则,而计价则应以"与实际价值相当"为准则。

对江河大型水库建设消耗的人财物力"全面真实"的计量有三个基本要求:一是计量要完整而不留遗缺,即凡是水库建设实际消耗的人财物力,无论原来归谁所有或归谁使用,也无论用于水库建设哪个阶段或何种工程及工作,亦无论由哪个主体消耗及承担,都无一例外地要进行计量,不得无意更不得有意将某些部分加以排除或遗漏;二是计量要准确而无大的偏差,即要采用相宜的计量工具、方法和程序对消耗的人财物力的数量、规格、类型进行测度,测度结果要与实际消耗保持一致,不能有显著的误差,必要时还需用不同方法进行测度与校正;三是对计量结果要如实反映而不得调整,即对水库建设消耗人财物力的计量结果给予充分尊重和严肃对待,并原原本本地反映到成本核算之中,不允许有任何人为的调整和修改。

对江河大型水库建设消耗人财物力的计价要达到"与实际价值相当",比消耗人财物力"全面真实"计量要难得多,但可以通过三个相关环节的工作来实现:首先,对水库建设所消耗的人财物力细分为不同的类型、规格,这种细分不仅包括种类的区分,还包括同种同类内部按质量、规格等特质的划分;其次,对所消耗的人财物力按不同类型、规格、质量逐一进行价值和使用价值的评估,价值评估主要是原始价值和重置价值的测算,而使用价值评估则是对其原使用状态及最有利使用状态的收益的测度;再次,寻找所消耗不同类型、规格、质量的人财物力定价的市场参照系,若在市场上有对应的参照物可依市场价格定价,若市场上无对应参照物则可参考重置价或使用价值定价。

3. 人财物力消耗的计量和计价机制

江河大型水库建设所消耗人财物力的准确计量虽比较复杂,合理计价的难度也比较大,但只要认真对待,总能找到解决办法。所消耗人财物力的准确计量和合理计价,障碍不在于方法的缺失而在于机制的缺陷和误导。如果有一套科学机制的约束与指导,水库建设所消耗人财物力就能按正规的程序和方法计量与计价,保证计量的准确性和计价的合理性;如果缺乏科学的机制,任何有效的计量与计价方法都不可能真正应用,公平与公正的计量与计价准则也不会被遵守。

水库建设所消耗人财物力的所有权或使用权分属于不同主体,水库建设要消耗这些人财物力,建设业主就必须取得这些人财物力的所有权或使用权。而水库建设业主对所需人财物力所有权或使用的获取,最合理与合法的途径就是市场交易,即通过市场"购买"获得原本属于其他主体的人财物力的所有权或使用权、通过内部交易将"自有"的部分人财物力用于水库建设。在中国的江河大型水库建设中,业主"自有"的部分人财物力转用于水库建设,其他主体的部分人财物力通过征用或划拨供业主使用,虽没有市场交易的过程,但这一获取过程中人财物力所有权和使用权在不同主体及使用领域之间的转移却是与交易结果相同的,所不同的仅是没有采取市场交易的形式。鉴于此,江河大型水库建设对所需人财物力的获取,就是这些人财物力的所有者或使用者有偿向业主让渡所有权或使用权,而业主付出一定代价取得其所有权或使用权。这一过程无论采取何种形式,在本质上都是一种交易行为。

若将水库建设所需人财物力的获取视为一种交易行为,所交易的人财物力的计量与计价就应遵守交易的规则与机制。这里的规则就是"等价交换",其实现机制便是交易双方或多方的"对等协商",即交易人财物力的数量和价格要由相关方协商(讨价还价)确定。有了"对等协商"机制,人财物力的所有者或使用者就有了维护自己合法权益的机会,利用协商的方式争取以有利于自己的数量与价格让渡所有权或使用权,防止水库建设业主在所交易人财物力计量和计价上的机会主义行为;水库业主同样也能维护自己的权益,利用协商的方式以于己有利的数量与价格获得所需人财物力的所有权或使用权,防止让渡方在计量和计价上的不合理诉求。如此一来,经过交易双方或多方的博弈,所交易人财物力的数量得以准确认定,所交易人财物力的价格得以合理确定。

江河大型水库建设所消耗人财物力的获取,要实现"对等协商"计量和计价,需要有三个方面的条件作保证:其一,水库建设业主和所消耗人财物力的所有者(或使用者)具有对等的市场主体地位,不允许某一方强制另一方,也不允许第三方强制,即人财物力的所有者或使用者以自己满意的条件自愿将所有权或使用权让渡给水库建设业主,而水库建设业主以自己可接受的条件获得所有权或使用权;其二,人财物力的计量必须采用市场交易中公认的科学方法,并得到其所有者或使用者及水库建设业主的一致认同,不允许某一方或第三方强行确定计量方法,即人财物力的计量方法不仅要为社会所公认,还必须为相关方所赞同,以期计量结果的准确和为相关方所接受;其三,人财物力的计价必须协商确定,并为其所有者或使用者及水库建设业主自愿接受,不允许某一方或第三方单独定价,也不允许某一方对另一方进行价格强制,即人财物力的价格是由相关各方经过协商形成,而不是由某一方定价强制另一方接受,也不是由第三方定价强制所有者或使用者及水库建设业主接受。

4. 经市场交易所获取人财物力的计量与计价

在江河大型水库建设所消耗的人财物力中,有一部分是通过市场交易获取的,这些人财物力的获取方式主要有市场采购、协议供给、工程建设招投标、工作任务招投标、协议委托等几种。市场采购主要指水库建设所需设施、设备、机械、原材料通过国内外市场向供应商购买。协议供给指水库建设所需资金、物资等按市场规则与商业银行、相关供应商订立贷款、供货协议。工程建设招投标是指对水库建设中的大坝建筑、输变电站建筑、设备安装、危岩滑坡治理等专项工程建设面向市场招标,并在投标者中择优选择承建者。工作任务招投标是指对水库建设中的专项工作面向市场招标,在投标者中选择承担者。协议委托指水库建设中的一些专项工作需要权威(或者一定资质)机构或公信机构完成,水库建设业主通过协议将这些工作委托给这些机构承担。

水库建设所需的设施、设备、机械、原材料等,一般是通过市场直接向供应商采购,数量可以根据实际成交量精确计量,价格由双方协商确定。由于买卖双方均为独立利益主体又互不相属,在维护自身利益的驱动下,对交易物的计量均追求精确,对交易物的计价均要求物有所值,计量和计价的"对等协商"机制可充分发挥效力,易于保证交易物计量的准确和计价的公平。水库建设向银行贷款及通过其他渠道融资,或要求供应商对某些专用物资进行供应,都要经过一个严格而正规的谈判协商过程,贷款及融资的数量和利率、供货数量及价格等,都会在这一过程中反复会商,并在双方达成一致的情况下形成具有法律效力的合同,在交易物的计量和计价上更不容易出现偏误。水库建设工程和工作的招投标,招标方(水库建设业主)会对完成工程或工作所需消耗的人财物力进行测算,并根据自己的价格判断确定标底,而投标方(工程或工作承担方)也会对完成工程或工作所需消耗的人财物力进行测算,并根据独立的判断确定标价,只有当招投标双方对人财物力消耗的测算及价格判断比较一致的情况下,双方才能达成协议。水库建设中某些特殊工作委托给有一定资质和公信力的机构完成,同样也有一个谈判协商的过程,通过双方对完成这些工作所需消耗人财物力数量的测算及其价格的评估,确定出双方都可接受的委托经费。

经市场交易获取的人财物力,之所以在计量上较为准确、在计价上较为合理,其根本原因在于水库建设业主(买方)与人财物力所有者或使用者(卖方)在交易过程中的"对等协商"与相互制衡,即买卖双方均以独立利益主体的身份参与所交易的人财物力计量及计价过程,并各自从自身利益出发表达诉求和防范对方的机会主义行为,最终以所交易人财物力的准确计量和合理计价实现双方利益的均衡。

5. 未经市场交易所获取人财物力的计量与计价

在江河大型水库建设所消耗的人财物力中,有一部分不是通过市场交易而是利用其他方式获得的,这些方式主要有政府征用、政府调拨、水库建设业主提供、消耗主体转移等。政府征用主要指对淹占区内的土地及其之上的附着物通过行政手段征收、拆迁,为水库建设提供用地。政府调拨主要指将部分国有资产、财政资金、政府募集资金或资产,直接划拨或调拨给水库建设业主,作为政府对水库建设的投入。业主提供指水库建设业主将部分自有资产、物资、人力投入水库建设。消耗主体转移主要指政府利用行政手段,将水库建设的某些工程及工作转交给业主之外的主体承担,并由这些主体担负全部或部分人财物力消耗。由此可见,江河大型水库建设中以非市场交易方式获取的人财物力,主要是通过政府利用行政手段得到的。

江河大型水库建设所需土地由政府为其征用,被征土地的计量范围、计量方法、征地价格由政府决定,土地的所有者或使用者不参与计量与计价过程,只能接受按规定测算的计征面积及政府确定的征地价格。被征土地上的城镇、工矿企业、事业单位、基础设施等需要搬迁、恢复、重建,对所涉及的设施、设备、资产、物资等,其数量测度范围、方法及价格标准也由政府作出刚性规定,相关主体只能接受而不得提出异议。被征土地上的居民房屋及生产、生活设施需要清除,其计量范围和计量方法及价格标准亦由政府规定,居民只能接受按政府规定测算的数量和确定的价格所作的赔付,而不能讨价还价。被征土地上居住的人口需要迁移,移民人数的核定和迁移补偿的标准还是由政府规定,移民只能接受而不得更改。政府调拨给水库建设业主的资金、资产,在数量上可依据调拨数准确计量,但资金一般只计本金而不计利息,物资及固定资产按政府规定价格(调拨价)而不按市场价格计算。水库建设业主投入的自有资金其数量按实际投入量计算,但只计本而不计利息。水库建设业主投入的自有物力及人力,在数量上按实际投入量计量,但一般按企业内部核算价而不按市场价计价。由政府交由非业主完成并由其担负成本的建设工程和工作,所消耗的人财物力计量和计价比较复杂,一部分由市场交易获取的人财物力由相关各方"对等协商"计量和计价,而承担者自有及经非市场交易获取的那部分人财物力因种类繁多、消耗后又难以得到水库建设业主补偿,往往缺乏精确计量和合理计价。

江河大型水库建设非市场交易获取的人财物力的计量和计价，由于缺失市场交易的过程，使这些人财物力的所有者或使用者不能与水库建设业主以对等身份参与计量和计价，使这一部分人财物力的计量易于失准、计价易生偏误，不仅对水库建设成本核算带来不利影响，而且给一些主体造成利益损失，甚至导致一些社会矛盾。特别是水库建设占用资源、淹占财产及物资、淹占拆迁、淹占基础设施迁建、移民搬迁安置等方面的政府规定计量与计价，计量失准、计价严重不合理。政府调拨及业主自有的用于水库建设的人财物力，虽计量可能准确，但计价偏离市场价格，导致计价失真。更为严重的是，政府将本应由水库业主完成的部分工程和工作交由其他主体承担并担负成本，使其所消耗的人财物力被排除在成本核算的范围之外。

四、建设成本的核算

江河大型水库建设成本的科学核算，在微观上对建设决策、管理、评价具有重大作用，在宏观上对重大投资安排、资源优化配置有重要参考价值，对加强成本管理、实现成本节约、保证水库顺利建成不可或缺。江河大型水库建设所消耗的人财物力数量巨大、类型众多且获取方式多种多样，对成本核算带来较大困难。同时，江河大型水库建设因其内涵与外延的不同，成本核算的内容存在较大差异、核算结果自然也不一样。鉴于此，有必要对江河大型水库建设成本从不同侧面与角度进行分类考察，测定不同内涵的成本水平，以求对其有一个真实全面的了解。

1. 理论成本核算

江河大型水库建设对一定区域、所在江河流域甚至对全国经济、社会、生态具有重要影响，大家都希望在工程建成后安全、持久、稳定运行，并发挥出良好的经济、社会、生态效益。虽因客观条件的限制及水库自身特点所决定，江河大型水库在某些方面不可能尽如人意，但人们仍然希望通过一定的建设措施，使其达到令人满意的状态。而要达到这一要求，凡有利于水库综合效益充分发挥的工程建设都不可缺少并要高质量建成，凡有利于水库三大效益充分发挥和安全、持久、稳定运行的重要工作都应全部做好，凡水库建设所消耗的人财物力都应当对其所有者或使用者进行全额补偿。按这些要求建设的江河大型水库就可能成为令人满意的水库，而建设这样的水库所消耗的全部人财物力，便是所谓的理论成本。

江河大型水库建设理论成本的核算，有三个重要的方面需要认真把握：一是正确界定所需消耗人财物力的范围和领域，凡水库建设所应涉及（无论是否实际涉及）的各方面、各环节的人财物力消耗都应纳入核算范围、不能遗漏,凡水库建设应当完成(不管是否实际完成)的各项工程及工作所需要消耗的人财物力都应纳入核算,不得缺失;二是对纳入核算的人财物力消耗进行准确计量,要应用规范、科学的量度与计算方法、减少测度误差,要有可靠的计量确认机制,使人财物力的供需主体在计量确认上共同发挥作用并相互校正;三是要对纳入核算的人财物力消耗合理计价,要对这些人财物力进行分类、实行分类计价,应以市场价或市场参考价作为计价主要依据、尽量避免主观计价,应由人财物力的供需双方协商定价并相互制衡,不允许某一方单独定价,也不应由政府定价强制执行。

若设建设经济、社会、生态效益俱佳又可安全、持久、稳定运行的江河大型水库,应当完成的工程和工作有 N 项,序号为 $j(j=1,2,\cdots,N)$,完成第 j 项工程或工作需要消耗的资源和物资有 M 种、人力有 K 类、流动资金有 L 种,需要消耗的第 i 种资源或物资数量用 $X_{ij}(i=1,2,\cdots,M)$ 表示,需要消耗的第 r 类人力数量用 $Y_{rj}(r=1,2,\cdots,K)$ 表示,需要消耗的第 h 种流动资金用 $Z_{hj}(h=1,2,\cdots,L)$ 表示,各类资源或物资的合理价格用 P_{ij} 表示、各类人力的合理价格用 W_{rj} 表示,再设水库建设投资的偿还期为 T 年,第 t 年($t=1,2,\cdots,T$)应偿付的利息为 D_t,则江河大型水库建设的理论成本 Q_0 可用下式计算:

$$Q_0 = \sum_{j=1}^{N}\sum_{i=1}^{M} X_{ij}P_{ij} + \sum_{j=1}^{N}\sum_{r=1}^{K} Y_{rj}W_{rj} + \sum_{j=1}^{N}\sum_{h=1}^{L} Z_{hj} + \sum_{t=1}^{T} D_t \tag{5—2}$$

或

$$Q_0 = \sum_{j=1}^{N}\left(\sum_{i=1}^{M} X_{ij}P_{ij} + \sum_{r=1}^{K} Y_{rj}W_{rj} + \sum_{h=1}^{L} Z_{hj}\right) + \sum_{t=1}^{T} D_t \tag{5—3}$$

上式所反映的是建设理想型水库所应有的成本支出,很显然,若水库建设在某些方面降低要求,其中的某些工程和工作就不一定实施,而实施的工程和工作也可能降低消耗,建设成本便会减少。故 Q_0 是江河大型水库建设在理论上需要的成本,而不是实际发生的成本。

2. 完全实际成本核算

建设经济、社会、生态效益俱佳又能安全、持久、稳定运行的水库,虽然是江河大型水库建设的方向和人们的追求,但因人们认识上的局限、节约成本的考虑、投资能力的约束等,实际的水库建设追求的是实用而不是完美。在实际的水库建设中,总是将重点放在大坝枢纽工程及输变电工程、水库成库等项目建设和工作开展上,而对水库生态环保工程、水库安全运行保障工程、其他配套工程及工作,只是有选择地进行建设与推进,即只对水库主要功能充分发挥有直接而重要影响的工程和工作项目才纳入建设计划并加以实施,对较为次要或间接的工程和工作项目加以排除,能减则减、能省则省,以达到节约建设成本的目的。江河大型水库建设的完全实际成本,就是按水库建设实际完成的各项工程和工作所消耗人财物力真实价值计算的成本。这里所谓的"完全",一是指水库建设所实施及开展的全部工程和工作而不是其中的一部分,二是指实施这些工程和开展这些工作所消耗的全部人财物力而不是其中的一部分,三是指对所消耗的全部人财物力要准确计量和合理计价、不可有大的偏差。

江河大型水库建设完全实际成本的核算,所依据的是水库建设中实际消耗的人财物力,需要正确界定范围、准确测定数量、合理确定价格。纳入成本核算的人财物力,应当包括水库建设实际完成的各项工程和工作所消耗的资源、资金、物资、人力,只要是水库建设中所实际消耗的,无论发生在哪个环节、用于何项工程或工作,也无论由哪个主体消耗和承担,都应纳入核算范围。为保证核算的准确性和可靠性,一是要确保所消耗人财物力的准确计量,防止因主客观原因所带来的计量失准;二是要确保所消耗人财物力的合理计价,避免因主客观原因所造成的价格严重偏离其价值的问题;三是坚决制止在成本核算范围确定,消耗人财物力计量及计价等方面的单方面操控行为(包括政府、水库建设业主、所消耗人财物力的所有者或使用者的单方控制),以实现核算范围确定的真实性、人财物力消耗计量的准确性和计价的合理性。

若设江河大型水库建设实际完成的工程和工作有 N_1 项、序号为 $j(j=1,2,\cdots,N_1)$,完成第 j 项目工程或工作消耗的资源和物资有 M_1 种、人力有 K_1 类、流动资金有 L_1 种、所消耗的第 i 种资源或物资的真实数量为 $X_{ij}^{(1)}$($i=1,2,\cdots,M_1$),所消耗的第 r 类人力的真实数量为 $Y_{rj}^{(1)}$($r=1,2,\cdots,K_1$)、所消耗的第 h 种流动资金的真实数量为 $Z_{hj}^{(1)}$($h=1,2,\cdots,L_1$),所消耗各类资源或物资的合理价格仍用 P_{ij} 表示、所消耗各类人力和合理价格仍用 W_{rj} 表示,再设水库建设投资的偿还期为 T_1 年、第 $t(t=1,2,\cdots,T_1)$ 年应偿付的利息为 $D_t^{(1)}$,则江河大型水库建设的完全实际成本 Q_1 可用下式计算:

$$Q_1 = \sum_{j=1}^{N_1}\sum_{i=1}^{M_1} X_{ij}^{(1)} P_{ij} + \sum_{j=1}^{N_1}\sum_{r=1}^{K_1} Y_{rj}^{(1)} W_{rj} + \sum_{j=1}^{N_1}\sum_{h=1}^{L_1} Z_{hj}^{(1)} + \sum_{t=1}^{T_1} D_t^{(1)} \tag{5—4}$$

或

$$Q_1 = \sum_{j=1}^{N_1} \left(\sum_{i=1}^{M_1} X_{ij}^{(1)} P_{ij} + \sum_{r=1}^{K_1} Y_{rj}^{(1)} W_{rj} + \sum_{h=1}^{L_1} Z_{hj}^{(1)} \right) + \sum_{t=1}^{T_1} D_t^{(1)} \tag{5—5}$$

由于建设三大效益俱佳的江河大型水库应完成所需要的所有工程及相关工作,而建设具有特定功能的水库只需完成这些工程和工作的重要部分,故存在 $N=N_1+\Delta N_1$、$M=M_1+\Delta M_1$、$K=K_1+\Delta K_1$、$L=L_1+\Delta L_1$、$X_{ij}=X_{ij}^{(1)}+\Delta X_{ij}^{(1)}$、$Y_{rj}=Y_{rj}^{(1)}+\Delta Y_{rj}^{(1)}$、$Z_{hj}=Z_{hj}^{(1)}+\Delta Z_{hj}^{(1)}$、$T=T_1+\Delta T_1$、$D_t=D_t^{(1)}+\Delta D_t^{(1)}$ 等数量关系。即实际的水库建设比理想化的水库建设减少了 ΔN_1 项工程和工作,同时也减少了所完成第 j 项工程建设和工作开展的资源及物资 $\Delta X_{ij}^{(1)}$、人力 $\Delta Y_{rj}^{(1)}$、流动资金 $\Delta Z_{hj}^{(1)}$ 消耗,且投资偿还期缩短了 ΔT_1 年、第 t 年偿付的利息也减少了 $\Delta D_t^{(1)}$。因此,$Q_1 < Q_0$,即江河大型水库建设的完全实际成本应当小于理论成本。

3. 非完全实际成本核算

在江河大型水库建设的实际成本核算中，或因对工程建设和工作开展的范围界定失实，或因对所消耗人财物力的计量失准，或因对所消耗人财物力的计价偏误，就会导致水库建设实际成本的过低或过高估计。若因核算范围界定过窄而失实，或因对所消耗人财物力不足额计量，或因对所消耗人财物力压低价格，就会导致建设成本低估。这种被低估的实际发生成本，就是水库建设的非完全实际成本，它是水库建设实际成本的一部分而不是全部。在水库工程建设和工作开展的范围界定上，若将某些工程和工作排除在成本核算之外，完成这些工程和工作所消耗的人财物力就不会进入成本，这一问题可能因漏计、少计所造成，也可因人为操控而产生。在对所消耗人财物力的计量上，不足额确认也有发生，使计量数少于实际消耗数，这一问题既可由测度及计算方法不当引起，又可由人为恶意操控造成。在对所消耗人财物力计价上，对其压低价格的现象也不鲜见，这一问题不仅与合理定价难度相关，更与定价机制不健全及由政府或水库业主单方面定价紧密相连。

江河大型水库建设的成本核算，若将实际完成的一部分工程和工作所消耗的人财物力排除在外，便直接造成对这部分消耗的漏计漏算；若对实际消耗人财物力的计量不足额，又会造成对实际消耗的少计少算；若对所消耗人财物力的价格压低，又导致实际消耗的价值低估；若同时出现这三种情况，则成本核算的结果就会与真实成本发生巨大偏差，结果只能反映江河大型水库建设实际成本的一部分，而不能如实反映实际成本的全貌。这种成本既不具有真实性，也不具有合法性，但在不少场合，水库建设的成本实际上就是指这种非完全实际成本，在不对其内涵加以说明的情况下，还极易于误将其作为江河大型水库建设的完全实际成本。

若设江河大型水库建设成本核算计入的工程和工作项目有 N_2 项、序号为 $j(j=1,2,\cdots,N_2)$，完成第 j 项工程或工作计入消耗的资源和物资有 M_2 种、计入消耗的人力有 K_2 类、计入消耗的流动资金有 L_2 种、计入的第 i 种资源或物资消耗量为 $X_{ij}^{(2)}(i=1,2,\cdots,M_2)$、计入的第 r 类人力消耗量为 $Y_{rj}^{(2)}(r=1,2,\cdots,K_2)$、计入的第 h 种流动资金消耗量为 $Z_{hj}^{(2)}(h=1,2,\cdots,L_2)$，所消耗资源或物资的计价为 $P_{ij}^{(2)}$、所消耗的人力计价为 $W_{rj}^{(2)}$，再设水库建设投资偿还期为 T_2 年、第 $t(t=1,2,\cdots,T_2)$ 年应偿付利息为 $D_t^{(2)}$，则江河大型水库建设的非完全实际成本 Q_2 可用下式计算：

$$Q_2 = \sum_{j=1}^{N_2}\sum_{i=1}^{M_2} X_{ij}^{(2)} P_{ij}^{(2)} + \sum_{j=1}^{N_2}\sum_{r=1}^{K_2} Y_{rj}^{(2)} W_{rj}^{(2)} + \sum_{j=1}^{N_2}\sum_{h=1}^{L_2} Z_{hj}^{(2)} + \sum_{t=1}^{T_2} D_t^{(2)} \tag{5—6}$$

或 $$Q_2 = \sum_{j=1}^{N_2}\left(\sum_{i=1}^{M_2} X_{ij}^{(2)} P_{ij}^{(2)} + \sum_{r=1}^{K_2} Y_{rj}^{(2)} W_{rj}^{(2)} + \sum_{h=1}^{L_2} Z_{hj}^{(2)}\right) + \sum_{t=1}^{T_2} D_t^{(2)} \tag{5—7}$$

由于非完全实际成本核算只包含了水库建设实际完成工程和工作的一部分，而对所消耗人财物力的计量又不足额，对所消耗人财物力的计价又进行了压低，故存在 $N_1 = N_2 + \Delta N_2$、$M_1 = M_2 + \Delta M_2$、$K_1 = K_2 + \Delta K_2$、$L_1 = L_2 + \Delta L_2$、$X_{ij}^{(1)} = X_{ij}^{(2)} + \Delta X_{ij}^{(2)}$、$Y_{rj}^{(1)} = Y_{rj}^{(2)} + \Delta Y_{rj}^{(2)}$、$Z_{hj}^{(1)} = Z_{hj}^{(2)} + \Delta Z_{hj}^{(2)}$、$P_{ij} = P_{ij}^{(2)} + \Delta P_{ij}^{(2)}$、$W_{rj} = W_{rj}^{(2)} + \Delta W_{rj}^{(2)}$、$T_1 = T_2 + \Delta T_2$、$D_t^{(1)} = D_t^{(2)} + \Delta D_t^{(2)}$ 等数量关系。即非完全实际成本核算不仅漏计了完成 ΔN_2 项工程和工作的人财物力消耗，而且对完成第 j 项工程或工作还少计了 $\Delta X_{ij}^{(2)}$ 的资源或物资消耗、$\Delta Y_{rj}^{(2)}$ 的人力消耗、$\Delta Z_{hj}^{(2)}$ 的流动资金消耗，对消耗的资源及物资的价格也压低了 $\Delta P_{ij}^{(2)}$、人力价格也压低了 $\Delta W_{rj}^{(2)}$，且投资偿还期缩短了 ΔT_2 年、第 t 年偿付的利息也少计了 $\Delta D_t^{(2)}$。因此，$Q_2 < Q_1$，即江河大型水库建设的非完全实际成本虽是必然要发生的，但它比实际花费的成本要少。

4. 业主成本的核算

按常理，水库建设的完全实际成本应由业主承担，Q_1 就应当是建设业主的成本。但在中国的特殊体制背景下，江河大型水库建设不仅是一种企业行为，更是一种政府行为，水库建设成本由多个主体承担，水库业主只承担了建设成本的一部分而不是全部。水库建设成本的多主体承担，不仅造成了相关主体权利与义务、利益与责任的矛盾和冲突，也对成本的准确核算带来一定困难。正因为如此，需要对水库建设业主的成本进行核算，以便与水库建设完全实际成本相区别，并对水库建设业主及其他主体对水库建设的真实贡献作出正确的评价。

在中国现行的江河大型水库建设体制之下，建设业主只承担了一部分成本，这部分成本称之为水库建设的业主成本。业主成本主要由五大部分组成，一是水库建设前期准备（论证、立项、规划、设计等）部分工程及工作所消耗的人财物力，二是水库大坝枢纽工程建设、输变电工程建设、配套工程及辅助工程建设所消耗的人财物力，三是水库淹占搬迁、恢复重建、移民安置所消耗的部分人财物力，四是水库生态环境保护的一部分工程建设和工作开展所消耗的人财物力，五是水库安全运行保障的部分工程建设和工作开展所消耗的人财物力。至于江河大型水库建设中由其他主体分担的工程建设及工作开展所消耗的人财物力，都不会纳入业主成本的核算。因此，业主成本实际上是江河大型水库建设的一种特殊非完全实际成本，它是由建设业主承担的水库建设中所消耗的人财物力中的一部分，而不是全部。

还应当指出，建设业主的成本不仅未包括水库建设人财物力消耗的全部，而且对纳入其成本核算的那部分人财物力消耗，特别是未经市场交易过程获取的那部分人财物力消耗，往往还存在不足额计量和不合理计价的问题，使这一成本的核算易于发生较大的偏差。

若设江河大型水库建设业主成本核算计入的工程和工作有 N_3 项、序号为 $j(j=1,2,\cdots,N_3)$，完成第 j 项工程或工作计入消耗的资源和物资有 M_3 种、计入消耗的人力有 K_3 类、计入消耗的流动资金有 L_3 种、计入的第 i 种资源或物资消耗量为 $X_{ij}^{(3)}(i=1,2,\cdots,M_3)$、计入的第 r 类人力消耗量为 $Y_{rj}^{(3)}(r=1,2,\cdots,K_3)$、计入的第 h 种流动资金消耗为 $Z_{hj}^{(3)}$ $(h=1,2,\cdots,L_3)$，对消耗的资源或物资的计价为 $P_{ij}^{(3)}$、对消耗的人力计价为 $W_{rj}^{(3)}$，再设水库建设投资偿还期为 T_3 年、第 $t(t=1,2,\cdots,T_3)$ 年应偿付利息为 $D_t^{(3)}$，则水库建设的业主成本 Q_3 可用下式计算：

$$Q_3 = \sum_{j=1}^{N_3}\sum_{i=1}^{M_3} X_{ij}^{(3)} P_{ij}^{(3)} + \sum_{j=1}^{N_3}\sum_{r=1}^{K_3} Y_{rj}^{(3)} W_{rj}^{(3)} + \sum_{j=1}^{N_3}\sum_{h=1}^{L_3} Z_{hj}^{(3)} + \sum_{t=1}^{T_3} D_t^{(3)} \tag{5—8}$$

或　$$Q_3 = \sum_{j=1}^{N_3} \left(\sum_{i=1}^{M_3} X_{ij}^{(3)} P_{ij}^{(3)} + \sum_{r=1}^{K_3} Y_{rj}^{(3)} W_{rj}^{(3)} + \sum_{h=1}^{L_3} Z_{hj}^{(3)} \right) + \sum_{t=1}^{T_3} D_t^{(3)} \tag{5—9}$$

由于业主成本核算只包含了水库建设实际完成工程和工作的一部分，加之业主强势地位造成的对所消耗人财物力的不足额计量和较低的定价，故存在 $N_1 = N_3 + \Delta N_3$、$M_1 = M_3 + \Delta M_3$、$K_1 = K_3 + \Delta K_3$、$L_1 = L_3 + \Delta L_3$、$X_{ij}^{(1)} = X_{ij}^{(3)} + \Delta X_{ij}^{(3)}$、$Y_{rj}^{(1)} = Y_{rj}^{(3)} + \Delta Y_{rj}^{(3)}$、$Z_{hj}^{(1)} = Z_{hj}^{(3)} + \Delta Z_{hj}^{(3)}$、$P_{ij} = P_{ij}^{(3)} + \Delta P_{ij}^{(3)}$、$W_{rj} = W_{rj}^{(3)} + \Delta W_{rj}^{(3)}$、$T_1 = T_3 + \Delta T_3$、$D_t^{(1)} = D_t^{(3)} + \Delta D_t^{(3)}$ 等数量关系。即业主成本核算不仅少计了 ΔN_3 项工程和工作的人财物力消耗，而且对完成第 j 项工程或工作还少计了 $\Delta X_{ij}^{(3)}$ 的资源及物资消耗、少计了 $\Delta Y_{rj}^{(3)}$ 的人力消耗、少计了 $\Delta Z_{hj}^{(3)}$ 的流动资金消耗，同时对所消耗资源或物资的价格低估了 $\Delta P_{ij}^{(3)}$、对所消耗人力的价格低估了 $\Delta W_{rj}^{(3)}$，且投资偿还期缩短了 ΔT_3 年、第 t 年偿付的利息也少计了 $\Delta D_t^{(3)}$。因此，$Q_3 < Q_1$，即江河大型水库建设的业主成本比完全实际成本低。

5. 社会成本核算

江河大型水库建设不仅要消耗大量的人财物力，而且要淹没、占用、毁坏不少资源、财产、物资。从社会角度考虑，水库建设所消耗的人财物力及所造成的各种损失，都是社会为水库建设所作出的付出或所花费的代价，可以视为水库建设的社会成本。社会成本是水库建设所要实际发生的成本，它既包含水库建设实际完成的各项工程和工作所消耗的人财物力的真实价值，也包括水库建设所造成的所有资源、财产、物资损失的真实价值。单从江河大型水库建设主体的角度进行考察，各项工程建设和工作开展消耗的人财物力的总和构成了水库建设的完全实际成本，而相关的资源、财产、物资损失已通过补偿计入了消耗之中，不应当再重复计入成本。但从社会资源和财富变动的角度，水库建设淹没、占用、毁坏的资源、财产、物资虽对相关主体进行了补偿，但社会却因此而失去了这些资源、财产、物资,导致了社会损失。对于整个社会而言,这些损失也应当是水库建设成本的构成部分,而不应加以排除。

江河大型水库淹占的资源主要有土地、矿产、生物等,淹占的财产及物资主要有房屋、生产及生活设施和设备、道路及交通设施、码头及航运设施、通信线路及设施、输电线路及设施、管网及设施和设备、农业基础设施、林木及果树等,毁损的有河(江)堤、河(江)岸、自然景观、历史文化遗存等。淹占的土地、矿产及其他自然资源,虽可以对相关主体进行补偿,但它们失去了原有的使用价值,丧失了原有的产出能力。淹占的部分生物资源,因丧失了最适生长繁育环境而消亡,导致生物多样性的破坏。淹占的设施、设备、房屋、资产、物资因丧失其利用价值,使这些社会的存量财产只能拆除、报废,有些需要迁建的还要再次投资重建,造成已有社会财富的减少。损毁的河堤、河岸则失去了原有功能,而需要重新建设与维护。而淹占的自然景观和文化遗存,虽有些可以保护,有的可以迁建,但原有风貌与内涵将难以存留,有的则可能消失。这些被水库建设淹占或损毁的资源、财产、物资,无论是否给予了补偿,它们原有的使用价值都会丧失或降低。作为社会财富的一部分,其存量必然减少。资源的占用会导致其数量的绝对减少,财产和物资的淹占与损毁造成其全部或部分的消失,这些都是社会在江河大型水库建设中所付出的代价。

若设江河大型水库建设完成的 N_1 项工程和工作中,第 j 项($j=1,2,\cdots,N_1$)工程或工作所淹占及损毁的资源、资产、物资有 M_4 种,第 q 种($q=1,2,\cdots,M_4$)资源、财产、物资的淹占或损毁数量为 I_{qj},其单位存量年产价值为 F_{qj},则江河大型水库建设造成的资源、财产、物资的价值损失总量 E 可用下式计算:

$$E=\sum_{j=1}^{N_1}\sum_{q=1}^{M_4}I_{qj}F_{qj} \tag{5—10}$$

江河大型水库建设的社会成本,是社会为其所付出的全部消耗,这一消耗不仅应包括水库工程建设及相关工作开展所消耗的人财物力,还应当包括由此引起的原有资源、财产、物资的损失。因此江河大型水库建设的社会成本 Q_4 可用下式计算:

$$Q_4=Q_1+E \tag{5—11}$$

或 $$Q_4=\sum_{j=1}^{N_1}(\sum_{i=1}^{M_1}X_{ij}^{(1)}P_{ij}+\sum_{r=1}^{K_1}Y_{rj}^{(1)}W_{rj}+\sum_{h=1}^{L_1}Z_{hj}^{(1)}+\sum_{q=1}^{M_4}I_{qj}F_{qj})+\sum_{t=1}^{T_1}D_t^{(1)} \tag{5—12}$$

对比 5—5 式和 5—12 式,江河大型水库建设的完全实际成本只包括了各项工程建设和工作开展所消耗的人财物力的真实价值,而江河大型水库建设的社会成本不仅包括了所消耗的人财物力的真实价值,还包括了所造成的资源、财产、物资存量价值损失。因此,$Q_1<Q_4$,即江河大型水库建设的社会成本大于完全实际成本。对江河大型水库建设的社会成本进行考察,可以从更宽广的视野观测与分析其所需要付出的真实代价,更全面更理性地评价其利弊得失。

五、建设成本核算存在的问题

在中国现行的经济管理体制下,江河大型水库建设参与主体多元,投资来源多样,成本承担主体分散,给成本核算带来一定困难。建设参与主体的多元,使江河大型水库建设的任务分由不同主体完成。建设成本承担主体的分散,又造成各主体对所担负成本的独自核算。水库建设以大坝枢纽工程为中心的传统,更使成本核算以工程建设为核心。加之水库建设成本核算主要服务于业主,造成核算的不完全、不准确,进而对水库建设的决策与管理带来一系列不良后果。中国江河大型水库建设成本核算的失真比较突出,主要表现在以下五个方面。

1. 成本核算含盖范围不全

江河大型水库建设是一个复杂过程,要经过前期规划论证及设计、大坝枢纽工程和输变电工程建设、水库成库及安全保障工程建设等多个阶段方可建成。江河大型水库建设又是一个庞大的工程体系,要完成众多相关的工程建设项目和实际工作任务才能投入运行。建设成本核算应当将水库建设各阶段所完成的各项工程和工作的人财物力消耗都包括在内,而不应对其中某些部分加以排除。但在中国江河大型水库建设成本的核算中,主要对水库大坝枢纽工程建设、输变电工程建设、水库淹占处理等方面的人财物力消耗进行核算,而对水库其他工程建设及工作开展所消耗的人财物力则排除在外,使核算的范围含盖不全,核算的建设内容与水库实际的建设内容不相一致。

以三峡水库建设成本的预算为例,主体工程核算的范围仅包含了以下七个方面[①]:
(1)建筑工程投资
    A. 主体建筑工程投资
    B. 交通工程投资
    C. 房屋建筑工程投资
    D. 其他建筑工程投资
(2)机电设备及安装工程投资
    A. 主要机电设备及安装工程投资
    B. 其他机电设备及安装工程投资

---

① 长江水利委员编:《三峡工程经济研究》,湖北科学技术出版社1997年版,第22页图2—1。

C. 设备储备贷款利息

(3) 金属结构设备及安装工程投资

A. 金属结构设备及安装工程投资

B. 设备储备贷款利息

(4) 临时工程投资

A. 导流工程投资

B. 交通工程投资

C. 房屋建筑工程投资

D. 场外供电线路工程投资

E. 其他临时工程投资

(5) 建设占地及水库淹没处理补偿费

A. 农村移民迁建费

B. 城镇迁建补偿费

C. 专业项目恢复改建费

D. 库底清理费

E. 防护工程费

F. 环境影响补偿费

(6) 其他费用

A. 建设管理费

B. 生产准备费

C. 科研勘设费

D. 其他费用

(7) 预备费

A. 基本预备费

B. 价差预备费

显然，上述七个方面未包含水库建设全部工程和工作的投资，遗漏的部分[①]主要有：水库建设前期准备的部分投资、水库生态环境保护工程建设投资、水库安全持久运行保障工程建设投资、库区发展和移民稳定安置扶持费等。这些投资与费用在水库建设中是必然发生的，将其排除在成本核算之外，便会造成水库建设成本的虚减。

---

① 与本章江河大型水库建设完全实际成本核算科目（B科目）比较。

2. 水库建设占地核算不完整

江河大型水库建设占地不仅涉及土地补偿,也涉及淹占城镇、工矿、基础设施恢复重建补偿,还涉及淹占财产、物资补偿和移民迁移安置补偿,构成建设成本的重要组成部分。水库建设占地可细分为坝区建设占地、水库成库淹没占地、水库生态环保及安全防护用地、淹占城镇及工矿和基础设施搬迁与恢复重建用地四类,前三类为水库建设直接用地,后一类为水库建设间接用地,都应当纳入水库建设占地范围。但在中国的江河大型水库建设成本核算中,只将前两类用地计入水库建设占地,而将后两类排除在外,使占地范围的界定不完整,进而导致建设成本核算失真。

仍以三峡水库建设成本核算为例,被水库建设占用但未纳入成本核算的土地主要有四个部分:

(1)水库周边生态环保林建设用地

为稳定水库库岸和保护水库生态环境,需要在水库库岸之上 50—200 米高程内建造库岸防护林带和生态防护林带。这一区域内原有居民应当迁出,一般的生产经营活动也不能开展。这一部分用地面积很大,需要迁移的人也很多。三峡水库重庆库段 175 米水位线之上仅 20 米高程范围内(175—195 米)的土地面积就有 305.95 平方公里之多[1]、人口 20 余万,175 米水位之上 50 米高程范围内(175—225 米)的土地面积则多达 1000 平方公里以上、人口 70 余万。要对这一部分占用的土地进行补偿和居住其上的居民实施迁移安置,花费的人财物力是十分巨大的。不将这一部分占地纳入水库建设用地范围,便少计了水库建设一大笔土地补偿和移民安置支出。

(2)水库周边危岩滑坡治理用地

江河大型水库成库之后形成新的河岸,易于诱发危岩垮塌、滑坡位移崩落,需要进行治理。一方面要将受危岩滑坡威胁的居民迁移,另一方面要对其进行适时监测,还要对其进行工程治理和生物治理。危岩滑坡地带不能居住也不能进行生产经营活动,要进行治理也要占用一部分土地资源,这些都涉及居民迁移安置和占地补偿。三峡水库周边崩塌、滑坡、危岩共有 1500 余处,体积大于 10 万立方米的有 684 处[2],数量惊人、占地不少。将这一部分占地排除在水库建设用地之外,也少计了水库建设占地补偿及移民安置支出。

(3)淹占城镇搬迁重建占地

江河大型水库建设淹占(或部分淹占)的城镇要搬迁和异地重建,而重建要占用土

---

[1] 据万分之一地形图量算(参阅"三峡水库重庆库区消落区利用规划"研究报告)。
[2] 长江水利委员会编:《三峡工程地质研究》,湖北科学技术出版社 1997 年版,第 100 页。

地且需进行占地补偿并对其上的居民进行安置。淹占城镇搬迁重建占地多少因水库不同而迥异,三峡水库建设淹占城镇129个(城市及县城13个、建制镇28个、一般集镇88个)[①],搬迁重建规划占地49.17平方公里,实际占用超过规划数量的一倍以上。占用的这些土地不作为水库建设用地,而仅作为城镇建设用地,虽在淹占城镇搬迁重建补偿中考虑了这些土地的征用费,但对这些土地上的居民安置交由地方政府负责,这些居民也不能享受水库移民待遇。由于将这部分用地排除在水库占地之外,使水库建设成本减少了一部分移民的安置费用。

(4)淹占工矿企业及基础设施复改建用地

江河大型水库建设淹占的工矿企业、公路、码头、抽水站等恢复重建也需要占地,所占土地亦需补偿、其上居民亦应迁移安置。三峡水库建设淹占工矿企业1500余家、公路1521.5公里、水电站114处、抽水站139处、码头655处,除水电站外,都需要恢复重建或改建。这些淹占工矿企业和基础设施的复改建占地至少也在30平方公里以上,且需要进行占地补偿和部分移民安置。但这些占地同样未纳入水库建设用地,用地补偿和移民安置亦交由地方政府负责,而不计入水库建设成本。

3. 淹占资源、财产、物资计量欠准

江河大型水库建设淹占的资源、财产、物资的准确计量,既关系到对相关主体的补偿,也关系到水库建设成本核算。在进行淹占调查时,由于调查统计范围的确定不完全及计量方法的不准确,就会导致淹占资源、财产、物资计量的失准。以三峡水库淹占调查为例,主要存在以下问题:

(1)淹占土地面积确定欠准

江河大型水库建设淹占土地面积的确定,一般用万分之一地形图勾绘村组界线,根据承包合同和航片确定面积,再逐块踏勘统计,用万分之一地形图校核。这种占地的计量方法有三个缺陷:一是对未利用的土地不计面积,因未利用土地无人承包,无承包合同作为依据,也就不能统计其面积;二是土地面积确定不准,农村土地承包一般以习惯面积为依据,而习惯面积一般大于丈量面积,用万分之一地形图和航片量算面积在山地的准确性差、误差大;三是农村土地在村组之间插花分布十分普遍,在万分之一地形图上勾绘村组界线不可能准确,淹占土地归属容易出现张冠李戴的情况。

(2)淹占居民财产确定粗略

江河大型水库建设淹占的居民财产主要有房屋及家具、生产及生活设施、果树和林

---

① 据重庆市、湖北省"三峡工程淹没处理及移民安置规划报告"整理(内部资料,1997年10月)。

木等。淹占房屋要进行量算并粗略分等,但对房屋内的装修、水电气设施、不便搬迁和不易变现的家具及器具与生产工具不予统计,这部分财产损失仅按移民每人100元补偿。淹占的果园、鱼塘、畜禽圈舍只计面积,而不计产出水平。淹占的零星果树、林木也只简单计棵数,而不计水果产量和树的大小。淹占的居民庭院、户外生产及生活设施则少有统计。这些财产的漏登漏计或少计,造成水库建设淹占财产的虚假减少,更使这些财产的所有者因得不到应有补偿而蒙受损失。

(3)淹占基础设施计量不全

江河大型水库建设淹占的公路、输电线路、通信线路、广播电视线路不少,但在淹占调查时,公路只统计上等级的部分,而对农村修建的大量连通村社的等外级公路不予统计;输电线路只统计干线线路,对进入村社、住户的线路未予统计;通信及广播电视线路也只统计干线线路,对进入村社和住户的线路未予统计。水库建设淹占区的村社公路、村社及入户的输电线路、通信和广播电视线路等,都是当地居民投资(投劳)建成的,将其排除在淹占统计之外,一方面虚减了水库建设的淹占设施,另一方面也使居民的损失得不到补偿。

(4)淹占农业设施计量不足

江河大型水库建设淹占塘坝、引水设施、灌溉渠道、农田基础设施等不在少数,但在淹占调查时并未对其逐一计量,更不对其建造成本和使用价值进行评估,只是以极少的人均补偿(农业安置人口每人224元)方式象征性地体现对这些设施的淹占。这些农业基础设施是经过当地农民多年长期努力建造起来的,在农业发展中发挥重要作用,若不被淹占还会长期发挥作用,对其不准确计量和补偿,既人为减少了水库建设的淹占损失,也使淹占区农民在农业基础设施建设中的多年投入付诸东流。

4. 淹占资源、财产、物资计价有偏

江河大型水库建设淹占资源、财产、物资的计价与计量相类似,同样关系到对相关主体的补偿和水库建设成本的核算。在中国特定的管理体制之下,淹占的资源、财产、物资既不依市场计价,也不由相关主体协商定价,而是由政府定价。这种计价机制虽避免了计价中的纷争,但很容易造成计价不准特别是偏低的问题。事实上,水库建设淹占资源、财产、物资计价的问题在中国一直存在,但近年已有很大改进。计价偏低,一方面低估了水库建设淹占损失补偿的成本,另一方面损害了被淹占资源、财产、物资所有者或使用者的合法权益。仍以三峡水库建设成本核算为例,淹占资源、财产、物资计价的偏误主要表现在以下方面:

(1) 淹占土地计价偏低[①]

江河大型水库建设淹占土地的征用分类计价补偿，由于农用土地产出水平低、计补年限短，造成淹占土地征用计补价格很低。三峡水库建设征用的耕地年均产值定为200.76元/亩(1993年5月价，下同)，计补12年，每亩计补2700元；征用的柑橘园年产值定为720元/亩，计补8年，每亩计补5760元；征用的菜地按耕地补偿价的2.8倍计算，每亩计补7500元；征用林地按每亩100株计，每株计价12元，每亩计补1200元；征用其他土地(灌丛、草地等)年均产值定为36.17元，计补3年，每亩计补125元。很显然，土地年均产出水平因未考虑巨大的提高潜力而定得太低，计补年限与新的国土资源法所规定的最长可达30年的要求亦相差太远，导致淹占土地计价太低。

(2) 淹占房屋计价偏低

江河大型水库建设淹占的房屋也是分类计补，下表是三峡水库淹占房屋的计补价格(元/平方米，1993年5月价)[②]：

项目		城市			县城			集镇			农村	工矿企业	
		居民	单位		居民	单位		居民	单位			生产用房	生活用房
			住宅	公建		住宅	公建		住宅	公建			
正房	框架结构		508	546		487	523		455	477		575	487
	砖混结构	258	326	367	249	313	352	226	287	319	185	385	313
	砖木结构	195	223	230	189	215	222	182	205	318	134	270	215
	土木结构	138	156	156	134	151	151	128	143	143	100	151	151
偏房	砖木结构	144			140			137			101		
	土木结构	96			94			90			70		
附属房		57			60			60			50		

由上表可知，三峡水库建设对淹占房屋的补偿计价是很低的，特别是农村的房屋补偿计价更低。这既导致水库建设淹占补偿的低估，更造成房屋所有者权益的损失。

(3) 淹占工矿、基础设施计价较低

江河大型水库建设淹占的工矿企业及交通、通信、能源设施迁建的补偿计价，同样存在较低的问题。三峡水库淹占工矿和基础设施的迁建补偿标准[③]为：一般工厂按固定资产原值2.5倍补偿，煤矿按生产能力150元/吨补偿，石灰窑按1000元/个补偿，砖瓦窑按1200元/个补偿，小型粮油加工厂按1500元/个补偿，小纸厂按1000元/个补偿，鱼种场按40000元/个补偿；电站按装机容量以2000元/千瓦计补偿，变电站按

---

① 重庆三峡移民志编纂委员会：《重庆三峡移民志》第二卷，中国三峡出版社2008年版，第134页。
② 王显刚主编：《三峡移民700问》，中国三峡出版社2008年版，第62页。
③ 重庆三峡移民志编纂委员会：《重庆三峡移民志》第二卷，中国三峡出版社2008年版，第138—139页。

100元/千伏安计补偿,10千伏输电线路以1.5万元/公里计补偿,35千伏输电线路以3.5万元/公里计补偿;骨干通信线路以2万元/杆公里计补偿,一般通信线路以1.5万元/杆公里计补偿,广播线路以0.1元/杆公里计补偿。以如此低的标准计补偿,虽大大降低了水库建设淹占补偿的支出,但很难依靠这点补偿完成迁建任务。

5. 建设成本核算的工程倾向严重

中国江河大型水库建设无论是成本预算或是成本决算,都表现出严重的"工程倾向"。这里所谓的工程倾向,是指片面重视水库枢纽工程建设和水库成库而忽视其他,以及片面重视降低水库建设成本而忽视相关主体权益的思想与行为。工程倾向的存在,不仅导致江河大型水库生态环保工程和安全保障工程建设的削弱,还导致建设预算和决算的严重失准;不仅损害了相关主体的合法权益,也给水库持久安全稳定运行留下了后患。以三峡水库建设的成本核算为例,其工程倾向主要表现在以下五个方面:

第一,很少反映水库生态环境保护与安全保障的需求与投入。在水库建设成本的预算中,对水库护岸林及防护林建设、库周水土流失治理及面源污染防治、水库周边点源污染防治、入库溪流的小流域治理、库周危岩滑坡治理等生态保护工程和安全保障工程,不纳入建设投资或将其中很少一部分纳入投资,使这些重要的工程建设没有投资保证。即使这些工程建设或其中的某些部分由别的投资完成,在水库建设成本的决算中也不予反映。

第二,降低淹占补偿,减少水库建设成本。淹占土地、房屋、财产、物资、基础设施、工矿企业、城镇的补偿,是水库建设成本的重要组成部分。在三峡水库建设成本核算中,通过不计水库生态环境保护和安全保障占地、不计搬迁重建用地、少计水库淹占资源及财产和物资、压低淹占补偿标准等方式,减少淹占补偿费用,降低水库建设成本。这样做虽然减少了水库建设的直接投资,但却损害了相关主体的正当权益,更造成了一部分居民(特别是移民)的生产(就业)、生活困难。

第三,降低移民安置标准,减少水库建设成本。江河大型水库建设淹占范围大,移民数量多,移民安置费在建设成本中占有较大比重。三峡水库的淹占区(坝区和水库)移民超过130万人[①],移民安置费数量庞大。在成本核算中,城镇移民住房迁建低标准补偿,就业安置交由地方政府负责;农村移民安置的生活及生产用房使用淹占补偿费建设,不足部分由移民自己贴补,大多数就地后靠安置的农村移民得到的承包地不足0.8

---

① 王显刚主编:《三峡移民700问》,中国三峡出版社2008年版,第29页。

亩/人,远低于菜地 0.4—0.8 亩/人、果园和农田 1.3—1.5 亩/人的规定标准[①],且质量较差。这一方面是因为安置资源不足,但另一方面也是由于安置经费太少。安置标准的低下虽减少了安置成本,但却给移民造成了巨大的生产、就业困难,使移民安置的稳定性下降。

第四,未反映其他主体对水库建设的投入。江河大型水库建设除业主投入外,中央政府、地方政府、相关居民群体也有投入。如三峡水库建设的部分前期规划、论证、技术研究就是由中央财政或相关部委业务经费投入,淹占搬迁重建的经费缺额(搬迁重建投资与淹占补偿的差额)、水库周边生态环保和安全保障工程建设等就是由地方政府投入,水库周边水土流失治理、面源污染防治等主要由当地农民投入。这些投入涉及范围广泛、内容众多、周期很长、数量巨大。但在成本核算中很少予以反映,既不能体现这些主体在水库建设中的贡献,也不能准确反映水库建设的实际成本。

第五,以主体工程建设为中心而忽视其他方面。江河大型水库建设的主体工程是大坝枢纽,但建设成本核算却涉及方方面面。仍以三峡水库建设为例,建设成本不仅包括大坝枢纽工程投入,还包括输变电工程投入(现改为电力开发公司投入)、淹占补偿投入、生态环境保护工程投入、安全保障工程投入等,这些投入都应纳入成本预算与决算。但在实际的成本核算中,大坝枢纽工程投入和输变电工程投入预算充足、决算充分,而淹占补偿投入预算和决算都严重不足,生态环境保护和安全保障工程基本上未纳入预算更不进入决算。这样做,不能真实反映水库建设的完全实际成本,所体现的主要是水库建设业主的投入。

[①] 国三峡委发计字[1994]056 号:《关于同意实行〈长江三峡工程水库淹占处理及移民安置规划大纲〉的通知》,1994 年 4 月。

第六章 中国江河大型水库的运行成本

江河大型水库不仅要花费巨额建设成本,而且建成后的运行还要消耗一定的人财物力,才能使其功能得到充分发挥。由于这些消耗在水库运行中发生,故将其称为运行成本。对江河大型水库运行成本进行分析与核算,无论对其运行管理、安全保障,还是对其效益评估、成本分摊与利益分享,都有重要而现实的作用。由中国江河大型水库运营和安全保障体制所决定,运行成本核算同样存在不完全、不准确及人为缩小的问题。运行成本核算的失真,对水库运行的科学管理和安全维护带来不利影响,值得高度关注。

一、运行成本的内涵、类型及影响因素

江河大型水库的运行成本,既是其正常运行、功能充分发挥、安全维护的保证,也是其效益评估、成本分摊、利益分享的依据,不仅受到水库运营业主的高度重视,同时备受政府及社会公众的广泛关注。对运行成本的内涵进行明确界定、对其类型进行合理区分、对其影响因素进行系统分析,可以提高其核算的全面性和准确性,并为江河大型水库运行的科学管理提供支持。

1. 运行成本的内涵

顾名思义,江河大型水库运行成本,就是建成后投入运行过程中发生的成本。水库建成后投入运行是使其发挥效能,故又可将运行成本视为水库效能发挥所付出的代价。在一般意义上,运行成本是水库运行过程中直接消耗的人财物力总和。但对于江河大型水库这一庞大复杂的基础设施,由于"运行"所涉及的范围及内容十分广泛,人们对其"运行"的认识与界定存在很大差异,造成对水库运行消耗人财物力范围及数量的不同判定,进而在水库运行成本内涵界定上产生歧义。这一歧义源于对兴建江河大型水库的不同理念,以及在此基础上所确定的运行内容及运行目标。兴建水库的理念不同,确定的运行内容和要求达到的目标就不一样,对"所消耗的人财物力"的范围及数量界定

亦随之不同，使运行成本的内涵在认知上产生差异。

从社会的角度考虑，兴建江河大型水库在于促进经济发展和社会进步，并为人民群众带来福利的增进。按这一理念，江河大型水库运行的内容应包括设施与设备的有效运转与维护、水库安全维护与保障、相关主体利益关系的协调，运行的目标应达到水库综合功能的充分发挥、水库安全持久运行、相关主体利益平衡。以此为依据，江河大型水库的运行就不仅是设施及设备的运转与维护、水库调度，还包括水库工程安全、生态安全、稳定持久运行保障等多方面的内容。运行的目标也不仅是追求运营业主的利益最大化，而是确保水库经济效益、社会效益、生态效益的充分发挥、相关主体利益的协调平衡。与运行内容及目标相对应，江河大型水库的运行成本应当是设施及设备运转与维护、水库安全维护、水库周边防护、相关主体利益协调等所消耗的人财物力总和。这一成本概念是从社会角度界定的，具有明显的社会属性，即从社会付出的角度对水库运行所消耗的人财物力进行完全的核算，核算的范围广、内容多，可以全面真实地反映江河大型水库运行的实际消耗。

从运营业主的角度考虑，兴建江河大型水库是为了获取利润、壮大企业实力、占据电力市场有利地位。按这一理念，江河大型水库运行的内容就是设施及设备的有效运转与维护、水库自身的维护，运行的目标是水库经济功能的充分发挥、成本的降低及利润的最大化。至于水库的生态安全保护、持久安全运行保障等运行内容，以及水库社会效益、生态效益充分发挥等运行目标，业主只会给予有限关注，或只会完成政府强制规定的任务。与这一运行内容与目标相对应，水库运行成本就主要是设施及设备运转与维护、水库部分安全保障等所消耗的人财物力的总和。这一成本概念是从运营业主角度界定的，具有典型的企业属性，即从运营业主付出的角度对水库运行所消耗的部分人财物力进行不完全的核算，核算的范围较窄，内容也较少，只能反映水库运行的局部消耗，而不能真实全面地反映实际消耗。

很显然，从社会角度与运营业主角度界定的江河大型水库运行成本，是两个不同的概念，有着不同的内涵，不能将二者混为一谈。在严格意义上，江河大型水库的运行成本应是从社会角度界定的全部人财物力消耗，而不是从业主角度界定的部分人财物力消耗，只有前者具有准确性，才应作为江河大型水库运行管理决策的依据。

2. 运行成本的类型

江河大型水库运行成本核算与建设成本核算相类似，不仅因核算范围不同在内涵上有很大差异，也因计量与计价标准不同而呈现差别，还因承担主体不同而反映出不同的结果。为区分成本的不同内涵、识别成本的真伪,需要对江河大型水库运行中不同含义的成本概念加以分类,以便区分和正确表述。

按运行时间周期的不同,江河大型水库运行成本可分为年度运行成本、阶段运行成本、使用期运行成本三类。年度运行成本是指水库在一个日历年度内运行过程中所消耗的人财物力,阶段运行成本是指水库在某一时期(如调试运行期、局部运行期、稳定运行期、衰退运行期等)内运行所消耗的人财物力,使用期运行成本是指水库在安全使用期内运行所消耗的人财物力。此外,江河大型水库运行还有月度成本、季度成本等。江河大型水库运行的这几类时间周期成本有着密切的关系,同年中各月或各季的运行成本之和就是年度运行成本,某一阶段各年度运行成本之和就是阶段运行成本,运行期内各年运行成本之和就是使用期运行成本。

按运行目标的不同,江河大型水库的运行成本可分为理论成本和实际成本两类。理论运行成本是在经济、社会、生态效益良好且协调目标要求下,水库运行所需要消耗的人财物力总和。而实际运行成本是在某种(某些)主要目标要求下,水库运行实际消耗的人财物力总和。要使江河大型水库运行获得良好的综合效益,不仅要搞好设施和设备的运转与维护,还要搞好水库运行安全及周边生态环境保护,并要处理好与相关主体的利益关系,涉及的工程和工作范围广、要求高,所需消耗的人财物力多,理论运行成本较高。但在江河大型水库的实际运行中,并不完全按理想办事,主要追求的是经济效益,重点关注的是设施和设备的运转与维护、水库内部不可缺少的那部分安全保障,而对水库周边的生态环境保护及安全保障,涉及的工程和工作范围较小,所需消耗的人财物力较少,实际运行成本较低。

按核算的范围和内容不同,江河大型水库的实际运行成本又可分为完全实际成本与局部实际成本两类。完全实际成本是水库运行所完成工程及工作消耗的全部人财物力,凡涉及水库运行的实际消耗都应计算在内,而不论消耗在哪个方面、由谁消耗及由谁承担。局部实际成本是水库运行实际完成的一部分工程及工作所消耗的人财物力,而水库运行实际完成的其他工程及工作消耗的人财物力不计算在内。在运行目标既定的情况下,完成相应的工程及工作和所消耗的人财物力是既定的,并可按一定标准被确定下来,所以江河大型水库运行的完全实际成本是一个可计量且必然发生的成本。由于核算的不同需要,有时只对水库运行实际完成的部分工程及工作所消耗的人财物力进行考察,计算水库运行的局部实际成本。这虽然也是一个可计量且一定会发生的成本,但它只反映江河大型水库运行成本的一部分而不是全部。

按核算构成与承担主体的不同,江河大型水库的实际运行成本还可分为狭义实际成本和广义实际成本两类。狭义实际成本是指水库设施和设备运转及维护、水库内部维护及保障所消耗的人财物力。由于这一部分成本是由水库运营业主承担的，又可将其称为水库运行业主成本。广义实际成本是指完成水库安全有效运行相关工程及工作所消耗的人财物力，不仅包括设施和设备的运转及维护的人财物力消耗，也包括水库生态环境保护、水库安全运行保障的人财物力消耗，还包括相关主体利益协调的支出等，由于这一成本的承担主体较多，又可将其称为水库运行社会实际成本。

3. 运行成本的运营内容因素

江河大型水库运行消耗的人财物力，与其运营的内容直接相关，运营的内容越多，涉及的工程及工作就多，消耗的人财物力相应增加，运行成本随之上升。江河大型水库运营的内容，是由运营理念、目标及条件所决定的。水库运营既是一个复杂的工程，又是一项繁复的工作，不同的理念和目标导致对运行工程和工作的不同取舍，而不同的条件又对运行工程和工作的内容及完成的难易程度施加不同的约束，进而对江河大型水库运行成本产生直接影响。

科学理念指导下的江河大型水库运行，追求的是经济、社会、生态三大效益的充分发挥、对经济社会发展的促进、人民福利的增进、水库的安全持久，要求运行保障工程和工作的完善与配套。按这一要求，水库的运营就不只是设施和设备运转及维护以获取经济效益，而且还包括水库安全维护和保障的工程建设及维护、相关工作开展等，以获取社会效益与生态效益，并使水库运行安全、稳定、持久。水库运营涉及的工程建设与维护，工作开展范围较广，种类较多，任务较重，消耗的人财物力也较多，运行成本自然也较高。从理性角度考虑，这些工程的建设与维护、相关工作的开展是必要的，在这些方面消耗一定的人财物力也是值得的。

在急功近利思想指导下的江河大型水库运行，追求的是水库一定期限内的经济效益，重点关注的是水库经济功能的最大发挥，而对社会效益和生态效益则只作为兼顾对象。按这一要求，水库运营便主要是水库调度、设施和设备运转与维护、水库内部安全保障等，所涉及的工程和工作范围较小、类型不多、任务较轻，消耗的人财物力较少，运行成本也较低。但如果江河大型水库按这样运营，其工程设施安全和生态环境安全就得不到应有保障，其运行也难以稳定与持久，经济功能最终也不能有效发挥，而且还可能产生诸多安全隐患及严重的生态环境问题，甚至诱发水库灾害的产生或引发一些社会矛盾。

江河大型水库大坝及库面所处地理位置及周边环境，对水库运营中相关工程建设与维护及工作开展的影响极大。大坝的位置及特征决定设施和设备运转及维护的工作量大小与难易程度，大坝及水库周边的地质状况、地形地貌决定地质灾害监测及防控的工程数量和难易程度，水库周边城镇及人口的多少、工农业发展的规模与水平决定水库环境安全保障工程建设与维护的工作数量及难易程度，水库周边的地形地貌还决定水库运行可能产生的灾害损失及赔付大小。很显然，水库主要设施和设备运转及维护工作量越大越难，水库周边地质灾害越多，水库周边点源和面源污染越重，水库周边及纵深区域水土流失越严重，水库运营的相关工程建设和维护任务就越重，消耗的人财物力就越多，运行成本就越高。

4. 运行成本的规模因素

这里所讲的规模有两层含义，一是指水库大坝枢纽工程和水库的大小，二是指水库运行相关工程建设及维护的数量和所需完成的工作量多少。大坝枢纽工程的规模主要指大坝高度、长度、体积及发电装机容量、发电量、输变电能力，水库规模主要指长度、面积、库容，水库运行相关工程和工作的规模主要指设施和设备运转与维护、水库生态环境保护、水库安全运行保障、相关主体利益关系协调等方面的工程和工作量的大小。这两方面的规模对江河大型水库运行成本都有重要而直接的影响，且二者还存在密切的关联关系。

江河大型水库的大坝越高越长，日常维护、保养、管理工作量就越大，消耗的人财物力就越多。水库的发电装机容量越大、发电量越多，发电管理及设备维护、维修、保养任务越重、技术要求越高，消耗的人财物力也越多。水库大坝枢纽的功能越复杂（发电、防洪、通航等），则水库调度、不同功能设施及设备的使用、管理、维护也越频繁，消耗的人财物力也会增加。输变电功能越强、规模越大，其设施和设备的管理与维护任务越重，消耗的人财物力越多。水库的面积越大、水库大坝距库尾的距离越长、跨越的区域越广，水库的污染监测与防治、地质灾害的监测与防治、库岸防护、水库泥沙淤积防治的范围就越大、种类越多、难度也越大，消耗的人财物力必然大增。同时，水库大坝枢纽工程和水库规模越大，与水库运营利益相关的主体也越多，在利益关系协调上花费的成本也会增加。

江河大型水库的安全持久运行，需要相应的工程措施和工作措施作保障，主要的工程措施有水库周边点源和面源污染治理、水库主要设施与设备的安全防护、危岩滑坡监测治理、库岸防护、水库周边及纵深区域水土流失治理等，主要的工作是对这些工程建设的管理和建成后的日常维护、水库的科学调度及管护、各方利益关系的协调等。若水库运行相关的保障工程在大坝枢纽工程建设期内完成，则水库运行期主要是对这些工程进行维护与完善，使其充分发挥保障作用，但水库运行的保障工作必须经常进行，不能遗漏和中断。水库运行保障工程涉及的项目和类型越多，消耗的人财物力数量越大。

水库运行管理与协调的工作面越宽,工作量也越大,消耗的人财物力也越多。

应当指出,为满足江河大型水库安全持久运行的需要,保障工程的建设与维护,相关工作的开展是必不可少的,相应的人财物力消耗是水库运行的客观要求。但在水库的实际运行中,由于运营业主的取舍和有关政策法规的缺失,使某些保障工程的建设与维护、管理协调工作被排斥在外,或从水库运行的内容和任务中分离出来,转嫁给其他主体完成。如此一来,便人为地减少了水库运行的人财物力消耗。但这样做对江河大型水库的安全持久运行并无好处,将某些保障工程建设与维护及保障工作排除,会增加水库运行的风险,有时甚至会导致重大事故发生。将保障任务交由其他主体完成,可能使任务落空而出现隐患,即使由其他主体完成也并未带来水库运行成本的真正减少。

5. 江河大型水库运行成本的计量与计价因素

江河大型水库运行成本需用价值计量,若设其运行涉及的工程建设或维护和工作任务有 n 种、第 j 项工程或工作消耗的人力数量为 Y_j^*、单位人力价格为 R_j^*,第 j 项工程或工作消耗的资源和物资有 m 种、第 i 种资源或物资的消耗量为 X_{ij}^*、单位价格为 P_{ij}^*,第 j 项工程或工作消耗的其他费用为 Z_j^*,在不考虑资金利息及水库运行造成损失的情况下,水库运行成本 Q^* 可用下式表示:

$$Q^* = \sum_{j=1}^{n} Y_j^* R_j^* + \sum_{j=1}^{n}\sum_{i=1}^{m} X_{ij}^* P_{ij}^* + \sum_{j=1}^{n} Z_j^* \quad (i=1,2,\cdots,m;j=1,2,\cdots,n) \tag{6—1}$$

计算水库运行成本 Q^*,需要确定水库运行相关工程建设及维护、相关工作开展所消耗的人力 Y_j^*、消耗的资源或物资 X_{ij}^*、消耗的其他费用 Z_j^*,还需要确定单位人力价格 R_j^*、单位资源及物资价格 P_{ij}^*,前者是水库运行消耗人财物力的计量问题,后者是水库运行消耗人财物力的计价问题。很显然,所消耗人财物力的准确计量和合理计价,是水库运行成本 Q^* 正确核算的基础,如果所消耗人财物力的计量不准、计价不合理,就必然造成水库运行成本的虚增或虚减。

江河大型水库运行所消耗的人财物力,同样可按获取方式的不同将其分为两类,一类是通过市场交易获取的,如水库运行所需原料、材料、物资、设施、设备,以及招投标工程(建设或维护)及工作消耗的人财物力、商业银行贷款等;另一类是通过非市场交易获取的,如水库周边生态环保、安全保障所消耗的人财物力等。凡通过市场交易获取的人财物力,因交易关联方在数量上要准确衡量,在价格上要讨价还价,同时还有反复协商最终方可达成一致的过程,数量的准确性和价格的合理性较有保证,这一部分人财物力消耗的成本易于准确衡量。但对于非市场交易获取(如行政力量获取)的人财物力,由于没有市场交易的过程,其数量和价格的确定往往由政府或水库运营业主单方面决定,而其所有者或使用者只能被动接受,这一部分人财物力消耗在数量确定上可能出现较大偏差,在价格确定上可能丧失公正,从而造成这一部分人财物力消耗的成本核算失准。

在中国的江河大型水库运行中,所消耗的相当大一部分人财物力,是通过政府以行政力量获取的,这部分人财物力的计量与计价,一般是按政府规定的方法、原则、标准进行确定。在政府和水库运营业主追求低成本的情况下,数量确定偏少、价格确定偏低的倾向较为严重,造成这一部分人财物力消耗的成本少计。同时,江河大型水库的库岸防护林、水库周边水土保持林、库周城镇点源污染高标准防治、库周农村面源污染高标准治理等工程和工作,由中央政府规定交由地方政府完成,不仅建设所消耗的大量资源及人财物力不计入水库建设成本,而且这些工程的日常维护所消耗的人财物力也不计入水库运行成本,使水库运行实际消耗的相当一部分人财物力被排除在成本核算之外,造成江河大型水库运行成本的虚减。

二、运行成本的构成

江河大型水库运行成本的构成,是其运行所涉工程建设及维护、相关工作开展所消耗人财物力的组成部分,通常按工程及工作的类型加以区分。水库运行涉及的工程和工作类型及内容众多,成本核算有完全与不完全之分。若成本核算只包括其中一部分工程及工作的人财物力消耗,得到的结果就是不完全运行成本。若成本核算包括了全部工程及工作的人财物力消耗,得到的结果就是完全运行成本。江河大型水库运行的完全成本与不完全成本在构成和内容上存在很大差别,核算的结果也有很大的差异。

1. 运行成本构成的复杂性

随着中国江河大型水库建设目标的多元化和理性化,对水库运行的要求越来越高,水库运行的内容相应增多、任务随之加重。与此相对应,江河大型水库运行所需要完成的工程建设和维护及相关的工作随之增加,所消耗的人财物力的类别和数量亦随之增大,进而使运行成本的核算变得越来越复杂。

20世纪五六十年代,江河大型水库建设的目标比较单一,或主要用于生产电力,或主要用于灌溉,或主要用于供水等,追求的主要是经济功能,对社会目标和生态目标考虑较少。为实现水库较为单一的经济功能,水库运行的主要任务就是搞好大坝的安全维修及维护、大坝枢纽设施及设备的管护及维修、水库的科学调度、水库库面的管理等,所涉及的工程和工作集中在水库内部,消耗的人财物力种类和数量有限,消耗的主体主要是水库运营业主,运行成本的核算相对简单。

到了1980年代，中国的江河大型水库建设渐趋理性，建设目标由主要追求经济效益转向经济、社会、生态综合效益的有机结合。与此相对应，水库运行的内容随之增加，任务也相应加重，不仅要保证水库经济功能的充分发挥，还要保护水库的生态环境并使之改善，以及保障水库的安全持久运行，同时还要处理好水库运行中相关主体的利益关系。由于这些工程和工作有些由水库运营业主承担，有些由其他主体承担，故完成这些工程和工作消耗的人财物力不仅种类繁多、数量庞大，而且涉及的主体也多，由此造成江河大型水库运行成本核算内容复杂、涉及面宽。

江河大型水库运行目标和主体的多元化，使运行成本的核算变得复杂起来。首先，为充分发挥水库的经济功能、社会功能、生态功能，所涉及的工程建设与维护及相关工作类型多、覆盖面广，使其运行成本核算范围成为一个不易界定的问题，也是一个容易引起争论的问题，可能产生歧义。其次，江河大型水库运行的参与主体多元，且都承担了部分任务并消耗了一定数量的人财物力，哪些主体的消耗应进入水库运行成本，也是一个难以界定和有争议的问题。再次，水库运行消耗的人财物力有的经市场交易获取，有的则不经市场交易获得，不经市场交易而主要通过行政手段获取的人财物力，在计量和计价上不易准确把握，且易受非经济因素左右，使水库运行成本核算依据存在缺失。

2. 水库运行理论成本的构成

江河大型水库的功能定位是由其设计和建设决定的，但预设功能的发挥只有通过运行才能实现。出于对江河大型水库经济效益、社会效益、生态效益的追求，以及对可能出现风险的防范，总是希望其达到理想运行状态。而要使水库保持理想运行状态，对其设施及设备的维护、生态环境保护、运行安全保障、多种风险防范就有更高的要求，就要花费更高的成本。这一成本反映的是使江河大型水库保持理想运行状态、充分发挥综合效益、有效控制风险对人财物力的需求，即运行中"应有的"消耗，但由于在水库实际运行中不一定全部发生，故将其称为理论运行成本。

按水库保持理想运行状态的要求，可以列出其运行所需完成的工程建设及维护和工作任务的主要内容，并据此列出江河大型水库运行的理论成本核算科目（A^*科目），依据这些科目可以明晰反映理论运行成本的构成。

A_1^*：水库运行管理费

A_{11}^*：水库运行管理人员薪金（职工工资及福利费）

A_{12}^*：水库运行管理设施及设备使用、维护、维修、更新改造费用

A_{13}^*：水库运行管理工作费用

A_{14}^*：水库运行管理其他费用

A_2^*：水库大坝枢纽设施及设备运行费用

 A_{21}^*：水库大坝维护及保养费用

 A_{22}^*：坝区其他建筑物（管理用类别除外）使用、维护、维修、更新改造费用

 A_{23}^*：机电设施运行、维护、维修、更新改造费用

 A_{24}^*：机电设备运行、维护、维修、更新改造费用

 A_{25}^*：金属结构设备运行、维护、维修、更新改造费用

 A_{26}^*：相关临时工程费用

 A_{27}^*：其他费用

 A_{28}^*：基本预备费用

A_3^*：输变电设施和设备运行费用

 A_{31}^*：输变电设施及配套和附属设施运行、维护、维修、更新改造费用

 A_{32}^*：输变电设备运行、维护、维修、更新改造费用

 A_{33}^*：相关临时工程费用

 A_{34}^*：其他费用

 A_{35}^*：基本预备费用

A_4^*：水库运行生态环保费用

 A_{41}^*：水库淹占区珍稀动植物保护、繁衍日常费用

 A_{42}^*：水库生态环境监测的日常费用

 A_{43}^*：水库库岸防护林抚育、管理费用

 A_{44}^*：水库周边及纵深区域生态防护林（超常规要求部分）抚育、管理费用

 A_{45}^*：水库库面及近岸杂物、污染物清理及无害化处理费用

 A_{46}^*：水库周边及纵深区域点源污染防治（超常规标准部分）费用

 A_{47}^*：水库周边及纵深区域面源污染防治（超常规标准部分）费用

 A_{48}^*：水库上游江河污染防治（超常规标准部分）费用

A_5^*：水库运行安全保障费用

 A_{51}^*：水库近岸区域危岩滑坡监测及应急治理费用

 A_{52}^*：水库库岸防护工程维护、维修费用

 A_{53}^*：水库库周泥沙拦截工程维护、维修费用

 A_{54}^*：水库周边及纵深区域小流域治理工程（超常规标准部分）维护、维修费用

A_{55}^*：水库上游江河流域水土保持工程（超常规标准部分）维护、维修费用

A_{56}^*：水库运行突发性安全事故应急处理费用

A_6^*：水库运行其他费用

A_{61}^*：水库各类建筑物折旧费

A_{62}^*：水库各种设施、设备折旧费用

A_{63}^*：偿还贷款利息

A_{64}^*：交纳各种税金及费用

A_{65}^*：水库运行相关科研及咨询费用

A_{66}^*：水库运行流动资金

A_7^*：移民安置后期扶持及遗留问题处理费

A_{71}^*：规划内移民后期扶持费

A_{72}^*：超规划移民后期扶持费

A_{73}^*：移民安置区发展扶持费

A_{74}^*：特困移民救助费

A_{75}^*：移民安置遗留问题处理费

A_8^*：水库运行损失补偿费

A_{81}^*：调蓄洪造成的水库周边洪灾损失补偿费

A_{82}^*：水库蓄水导致的水位线之上地区涝灾损失补偿费

A_{83}^*：水库蓄水导致的水位线之上地质灾害损失补偿费

A_{84}^*：水库运行造成的下游（坝下江河）河岸、河堤受损维护费

上面所列成本科目虽不算完全，但基本包括了江河大型水库运行成本的主要构成与内容。按这一科目核算的运行成本，不仅包含了水库大坝枢纽工程运行的消耗，还包含了水库生态环境保护、水库安全运行保障、移民安置后期扶持的消耗，也包含了水库运行所造成的直接损失补偿。不仅包含了由水库运营业主承担的消耗，也包含了由其他主体（居民、企业、政府）承担的消耗，还包含了水库运行应当投入而未投入的消耗。它反映了江河大型水库安全持久运行、充分发挥其综合效益所需要的各种消耗，虽不一定全部发生，但反映了水库运行的客观要求。

3. 水库运行完全实际成本的构成

尽管人们都希望江河大型水库安全持久稳定运行，充分发挥经济、社会、生态三大效益，但在实际的运行中，主要还是根据水库的功能及效用定位确定其运行目标及内容，而不是按理想的愿望加以安排。对于每一个江河大型水库，其功能设定都是明确而

有限的,只能突出重点,兼顾其他,难以达到理想状态。因此,水库运行主要追求的是重点目标,而运行的任务和内容则依其重点目标加以确定。按这一思路,江河大型水库运行的完全实际成本,就是在运行中为实现其设定功能所消耗的全部人财物力。这一成本反映的是水库实际运行而非理想运行的消耗,是"真实发生的"消耗,故将其称为完全实际成本。

按水库实际运行的要求及中国水库管理的特点,可以列出其运行所需完成的工程建设及维护和工作任务的主要内容,并据此列出江河大型水库运行的完全实际成本核算科目(B^*科目),依据这些科目可以全面反映完全实际成本的构成。

B_1^*:水库运行管理费

 B_{11}^*:水库运行管理人员薪金(职工工资及福利费)

 B_{12}^*:水库运行管理设施及设备使用、维护、维修、更新改造费用

 B_{13}^*:水库运行管理工作费用

 B_{14}^*:水库运行管理其他费用

B_2^*:水库大坝枢纽设施及设备运行费用

 B_{21}^*:水库大坝维护及保养费用

 B_{22}^*:水库坝区其他建筑物(管理用类别除外)使用、维护、维修、更新改造费用

 B_{23}^*:机电设施运行、维护、维修、更新改造费用

 B_{24}^*:机电设备运行、维护、维修、更新改造费用

 B_{25}^*:金属结构设备运行、维护、维修、更新改造费用

 B_{26}^*:相关临时工程费用

 B_{27}^*:其他费用

 B_{28}^*:基本预备费用

B_3^*:输变电设施和设备运行费用

 B_{31}^*:输变电设施及配套和附属设施运行、维护、维修、更新改造费用

 B_{32}^*:输变电设备运行、维护、维修、更新改造费用

 B_{33}^*:相关临时工程费用

 B_{34}^*:其他费用

 B_{35}^*:基本预备费用

B_4^*:水库运行生态环保费用

 B_{41}^*:水库淹占区珍稀动植物保护、繁衍日常费用

 B_{42}^*:水库生态环境监测的日常费用

 B_{43}^*:水库库岸防护林抚育、管理费用

B_{44}^*：水库周边生态防护林（超常规标准部分）抚育、管理费用

B_{45}^*：水库库面杂物、污染物清理及无害化处理费用

B_{46}^*：水库周边地区点源污染防治（超常规标准部分）费用

B_5^*：水库运行安全保障费用

B_{51}^*：水库近岸区域危岩滑坡监测及应急治理费用

B_{52}^*：水库库岸防护工程维护、维修费用

B_{53}^*：水库库周泥沙拦截工程维护、维修费用

B_{54}^*：水库运行突发性安全事故应急处理费用

B_6^*：水库运行其他费用

B_{61}^*：水库各类建筑物折旧费

B_{62}^*：水库各种设施、设备折旧费用

B_{63}^*：偿还贷款利息

B_{64}^*：交纳各种税金及费用

B_{65}^*：水库运行相关科研及咨询费用

B_{66}^*：水库运行流动资金

B_7^*：移民安置后期扶持及遗留问题处理费

B_{71}^*：规划内移民后期扶持费

B_{72}^*：超规划移民后期扶持费

B_{73}^*：特困移民救助费

B_{74}^*：移民安置遗留问题处理费

B_8^*：水库运行损失补偿费

B_{81}^*：调蓄洪造成的水库周边洪灾损失补偿费

B_{82}^*：水库蓄水导致的水位线之上地区涝灾损失补偿费

B_{83}^*：水库蓄水导致的水位线之上地质灾害损失补偿费

B_{84}^*：水库运行造成的下游（坝下江河）河岸、河堤受损维护费用

上面所列成本科目，反映了江河大型水库运行的实际消耗及其构成。这些消耗不仅包括水库设施及设备的运行费用，还包括了水库生态环境保护和水库安全保障方面的费用；不仅包括水库运行管理费用，也包括水库运行的其他费用；不仅包括对移民的后期扶持及遗留问题的处理费用，还包括水库运行损失的部分补偿。这一成本科目既体现了江河大型水库发挥经济功能的需要，又反映了江河大型水库生态环境保护和安全持久运行保障的要求，还体现了对相关主体合法权益维护的需要。如果按这一成本安排维持水库的运行，则江河大型水库的运行就会较为顺畅，设定的运行目标也易于实现。

4. 水库运行的业主成本构成

在中国现行体制下,江河大型水库运行的实际成本是由多个主体分担的,其中由水库运营业主分担的部分称为业主成本。业主成本是江河大型水库运行成本的一部分,是一种非完全的实际成本。这一成本仅反映江河大型水库运行中由业主承担的那一部分人财物力消耗,而不包括在运行中实际发生但由其他主体承担的人财物力消耗。业主成本虽然也是水库运行"真实发生的"消耗,但只是所有发生消耗中的一部分而不是全部。

按中国目前江河大型水库运行中的责任分工及成本分担,可列出业主在水库运行中所承担的工程建设及维护和工作任务,以及划分出所承担的成本范围,并据此列出水库运行的业主成本核算科目(C^*科目),依据这些科目可以对业主成本构成进行考察。

C_1^*:水库运行管理费

  C_{11}^*:水库运行管理人员薪金(职工工资及福利费)

  C_{12}^*:水库运行管理设施及设备使用、维护、维修、更新改造费用

  C_{13}^*:水库运行管理工作费用

  C_{14}^*:水库运行管理其他费用

C_2^*:水库大坝枢纽设施及设备运行费用

  C_{21}^*:水库大坝维护及保养费用

  C_{22}^*:水库坝区其他建筑物(管理用类别除外)使用、维护、维修、更新改造费用

  C_{23}^*:机电设施运行、维护、维修、更新改造费用

  C_{24}^*:机电设备运行、维护、维修、更新改造费用

  C_{25}^*:金属结构设备运行、维护、维修、更新改造费用

  C_{26}^*:相关临时工程费用

  C_{27}^*:其他费用

  C_{28}^*:基本预备费用

C_3^*:输变电设施和设备运行费用

  C_{31}^*:输变电设施及配套和附属设施运行、维护、维修、更新改造费用

  C_{32}^*:输变电设备运行、维护、维修、更新改造费用

  C_{33}^*:相关临时工程费用

  C_{34}^*:其他费用

  C_{35}^*:基本预备费用

C_4^*:水库运行生态环保费用

C_{41}^*：水库淹占区珍稀动植物保护、繁衍日常费用

C_{42}^*：水库生态环境监测的日常费用

C_{43}^*：水库库面杂物、污染物清理及无害化处理费用

C_5^*：水库运行安全保障费用

C_{51}^*：水库近岸区域危岩滑坡监测及应急治理费用

C_{52}^*：水库运行突发性安全事故应急处理费用

C_6^*：水库运行其他费用

C_{61}^*：水库各类建筑物折旧费

C_{62}^*：水库各种设施、设备折旧费用

C_{63}^*：偿还贷款利息

C_{64}^*：交纳各种税金及费用

C_{65}^*：水库运行相关科研及咨询费用

C_{66}^*：水库运行流动资金

上述成本科目，反映了运营业主在江河大型水库运行中的实际支出。这些支出主要涉及水库运行管理、水库大坝枢纽设施和设备运行、水库内部生态环保及安全保障等方面的人财物力消耗，以及折旧、税费等，只是江河大型水库运行实际消耗的一部分，是不完全的运行成本。由于水库运行业主成本的不完全性，它只能反映运营业主在水库运行中所承担的人财物力消耗，而不能反映水库在运行中的全部人财物力消耗。

5. 水库运行理论成本、完全实际成本、业主成本的区别与联系

从成本核算科目 A^*、B^*、C^* 可以看出，江河大型水库运行的理论成本、完全实际成本、业主成本在内涵上属不同的概念、在构成上有不同的内容，在数量上存在较大的差异。但同时它们在构成和内容上又有密切的关联关系，科目 B^* 是科目 A^* 的一部分，科目 C^* 又是科目 B^* 的一部分。这三种成本在构成和内容上的区别与联系，主要表现在以下五个方面。

第一，内涵上的显著差别。对于江河大型水库的运行，理论成本所反映的是为实现水库经济、社会、生态综合效益及保持水库安全持久运行需要消耗的人财物力，完全实际成本所反映的是为实现水库设定目标、发挥水库基本功能、保持水库正常运行所实际消耗的人财物力，而业主成本则反映的是在水库运行实际消耗的人财物力中由运营业主所承担的部分。理论成本是追求水库理想运行状态所需要的消耗，对这种状态的要求不同，成本发生的范围、内容、数量也不同，是否全部发生要视情况而定。完全实际成本是完成水库设定功能，保持水库正常运行所必须消耗的人财物力，是需要全部发生

的,不能有所减省。业主成本是水库运行完全实际成本中由运营业主所承担的那一部分人财物力消耗,虽也是必然要发生的,但它只是水库运行实际消耗的一部分,而不是全部。

第二,内容上差别巨大。理论成本不仅包括水库大坝枢纽设施、设备运行的人财物力消耗,而且还包括大量的水库生态环境保护、水库安全运行保障方面的人财物力消耗,也包括维护相关主体(如移民等)合法权益的人财物力消耗。完全实际成本主要包括的是水库大坝枢纽设施、设备运行的人财物力消耗,以及部分水库生态环境保护、水库安全运行保障的人财物力消耗,缺少维护相关主体合法权益的人财物力消耗。业主成本基本上就是水库大坝枢纽设施及设备运行的人财物力消耗,以及少量的水库生态环境保护和水库安全运行保障的人财物力消耗。在构成与内容上,理论成本包含的面宽且内容多,完全实际成本包含的面较窄,且内容较少,业主成本包含的面更窄且内容更少。在相互关系上,理论成本涵盖完全实际成本、完全实际成本涵盖业主成本,完全实际成本是理论成本的一部分,业主成本又是完全实际成本的一部分。

第三,核算的着眼点不同。理论成本核算着眼于江河大型水库综合效益的充分发挥、持久安全稳定运行、相关主体利益的协调、对经济社会发展的促进和社会福利的增进,完全实际成本核算则着眼于江河大型水库设定功能的实现、主要效益的发挥、基本的安全保障及正常运行,而业主成本核算是着眼于水库运营企业目标的实现、水库运行责任的承担、水库运行有关任务的完成。与此相对应,理论成本体现的是使水库达到理想运行状态、实现理想运行效果对人财物力消耗的客观需要,完全实际成本体现的是使水库达到设计功能、实现设定运行效果对人财物力消耗的实际需求,而业主成本体现的则是运营者在水库运行中的实际支出。水库运行理论成本和完全实际成本是基于社会的核算,反映的是社会为江河大型水库运行应当和实际付出的代价;而水库运行业主成本是基于企业的核算,仅反映水库业主为江河大型水库运行付出的实际代价。

第四,核算的要求不同。理论成本是为了对水库综合功能充分发挥和水库运行安全持久提供人财物力保障,因此,凡是涉及水库经济、社会、生态功能有效发挥及生态环境保护和安全运行保障所需要的人财物力,都应该计算在成本之内,不能在构成与内容上缺失,也不能在数量有所减少。完全实际成本是保证水库实现设计功能、达到预期效益对人财物力的基本需求,凡是有关水库设定功能实现、预定效益发挥、规定任务完成所实际需要的人财物力,都必须全部列入成本,也不能在构成及内容上缺失,更不能在数量上减省。业主成本体现的是水库运营业主在水库运行中应当承担的经济责任,凡应由业主承担的水库运行的人财物力消耗,都应当计入业主成本,而不应以任何理由转嫁给其他主体。

第五，核算的功能各异。理论成本核算，是对江河大型水库达到理想运行状态、实现最佳运行效果，所需要社会付出的可能代价进行考察，目的是为水库运行的科学管理与决策提供依据，要求全面、准确、可靠。完全实际成本核算，是对江河大型水库保持正常运行、实现设定运行效果，所需要社会付出的实际代价进行考察，目的是为水库运行的目标管理和操作调控提供依据，要求具体、明晰、准确、可靠。业主成本核算，是对水库运营业主为实现运营目标所付出的代价进行考察，一方面是为业主对水库运行实施有效管理服务，另一方面也是为业主节省运行成本、提高运行效益服务，要求精细、准确、可靠。由于这三类成本核算的功能不同，导致核算的范围、内容和重点不相一致，核算的结果相差也很大。在一般情况下，江河大型水库运行的理论成本大于完全实际成本，而完全实际成本又大于业主成本。

三、运行成本核算中的人财物力消耗的计量与计价

在运行目标和要求既定的情况下，江河大型水库运行的工程建设与维护及相关工作任务便可确定下来，按一定的消耗标准（定额），完成这些工程建设与维护及相关工作的人财物力消耗的数量、规格、类型亦可随之确定。水库运行所消耗的人财物力，有些有明确的市场价格，有些有市场参考价格，可以此为据确定合理的价格水平。如果严格按这一要求确定水库运行消耗人财物力的数量和价格，运行成本核算就不会发生大的偏差。但在实际的水库运行成本核算中，因所消耗人财物力的来源渠道与方式不同、使用领域和承担主体不同、计量及计价的目的与方法不同，往往造成计量和计价的偏差甚至严重失准，导致水库运行成本核算的失真。因此，对水库运行所消耗人财物力进行准确计量与合理计价，就成为运行成本核算的关键。

1. 计量范围

对江河大型水库运行所消耗人财物力的准确计量，首先需要确定计量的范围与边界。从水库运行管理决策的角度，凡为实现水库运行目标、任务、要求所需消耗的人财物力都应纳入计量范围，不得遗漏和减少。水库运行要实现一定的目标、完成特定的任务、达到一定的要求，就要完成相应的工程建设与维护，也要完成一系列的工作，所消耗的人财物力涉及水库运行的各个环节和方面，这些消耗为水库运行提供支持和保障，为水库运行所必需，应当纳入运行成本核算范围。当然，江河大型水库运行的目标和任务不同、要求不一样，所需完成的工程建设及维护、所需进行的工作也不相同，对人财物力

需求的领域及数量也随之不同，成本核算中对人财物力消耗的计量范围和数量也不相同，而呈现较大差异。水库运行的目标越高、任务越多样、要求越严格，需要完成的工程建设与维护及相关工作就越多，人财物力消耗涉及的环节和方面也越多，计量的范围也越广。反之，水库运行消耗人财物力的计量范围就越小。

江河大型水库在安全使用期内是年复一年地运行，运行成本核算的时间周期不同，所消耗人财物力计量范围随之发生变化。对于某一时间周期的运行成本核算，应当将该时间周期内水库运行消耗的人财物力全部纳入计量范围，对该周期之外的人财物力消耗则应排除在计量范围之外。水库运行成本一般按日历年度为时间周期进行核算，所消耗的人财物力也以日历年度为周期进行计量，即在1月1日至12月31日的时段内，水库运行各方面、各环节消耗的人财物力都应纳入计量范围。应当指出的是，水库运行虽年复一年地进行，但由于设施和设备在各年的维护、维修、保养、更新改造上的差别，以及水库生态环境保护和安全运行保障内容及任务上的不同，使水库运行在年际间的人财物力消耗存在较大差异，不能进行简单类比。为准确反映水库在某一日历年度的运行成本，需要对该年度内水库运行各方面、各环节所消耗的人财物力进行分项分类计量，做到不漏、不重、不错，而不能用某一特定年份的人财物力消耗的计量范围，推测或套用在其他年份上。

江河大型水库的运行是一个复杂的活动，既包括大坝枢纽各类设施和设备的运行，也包括工程系统和生态系统的安全维护，还包括安全持久运行的各种保障以及相关主体利益的协调。不仅涉及面宽，而且每个方面都包含很多内容，每一个方面和所包含的每一个任务都要消耗人财物力。加之水库工程系统和生态系统的复杂性，运行过程中所消耗的人财物力类型繁多、构成多样、来源渠道不同、承担主体各异，情况十分复杂。江河大型水库运行成本的核算，便应当将运行中不同方面、不同环节消耗的不同类型、不同来源的人财物力都纳入计量范围，不能遗漏，更不能人为加以排除。对于由不同主体承担的人财物力消耗，只要是用于水库运行，也都应当全部纳入计量范围。

2. 计量准则

江河大型水库运行消耗的人财物力，只有按照科学的准则才能正确计量。与水库建设消耗人财物力的计量相类似，水库运行消耗人财物力的计量也应遵循全面、真实、准确的原则。全面指水库运行所涉工程建设与维护及工作进行所消耗的人财物力，都应逐一全部计量，既不能遗漏某些方面的消耗，也不能漏掉某些环节的消耗，更不能漏掉某些工程和工作的消耗，另外还不能忽略水库运行所造成的直接损失（因需要进行补偿）。真实指水库运行所涉工程建设与维护及工作进行所消耗的人财物力，应分门别类逐一计量,如实反映每项工程及工作所消耗人财物力的客观情况,不可夸大也不能缩小。准确指对水库运行各方面、各环节、各项工程及工作所消耗的人财物力的数量进行实事求是地测定,既不能扩大,也不能缩小,更不能人为造假。对江河大型水库运行所消耗人财物力的全面、真实、准确计量,实际上并不容易,除受计量技术的约束之外,还要受到水库运行管理体制、人为因素的重要影响。

在中国现行管理体制下,江河大型水库运行有多个主体参与,并有不同的分工和各自的职责。参与主体主要有中央政府、水库运营业主、地方政府、城乡居民、企业及事业单位,中央政府与水库所在地方政府主要负责水库周边及纵深区域污染防治、生态环境保护、安全防护的组织、管理、实施及部分投资,水库周边城乡居民主要承担污染防治、水土流失治理、防护林建设的实施及部分投入,水库运营业主主要承担大坝枢纽设施及设备运行、水库内部生态环境保护及安全防护的相关工程建设与维护及工作开展并担负其投入,水库周边的企业和事业单位主要承担超过普通标准的污染治理工程的建设、维护及投入。除此之外,水库周边居民还要承受水库运行可能带来的洪涝损失,水库坝下江河两岸地区还要承担新的堤防工程建设及投入。按全面、真实、准确的原则,水库运行所涉这些工程和工作所消耗的人财物力都应当计入成本,无论这些工程和工作由谁承担、也无论其消耗由谁支付,都属成本核算的对象,无一例外应纳入计量范围。

江河大型水库运行涉及一系列工程建设与维护,也涉及众多工作的开展。为保证水库安全持久运行,充分发挥水库的多种功能,凡涉及水库运行的各个方面、各个环节的工作都必须做好,才能确保万无一失;而要达到这一要求,就需要消耗必要的人财物力。这些消耗是水库运行必须的付出,或者说是获取水库综合效益的代价。从社会的角度考虑,这些消耗无论发生在哪个方面或哪个环节,或者具体由谁完成消耗及由谁承担消耗,都应全部计入水库运行成本。但由于江河大型水库运行的复杂性,对人财物力的消耗涉及的方面多、环节多、类型多、主体多,给全面、真实、准确计量带来不少困难。为此,应当按水库运行的各个方面、各个环节,对相关工程建设及维护和相关工作开展所消耗的资源、资金、物资、人力进行分类计量,既不能漏计,也不能重计,并在计量时选择科学的方法和可靠的工具,以求数量的准确测度。

3. 计价准则

江河大型水库运行成本的正确核算,不仅要求对所消耗的人财物力进行全面、真实、准确的计量,还需要对所消耗的人财物力进行合理计价,只有二者兼备,核算才真实可靠。水库运行消耗的人财物力类型众多、质量规格多样、获取方式和来源渠道不同,对其合理计价需要遵循一些基本的原则。从公平、公正的角度,水库运行所消耗人财物力的计价应遵循价格与价值相符的原则，基本要求是所消耗人财物力的价格应与其实际价值相一致或基本对等，而不存在大的偏离。这就要求对水库运行各方面、各环节的工程建设及维护和工作开展所消耗的不同类型和规格的资源、资金、物资、人力分别进行定价，并要准确反映其真实价值。要真正做到价格与价值相符十分不易，不仅存在技术和操作上的困难，还会经常受到人为干扰。

江河大型水库运行消耗的资源和物资种类繁多，消耗的资金来源多样，消耗的人力在类别与层次上各别，要合理计价难度很大。首先，计价对象太多，计价工作量极大；其次，有些计价对象有市场价或市场参考价，而有的计价对象既无市场价又无市场参考价，给计价工作造成实际困难；再次，有些计价对象的实际价值难以确定，有的计价对象的实际价值容易产生歧见，也给计价增加了困难。在这种情况下，极易导致水库运行所消耗人财物力计价的不准确甚至不合理。一个较为可行的解决办法是，凡有市场价或市场参考价的人财物力消耗按市场行情定价，而无市场价或市场参考价的由相关方协商定价。这样做虽不能保证计价的完全合理与公平，但易于被相关各方认同。

在江河大型水库运行消耗的人财物力中，所消耗的自然资源和人力的计价难度最大。自然资源一般有多种用途，其价值因用途不同而有迥异的估计。自然资源的利用还有方法与程度的差别，其价值估计亦随之变化。自然资源的稀缺性也会对其价值估计带来很大影响，价值有较大的不确定性。加之某些自然资源（如土地）对其所有者或使用者，是生存和发展的主要依靠而备受珍视，水库运行对其占用要面对所有者或使用者极高的要价，合理计价十分困难。而人力资源有不同的类别与层次，不同的人力在技能、工作效率及效能等方面差异巨大，加之所消耗的人力有些来源于水库运营企业内部，而有的来源于其他渠道，合理计价也比较困难。

水库运行消耗人财物力的计价直接关系到水库运营方、相关所有者或使用者等多个主体的利益，必然出现多方的利益博弈。运营方自然希望压低所消耗人财物力的价格，以减少水库运行成本。对于这些人财物力的所有者或使用者，在将其让渡给水库运行使用（消耗）时，总是要求将价格提高，以谋求较多的补偿。在水库运行所消耗人财物力的计价上，水库运营业主与物主存在直接的利益竞争，诉求也明显相悖。在这种情况下，水库运行所消耗人财物力的定价受人为干扰较大，如果没有外在强力干预，价格的最终确定要视双方的地位和力量而定，若水库运营业主占优则价格一般会低定，若人财物的所有者或使用者占优则价格一般会高定。

4. 市场交易获取人财物力的计量与计价

江河大型水库运行所消耗的人财物力，有一部分是通过市场交易获取的，其交易方式与水库建设中的情形类似,有市场采购、协议供给、工程建设与维护招投标、工作任务招投标、协议委托等。水库运行所需设施、设备、零配件、原材料等,通过国内外市场向供应商购买。水库运行所需资金、物资,按市场规则与金融机构、物资供应商订立信贷、供货协议。水库运行的工程建设及维护,通过市场招投标选择承担者。水库运行中某些经常性或临时性工作,通过市场招投标选择实施者。水库运行中的某些技术、管理、决策研究与咨询,需要具备专门技能或资质的单位及机构承担,通过协议将这些特殊工作委托给具备条件的承担者完成。

水库运行消耗的设施、设备、零配件、原材料等,是通过市场直接向供应商购买,数量可根据成交量准确计量,价格由双方协商确定。由于买卖双方都要维护自身利益,在交易物的计量上不易出现虚假,在计价上也易于实现公平合理。水库运行业主向商业银行或其他金融机构筹资,或要求供应商提供某些物资,都有一个严格的程序和正规的谈判协商过程,贷款或融资的数量及利率、供货数量及价格等,都会通过协商达成一致并形成正式合约,不容易出现差错。水库运行中的工程建设与维护和工作任务的招投标,招标方和投标方对工程和工作任务完成所需人财物力,都要进行详尽测算,并根据自己的判断对招标项目进行报价与还价,再经过多次讨价还价达成一致。由于在招投标过程中双方都要对消耗的人财物力进行独立测定,并对价格进行反复权衡,且双方还有一个反复协商的过程,可以在人财物力消耗数量及价格上相互纠偏,因而不容易发生大的差错。水库运行中某些技术难度大、专业技能要求高的工作委托给具备条件的机构完成,双方也有一个谈判协商的过程,各自也要对人财物力消耗的数量及价格进行详细测算与评估,经反复协商才能达成合约。由于通过双方的独立测算、评估及相互校正,所确定的委托经费能较为准确地反映所消耗人财物力的数量和价格。

5. 非市场交易获取人财物力的计量与计价

江河大型水库运行所消耗的人财物力,有一部分是通过非市场交易方式获取的,这些方式主要有政府调拨、运营业主内部提供、消耗主体转移、行政征收等几种。政府调拨是将水库运行的某些工程建设及维护、某些工作任务纳入公共领域,划拨一定数量的财政资金予以支持。运营业主内部提供主要指水库运行中的日常工程或工作由企业内部员工完成,所需部分资金和物资由企业内部提供,所消耗的这部分人财物力由企业内部供给,不需要从外部获取。消耗主体转移主要指政府利用行政权力,将水库运行中的某些工程建设及维护、某些工作的开展,分派给水库运营业主之外的主体完成,并由这些主体承担人财物力的消耗。行政征收是指政府利用行政手段,从社会征用或调配一部分人财物力用于水库运行。

政府划拨一定的财政资金,用于水库生态环保及安全保障的工程建设与维护以及相关工作的开展,属于政府对水库运行的投入,应当纳入水库运行成本核算。但因财政资金使用不需要还本付息,往往将其排除在核算之外,造成水库运行成本的低估。事实上,水库周边城镇污水和垃圾高标准处理设施与设备的常年运行、水库库岸防护工程及防护林的常年维护、水库周边地区生态保护林及水土保持林的建设与维护等,中央和地方政府每年都需要投入且数额不小,这些投入是水库运行不可或缺的,无论是否偿还,都应按实际投入数量计入水库运行成本。

水库运行中由运营业主提供的人财物力消耗,主要包括水库运营管理与调度、设施和设备运行操作及维护与维修、水库内部生态环境及安全维护由企业内部提供人力、资金、自备原材料、自备设备等。在严格定岗和定薪酬的情况下,可根据职工人数及薪酬,对企业内部提供的人力进行计量与计价。但若业主企业无严格定岗及职工薪酬过高或过低,则内部提供的人力计量与计价,应依据相关劳动定额及劳动力市场价格进行调整。运营业主为水库运营提供的资金,应按提供的实际数量计量,并参照银行利率计息。运营企业为水库运行提供的自备和自制原材料、工具、设备等,应按其自备或自制成本计量与计价。

水库运行中交由地方政府、企事业单位、居民完成的工程建设与维护、相关工作的开展所消耗的人财物力,是水库运行总消耗的组成部分,应计入水库运行成本。这一部分消耗应当分门别类按实际投入计量,并参照市场价格计价。应当指出,在由地方政府、企事业单位和居民承担的工程建设及维护工作中,有些既与水库运行有关,也与自身发展有关,人财物力的消耗也搅和在一起。对于这种情况,应当将为水库运行服务的部分剥离开来,对所消耗的人财物力单独进行计量与计价,并纳入水库运行成本之中。

水库运行中所消耗的一部分人财物力,是通过政府征用获得的,例如土地就是如此。这一部分人财物力在征用过程中,往往由政府确定计量方法和计价标准,而其所有者或使用者只能接受,不能有异议,更不能拒绝,导致被征用人财物力计量上的偏差和计价上的失准。为防止被征用人财物力计量和计价的偏误,应让其所有者或使用者参与计量和计价。参照市场交易的做法,就是让这些人财物力的所有者或使用者与政府协商选择计量方法、相互审核和共同确认计量结果、协商确定双方都可接受的价格。

四、运行成本的核算

江河大型水库运行成本的准确核算,对于水库建设技术经济评价、水库运行管理、水库运行效益分析等,具有重要而不可替代的作用。江河大型水库运行涉及的内容多、关联关系复杂,不仅有众多工程建设及维修、维护,还有多种设施和设备的运行操作、监控、管理,也有大量生态环保及安全运行保障工作要做。完成这些工程和工作所需消耗的资源、资金、物资、人力类型复杂、种类繁多、数量巨大,且涉及的主体众多,使水库运行成本的核算存在较大难度。在这种情况下,从不同侧面和角度对水库运行成本进行分类核算,测算出不同内涵的运行成本,有利于准确反映水库运行的真实消耗,为科学管理提供依据。

1. 理论成本核算

江河大型水库要保持安全持久运行,充分发挥经济、社会、生态三大效益,推进经济社会发展并增进社会福利,就必须保持理想运行状态。而要做到这一点,就要对水库运行科学调度,搞好水库设施和设备的运行、维护、维修与管理,保持水库水质洁净和防治泥沙淤积,保护库岸稳定和防治危岩滑坡,搞好水库周边生态环境保护,并且要处理好水库运行中相关主体的利益关系。这便涉及众多的工程建设与维护及很多工作的开展,并要求高质量、高标准完成。水库达到理想运行状态所需要消耗的全部人财物力,便可视为水库运行的理论成本,它是为维持江河大型水库保持理想运行状态所需消耗人财物力的总和。

水库运行理论成本的核算,需要把握好三个环节才能达到准确可靠。首先,要正确界定人财物力消耗的范围。一方面,水库运行各个方面及各个环节的人财物力消耗都应纳入核算范围,不能漏掉某个方面或某个环节,也不能漏掉其中的某些部分;另一方面,水库运行各方面及各环节中的每一项工程建设及维护和每一项工作开展,所需消耗的人财物力都应纳入核算范围,无论哪一个方面或环节的消耗,也无论是由谁承担的消耗,都不能遗漏或排除。其次,要对消耗的人财物力准确计量,即对纳入水库运行成本核算的资源、资金、物资、人力消耗进行精确量度,确定其真实数量。一方面要应用规范的测度方法和计算方法,减少量度误差;另一方面,要有一个可靠的数量确认机制,使人财物力的供需主体在数量确认上共同发挥作用,并具有相互校正的功能。再次,要对消耗的人财物力合理计价,即对纳入计量范围的资源、资金、物资、人力确定合理的价格,以反映其真实价值。一方面要对所消耗的人财物力进行分类计价,体现其不同类型、规格、等级的价值差异;另一方面要以市场价、市场参考价作为计价根据,还要有一个科学的定价机制,使人财物力的提供主体与消耗主体共同参与定价,且双方可以相互校正与制约。

若设水库达到理想运行状态在某年所需完成的工程和工作共有 n 项、序号为 j($j=1,2,\cdots,n$),完成第 j 项工程或工作需要消耗的资源和物资有 m 种、人力有 g 类、流动资

金有 e 种，消耗的各种资源或物资的数量用 A_{ij} 表示（$i=1,2,\cdots,m$），消耗的各类人力数量用 G_{rj} 表示（$r=1,2,\cdots,g$），消耗的各种流动资金数量用 S_{hj} 表示（$h=1,2,\cdots,e$），各种资源或物资的合理价格用 R_{ij} 表示，各类人力的合理价格用 H_{rj} 表示，完成第 j 项工程或工作消耗的第 h 种流动资金的年利率用 B_{hj} 表示，则水库运行在某年的理论成本 Q_0^* 可用下式计算：

$$Q_0^* = \sum_{j=1}^{n}\sum_{i=1}^{m} A_{ij}R_{ij} + \sum_{j=1}^{n}\sum_{r=1}^{g} G_{rj}H_{rj} + \sum_{j=1}^{n}\sum_{h=1}^{e} S_{hj} + \sum_{j=1}^{n}\sum_{h=1}^{e} S_{hj}B_{hj} \qquad (6-2)$$

或 $$Q_0^* = \sum_{j=1}^{n}\left(\sum_{i=1}^{m} A_{ij}R_{ij} + \sum_{r=1}^{g} G_{rj}H_{rj} + \sum_{h=1}^{e} S_{hj} + \sum_{h=1}^{e} S_{hj}B_{hj}\right) \qquad (6-3)$$

上式表明，要使江河大型水库处于理想运行状态、发挥综合效益，就应当搞好运行所涉及的工程建设与维护及相关的工作，其成本应当包括完成这些工程和工作所消耗人财物力的真实价值。很明显，理论成本是保证水库始终处于理想运行状态、运行达到理想效果所需消耗的人财物力，在江河大型水库的实际运行中不一定全部发生。

2. 完全实际成本核算

江河大型水库保持理想运行状态是人们的愿望，但由于主观与客观的多种原因，这一愿望往往难以完全实现，需要在理想与现实中寻求平衡，其结果便不是追求水库运行的完美，而是追求水库运行的安全、持久、稳定及水库设定功能的充分发挥。如此一来，水库运行所涉及的工程建设与维护和所需完成的工作就会相应减少，所消耗的人财物力也会相应降低。当江河大型水库不是按理想要求而是按实际需要运行时，所消耗的人财物力的总和就是运行的完全实际成本。由于这些消耗是依据水库运行实际需要确定的，所以水库运行的完全实际成本是必然要发生的。

江河大型水库运行完全实际成本的核算，所依据的是对人财物力消耗的实际需要，故应当正确界定人财物力消耗的范围、准确量度其数量、合理确定其价格。所消耗人财物力的计算范围，应当包括水库运行实际完成的各项工程建设及维护和相关工作所消耗的全部资源、资金、物资、人力，只要是这些工程建设与维护及工作开展所消耗的人财物力，无论发生在哪个方面或环节，也无论由哪个主体消耗和承担，都应纳入计算范围。对所消耗人财物力的计量，一是应采用规范和适宜的测度与计算方法，以减少测度误差；二是应如实反映消耗的客观情况，防止计量工作的人为干扰；三是应让人财物力的供需双方在计量工作中共同发挥作用，避免由单方控制或决定。对所消耗人财物力的合理计价，一是应对所消耗的人财物力进行分类定级，作为确定其真实价值的基础；二是应以市场价或市场参考价作为计价依据，体现计价的公正；三是应让人财物力的供需双方共同参与定价，防止单方面确定价格。

若设江河大型水库运行在某年实际完成的工程建设与维护及开展的工作有 n_1 项

($n=n_1+\Delta n_1$)、序号为 $j(j=1,2,\cdots,n_1)$，完成第 j 项工程及工作消耗的资源或物资有 m_1 种($m=m_1+\Delta m_1$)、人力有 g_1 类($g=g_1+\Delta g_1$)、流动资金有 e_1 种($e=e_1+\Delta e_1$)，消耗的各种资源及物资的实际数量用 $A_{ij}^{(1)}$ 表示($A_{ij}=A_{ij}^{(1)}+\Delta A_{ij}^{(1)}$)，消耗的各类人力实际数量用 $G_{rj}^{(1)}$ 表示($G_{rj}=G_{rj}^{(1)}+\Delta G_{rj}^{(1)}$、$r=1,2,\cdots,g_1$)、消耗的各种流动资金实际数量用 $S_{hj}^{(1)}$ 表示($S_{hj}=S_{hj}^{(1)}+\Delta S_{hj}^{(1)}$、$h=1,2,\cdots,e_1$)，消耗的资源及物资的合理价格用 $R_{ij}^{(1)}$ 表示($R_{ij}=R_{ij}^{(1)}+\Delta R_{ij}^{(1)}$)，消耗的人力的合理价格用 $H_{rj}^{(1)}$ 表示($H_{rj}=H_{rj}^{(1)}+\Delta H_{rj}^{(1)}$)，完成第 j 项工程或工作消耗的第 h 种流动资金的年利率为 $B_{hj}^{(1)}$，则水库运行在某年的完全实际成本 Q_1^* 可用下式计算：

$$Q_1^* = \sum_{j=1}^{n_1}\sum_{i=1}^{m_1} A_{ij}^{(1)} R_{ij}^{(1)} + \sum_{j=1}^{n_1}\sum_{r=1}^{g_1} G_{rj}^{(1)} H_{rj}^{(1)} + \sum_{j=1}^{n_1}\sum_{h=1}^{e_1} S_{hj}^{(1)} + \sum_{j=1}^{n_1}\sum_{h=1}^{e_1} S_{hj}^{(1)} B_{hj}^{(1)} \tag{6—4}$$

或

$$Q_1^* = \sum_{j=1}^{n_1} \left(\sum_{i=1}^{m_1} A_{ij}^{(1)} R_{ij}^{(1)} + \sum_{r=1}^{g_1} G_{rj}^{(1)} H_{rj}^{(1)} + \sum_{h=1}^{e_1} S_{hj}^{(1)} + \sum_{h=1}^{e_1} S_{hj}^{(1)} B_{hj}^{(1)} \right) \tag{6—5}$$

上式表示，江河大型水库运行的完全实际成本，是其所完成工程建设与维护及工作任务所消耗人财物力的总和。与理论成本相比，完全实际成本不仅减少了 Δn_1 项工程及工作的人财物力消耗，而且对 j 项工程或工作还减少了 $\Delta A_{ij}^{(1)}$ 的资源及物资消耗、$\Delta G_{rj}^{(1)}$ 的人力消耗、$\Delta S_{hj}^{(1)}$ 的流动资金消耗，同时所消耗人财物力的价格也有所变动。因此，在一般情况之下江河大型水库运行的理论成本大于完全实际成本，即 $Q_1^* < Q_0^*$。

3. 非完全实际成本核算

在江河大型水库运行实际成本核算中，若对工程建设及维护和工作开展的范围界定不实，或对各项工程和工作所消耗的人财物力计量不准，或对所消耗人财物力的计价有偏，就会造成对水库运行实际成本过低或过高估计。如因核算范围界定过窄而遗漏了某些部分，或因对消耗的人财物力计量不足额，或因对消耗的人财物力计价压低，便会导致运行成本低估。这种被低估的实际发生成本，就是水库运行的非完全实际成本，它是水库运行实际成本的一部分而不是全部。在水库运行成本核算范围界定上，常将某些工程和工作排除在外，使其消耗的人财物力不能计入成本，这一问题可因无意的漏计少计所造成，也可因人为操控而产生。在对所消耗人财物力的计量上，不足额确认也时有发生，使计量数少于实际消耗数，这一问题既可由测定及计算方法不当引起，也可由人为有意操控所造成。在对所消耗人财物力的计价上，压低价格也不鲜见，使确定的价格远低于真实价值，这一问题不仅与合理计价的难度有关，更与定价机制不健全、由政府或水库运营业主单方面定价紧密相连。

江河大型水库运行成本核算，若将部分实际完成的工程建设及维护和工作排除在外，便直接造成对这部分消耗的漏计漏算；若对消耗的人财物力计量不足额，又会造成对实际消耗的少计少算;若压低所消耗人财物力的价格,又会导致实际消耗的价值低估;如果同时出现这三种情况,则所核算的成本与实际发生的成本就会有很大的偏差。以这样的办法核算成本,其结果便只能反映江河大型水库运行实际成本的一部分,而不能真实反映实际成本的全部。这种成本既不具有真实性,也不具有合法性,但在不少场合,水库运行成本就是指的这种不完全实际成本,如不对其内涵加以说明,还易于误将其作为水库运行的完全实际成本。

若设江河大型水库运行在某年纳入成本核算的工程和工作有 n_2 项($n_1=n_2+\Delta n_2$)、序号为 j($j=1,2,\cdots,n_2$),完成第 j 项工程及工作计入的资源或物资消耗有 m_2 种($m_1=m_2+\Delta m_2$)、人力有 g_2 类($g_1=g_2+\Delta g_2$)、流动资金有 e_2 种($e_1=e_2+\Delta e_2$),完成第 j 项工程及工作消耗的第 i 种($i=1,2,\cdots,m_2$)资源或物资的计量数用 $A_{ij}^{(2)}$ 表示($A_{ij}^{(1)}=A_{ij}^{(2)}+\Delta A_{ij}^{(2)}$),消耗的第 r 类($r=1,2,\cdots,g_2$)人力的计量数用 $G_{rj}^{(2)}$ 表示($G_{rj}^{(1)}=G_{rj}^{(2)}+\Delta G_{rj}^{(2)}$)、消耗的第 h 种($h=1,2,\cdots,e_2$)流动资金的计量数用 $S_{hj}^{(2)}$ 表示($S_{hj}^{(1)}=S_{hj}^{(2)}+\Delta S_{hj}^{(2)}$),完成第 j 项工程及工作消耗的 i 种资源或物资的计价用 $R_{ij}^{(2)}$ 表示($R_{ij}^{(1)}=R_{ij}^{(2)}+\Delta R_{ij}^{(2)}$)、消耗的 r 类人力的计价用 $H_{rj}^{(2)}$ 表示($H_{rj}^{(1)}=H_{rj}^{(2)}+\Delta H_{rj}^{(2)}$),完成第 j 项工程或工作消耗的第 h 种流动资金的年利率为 $B_{hj}^{(2)}$,则水库运行在某年的非完全实际成本 Q_2^* 可用下式计算:

$$Q_2^* = \sum_{j=1}^{n_2}\sum_{i=1}^{m_2} A_{ij}^{(2)} R_{ij}^{(2)} + \sum_{j=1}^{n_2}\sum_{r=1}^{g_2} G_{rj}^{(2)} H_{rj}^{(2)} + \sum_{j=1}^{n_2}\sum_{h=1}^{e_2} S_{hj}^{(2)} + \sum_{j=1}^{n_2}\sum_{h=1}^{e_2} S_{hj}^{(2)} B_{hj}^{(2)} \tag{6—6}$$

或

$$Q_2^* = \sum_{j=1}^{n_2}(\sum_{i=1}^{m_2} A_{ij}^{(2)} R_{ij}^{(2)} + \sum_{r=1}^{g_2} G_{rj}^{(2)} H_{rj}^{(2)} + \sum_{h=1}^{e_2} S_{hj}^{(2)} + \sum_{h=1}^{e_2} S_{hj}^{(2)} B_{hj}^{(2)}) \tag{6—7}$$

对比 6—5 式和 6—7 式,水库运行非完全实际成本不仅漏计了 Δn_2 项工程及工作的人财物力消耗,而且对纳入核算的第 j 项工程及工作的资源和物资消耗少计了 Δm_2 种、数量少计了 $\Delta A_{ij}^{(2)}$、价格压低了 $\Delta R_{ij}^{(2)}$,人力消耗少计了 Δg_2 类、数量少计了 $\Delta G_{rj}^{(2)}$、价格压低了 $\Delta H_{rj}^{(2)}$,流动资金消耗少计了 Δe_2 种、数量少计了 $\Delta S_{hj}^{(2)}$,是一种不完全的核算。Q_1^* 反映了江河大型水库运行实际消耗的人财物力的真实价值,而 Q_2^* 只反映了其中的一部分,故 $Q_2^* < Q_1^*$。

4. 业主成本核算

江河大型水库的运营业主是国有(或国有控股)大型电力企业,从责任承担的角度,水库运行的所有成本都应由其全部承担,水库运行的完全实际成本就应当是运营业主的成本。但由于江河大型水库某些公益功能需要发挥,更因为中国现行的特殊体制,使水库运行的工程建设及维护和相关工作由多个主体分担,所消耗的人财物力也由多个主体承担。如此一来,水库运营业主便只承担了水库运行实际成本的一部分,其他的部分则由业主之外的主体承担。水库运行的业主成本,是指水库运行中由运营业主所承担的那一部分人财物力消耗的估算(不一定真实)价值,是一种特殊的非完全实际成本。

按现行江河大型水库运行的体制与模式,运营业主实际担负的水库运行人财物力消耗主要有三个部分:一是保持与维护水库大坝枢纽设施及设备安全正常运行所消耗的人财物力,既包括日常运行中的人财物力消耗,也包括维护、维修、更新改造的人财物力消耗;二是水库内部生态环境保护及库岸保护的人财物力消耗,既包括相关工程及设施建设的人财物力消耗,也包括建成后日常维护及管理、运行的人财物力消耗;三是对水库建设及运行中相关主体的损失进行补偿的人财物力消耗。业主成本核算,一般只将这些人财物力消耗纳入计算范围,而水库运行其他工程建设及维护和工作开展所消耗的人财物力,则被排除在成本核算之外。

在江河大型水库运行由运营业主承担的那部分人财物力消耗中,一部分是通过市场交易获取的,另一部分是自有或自制的。通过市场交易获取的人财物力,水库运营业主与提供者在交易过程中,对其数量与价格进行认真测定、衡量及协商,计量易于达到准确、计价易于实现公平。运营业主消耗的自有人财物力,本应按实际消耗计量、按市场参考价计价,但在实际的成本核算中,一般是按实际消耗计量,而计价并不严格参照市场价,有一定随意性。运营业主消耗的自制原材料、设施、设备,也应以实际消耗计量,以市场参考价计价,但实际上是以自制物品的人财政物力消耗直接计量与计价。

若设江河大型水库运行在某年纳入运营业主成本核算的工程和工作有 n_3 项($n_1 = n_3 + \Delta n_3$),序号为 $j(j=1,2,\cdots,n_3)$,完成第 j 项工程及工作计入的资源和物资消耗有 m_3 种($m_1 = m_3 + \Delta m_3$)、人力有 g_3 类($g_1 = g_3 + \Delta g_3$)、流动资金有 e_3 种($e_1 = e_3 + \Delta e_3$),完成第 j 项工程及工作消耗的第 i 种($i=1,2,\cdots,m_3$)资源或物资的计量数用 $A_{ij}^{(3)}$ 表示($A_{ij}^{(1)} = A_{ij}^{(3)} + \Delta A_{ij}^{(3)}$)、消耗的第 r 类($r=1,2,\cdots,g_3$)人力的计量数用 $G_{rj}^{(3)}$ 表示($G_{rj}^{(1)} = G_{rj}^{(3)} + \Delta G_{rj}^{(3)}$)、消耗的第 h 种($h=1,2,\cdots,e_3$)流动资金的计量数用 $S_{hj}^{(3)}$ 表示($S_{hj}^{(1)} = S_{hj}^{(3)} + \Delta S_{hj}^{(3)}$),完成第 j 项工程及工作消耗的第 i 种资源或物资的计价用 $R_{ij}^{(3)}$ 表示($R_{ij}^{(1)} = R_{ij}^{(3)} + \Delta R_{ij}^{(3)}$)、消耗的第 r 类人力的计价用 $H_{rj}^{(3)}$ 表示($H_{rj}^{(1)} = H_{rj}^{(3)} + \Delta H_{rj}^{(3)}$)、消耗的第 h 种流动资年利率为 $B_{hj}^{(3)}$,则水库运行在某年的业主成本 Q_3^* 可用下式计算:

$$Q_3^* = \sum_{j=1}^{n_3}\sum_{i=1}^{m_3} A_{ij}^{(3)} R_{ij}^{(3)} + \sum_{j=1}^{n_3}\sum_{r=1}^{g_3} G_{rj}^{(3)} H_{rj}^{(3)} + \sum_{j=1}^{n_3}\sum_{h=1}^{e_3} S_{hj}^{(3)} + \sum_{j=1}^{n_3}\sum_{h=1}^{e_3} S_{hj}^{(3)} B_{hj}^{(3)} \tag{6—8}$$

或

$$Q_3^* = \sum_{j=1}^{n_3}\left(\sum_{i=1}^{m_3} A_{ij}^{(3)} R_{ij}^{(3)} + \sum_{r=1}^{g_3} G_{rj}^{(3)} H_{rj}^{(3)} + \sum_{h=1}^{e_3} S_{hj}^{(3)} + \sum_{h=1}^{e_3} S_{hj}^{(3)} B_{hj}^{(3)}\right) \tag{6—9}$$

对比 6—5 式和 6—9 式,水库运行业主成本不仅漏计了 Δn_3 项工程及工作的人财物力消耗,而且对纳入核算的 n_3 项工程及工作的资源和物资消耗少计了 Δm_3 种、数量少计

了 $\Delta A_{ij}^{(3)}$、价格压低了 $\Delta R_{ij}^{(3)}$，人力消耗少计了 Δg_3 类、数量少计了 $\Delta G_{rj}^{(3)}$、价格压低了 $\Delta H_{rj}^{(3)}$，流动资金消耗少计了 Δe_3 种、数量少计了 $\Delta S_{hj}^{(3)}$，也是一种不完全的核算。Q_1^* 反映了江河大型水库运行实际消耗的人财物力真实价值，而 Q_3^* 只反映了其中由水库运营业主承担的部分，故 $Q_3^* < Q_1^*$。

5. 社会成本核算

江河大型水库运行不仅要直接消耗人财物力，而且还要淹占或损毁一些资源、财产、物资。从社会角度衡量，水库运行的全部消耗及所造成的全部损失，都是社会资源和财富的减少，是社会为水库运行所付出的代价，可视为社会成本。水库运行的社会成本是实际发生的成本，不仅包括所消耗的全部人财物力，而且还包括所造成的资源、财产、物资损失。在水库运行所造成的损失中，有一部分要由水库运营业主向受损主体赔偿，而其余的部分则要由受损主体自己承担。这些损失无论是否赔偿，也无论由谁承担，都是社会资源和财富的丧失，是水库运行中的社会付出，应当计入水库运行成本。

江河大型水库运行造成的资源损失主要有土地、矿产、生物等，水库周边的土地和矿产可能因近水而失去利用价值或减产，也可能因汛期排洪不畅而遭灾，水库周边的动植物可能因生态环境改变而无法生存繁衍。造成的财产及物资损失主要有房屋、设施、农作物、林木等，水库蓄水形成的新河岸极易引发地质灾害进而造成财产物资损失，水库汛期蓄洪调洪可能诱发周边洪涝灾害损失，水库下泄泥沙减少造成坝下河堤冲刷损失。这些损失因水库运行而发生，无论水库运营业主或其他主体是否对受损者进行补偿，资源和财富的损失已成事实。应当指出，水库年复一年运行，运行所造成的损失也可能年复一年发生，只不过损失的类型、范围、程度在年际间不同。

若设江河大型水库运行在某一年实际完成的 n_1 项工程和工作中，第 j 项（$j=1,2,\cdots,n_1$）工程及工作淹占或损毁水库之外的资源、财产、物资有 m_4 种，第 q 种（$q=1,2,\cdots,m_4$）资源、财产、物资的淹占或损毁数量为 I_{qj}^*，其单位存量的年产出价值为 F_{qj}^*，则水库运行在某一年所造成的损失 E^* 可用下式计算：

$$E^* = \sum_{j=1}^{n_1} \sum_{q=1}^{m_4} I_{qj}^* F_{qj}^* \tag{6—10}$$

江河大型水库运行的社会成本，是社会为其所付出的全部消耗，这一消耗不仅包括水库运行中所消耗的人财物力，也包括所造成的资源、财产、物资损失。因此，江河大型水库运行在某年的社会成本，应为该年运行的完全实际成本与该年运行所造成的损失之和。若设江河大型水库运行在某年的社会成本为 Q_4^*，该年运行的完全实际成本仍以 Q_1^* 表示，该年运行造成的损失总和仍用 E^* 表示，则 Q_4^* 可用下式计算：

$$Q_4^* = Q_1^* + E^* \tag{6—11}$$

或 $$Q_4^* = \sum_{j=1}^{n_1}(\sum_{i=1}^{m_1} A_{ij}^{(1)} R_{ij}^{(1)} + \sum_{r=1}^{k_1} G_{rj}^{(1)} H_{rj}^{(1)} + \sum_{h=1}^{e_1} S_{hj}^{(1)} + \sum_{h=1}^{e_1} S_{hj}^{(1)} B_{hj}^{(1)} + \sum_{q=1}^{m_4} I_{qj}^* F_{qj}^*) \tag{6—12}$$

对比 6—5 式和 6—12 式，水库运行的社会成本既包括了所实际完成的工程及工作消耗的全部人财物力的真实价值，也包括了运行过程中所造成的资源、财产、物资损失。将这两方面的消耗纳入成本核算，可以全面真实反映江河大型水库运行的付出与利弊得失，也可以较为清晰地反映不同主体对水库运行的实际贡献。由于水库运行的社会成本比完全实际成本多了运行损失的部分，所以前者大于后者，即 $Q_4^* > Q_1^*$。

五、运行成本核算存在的问题

在中国现行的体制下，江河大型水库运营虽由国有（或国有控股）大型电力生产企业充任业主，但参与主体多元、投资来源多样、成本承担者众多，对运行成本核算带来一定困难。运行参与主体的多元，使江河大型水库运行的工程建设及维护和相关工作开展由多个不同主体完成，消耗的人财物力分散。运行成本的承担主体多，造成各主体对所担负的成本独自核算，难以对所消耗的人财物力规范计量与计价。水库运行以经济效益为中心的传统，使运行成本的核算围绕水库枢纽的运转与维护为核心，对其他方面的人财物力消耗考虑不足。加之目前的水库运行成本核算主要为运营业主服务，同时也为运营业主所把持，更造成核算的不完全和不准确。由于这些因素的综合作用，使中国江河大型水库运行成本的核算失真较为突出，主要表现在以下几个方面。

1. 运行成本核算范围太窄

江河大型水库运行有一些基本要求，一是要保持水库安全持久运行，二是发挥水库的设计功能，三是降低水库运行中的各种风险。江河大型水库运行还有多重目标，在充分发挥其经济效益的同时，还要求发挥出应有的社会效益和生态效益。这些基本要求及多重目标的实现，有赖于水库运行的科学管理与调度、相关工程建设与维护、设施及设备的运行维护及维修和更新改造、相关工作的开展、相关主体利益关系的协调，而要完成这些任务都需要消耗人财物力。按常理，凡水库运行所涉及的工程和工作消耗的人财物力都应纳入成本核算范围，不应对其中的任何部分加以排除。但在中国江河大型水库运行的成本核算中，主要对水库大坝枢纽设施及设备运行、水库运行安全监测、水库内部生态环境保护等工程和工作的人财物力消耗进行核算，而对水库周边生态环境保护、水库安全运行保障、水库运行风险防范等工程和工作的人财物力消耗则排斥在外，对水库运行所造成的损失也不计入成本。使江河大型水库运行的成本核算涵盖范围太窄,不能全面反映水库运行实际完成的工程建设与维护和相关工作开展对人财物力消耗的情况。

以三峡水库为例,其运行成本的预算范围仅包括了以下八个方面[①]:

(1)水库固定资产折旧

 A.水库大坝枢纽工程固定资产折旧

 B.输变电工程固定资产折旧

 C.水库其他固定资产折旧

(2)水库设施及设备大修理费

 A.发电设施及设备大修理费

 B.输变电设施及设备大修理费

 C.其他设施及设备大修理费

(3)水库设施及设备运行费

 A.燃料及动力费

 B.日常维护及维修费

 C.材料消耗费

(4)职工工资及福利费用

 A.企业职工工资

 B.企业职工福利费用

 C.临时用工工资

(5)水库运行其他费用

 A.水库运行管理办公费

 B.水库运行管理出差费

 C.水库运行科研、教育、咨询费

 D.水库运行流动资金利息

(6)水库生态环境及运行安全监测费

 A.洪水预测预报费

 B.水文、河道、泥沙监测费

 C.水库生态环境监测费

 D.地震、滑坡监测费

(7)水库库区开发建设维护费

---

① 长江水利委员会编:《三峡工程经济研究》,湖北科学技术出版社1997年版,第125—126页。

A. 水库库区开发建设维护费

　　　B. 移民稳定安置维护费

（8）应纳税金

　　　A. 产品税

　　　B. 销售税附加

　　与江河大型水库运行完全实际成本核算的 B^* 科目相比，上述核算内容只包含了 B_1^*、B_2^*、B_3^* 及 B_6^* 的全部和 B_4^*、B_5^*、B_7^* 中的一少部分，且不含 B_8^* 的内容。遗漏的部分主要有：水库周边生态保护及污染防治的人财物力消耗、水库安全运行保障工程及工作的投资、库区发展和移民稳定安置的扶持、水库运行所造成损失的补偿等。这些消耗、投资及费用在江河大型水库运行中是必然发生的，将其排除在成本核算之外，一定会导致水库运行成本的虚假减少。

2. 水库生态环境保护核算丢掉大头

　　江河大型水库的生态环境保护不仅与水库功能充分发挥直接相关，而且与水库周边以至所在江河流域的经济社会发展紧密相连，是水库运行中必须解决好的重大问题。水库运行生态环境保护的内容很多，主要包括水库周边点源和面源污染防治、水库水质监测与污染治理、水库及周边生物多样性保障、水库周边森林植被保护与建设等。这些工程建设及维护和相关工作的开展，都是江河大型水库运行的组成部分，所消耗的人财物力应纳入运行成本。但在实际的运行成本核算中，只将其中的极少部分纳入成本，而对主要的部分、特别是消耗人财物力巨大的工程和工作加以排除。这种"抓小丢大"的做法，使江河大型水库运行的生态环保支出大大低估。

　　仍以三峡水库运行成本核算为例，生态环境保护应当完成或实际完成的工程及工作所消耗的人财物力，有以下三个方面未纳入成本核算。

　　（1）提高水库周边城镇治污标准的人财物力消耗。为防治三峡水库污染，使水体达到Ⅱ类水质，要求对周边城镇污水和垃圾进行高标准处理。污水处理的出水质量要求达到 GB18918—2002 的一级 A 标准，比常规要求的一级 B 标准更高更严。垃圾处理要求分类进行，不允许有二次污染，也比常规要求高。提高处理标准后，污水处理厂和垃圾处理设施的建设成本要增加 30% 左右，污水处理费要增加 40% 左右，垃圾处理费要增加 50% 左右。按这一标准，三峡水库周边城镇年污水处理厂建设投资要增加 35 亿元左右、垃圾处理厂建设投资要增加 10 余亿元，每年污水处理费要增加 2 亿元左右、垃圾处理费要增加 1 亿元左右。增加的这些消耗是为了防治水体污染，应当计入三峡水库运行成本，但在实际核算中却将其排除在外，人为降低了运行成本。

(2) 强化水库周边农村面源污染治理的人财物力消耗。三峡水库周边是人口稠密的农村，农业废弃物、农村生产及生活污染物对水环境安全是一个重大威胁。为防治这些废弃物、污染物进入水库，要求对水库周边农村地区的化肥和农药控制使用，对农业废弃物无害化处理和资源化利用。虽然这些工作在不建水库的情况下也应做好，但因农村地域广阔，环境容量较大，即使治理标准低一些、逐步推进也可以解决。水库建成使江河自净能力大为减弱，农村面源污染的治理就显得十分迫切且要求较高。化肥和农药的控制要增加替代成本，农业废弃物的无害化处理和资源化利用要增加设施及设备投资，农村生活污染物的净化处理也需要投资，加之面大量广，这些投入所消耗的人财物力数量巨大。这些消耗本应计入水库运行成本，但在实际核算中亦将其排除在外。

(3) 水库周边森林植被保护与恢复的人财物力消耗。江河大型水库周围多为山地丘陵，良好的森林植被可为水库提供天然生态屏障。但由于人为或自然的原因，现有江河大型水库周边的森林植被都遭到不同程度的破坏，需要进行保护与恢复，不少地方需要造林种草，对有林地也需进行抚育，且森林覆盖率要求达到 45% 以上，比一般地区要高 10 个百分点。在水库周边大范围内造林并抚育成林，消耗的人财物力十分巨大。三峡水库周边 26 个县市区面积达 57197 平方公里，现有森林覆盖率还未达到 35%，要增加 10 个百分点的森林覆盖率就需新造林 5719.7 平方公里。若每平方公里造林投资以较低标准 75 万元计，增加的这 10 个百分点的森林覆盖率，便需要增加近 43 亿元造林投资。如果每平方公里森林抚育投资以每年 15 万元计，增加的这 10 个百分点的森林覆盖率，每年便需要增加近 8.6 亿元的森林抚育费。增加 10 个百分点的森林覆盖率是三峡水库运行的特定要求，其人财物力消耗理应计入运行成本，但实际并未计入。

3. 水库运行安全保障核算被忽视

江河大型水库的安全不仅关系到其功能的充分发挥，还关系到水库周边及下游人民生命财产安全和经济社会发展，也关系到水库的使用寿命，是水库运行的大事。对水库运行安全的重大威胁，一是库岸崩塌和危岩滑坡，二是泥沙淤积。为保障水库安全运行，需要建设护岸林带保护库岸，对危岩滑坡进行监测和治理，同时还需要对水库周边地区的水土流失进行防治。这些工程建设和维护是水库运行所必不可少的，其人财物力消耗应计入运行成本。但在实际的运行成本核算中，除危岩滑坡监测外，其他的安全保障工程及工作的人财物力消耗被完全排除，造成极大失真。

以三峡水库运行成本核算为例，安全保障应当完成或实际完成的工程和工作的人财物力消耗，至少有以下三个主要方面未纳入核算。

(1) 水库库岸防护林建设及抚育的人财物力消耗。江河大型水库建成蓄水,水位线大幅提升,新的库岸稳定性差,建造库岸防护林带有利于稳定库岸,且可拦阻泥沙、杂物入库。库岸防护林带在水库最高水位线之上 20 米高程、或 50 米高程、或 200 米高程范围内植造,林带越宽防护效果越好,植造质量越高防护就越有效。为提高防护效果,防护林带宜选用适生优良树种的大规格苗营造,且需精心抚育,使之快速成林。由于江河大型水库的库岸长,库岸防护林的面积大、要求高,植造和抚育消耗的人财物力甚巨。三峡水库库岸长 5578.21 公里[①],若在最高水位线 175 米之上 20 米范围内(海拔 175—195 米)建造护岸林带,则重庆段的面积将达 305.95 平方公里[②],加上湖北段的面积总数应当在 350 平方公里以上。如果每平方公里造林投资以 450 万元计,每年的抚育投入以 30 万元计,则三峡水库库岸防护林植造投资需要 15 亿元以上,每年的抚育费用在 1 亿元以上。但这一保障安全的重要工程建设及维护的大额消耗,并没有反映在三峡水库运行的成本核算之中。

(2) 水库周边水土流失治理的人财物力消耗。江河大型水库周边多为山地丘陵,不少地方水土流失严重,流失的泥沙进入水库形成淤积,不仅影响水库安全运行,还缩短水库使用寿命,重者还会导致严重灾害,必须进行治理。水土流失治理包括水土保持林建设与抚育、水土保持工程建设与维护、坡耕地整治与陡坡地退耕等,这些工程浩大、消耗人财物力很多。三峡水库周边水土流失面积占幅员的 60% 以上、25°以上的陡坡耕地 20 万公顷以上、入库溪流及沟谷数千条,都需要进行治理,并需经多年努力才能完成。这些工程虽在不建水库情况下也应进行,但在建成水库之后要求更迫切、治理标准也更高,其消耗的人财物力应当有相当一部分进入水库运行成本,而在三峡水库运行成本核算中根本就不包括这些方面的内容。

(3) 危岸滑坡治理的人财物力消耗。江河大型水库建成蓄水后,容易诱发库岸坍塌和近岸危岩崩落和坡面的滑塌,造成地质灾害,既对水库造成危害,还严重威胁库周人民生命财产安全,必须加强监测和治理。危岩滑坡监测需要建设监测网点并进行预测预报,对其治理需要采取工程措施和生物防护措施以提高稳定性,这些都需要投入大量人财物力。三峡水库近岸的危岩滑坡点有 1500 余处,体积大于 10 万立方米的有 684 处[③],水库蓄水后一些地方已现险情,应当重视监测和抓紧治理。监测应当建设无线遥测网点,覆盖大体量的危岩滑坡区,并做好灾情预报。治理则应采取工程措施加固、采取生物措施回稳、采取周边排水措施防滑等,以减少危岩崩塌和坡面滑落。同时,对危

[①] 水库库岸周长约为水库长度的 4 倍,江河大型水库因库湾、库汊多,库岸长度应大于库长的 4 倍。
[②] 根据万分之一地形图量算(参阅"三峡水库重庆库区消落区利用规划"研究报告)。
[③] 长江水利委员会编:《三峡工程地质研究》,湖北科学技术出版社 1997 年版,第 100 页。

岩滑坡地带的居民还应实施搬迁,以防生命财产遭受损害。这些工程和工作所消耗的人财物力应当全部进入水库运行成本,但在三峡水库运行成本核算中只有一小部分被计入。

4. 水库运行造成的灾害损失不被核算

江河大型水库运行可能引发一些灾害,并给相关主体造成损失。这些灾害主要有地质灾害、洪涝灾害、冲刷灾害等,前两类灾害发生有一定随机性,后一类灾害发生具有经常性,都会造成资源、财产、物资的损失,有时甚至造成人员伤亡。这些灾害直接由水库运行所引起,其损失不仅应计入江河大型水库运行成本,而且还应当对受损主体进行赔偿。若不对灾害损失进行核算,则既导致水库运行成本的人为降低,又使相关主体利益受损。

江河大型水库在高水位运行时,水库周边地势平缓或低洼的地带地下水位上升,形成内涝或造成湿害,使这些土地失去或降低利用价值,并由此给土地所有者或使用者造成损失。如果这些土地是耕地,就会因内涝或湿害严重而大幅度减产或不能耕种;若这些土地为林地,也会因地下水位太高使一般林木难以存活;若这些土地上有建筑物,则会因太过潮湿而易毁损和不宜使用。加之这类地带与水库最高水位线高差较小,排水除涝困难,经常性内涝和湿害难以消除,损失年年都有。这一灾害损失由江河大型水库运行直接引起,应当计入但实际未计入水库运行成本。

江河大型水库蓄水运行,使原有江河水岸大幅抬升,新的库岸不仅稳定性差,而且还易诱发库岸之上危岩崩落和坡面滑塌,造成库岸之上某些区域发生地质灾害,带来资源、财产、物资损失,甚至人员的伤亡。三峡水库蓄水至175米后,巫山、奉节、云阳等地的少数库岸失稳,库岸以上区域也有少数地方开裂甚至滑塌,个别地方还出现毁坏房屋和耕地的严重情况,并迫使这些地方的居民紧急转移。由于江河大型水库形成的新库岸需经多年才能稳定,故水库运行所诱发的地质灾害也不可能在短期消除,这一灾害的损失亦不可能在短期内避免。江河大型水库运行所造成的地质灾害损失,应当计入而实际亦未计入运行成本。

江河大型水库为发挥防洪功能,在洪水发生时要蓄洪调洪。蓄洪使大量洪水拦蓄在水库内,造成水库水位上涨,使水库周边地区遭受洪灾。水库调洪使江河洪水下泄速度减缓,使水库周边在遭遇洪灾时受淹时间延长、损失加重。2007年长江上游的洪水远比1998年小,可因蓄洪使长江干支流重庆段(特别是库尾段)的水位比1998年还高,部分地区(如陈家桥镇)造成重大洪灾损失。这类水灾损失由水库蓄洪调洪引起,应当计入而实际也未计入水库运行成本。

江河经大坝拦截,水流急剧减缓,水中泥沙在坝上库段江河(主要在库尾)沉积,下泄水流中的泥沙大幅减少(排洪期除外)。"清水"下泄会冲刷坝下江河堤坝,使江河堤坝遭到毁损,轻者使堤坝基础受损、重者可导致堤坝崩塌。三峡水库建成蓄水后,湖北的荆江大堤就有部分堤段因"清水"冲刷而使堤基受损,个别地方还出现堤坝险情。被冲刷而损毁的江河堤坝需要修复和加固,所消耗的人财物力也应是水库运行成本的一部分,可是在江河大型水库的运行成本核算中根本就不包括这一部分。

5. 水库运行成本核算以运营业主为中心

中国江河大型水库运行成本核算,是以运营业主为中心、为运营业主服务的核算,而不是基于社会消耗与付出的核算。这里所谓的以运营业主为中心,是指主要重视水库运行的企业目标而忽视社会综合目标、主要重视降低运行成本而忽视相关主体利益、主要重视水库经济功能充分发挥而忽视社会功能及生态功能发挥的思路与行为。以运营业主为中心的成本核算倾向,不仅导致水库生态环境保护和安全运行保障工作的削弱,还造成水库运行成本核算的严重失准,不仅给相关主体的合法权益造成侵害,也使水库运行产生众多经济社会矛盾。以三峡水库运行的成本核算为例,以运营业主为中心的倾向主要表现在以下五个方面。

(1)主要反映水库大坝枢纽设施、设备运行的消耗。江河大型水库运行的成本核算,主要围绕大坝枢纽设施及设备(发电、输变电、航运等设施与设备)的运行展开,其他方面的内容很少。以三峡水库运行的预算为例,主要包括固定资产折旧费、设施及设备大修费、设施与设备运行费、职工工资及福利费、水库运行管理费、水库运行监测费、库区开发建设维护费、应纳税金等八个方面[①],但前面五个方面是主体、后三个方面份额不大,而前五个方面绝大部分又是水库大坝枢纽设施及设备运行的人财物力消耗。如此一来,便将水库运行其他方面的人财物力消耗排除在外,使运行成本的核算成为一种不完全的核算。

(2)主要反映运营业主的成本支出。在现行管理体制下,江河大型水库运行的相关工程建设及维护、相关工作的开展是由不同主体担任的,所消耗的人财物力也是由不同主体分担的。以三峡水库运行为例,大坝枢纽设施及设备运行、水库内的生态环保及安全保障工作等,由运营业主承担并负担消耗费用;水库周边及纵深区域的生态环境保护和水库安全保障的工程建设与维护及工作开展,主要由地方政府、当地居民、相关企业完成并分担消耗费用(政府给予一定补贴);而水库运行造成的损失则主要由政府补偿

---

① 长江水利委员会编:《三峡工程经济研究》,湖北科学技术出版社1997年版,第125—126页。

和受损主体承受。这些分由不同主体担负的消耗都是水库运行成本的组成部分,可是在目前的水库运行成本核算中,只将运营业主承担的那部分消耗计入成本,而对其他主体承担的消耗排除在外,使江河大型水库运行成本的核算变成了业主的运行支出核算。

(3)未充分反映水库生态环境保护的要求。江河大型水库建成投入运行之后,水环境保护、生物多样性保护、水库周边森林植被保护十分重要。而要完成这些任务,就需要城镇污水和垃圾的高标准处理、工业"三废"治理、珍稀动植物保护、农村面源污染防治、库周森林植被恢复与保护等。这些工作量大面广,且需常年坚持不懈,消耗的人财物力的数量庞大。对于这些保护水库生态环境必不可少的工程建设及维护和相关工作开展所需消耗的人财物力,在目前的水库运行成本核算中却未得到反映,在这一方面出现了缺口。

(4)未充分反映水库安全运行保障的要求。保持库岸稳定、避免危岩滑坡堵塞水库、减少泥沙入库和淤积等,是保障江河大型水库安全持久运行的关键。而要达到这些要求,就需要搞好护岸林和护岸工程、对危岩滑坡进行监测治理、对水库周边进行大规模水土流失治理,这些工程和工作涉及范围广、要求高、难度大,亦需常年坚持不懈,消耗的人财物力十分巨大。对于这些保障水库安全运行不可缺少的工程建设与维护,以及相关工作开展所需消耗的人财物力,也未在现行的水库运行成本核算中得到反映,在这一方面也出现了缺口。

(5)减少运营业主成本支出的倾向。按常理,凡江河大型水库运行所直接涉及的工程建设及维护和相关工作开展所消耗的人财物力,以及所直接造成的损失,都应当纳入运行成本,并应由水库运营业主承担。但现行的水库运行成本核算,主要将水库设施及设备运行的人财物力消耗以及少量生态环境保护和安全保障的人财物力消耗计入成本并由运营业主承担,而对由其他主体承担的大量生态环境保护和安全保障工程和工作的人财物力消耗以及水库运行造成的直接损失不计入成本,并且由这些主体自行承担,由此便大大减少了运营业主的成本支出。

第七章　中国江河大型水库建设及运行成本的分担

在中国的现行体制下,江河大型水库的建设成本和运行成本,都不是由业主独立承担的,而是由不同部门分摊和不同主体分担的。成本的多部门分摊和多主体分担,一方面增加了江河大型水库建设及运行的投资来源,减轻了政府和业主的筹资压力,节省了建设及运行支出;另一方面也造成了某些主体利益受损,相关主体权责利关系的扭曲及某些主体在行为目标、行为方式上的异化。

一、建设及运行成本的多主体分担

江河大型水库的建设及运行涉及多个不同的部门和主体,这些部门和主体虽然类型各异、地位不同、角色不一,但都要承担一定份额的成本。在计划经济体制下,江河大型水库建设完全由中央财政投资,而运行靠自身维持或由财政补贴,建设及运行成本不需要在部门间分摊,也不必由多主体分担。在市场经济体制下,江河大型水库建设及运行实行业主制,实施企业化管理,成本的分摊及分担便成为客观要求。

1. 成本多主体分担的产生

江河大型水库具有很强的综合利用功能,这种综合利用不仅涉及不同的部门,还涉及多个主体。为了协调这些部门和主体的利益关系,需要对江河大型水库建设及运行成本在相关部门和有关主体间进行合理分摊。

综合性水利水电工程投资分摊问题最早由美国提出,至今已有70余年。1930年代美国对田纳西河进行治理,以实现防控洪水、改善航道、开发水电等多重目标,提出了投资分摊问题,并先后研究出合理替代费用法(AJE法)、可分离费用—剩余效益法(SCRB法)等分摊计算方法。1950年代,日本规定综合性水利水电工程投资必须分摊,并限定以适当支出法作为基准分摊方法。苏联在1950年代对综合性水利水电投资分摊进行研究,提出了按部门费用比例、按盈利率相等的原则进行分摊,1970年代还对投资分摊作出了专门规定,并将等抵偿年限法作为分摊的基准方法,且这一方法在苏联和东欧国家被广泛应用。1950年代一些学者将博弈论方法用于综合性水利水电工程投资分摊,提出了沙普利法（Shapley法）、核子法（Nucleous法）、最大最小费用法（MCRS法）等分摊方法,但因太复杂难以应用。

中国对综合性水利水电工程投资分摊的研究和应用起始于1940年代,在1944年完成的《扬子江三峡计划初步报告》中,提出了电力专门投资由电力部门承担,其余投资在电力、灌溉、防洪、航运、给水、游览六部门间按效益比例分摊的建议。新中国成立后,为适应综合性水利水电工程（主要是江河大型水库工程）建设的需要,对建设及运行投资分摊进行广泛探索,提出了按各部门利用库容和水量分摊、按各部门单项目标开发投资比例分摊、按各部门专项投资比例分摊等方法,并在江河大型水库规划设计中加以应用。但在重工程轻环保、重效益轻公平、重效率轻持久的倾向下,江河大型水库的建设及运行成本只包括大坝枢纽工程、水库成库、日常运行的消耗,而不包含水库生态环境保护、安全运行保障、相关主体利益损失合理补偿等投资,对成本的分摊计算并不全面。同时,在计划经济体制下,江河大型水库建设由国家拨款,成本也未在相关部门进行分摊。

1980年代后,中国江河大型水库建设进行市场化改革,为充分合理开发利用水资源及水能资源、提高开发利用效益和节省成本,加强了对建设及运行成本分摊的研究与应用,提出了库容比例法、经济效益比例法、可分离费用—剩余效益法等分摊方法,并按专用及配套工程投资各部门自行承担、公共投资按部门受益比例分担等原则,综合多种分摊方法的计算结果提出分摊方案供国家决策。但在实际的执行中,江河大型水库建设及运行成本的分摊只在局部体现了公平和效率,离总体的公平和有效还有不小距离。

2. 成本的多部门分摊

具有防洪、发电、供水、通航等多种功能的江河大型水库,其建设与运行涉及水利、电力、运输、生态环保等多个部门,这些部门有的为公共机构,有的为企业机构,有的为准公共机构。除此之外,江河大型水库建设及运行还与不同类型的居民群体直接相关。就部门而言,因江河大型水库建设及运行而受益或实现特定目标,负有分摊成本的责任与义务。对于相关的居民群体而言,则因与江河大型水库建设与运行的密切关系,而自愿奉献或被迫承受成本的分摊。

对于只有一种主要功能及多种连带功能、而连带功能发挥对建设及运行又无特定要求的江河大型水库,其建设及运行成本的绝大部分由主要功能所涉部门承担,而连带功能所涉部门只承担很小的部分。例如以发电为主兼有养殖和旅游功能的江河大型水库,建设及运行成本就主要由电力部门承担,而水产及旅游部门只承担极小部分,成本在部门间的分摊仅具有象征意义。但对于只有一种主要功能和多种次要功能,而次要功能发挥对建设及运行有特定要求的江河大型水库,其建设及运行成本就要由相关部门分摊,一般是专用及配套投资由对应部门独立承担,而公共投资由主要功能所涉部门为主分担,次要功能所涉部门承担较少部分。例如以灌溉为主兼有一定发电能力的江河大型水库,其专用于发电的投资由电力部门自己承担,专用于灌溉的投资由水利部门承担,剩下的公共投资部分主要由水利部门承担,同时电力部门也需承担一小部分,建设及运行成本在部门间的分摊便具有实际意义。

对于具有几种重要功能,不同功能发挥对建设及运行均有特定要求,不同功能发挥又存在较强竞争性的江河大型水库,其建设及运行成本只有在相关部门间进行分摊,才能协调这些部门的关系,进而顺利完成水库建设和确保建成后的有效运行。由于不同功能发挥所需专用及配套设施和设备不同,使用共用设施和设备的程度不同,对库容的占用不同,对运行要求也不一样,故江河大型水库的建设及运行成本在相关部门的分摊不能搞平均主义,而应体现差别。为实现公允,一般是按公认的规则和科学的计算方法,将建设及运行成本在相关部门间进行分摊。例如三峡水库具有防洪、发电、通航三大主要功能,并兼有淡水养殖及旅游等连带功能,防洪、发电、通航对大坝枢纽工程、库容及水库调度均有特殊要求,但连带功能发挥没有特定要求。故三峡水库的建设及运行成本主要由专用和配套投资最大、占用库容最大的电力部门承担,水利部门和航运部门各分摊一小部分,而水产及旅游部门不分摊成本。

应当指出,上述分摊只包含了江河大型水库枢纽工程建设、水库成库、水库日常调度运行的成本,而未包含水库生态环境保护及安全持久运行保障的众多工程建设和维护的成本。未包含的这些建设及运行成本不仅数额巨大,而且分布在农业、林业、水利、环保等多个领域和不同类型的居民群体之中,并由相关部门和群众分摊,但因分摊的公允性受到质疑、分摊的强制性受到抵制、分摊的随意性受到争议,使分摊效果难达预期。

3. 成本的多主体分担

江河大型水库建设及运行成本在部门间的分摊,只体现了相关部门在成本分担上应负的责任,而成本的实际承担还要由具体而明确的主体来完成。根据第三章的分析,江河大型水库建设及运行涉及的主体主要是中央政府、所在地方政府、建设与运营业主、相关居民群体,分别为公共机构、企业机构和社会公众,建设及运行成本的分担便落在了这些主体的肩上。与枢纽工程建设、水库成库、水库日常调度运行成本主要按功能所涉部门分摊不同,江河大型水库建设及运行的全部成本,是按相关主体的特定角色、对水库的使用及获利、所处社会地位进行分担的。

在中国现行体制下,江河大型水库为国有资产,其资产及收益归中央政府所有,中央政府在建设及运行中充当所有者的角色。江河大型水库的防洪、灌溉、供水等功能有很强的公益性,且具有跨区域特征,中央政府在建设及运行中又充当公共品及公共服务提供者的角色。作为国有资产的所有者,中央政府为江河大型水库建设投资可以新增国有资产,为其运行进行投入可以实现投资收益。作为公共品和公共服务的提供者,中央政府为江河大型水库建设及运行投资,可以实现社会发展目标,促进经济发展。从发展壮大国有经济和履行政府职责的双重角度,中央政府都必然成为江河大型水库建设及运行成本的主要分担者。

江河大型水库所在的省级政府,是中央政府直接管辖的地方政府,有责任和义务支持由中央政府主导的江河大型水库建设,维护其安全持久运行。同时,江河大型水库在辖区内建设及运行,对所在省(直辖市、自治区)可以带来发展条件的改善和发展机会的增多,还可能带来一定的经济实惠,使其在某些方面受益。有些江河大型水库还属中央政府与所在地方政府所共有,地方政府也是所有者。作为地方政府,省(直辖市、自治区)及下级的相关县(区)乡(镇)政府,在中央政府要求下为江河大型水库建设与运行承担一部分任务并分担一部分成本,既是难以推辞也是不可推辞的。作为直接或间接的受益者,地方政府为江河大型水库建设及运行分担一部分成本,也有一定依据和合理性。若地方政府也是所有者,因为要直接参与利益分配,分担江河大型水库建设及运行成本更是理所当然。由地方政府的地位及利益关系所决定,江河大型水库所在地方政府也成了建设及运行成本的重要分担者。

江河大型水库建设及运营业主,由中央政府直属的大型国有电力生产企业充当,受中央政府委托,实施水库的建设与运营,属于代理人。业主无论其所有制属性如何,都是一个企业或企业集团,具有企业的行为方式。作为代理人,业主负有江河大型水库建设与运行筹集资金、确保建设质量、提高运行效益的重任。作为企业,业主一方面要通过对江河大型水库建设及运营投资,实现本企业的发展壮大、实力的增强、市场份额的提高;另一方面也要降低建设及运行成本,实现成本的节省、投资压力的减轻。由业主的本性与身份所决定,在江河大型水库建设及运行的成本中,应当成为主要的分担者。

江河大型水库淹占区、周边地区、移民安置区等区域的居民及企事业单位,与水库建设中的征地、拆迁、安置等有关,或与水库生态环境保护及安全持久运行保障有关,成为江河大型水库建设与运行的密切相关者。这些密切的相关者无论能否直接分享水库建设及运行的利益,都要在"支持国家重大工程建设"、"为江河大型水库建设做贡献"的感召和要求下,通过接受淹占损失的不足额补偿、无偿承担某些建设及运行的工程或工作,为某些建设及运行工程承担全部和部分费用等,分担江河大型水库建设及运行的部分成本,成为一类特殊的成本分担者。

4. 成本多主体分担的积极作用

江河大型水库建设投资巨大、建设周期长、投资回收较慢,其运行涉及范围广、消耗人财物力类型多、数量亦不在少数。如此巨大的建设及运行成本由一个部门或某个主体承担不仅压力太大,而且也难以承受。如果将江河大型水库的建设及运行成本加以分解,由多个部门分摊和多个主体承担,便能减轻投资压力,促进其建设并保障其顺利运行。

首先,可集中多种力量参与江河大型水库建设与运营。通过建设及运行成本的多部门分摊,可以将水利部门、电力部门、农业部门、林业部门、航运部门、水产部门、环保部门、旅游部门或其中的某种组合集聚起来,共同参与江河大型水库建设及运营,一方面壮大参与和推进力量,另一方面促进这些部门间的协调与配合,形成推动建设与运营的强大合力。通过建设及运行成本的多主体分摊,可以将中央政府、地方政府、电力企业、社会群体及公众、相关企事业单位或其中的某种组合的力量集中起来,共同投入江河大型水库建设与运营,一方面可调动各方面的力量、各种积极因素参与建设及运行,另一方面便于将建设及运行的任务加以分解,并交由相关主体完成,保证建设及运行目标的顺利实现。组织动员多个部门和多种主体参与江河大型水库的建设及运行,是中国在经济建设中"集中力量办大事"的传统做法,虽然这种做法受到某些质疑,但却在江河大型水库建设及运行中发挥了巨大作用。

其次,扩大了江河大型水库建设与运营的投资来源。江河大型水库建设的一次性投资巨大,且建设周期长、投资回收较慢,其每年运行费用也不在少数。如此巨大的投资如单靠中央政府投入(计划经济时期的做法),则要积累数年才能投资建设一个水库;如果单靠一个企业(或企业集团)投入,则会因难有这样强大实力的企业而使建设落空;如果寄希望于某个部门投入或由社会公众共同投入,则其力量更为有限。在这种情况下,将建设及运行成本分摊到相关部门,并进一步落实到多个主体分担,一方面可以将江河大型水库建设及运行的投资分散,使相关的承担主体投资压力大为减轻并达到可承受的程度;另一方面也可将分散在不同部门内和不同主体中的财力及物力集中起来,投入江河大型水库的建设与运营。多部门和多主体分担成本,扩大了江河大型水库建设及运行的投资来源,打破了投资约束,也成就了1980年代以来中国江河大型水库建设的兴起。

再次,分散了江河大型水库建设与运营的投资风险。江河大型水库虽然具有多种功能,可以产生巨大的经济、社会及生态效益,但功能的发挥需要一定的条件,效益的产生也受多种因素的影响,对其建设及运营进行投资是存在风险的,且一旦发生风险损失也极为巨大。当江河大型水库建设及运营由一个部门或一个主体投资,一旦发生风险便无法承受,但在江河大型水库建设及运行成本由多个部门分摊和多个主体分担时,一旦发生风险就可以将其分散,并由多个部门和主体共同承担,使单个部门和主体的投资风险压力及负担减轻。

5. 成本多主体分担的消极影响

江河大型水库建设及运行成本的多部门分摊和多主体分担,显现出多方面的优势和好处,也在实践中有力推进了中国的江河大型水库建设和运营。但由于分摊方法的不完备、某些分担主体确定的界线难分,更由于中国特定政治经济体制的影响,可能导致江河大型水库建设及运行成本在部门间的分摊失准、在主体间的分担失据、有的部门和主体合法权益受损、投资和收益不对称等问题的产生,导致不同部门及主体之间的利益矛盾与冲突及机会主义行为,并对江河大型水库建设及运行带来消极影响。

第一,可能带来成本在部门间的分摊不合理。江河大型水库建设及运行涉及部门虽多,但主导部门(如电力部门)只有一个。主导部门利用在可行性论证、规划设计、预算编制、效益分析评估等工作中的优势地位,对成本分摊产生重要影响,由此便可能产生主导部门所分摊的建设及运行成本偏少,其他部门所分摊的建设及运行成本过多的问题,从而造成其他部门为主导部门承担成本的不合理现象。例如,防洪、发电、通航功能兼备的江河大型水库建设及运营一般由水电部门主导,水电部门若利用其主导地位,夸大防洪、通航及其他功能的作用和效益,并人为提高相关预算,就会使这些部门分摊的成本过多,而使水电部门分摊的成本偏少,造成其他部门为水电部门支付成本的结果;还可能出现有些部门与江河大型水库功能虽然相涉,但因难以定量估计和测算,对建设及运行成本的分摊不便确定,导致分摊失准。

第二,可能造成成本在主体间的分担不公平。在江河大型水库建设及运行的几类主体中,中央政府和业主处于强势地位,地方政府和相关居民群体处于从属地位。中央政府为减轻在江河大型水库建设及运行中的投资压力,可以利用决策手段和政策措施,一方面扩大建设及运行成本分担主体范围,使之分散化;另一方面增加某些主体分担的数量与份额,减少另一些主体分担的数量与份额,使之非对称化。江河大型水库建设及运营业主为减小投资压力,可能利用与中央政府的特殊关系及在建设及运营中的主导地位,将一部分建设及运行成本转嫁给地方政府和相关居民群体、企事业单位,从而降低自己对建设及运营的投入。如此一来,江河大型水库建设及运行成本在相关主体间的分担就可能出现不公平,地方政府和相关居民群体的成本分担可能被加重。

第三,可能导致成本的强制性摊派。按谁受益谁投资的原则,江河大型水库建设及运行成本应当在受益部门间分摊和受益主体间分担,且这种分摊与分担应当与受益多少相对称。但在中国特定的政治经济体制下,只有水库大坝枢纽工程建设及运行成本大致依据受益情况进行分摊与分担,而江河大型水库建设及运行其他方面的成本分摊与分担,行政力量和政策因素则起到了重要作用。在国家政策刚性约束和行政强制下,一些不能直接分享江河大型水库建设及运营利益的主体,或被迫蒙受部分淹占及搬迁损失,或不得不接受某些建设及运行任务并承担支出,或被迫放弃某些发展机会及改变发展方式,以不同的方式分摊和分担建设及运行成本。这样做的结果,使有的主体利益受损,以至合法权益受到侵害。

二、建设及运行成本分担的影响因素

自1980年代市场化改革以来,中国江河大型水库的建设及运行成本的部门分摊及主体分担已成为总体趋势,虽尚未形成规范,但基本格局已大致形成。在江河大型水库建设及运行成本分摊与分担格局形成过程中,有几种主要因素发挥着重要作用。对这些影响因素进行分析,既可以对目前江河大型水库建设及运行成本分摊与分担进行解释,还可对成本分摊与分担的改进找到合理的依据。

1. 水库功能因素

江河大型水库建设及运行要解决的经济社会问题的多少、类型及程度,要实现的功能种类及大小,直接决定相关部门和主体的数量、角色及属性。而所涉相关部门的多寡及类型,决定江河大型水库建设及运行成本的分摊对象和分摊份额,相关主体的数量、角色又决定江河大型水库建设及运行成本的分担对象、分担方式与分担数量。从这个意义上讲,江河大型水库的目标功能定位,是建设及运行成本分摊与分担的依据,决定了建设及运行成本分摊与分担的基本格局。

对于目标和功能单一或主要目标和功能特别突出的江河大型水库,建设及运行成本一般由单一(或主要)功能所涉部门全部或大部承担,相关部门不分摊或只分摊小部分,分摊较为简单和明晰。但这类水库建设及运行成本在相关主体之间的分担,要比在部门间的分摊显得复杂:一是有关主体不会由于所涉部门减少而等比例减少,绝对数量仍然可能很多,特别是规模庞大的这类水库所涉及的相关主体数量众多且群体很大;二是相关主体类型和角色不同,在水库建设及运行中所处地位也不一样,对成本分担决策的影响作用亦存在差异;三是相关主体与水库建设及运行的利益关系不同、关联方式也不一样,他们在成本分担上易于产生分歧、不易达成一致。这种复杂的局面,不仅对建设及运行成本在相关主体间的分担造成困难,也对分担方案选择、数量计算、方式确定等产生重大影响,并最终决定每个主体所承担的成本额度。

对于主要目标和功能多样的江河大型水库,建设及运行成本的部门分摊与主体分担都面临复杂局面。首先,水库建设及运行涉及的部门多,各部门的类型和属性不相同,追求的目标不一致,利益关系也不对等,在成本分摊上存在多方博弈,不容易达成一致。其次,水库建设及运行所涉及主体多,各主体类别和角色不同,有的主体内部群体庞大且差异较大,不仅主体间在基本诉求和行为方式上存在很大差别,即使同一类主体内部也存在错综复杂的利益关系,在涉及各自利益的成本分担上,各主体的竞争多于协作,使成本分担面临艰难选择。第三,水库建设及运行成本的部门分摊与主体分担存在密切联系,一般是先在相关部门间分摊,再将部门分摊的部分在所属主体间分担,使部门分摊对主体分担产生决定作用,进而导致主体意愿对成本的部门分摊产生重大影响,造成这类水库建设及运行成本的部门分摊和主体分担更为复杂的局面。在这种情况下,不同部门间、不同主体间、主体与部门间的博弈,对江河大型水库建设及运行成本的分摊和分担方法选择、数量确定、方式确认都有重大影响,最终决定其格局。

2. 水库成本因素

功能相当的不同江河大型水库,特别是单一功能和主要功能突出的水库,由于大坝枢纽工程建设及成库条件、周边环境不同,建设及运行成本存在很大差异。功能类型或大小不同的江河大型水库,建设及运行成本自然也不可能相同,其数量差别巨大。水库成本数量上的巨大差异,一方面影响相关部门和主体分摊及分担成本数额的大小,另一方面也会在一定程度上影响相关部门和主体分摊及分担成本的比例,并最终形成不同的成本分摊及分担格局。

对于建设及运行成本较低且功能(或主要功能)单一的江河大型水库,因所涉及的部门单一而明确,建设及运行成本压力不大,一般由主要功能对应部门独立承担,不与其他部门分摊。但这类水库建设及运行相关的主体并不少,除了所涉部门的主体外,还有其他类型的主体,建设及运行成本要由他们分担。因相关主体在类型、角色、地位及分享水库利益等方面的差异,在成本分担上仍存在博弈。只是由于与水库主要功能和利益分享关系易于识别、分担的成本数额相对较少,这些主体在分担方法选择、分担方式确定、分担数额计算方面协商较为简单,也易于达成一致。

对于建设及运行成本较低但主要功能有多种的江河大型水库,虽所涉及的部门较多，建设及运行成本的分摊也存在部门间的博弈，但因成本总额相对较少，在相关部门承担了专用成本后，公共成本的数额会更少，在相关部门进行分摊难度会有所降低，经协商较易达成一致。但是，这些主体不仅类型、角色、地位差异大，而且与水库功能关联和利益关系差别显著，在建设及运行成本分担上存在较大的矛盾与冲突，在相互的利益博弈中，各自都会选择于己有利的策略，并在成本分担方法选择、分担方式确定、分担数额计算等方面展开竞争，并对成本分担结果产生影响。

对于建设及运行成本庞大、主要功能多样的江河大型水库，不仅所涉及的相关部门多，而且所涉及的相关主体更多，主体的群体规模也更大，使建设及运行成本的分摊与分担变得十分复杂。这类水库的每一种主要功能都涉及一个或几个相关的部门，每一种辅助或连带功能同样如此，所涉及的部门很多。加之成本数量庞大，为减轻压力，一般会将建设及运行成本在尽可能多的部门间分摊。由于这些部门在类型、属性上的差异及目标诉求上的不同，在专用成本界定、公共成本确认、公共成本分摊办法与方式确定等方面都存在博弈，要最终达成相互可接受的分摊方案难度很大。这类水库的建设及运行所涉及的主体，类型多、数量大、角色多样、地位不同，在成本分担意愿、分担能力上差异很大。在这种情况下，不仅分属不同部门的主体间在成本分担上存在利益冲突，而且部门内不同主体间在成本分担也存在利益矛盾，正是这些主体间的博弈和协调，最终才能达成一定的妥协并形成某种分担方案。由此可见，江河大型水库主要功能越多、建设及运行成本越大，所涉及的相关部门和主体就越多，成本分摊与分担难度也就越大，最终形成的分摊与分担方案只能是一个多方妥协的产物，虽不一定公平合理，但可以为多方所接受。

3. 水库成本构成及分布因素

江河大型水库建设及运行的专用成本由相关部门独立承担，而公共成本是按占用水库资源（如占用库容）的比例在相关部门间分摊，但成本在相关主体间的分担则一般是按其充当的角色、受益多少、与建设及运行的关联决定。在这样一种基本原则下，建设及运行成本的构成特别是成本发生的领域，对部门分摊和主体分担都会产生重大影响。造成某个领域发生的成本多、对应部门分摊的成本越多、相关主体分担的成本也越多，某个领域发生的成本少、对应部门和主体分摊及分担的成本也越少。

江河大型水库建设及运行的专用性成本，是指专为发挥某种功能的设施设备建设及运行的成本，如发电设施设备建设及运行成本、输变电设施设备建设及运行成本、通航设施设备建设及运行成本等便属此类。公共成本是指为发挥各种功能所共同需要的设施设备建设及运行的成本，如大坝建设及维护成本、水库成库成本、水库生态环境保护及安全运行保障工程建设和维护成本等便属此列。专用性成本占比越高,可明确分摊到部门和主体的成本份额就越大,由多部门共同分摊和多主体共同分担的成本份额就越小,水库建设及运行成分的分摊与分担也就较为容易。如果公共成本占比很高,则可明确分摊到部门和主体的成本份额就小,而由多部门分摊和多主体分担的成本份额就大。在大份额建设及运行成本由多部门分摊和多主体分担的情况下,部门之间和主体之间的博弈会十分激烈,部门和主体的类型、角色、能力、受益等多种因素都会对成本分摊与分担施加影响,并决定分摊和分担方法选择、方式确定、数量计算,进而导致某种分摊和分担结果。

江河大型水库的建设及运行成本,按发生领域可粗略分为建设前期准备成本、大坝枢纽工程建设及运行成本、输变电工程建设及运行成本、水库成库成本、水库生态环境保护工程建设及维护成本、水库安全持久运行保障工程建设及维护成本等六个部分。由于相关部门和主体对成本的分摊和分担与成本发生领域存在一定的对应关系,故成本的发生领域分布对其分摊与分担会产生重大影响。一般而言,水库建设前期准备、大坝枢纽工程、输变电工程、水库成库四大领域内发生的成本,主要由水库主要功能对应部门分摊和所涉主体分担,这四大领域发生的成本占比越高,相关部门和所涉主体分摊及分担的成本份额就越大。而水库生态环保和安全保障领域发生的成本,则主要由环保、水利、林业、农业等部门分摊,具体的分担者主要是水库周边地方政府、企事业单位及城乡居民,这两个领域发生的成本占比越高,所涉的部门和主体分摊和分担的成本份额也越大。水库成库成本本当由水库主要功能对应部门分摊和相关主体分担,但在淹占补偿不足和安置标准偏低的情况下,淹占企事业单位、移民、受影响的其他居民也在事实上分担了一部分成本,成库成本占比越高,这部分主体承担的成本份额也越大。由上述分析可知,江河大型水库建设及运行成本的领域分布对其部门分摊和主体分担都会产生重要影响,并在一定程度上左右成本分摊和分担的格局。

4. 水库利益与事项关联因素

江河大型水库建设及运行成本分摊的部门虽多种多样、分担的主体也形形色色,但他们有一个共同特点,就是与水库建设及运行存在某种关联关系,正是这种关联才使其成为成本的分摊者和分担者。部门和主体与水库建设及运行的关联可分为三种:一种是水库建设及运行可以实现部门和主体的非营利目标和愿望,二是水库建设及运行可为部门和主体带来经济利益,三是水库建设及运行与部门和主体存在直接的事项关联。这三种关联都导致相关部门和主体成为成本承担者,分摊与分担江河大型水库的建设及运行成本。

江河大型水库巨大的防洪、供水、灌溉功能,可以实现政府治理大江大河、防洪减灾、保障人民生命财产安全、改善工农业生产条件、改善城乡居民生活条件等目标,也能满足居民安居乐业、发展经济、提高收入和生活水平的愿望。水库建设及运行所提供的这些公共品和公共服务,使其与政府行为及公众诉求相联系,这种联系又导致政府相关部门和主体参与水库建设及运行、分摊和分担成本的义务与责任,同时也决定了相关居民参与水库建设及运行的热情和分担成本的意愿。很显然,江河大型水库建设及运行所能发挥的符合政府要求的公益性功能越大,政府部门及相关主体分摊和分担的成本份额和数量也就越多。

江河大型水库的发电、通航、养殖、旅游功能发挥,可以为电力、航运、渔业、旅游部门及相关主体带来直接的经济利益,这些部门和主体是水库建设及运行的直接受益者。按谁受益谁投资的原则,受益部门及主体自然应当成为水库建设及运行成本的分摊者和分担者。当水库为实现上述经济功能所花费的建设及运行成本占比很高时,这些受益部门和主体分摊和分担的成本份额也越高。相反,则这些受益部门和主体分摊和分担的成本份额便少。对于经济功能多样的江河大型水库,不同经济功能的大小存在很大差异,对应部门及相关主体的受益水平亦随之出现差别。在这种情况下,受益部门和主体还有一个如何按受益多少分摊与分担成本的问题。在一般情况下,谁受益多,分摊和分担的成本就多;谁受益少,分摊和分担的成本也少。当然,有时也会出现搭便车的情况,那些不需要专用投资和不单独占用水库资源的受益部门可能不分摊成本,这类部门内的相关主体可能也不分担成本。

在江河大型水库建设及运行中,有些部门和主体并不能直接从中受益,有的甚至还要受到损害,但因与某个(或某些)工程、工作、事项有关,情愿或不情愿地成了建设及运行的相关部门和相关主体,并在其他因素影响下分摊和分担成本。例如水库淹占及搬迁重建、移民安置、水库周边生态环境保护、水库安全运行保障等所涉及的相关部门及主体,因所处的特殊地域而与水库建设及运行结下了不解之缘,便属于此类。淹占补偿、搬迁重建、移民安置是江河大型水库建设成本的重要组成部分,在补偿不足额、重建投入少、安置标准低时,淹占区的相关部门和主体就需自己补贴缺额,在事实上为水库建设分摊成本。水库周边生态环境保护和安全保障是水库建设及运行的重要组成部分,其成本应当在水库功能所涉部门和主体间分摊与分担,但因其发生在水库周边地域,又与当地生态环境保护等任务搅在一起,就有可能将这一部分成本转由水库周边地区内的部门和主体分摊与分担。由于江河大型水库成库、生态环境保护、安全运行保障的成本数量大、占比高,如此一来,对建设及运行总成本的分摊和分担势必产生重大影响。

5. 政策因素

江河大型水库建设及运行成本在哪些部门之间分摊,在哪些主体之间分担,以及如何分摊和分担,不仅是一个关系各方利益的敏感问题,也是一个实际操作比较困难的技术问题。各相关部门和主体或为了减轻负担,或为了维护自己的权益,在成本分摊和分担上展开博弈与竞争,各方利益不易协调,达成一致更非易事。在这种情况下,就需要具有权威性的政策来规范相关部门和主体的观念与行为,以解决成本的分摊和分担问题。这样的政策一旦产生,它就会对水库建设及运行成本分摊和分担的原则、方法、方式等作出刚性规定,并对分摊和分担格局产生决定性影响。

江河大型水库建设及运行的有关政策,要对相关部门和主体的义务与责任作出规定。这种规定一方面以相关性为依据界定了水库建设及运行所涉的部门和主体,另一方面以责任性为依据指示出应分摊成本的部门和应分担成本的主体,从而为确定水库建设及运行成本分摊部门和分担主体提供依据,同时也为不同部门和主体分摊与分担成本的领域提供依据。例如,政策规定江河大型水库由国有大型电力企业充任建设及运营业主,其他部门积极参与和主动配合,淹占区企事单位和居民为水库建设做贡献,地方政府搞好土地征用和拆迁安置,水库周边地区搞好生态环境保护和安全保障等,就直接确定了水库建设及运行相关部门和主体的范围与主要的对象,同时对不同类别部门和主体的职责范围进行了划分,也对他们分摊和分担建设及运行成本提出了原则性要求。这些规定对由谁分摊和分担成本、不同部门和主体在哪些领域分摊和分担成本作出了划分,对江河大型水库建设及运行成本的分摊和分担有重大影响。

江河大型水库建设及运行的有关政策,一般也要对成本分摊和分担规则、方法、方式及标准等作出规定。这些规定有的可决定有些部门和主体分摊与分担水库建设及运行成本的领域与份额,有的可决定一些部门和主体分摊与分担水库建设及运行成本的数量,有的则决定相关部门和主体在成本分摊与分担中的地位和关系。由于政策的约束刚性,这些规定一旦作出,就会对成本的分摊与分担产生决定性影响,力度远大于其他影响因素。例如,成本分摊和分担规则和计算方法的确定,便决定了相关部门分摊成本的份额和数额,并对相关部门内各主体分担成本的数量产生重大影响;淹占、拆迁、恢复重建、移民安置范围和补偿标准一旦确定下来,一方面决定了水库主要功能所涉部门和主体分摊与分担成库成本的份额及数量,另一方面也决定了淹占区内有关部门和主体分摊与分担成库成本的占比及水平。由此可见,政策因素在水库建设及运行成本分摊与分担中的重大影响力,也正因为如此,相关部门和主体都力求对政策制定和执行施加影响,并企图使政策规定于己有利。

三、建设及运行成本分担的机制

对多功能江河大型水库建设及运行成本的分摊与分担,在中国实施的历史虽然不长,也还远未完善,但具体的分摊与分担方式和办法也逐渐成形,并表现出某些与国外不同的特征。这些分摊与分担方式、办法及特征,不仅深深地打上了中国大型基础设施建设举国推进和经济体制转轨的烙印,也折射出江河大型水库建设及运行成本分摊与分担的某些内在机制。正是这些机制的作用,才催生了水库建设及运行成本中国版的分摊与分担。

1. 主体扩展机制

具有综合利用价值的多功能江河大型水库,所提供的产品和服务可分为公共品(防洪、供水、灌溉等)和私人品(电力、航运、养殖等)两大类。在市场经济体制下,公共品和公共服务应由政府提供,而私人品应由市场提供。按这一基本准则,江河大型水库建设及运行的成本,就应当由政府和业主承担,即由政府部门、直接受益部门及其相关主体分摊和分担。但在水库建设及运行成本的实际分摊和分担过程中,将其他部门和主体也纳入成本分摊和分担的范围,作为成本分摊和分担的对象,从而大为扩展了成本分摊部门和分担主体,让更多的部门和主体承担水库的建设及运行成本。

首先,将地方政府拉进成本分摊行列。江河大型水库所在地的省(直辖市、自治区)、县(区)、乡(镇)地方政府,虽可从水库建设及运行中受益,但它既不是水库业主,也不能参与水库利益分配,按理不应承担水库建设及运行成本。可是水库建设及运行中的征地、拆迁、恢复重建、移民安置、水库周边点源和面源污染防治、森林植被恢复、水土流失治理等工作要由地方政府组织完成,而完成这些本应由水库业主完成的工作,地方政府不仅要付出巨大的人力,而且在额定投入不足的情况下还需要自己补贴。同时,这些工作有些容易产生遗留问题,而遗留问题的解决还需要地方政府支付成本。如此一来,地方政府便被拉进水库建设及运行者的行列,并为其分摊成本。

其次,将水库淹占区相关部门和主体作为成本分摊与分担对象。江河大型水库淹占区内有不少城镇、交通设施、能源设施、通信设施、企事业单位、农村居民点、农业基础设施、不同类别的自然资源,以及大量城乡居民,涉及众多部门和主体。这些部门和主体同样不是水库业主,同样也不能参与水库利益分配,按理也不应承担水库建设及运行成本。但因为他们与水库成库成本支出有关,被动地卷进了成库成本的分摊和分担。对于淹占区的交通、通信、能源、农业等部门,因淹占设施设备补偿不足,不能完成迁建或恢复重建时,就要由自己贴补完成,从而在事实上被要求分摊一部分成库成本。对于淹占区的城乡居民,因淹占财产补偿不足,不能完成迁移重置时,就要自己承担财产损失,从而在事实上被要求分担一部分成库成本。

再次,将水库周边地区相关部门和主体纳入成本分摊与分担对象。江河大型水库周边广大地区的工业、农业、林业、环保等部门及企业、工矿、事业等单位和城乡居民,也不是水库业主,也不能参与利益分配,按理同样不应承担水库建设及运行成本。但因为他们与水库生态环境保护及安全运行保障的工程建设和维护关系密切,也被拉入到水库成本分摊与分担的行列。在由水库周边地区完成生态环境保护和安全保障的情况下,区域内众多的部门和主体就要承担高标准点源及面源污染防治工程建设与运行、生态林及水土保持林建设与管护、小流域治理工程建设与维护、地质灾害防治工程建设与维护等方面的繁重任务,并为其支付部分或全部成本。

2. 功能有限关联机制

具有综合利用价值的多功能江河大型水库,其建设及运行成本应当按实现不同功能所需投入的份额和数量分摊与分担,以体现公平与效率。但在中国江河大型水库建设及运行成本的分摊与分担中,只有一部分而不是全部成本的分摊与分担与水库功能相联系,并且这部分成本也不是严格按实现功能投入所需进行分摊与分担,而是随江河大型水库建设、运行、投资的具体情况相机处理。这种成本分摊与分担,表现出明显的与水库功能有限的而不是紧密的关联关系。

按中国现行的江河大型水库建设及运行成本分摊与分担办法,水库周边生态环境保护和安全运行保障的成本,由这些地区的相关部门和主体分摊与分担;水库成库中的淹占补偿、拆迁、恢复重建、移民安置的部分成本,由淹占区内相关部门和主体分摊与分担;水库大坝枢纽工程建设及运行、输变电工程建设及运行、库内生态环保和安全运行保障工程建设及运行、库岸地质灾害防治工程建设及维护的成本,以及水库成库(征地、拆迁、恢复重建、移民安置等)的一部分成本,由水库功能所涉部门和主体分摊与分担。由于前两个领域的相关部门和主体并不与水库功能追求相涉,故这两个领域的成本分摊与分担,与水库功能的实现没有必然联系。但后一个领域的相关部门和主体是水库功能的追求者(或需求者),在这一领域的成本分摊与分担,与水库功能的实现才有必然联系。

对于江河大型水库大坝枢纽工程建设及运行、输变电工程建设及运行、水库成库这几个方面的成本,专用性投资部分由专属功能所涉部门和主体分摊与分担,公用性投资部分由水库主要功能所涉部门和主体分摊与分担。但这种惯常的成本分摊与分担办法在实施中也时有变更,而不能完全照此办理。一是有些功能虽然不小,但其发挥不需专用投资,也不单独占用水库资源,所涉部门和主体有理由拒绝分摊与分担成本而"搭便车";二是有些功能虽然显著,但所涉部门和主体不明确或不固定,难以让其分担与分担成本;三是有些功能所涉部门和主体承担成本的能力严重不足,若按惯常办法分摊与分担成本,相关部门和主体因无力承受而使这种分摊与分担无效。鉴于这些情况,江河大型水库的这一部分建设及运行成本,一般都是在水库重要功能所涉、而又有承担能力的部门和主体间进行分摊与分担。

具有综合利用价值的多功能江河大型水库,提供公共品和公共服务的建设及运行成本按理应由政府分担,而提供私人品的建设及运行成本按理则应由对应部门和主体分摊与分担。但在实际的成本分摊与分担过程中,这种界限有时也显得较为模糊,甚至不清。当水库建设及运行成本不太大,其他部门和主体有能力分摊和分担这些成本时,政府就可能少分担甚至不分担成本,而将其转由其他部门和主体分摊与分担。如果水库建设及运行的成本特别巨大,其他部门和主体承受能力有所不及时,政府也可能多分担成本。对以公益性功能为主的江河大型水库,建设及运行成本可能全部由政府分担,而其他功能所涉部门和主体不用分摊与分担成本。但若江河大型水库以提供私人品为主且功能强大,则政府也可能不分担公共品和公共服务的投资,而将其转由私人品对应部门和主体分摊与分担。

3. 利益有限关联机制

在市场经济体制下,江河大型水库的建设及运行成本,应当按照"谁受益谁投资"的原则进行分摊与分担,以实现公平。但在中国目前的体制转型过程中,水库建设及运行成本的分摊与分担并未充分体现这一原则。在实际的成本分摊与分担中,承担部门和主体有些是受益者而有些则不是,有的受益者分担了成本而有的则搭了"便车",有的受益者获利多但分担成本少,而有的受益者获利少但分担成本多,使成本分担与利益分享在一定程度上脱节和失衡。

中央政府是江河大型水库的所有者,水库资产及收益归其所有,水库提供的公共品和公共服务为其完成社会责任和实现发展目标,是水库建设及运行的主要受益者。水库建设及运营业主是大型国有电力企业,水库的建设及运行使其发展壮大,实力增强,也是重要的受益者。江河大型水库一般还能改善通航、淡水养殖、旅游条件,航运、水产、旅游部门和所属主体(企业或个人)同样是受益者。这几类受益者中所属部门明确和所指主体确定的(如中央政府及所属部门、水库业主、航运部门等),对水库建设及运行成本都应分摊与分担,虽在分摊及分担数额和比例上与受益水平不一定相对应,但体现了成本承担与受益的关联。这几类受益者中所属部门和所指主体不确定的(如淡水养殖部门和相关主体、旅游部门及相关主体等),因成本分摊与分担没有明确而稳定的承受方,一般都未分摊与分担成本,未体现成本承担与受益的关联。

江河大型水库所能发挥的防洪、灌溉、供水、发电功能,也使很多地区和主体受益,但因用水和用电要付费,故接受水库灌溉、供水、供电的地区和主体,便不应当分摊与分担水库的建设及运行成本。而水库防洪保护的地区和主体却不同,他们因水库防洪功能的有效发挥,减轻或免除了洪灾威胁和生命财产损失,极大节约了防洪抗灾的人财物力消耗,受益巨大而持久,可是他们并不为水库建设及运行分摊与分担成本,在他们身上体现不出成本承担与受益的关联。

在江河大型水库的建设及运行中,淹占区的相关部门和主体要为水库让出土地和迁往异地他乡,水库周边地区的相关部门和主体要改变生产方式、调整产业结构,甚至放弃某些发展机会,他们虽可能从水库建设及运行中间接得到一些好处,但不能直接受惠。如果再加上水库建设及运行可能给周边地区带来的风险(如地质灾害和洪灾等),则水库淹占区和周边地区的相关部门和主体是水库建设及运行的贡献者及受损者,而不是受益者。对这些贡献者及受损者本应给予足够的补偿,但实际上却让淹占区相关部门和主体所获补偿不足,让水库周边相关部门和主体分摊与分担生态环境保护及安全运行保障的成本,在他们身上出现了成本承担和利益分享的倒置。

4. 转移机制

在中国江河大型水库建设及运行成本的分摊与分担中,水库功能所涉和与水库利益分享直接相关的部门及主体,有的分摊与分担了成本,有的还分摊与分担了过高比重和过多数额的成本,有的则没有分摊与分担成本,或只分摊与分担了较少份额和数额的成本,而一些与水库功能无涉或不能直接分享水库利益的部门和主体,却分摊与分担了成本,有的部门和主体分摊与分担的成本份额及数量还很大。之所以出现这些情况,是因为有些应分摊与分担成本的部门和主体,将本应由自己承担的部分或全部成本,转移给其他部门和主体承担。

江河大型水库建设及运行成本的转移,首先表现在受益部门和主体将成本转嫁给非受益部门和主体。水库受益部门和主体通过压低土地征用价格、降低淹占补偿标准、缩减迁建和恢复重建投资、降低移民安置标准等手段,将本应由自己承担的一部分资源占用、淹占财产损失补偿、迁建和复建投资、移民搬迁安置成本,转嫁给并不直接从水库受益的淹占区相关部门、企事业单位和城乡移民,是成本转移的重要组成部分。水库受益部门和主体将本应由自己担负的水库周边点源和面源污染防治、库岸林建设与抚育、水土保持林建设与抚育、流域治理和地质灾害防治工程建设及维护等任务,交由当地环保、农业、林业、国土等部门和企事业单位及城乡居民完成,并让其分摊和分担成本,是成本转移的又一重要组成部分。由于江河大型水库建设中的淹占补偿、生态环保和安全保障工程建设投资巨大,有的甚至远远超过大坝枢纽工程建设投资,故从这些方面转嫁给非受益部门和主体的建设成本不仅数额惊人,而且所占比重很高。又由于江河大型水库枢纽运行成本较低,而水库生态环境保护和安全运行保障工程常年的维护成本很大,故从这一领域转嫁给非受益主体的运行成本数额巨大,占比同样很高。

其次表现为受益部门和主体之间的成本转嫁,即在分摊与分担成本的受益部门和主体中,某些部门和主体将本应由自己承担的成本,转嫁给其他部门和主体,以减少承担的成本数量与份额。这种转移常发生在水库公共品与私人品所涉部门和主体之间,因水库公共品是由政府投入,而私人品由相关企业及个人投入,所以私人品所涉部门和主体往往采取提高公共品投入数量及占比的办法,增加政府对水库建设及运行的投入,从而减少自己对成本的分摊与分担。这种转嫁也发生在水库公共品所涉部门和主体之间,因为水库不同公共品及公共服务投入领域不同,具体承担的政府部门和主体也不一样,有的部门和主体采取增加其他部门和主体分摊及分担数量及占比的办法,将本应由自己承担的一部分成本转嫁出去。这种转移还发生在水库私人品所涉部门和主体之间,具体的转移办法与公共品所涉部门和主体的情况相类似。

江河大型水库建设及运行成本的转移方式、领域与途径虽各不相同,但如果对成本的转出者和转入者进行考察,就会发现成本转出者一般为强势部门和主体,而成本转入者则多为弱势部门和主体。中央政府处于强势,可以轻易将一部分应由自己承担的成本转嫁给地方政府,水库建设及运营业主也处于强势,也可方便地将一部分本应自己承担的成本转嫁给其他部门和主体。

5. 政策调控机制

在市场化改革已推进多年的当今,中国江河大型水库建设及运行成本的分摊与分担,之所以还未充分体现市场机制与规则,甚至出现与之相悖的现象,最主要的原因是中央政府的相关政策发挥了极大的调控作用。正是一些与市场机制及规则相悖的政策强而有力的调控,才出现水库建设及运行成本分摊与分担中扩展承受对象、与水库功能关联脱节、与利益分享不对称甚至转嫁等现象和行为,并导致公平的缺失及效率的降低。

在江河大型水库建设及运行的相关政策中，土地征用、淹占损失补偿、淹占搬迁和恢复重建及移民安置等方面的法规、条例，对水库建设成本分摊与分担产生了决定性的影响。土地征用的低水平补偿政策，使农村集体在失去土地所有权、农民失去土地使用权时得不到应有回报，在事实上分担了一部分水库建设征地成本。淹占财产的低价补偿政策，使财产所有者的损失得不到全额弥补，在实际上为水库建设分担了一部分淹占赔偿成本。淹占城镇、工矿、基础设施搬迁及恢复重建的低标准包干政策，使当地政府及交通、通信、能源、农业、水利等部门和企事业单位要为恢复重建追加投入，在事实上为水库建设分担一部分搬迁重建成本。移民低标准安置的政策，也使城乡移民分担了部分安置成本。

在江河大型水库建设及运行中，有关工程和工作责任分工的规定、条例，对水库建设及运行成本分摊与分担也起了决定性作用。水库建设及运行管理决策由中央政府决定，使中央政府拥有建设及运行成本分摊与分担的最终决定权，并按政府偏好对成本进行分摊与分担。水库建设及运营业主由国有大型电力生产企业充当，使其拥有影响预算编制和成本分担的优势，从而对成本的分摊与分担方式、测算方法、最终结果的选择与形成发挥重要作用。中央政府将水库周边的生态环境保护、水土流失治理、污染治理、地质灾害防治等方面的工程建设及维护交由当地完成，使水库周边的地方政府、相关部门、企事业单位及城乡居民为完成这些任务，而为水库生态环境保护、安全运行保障承担成本。

在江河大型水库建设及运行的相关政策中，对成本范围及内容的界定，对成本分摊与分担对象的确认，对成本分摊与分担原则、方法的规定等，更是直接决定成本分摊与分担的最终结果。水库建设及运行成本的范围及内容的界定，决定了成本总量的大小及相关部门和主体承担成本的多少。水库建设及运行成本分摊与分担对象的确认，决定了成本承担者的多寡，并进而决定其承担的数量多少。水库建设及运行成本分摊与分担原则的设定，从总体上限定了成本分摊与分担的大体格局。而水库建设及运行成本分摊与分担方法的确定，也就最终决定了不同部门和主体应当承担的成本份额和数量。

江河大型水库建设及运行相关政策，之所以能够对成本分摊与分担起到决定性的调控作用，是因为政策所具有的强制性。这些政策由中央政府制定，具有很高的权威性，也具有极强的严肃性，相关部门和主体只能遵照执行，而不可违反或更改，更不能抵制或抗拒。因此，有什么样的相关政策就会产生什么样的成本分摊与分担结果，好的政策会使水库建设及运行成本的分摊与分担实现公平和效率，而不当的政策则导致成本分摊与分担的失准和矛盾。

四、建设成本的分担

江河大型水库的建设成本构成复杂,按发生的环节和领域可粗略分为建设前期准备成本、大坝枢纽工程和输变电工程建设成本、水库成库成本、水库污染防治工程建设成本、水库安全及生态防护工程建设成本等五大类。这些成本发生特点不同、发生时间不一致、承担对象各异、承担方式不一,其分摊与分担自然会表现出不同的特征、形成不同的格局。对不同类型成本的分摊与分担进行分析,可以更深入地了解江河大型水库建设成本分摊与分担的机制和特征,相关部门和主体在水库建设中的真实角色,他们之间的利益关系,他们对水库建设的实际贡献。

1. 建设前期准备成本的分担

江河大型水库在开工建设之前要进行立项论证、相关技术及经济社会与生态环境问题的研究、大坝选址及水库区域界定、大坝及水库工程设计、水库生态环保及安全保障工程设计、水库淹占调查及搬迁安置规划等一系列准备工作,只有这些工作圆满完成,水库建设才能顺利开工。这些准备工作类型各异、涉及范围广、承担的主体也不一样,完成这些工作的经费来源渠道也较多,其成本的分摊与分担的部门和主体较多。

对于特定江河大型水库建设的可行性论证,包括水库建设的目标及功能定位、建设的必要性与重要性论证、经济和技术可行性论证、社会影响和生态环境安全论证、投资及效益分析等具体内容。有的论证内容是为中央制定江河治理和水利水电发展规划服务的,其成本由中央政府分担。大多数论证内容是为该水库建设申请立项服务的,其成本是水库建设公共成本的一部分,一般由水库主要功能所涉或利益分享部门和主体分摊与分担。

江河大型水库建设所牵涉或可能引发的技术问题、经济问题、社会问题、生态环境问题很多,有些问题是所有江河大型水库建设共同存在的,有些问题则是特定江河大型水库建设所独有的。对于共同的问题,中央政府的相关部门一般会投入资金,组织专门力量进行研究和解决,其成本由这些部门分担。对于独特的问题,则多由水库建设业主或其主管部门投入资金,招标或委托进行研究和解决,其成本作为水库建设公共成本的一部分,在水库主要功能所涉或利益分享部门和主体之间分摊与分担。

江河大型水库大坝选址和水库范围界定,包括地质调查及勘探、大量实地考察、测量等工作,并需进行多次复核,以求无误。大坝枢纽工程设计包括大坝工程、发电工程、泄洪工程、排沙工程、输变电工程、通航工程等众多项目的分项设计与总体设计,并需进行多方案比选。水库设计包括库长、库深、库宽、库容等多方面的调查、分析、论证。水库生态环保工程设计包括珍稀动植物保护工程、库岸林工程、水库周边生态保护工程、水库生态环境监测工程、水库周边污染防治工程等方面的规划设计,内容广泛且工作量大。水库安全保障工程设计包括危岩滑坡监测及治理工程、水土流失治理工程、航运安全工程等方面的设计与规划。这些前期准备工作专业性强、技术要求高、消耗的人财物力较多,一般作为水库建设公共成本的组成部分,在水库主要功能所涉或利益分享部门和主体间分摊与分担,但有些专用工程的设计成本仍由使用部门或主体独立承担。

江河大型水库的淹占调查包括淹占区人口统计、淹占土地量算、淹占居民财产统计及分类、淹占城镇调查、淹占基础设施调查、淹占工矿及事业单位调查等很多方面,每一个方面还涉及众多内容。搬迁安置规划则包括城镇迁建、工矿及事业单位迁建、基础设施恢复重建、文物保护与迁移、移民安置规划等,内容广泛而复杂。这些调查与规划专业性、政策性强,除需大量专业人员的工作外,还要地方政府派出大量人员配合与协助。因此,调查及规划的这类工作成本,大部分是作为水库建设公共成本的一部分,在水库主要功能所涉或受益部门和主体间分摊与分担,还有一部分成本则是由当地政府承担的。

2. 大坝枢纽建设成本的分担

江河大型水库大坝枢纽工程主要由大坝工程、发电工程、输变电工程、通航工程、配套设施工程构成,这些工程有的是水库综合功能发挥所共同需要的,有的是水库专项功能发挥所需要的,个别工程是相对独立的,但总体上各工程是密不可分的。大坝枢纽除工程建设之外,还有大量设施、设备购置与安装,如发电设备、输变电设备、船闸设备等类的采购及安装,多种仪器、仪表的采购与安装等,这些设施和设备大多是专用的,少数是水库综合功能发挥共用的。水库大坝枢纽建设成本巨大,一般将其分为专用成本和公共成本两个部分,在水库主要功能所涉部门和主体间分摊与分担。

水库大坝建设涉及导流、截流、坝基、坝首、坝体等一系列工程,工程量浩大,建设时间长,质量要求高,花费的成本数量大。由于江河大型水库所有功能的发挥都要依赖于大坝(大坝建成形成巨大库容方可蓄洪调洪、大量供水和灌溉、提供巨大水能发电、改善航运条件等),因此大坝工程是水库建设的公共工程,其建设成本是在水库主要功能所涉部门和主体之间分摊与分担。若水库具有公益功能在内的多种功能,大坝建设成本由政府及电力、水利、航运部门和相关主体分摊与分担。若水库主要用于发电,则大坝建设成本主要由电力部门及所属企业承担。若水库主要用于供水或灌溉,则大坝建设成本主要由政府或水利部门承担。

发电工程包括发电厂房建设、发电设施及设备的购置及安装等,专用性很强。发电工程建设成本在水库大坝枢纽建设成本中属专用成本,由电力部门及所属企业承担。但在中国,大型水电站属于国有,水电收益亦为国有资产,故中央政府也往往向大型水电建设进行投资,有些大型水库的电力工程成本也有由中央政府与水电企业共同分担的情况。只不过中央政府对发电工程投资是与对水库工程建设投资综合权衡的,且视具体情况而有所不同。当发电工程成本巨大、水电企业难以承受、中央政府分担的成本就多,当发电工程成本可为水电企业承受、中央政府便可能少分担或不分担成本。

输变电包括变电站建设、变电设施及设备购置及安装、高压输电线路建设等。这一工程建设在历史上是水库大坝枢纽建设的配套部分,改制后将其作为电网建设的组成部分,从大坝枢纽建设中折出。但这一工程与发电工程关系密不可分,其建设成本纳入水库大坝枢纽建设成本的分析,仍然有其合理性和必要性。由于输变电工程专用性很强,故其建设成本一般由电力运营部门及其企业承担。但大型电力运营企业也属中央政府直属企业,故中央政府也可能向大型输变电工程建设投资,有些水库的输变电工程成本是由中央政府与电力运营企业共同分担的。

通航工程包括过坝航道建设、船闸设施及设备购置与安装等,这一工程专用性很强,专为过坝船舶使用,其建设成本按理应由航运部门分担。但考虑到江河大型水库建设应恢复航道,而船舶过坝一般未收取费用,这一工程应属于准公共工程,其建设成本还是作为枢纽建设公共成本的一部分,在水库主要功能所涉部门和主体间分摊与分担,只不过中央政府分担的份额和数量较大。

大坝枢纽建设的配套工程包括管理用房及设施和设备、配套生产用房及设施和设备、坝区生态环境工程建设等。这些工程属于大坝枢纽建设的公共工程,其成本是在水库主要功能所涉部门和主体间分摊与分担。

3. 成库成本的分担

江河大型水库建设成库,要征用淹占区的土地,要对淹占区内居民和企事业单位财产及物资损失进行补偿,对淹占的城镇进行迁建,对淹占区的基础设施进行恢复重建,对淹占的企事业单位进行复建,对淹占区的城乡居民进行迁移安置。这些工程和工作不仅涉及面宽、内容复杂、花费的成本数额巨大,而且涉及的对象类型多、群体数量庞大、与水库建设的利益关系复杂。在成本的分摊与分担上存在多重博弈,并且很容易受政策因素的影响和行政力量的干预,进而导致公平和效率的损失。

江河大型水库淹占土地多,少则上百公顷,多则上千公顷甚至上万公顷。这些土地均由国家按公共建设用地征用,征用面积由政府核定、征用价格由政府决定。在征地过程中,面积不是经丈量确定,而是以小于实际面积的统计数或图上量算数核定,价格以征用前三年平均产出的 6—9 倍计算(近年有所提高),且未利用土地不计征用面积,导致水库淹占土地少计面积,低价强制征用。如此一来,应当付出的土地征用成本,一部分转嫁给了农村集体和农民,其余的部分才作为水库建设的公共成本,在水库主要功能所涉部门和主体间分摊与分担,故水库建设征地成本是由这些部门及主体与农村集体、农民共同承担的。

水库淹占要给淹占区居民造成多种财产、物资损失,对其计量范围、计量方法和计价标准均由政府决定。在实际的损失计量中,居民的共有财产、物资极少纳入计量范围,居民私有的财产、物资也只计大件而不计小件,特别是附着在房屋、土地上的财产、物资一般还不单独计量,造成损失财产、物资的少计。在实际的损失计价中,多按财产及物资原值或估值计价,而不是按重置计价,造成计价偏低。如此一来,本应付出的淹占损失补偿成本,一部分便转嫁给了淹占区居民,其余的部分才作为水库建设的公共成本,在水库主要功能所涉部门和主体间分摊与分担。

水库淹占城镇的迁建,涉及城镇房屋及设施建设、城镇及周边基础设施配套、城镇功能恢复等多个方面,这些工作均交由地方政府完成,对淹占城镇迁建的补偿实行总量包干,由地方政府安排使用。由于淹占城镇迁建的包干经费主要考虑的是城镇建筑和设施的建设需要,而对城镇周边的配套基础设施建设和城镇功能恢复未予重视,加之对城镇建筑和设施建设核定投入标准偏低,造成城镇迁建投入严重不足。在迁建任务和经费包干的情况下,迁建经费的不足部分只能由地方政府解决。如此一来,淹占城镇迁建的一部分成本便转嫁给了地方政府,只占城镇迁建成本一部分的包干经费,才由水库主要功能所涉部门和主体分摊与分担。

水库建设要淹占不少公路、输电线路、通信线路、输油或输气线路及相关设施,恢复重建的任务仍由地方政府完成,淹占补偿按实际淹占数量(如里程等)计量、按淹占实物的原有等级或规格计价,补偿费交由地方政府完成复建任务。由于这些基础设施的复建要在水库最高水位线之上的区域进行,且大多数又为山地,故复建的里程大为增长,施工难度加大,建设成本大为增加,加之复建时技术标准和质量要求的提高,更进一步加大了重建成本,造成复建成本远大于复建补偿费。复建补偿费不足的部分一般由当地交通、通信、能源等部门分担一部分,再由地方财政补贴一部分。只有复建补偿才作为水库建设的公共成本,在水库主要功能所涉部门和主体间分摊与分担。

水库建设还淹占了不少农业基础设施(如水利设施、农田基础设施等)、大量的人行道路(包括桥梁)及居民生活设施(如饮用水设施、公共活动场所),这些淹占损失基本上没有单独补偿,而是转嫁给淹占区的居民(主要是农民)分担。

4. 生态环保工程建设成本的分担

江河大型水库生态环境保护工程，主要包括珍稀动植物保护工程、水库周边污染防治工程、水库周边森林植被保护工程及水库生态环境监测工程等，各种工程内还包含不同的建设内容，涉及面广、建设任务繁重。这些工程除珍稀动植物保护和生态环境监测外，都与水库周边地区的生态环境保护紧密相连，在工程建设责任和建设成本分担上不易分割。加之工程建设量大、建设成本巨大、涉及的相关部门和主体众多，使这些工程建设成本的分摊与分担显得较为复杂，并容易出现成本转嫁等不公正、不合理的现象。

水库淹占使区内珍稀动植物失去生存繁衍场所，为避免其灭绝，要建设珍稀动植物生长繁育基地。水库大坝的兴建，使江河流域的一些洄游性鱼类失去产卵场所而面临灭绝威胁，需要为这些鱼类建设人工繁殖场，通过人工繁殖放流加以保护。由于这两方面的工程都是法定任务，且建设任务单一，其建设成本作为水库建设公共成本的一部分，在水库主要功能所涉部门和主体间分摊与分担。但珍稀动植物保护技术的研究开发费用，一般是由科技部门分担的。

水库的生态环境监测，目前还局限在水库内部，主要包括水的理化特性、水体微生物、水体污染、水质等方面的观测、分析与评价。这就需要建设监测站，并要配置相应的仪器和设备，其建设成本是作为水库建设公共成本，在水库主要功能所涉部门和主体间分摊与分担的。

水库周边污染防治工程，包括城镇污水和垃圾处理工程、工矿企业"三废"治理工程、农业废弃物资源化利用与无害化处理工程、农药和化肥减量控制工程等多个方面，这些工程数量大、防治标准要求高、建设成本巨大。对这些工程的建设，目前是将其从水库工程建设中分离出来，作为地方环境保护任务，按水库污染防治标准完成，建设成本由地方政府、企业、农民分项目分担，中央政府对某些项目建设进行扶助。应当指出，各地区虽然都应搞好污染防治，但对水库周边地区而言，由于水库污染防治要求高，就需要建设更多的污染防治工程，并且要提高建设标准，这无疑会大幅增加污染防治工程建设成本。将增加的污染防治工程建设成本转加在地方政府、企业、农民头上，便使他们成了水库污染防治成本的承担者。

5. 安全保障工程建设成本的分担

江河大型水库安全保障工程，主要包括库岸防护工程、危岩滑坡监测及治理工程、库周水土流失治理工程、清库清障工程等，涉及面广、工程任务重。在这些工程中，大多数与水库周边地区的地质灾害防治和生态环境保护密切相关,在工程建设责任和建设成本的分担上易产生歧义。这些工程建设不仅规模大、成本高,而且涉及的相关部门和主体多,在工程建设成本分摊与分担上相互博弈,既不容易达成一致,还容易出现转嫁成本的问题。

江河大型水库新形成的库岸稳定性较差,需要进行防护以增强其稳定性,防护的办法一是工程加固,二是建护岸林带。工程加固是对个别易受外力毁损的库岸(如溪流入库的库岸等),实施工程防护、减轻或避免毁损。护岸林就是沿水库库岸建造宽几米至几十米的高标准林带,固定库岸,防治浪击、防治坡面径流冲刷。个别库岸的工程加固作为水库工程建设的一部分,其建设成本由水库主要功能所涉部门和主体分摊与分担。但护岸林带的建设并没有纳入水库工程建设规划,而是作为林业建设任务交由当地政府按规定要求完成,其建设成本由地方政府和农民分担,中央政府给予一定补助。如此一来,水库巨大的护岸林带建设成本就转嫁给了地方政府和当地农民。

水库近岸危岩采取工程加固增强稳定性,个体小的采取清除,其工程费作为水库建设公共成本的一部分,在水库主要功能所涉部门和主体间分摊与分担。水库库岸和近岸区域还有一些地质不稳的滑坡点或滑坡带,需要进行监测及预报。库岸监测站(点)的建设成本,是作为水库建设公共成本进行分担的,而近岸站(点)的建设成本则是由地方政府分担的。

江河大型水库蓄水清库和清障是保障安全的重要工作,清库是清除水库内的垃圾、杂物、污物并进行无害化处理,清障是清除水库中的障碍物(如建筑物、树木、礁石等)。这些工程虽工作量大,但成本不高,其成本也是作为水库工程建设的公共成本进行分担的。但水库近岸的垃圾、杂物清理是交由地方政府完成的,并由地方政府分担成本。

为防治水库泥沙淤积,确保安全持久运行,需要对水库周边广大地区进行水土流失治理。区域水土流失治理一是要大规模营造水土保持林,二是要兴建水土保持工程,三是要对入库河流、溪沟进行综合治理,涉及地域广、工程量浩大、建设成本高。对这些工程建设,目前也是将其从水库工程建设中分离出来,作为地方的水土保持任务、按水库安全保障的要求完成,建设成本由地方政府和农民分担,中央政府给予一定资助。对于水库周边广大地区,虽自身也需要搞好水土流失治理,但水库对泥沙入库控制严格,对水土保持的标准要求高,使其治理工程的规模扩大、工程建设标准提高,从而使工程建设成本大幅增加。按理,所增加的水土流失治理成本应作为水库建设的公共成本,但因这一工程交由地方完成,这一部分本应由水库主要功能所涉部门和主体分摊与分担的成本,便转由地方政府和农民分担。

五、运行成本的分担

江河大型水库的运行成本科目繁多难以列举,按发生环节和领域可粗略分为大坝枢纽运行成本、水库监测与管理成本、水库生态环境保护工程运行成本、水库安全保障工程运行成本、水库运行损失等几类。这些成本发生方式不同、发生特点各异、涉及主体众多,且与水库周边地区的相关工程运行关系密切,其分摊与分担涉及不同部门和主体的切身利益,情况较为复杂。对这些运行成本的分摊与分担进行分类剖析,可以深入了解江河大型水库运行成本分摊与分担的机制和特征、相关部门和主体在水库运行中的实际贡献以及他们在水库运行中的利益关系。

1. 大坝枢纽运行成本的分担

江河大型水库大坝枢纽运行,包括大坝枢纽设施管理与维护、水库运行与调度、发电、通航、防洪及供水等众多方面,每个方面还包含许多具体内容,且各个方面还需要相互协调,是一个巨大的动态系统。这个系统的运行,无论是哪一个方面,还是哪一项具体内容,都需要消耗一定的人财物力,形成相应的成本。这些成本虽然有些是水库某项特定功能发挥所产生,属运行专门成本,有些则是水库综合功能发挥所产生,属运行公共成本,但都发生在大坝枢纽,且具有较强的连带性。在运营业主对水库大坝枢纽运行实施统一管理的情况下,大坝枢纽的运行成本有特定的分担方式。

大坝枢纽设施管理与维护,包括大坝的管护、监测、维护,配套设施的维护、维修与管理,附属设施的维护、维修与管理,大坝及坝区主要设施的安全维护及管理,坝区生态环境保护与管理等。这些方面发生的成本,一般由水库运营业主承担,但也有一些特例。对于发电量大的水库,业主用发电收益支付这些成本;对发电量小而以供水或灌溉为主的水库,业主用收取的水费支付这些成本,不足部分则需政府补贴。

水库运行与调度管理,涉及水库的水资源和水能资源调控与利用,航道利用与航运调控、蓄洪及泄洪调控、泥沙入库出库调控、水库旅游资源及渔业资源利用调控等方面的设计、实施及管理。这些方面的工作要花费一定的人力,也需要专用的设施和设备,还要消耗一定的财力,但总体上消耗的成本有限。由于这些工作由水库运营业主完成,所花费的成本也主要由业主分担。

水库大坝枢纽发电厂的运行,包括厂房及设施的维护及维修和管理、发电设备的运行管理与监控、发电设施和设备的维护及维修与保养、设施和设备的改造与更新,以及电厂运行与电网运行的协调、发电与水库其他功能发挥的协调等。电厂运行的自动化和智能化程度很高,需要人力少,但需要专业技术人才管理和监控。电厂的大型专用设施及设备价值高昂、定期维护保养花费的物力财力较大,到期更换更新的投入巨大。因此,电厂运行成本数额较大,在大坝枢纽运行成本中占比较高。电厂运行成本由水库运营业主分担,从水库发电收益中支付。

水库大坝枢纽通航,涉及过坝航道、船闸等设施及设备运行及过坝船舶的调度指挥,过坝航道需要维护、维修、管理,船闸等设备运行需要管理和调控,按时维护和维修,并按使用期限进行改造和更新,船闸的运行还要消耗电力。由于不同水库的过坝船舶数量差异很大,故通航成本数额也有很大不同,对于过坝船舶数量多的大坝枢纽,过坝通航的成本不少。在未对船舶收取过坝费的情况下,通航成本也是由水库运营业主分担的。

水库的蓄洪、调洪是由大坝枢纽控制的,主要是利用巨大库容拦蓄洪水并安全下泄,涉及库容调度、下泄流量控制、水库大坝安全、电厂运行安全、通航安全等多个方面,但所花费的成本不高,这部分成本亦由水库运营业主分担。水库的供水与灌溉,主要涉及取水工程和输水工程的运行,成本主要包括取水和输水消耗的人财物力,及取水和输水设施的维护、维修、管理与更新改造,这些成本是由水利或水务部门分担的,与水库运营业主不发生直接关系。

输变电工程过去是与大坝枢纽工程连在一起的,改制后并入电网工程,但它的运行与大坝枢纽的关联仍然十分紧密。输变电工程运行包括变电和输电的调控与管理,设施及设备的维护、维修、管理,设施和设备的改造与更新等。因输变电专用设施及设备系统规模大、价值高昂,故运行成本数额也较大,但这一成本是由电网公司分担的,用电力销售收益支付,与水库枢纽运行成本的分担不相关。

2. 监测管理成本的分担

江河大型水库监测管理,主要包括库段江河水文监测与管理、水库水质监测与管理、水库泥沙淤积监测与管理、水库水生生物监测与管理、水库航道监测与管理、库面及水体利用监测与管理等。这些监测管理工作遍及整个水库,且任务众多、类型不一。加之与周边地区关系密切、涉及的部门和主体较多,协调任务重,这一工作较为复杂。水库的这些监测管理工作,不仅需要一定的人力,还要配备专用的设施和设备、仪器等,也需要消耗一定的物力和财力。这些消耗分布在不同领域和环节,对应不同的部门和主体,因此,水库监测管理的成本也是由不同部门和主体分担的。

江河大型水库的水文资料是运行管理的重要依据。通过水文监测,可以及时掌握水的流速、流量、水的含沙量等重要资料,为水库运行管理服务。要进行水文监测,就需要在库段江河不同断面建设观测站,配备设备、仪器、人员,每天进行定时监测、分析,并对监测资料进行整理、报告。水文监测管理的成本主要是人力消耗及站点维护、维修和仪器设备的消耗和维修、更新等。由于中国主要江河水文监测早已开展,故水库水文监测仍利用原有站点,若水库太长则增设站点,其运行成本由水文部门分担,而不是由水库运营业主承担。

江河大型水库的水质监测与管理,主要包括水库不同断面水体取样及分析、水体污染及水质评价、水体污染源监控、水体污染防治协调等。要完成这些工作除需要投入人力外,还需要建立监测站点、配备仪器设备及水上和陆上交通工具,进行每天定时及不定时监控。前两项工作由水库运营主体负责完成,成本也由其承担。而后几项工作主要由水库周边地方政府完成,成本主要由地方环保部门分担。

江河大型水库泥沙淤积监测与管理,主要包括入库泥沙监测、泥沙沉积监测、库内泥沙移动及泥沙排放监测与调控、入库泥沙控制与管理等。这些工作的开展除要消耗人力外,还需要专用仪器、设备进行定期定点观测。前三项工作是由水库运营业主完成(与水质监测和水文监测结合),成本亦由业主承担。后一项工作一般由水库周边地方政府完成,成本主要由地方水土保持部门分担。

江河大型水库水生生物监测与管理,主要包括库内水生植物生长繁殖监测、库内水生动物(主要是鱼类)生长繁殖监测、库内藻类生长繁殖监测等,以及在此基础上对恶性水草的清除、对有益鱼类的放流等。这些方面的工作基本上都由水库运营业主完成,成本由业主承担。但水库有害生物产生与繁衍,往往与库周生态环境有关,库外的防治工作是由周边地区完成并承担成本的。

江河大型水库航道监测与管理,主要包括航道标示物适时设置、维护、管理,航道障碍清除、航运安全监控、航运安全事故应急处理、航运污染防治监管等。这些工作不仅要消耗一定的人力,还需要有一定的物资、设备投入。但这些工作一般是由航运管理部门完成,水库运营业主予以配合,故这些工作的成本也是由内河航运部门承担的。

江河大型水库的水面可作水产养殖、旅游、运动及游乐场所,有些水库还有消落区,可作种植、养殖场所。但这些利用有可能对水库造成污染或其他不利影响,需要进行严格监测与管理。其主要任务是制定相关的法规、监测水面利用状况、禁止违规利用行为。由于水库范围很大,水面利用与保护的监测管理与工作一般交由地方政府完成,故这方面的成本一般也由水库周边地方政府分担。

3. 污染防治工程运行成本的分担

江河大型水库的污染防治工程,主要包括水库周边城镇污水处理工程、城镇垃圾处理工程、工矿企业"三废"治理工程、农业废弃物资源化利用与无害化处理工程、化肥和农药减量工程等。这些工程的运行所需消耗的人财物力及能源较多,运行成本很高。由于这些工程的运行既与水库污染防治有关,也与水库周边地区的污染防治紧密相连,涉及的部门和主体众多,任务和责任分割存在一定困难,在运行成本的分摊与分担上关系到多方切身利益,存在多方博弈,使其变得较为复杂,并可能发生成本转嫁及承担不公等问题。

水库周边城镇污水和垃圾处理量大,且要求标准比一般地区高。处理的成本包括污水输送及垃圾收集运输费用,处理设施与设备的运行费,物资材料及人工消耗费,处理设施与设备的维护、维修、改造更新费等,因处理量极大,故运行成本巨大。在目前,城镇污水和垃圾处理的成本主要由城镇居民承担,地方财政给予一定补贴。应当指出,虽然水库周边城镇有责任搞好污水和垃圾处理并有义务承担成本,但为了防治水库污染,这类地区的污水和垃圾处理标准因此提高,从而要增加处理成本(大约增加 1/3)。增加的这一部分处理成本因保护水库而起,但水库运营业主并未承担,而是转嫁给当地居民和政府。

水库周边的工矿企业要对所产生的废渣、废水、废气等污染物进行无害化处理或资源化利用,且要求达到高于行业的一般标准。处理成本包括处理设施及设备的运行费,物资材料及人工消耗费,处理设施及设备的维护、维修、改造更新费等。由于"三废"治理工程技术复杂、处理量大且种类较多,故治理成本一般都较高昂,目前的"三废"治理成本全部由企业承担,但为了满足水库污染防治的特定要求,这些企业的"三废"治理标准提高,从而使治理成本增加。增加的这一部分"三废"治理成本因水库保护而发生,但水库运营业主并不承担,而是全部转嫁给企业。

水库周边地区农业废弃物种类很多,数量最大的是农作物秸秆和家禽、家畜的粪污。秸秆的资源化利用有的可生产能源,有的可做饲料,有的还可做建材原料或造纸原料等,禽畜粪便可用于生产沼气、做有机肥料等。但农业废弃物资源化利用存在不便集中和转化效率不高等问题,同时还要建设相应的设施、购置相应的设备,需要花费一定投资。对农民而言,农业废弃物的资源化利用与无害化处理是其自身责任,还能增加收益,并不是专为保护水库而为,为此产生的成本由农民自己承担较为公平。当然,为推进这一工作的开展,由政府和水库运营业主给予一定资助,会发挥更好的效果。

水库周边农村地区减少化肥和农药使用,对保护水库水质十分重要。但化肥和农药是种植业的重要生产资料,对种植业发展影响很大,若减少或严格控制使用,可能导致减产和减收。如果用其他方法防治病虫害、用有机肥替代化肥,则种植业生产成本有可能上升。因此,化肥和农药的严格控制和减量要带来收益的减少或成本的增加。因这是保护水库少受污染而专门所为，水库业主应当为其付费，但目前仍由农民自己承担，农民因此为水库生态保护分担了这一部分成本。

水库蓄水运行之后，上游及周边均会有一些杂物进入水库，平常季节时有发生，而夏秋洪水季节尤甚，这些杂物不仅污染水体，而且也影响航运安全，需要及时清除。同时，水库库湾、库叉及近岸水面还容易发生恶性水生植物繁衍，也需及时清除。库内杂物及恶性生物清除本是水库运营业主的职责，其成本也应由其承担，但目前有些水库将这一工作任务和成本承担转嫁给周边地方政府，使地方政府为此而分担成本。

4. 安全保障工程运行成本的分担

江河大型水库的安全保障工程，主要包括以库岸林为主的库岸防护工程、以危岩滑坡监测治理为主的地质灾害防治工程、以生态林和水土保持设施为主的生态防护及水土流失治理工程，这些工程面广量大，对其实施管护，使其正常发挥作用的人财物力消耗数量巨大、成本很高。这些工程虽然对保障水库安全持久运行至关重要，但都地处水库周边地区，与那里的生态环境保护、地质灾害防治、水土流失治理混在一起，彼此难分，使其所涉部门和主体众多，在责任归属和成本分担上易于产生推诿及转嫁等问题。

水库护岸林带和库周防护林带面积大，常年需要抚育、管理、防治病虫和其他灾害，不仅要花费巨大的人力，还要投入不少的资金和物资，每年需要的成本都很大。护岸林带是为了稳定和保护库岸，属于生态保护林，不允许砍伐，其抚育管护应由水库运营业主负责，成本也应由其承担。但目前是将这一任务交由水库周边农民完成，并相应分担所需成本，护岸林近水而不宜选择经果树种，不会有收益，防护林只有一部分可选择经果树种，可获一定收益，这就意味着水库周边农民是在不能或很少获得收益的情况下，承担护岸林和防护林管护任务并分担成本的，接受了水库运营业主的成本转嫁。

水库近岸的危岩滑坡监测治理，主要包括危岩滑坡监测工程、预测预报系统、治理及维护工程几大部分。这些工程的运行一方面消耗人力，另一方面也要消耗物力和财力，特别是已有危岩滑坡工程的维护和新增危岩滑坡的工程治理，往往需要巨大的投资。目前对水库近岸的危岩滑坡监测治理，少数是由水库运营业主负责并承担成本，大多是由地方政府负责并分担成本。应当指出的是，水库周边地方政府为减轻地质灾害，对危岩滑坡进行监测和治理是应尽之责，但若追根溯源，水库的建设及蓄水加重了近岸区域危岩滑坡的发生（地点增多、规模扩大、危害加重），使地方政府的监测和治理任务增大、成本上升，增加的这一部分监测和治理成本理应由水库运营业主承担。

水库周边广大地区的水土保持林和水土保持工程需要常年管护，水土保持林需要抚育，而水土保持工程需要维护、维修，都需要投入人财物力。由于水土保持林面积大、水土保持工程数量多，日常管护、维修要花费巨额成本，且水土保持林不能砍伐，成本花费难有回报。目前对水土保持林的抚育和水土保持工程的维护、维修，都是交由水库周边农民和地方政府完成并承担所需成本。其理由是水土保持是当地的应尽之责。应当指出，水库周边地区确应搞好水土保持，但为了严控水土流失、减少泥沙入库，要提高水土保持的标准，从而使水土保持林的抚育、管护成本增大，使水土保持工程维护和维修的投入增加。这些增加的成本因水库保护而生，理应由水库运营业主承担，却以并不充分的理由转嫁给了水库周边农民和地方政府。

江河大型水库运行所涉及的安全保障问题类型多、范围广，相关的日常工作需要靠环保、地质、水文、林业、农业等部门及水库周边的居民、企业、政府完成，这本属正常之事、无可厚非。但现在做法是，在要求他们承担这些工作任务时，一并将成本的负担也转嫁到他们头上，使相关部门和主体在既不对水库拥有产权，又不能直接分享水库收益的情况下，为水库运行安全保障付费，造成成本分摊与分担的不公，亦人为引发利益矛盾。

5. 运行损失的分担

江河大型水库运行在带来巨大利益的同时，也会造成一些损失，这些损失应视为水库运行的一种特殊成本。水库运行可能造成的损失主要有四种，一是蓄洪造成的库尾地区的洪涝灾害损失，二是库水下泄对河床的冲刷损失，三是库尾及入库河口的泥沙淤积损失，四是水库周边低洼地区内涝损失，另外还有一些其他损失。这些损失有些在水库建成投入运行就会发生，而有的则在水库运行多年后才会发生，一旦发生损失就比较大。这几种主要损失都会给相关地区的居民、企业、部门造成危害，涉及的主体较多，在损失的分担上也表现出不同的特点。

为发挥江河大型水库的防洪功能，在洪水季节利用水库蓄洪调洪。当水库蓄洪水位较高或泄洪时出库流量小于入库流量时，水库的库尾河段水位就可能超过水库的最高水位线（俗称"翘尾"），导致库尾江河沿岸发生洪灾，造成财产物资损失甚至人员伤亡。这种洪灾损失在大洪水发生时极易产生，在洪水较大时也可能出现。对这类洪灾造成的损失，一部分由中央政府和地方政府的救助承担，其余的则由受灾者（居民、企业、部门）自行承担。最终的结果是库尾周边地区的居民、企业、部门及地方政府为水库的防洪蓄洪分担了一部分损失。

江河大型水库的下泄水流含沙量较低，使大坝下游江河泥沙冲淤失去平衡，出现冲多淤少、河床挖深、河岸被冲刷侵蚀、江河堤坝基础被冲蚀甚至被淘空等问题。当这些问题出现时，就需要应用工程措施整治河道、加固江河堤坝基础，应用工程措施与生物措施相结合加固河岸(江岸),而这些工程的实施不仅工程量大而且成本较高。水库大坝下游的河道整治与维护、江河河岸和堤坝的维修加固,是由所属辖区地方政府主要负责完成的,其建设成本一部分由中央政府承担,其余部分则由地方政府分担,由此造成水库大坝下游地区也为水库运行分担了一部分损失。

江河大型水库蓄水运行,水位上升、库段江河流速减缓,江河干流上游来沙在库尾淤积、入库支流来沙在河口淤积,经多年日积月累,库尾淤沙向上游延伸会抬高上游河床、支流河口淤沙也会向上游延伸而抬高支流河床。如此一来,水库库尾及以上干流和入库支流易受泥沙危害,周边地区遭受洪水威胁的几率提高。同时,这些地区的基础设施、工矿企业以及居民的安全也会受到重大影响。在这种情况下,有些基础设施、工矿企业、居民需要搬迁,江河河道需要整治,江河河岸需要加固,江河堤坝需要加高,这些工程建设需要不少的投资。目前,因水库泥沙淤积所引发的损失和工程建设投资是由所在地方政府和相关主体(部门、企业、居民)分担的,在损失巨大或工程建设投资甚巨时中央政府才给予一定补贴,由此造成这些地区的政府、企业、居民及相关部门为水库运行分担损失。

江河大型水库蓄水后水位大幅度升高,使水库周边地势较低的洼地、沟谷排水不畅,地下水位上升、形成内涝,导致这些土地利用价值下降,有的甚至失去利用价值。这些土地多为农村集体所有、为农民承包使用,利用价值的降低或丧失,使农村集体损失了这部分土地,更直接的是承包土地的农户减少收益。可现行的水库运行又没有相关的补偿机制,导致农村集体和农民为水库运行承担这一方面的损失,造成对他们合法权益的侵害。

第八章　中国江河大型水库建设及运行的风险与分担

江河大型水库的建设及运行,不仅需要投入巨大的成本,而且还可能遭遇多种风险。这些风险可能是经济的,也可能是社会的,还可能是生态的,或者是综合性的;可能在建设期发生,也可能在运行期发生,还可能在后水库时期发生;可能在某一特定水库发生,也可能在同一江河上的多个水库发生。江河大型水库具备发生风险的条件,一旦发生其影响面大、波及范围广、危害甚烈。对可能发生的风险进行评估,可以为水库建设及运行决策提供依据,也可为风险防范寻求对策。对风险分担进行分析,可以厘清水库建设及运行中的权责利关系,使相关部门和主体协同行动,共同防范风险的发生。

一、风险生成的影响因素

江河大型水库作为一项技术复杂且要求极高、功能强大而安全性又受多种因素影响的重大工程,在建设、运行甚至报废之后,都可能发生经济风险、社会风险、生态风险。这些风险虽然类型不同,生成和诱发原因也各有差异,但又有内在联系,有一些因素是它们发生的共同原因。水库风险生成的影响因素有自然和人为两类,前一类主要是水库的地理区位、地质条件、周边自然环境、气候等,后一类主要是大坝枢纽工程的质量、水库生态环境及安全保障工程的完备性、水库运行调度的科学性、市场及社会环境等。这些因素决定水库的建设安全、运行安全,对风险发生产生重大影响。

1. 地理区位、地质、环境的影响

江河大型水库所在地理区位,坝区及水库淹占区和周边地区地质状况,水库周边自然环境,水库淹占区及周边地区的城镇分布、工矿分布、基础设施分布、人口分布等,对水库建设及运行的技术、成本、效益、安全性产生重大影响,进而对水库经济风险、社会风险、生态风险的发生起着催生或抑制的作用,是水库风险生成的基础因素。这些因素主要是由水库建设选址决定的,因此选址是一个至关重要的问题:选址好的水库风险较小,选址差的水库风险会大为增加。

　　江河大型水库的区位决定大坝枢纽工程的建设条件和成库条件,也决定水库的大小、功能和建设及运行成本,对水库效益亦有重大影响。中国的江河基本都发源于山地,江河上游山高谷深、城镇较少、人口稀疏、河道狭窄、落差较大,而江河中下游地势平坦、城镇密集、人口众多、河道宽阔、落差较小,水库建设的区位不同,可能遭遇的风险类型和大小存在很大差异。在江河上游地区建设水库虽施工难度高,但大坝枢纽工程规模和建设投资较小,淹占损失和补偿较少,移民不多,搬迁安置任务不重,经济风险和社会风险相对较小。加之水库受人为活动干扰较少,水库水体受污染的风险也较小。在江河中下游地区建设水库,一般需要建设较长的大坝,枢纽工程规模和投资大,淹占损失及补偿数额巨大,移民数量庞大,搬迁安置任务很重,经济风险和社会风险相对较大。加之水库周边城镇密布、人口密集、工商业发达,水库遭受人为活动污染的风险高。同时,在人口稀少、经济发展滞后的地区建设江河大型水库,遭遇风险时损失较小,而在人口稠密、经济发达地区建设江河大型水库,遭遇风险时损失就特别巨大。

　　江河大型水库坝区、成库区及水库周边地区的地质状况,决定大坝枢纽建设的工程规模、技术难度和投资大小,也决定水库成库的难易程度和投资,还决定水库周边地质灾害(主要是危岩滑坡)防治工程的规模与投资等。如果成库区和水库周边地质条件好,则水库不会发生渗漏、变型及泥石流和滑坡威胁,安全防护工程规模减小,建设投资降低,水库的经济风险、生态风险减小。如果在地质条件复杂的地区建设江河大型水库,则大坝枢纽工程建设的技术难度高,工程量加大,投资增加,且安全性下降,风险增大,水库蓄水及库岸稳定性的不确定因素增加,水库遭受泥石流和滑坡威胁加大,经济风险和生态风险的发生几率显著提高。如果水库处于或紧邻地震带,则大坝枢纽和水库遭到地震破坏的可能性就大,水库的各种风险同时发生的可能性也会大增。

　　江河大型水库周边及入库干支流上游地区的生态环境状况,如森林植被和水土流失等,决定水库生态环保和安全保障工程建设规模和投资,也决定水库泥沙淤积的数量和治理成本,还在很大程度上决定水库的使用寿命和效益。在周边及上游森林植被良好、水土流失较轻的地区建设江河大型水库,建设生态防护林、水土保持森和水土保持工程的规模小、投资小,水库泥沙淤积少,使用寿命长、效益高、经济风险和生态风险小。但若在周边及上游森林植被差、水土流失严重的地区建设江河大型水库,就需要花费巨额投资进行大规模的生态防护林、水土保持林、水土保持工程建设,并且不易解决水库的严重泥沙淤积问题,使水库的经济风险、生态风险增大。

　　江河大型水库大坝以上流域的降水特征,对水库风险生成也有重要影响。如果这些地区降水较为丰富且季节分布相对均衡,则水库运行稳定,受到的冲击小、效益高,各种风险相应降低。如果这些地区降水丰富但季节分布极不均衡,则水库在丰水季节极易遭受洪水或特大洪水冲击而发生经济和生态风险,在枯水季节又会因水量不足而不能正常运行,并对江河生态环境造成危害,经济和生态风险随之加大。

2. 工程安全性和完备性的影响

江河大型水库建设工程主要包括大坝枢纽工程、生态环境保护工程、安全运行保障工程三大类,每一类中又包括很多具体的工程项目,构成水库建设的工程体系。这些工程对水库运行和功能发挥有着不同作用,但它们又相互联系,对水库运行状况和结果产生综合影响。因此,每项工程的质量与安全性、整个工程体系的完备性和协同性,对水库经济风险、社会风险、生态风险的生成都有重要影响。

大坝枢纽是江河大型水库的核心工程,水库形成要靠其拦蓄江河径流、水库发电要靠其积累水能、防洪要靠其调控洪水蓄排、通航要靠其衔接坝上与坝下河道、引水要靠其抬高水位,水库的功能都要依赖大坝枢纽来实现。同时,大坝枢纽也是负荷最重的工程,要承受水库巨大水体的压力、大水的冲击,经受不同运行条件下的严峻考验,其安全性、可靠性、抗冲击能力对水库安全运行、防止风险发生至关重要。大坝建设质量越高,安全性就越好,抗冲击能力越强,大坝失事引发风险的几率越低,甚至可以避免。发电工程建设质量越高,电力生产就越稳定也越安全,生产效率与效益也越高,水库的经济风险就会降低。船闸工程建设质量越高,通航能力也越强,通航也越安全,航运的拥堵和安全事故风险也会降低。如果大坝枢纽工程的安全性和可靠性存在缺陷,轻则造成重大经济损失,重则酿成严重的经济、社会、生态灾难。

江河大型水库的生态环境保护,不仅是保护生物多样性(珍稀动植物保护),更重要的是保护水资源。水库建成之后就成了重要的水源地,这些巨量的水资源对本地区及水库下游地区,都是重要的生活、生产资料,也是生态系统维系的命脉。水库的自净能力弱,外部污染源量大面广且入库渠道多,受污染引发生态风险的几率大。如果水库周边的点源(城镇、工矿等)污染和面源(农业、农村)污染防治工程建设质量高、体系完整、有效运行,则进入水库的污染物就会大幅度减少,使水库水体保持洁净,为周边及下游地区提供丰富而清洁的水源,保障生活、生产和生态用水安全,降低水库生态风险。但若不对水库周边点源和面源污染进行有效治理,或治理标准达不到要求,则水库庞大的水体就会被污染,使周边及下游地区丧失清洁水源,导致严重的水资源危机,对人民生活、社会生产及流域生态造成巨大损失,使水库的经济风险、社会风险、生态风险大增。

江河大型水库的安全保障工程,不仅关系到水库功能的有效发挥,更决定着水库的安全持久运行,对水库的风险生成影响极大。水库周边的护岸林和生态防护林工程如果建设和维护得好,则库岸稳定性增强、泥沙及杂物入库可能性减少,氮和磷等营养物入库量降低,水库的经济风险和生态风险随之下降。如果水库周边及纵深区域水土保持林和水土保持工程建设质量高、运行效果好,则泥沙入库量会大为减少、水库淤积亦大为减轻,不仅能长期保持水库库容、延长水库使用寿命,还能防止因泥沙在库尾和入库河口淤积产生的灾害,从而使水库的经济风险、社会风险及生态风险大为下降。如果搞好水库周边危岩滑坡的监测治理工程,则可减少人员和财产损失及对水库的危害,降低水库的经济风险和社会风险。当安全保障工程不被重视时,水库会遭受库岸垮塌、泥沙淤积、富营养化等严重危害,功能下降,使用寿命缩短,经济风险、社会风险、生态风险大增。

长期以来,中国的江河大型水库建设高度重视大坝枢纽工程的质量和安全性,但对生态环境保护工程和安全保障工程较为忽视。虽在 1980 年代以来有所改变,但至今仍未将生态环境保护和安全保障工程建设纳入水库建设总体规划,更没有将这两类工程建设列入预算(个别项目除外),使水库建设的工程体系不完整,生态风险和安全风险因防范不足而增大。

3. 淹占低补偿的影响

江河大型水库要淹占土地、城镇、工矿、房屋、财产、基础设施等,这些淹占物有的属居民所有,有的属企业所有,有的属集体所有,有的属社会公有,所涉及的主体众多。这些淹占物的所有者和使用者依靠其就业与谋生,淹占补偿关系到他们的切身利益,受到高度关注,也成为极为敏感的问题。淹占补偿不仅关系到水库建设与相关主体的切身利益,也关系到这些主体在丧失原有资源、财产后的生活、生产(就业)与发展,影响到这些主体对水库建设的态度,进而对水库社会风险、经济风险的产生发挥重要作用。

对淹占土地的补偿主要用于在异地为失地者换取土地,如为农村移民在安置地换取承包地、为搬迁城镇换取建设用地、为搬迁企事业单位换取迁建用地、为基础设施恢复换取重建用地等。如果淹占土地的补偿较高,失地者就可以利用补偿费在异地获得数量和质量与淹占相当或更多更好的土地,使自己的土地所有权或使用权得到维护和改善,并且不会损害异地土地所有者或使用者的利益,避免在土地淹占上的社会风险。如果淹占土地的补偿太低,要么就使失地者在异地得不到相应数量和质量的土地,要么就使失地者在无力支付足够费用的情况下获得数量和质量相当的土地,侵害异地土地所有者或使用者的土地权益,使水库淹占土地的社会风险增加。

对淹占城镇的补偿用于迁建,对于淹占工矿企业的补偿用于异地重建,对淹占基础设施的补偿用于恢复重建。如果补偿资金足额，则淹占城镇就可顺利迁建并迅速恢复原有功能，淹占企业就能成功重建并恢复生产甚至有所发展，淹占的基础设施也能较快完成重建并发挥作用，使水库所在地区的经济社会发展不致受到大的冲击，经济风险和社会风险降低。如果补偿资金不足，则淹占城镇的迁建就难以完成或需在地方政府补贴下才能完成，且功能不易全部恢复，工矿企业很难完成重建，不少企业可能因此而破产倒闭，基础设施迁建困难或需地方政府及相关部门追加投入才能完成，有的甚至不能完全恢复，使水库所在地区的城镇体系、工业体系、基础设施体系受到很大冲击，且不能在短期恢复，经济社会发展遭受不利影响很大，导致经济风险和社会风险的增大。

水库淹占区的居民财产物资，大到房屋，小到生活用品，既是他们多年劳动的积累，也是他们赖以生活、生产的物质资料。如果对淹占财物足额补偿，居民就可以利用补偿费重置数量和质量相当的财产物资，使自己的原有财物在重置中得以保全，也使自己的生活与生产保持与原来相当的水平，进而使水库淹占可能诱发的社会风险降低。如果对淹占财物补偿不足，则居民就不可能利用补偿重置数量和质量相当的财产物资，使自己的财物受损，并可能使生活与生产条件变劣，导致居民对财产受损的不满，使水库淹占诱发的社会风险大增。

水库淹占移民离开故土，迁移到外地生活、生产、发展实属不易，实际困难和心理障碍本来就多。如果安置经费充足、安置地生活及生产与发展条件较好，则移民在安置地就容易较快步入生活与生产正轨、稳定下来谋求发展，使移民安置这一水库建设的社会问题得以解决，相关的社会风险也会大为降低。如果移民安置经费不足、安置的生活及生产与发展条件差或比不上迁出地，则移民在安置地就难以走上生活及生产的正常轨道，生产难以进行、收入和生活水平下降，不满情绪上升，必须导致安置不稳，回流、上访甚至群体事件亦随之而生，使移民安置的社会风险大增。

4. 工程建设和成本转嫁的影响

江河大型水库建设中的大多数生态环境保护工程（如污染防治工程、生态林工程等）、安全保障工程（如水土保持工程、流域治理工程等），以及水库运行中的众多工程维护和工作开展，交由地方政府、部门、企业、居民完成，并由其承担成本，一方面使这些工程建设和运行因难以落实而不能有效完成，另一方面也使这些工程和工作所涉及的主体背负了沉重的负担。由此造成水库生态环境保护和安全保障受到削弱，水库建设及运行与相关主体利益的矛盾和冲突发生，进而对水库风险的生成产生重大影响。

江河大型水库周边的城镇污水和垃圾处理工程建设和运行是由地方政府完成的，工程建设由地方政府投资（中央政府给予一定支持）、运行费由居民付费解决。由于工程建设和运行要求的标准高,在地方财力有限和居民收入不高的情况下,工程建设就可能发生困难,即使建成也难以有效运转,这便加大了水库受污染的可能。水库周边工矿企业"三废"治理由企业完成,在高标准要求下,企业有可能难以承受而使治理落空。农村生活污染治理、农业废弃资源化利用及无害化处理、农药及化肥的控制使用和减量,都由农民自己承担,在投入能力不足或可能降低收入的情况下,农民可能无力或不愿按标准要求来做。如此一来,水库污染防治就可能落空,污染风险就可能大增。如果中央政府对这些工程建设和运行作出强制性要求,则地方政府、相关部门、企业及城乡居民就要为此付费,引发一些利益矛盾,增大水库的社会风险。

江河大型水库护岸林、周边生态防护林及入库江河流域水土保持林的建设和维护,不是作为水库工程的构成部分,而是作为地方林业工程由地方政府和农民承担的。建设护岸林是专为保护库岸,不仅要花费大量投资,还要占用一部分耕地,建植后还要年年管护,在不能带来收益的情况下,农民难有建设和维护的积极性。如果没有地方政府的投入,护岸林很难建成,即使建成也难以管护,稳定库岸便难以实现。建设生态防护林是为水库提供绿色屏障,面积比护岸林更大,建设投资和抚育成本更高,同样也不能直接带来收益,要让农民主动将其建好管好亦难办到。若政府实施行政强制,则农民将为此付出很高的成本,且部分农民因力所不及还是不能完成防护林的建设与抚育。水库上游及周边纵深区域的水土保持林建设,是为了防治水土流失,减少水库泥沙淤积,造林面积巨大,抚育管护任务繁重,建设投资十分庞大,但除生态效益外,对当地和农民不能带来经济利益,对这种投资巨大而又无经济回报的工程,寄希望农民完成不太现实,没有政府投入,水土保持林建设难以实现。因此,水库的生态环境和安全保护难以落实,生态风险和安全风险增大。

江河大型水库支流的流域工程治理、水库周边的危岩滑坡工程治理,是保障水库安全持久运行的重要工程措施,建设和维护也交由地方政府和农民完成并承担成本。流域治理工程量大面广,不仅建设投资大,而且维护成本高,虽对当地和农民也有好处,但建设及维护难度大。如果没有外部专项投入,单靠农民的力量是很难完成的。江河大型水库周边多为山地,危岩滑坡分布较为广泛,工程治理成本极为高昂,生物措施治理难度也较大,将这类工程交由地方政府使其难以承受,交由农民完成更是力所不及,在没有专项投资情况下,难以得到有效治理。如此一来,很容易造成水库安全保障专项工程建设和维护的不落实,增大水库生态风险和社会风险。

另外,江河大型水库的日常库面管理、库面杂物清除、水环境监管,以及库周防护管理等,都交由地方政府或相关部门完成。这些工作涉及范围广,还要投入一定的人财物力。若水库运营业主不承担相关成本或为地方政府作适当补偿,则这些管理工作就可能难以落实,使水库的生态风险、经济风险增大。

5. 建设及运营体制的影响

中国的江河大型水库建设规划由中央政府制定、立项由中央政府审批、相关政策由中央政府决定、资金由中央政府参与筹措,建设及运行企业化运作、业主由中央直属国有大型电力生产企业充任、地方政府广泛参与,是一种典型的计划色彩浓厚又带有一定市场机制的混合型建设及运营体制。在这种体制之下,政府的公共目标与企业的盈利目标交织在一起,计划力量与市场力量共同作用、多种主体(或多个部门)的权责利关系复杂且不易明晰,使水库的建设及运行因受多重干预而出现众多不确定性,进而对水库风险生成带来巨大影响。

江河大型水库建设的规划和立项审批,虽然要按规定程序和要求进行研究与论证,但最终还是要由中央政府决定。在这种决策机制下,政府的偏好和行为对江河大型水库建与不建、何时何地建、建成何种类型及发挥何种功能的水库等方面,具有决定性的作用。在这种情况下,如果中央政府的决策正确,就会在有利的时间选择有利的地点建设经济效益、社会效益、生态效益俱佳的水库,水库建设及运行的风险自然较低。如果中央政府决策不慎,就可能在投资和技术条件不充分的情况下匆忙建设水库,或在不十分理想的地方勉强建水库,或只重视水库的经济功能而忽视社会功能和生态功能,使水库建设及运行的风险增大。如果中央政府决策失误,批准易受自然力冲击和不确定因素较多的水库建设项目,或批准在同一条江河(或河段)密集建设水库,或在同一时段批准过多水库上马建设,就会使水库的建设及运行风险大增。

江河大型水库建设及运行的土地征用、淹占和损失补偿、任务和成本分摊及分担、利益分享等政策,由中央政府决定并强制执行,其作用范围涵盖全国。如果这些政策较为客观公正,能够兼顾各方利益,正确处理全局利益与区域利益、公共利益与个人利益、长远利益与现实利益的关系,体现权责利的基本对等与平衡,则水库建设及运行的社会风险就会降低。如果这些政策发生偏差,出现强制性低价征用土地、淹占和损失财物不足额补偿、向地方政府及企业和居民转嫁成本等问题,就会损害相关主体的合法权益,诱发利益矛盾和冲突,使水库建设及运行的社会风险大增。

江河大型水库属于国有,中央政府委托大型国有电力企业建设及运营。在这种委托—代理关系中,中央政府和业主企业的目标不完全一致。中央政府在追求水库经济效益的同时,还希望获取良好的社会效益和生态效益,为社会提供公共品和公共服务。业主企业则主要追求的是水库的经济效益,以求得自身的发展壮大。在水库的建设及运行中,中央政府寄希望业主企业行为理性、重视社会效益与生态效益,并用政策加以约束。但业主企业却借助政府的力量,去追求自己的经济目标,而将公共目标放在次要地位。业主企业利用对水库建设及运行的实际控制权,有条件和能力削弱水库生态环境保护和安全运行保障的工程建设及维护、向其他主体转移工程和工作任务、转嫁建设及运行成本,以降低自己的成本支出,实现盈利最大化。如此一来,不仅侵害了其他主体的利益、诱发社会矛盾,同时也增大了水库的生态风险及安全风险。

中央政府将水库周边城镇污染防治、农村面源污染防治、护岸林和生态防护林及水土保持林营造管护、流域治理等工程的建设与维护交由地方政府、企业、农民承担,由于这些工程量大面广、建设及运行投资巨大,单靠这些主体根本不可能完成。在没有充分投资保障的情况下,这些工程的建设、维护和正常运行往往会落空,使水库的生态风险、安全风险防范能力减弱,并可能因此造成经济损失,经济和生态风险亦随之上升。

二、经济风险

江河大型水库建设及运行的经济风险,是指其达不到应有经济预期或带来经济损失的程度及可能性。水库经济风险包括内部和外部两部分,内部经济风险指由水库建设及运行所发生投资超预算、投资效益不佳、投资损失等方面的大小和几率,外部经济风险指因水库建设及运行导致冲击国民经济发展、带来经济损失的程度及几率。出现这些状况或事件的可能性越大、产生的问题越严重,经济风险就越高。江河大型水库建设及运行受多种自然、社会、市场因素的影响和制约,且很多因素具有很强的不确定性,存在发生经济风险的可能性和现实性。

1. 巨额投资影响国民经济发展的风险

江河大型水库建设投资巨大,且在数年以至十数年内没有产出。在社会总投资既定的情况下,水库建设占用投资就会使其他建设投资减少,从而对国民经济发展带来不同程度的影响。当社会总投资能力不强时,水库建设的巨额投资就会挤占其他重要建设项目所急需的资金,延缓国民经济发展的进程。当社会总投资能力较强时,水库建设的巨额投资虽对其他重要建设项目不造成决定性影响,但也存在这一巨额投资是否合理的问题,若放下更重要、且效益也更好的建设项目去搞水库建设,对国民经济发展也会带来负面影响。

江河大型水库建设周期一般较长,短则七八年,长则一二十年。在如此长的时期内,巨大的建设投资是没有产出的,只有当水库建成投入运行,投入的资金才可能产生经济效益。建设期内大量资金积压在水库工程上,使这部分资金在该时段不能移作他用,造成这部分资金用于其他领域可能的收益丧失。如果水库建成后的经济效益不高,则建设期资金积压的损失将无法得到弥补,从而导致社会投资的效率下降,投资回报率亦相应降低,对国民经济发展造成一定损失。

在特定时期内,全国的投资能力是既定而有限的,不同投资领域存在互竞关系,某一领域投资的增加就会造成其他领域投资的减少。江河大型水库建设投资巨大,必然会在一定程度上挤占其他领域的投资,对其他领域的发展产生不利影响。当水库建设投资占社会总投资的份额很低时这种影响较小,但当所占份额较高时这种影响就很大。特别是社会总投资不足而水库建设投资又很大时,水库建设就会严重挤压其他领域的投资,对国民经济发展造成巨大冲击,并带来较大的损失。以三峡水库为例,建设期投资仅占同期全社会固定资产总投资的 4.28‰,占同期全国基本建设总投资的 9.84‰,但在建设的前 11 年仍对国民收入造成一定幅度的下降,最高的一年减少 30 亿元(1980年不变价),下降 1.44‰[①],虽影响幅度不大,但绝对数仍然不小。

在特定时期内,全国的经济发展面临多方面的任务和多种可能的选择,并将既定而有限的投资在不同领域及可供选项上进行配置。由于不同领域及项目的投资回报率不同,社会投资的不同配置便会产生不同的经济效果。对于江河大型水库建设而言,若投资回报率高于其他项目,则该投资对国民经济发展就是有利的;若投资回报率低于其他项目,则该投资对国民经济发展便是不利的。加之水库建设投资巨大、回收期长,若投资回报率不能显著高于其他项目,则放弃效益好且投资回收快的项目去建设江河大型水库,就会对国民经济发展带来损失。

自 1980 年代以来,中国的江河大型水库建设进入高峰期,往往是多座水库在同一时段开工建设,形成齐头并进或时间间隔很短的态势。例如,在三峡水库建设期间,就有向家坝、龙滩(一期)、三板溪、拉西瓦、小湾、构皮滩、瀑布沟、丹江口(加高)、彭水、景洪、积石峡等多座大型水库先后上马建设。目前国家大力开发可再生能源,水电是其重要领域,在未来一段时间内还会有一批江河大型水库开工建设,且有多座水库的建设期重叠。在这种情况下,多座江河大型水库建设在同一时段内的投资形成累积,数量十分庞大。如果连续数年以至十数年内,水库建设总投资过大,则同期内其他部门的发展投资势必受到一定影响。应当指出,目前中国国力有一定增强,社会投资的总量也较大,某一单个水库建设投资在社会总投资中的占比不可能很高,对国民经济发展的影响也极其有限,但多个大型水库在同一时段投资建设,对社会投资的占用及对国民经济发展

---

① 长江水利委员会编:《三峡工程经济研究》,湖北科学技术出版 1997 年版,第 169 页。

的影响就可能较大，不可小视。

2. 投资超预算的风险

江河大型水库建设及运行投资超过预算，在中国是一个十分普遍的现象。除二滩[①]等少数水库外，大多数水库建设投资都不同程度超过预算，运行投资也远超过预期。出现这一现象的原因，一是预算不完全，部分项目（如生态环保、安全保障）的建设及运行投资未纳入预算；二是预算不足额，部分项目（如淹占补偿、搬迁重建、移民安置）预算标准偏低；三是对市场价格判断失准，对价格上涨带来的成本上升估计不足；四是对不确定因素影响估计不足，对不可预见支付预算过低；五是成本管理不善，造成浪费和损失。由于这些问题在江河大型水库建设及运行中极易出现，故超预算现象便随之发生，而当其发生时，就会显著增加水库建设及运行的经济风险。

投资预算是江河大型水库立项建设的重要依据，预算失准可能导致水库建设决策失误，并进而带来水库建设投资的高风险。在水库预期功能及效益可测度的条件下，无论客观或主观原因造成的建设及运行投资不足额预算，都会夸大投资效益及回报率，虚减投资需求及回收期，使某些投资效率和效益本不占优的水库项目获准建设，使投资面临很大的风险。值得注意的是，有的江河大型水库建设项目为获准建设，在可行性论证中故意将投资预算缩小，以夸大投资效益，采取弄虚作假的办法骗取建设立项，等开工建设后不断增加预算，将水库建设搞成"钓鱼工程"，经济风险就更大。

江河大型水库建设及运行的预算如果不足或偏紧，必然造成投资不足而形成资金缺口，需要对预算进行调整和补充融资。由于补充融资带有一定的应急性，在事先没有计划安排的情况下，无论是向金融机构贷款或是向社会集资，都会遇到一定的困难，也要付出较高的代价，提高资金使用的成本，增大水库的经济风险。如果应急性融资发生困难，还有可能延误水库建设工期或使水库正常运行受阻，不仅会造成建设成本上升，建成运行时间推迟，还可能造成运行效益下降，使建设及运行的经济风险大增。同时，江河大型水库建设及运行临时增加预算，还会给社会增加资金供给压力，在需求数额较大的情况下，可能对国民经济造成一定的冲击，并产生不良影响。

对水库淹占城镇迁建、淹占基础设施恢复重建、淹占工矿企业迁建的投资预算不足额，会对地方经济发展带来极为不利的影响。淹占城镇的迁建投资不足，一方面要造成地方财政对迁建的补贴，削弱当地财政对经济发展的支持能力；另一方面影响城镇迁建的进度和质量，使城镇的经济功能不能及时恢复与提升，影响地方经济的正常发展。淹

[①] 二滩水库建设预算投资330亿元，实际建设投资280亿元。

占交通设施、电力设施的恢复重建投资预算不足,一方面要增加相关部门的投资,影响其正常发展;另一方面要影响这些基础设施恢复重建的进度和标准,进而影响地方经济的发展。淹占工矿企业的迁建投资不足,生产难以恢复,有的甚至只有破产倒闭,对地方原有工业造成沉重打击。

对水库生态环境保护和安全运行保障的众多项目不纳入预算,虽使水库建设及运行成本预算额大为降低,但因这些工程的建设与维护没有可靠投资保证,有可能难以有效完成或全部落空。如果出现这一情况,水库可能因生态安全和运行安全得不到充分保障,而使运行效率下降、运行时间缩短,造成水库经济效益的直接降低。同时,水库生态环境若得不到有效保护,安全运行得不到有效保障,还可能导致意外灾害的发生,并造成巨大的经济损失。与预算有关的其他经济风险相比,压缩或取消生态环保和安全保障项目预算,对江河大型水库带来的经济风险最大。

3. 建设受阻带来的经济风险

江河大型水库的工程建设难度大、要求高,受条件因素、技术因素、经济因素、社会因素的多方面影响,且这些因素具有很大的不确定性,难以预期并不易控制,可能因一种或多种因素影响而受阻。一旦工程建设受阻,水库的建设工期势必延长,不仅推迟建成运行而降低效益,而且还会陡然增加工程建设成本,从而增大水库经济风险。

水库大坝枢纽工程(特别是大坝工程、电厂工程、输变电工程)和危岩滑坡治理工程建设,受地质、水文和气候条件影响很大,只要在某一个方面遇到障碍,工程建设就可能拖延工期和增加成本。当坝址地质情况和水文条件复杂时,大坝坝基及坝后(或坝侧)厂房建设就会增大难度和工程量,同时还需解决不少技术难题,从而导致工期延误和成本增加。危岩滑坡治理如遇复杂地质状况和水文条件,同样会加大工程难度和技术要求,既延长工期又增加工程建设成本。在大坝枢纽工程建设初期如遭遇特大洪水,还可能贻误工期甚至造成工程损失。在危岩滑坡治理工程期间若遭连续降雨或其他恶劣天气,亦可能延误工期和导致损失。

江河大型水库的各项工程建设及设备建造和安装技术复杂,质量和精度要求极高,如果遇到技术障碍,特别是在施工或建造过程中遇到技术困难就需要进行研究和解决。当遇到的技术障碍较大时,不仅需要追加人财物力投入,而且要花费一定的时间才可能完成。如此一来,就会造成大坝枢纽建设的工期延误,既延长建设资金的占用时间,又使水库效益发挥的时间延后,增大水库建设投资的经济风险。当遇到的技术障碍在现有条件下难以完全克服时,还有可能修改设计,缩小建设规模,降低预期功效,则水库建设投资的风险就会必然发生,甚至造成很大损失。

江河大型水库建设周期很长，在建设期内经济形势可能发生变化，进而对工程建设带来直接影响。当水库建设期内宏观经济遭遇困难或意外冲击、出现投资紧缩时，工程建设投资就可能出现困难，轻者使建设速度放缓而延误工期，重者可能导致停工或工程下马。出现这种情况的概率虽不高，但真要出现时所造成的经济损失便十分巨大。在水库建设期内还可能遭遇市场物价上涨，如果原材料、机器设备和劳动力价格大幅上涨，预算投资就会被突破，从而出现较大的资金缺口。当资金缺额补充不及时或发生困难时，工程建设便不能正常推进而贻误工期，不仅使建设成本增大，还使水库建成运行时间推迟，增大水库经济风险。

　　江河大型水库建设涉及多方利益关系，也涉及不同的价值判断与取向，中央政府虽利用相关政策和法规进行协调、约束与规范，但在具体的执行中面对众多的主体和千差万别的诉求，真正落到实处并不容易。特别是淹占补偿、搬迁和恢复重建、移民安置等，面对的是广大公众，如果处理不当，水库建设所需土地就不能及时获取，工程建设就可能因延误而遭受经济损失。同时，水库建设成本还有一个在不同部门和主体间进行分摊的问题，这也不是一件容易协调的事。若某些工程建设的成本不能落实到具体的承担者，则这些工程的建设投资就不可能落实，工程建设自然也不可能实施，建设工期亦必然延误，进而造成经济损失。

4. 运行受阻带来的经济风险

　　江河大型水库运行的状态、每年有效运行的时间、使用年限等，对功能发挥和经济效益大小具有决定性影响。而水库运行又受自然因素、环境因素、管理调度因素的多方面影响，这些因素除少部分外，绝大多数是难以控制的，且发生具有很大的不确定性。如果其中某一种或某几种因素产生负面影响，水库的正常运行就会受到阻碍，导致水库运行效率降低，经济效益下降，严重时还可能导致水库运行中断，以致缩短有效运行时间和使用年限，从而给水库造成极大经济风险。

　　江河大型水库功能的充分发挥和良好经济效益的取得，都是以水库蓄积足够多的水量决定的。水库蓄水只有达到一定的量，才能保证充分发电、通航和有效供水，获得预期的经济效益。水库蓄水主要靠对其上游干流来水及周边入库径流的拦蓄，若入库水源丰沛则可蓄积足够水量以满足正常运行的需要，如果入库水源减少则可能出现蓄水不足而影响正常运行。中国大多数地区的降水主要集中在夏秋两季、冬春两季较少，且年际差异较大。江河大型水库在夏秋两季可蓄积足够水量维持正常运行，而在冬春两季来水减少可能出现蓄水不足，导致发电量减少、通航能力下降、供水能力减弱，经济效益亦随之降低。

江河大型水库的调度决定其运行状态,对经济效益的影响很大。在夏秋两季为了蓄洪调洪,水库的发电和通航有时要为其让路。在冬春两季若下游地区干旱缺水,水库就必须加大下泄流量为下游补水。当下泄流量大于入库流量时,水库的蓄水量就会减少,就会影响水库在冬春两季的满负荷发电和通航,降低发电和通航的经济效益。中国的西南地区大型水库集中,而水库下游的华中及华南地区又常在冬春发生干旱,几乎每年都需要向下游补水,当入库水量偏少时,就会出现蓄水不足而影响正常运行,降低经济效益。2009年入秋之后,湖北、湖南干旱少雨,导致长江干支流及洞庭湖水位大幅下降而用水紧张,三峡水库只有加大下泄流量向下游补水,由于下泄流量大于入库流量,蓄水高程便达不到所要求的175米水位线。

当同一条江河上有多个大型水库时,地处上游的水库运行和调度对其下游的水库会产生重要影响,特别是在洪水期和枯水期矛盾较为突出。在洪水期,如果上游水库不拦蓄足够多的洪水,或泄洪与下游水库不协调,则下游水库会因蓄洪调洪负载过重而不能正常运行,进而遭受经济损失。在枯水季节,若上游水库为求自己获取最大经济效益而减少下泄流量,则下游水库就可能因水量不足而减少发电、通航和供水,从而蒙受经济损失。

江河大型水库的大坝坚固耐久,设施、设备可以更新,其有效使用期主要由库容的变化来决定,只要水库的总库容和有效库容、防洪库容能长期保持,水库就能长期使用。而水库的库容变动主要受泥沙淤积的影响,泥沙淤积轻微,水库库容就可长期保持基本稳定,泥沙淤积严重,水库库容就会急剧下降。水库使用期越长,获取效益的时间也越长,经济效益总量也越大,经济风险也就越小。相反,水库发挥效益的时间也就越短,经济效益的总量不足,投资回报不高,严重的甚至不能回收投资。中国的江河大型水库主要集中在长江、黄河、珠江上游干支流,都是水土流失比较严重的地区,如不认真治理,泥沙淤积危害难以避免,缩短使用年限,增大经济风险有很大的可能性。

5. 灾害带来的经济风险

江河大型水库在建设和运行过程中可能遭遇灾害,灾害一旦发生,工程建设不仅要延误工期而且要增加建设成本,水库运行不仅会受冲击而且要花费投资加以消除。有些灾害的发生甚至使水库功能发生改变,运行效益大大降低,造成水库巨大的经济风险。在可能的灾害中,大多数是由自然力量诱发的,既难预测又难控制,其发生既有偶然性也有必然性,对水库造成经济风险。

江河大型水库的枢纽工程建设,涉及大量的土石方开挖,如果遭遇塌方、冒顶等地质灾害,就要增加很大的工程量,建设成本也会大幅增加。在工程建设过程中,还可能遭遇连续降雨、洪水、高温、冷冻等极端气候灾害,使工程建设临时停工,或新增防护设施设备,或改变施工工艺技术等,使工程建设成本增加,严重的还可能导致已建工程的损毁,造成返工和重建,其损失就更大。由于水库建设周期长,遭遇这些灾害的可能性较大,特别是在大坝基础工程建设期间若遇上较大的灾害,就会给施工造成不小的困难,既影响工程进度,也增加建设成本,这在中国江河大型水库建设中曾多次出现。

江河大型水库多建于江河上游峡谷地带,这些地区的部分坡面为堆积层,稳定性差,易于滑塌,水库建成蓄水后容易诱发滑坡。这些地区山高坡陡,危岩分布广泛,易于垮塌。水库建成蓄水后,因水位上升可能导致库岸坡面失稳和近岸危岩基础变型,造成滑坡和坍塌,轻者毁坏库岸和淤积水库,重者可堵塞水库。一旦发生这样的地质灾害,不仅要严重影响水库的蓄水、发电、通航、供水,导致经济效益大幅下降,而且还需投入大量人财物力进行清除、疏浚,增大水库运行的经济风险。

江河大型水库成库之后,库段江河的流速极慢,自净能力大为减弱,水库水体易于遭受污染。由于江河大型水库容量大,是所在地区及下游广大地区的主要水源,水体一旦遭到污染,不仅会使周边地区遭受重大经济损失,也会使下游广大地区的经济受到重创,还会严重影响水库的正常运行。在这种情况下,就需要投入巨大的人财物力、花费很长的时间治理污染,当污染严重时这一投入可能会达到惊人的数量,使水库的经济风险大到难以承受。应当指出,处在人口稠密地区的江河大型水库,水体遭受人类生活生产活动污染的危险程度很高,如不认真治理,水体污染造成经济风险的几率很高。

江河大型水库在运行过程中也还可能遭遇一些意外的灾害,如航运中的事故灾害、蓄洪调洪中的库尾地区水灾、库岸防护及水土保持林的病虫灾害和火灾等。航运中的事故可能会造成水库污染和航道障碍,需要进行清理,既影响水库正常运行,又增加投入。水库蓄洪调洪使库尾水位上升,给周边地区造成洪水危害,需要补偿和重建,也需要增加投入。库岸防护林、库周生态防护林和水土保持林若发生病虫害需要进行防治,若发生火灾则需要进行补植或重建,都需要大量投资才能解决。这些意外灾害的发生,使水库运行效益降低、经济风险增大。

三、社会风险

江河大型水库建设及运行的社会风险,是指因其诱发社会矛盾引起社会冲突、影响社会稳定的程度及可能性。水库社会风险既可能发生在水库建设及运行主体之间,也可能发生在水库建设及运行主体之外,有些社会风险是由水库建设及运行自身带来的,有些社会风险则是利益关系处理不当造成的。在水库可能发生的社会风险中,多数并不是由水库建设及运行本身产生的,而是由于一些地区、单位、人群的合法权益遭到损害而引起的。江河大型水库建设及运行涉及范围广、牵涉主体多,在成本分担、利益分享、权益保护等方面利益关系错综复杂,处理不慎便会引起利益冲突、诱发社会矛盾,如果这些冲突和矛盾不能得到及时疏解,日积月累就会形成社会风险。

1. 地方政府分担任务引发的社会风险

在现行体制下,江河大型水库建设及运行的一部分任务由地方政府组织完成,这些任务主要包括淹占资源及财物的补偿、移民的搬迁安置、淹占城镇及工矿企业的迁建、淹占基础设施的重建、水库周边的生态环境保护和安全保障等。这些任务涉及众多部门、单位、个人错综复杂的利益关系,在相关政策的刚性约束下,处理和协调这些利益关系的资源有限、难度很大。将这些任务交由地方政府完成,使其直接面对众多主体不同的利益诉求,成为相关主体追讨利益的对象,也成为对这些主体承担多种义务的责任人,从而导致相关主体与地方政府的矛盾,形成社会风险。

江河大型水库建设淹占的资源和财物分属众多的所有者和使用者,补偿方式和标准直接关系到他们的利益。在中央政府对补偿范围、标准和具体办法作出了规定的情况下,地方政府只能按规定实施补偿。当补偿范围缩小(未包括所有淹占资源和财物)和补偿标准偏低(对淹占资源和财物估价不足)时,这些资源和财物的所有者及使用者就要蒙受经济损失,他们就会将受损的责任归咎于地方政府。同时,他们为谋求有利的补偿结果,往往给地方政府施加压力,使当地经济社会发展受到一定干扰,形成社会风险。

江河大型水库淹占区内的城乡居民迁移安置难度很大,一是城镇移民迁入新建城镇的生活配套设施建设任务重、就业安置的困难多,二是农村移民恰当的安置地(生活条件相宜、生产条件较好、发展条件较优)难寻,三是农村移民迁入新住地后生活、生产不易走上正轨。在这种情况下,地方政府将移民迁出淹占区虽难但尚可做到,但要"安得稳、逐步能致富"便十分艰巨。当出现城市移民就业困难、农村移民对安置地不满意或在迁入地生活、生产困难时,就会将责任归咎于地方政府并要求解决,使地方政府承担解决城镇移民就业、改善农村移民生活及生产条件、解决城乡移民基本生活保障的重任。而地方政府只是移民安置工作的代理人(替水库业主充当代理),并不直接掌握移民安置资源,当移民与地方政府发生矛盾时,地方政府就会陷于进退两难的境地,社会风险亦随之生成。

江河大型水库淹占城镇迁建、淹占工矿搬迁、淹占基础设施恢复重建,都需要占用土地,这些土地的获取也要通过征用,征用这些土地也涉及拆迁和居民安置。由于这些用地未纳入水库建设用地征用范围,这些土地上的居民也未纳入水库移民范围,故这部分土地征用和居民安置只能由地方政府负责。因迁建及复建工程是经费包干,在包干经费偏紧而地方政府财力又不足的情况下,土地征用补偿一般不高、拆迁补偿较低,土地上的农民则转为城镇人口自谋职业。如此一来,又产生了一批失地进城农民,这些进了城的农民虽身份发生了改变,但既缺乏创业和就业的技能,又缺乏创业和就业的资本,没有较为稳定的工作和收入来源,有相当一部分人靠政府"低保"度日,成为社会不稳定因素。

江河大型水库周边的污染防治工程建设与运行、生态防护林及水土保林建设和抚育、水土保持工程建设及维护等,未纳入水库建设及运行预算而交由地方政府完成,地方政府又将具体的任务分摊到相关主体去承担,如将"三废"治理交由企业完成、高标准治污费用(城镇污水与垃圾处理费用)交由城镇居民承担、生态防护林和水土保持林的建设及抚育交由农民完成、化肥和农药减量控制及农业废弃物无害化处理交由农民承担等。在缺乏经济调控手段和必要补偿的情况下,地方政府要求相关主体完成这些任务,可能导致企业生产成本增加及效益降低,城镇居民负担加重,农民投入增加及收入减少,引起这些主体对水库建设及运行的不满,并将这种情绪向地方政府发泄,从而产生社会风险。

2. 城镇和工矿企业搬迁引发的社会风险

江河大型水库淹占的河谷地区,是当地城镇和工矿企业最集中的地区,是当地工商业高度聚集的区域,也是吸纳劳动力非农就业能力最强的地区。这些城镇和工矿企业因水库淹占迁往异地,便完全或部分丧失了历史形成的区位优势、近水靠江(河)的交通运输便利优势、人流及物流优势等,在一定时期内使经济发展功能和就业功能下降,造成原有就业人口减少、新增就业减弱,原有及新增城镇人口就业困难。这不仅造成地方政府社会保障任务的加重,财政压力的加大,还可能造成多种社会矛盾的产生,进而诱发社会风险。

分布在江河两岸的城镇,是历史形成的物资集散地、商贸中心,也是水陆运输转换节点,在当地经济社会发展中占有重要地位。这些城镇因水库淹占要迁往异地重建,搬迁之后的区位发生改变,使原有的工业、商业、交通运输条件发生很大变化,与区域内长期形成的人流、物流状况不相衔接。加之新建城镇的基础设施不配套,以及人们对新城镇有一个适应的过程,可能在一定时期内会出现工商业的萎缩,导致一部分城镇居民的失业或收入下降,新增城镇人口就业的困难,这种情况出现时,城镇"低保"人口就会急剧增加,地方政府在社会保障方面的支出压力随之增大,社会不稳定因素也随之增加,社会风险便相伴生成。

有些城镇只被水库淹占地势较低的部分城区（如万州、涪陵、长寿等），这部分城区需靠后重建。由于被淹城区靠近江河，在淹占前是城镇最繁华的街区，商铺林立，人流量大，生意兴隆，这里的业主和居民就业稳定，收入较高。可在后靠重建之后，这部分业主和居民从繁华街区迁到了城镇边缘地带，生产经营、就业、生活条件急剧恶化，有些业主搬迁后生产难以维持，经营难以继续，新区内就业也相当困难。因利益受损显著，这部分城镇居民最容易产生不满情绪，并可能采取较为过激的方式表达他们的诉求，对社会稳定造成较大的冲击。

水库淹占的工厂按"原规模、原标准、原生产能力"搬迁复建，这些企业多为传统加工企业，设备陈旧老化，保持原有状态还可以维持生产，一旦拆迁便再难使用，很多企业在搬迁之后不能恢复生产（如三峡水库淹占的1500余家企业经搬迁仅有300余家恢复生产），大多数只有破产倒闭，有的甚至在给予一定补偿后直接拆毁。这些工厂的破产倒闭，使从业工人失去工作和收入来源，加之再就业的困难，只能靠不多的补偿金、失业保障金维持生活。这些工人因工厂搬迁而丧失工作，本来就心存芥蒂，如果生活发生实际困难又得不到解决，就会引发严重的矛盾而产生社会风险。

被水库淹占的小水电、水运、建材、采掘类企业，因资源条件限制不便搬迁复建而废弃。这些企业多为劳动密集型企业，关闭之后会使很多人失去工作和收入。水库淹占补偿主要针对业主，而业主得到的补偿难以被职工所分享。在这种情况下，在这些企业中工作的职工不仅会失去工作，而且还得不到应有的补偿。这些失去了工作的人同样要由政府提供最低生活保障，并且还可能因没有稳定的工作和收入而成为社会不稳定的因素。

应当指出的是，江河大型水库所在的地区一般都较为偏僻，经济发展滞后，特别是二、三产业不发达，劳动力的非农就业困难。而水库的兴建淹占了这类地区城镇和工商业较发达又较集中的河谷地带，使其在一定时期工商业受损、部分工商业从业人员失业，加之部分农村移民和迁建占地农民进入城镇，造成本来就已紧张的就业问题更加突出。大量失业人口的存在使社会不稳定因素陡增，加之部分利益受损人群的不满情绪，这些人的诉求便有可能不讲理性，轻者上访、重者酿成群体事件，出现社会风险的可能性不可低估。

3. 淹占居民资源财产低标准补偿引发的社会风险

江河大型水库建设要淹占城乡居民和集体的资源及财产，如城乡居民的生活和生产经营用房及配套设施、公共场所及设施，农民的承包地及其上的附着物、农村社区的公共设施(农田水利设施、道路、公用建筑物等)、矿产资源等,种类繁多,数量庞大。这些资源和财产既是城乡居民生产、经营、生活的物质基础,也是城乡居民多年积累的财富,淹占补偿直接关系到他们的切身利益,也在一定程度上决定了他们迁移之后的生产及生活。如果对淹占的居民资源和财产补偿不足,就变相地剥夺了这些居民的部分财产,对迁移后生产、生活带来负面影响,冲突便由此而生,社会风险亦随之增大。

按现行补偿办法,水库淹占城镇居民的生活用房按类别以面积计补,室内装修、线路、不便拆迁的设施设备不纳入补偿范围,补偿标准参照原值估价,远低于重置价或市场交易价。对城镇居民生产经营用房的补偿也是分类别按面积计补,将设施设备拆迁损失排除在外,更不计算生产经营损失。如此一来,城镇居民生活用房淹占补偿既要遭受房屋的价值损失,又要遭受附着其上的设施设备损失,而生产经营用房淹占补偿既要遭受房屋的价值损失,也要遭受设施设备的拆迁损失,还要遭受搬迁的生产经营损失。其结果使城镇居民只能通过自己贴补才能重置生活及生产经营用房,合法权益受到损害。淹占城镇迁建虽使不少居民用房条件改善,但并不是由补偿得来而是用多年积蓄所购买,造成这部分居民的不满。这种不满有可能转化为非理性行为,演变为社会风险。

水库淹占的农村居民生活及生产经营用房的补偿与城镇类同,而补偿标准比城镇更低。对淹占的土地按前三年平均产出的 6—15 倍(一般为 9 倍)补偿,果园和鱼塘补偿稍高。三峡水库淹占耕地每公顷补偿不足 7.5 万元,林地每公顷补偿只有 0.3 万元左右。对淹占的农民场院、水井、人行道路等生活设施不予补偿,对淹占的零星果树、林木补偿也很低。对淹占的农村集体公共设施(道路、水利设施、农田设施等)不按件计价进行补偿,而是给每位集体成员补偿很少的建设费。如此一来,使农民在淹占补偿中不仅低价失去土地,而且还要在多方面遭受财产损失。更为重要的是,农民的淹占房屋补偿费要用在迁入地购买或建设房屋,补偿费太低使他们在迁入地买不到与原来相当的用房,造成部分外迁农村移民生活用房质量低劣,生产经营用房缺乏,大多数就地后靠安置农村移民建房要自己补贴。土地补偿费是用来在迁入地为农村移民获取承包地支付的费用,补偿费低导致移民在迁入地得不到应有数量和质量的土地。这些问题加在一起,使农村移民在迁入地的生活、生产发生困难,若得不到及时解决,农村移民就不可能稳定,移民不稳导致的社会风险就会大增。

为稳定库岸和生态保护,需要沿大型水库库岸建护岸林带,沿水库周边建生态防护林带,林带宽度一般为 50—200 米。由于水位线之上的土地未被水库建设征用,故造林用地属农村集体所有,为农户承包使用。这便造成农户在没有补偿的情况下,要将用于自身经济发展的土地转变为保护水库的生态环境用地,这一转变导致农户承包的部分土地失去经济功能(有产出的经果林除外),而收入下降。如果农户承包的土地都在林带建设区内,则这类农户就可能丧失所有承包土地的收益而失去生计。护岸林和生态防护林面积大,所占用地涉及农民人数多(如三峡水库水位线以上 20 米高程护岸林和生态防护林建设区内有近 30 万人口),一旦这些人的承包地被占用又得不到补偿,将会引起严重的矛盾,诱发社会风险。

4. 城乡移民低标准安置引发的社会风险

江河大型水库淹占范围大,淹占区需要迁移安置的城乡居民人口众多,少则数千至数万人,多则数十万甚至上百万人(三峡水库移民就多达 130 余万人)。对于城镇移民,主要由政府组织在迁建城镇安置;对于农村移民,绝大多数由政府组织就地后靠安置或外迁(迁出本县或本省)安置,少数自找门路安置。无论是城镇移民还是农村移民,安置质量对他们在安置地的生产、经营、就业、收入及生活都有重大影响。如果安置质量高,移民在迁入地就能很快步入生产、经营和生活正轨,并稳定下来谋求发展。如果安置质量低,则移民在迁入地的生产、经营(就业)及生活就会遇到极大困难,安置的稳定性就要大打折扣,移民不稳导致的社会风险就可能产生。

城镇移民的安置质量主要是住房、公共生活设施和就业三个方面,尤以住房和就业最为重要。城镇移民住房一般由自己购买,大小与质量由自己选择。由于迁建城镇建设的房屋一般较淹占的城镇好,生活配套设施也能较快完善,移民迁入新建城镇后的住房及公共生活设施会有一定改善。只不过这种改善是在自己付出了费用的情况下得到的。迁建城镇的经济功能在短期内难以达到老城镇的水平,工商业的发展也需要一个过程,就业岗位一般不足,城镇移民的就业条件在短期内可能恶化,部分移民不能就业,失去收入来源,生活发生困难。如果迁建城镇的经济功能不能尽快恢复,工商业不能尽快发展,则城镇移民的就业问题就难以解决,因失业和生活困难引发的频繁上访、干扰社会秩序的群体事件就容易发生。

农村移民的安置质量涉及的方面远比城镇移民多,包括迁入地经济社会发展水平、基础设施条件、自然地理条件、生活习俗与传统习惯、生产类型及特征、提供的房屋数量与质量、提供的承包地数量与质量、非农就业机会、就学和就医条件等方面。就地后靠安置的农村移民,迁移后的社会环境和自然环境改变不大而易于适应,用房可以自建或购买,生产与生活方式无大的变化,不需要重新适应。但从河谷迁移到山地,因耕地缺乏而得到的承包地较少(三峡水库后靠安置农村移民的耕地大多在 0.6—0.8 亩,有的还不足 0.5 亩,远低于规定的 1.0—1.2 亩),且耕地坡度大、零星小块,又无灌溉条件,生产条件较差。后靠安置地一般较偏远,有些地方还不通公路,就学及就医不便,与原来所在的河谷地带相比,生产及生活条件明显变劣,部分移民收入下降,生活水平降低。外迁农村移民因迁入地不同而情况各异,有的迁入地对移民关怀重视,提供了较好的用房,按当地标准调配了较好的承包地,帮助移民解决各种实际困难以适应当地生产及生活,安排部分移民非农就业增加收入,使移民在较短时间内走上了生产及生活正轨。而有的迁入地对移民缺乏必要的重视与关怀,提供的用房质量低劣,提供的承包地数量少且质量差,对移民生活及生产上遇到的困难漠不关心,使移民在人生地不熟的环境中难以适应,生产难以开展,收入没有保障,生活发生困难,难以融入当地经济社会生活。一部分农村移民安置到生活和生产条件差或社会环境不良的地区,安置标准低,安置质量差,造成移民近期生活及生产困难,远期发展无望,导致移民上访、要求重新安置,甚至返迁,对迁出地和迁入地均造成不安定。如果出现外迁移民大量返迁(如三门峡移民大量返迁),还会在迁出地出现大量无户籍、无归属、无人管的游动人口,其生产、就业、生活面临巨大困难,不仅使社会管理面临严峻考验,而且社会不安定因素也会急剧增加。

还有少数农村移民安置在地质灾害发生区、水源严重缺乏区、退耕还林区,安置之后的生活及生产马上遇到了难以克服的困难。如地质灾区移民的房屋开裂变形,土地塌陷,生命财产受到极大威胁,缺水区的移民人畜饮水困难,生产用水无来源,退耕还林区的移民退耕后无地耕种等。这种标准极为低下、质量极为低劣的安置给移民造成了很大的伤害,也使他们极度反感和不满,如果不及时重新安置,将引起严重的社会后果。

5. 江河大型水库淹占搬迁复建占地引发的社会风险

江河大型水库淹占城镇、工矿、基础设施的迁建或恢复重建需要占用土地,若迁建或重建规模大,所占用的土地数量也很大(如三峡水库淹占迁建的城镇有129座,需占用土地50平方公里以上),涉及的失地农民需要安置。由于搬迁复建占地未纳入水库用地、所涉及的人口未纳入水库移民,故在土地征用、农民安置上与水库征地、移民安置存在较大差别。搬迁复建占地按公共建设用地征用,所涉及的农民一般转为城镇人口,在复建的城镇落户。无论是搬迁复建占地的征用,或是失地农民进入城镇的安置,都涉及一系列的利益关系,充满了多重的博弈,并由此产生许多问题和矛盾。当各种复杂的利益协调发生困难和障碍时,一些问题和矛盾就可能激化,进而产生社会风险。

搬迁复建占地按公共建设用地征用,征地补偿仍按征前三年平均产出的一定倍数计算,补偿标准一般高于水库淹占土地的补偿水平。土地补偿费中的相当一部分为失地农民购买基本医疗和养老保险,其余为数不多的部分发给农民。失地农民转为城镇居民后自谋职业为生,因其原有经济实力微弱,所获土地补偿不高,在进入城镇后无力创业谋生,加之缺乏专业技能,在城镇就业也存在较大障碍。在这种情况下,这些进了城镇的失地农民有相当一部分处于失业状态,没有稳定的收入来源,有些家庭只能靠政府发放的最低生活保障度日,成了城镇最贫穷也是最弱势的群体,当他们艰难的生活难以为继时,就会采取一些较为激烈的方式表达合理和不合理的诉求,并可能反复发生,从而对社会秩序造成冲击,有时甚至产生严重的社会后果。

搬迁复建失地农民的用房,一般在城镇边缘建造还建房加以解决,超过还建标准的要另加费用。还建房主要供失地进城农民居住,没有生产用房,虽建有商铺但需租用或另行购买。由于没有生产用房,失地进城农民也便失去了从事生产活动谋生的机会。又由于商铺租用或购买需较大投资,且城镇边缘地带经商条件不好,失地进城农民靠经商谋生也并不容易。还建房建设中对失地进城农民就业的忽视,加剧了他们就业的困难,也使他们被边缘化,并由此滋生一系列社会风险。

搬迁复建失地农民未被纳入水库淹占移民范围,不能享受移民创业、就业和后期扶持的相关政策优惠,造成水库淹占城镇移民与搬迁复建占地移民享受的政策待遇不同,进而导致他们之间的相互攀比,淹占城镇移民希望得到还建房的优惠,而复建占地移民则希望得到后期扶持的待遇。如此一来,这两类均源于水库建设及运行产生的移民,都可以找到一定的理由向政府施加压力、索讨好处,从而引发一些社会矛盾。

对于水库淹占城镇迁建,所占用的土地中有一部分是用于商业开发,而不是用于公共建设,这一部分土地征用价格应该较高,且失地农民对开发增值有权分享。但按公共建设用地征用,不仅使失地农民损失了一部分征地补偿,也丧失了分享土地开发增值的机会,导致失地农民的不满。当失地农民进城后发生就业与生活困难时,往往以征地补偿费太低为由,要求追加补偿,有时甚至聚众施压表达诉求。一些地方所发生的群体事件不少与此有关,对社会稳定造成负面影响。

四、生态风险

江河大型水库的建设及运行,改变了江河原有形态及自然运行方式,人为造成了江河坝上与坝下水体的阻隔,江河流域生态系统格局发生巨大变化。而这种变化有可能对流域生物多样性、水环境安全、水资源时空分布、泥沙运动与分布、通江(河)湖泊运行等造成负面影响,这些影响的大小及发生的可能性,就是水库建设及运行的生态风险。水库的生态风险波及面宽,不仅影响水库自身及周边地区,还影响水库上下游广大地区,且这种影响具有长期性,当一条江河上建有多座大型水库时,连续的江河被截为多段,形成多级串联式湖泊,可能诱发的生态风险会更高,程度也会更严重。

1. 对生物多样性的影响

不同江河特定的区位及自然环境,孕育出多种动物、植物、微生物,这些生物依赖江河特殊的生态环境生存繁衍,有很多具有独特性,属于珍稀或孑遗生物,是宝贵的资源,一旦失去便永久灭绝。这些生物主要包括江河水系水生生物、江河近岸陆生生物、江河流域沼泽及湿地生物,既有植物,也有动物,还有微生物。江河大型水库的建设及运行,分割了原本连通的江河水系及水体,淹没了原为陆地的江(河)岸及江(河)中小岛,改变了江河径流运行态势,使一部生物的生存环境消失或改变,对其生息繁衍造成致命威胁。如果没有科学有效而又实际可行的补救措施,这些生物便可能很快灭绝,使生物多样性受损。

江河大型水库的建设及运行,阻断了江河径流,坝上与坝下水体被分割,库段江河水体加深,流速大为减缓,库段江河水位抬升,淹没两岸原有的部分陆地及江河之内的小岛,有些生物的生存受到直接威胁。首先,回游鱼类被大坝阻隔,断绝了回游通道,难以生存繁衍,面临灭绝;其次,适应库段江河原有激流生存的水生生物失去栖息地,如上游干支流没有相宜生存繁衍地,也会逐渐消亡;再次,原先在江河近岸或江河小岛上生存繁殖的一部分陆生生物,因生长繁育地被淹没,也有可能因此而消失。例如,三峡水库建设蓄水后,长江水系有40多种鱼类生存受到不利影响,影响最大的是深水底层中生活的圆口铜鱼、长鳍鮠、圆筒吻鮈、岩原鲤等十多种,以及白鲟、白鳘鲟、中华鲟、长江鲟、江豚、胭脂鱼等一、二类保护动物及珍稀、濒危水生动物。三峡地区的多种珍稀孑遗植物,也因失去生息场所或生存环境改变而处于危险之中,特有的荷叶铁线蕨(分布于万州区至石柱县西沱镇沿江海拔80—430米区域)、疏花水柏枝(分布于秭归县至巫山县沿江海拔200米左右地区)、丰都车前(分布于忠县、丰都县、巴南区三个江心小岛海拔155米以下地区,仅发现290株)、宜昌黄杨(分布于夷陵区、秭归县、巴东县沿江海拔70—300米地区)、鄂西鼠李(分布于秭归县、巴东县沿江海拔250米以下几处沙滩岩石缝中)面临的威胁最大。对这些生存繁衍受到威胁的生物一般采用建设保护性栖息地(生活繁育地)、人工繁殖等办法进行保护与保存,但在现有技术水平下只对一部分物种有效,有的物种一旦失去原生地便无法生存或繁衍,灭绝风险极高。

江河大型水库下泄水流含沙量和营养物大幅减少,且水温发生改变(较建库前冬季水温上升,夏季水温下降),使水库大坝之下局部江(河)段泥沙沉积减少,水体营养物及浮游生物数量降低,水体混浊度减低,一部分水生植物难以生长,大部分鱼类失去食物来源,一部分鱼类失去栖息繁衍场所,导致一部分水生生物减少或消亡。

江河大型水库的低含沙量水流下泄,会逐渐挖深坝下江河河床,使沿江(河)沼泽和湿地地下水位降低而干涸,大量的沼泽和湿地生物,特别是一些珍稀特有的动植物就会因丧失生息繁衍地和相宜的生态环境条件而消亡。同时,由于坝下江河河床的降低,一些通江湖泊的水面高于江河水面,导致湖泊水位下降,湖面减小,进而造成湖泊周边生态环境剧烈变化,使在这些地区生息繁衍的动植物受到严重威胁。三峡水库建成运行后,长江中下游江段河床逐步变深,鄱阳湖和洞庭湖及其他通江湖泊水位就会降低,湖面就会缩小,周边及水体中的部分生物就会失去生存条件而消亡和灭绝。

2. 对流域生态系统的影响

大江大河从形成到如今的漫长运行中,在流域内经长期演化形成了独特完整的生态系统,这一由多种动物、植物、微生物构成的生态系统与江河运行相互依存,进行物质能量交换,按其自身的规律保持动态平衡。江河大型水库的建设及运行,使江河由自然运行转变为人为干预运行,江河原有运行态势及规律在短期内发生重大改变,使流域生态系统在运行条件及依存对象上发生巨变而难以适应,进而造成系统关联断离、物质能量交换受阻,系统结构受损,最终导致系统的局部破坏、结构退化、功能下降,严重的甚至有可能发生生态灾害。

江河大型水库的大坝阻断江河径流,使随径流迁徙的水生生物失去通道,不仅造成靠迁徙生存繁衍的水生生物难以存续,更打破了水生生物的系统平衡。一部分水生生物因繁衍地和食物链被阻断而消亡,另一部分水生物则因失去天敌、无节制生长而成灾。那些靠径流迁移传播的陆生生物被大坝阻隔,被限制在较小范围内生存繁衍,种群缩小甚至导致消亡。水库成库之后,库段江河成静水湖泊,水温冬暖夏凉,可能造成喜温静水鱼类增加,水体中藻类及微生物大量繁殖暴发,库湾及库周浅滩和库岸恶性水草暴长,使水库水体生态系统失去平衡,同时对库周陆地生态系统带来不良影响。三峡水库建成蓄水后,入库河口及库湾就发生蓝绿藻和硅藻暴发,部分库湾发生了水浮萍暴发,部分浅滩和库岸发生了空心莲子草暴发式漫延。

江河大型水库建成运行后,水系泥沙运行和分布发生巨大改变,干流泥沙主要在水库库尾地区沉积,坝下江河河段来沙量大减。如此一来,库尾地区的泥沙淤积会极大改变生态环境,原有的水生及陆生动物、植物、微生物群落会受到很大的冲击而失去平衡,同时还会对上游径流形成顶托而改变江河河岸,对生态系统的运行造成不利影响。水库低含沙量水流下泄挖深坝下江河河床,不仅因破坏河床对原有水体生态系统造成损害,而且因江河河岸毁损及江河水位及水流变化对近岸陆地生态系统造成破坏。三门峡水库建成蓄水后,大量泥沙在库尾堆积并漫延至渭河下游,使渭河河床升高了 3—5 米,两岸土地迅速沙化,原有植被消失,造成生态退化。自三峡水库蓄水以来,荆江江段河床已出现冲蚀、江底泥沙沉积减少,对水体生态系统和近岸陆地生态系统已造成一定损害,随水库运行时间的推移,这一损害的范围还会逐步向荆江以下江段延伸。

江河大型水库为发挥防洪功能,在冬春两季保持高水位,而在夏秋两季保持低水位以留出防洪库容,使水库在夏秋两季出现一个消落区(水库最高水位线与防洪调节最低水位线之间的区域),消落区是水域(冬春季)和陆地(夏秋季)交替出现的地区,水生生物与陆生生物都难以在该区域内固定生存繁衍,容易成为荒漠带,在夏秋两季的暴雨冲刷及洪水冲击下还易产生泥沙流失与滑坡。而平缓地带的消落区在夏秋两季更可能成为泥沼和污物汇集地。同时,在洪水季节消落区时而被淹,时而显露,洪水带来的垃圾、固体废弃物容易在这一区域沉积,对生态环境和景观造成破坏。

江河大型水库建设及运行,不仅本身要淹占土地,而且淹占城镇、工矿、基础设施迁建和移民安置也要占地,而迁建用地及移民安置用地都会给生态环境造成压力,有时甚至会破坏生态环境。水库淹占的城镇、工矿、道路、输电及通信线路的迁建,需要进行大规模开挖与平整,对生态环境影响很大。农村移民的后靠安置,主要靠开垦陡坡地弥补耕地不足,导致植被遭毁,水土流失加重。三峡水库建设及运行,仅淹占的城镇迁建就占地50平方公里以上,加上其他迁建和重建项目占地就更多,这些迁建工程不仅占了不少林地,还因大量土石方开挖改变了原有地形地貌,破坏了原本稳定的坡面。为解决几十万农村移民安置用地,先后在水库周边坡面开垦了近3400公顷(规划为4480公顷)的耕地和园地,不仅破坏了植被,造成了新的水土流失,还因坡度太大又无灌溉条件而难以利用。

3. 对流域水资源分布的影响

江河大型水库的库容巨大,对江河径流的拦蓄能力极强,蓄水量少则数亿、数十亿立方米,多则上百亿甚至数百亿立方米,其发电、航运、旅游、养殖功能的发挥虽不消耗水量,但需要以江河径流的大量拦蓄为条件。江河径流被大量蓄积于水库,并按水库功能发挥需要进行控制性下泄,人为改变了江河径流的原有运行规律,导致江河流域水资源在时空分布上的改变,并对流域生态系统造成重大影响。由于江河大型水库大多建于上游,且同一江河上往往建有多座大型水库,故建成蓄水之后对中下游的水资源状况及生态系统运行影响特别巨大。

中国的江河大型水库主要集中在长江、黄河、珠江上游地区,也有少数建在其他江河的上游。这些江河发源于山地,流向平原而入海(少数流向境外),上游地区集水面大,水源较丰但人口较稀少,经济欠发达,需水量较少,而中下游地区人口密集,经济发达,需水量大,本地水源不足,要靠上游水源补充。在江河上游建设大型水库后,夏秋两季丰水时期水库下泄流量易于保持与入库流量的平衡,但在枯水期的冬春两季水库下泄流量就可能小于入库流量,使中下游水源减少,严重的甚至可能造成下游断流。当江河中下游水源减少时,不仅使沿岸生态系统直接面临生存与维系的威胁,还使沿江沼泽、湿地、通江湖泊的生态系统受到巨大冲击,也使水体生态系统维系遭遇极大困难,可能造成沿江植被退化消减、沼泽及湿地干涸及部分生物消失、湖面减退及湖周荒漠化后果。这种因上游对江河径流大量拦蓄和过量使用造成的中下游水源减少的问题,在中国已多次出现,且在枯水季节和枯水年份表现十分突出。黄河上游多座大型水库蓄水和上游省区过量用水,曾造成山东数百公里河段断流。珠江上游大型水库蓄水使冬春下泄流量减少,导致下游的广东季节性缺水。2009年冬因湖北和湖南大旱,加之三峡水库下泄流量较小,造成两省部分地区严重缺水,不得不加大下泄流量为下游补水。

当某条大江大河上只建有一座大型水库时,虽水库蓄水对流域水资源的时空分布也会产生影响,但若保持下泄流量与入库流量相等就可以消除。可是,当同一江河上建有多座大型水库时,只有当所有水库采取一致行动,保持下泄流量与入库流量相等,才能消除水库蓄水对流域水资源时空分布的影响,显然这是很难做到的。在这种情况下,江河上游多座大型水库蓄水,部分径流存积于上游水库不能全部下泄,在枯水季节或枯水年份必然造成中下游水源减少,对江河中下游地区生态环境造成不利影响。

江河大型水库对径流的拦蓄,在事实上就实现了对江河水资源的部分控制,拦蓄的越多控制的份额越高,使江河水资源这一公共品在一定时间内被水库内部占用。而江河大型水库功能发挥过程中的水流下泄,又在客观上起到了分配流域水资源(至少在坝上和坝下地区是如此)的作用,在一定程度上决定了江河水资源在流域的时空分布格局。若水库利用对江河水资源的控制追求经济效益(主要是发电效益)的最大化,势必造成江河水资源在流域时空分布上的巨大改变,使中下游地区在枯水季和枯水年的水资源减少,并造成生态危害。

4. 对流域水环境安全的影响

江河大型水库建成蓄水,在库段江河形成巨大的人工湖,水体流速减缓,处于相对静止状态,入库径流不能快速下泄,要在库中临时停留和存积,库段江河流态因此发生根本改变。加之人工湖水深面阔,导致冬季水温上升和夏季水温下降,库段江河水生态环境也发生很大改变。这些改变一方面可能带来库段江河污染物的累积,另一方面诱发库段江河有害生物的滋生漫延,再一方面造成库段江河自净能力的下降。当这些问题真的发生时,水库的水质就会逐渐变劣,库段江河水环境就会遭到破坏,而水库劣质水源的下泄还会造成坝下江河水体污染及水环境损害。

江河大型水库为了拦蓄更多的水量发电和供水,有更大的库容防洪,往往在江河干支流数十公里甚至数百公里河段形成大型或巨型人工湖泊。这种高峡平湖在拦蓄入库径流的同时,也拦蓄了本应顺流而下的入库泥沙和污染物。入库泥沙中含有的污染物和入库的其他污染物在水库存积不能及时排出,日积月累就会越来越多,对水库的污染就会越来越重,水体生态系统随之遭到破坏,甚至丧失其基本功能,这种情况在处于人口和城镇密集地区的水库极可能发生。周边和上游人口和城镇都高度密集的三峡水库,入库干支流顺流而下的泥沙和污染物、废弃物都有一部分要进入水库,周边城镇及工矿每年产生的10亿立方米以上的污水和300万吨以上的垃圾、周边农村每年产生的100万吨以上的农业废弃物和数万吨化肥与农药残留,有相当一部分可能进入水库,三峡水库因此面临极高的污染风险。

江河大型水库相对平静的水体、周边及上游丰富的氮磷及其他营养物来源、较为适宜的水温,为水藻、微生物、小鱼虾、水浮萍、水葫芦、空心莲子草等生物的生存繁衍提供了优越条件,使其有可能在水库中暴发式生长。这些生物在水库中大肆滋生漫延,消耗水体中的氧气,使其他水生生物(特别是鱼类)难以生存,这些生物大量繁殖又大量死亡,并在水库中腐烂使水体变色发臭,以致完全丧失生态功能。三峡水库建成蓄水之后,入库支流大宁河、小江、乌江的下游至河口都出现水体氮和磷含量高、春夏之交和夏秋之交蓝绿藻和硅藻疯长的富营养化现象,在不少库湾、库叉发生水浮萍暴发式生长、严重覆盖水面的问题,在部分浅滩及库边发生空心莲子草漫延、个别地方已形成覆盖水面的草甸。这些现象的出现表明,江河大型水库存在发生富营养化、有害生物暴长漫延而导致污染和水质恶化的危险性。

江河大型水库除夏秋两季水交换速度较快外,在冬春两季换水很慢,加之库段江河流速极缓,故水库水体的自净能力很弱。水库水体一旦遭到较重的污染,不仅不能实现自净,还会因累积效应而加重,如得不到及时而有效的治理,水体生态系统就会遭到毁灭性破坏,水质亦随之变得极为低劣而失去利用价值。江河大型水库建成之后便成为流域的重要水源,如果遭到严重污染,水库周边及下游地区不仅丧失了清洁水源,而且整个水系还会受到水库劣质水源的破坏,由此引发流域性水环境灾害。

5. 梯级大型水库建设及运行对江河形态和运行的影响

中国为了获得更多的可再生能源、更充分利用水资源,正大规模进行江河水资源及水能资源的梯级开发,即在同一江河上建设多座大型水库、对水资源及水能资源进行多级利用。江河的梯级开发,使原本连续而完整的江河分割为数段,原本连绵延续的河床变为多个有很大落差的阶梯,连绵流淌的江河径流变为串联式湖泊,也使江河水资源的时空分布由自然调节转换为人工调节。由于改变了江河的形态，也改变了江河的运行方式，从而对江河生态系统产生长远而深刻的影响。

在同一江河之上建多座梯级大型水库，必然带来江河形态和江河自然景观的巨变。原来完整的江河被多座大坝截为数段而变得支离破碎，原本只存在一定坡降的河床因大坝修筑变成高差达数十米甚至数百米的阶梯而不能自然通畅，原来的幽深峡谷、峭壁悬岩被水淹没而风光不再，原来汹涌奔腾的急流险滩为平静水面取代而气势无存。当人们欢呼战胜自然的胜利、享受水库所带来的好处的同时，也破坏了大自然恩赐的江河壮美形态及其所塑造的自然景观，"黄河之水天上来，奔流到海不复还"的波澜壮阔景象难以再现。

完整的江河被多座大坝所肢解，自然连通的水系被多座大坝所分割，连续的径流被多个水库所拦截，并且这一改变是在短期内完成的。如此一来，以径流为动力和以径流为通道迁徙、生存、繁衍的生物不能在江河流域内"自由活动"，而被禁锢在一个个小的局域范围内，要么因失去适宜环境而消亡，要么因失去制衡而暴发式生长，使江河水系长期形成的生态平衡被打破，甚至造成严重失衡。而这种失衡反过来又对江河水系造成负面影响，甚至破坏水系，由此形成恶性循环。如果在水量不丰的江河上游建梯级水库，不仅会阻断生物迁徙通道，妨碍部分生物生存繁衍，还可能导致中下游断流，大量生物毁灭和沿岸土地荒漠化，这一结果在中国已经有所出现。

多座梯级大型水库的建设及运行，使每座水库都成了一个巨大的"沉淀池"，径流中携带的泥沙和养分被多级沉淀而保留在水库中，虽可通过水库冲沙下泄一部分，但因径流运行方式的改变，使江河水系的泥沙及营养物的运行和分布发生巨大变化，泥沙及附带的营养物被堵在水库集中的上游，使中下游江（河）段得不到泥沙及营养的补充，不仅会改变中下游江河河道，还会使其生物系统因环境巨变而难以维系。对于入海江河，下泄泥沙及营养物的减少一方面会导致入海口海岸的改变，另一方面还会导致入海口湿地和滩涂生态系统的退化，再一方面也导入海口海域生态系统的变化（如海洋生物的减少等）。

江河大型水库的下泄水流对坝下河床形成巨大冲击力，使大坝下游相当长的河床沉积泥沙被卷走，只剩下石质河底，一些生物特别是水体底层鱼类既丧失栖息场所又失去食物来源，不能在这些江（河）段生存繁衍，或被迫迁徙，或逐渐消亡。在冬春枯水季节，水库下泄流量减少，造成上一级水库坝下至下一级水库库尾间的江河河段流量大减、水位降低、部分河床干涸裸露，原有生态系统被瓦解，严重的甚至丧失应有的生态功能。因水库多级截流和控制下泄造成的部分江河河段变浅，水面收缩及河床局部干涸，不仅破坏了江河水系的局域生态系统，也给流域生态系统造成巨大损害。

五、风险的承受与分担

江河大型水库建设及运行技术复杂、要求很高,加之受多种因素特别是非确定性因素的影响与制约,可能遭遇经济风险、社会风险、生态风险。当这些风险发生时,就会产生不同类型和不同程度的危害,并通过不同渠道和以不同的方式传递给相关主体,使其成为风险的承受者。水库风险的某些承受者要自己承担所遭受的损失,他们也成了风险的分担者。另一些风险承受者所遭受的损失可以得到其他主体的部分补偿,这类承受者和补偿者同样是风险的分担者。风险的承受与分担反映了江河大型水库建设及运行中的利益关系,对相关主体的行为有重要影响。

1. 风险的承受者

江河大型水库在建设及运行阶段都有发生风险的可能,只要相关的条件具备或相应的状况出现时,这种可能就会成为现实。当水库的风险真的发生时,会造成一定的损失和危害,其大小由风险的类型及程度所决定。水库风险有一定的影响范围和波及对象,在这一范围内的相关主体受其波及,要遭受风险所造成的危害,成为水库风险的承受者。无论是水库的经济风险或是水库的社会风险及生态风险,都会产生不良后果,或造成物资财产损失,或导致生态环境破坏,或造成利益损害,故风险的承受者都要遭受某些损失或受到某种伤害。江河大型水库风险危害难以回避,相关主体对风险的承受具有明显的被迫性。

江河大型水库风险发生的领域不同,其承受的主体也不同,所遭受的损失与伤害类别也不一样。水库风险的类型不同,影响对象各异,承受主体也各有区别。水库风险发生的程度不同,其影响范围和大小差异很大,承受主体的规模和遭受损失及危害的轻重也有所不同。水库的风险可能在经济领域发生,也可能在社会领域或生态领域发生,还可能同时在两个或三个领域发生,受影响的范围和主体各不相同,承受风险的区域、部门、单位及居民不可能一样。水库的经济风险、社会风险、生态风险又有多种类型、不同类型的风险波及的地域和影响的对象也不相同,各有独特的承受主体。

江河大型水库的经济风险、社会风险、生态风险具有较强的关联性,某种风险的发生可能诱发其他风险的相继发生,形成综合性风险。经济风险的发生可能引起对社会问题、生态环境保护问题的忽视,导致社会风险和生态风险的产生。社会风险的发生可能引起水库建设及运行受阻,造成建设成本增加,运行效益降低。生态环境保护削弱,诱发经济风险和生态风险,生态风险的发生可引起水库功能降低及使用年限缩短,流域社会经济发展受阻,居民生存环境变劣,造成经济风险和社会风险的产生。水库风险的关联性导致其影响面广、涉及主体多,风险承受的主体类别多且数量大。加之水库建设及运行本身所涉及的地域范围广泛,相关的主体较多,一旦发生风险其影响范围很大,遭受损失和危害的部门、单位、居民就很多,风险承受主体的规模也很大。

江河大型水库风险发生的领域和类型不同,其损失与危害向承受者传递的方式与渠道也不相同。有的风险是直接对相关主体造成物资财产损失,有的风险使相关主体的生活或生产条件发生不利的改变,有的风险使相关主体的发展受阻或发展成本增加,发展收益降低。有的风险通过其发生的自然渠道将损失与危害直接传递给相关主体,而有的风险则是通过其发生所产生的不利影响,使相关主体处于不利状况,将损失与危害间接传递给相关主体。还有的风险是通过其发生促成了利益关系的调整或改变,将损失与危害由某类主体传递给别的主体,其传递的接受主体也是风险承受者。

江河大型水库风险的承受者,特指受风险后果影响、遭受风险危害的主体,这一主体包括风险危害所及的区域、政府及行业部门、企事业单位及城乡居民群体。中国的江河大型水库(特别是大Ⅰ型水库)规模庞大,受其影响的地域广大,一旦发生风险波及的范围很宽,受风险影响的主体也很多。水库的大多数风险可以通过人为努力加以防范和控制,但也有某些风险难以防控,且一旦发生,损失和危害便不可避免,受到影响和波及的主体必然成为风险的承受者。

2. 风险的分担者

江河大型水库风险的承受者受到风险的影响和波及,直接面临风险带来的损失与危害。承受者遭受的风险损失与危害,并不一定要自己承担,将这些损失与危害转移给别的主体或由别的主体为其承担,可以使风险承受者免除或减少损失与危害。凡是最终承担风险损失及危害的主体,就是水库风险的分担者,他可能是水库风险的承受者、水库建设及运行的相关主体,也可能是与风险责任或风险后果处置有关的主体。

江河大型水库风险的承受者对遭受的损失及危害全部或部分由自己承担,则他又成了水库风险的分担者,这时承受者和分担者是同一的。对于这样的主体又有不同的类型:一类是水库建设及运行的受益者,他们承受并分担水库风险,是从水库建设和运行中获益的一种代价或成本付出,对他们既公平又合理;另一类是与水库建设及运行无直接利益关系的主体,他们承受并分担水库风险,就是一种白白的付出或额外的损失,对他们既不公平也不合理。如果水库风险承受者所遭受的损失和危害由其他主体补偿或承担,则补偿或承担的主体就是水库风险的分担者,这时的风险承受者和分担者是区分的。如果水库风险的承受者将损失和危害转移给其他主体,则接受损失和危害并为此付出代价的主体便成了水库风险的分担者,这时的风险承受者和分担者也是区分的。

江河大型水库风险的分担者,是对风险损失和危害担负最终责任的主体,这些主体可能是政府或所属机构,也可能是企事业单位,还可能是居民群体及个人。这些主体之所以成为风险的分担者,都有其各不相同的原因或理由。有的在遭受水库风险损失和危害后,因无别的主体对其进行补偿,自己被迫承担所受损失和危害而成为风险分担者。有的在遭受水库风险损失和危害后,因不能将其转移给其他主体,只能由自己承担而成为风险的分担者。有些与水库风险发生有关联,对风险造成的损失和危害负有补偿责任,通过对风险承受者的补偿而成为分担者。有些对水库风险造成的损失和危害有救助责任,通过对风险承受者的救助成了风险分担者。有些既未承受水库风险,又对风险发生没有责任,但因各种原因接受了风险损失和危害的转嫁,并对其承担了付出,成了被强加的风险分担者。

江河大型水库的建设及运行对经济、社会、生态本来就有重要影响,一旦发生风险所造成的损失与危害也很大,承受者也众多。在中国现行体制与政策框架下,水库风险损失和危害一般由承受主体分散分担,只有某些风险给公众造成的损失和危害才可能得到部分补偿和救助,所以风险的承受者绝大多数也就自然成为了水库风险的分担者。加之江河大型水库建设及运行在中国的优越地位,中央政府和水库业主就可能也有能力将风险损失和危害在大范围内分散承担,以减轻风险发生对水库建设及运行所造成的冲击与压力。

江河大型水库风险的分担者,最终要为风险损失和危害承担责任,不过不同的分担者的责任承担及付出方式有所不同。有些分担者直接承受风险损失和危害并由自己弥补,以接受损失和危害的方式直接分担水库风险。有些分担者为了履行自己的职责或道义,对遭受风险损失和危害的某些主体实施补偿或救助,以间接承担损失与危害的方式分担水库风险。有些分担者在无力抗拒的情况下,被迫接受风险损失和危害的转嫁,以被强制的方式分担水库风险。不同主体对水库风险分担的不同方式,反映了这些主体的利益关系,让负有责任的主体以规范的方式分担水库风险有利于风险的化解,而让不应承担责任的主体以被迫的方式分担水库风险则可能导致利益关系的扭曲和新的矛盾。

3. 经济风险的承受与分担

江河大型水库建设及运行发生的经济风险类型不同,影响的范围和领域、涉及的主体也不一样,承受与分担方式及主体亦随之不同。水库经济风险若由投资、预算等引起,因涉及国民经济或区域经济发展的宏观问题,影响范围就大,涉及领域就多,风险承受和分担的主体也就很多,承受和分担的方式也很复杂。水库经济风险若因建设与运行障碍或突发灾害所致,因属于局部问题,其影响的范围和领域有限,风险承受和分担主体相对较少,承受和分担方式也相对简明。风险的承受与分担也和风险的大小直接相关,无论何种类型的风险,如果发生的规模很大,承受和分担的主体就多,承受和分担的方式就复杂。

对于江河大型水库建设投资过大对国民经济发展造成的风险,主要是因水库建设挤占其他更重要更有利的建设投资所造成,所受影响是与水库建设在投资上有竞争性的部门、行业及其项目。由于其发展投资被水库建设挤占而受到抑制,导致与之相关的主体遭到损失和危害,使其失去了发展机会而承受并分担水库的投资风险。同时,因更重要或更有效率的部门、行业及项目的发展受到阻滞,会造成社会投资效率的下降,经济发展水平和绩效的降低,国家和公众都要为此而付出代价。由此可见,江河大型水库建设投资过大造成的经济风险,是通过国民经济系统的关联分散到其他部门、行业、项目上,由众多的主体承受和分担的,这种承受和分担对与水库建设有竞争性的主体是直接的,而对其他主体则是间接的,而且具有隐蔽性。

江河大型水库建设及运行超预算造成的经济风险,受影响的主要是水库的所有者和业主,他们是水库建设及运行的主要投资者,如果建设及运行投资超过预算,就会因成本增大而减少收益,投资回收期延长,回报率降低。同时,江河大型水库是中央直属企业,建设及运行成本的上升和收益的下降,会从正反两方面减损中央政府的财力,并进而对经济社会发展产生一定的负面影响,这一影响会涉及各个方面,承受和分担的主体众多。再者,水库建设及运行投资巨大,如果实际投资严重超预算,就会出现巨大资金缺口,无论是以何种方式和渠道筹资,都会对国民经济发展带来一定冲击、产生不良后果,所造成的损失和危害最终由社会众多主体承受与分担。

水库建设受阻使其建设工期延长、投产时间推迟,在增加建设成本的情况下还要减少收益,水库所有者和业主遭受损失,并要担负损失的后果。水库运行受阻使其功能不能充分有效发挥,不仅会降低水库运行收益,使所有者和业主利益受损,还要对与水库运行密切相关的主体造成损失及危害,这一经济风险不仅水库所有者和业主要承受与分担,其他相关主体也要承受与分担。但由于江河大型水库的所有者是中央政府,业主是大型国有电力企业,在遭遇这一经济风险时,有可能将风险损失进行分散并在大范围内转移,这时承受和分担风险的主体便极为广泛。

江河大型水库的灾害经济风险,一方面对水库建设及运行造成损失与危害,另一方面还可能在水库之外的其他领域造成损失与危害。对于前者受影响的主要是水库的所有者和业主,对于后者受影响的就可能是流域内广大地区的多种主体。当水库建设及运行因灾害遭受经济损失时,这一损失主要由水库所有者和业主承受并分担。当水库建设及运行遭受或诱发灾害使水库之外的主体发生损失和危害时,水库周边地区及上下游地区的众多主体都可能受到波及,会程度不同地承受并分担风险损失。有时因损失太重而影响相关主体生产、生活,政府会给予救助,政府也成了这一风险的分担者。

4. 社会风险的承受与分担

江河大型水库建设及运行的社会风险有不同的起因和类型,所涉及的对象存在很大差异,风险承受和分担的主体也各有区别。水库建设及运行在成本分摊、利益分享等方面的相关主体众多、利益关系复杂,而调控政策又由政府制定与推行,社会风险的承受和分担不仅涉及众多不同类别的主体,还涉及中央和地方政府,也间接牵涉到大量的部门和社会公众。与水库经济风险损失危害主要由某一方承受和分担不同,社会风险损失及危害往往要由多方共同承受与分担。水库社会风险造成的损失与危害有些是有形的,有些是无形的,承受和分担的方式也较为复杂。

在江河大型水库建设及运行中,地方政府按相关政策规定完成土地征用、损失补偿、淹占拆迁及恢复重建、移民安置、水库周边生态环境保护等工作,他们直接面对所涉及的各种主体的不同诉求和错综复杂的利益关系,集多种矛盾、冲突与责任于一身。在中央政策刚性约束和自身资源有限的条件下,地方政府不太可能满足众多主体的不同诉求,也不大可能圆满地协调多种利益关系。在这种情况下,合理权益受到损害的主体就会承受和分担一定的损失和危害,同时地方政府不仅要为此承担巨大的社会压力、工作压力和经济压力,而且还要付出诸如降低威信、减少公信力等政治代价。由于水库建设及运行的相关政策由中央政府制定,一旦这些政策对某些主体的利益造成了伤害,则这些主体在承受和分担相应损失的同时,也会与中央政府展开博弈,使其受到损害并降低行政效率。

对于水库淹占城镇和企业搬迁重建引发的城镇就业能力在一定时期内减弱、城镇失业率上升、部分城镇居民收入下降,以及企业因搬迁倒闭、破产造成的工矿企业职工失业等社会问题,淹占城镇的部分居民和淹占企业的部分职工直接承受并分担这一风险。失业人口的增加、部分居民收入的下降和生活的困难,加重了政府解决就业、社会保障、特困人群救助的压力和困难,政府也成了这一风险的直接承受者和分担者。同时,就业的困难、失业人口的增加、低收入人群的困难,又会给社会安定造成压力,政府维护社会稳定的任务加重、困难加大,成了这一风险的间接承受者和分担者。

对于水库淹占财物的不足额补偿造成的社会风险,这些财产、物资的所有者或使用者直接蒙受并分担了损失,并成为这一风险的承受者和分担者。但这些主体在损失和侵害面前并不会逆来顺受,而是会采用各种办法进行抗争。江河大型水库淹占范围大,淹占财物补偿涉及主体类型多、数量庞大,若补偿不足则大量的主体就会成为损失的承受者和分担者,并容易与政府产生矛盾甚至对立,并使政府为此付出不小的代价。

对移民低标准安置,使移民在离开故土后又遭遇生活、生产和发展上的困难,这一社会风险造成的损失和危害直接为移民所承受与分担,安置标准低、安置质量不高的移民是其直接的承受者和分担者。但这部分移民并不会甘心忍受迁移安置给他们带来的困难,会以温和或激烈的方式向政府表达要求改变的诉求,有的甚至自动返迁。如此一来,就会在迁入地和迁出地产生众多新的社会问题,给地方政府增加很大的压力和困难,并需为解决这些问题承担责任和付出成本,使地方政府也成了这一社会风险的承受者和分担者。

江河大型水库淹占城镇、工矿企业、基础设施搬迁重建占用土地造成的失地农民就业困难、收入与生活无保障等社会风险,直接承受和分担的是失地农民。但地方政府对其就业、基本生活保障负有责任,要为他们创造就业机会和提供最低生活保障,使地方政府也成了这一社会风险的间接承受者和分担者。同时,搬迁重建用地是由地方政府征用,失地农民会将失地后遇到的各种困难都归因于政府,每遇到困难都会找政府解决,与政府进行长期反复博弈,有时甚至以激烈的方式表达诉求,使政府为此付出了巨大的政治代价和经济代价。

5. 生态风险的承受与分担

江河大型水库建设及运行发生的生态风险类型各异,影响的范围及对象也各不相同,其承受和分担的主体也不一样。水库生态风险是因江河形态、运行方式在人为干预下发生重大改变而产生的,这一改变不仅给水库及周边地区的生态系统造成冲击,而且对全流域生态系统施加重要影响,波及范围很广,涉及主体很多。水库生态风险还往往引发经济风险和社会风险,产生风险的并发效应,其影响的范围和领域就更大,承受和分担风险的主体就更多。与社会风险相类似,水库生态风险会同时影响多类主体,损失和危害不是由某一方,而是由多方承受与分担。水库生态风险的损失与危害同样也存在有形和无形两类,对其承受与分担的方式也较复杂。

江河大型水库可能导致的某些生物物种消亡的风险,使人类失去自然进化遗留的生物资源,也使人类面临日渐不稳定的自然生态系统,承受和分担这一风险的是全人类。有些因水库受到生存和繁衍威胁物种是极为珍稀的种质资源,一旦消失,人类承受和分担的损失会更大。有些受到威胁的物种具有很高的科学价值、经济价值,一旦消亡,相关的科学研究中断的损失也要由全人类承受与分担,而经济利用机会的丧失使相关主体承受并分担损失。而因某些物种消亡或种群减少对流域生态系统的不良影响,则要由流域内众多主体直接承受和分担。

江河大型水库对流域生态系统可能产生某些负面影响,造成流域范围内水生及陆生生态系统改变或退化,并进而对自然资源和自然环境系统产生重大影响,再进一步对经济系统和社会系统运行增加不利的约束,使流域内的众多主体承受与分担由此造成的损失和危害。水库大坝对江河的分割造成流域内广大地区资源、环境改变,面临经济社会发展、生态环境保护、水旱灾害防治等方面的条件变化和调整,使这些地区的地方政府、企业及居民都要承受和分担由此带来的损失。江河流域生态系统因水库建设及运行所遭受的损毁和破坏,需要进行修复或建立新的平衡,江河形态的改变也需要维护其稳定,完成这些任务的主体也就成了这一生态风险的分担者。

江河大型水库对流域水资源时空分布改变可能带来的生态风险,受影响的主要是水库下游广大地区,这些地区因水库大量拦蓄江河径流使来水量改变,特别是在冬春枯水季节的来水量可能减少,由此造成这些地区出现生活、生产、生态环保的供水不足,使这些地区的经济发展、人民生活、生态环境遭遇困难和损失,这些地区的企业、居民都会受到不同程度的波及,成为这一风险的承受者和分担者。水库下游的湿地区域和通江河的湖泊地区,因上游下泄径流的减少会造成水位下降,不仅破坏湿地和湖周生态,还会使其周边供水紧张,使周边经济社会发展受到阻碍,广大民众便成为这一风险的直接承受者和分担者。

库段江河水流减缓、自净能力减弱可能造成的水库污染风险,既影响水库周边广大地区,也影响水库下游广大区域,承受和分担这一风险的范围广泛,主体众多。水库水体如被污染,水库周边及广大地区一方面因失去清洁水源而使经济社会发展受到损害,另一方面要为防治污染而付出更高的成本,这些地区的政府、企事业单位、城乡居民都要为此而承担损失和付出代价,他们都是这一风险的承受者和分担者。如果江河大型水库发生严重污染,给江河流域经济社会发展造成重大威胁,中央政府还必须对其专项治理,中央政府也成了这一风险的承受者和分担者。

同一江河建设多座大型水库可能改变全流域生态系统的原有格局,对原有较为稳定的生态系统造成巨大冲击,带来的损失和危害可能更大,受影响和损失的主体更多。多座水库的建设改变江河自然景观和风貌,对全社会都是一大损失,而奇特景观的丧失更使所在地失去了宝贵的景观资源、承受和分担相应损失。水系的人为分割使其变得支离破碎,完整而互相联系的生态系统被相互区隔,使众多主体承受和分担多种经济及生态损失与危害。江河泥沙在水库中沉积所造成的泥沙运动与分布的改变,对江河运行及安全、江河周边及出海口土地资源及生物资源保护等造成负面影响,相关的损失和危害也要由这些地区的众多主体承受与分担。

第九章 中国江河大型水库建设及运行的效益

近 60 年来,特别是 1980 年代以来,中央和省级政府、国有(或国有控股)大型电力生产企业积极推进江河大型水库建设,原因虽然很多,但最根本的还是对功利的追求。江河大型水库可以产生巨大的经济效益、发挥重大的社会效益、产生一定的生态效益,正是由于其巨大的潜在效益的吸引,才受到如此重视与青睐。对江河大型水库建设及运行的效益进行系统分析,不仅可以对中国的"大型水库建设热"作出合理解释,还可对其利弊得失进行理性评价。

一、经济效益

江河大型水库的经济效益主要体现在发电、通航、供水、旅游及区域经济发展等方面。对于不同功能的水库,所产生的经济效益有不同的领域与重点,多功能水库可产生多方面的经济效益,单功能水库的经济效益则主要集中在某个方面。江河大型水库一般属多功能水库,其经济效益具有多样性和综合性,只不过在某些方面经济效益大,而在别的方面经济效益较小。当然,不同的江河大型水库因大小及特征不同,在经济效益上也存在很大差异。

1. 发电经济效益

中国已建、在建和拟建的江河大型水库,除极少数是专用灌溉水库(如四川昇钟水库)和水源水库(如湖北丹江口水库)外,绝大多数都是以发电为主兼有其他功能的多用途水库,这些水库均以发电装机容量巨大,电力生产能力惊人而著称于世。表 9—1 所列是中国已建和在建的装机容量和发电量前十位的江河大型水库。

表 9—1　中国已建和在建的装机容量和发电量前十位的水库

序号	水库名称	发电装机容量（万千瓦）	年发电量（亿千瓦时）	序号	水库名称	发电装机容量（万千瓦）	年发电量（亿千瓦时）
1	三峡①	1820	847.0	6	锦屏二级	300	209.7
2	溪洛渡	1200	573.1	7	小湾	420	188.9
3	向家坝	600	293.4	8	锦屏一级	300	182.0
4	龙滩二期	540	281.1	9	二滩	330	162.0
5	糯扎渡	500	239.6	10	瀑布沟	330	144.3

据《2010 年中国电力年鉴》、《2009 年中国水力发电年鉴》等整理。

由表 9—1 可知，江河大型水库的电力生产能力十分巨大，装机容量首位的三峡水库 26 台机组投入运行年发电量达 847 亿千瓦时，装机容量第三的向家坝水库年发电量亦能达到 290 亿千瓦时，装机容量第九的二滩水库年发电量也可达 160 亿千瓦时以上。按水库用电占 0.2%、输变电损失 3.5% 扣除后，三峡、向家坝、二滩这三个江河大型水库每年可上网提供电力分别为 815 亿千瓦时、282 亿千瓦时、156 亿千瓦时。目前国内大型水电上网电价为 0.25 元/千瓦时，且在能源价格上涨背景下不大可能下降，加之电力供给偏紧，也不会因市场需求不足而降低。按这一电价推算，这三个有代表性的江河大型水库每年的电力产值可分别达 203.75 亿元、70.5 亿元、39 亿元，远远超过一般大型制造企业的年产值，其数额极为惊人。同时，江河大型水库的发电机组一般有多台，水库边建设、边安装、边发电，在建设过程中便可产生发电收益。三峡水库 1993 年开工建设，2003 年首台发电机组投产发电，至 2008 年 9 月 8 日最后一台发电机组开始总装，已累计发电 2594 亿千瓦时[2]，上网电量达 2500 亿千瓦时，电力产值累计达 625 亿元，建设期中的发电收益极为可观。

江河大型水库虽建设周期长、建设投资巨大，但发电靠的是天然水能，消耗的只是维护水库持久安全运行所需的人财物力，既不消耗水资源也不消耗其他一次性能源，运行成本远低于火电与核电。同时，江河大型水库的大坝枢纽设施属永久性工程，建成之后使用寿命很长，只要水库泥沙淤积能得到有效防治，水库就可以长期使用，发电收益亦可以长期获取。以三峡水库为例，在不考虑上游水库拦沙的情况下，运行 100 年之后调节库容仍可保留 91.5%、防洪库容仍可保留 85.8%[3]，水库发电能力仍可基本保持，获得发电收益的时间很长。即使按预设的大坝使用 50 年、机电设备使用 25 年、其他设施使用 50 年[4]，三峡水库建成后发电受益时间也长达 50 年之久，电力生产的累计静态

---

[1]　三峡水库初设安装 26 台 70 万千瓦发电机组，总装机容量 1820 万千瓦，年发电量 847 亿千瓦时，加上右岸山体内预留 6 台 70 万千瓦发电机组及左岸山体内 2 台 5 万千瓦电源电站机组，最终装机容量为 2250 万千瓦，年发电量 900 亿千瓦时左右。

[2]　江时强、吴植：《科技日报·综合新闻》，2008 年 9 月 9 日第 3 版。

[3]　长江水利委员会编：《三峡工程综合利用与水库调度研究》，湖北科学技术出版社 1997 年版，第 13 页。

[4]　长江水利委员会编：《三峡工程经济研究》，湖北科学技术出版社 1997 年版，第 71 页。

表 9—2 中国已建和在建装机容量及发电量前十位水库电力生产静态产值

水库名称	年上网电量① (亿千瓦时)	年电力生产静态产值② (亿元)	50年电力生产静态产值③ (亿元)	水库名称	年上网电量① (亿千瓦时)	年电力生产静态产值② (亿元)	50年电力生产静态产值③ (亿元)
三峡	830	207.50	10375.00	锦屏二级	205	51.25	2562.50
溪洛渡	561	140.25	7012.50	小湾	185	46.25	2312.50
向家坝	287	71.75	3587.50	锦屏一级	178	44.50	2225.00
龙滩二期	275	68.75	3437.50	二滩	158	39.50	1975.00
糯扎渡	234	58.50	2925.00	瀑布沟	141	35.25	1762.50

① 按年发电量扣除自用0.2%计算,取整数。
② 按上网电价0.25元/千瓦时计算,精确到百分位。
③ 按水电站建成后稳定运行50年计算。

产值超过1万亿元(表9—2)。

表9—2反映了江河大型水库建成投入运行前50年中每年及累计的电力生产及产出水平,不仅数额十分巨大,而且持续稳定时间长。一个发电型江河大型水库,就是一个特大型电力生产企业,其电力产出规模之大、稳定延续时间之长,都远胜过其他电力企业,更胜过一般工业企业。应进一步指出,江河大型水库的大坝枢纽及其他固定设施建设标准高、安全系数大、属永久性建筑、可长期使用,发电、输变电等设备可定期更换与更新,虽水库泥沙淤积会逐渐降低电力生产能力,但除淤积严重又难于治理的水库外,大多数水库在采取了防治措施后淤积较慢,在运行50年后还可使用,有的水库甚至可运行100年以上,只是电力生产能力会有所下降。若将水库稳定运行50年之后的电力生产考虑进来,则江河大型水库电力生产的累计产出还会大得多。

2. 防洪经济效益

中国是江河水灾最严重的国家之一,从古至今大小江河都曾多次发生程度不同的洪涝灾害。全国范围内小洪灾年年有,大洪灾也时有发生,特大洪灾也不鲜见。据文献记载与调查,从西汉初年至清朝末年(公元前185年—公元1911年)的2100年间,长江曾发生洪灾214次,平均每10年一次;从1153年—1997年的800余年间,宜昌洪峰大于8万立方米/秒的大洪水有8次,约100年一次①。其他江河的洪灾记录亦不绝于史,近年的江河洪灾更是触目惊心。

在江河上建设大型水库,利用巨大的库容及科学调度,可以有效调控洪水流量,避免或减轻洪灾造成的经济损失。如果江河干流和支流上建设多座大型水库且分布合

---

① 长江水利委员会编:《三峡工程经济研究》,湖北科学技术出版社1997年版,第43页。

理,利用水库蓄洪、分段调峰,可更加有效调洪、泄洪,不致造成大灾。特别是建设在江河咽喉地段的大型水库,对蓄洪、调峰、防治洪灾的作用更大。建在长江上游出口的三峡水库,防洪库容达221.5亿立方米,即使出现1870年那样的特大洪水,也有能力调控洪峰,使中下游不出现大的洪涝灾害[①]。江河大型水库蓄洪、调洪可以避免或减轻洪涝灾害并产生经济效益,主要体现在以下三个方面。

(1)减少或避免淹没损失,主要包括:

　　A.减少或避免道路、设施、房屋的毁损

　　B.减少或避免财产、物资、设备的毁损

　　C.减少或避免工业、农业、交通运输业、服务业的生产经营损失

　　D.减少或避免土地、矿产及其他自然资源的毁损

(2)减少或避免抗洪抢险投入,主要包括:

　　A.减少或避免抗洪抢险的大量人力投入

　　B.减少或避免抗洪抢险的大量物资投入

　　C.减少或避免抗洪抢险的大量资金投入

　　D.减少或避免受灾居民的救助投入

(3)减少或避免灾后恢复重建的投入,主要包括:

　　A.减少或免除道路、设施、房屋毁损的恢复重建投入

　　B.减少或免除设备、物资毁损的重置、维修、购买投入

　　C.减少或免除工业、农业、交通运输业、服务业灾后恢复的投入

　　D.减少或免除洪灾后大范围卫生防疫投入

由于洪涝灾害的经济损失涉及面广且与受灾地区经济发展水平相关。洪灾发生(特别是特大洪灾)的随机性强、洪灾经济损失计算方法存在争议(有理论频率法与经验频率法之争)[②],江河大型水库的防洪经济效益计算存在一定困难。长江水利委员会利用经验频率法,计算三峡水库对沙市及城陵矶地区的年均防洪效益(仅以洪灾损失计算)为9.6—11.0亿元[③],并以此为据,用影子价格调整再加上3%的年增量,计算出三峡水库建成初期的年均防洪效益为20亿元左右,以后逐年增加,到建成运行40年后的年均防洪效益为86亿元左右[④]。虽然这一计算结果数量很可观,但仍存在三个问题,一是未计算洪灾对洞庭湖、武汉市及以下广大地区造成的损失,二是对长江中下游地区经济

---

① 长江水利委员会编:《三峡工程经济研究》,湖北科学技术出版社1997年版,第47—48页。
② 同上书,第45页。
③ 同上。
④ 同上书,第76页。

发展速度(3%)估计太低,三是未考虑对抗洪抢险和灾后重建的大量投入。如果将这三个方面的因素考虑进来,则三峡水库的防洪经济效益要比这一测算结果大得多。

中国江河发生一般洪灾的频率较高,发生特大洪灾也不罕见,对江河大型水库防洪效益的计算,应当将这两种情况都考虑在内,尤其应对防御特大洪灾的效益给予重视。仍以长江为例,自明代以来干流及主要支流每四年左右就发生一次较大洪水,每100年左右就发生一次特大洪水,每次特大洪水都造成川、渝、鄂、湘、皖、赣、江、浙沿江地区大范围受灾、经济损失惨重。据长江水利委员会测算,若1870年的特大洪灾在1986年再现,仅沙市和城陵矶地区的直接经济损失就将高达354亿元[1]。而1998年的特大洪水使长江中下游六省沿江地区全面受灾,仅直接经济损失就达1600余亿元,加上数十万人近一个月的防洪抢险,以及灾后恢复重建的支出,这次洪灾的经济损失在2000亿元以上,按100年分摊每年平均也有20余亿元。若单独考察近100年的情况,长江在1931年、1935年、1954年、1998年先后发生了四次特大洪水,每25年左右就有一次,按年平均损失至少在50亿元以上,加上抢险与恢复重建,每年的洪灾损失当在100亿元以上。三峡水库的建设,不仅可以防治一般的洪灾,还可抗御如1870年、1998年那样的特大洪灾,防洪经济效益十分巨大。其他江河大型水库的防洪经济效益虽难与三峡水库比肩,但在防御较大洪灾、减轻特大洪灾损失方面的作用仍然不小,防洪经济效益亦十分显著。

3. 航运经济效益

江河大型水库多建于江河上游,而江河上游大多处于山地丘陵,不仅水道狭窄、弯道较多,而且落差大、水流急、险滩礁石多,对内河航运造成很大困难,导致内河航运能力弱小,不少江河河段还不能通航。江河大型水库的建设,可以极大改善大坝上游江河部分河段的通航条件(加深加宽航道、减缓水流流速、淹没险滩礁石等),航运能力增强,航运安全性提高,航运成本降低,进而产生航运经济效益。

江河大型水库的航运经济效益,主要是通过改善航道而增加航运能力、降低航运能耗、减少航运成本、提高航运安全、减少损失实现的。通过水库大坝建设及蓄水,在大坝以上江河形成长达数十、上百甚至数百公里的河道型水库,使江河干流及部分支流在库段内的水道加深加宽,既拓宽和延伸了航道,又淹没了险滩礁石,还减缓了水流的流速,从而使更大更多的船舶可以安全通航并显著提高航运能力,还可大幅降低航运能耗而节省成本。有些大型水库的兴建不仅使坝上江河干支流通航里程显著增加,还可改善

---

[1] 长江水利委员会编:《三峡工程经济研究》,湖北科学技术出版社1997年版,第47页。

坝下江河干流在枯水期的通航条件,从而使江河航运能力总体提高。内河货运每吨公里运价为 0.03 元,只有铁路的 1/6、公路的 1/28、航空的 1/78[①],价格优势极为显著,江河大型水库建设带来的通航里程延长、航运能力增大、航运成本下降,自然可产生可观的航运经济效益。以三峡水库为例,可改善大坝之上长江干流 570—650 公里川江航道,使单向下水年通过能力超过 1 亿吨、过坝下水年通过能力达到 5000 万吨、比建库前提高 4 倍,每千瓦时拖载量由建库前的 1.3—1.5 吨增至 2.7—5.4 吨、船舶耗油量由 17 克/吨公里降至 7.6 克/吨公里、运输成本降低 35%—37%,可增加香溪、大宁河和小江等坝上支流通航里程 500 公里左右,并对乌江和嘉陵江河口江段及长江干流江津以上江段的航道有一定改善,在枯水季节可为坝下江段增加 3000 立方米/秒的流量,使荆江航道得到较大改善、通航能力增强[②]。若与铁路货运比较,三峡水库兴建每年增加的 4000 万吨货运能力,即使平均运距只有 300 公里,也可节省运费 15 亿元。同时,随航运时间的缩短、航运成本的降低、船舶周转的加快,航运企业的经济效益也会显著增加。

江河大型水库的航运经济效益与江河特征及水库区位有关,且水库长度对航运经济效益有重要影响。若江河大型水库建在河道狭窄、险滩较多、落差较大的江(河)段,则库段河道会变深变宽、险滩消失、水流减缓,通航条件会大为改善,航运能力亦大为增强,航运经济效益随之大幅提高。若水库大坝很高,形成的河道型水库很狭长,改善的航道也越长,增加的航运能力越大,航运经济效益的提高也越显著。如果大型水库建在平坦开阔的江(河)段,或水库长度较短,便会因改善航道较短,增加航运能力有限,航运经济效益不会太大。

应当指出,江河大型水库建设虽可改善江河航道,提高通航能力,为增加内河航运、降低航运成本创造了条件,但航运经济效益的发挥还要靠航运业自身的发展。如果内河航运业有效发展,就能有效利用江河大型水库建设所改善的航运条件,使航运经济效益得到充分发挥。如果内河航运业没有相应发展,则江河大型水库建设改善的航运条件就得不到有效利用,航运经济效益自然便无从谈起。

4. 其他经济效益

江河大型水库除巨大的防洪和发电效益、显著的航运经济效益,还以其庞大的库容、广阔的水面、高峡平湖的景观、宏伟的大坝及现代化的设施与设备,发挥供水、旅游、水产养殖等多方面的经济效益。

---

① 陆娅楠:《江开别有天——长江黄金水道发展的再思考》,《人民日报》2009 年 6 月 25 日第 8 版。
② 长江水利委员会编:《三峡工程经济研究》,湖北科学技术出版社 1997 年版,第 61 页。

中国主要江河的水量夏秋两季丰富,冬春两季则大幅减少。以长江为例,夏秋水量占70%、冬春两季的水量仅占30%[①]。江河水量季节分布的巨大差异,给江河流域生产、生活造成不少困难,不少地区因春季缺水而春种春播困难,一些城市因冬春缺水工业生产无法正常进行,因缺水造成的经济损失达3元/立方米以上。江河大型水库有巨大的库容,可以在丰水期将部分流量拦蓄起来,在枯水季节下泄以补充坝下江河河段水量,使江河流量的季节差异缩小,枯水季节的水量增加。江河水量经水库的季节调控与调度,一方面可为库段江河供水能力提高创造条件,另一方面可为坝下江河供水能力(特别是枯水期供水能力)的改善提供可能,使江河流域在不同季节的供水能力保持相对均衡与稳定,总体供水能力得到有效提高。而江河供水能力的增强,可为流域内工农业生产提供更多水资源,满足其发展需要,产生出巨大的经济效益。三峡水库总库容达到393亿立方米,兴利调节库容达165亿立方米,可以在丰水季节拦蓄大量江水供枯水季节使用,使长江重庆段的终年供水能力大幅提高,湖北及以下江段每年10月至次年3月的供水能力显著改善。即使165亿立方米兴利库容中的1/3水量用于解决工农业生产中的缺水问题,也可以增加产值150亿元以上,经济效益十分巨大。

江河大型水库面积大、库湾库汊多、水体深度不一,具有淡水养殖的良好条件,可以在水库天然放养适宜不同水层生长的鱼类,尤其适宜放养江河水系原生鱼类。在大水库天然放养鱼类虽生长较慢、产量较低,但鱼的品质很高、价格昂贵(如千岛湖天然放养的鲢鱼价格达40—60元/公斤),经济效益仍十分可观。以三峡水库为例,水面面积达1084平方公里、库岸长度5578.21公里[②],水面在众多溪流、沟谷、山间凹地形成库湾库汊,且水温适宜、天然饵料较丰,有利鱼类周年生长,可以放养多种鱼类,除鲢、鲤、草、鲫四大家鱼外,还可放养长江水系原有珍稀鱼类及流食性、杂食性、滤食性鱼类。若按水库水面每公顷年产商品鱼30公斤计算[③],三峡水库每年可产商品鱼3252吨,若鱼价以20元/公斤计,则每年渔业产值可达6500万元左右。同时,在江河大型水库天然放养不同鱼类,可以有效消减、抑制或清除水库中水草、藻类及浮游生物的滋生和蔓延,防治水体污染和富营养化,保持水体洁净。但江河大型水库中应严禁投放饵料的高密度设施水产养殖(如网箱养殖),这种养殖虽经济效益很高,但会给水库带来严重污染。

江河大型水库宏伟壮观的大坝、现代化的大型发电设施与设备、巨大的船闸等,是人类智慧和现代科学技术的结晶,是人类利用自然力的标志,已成为一种新的旅游资源,会吸引大量游客参观游览。江河大型水库大多建于山地丘陵,水库成库后形成高峡

---

① 陈进、黄薇:《长江生态流量问题》,《长江科学院院报》第24卷第6期,2007年。
② 《2009年中国水力发电年鉴》,中国电力出版社2010年版,第509页。
③ 长江水利委员会编:《三峡工程综合利用与水库调度研究》,湖北科学技术出版社1997年版,第127页。

平湖、山水相映的美景,又成为观山游水的宝地。同时,水库成库使库段江河支流水位抬升,支流峡谷自然及人文景观得以开发利用,又形成新的旅游资源,大大拓展了旅游业发展空间。再者,水库库区与坝区的旅游资源与水道相连,可以梯次开发与整合,形成富有特色的旅游线路,使江河大型水库的旅游经济效益得到充分发挥。仍以三峡水库为例,横亘长江的175米高坝、26台70万千瓦巨型发电机组、巨大的船闸等现代化设施和设备,以及600余公里的带状水库平湖、三峡江段的峡谷风光、水库沿岸的自然风景和人文景观,加之库段支流的小三峡景区、乌江画廊景区等,均成为独具特色的旅游资源,可以吸引大量国内外游客。根据旅游部门测算,三峡水库建成后每年的游客将达到1300万人次[1],则每年新增游客1000万人次以上,若每人的平均消费为1000元,新增旅游业产值100亿元以上、新增旅游业净收入10余亿元。

二、社会效益

江河大型水库的社会效益主要体现在防灾减灾、保障人民生命财产安全、促进区域经济社会发展、改善相关区域居民生产及生活条件等方面。水库的大小不同、类型不同、社会效益惠及的范围也不一样。水库的功能不同,社会效益的类型也有很大差异,呈现出不同的特征,但无论何种江河大型水库,都会产生一定的社会效益,对社会发展有所贡献。江河大型水库的社会效益有直接和间接两个方面,虽体现在不同领域,但均由社会所分享。

1. 防洪的社会效益

江河大型水库利用其巨大的防洪库容,在洪水发生时实施拦蓄,通过水库的蓄洪调峰,使洪水有控制地逐步下泄,避免或减轻水库下游地区的洪涝灾害。江河大型水库巨大防洪功能所带来的社会效益主要体现在以下四个方面。

第一,避免洪灾造成的大量人员伤亡和巨额人口流离失所。在我国历史上,江河泛滥,特别大洪水造成的堤坝溃决,往往造成大范围遭灾、大量人口淹毙或在灾后疫病中死亡、巨量人口流离失所的惨剧。如1860年和1870年长江两次大洪水溺毙数十万人,数千万人流离失所;1931年长江大洪水造成14.5万人死亡,并有2850万人受灾;1935年长江大洪水溺毙14.2万人,另有1000余万人受灾;1954年长江特大洪水虽奋力抢险仍淹死3万余人,1888万人受灾。洪水带来的灭顶之灾始终是悬在中国人民头上的利

---

[1] 长江水利委员会编:《三峡工程经济研究》,湖北科学技术出版社1997年版,第65页。

剑,随时威胁着生命财产安全。江河大型水库的建设,可以有效拦蓄和调控洪峰,避免和减轻水库下游的洪灾危害,确保人民生命财产安全。以三峡水库为例,其防洪库容高达 221.5 亿立方米,若长江发生百年一遇大洪水可确保水库下游不受灾,若长江发生 1870 年、1954 年、1998 年那样的特大洪水,也可以使水库下游安全行洪,不致遭受大的危害[①]。

第二,减轻防洪压力与负担,促进社会安定。由于中国江河泛滥成灾频率高,为防御洪水威胁,政府不仅每年要投入大量人财物力进行堤防建设,每到汛期(5—9 月)还要组织大量人财物力进行抗洪抢险,给政府造成巨大的压力。同时,江河两岸防洪区内群众每年都要投入不少劳力和资金加固加高河堤,如洞庭湖区常年堤防用工量是农业生产用工量的 1/3 强、堤防建设开支占农业开支的 20% 以上,其中安乡县每个劳动力每年修堤排渍要用 65 个工日,每户每年要承担 70 元,数额惊人[②]。江河大型水库建设,可以大大缓解水库下游地区的防洪压力,也可显著节省水库下游地区的防洪消耗。江河大型水库巨大的蓄洪调洪能力,可以确保大坝下游在一般洪水发生时不成灾、在特大洪水发生时不成大灾,使防洪区内的居民有较高的安全预期,可以安居乐业,保持社会的安定。

第三,保护江河沿线城市安全。中国众多城市依江而建,沿江河的县城、集镇就更多,有些大城市、特大城市还处于大江大河中下游,如哈尔滨、郑州、武汉、南京、长沙、南宁、广州、福州等城市就是如此。现代大中城市人口众多且高度密集,工商业发达且规模巨大,基础设施齐全且多为全国或区域交通及通信枢纽,一旦遭遇洪灾其损失特别惨重。1931 年长江大水使武汉三镇被淹,汉口在水中浸泡三月之久,沿江城镇受灾无数。1998 年长江特大洪水使沿江城市大多不同程度被淹受创,损失巨大。在江河上游建设大型水库,利用巨大库容蓄洪调洪,可以大大减轻中下游沿江城市的洪灾威胁,使其在一般洪灾发生时免遭损失,在特大洪灾发生时可安全度汛。三峡水库的兴建,以及长江上游干支流其他大型水库的建设,可对长江上游 80 余万平方公里流域面积的汛期来水进行梯次拦蓄调峰,使百年一遇大洪水不致成灾,使 1870 年、1998 年那样的特大洪水可安全度汛,不给武汉、南京等中下游城市及城镇造成重大安全威胁[③]。

第四,保障江河沿线及周边地区基础设施安全。中国不少公路、铁路、输电网、通信网、油气输送管网沿江河而建或毗邻江河,一旦遭遇大的洪灾就会遭到严重破坏,造成交通及通信中断、油气输送中断、大范围断电停水,对人民生活与社会经济运行造成巨

---

① 长江水利委员会编:《三峡工程经济研究》,湖北科学技术出版社 1997 年版,第 45—48 页。
② 同上书,第 50 页。
③ 同上书,第 47 页。

大冲击和极大困难。1954年长江的特大洪水造成京广铁路严重受损,三个月不能正常通行,1981年嘉陵江上游大洪水破坏铁路和公路上千公里,宝成铁路及川陕公路数月不能通行。在江河上游建设大型水库,利用巨大的库容拦蓄洪水,再经调控、调度使洪水逐步下泄,保证中下游安全度汛,使中下游沿江河及周边地区的基础设施免遭损毁。

2. 发电的社会效益

江河大型水库绝大多数为水电水库,以装机容量和发电量巨大为其基本特征。在中国已建和在建的江河大型水库中,装机容量100万千瓦以上、年发电量超过50亿千瓦时的不算大,装机容量300万千瓦、年发电量超过200亿千瓦时的不在少数,装机容量超1000万千瓦、年发电量超过500亿千瓦时的也有。巨大的水电生产能力不仅产生巨大的经济效益,而且也带来极大的社会效益。

第一,为社会提供巨大电力。中国目前正处于工业化、城镇化的加速发展期,经济发展对电力的需求迅猛增长,城镇化水平提高对电力需求急剧增加,居民生活水平提高对电力需求亦相应增长,电力供不应求的局面仍未根本改变。利用丰富的水能生产大量电力,可以为经济社会发展和人民生活水平提高提供优质能源,加快国家工业化和城镇化的进程、促进现代化的实现。据国外测算,电力不足造成的经济损失是电价的20—60倍,平均为50倍[①],即使以低限的20倍计算,每个江河大型水库电力生产对减少因电力不足造成经济损失的作用极大。三峡水库年电力生产静态产值203.75亿元,其电力用于经济发展,可避免因缺电而减少4075亿元的产出。而较小的二滩水库年电力生产静态产值为39亿元,其电力用于经济发展,可避免因缺电而减少780亿元的产出。

第二,节省大量矿物能源。江河大型水库生产电力依靠的是水能(动能及势能),不需要消耗燃料,甚至也不消耗水资源,不会因水能发电使水资源减少。利用江河大型水库生产电力对火电进行替代,可显著减少煤炭的消耗。利用水电这种优质能源对石油、天然气等矿物能源的替代,也可以减少这些稀缺能源的消耗。以三峡水库为例,年电力生产能力相当于火电消耗四五千万吨原煤的发电量[②],有了三峡水库每年就可以省四五千万吨火电用煤。煤、石油、天然气不可再生,且储量有限,对这些矿物能源的节省有利于国家经济社会可持续发展。加之这些资源有多种用途,在能源领域的节省可以转作其他方面的利用,以增加更多的社会财富。

第三,节省大量的运输力量。中国的江河大型水库最为集中的是西南地区(含广西

---

① 长江水利委员会编:《三峡工程经济研究》,湖北科学技术出版社1997年版,第54页。
② 同上书,第58页。

一部分),生产的电力主要供华中、华东、华南及本地区使用。中国的煤炭产地主要集中在北方,长江流域及以南地区的火电生产主要靠北方供煤,运距远、运量大,给铁路运输造成很大压力。在水能资源丰富的西南地区建设江河大型水库生产电力替代部分火电,供经济发达的华东、华南地区及增长潜力巨大的华中、西南地区使用,可以显著减少北煤南运的数量,缓解铁路运输的压力。以三峡水库为例,其电力生产相当于减少四五千万吨煤炭运输,大约是两条800—1000公里铁路的运量[1],对减轻铁路运输压力的作用十分显著。若再考虑运煤铁路的建设与维护,则三峡水库电力生产对节省运输产生的社会效益会更大。

第四,节省电力生产用地。江河大型水库建设要占用土地,有些水库建设占用的土地还比较多。但若将建设江河大型水库生产水电与发展火电特别是燃煤发电相比,水电生产占地还是节省的。在江河上建坝蓄水即可生产水电,只是大坝及附属设施建设、水库成库、淹占城镇及工矿、基础设施搬迁重建等要占用土地,至于生态环境建设用地水电与火电都需要。而火电生产要消耗大量的煤炭,采煤矿井、采煤矸石堆放、运煤铁路建设、煤炭堆放、火电厂建设、火电厂渣场都要占地,占用的土地相对较多。以占地数量很大的三峡水库为例,大坝枢纽及水库占地3.18万公顷[2],年生产电力847亿千瓦时,而生产数量相当的火电,需要建设五个千万吨级的煤矿供煤、建两条800—1000公里的铁路运煤、建17座年生产能力达50亿千瓦时的火电厂发电,所占用的土地要比三峡水库建设占用的面积大得多。

3. 供水的社会效益

江河大型水库利用巨大的库容,可以蓄积大量的淡水并成为重要的水源。这些水资源除用于发电外,还可用于农业灌溉、城市生产与生活供水、跨流域或跨区域调水,使江河水资源得到充分合理利用,为经济社会发展提供水源保障。对中国这样一个水资源时空分布极不均衡的国家,江河大型水库供水的社会效益就更为珍贵。

第一,为农业灌溉提供充足水源。中国北方干旱少雨,农业生产对灌溉的依赖很强。而南方虽降水较多,但季节分布不均,农业生产也离不开灌溉。目前农业灌溉用水主要有三个来源:小型塘库蓄积的地表水、江河天然径流和地下水,由于小塘库蓄水有限、江河径流季节变化较大、地下水储量有限,灌溉用水严重不足。江河大型水库库容大,可以在丰水季节拦蓄大量水源用于农业灌溉。若在江河大型水库周边建设灌区,通

---

[1] 长江水利委员会编:《三峡工程经济研究》,湖北科学技术出版社1997年版,第56页。
[2] 同上书,第7页。

过引水或提水即可提供用水。若在水库下游建设灌区,利用水库的高水位还可实现引水自流灌溉。在南方灌区每公顷耕地灌溉用水 0.3 万立方米左右,在北方灌区每公顷耕地灌溉用水 0.9 万立方米左右[①],利用江河大型水库在丰水季多拦蓄 3 亿立方米水源,即可在南方建 10 万公顷的大灌区;多拦蓄 9 亿立方米水源,即可在北方建 10 万公顷大灌区。有些江河大型水库可以蓄积数十亿甚至上百亿立方米水资源,可以为数十万甚至上百万公顷耕地的灌溉提供水源。

第二,为城镇生产生活用水提供保障。中国正处于工业化和城镇化加速发展的时期,工业生产的门类越来越多,生产的规模越来越大,城镇数量和城镇人口急剧增加,对水资源的需求呈暴发式增长。目前,中国的 600 多座城市中有 400 余座供水不足,其中的 130 多座城市严重缺水[②],而缺水的县城和集镇就更多。解决城镇供水已成为经济社会发展中的重大问题。江河大型水库能蓄积大量水源,只要保护好水库的水质,就可以为城镇提供生活及生产用水。依托江河大型水库,不仅可以为水库周边大中城市和集镇充分供水,还可以通过远距离输水为更大范围内的城市和集镇补充水源,既保障城镇居民的正常生活所需,又为城镇经济发展提供可靠的用水支持,社会效益十分巨大。

第三,为跨流域调水创造条件。中国是一个水资源地域分布极不均衡的国家,长江流域及以南地区国土占全国的 55%,人口占全国的 63%,水资源占全国的 80.4%;长江流域以北地区国土占全国的 45%,人口占全国的 37%,水资源占全国的 19.6%[③]。北方严重缺水,南方水有剩余,由南方向北方适度调水可以促进北方发展,特别有利于开发利用北方相对丰富的土地资源,保障中国的粮食安全。跨流域大规模调水,一要有集中的水源地确保足够的供水量,二要水源地势较高以便自流输水或降低提水高程,而在江河上游建设大型水库正好能创造这两个条件。江河大型水库的库容大,可以蓄水数十亿甚至上百亿立方米的水资源,还可将水位抬升数十米至上百米,易于满足跨流域调水需要。如丹江口水库在大坝加高之后,库容达到 290.5 亿立方米,正常降水年份可通过自流向中原和华北地区调水 130—140 亿立方米,有效缓解这些地区水资源严重不足的问题,为这两大地区经济社会发展提供水资源保障[④]。

4. 促进区域发展的社会效益

江河大型水库建成后的功能发挥,对用电和受水地区、水库防洪保护区和水库周边

---

① 中国南方为雨养农业,农田灌溉次数和用水量较少;北方为灌溉农业,农田灌溉次数和用水量多。
② 邓英淘、崔鹤鸣、王小强、杨双:《再造中国》,文汇出版社 1999 年版,第 22 页。
③ 中华人民共和国水利部编:《南水北调工程总体规划(征求意见稿)》,第 1 页,2002 年 1 月。
④ 同上,第 50 页。

地区的经济社会发展,有着巨大的直接和间接促进作用。通过为这些地区提供新的生产要素和资源,创造更多更好的发展机会,提供更高的安全保障等,加快其经济社会发展,长期发挥巨大的社会效益。

第一,促进防洪保护区的经济社会发展。江河大型水库有效的防洪功能,能大大降低或基本消除水库大坝下游广大地区的洪灾威胁,受灾风险减轻、安全性显著提高,既有利于这些地区利用本地资源发展经济,也有利于引进资金、技术、人才发展新兴产业,增加就业和提高居民收入。同时,对于水库建设前用于分洪、蓄洪的土地,也可以在水库建成后充分开发利用,将过去的分洪、蓄洪区变为经济发达区。由于三峡水库可确保百年一遇大洪水不成灾、千年一遇特大洪水不成大灾,为饱受洪灾威胁的两湖平原提供了安全保障,这一资源丰富、工农业生产条件优越的地区,可以放心大胆地发展工业、农业、交通运输业、商业服务业,改变落后面貌,成为中国新的经济发达地区。原有的荆江分洪区,也因洪灾威胁的大为减轻,可以得到更为充分的开发利用,成为鱼米之乡。

第二,促进用电地区的经济社会发展。江河大型水库生产的巨大电力,既可以输送到经济发达地区,也可以输送到欠发达地区,电力所至能有效促进和加快经济社会发展。经济发达地区电力消耗大,充足而可靠的电力供应,既能保证庞大工商业、交通运输业、现代服务业的用电需求,也能保证密集城市群日常的用电需求,还能满足居民生活用电的需要,促进其经济社会顺利发展,避免因缺电所造成的巨大损失。对于欠发达地区特别是原来缺电的地区,电力供给的增加可以为其利用当地资源优势发展加工业、矿产业、服务业提供基本条件,也为加快传统农业改造、促进现代农业发展创造机会,同时还使用电在农民生活中得到普及,在提高他们生活质量的同时改变其思想观念,提高科技文化素质,促进经济社会发展与振兴。以三峡水库为例,所生产的电力不仅可远输到华东及华中广大地区,满足工业化及城镇化快速发展对电力的需求,缓解电力供应长期不足的局面;还可输送到严重缺电的渝东及渝东南、川东北、鄂西、湘西、黔东北等大片地区,促进其农产品加工业、矿产业、建材业等非农产业发展,以及林业、特产业、畜禽养殖业、特色粮油种植业的发展,并解决农民生活用电问题,改变其贫困落后面貌。

第三,促进受水地区经济社会发展。江河大型水库可以蓄积大量水资源并向缺水地区输送,水库向缺水地区输水,无论是用于工业生产,还是用于农业生产、或者用于居民生活,都会给受水地区带来巨大的经济社会效益。用于工业的供水可为工业发展提供用水保障,使受水区工业得到更充分的发展,或使缺水难以发展的地区因受水而成为新的工业区。用于农业的供水不仅可以显著提高干旱地区耕地的产量,有效防治旱灾对农业的威胁,还能开发因缺水不能利用的土地,大幅增加农产品的产出水平。用于居民生活的供水可以保证城乡居民基本生活所需,优质生活用水的充分供给还可保障人民健康,有利于安居乐业。以丹江口水库为例,若调水 95 亿立方米,便可分别为河南、河北、北京、天津增加净供水量 30.4 亿立方米、30.4 亿立方米、10.5 亿立方米、8.6 亿立方米;若调水 120—130 亿立方米,则可分别为上述地区增加净供水量 47.2 亿立方米、42.3 亿立方米、14.9 亿立方米、8.6 亿立方米[①];除解决北京、天津两市需水缺额,缓解河南、河北两省主要城市用水紧张外,还可解决 50 万公顷左右的耕地灌溉用水,对这四省市城乡经济社会发展的作用十分巨大。

第四,促进库区经济社会发展。江河大型水库一般建在江河上游,水库所在地区多为山区,地处偏远,交通不便,基础设施落后,经济社会发展难度很大。江河大型水库的建设,能很快改善这些地区的交通、通信、能源条件,为其发展提供必要的支持。水库建设将大量资金、物资、人力投入到库区,为其发展建筑业、建材业、运输业、食品加工业、特色农业、生态环保产业提供了条件和创造了机会。水库建成后的运行与维护,又为库区发展航运业、旅游业、林业、新型工业、现代农业提供了良机,增添了活力,库区经济社会因此可以得到较快发展。以三峡水库的库区发展为例,在水库建设前的 40 多年内交通不便、通信落后、能源缺乏、工农业发展缓慢、经济社会发展滞后,是全国少数几个连片的贫困地区之一,但在水库建设的 10 余年间,以高速公路、铁路为主干的陆路交通网迅速形成,现代通信网、高压输电网快速建成,经济社会发展条件大为改观,建筑业、建材业、新型工业发展很快,内河航运、仓储、物流等产业迅速兴起,高效生态农业、林业、特产业亦逐步发展,城镇建设与发展也有长足进展,贫穷落后的面貌正在发生改变。

三、生态效益

江河大型水库建设及运行对生态环境的影响,既有不利的一面也有有利的一面。有利的方面是与其建设的要求和功能的发挥相联系的,主要表现在减少燃煤消耗、降低污染物排放,促进污染治理、保护环境安全,加快流域治理、改善生态环境、优化水资源时空配置、促进生态环境修复等方面。这些积极作用的发挥,无论对区域生态环境保护,还是对全国生态环境改善都具有重要影响。

1. 发电的生态效益

中国的电力生产以火电(燃煤发电)为主,2009 年发电量为 36812 亿千瓦时,其中火

---

① 中华人民共和国水利部编:《南水北调工程总体规划(征求意见稿)》,第 47 页,2002 年 1 月。

力发电30117亿千瓦时,占81.81%;水力发电5717亿千瓦时,占15.53%;核电发电701亿千瓦时,占1.90%;其他发电277亿千瓦时,占0.76%[①]。以当年火电耗煤全国平均的342克/千瓦时计算,火力发电共消耗标准煤10.30亿吨[②],是第一用煤大户。大量的电煤消耗造成严重的环境污染,使中国成为温室气体的排放大国。江河大型水库有巨大的电力生产能力,可以实现水电对火电的部分替代,以减少电煤消耗,减轻环境污染。江河大型水库建设可以显著增强中国电力生产能力,为逐步利用电能替代石油、天然气等矿物能源创造条件,而这些能源消耗的减少,同样也有利于生态环境的改善。

第一,减少有害气体排放。火电生产每消耗1吨标准煤要排放2吨多二氧化碳、0.04吨二氧化硫、0.01吨一氧化碳和氮氧化物,污染排放量大。江河大型水库发电量大,以水电替代部分火电可减少电煤消耗,相应减少这些有害气体排放,减轻环境污染。以三峡水库电力生产为例,替代同样规模的火电生产,每年可少排放二氧化碳1亿多吨、二氧化硫200多万吨、一氧化碳和氮氧化物38万吨[③]。这些有害气体的减排,可以减轻大气、水体、土壤的次生污染,还可以减小酸雨危害,生态效益十分显著。

第二,减少固体废弃物排放。火电生产每消耗1吨标准煤,要产生数十公斤粉尘,还要产生0.3立方米左右的灰渣,这些废弃物的排放既要污染空气和水体,还要占用不少土地。火电用煤的开采也要产生大量的矸石等废弃物,这些废弃物弃置在自然环境中也会造成污染。利用江河大型水库生产大量电力替代火力发电,便可因减少电煤消耗而降低这些废弃物的排放量,进而减轻环境污染。以三峡水库生产的水电替代火电,每年可减少粉尘排放200余万吨、灰渣1200—1500万立方米。

第三,减轻采煤环节对生态环境的破坏。建设江河大型水库生产水电,可以相应减少火电生产,进而减少电煤消耗,亦即可减少煤炭的开采。开采煤炭中的矿井建设、矸石堆放等既占地又破坏生态环境,地下煤层采空后还易造成塌陷和地层破坏,采煤还污染和破坏地下水资源。同时,采煤还要消耗大量水资源(采1吨煤耗水1吨左右),燃煤发电也要消耗大量水资源,水电替代部分火电可以节省大量的工业用水。与火力发电比较,三峡水库水电每年可节省5000万吨煤的采煤用地、5000万立方米的采煤用水、17座年发电量达50亿千瓦时火电厂的生产用水。

第四,水电替代其他能源的生态环保作用。江河大型水库生产的电力不仅数量大而且很集中,便于远距离输送,可用于替代部分石油、天然气、煤炭等矿物能源。而且电能在输送和使用中少有污染物排放,有利于保护生态环境。如在铁路运输上,用电力机

---

① 《2010年中国电力年鉴》,中国电力出版社2010年版,第18页。
② 同上。
③ 长江水利委员会编:《三峡工程经济研究》,湖北科学技术出版社1997年版,第59页。

车替代内燃机车和蒸汽机车,可以减少对燃油及煤的消耗,降低环境污染;在公路交通上,用电池汽车替代燃油汽车,可以减少汽车尾气污染;在动力提供上,用电动机替代汽油机、柴油机,可以减少燃油消耗并降低污染物排放。实现这些替代需要大量的电力,而江河大型水库对水电的生产就是可靠来源。

2. 促进污染治理的环保效益

江河大型水库的建设及运行,使库段江河的水流速度大大减缓,自净能力下降,水体被污染、水质变劣的风险加大,一旦出现严重污染,不仅危害水库安全运行,而且还会造成水库周边及下游广大地区的用水安全。在这种情况下,江河大型水库的建设必然会引起政府和社会对污染治理的重视,促进防污治污,保护生态环境(特别是水环境)安全。

第一,水库建设及运行促进城镇污水处理。随着城镇化进程的加快,江河沿岸及周边地区的城镇数量增加、规模扩大,城镇人口大幅增长,城镇居民的生活污水也随之急增。在江河大型水库建设前,城镇居民生活污水大多未经净化处理便直接排入江河,使江河水体遭到污染,虽多年前中央政府就要求治理,但进展始终不大。在江河大型水库建设后,一方面中央政府强制要求沿江河城镇对生活污水进行达标治理,另一方面地方政府也面临水体污染给自己带来的严重环境问题而提高了治理主动性,城镇生活污水治理有了实质性进展。以三峡水库建设为例,从大坝枢纽工程开工建设开始,就启动了多年没有进展的水库周边城镇污水治理工程建设,经 10 余年努力,重庆、永川、涪陵、万州、宜昌五个大中城市及 40 余座县城的污水处理厂建成并投入运行,200 余个集镇的污水处理厂亦分批兴建并有部分投入使用,使水库周边城镇绝大部分生活污水经净化处理达标排放[1]。

第二,水库建设及运行促进城镇垃圾处理。长期以来,城镇垃圾大都是未经处理堆放于垃圾场,只有少量进行简单填埋。很多沿江城镇将大量垃圾堆放于江河近岸,有的还将垃圾直接向江河倾倒,对江河水体造成严重污染。江河大型水库建设,促进了江河近岸及周边地区的垃圾处理,一方面水库蓄水要清库、将积存于库内及库岸的垃圾全部清除,另一方面,水库周边城镇要对垃圾进行无害化强制处理。以三峡水库建设为例,在蓄水前的清库阶段,先后清除了库段江河两岸多年积存的 300 余万吨垃圾,与大坝枢纽工程建设同步、在水库周边大中城市及较大的集镇建设了垃圾处理厂和防渗填埋场[2],基本实现了城镇垃圾无害化处理。

---

[1] 据重庆市、湖北省 2009 年的生态环境报告相关数据整理。
[2] 朱隽:《三峡工程:与时代同行》,《人民日报》2008 年 11 月 11 日第 11 版。

第三，水库建设及运行促进工业"三废"治理。工业产生的废水、废气、废渣对环境污染很大，有些还含有毒有害物质，损害人类健康。对"三废"治理虽强调多年，但因缺乏严格措施而进展缓慢。江河大型水库的建设及运行对环境质量要求提高，促进政府与企业采取切实措施加以治理：一是强制企业进行环保改造、减少"三废"排放并进行无害化处理，二是对污染严重又难以治理的企业坚决关闭或转产，三是进行严格的"三废"排放监管，使其得到有效治理。三峡水库开工建设后，重庆市和湖北省就关闭了水库周边污染严重的企业1500余家[①]，重点对冶金、化工、机械、轻工、火电企业进行技术改造，减少"三废"排放，对"三废"进行资源化利用，使绝大多数大中型工业企业实现了达标排放。

第四，水库建设及运行促进农村面源污染治理。农村化肥和农药的过量使用、大量农业废弃物的自然排放已造成严重的面源污染，特别是对水环境安全造成极大破坏。为确保江河大型水库免遭污染，在水库建设的同时，也加强了农村面源污染治理：一是对化肥用量进行控制并禁止高毒高残留农药的使用；二是对人畜粪便进行无害化处理和资源化利用；三是对种植业废弃物进行加工转化，以减轻面源污染对水库水环境安全的不利影响。三峡水库开工建设后，重庆市和湖北省对水库周边各县（区）化肥和农药用量实施控制，化肥用量（折纯）由1998年的12.66万吨下降到2005年的8.84万吨（近几年有所回升），农药用量由1997年的1463吨下降到2007年的654吨。水库周边农村还实施了沼气工程，利用人畜粪便生产沼气解决农民生活能源、保护森林，有机肥还田减少化肥用量。同时，还利用农作物秸秆饲养牛羊，使废弃物得到有效利用。通过这些努力，三峡水库周边农村面源污染已有一定改善。

3. 促进流域治理的生态效益

中国江河大型水库建设最集中的是西南地区和黄河上游地区，也是水土流失严重的区域，特别是黄河上中游和长江上游的金沙江流域，更是水土流失最严重的地区。在这些地区建设大型水库，最严峻的挑战就是泥沙淤积，而防治水库泥沙淤积最有效的办法就是流域治理。通过流域森林植被恢复，以及配套工程设施建设、生态产业发展，可以有效防治水土流失、减轻水库泥沙淤积。正因为如此，江河大型水库建设及运行有利于促进流域治理，进而改善流域生态环境，产生良好生态效益。

第一，库岸防护林建设的生态效益。江河大型水库建成蓄水会大幅提升库段江河水位而形成新的库岸，新库岸稳定性差、易于崩塌、影响水库安全。为增强库岸的稳定性，防治因库岸崩塌造成水库淤积或堵塞，需要建设高标准库岸防护林。库岸防护林建

---

① 朱隽：《三峡工程：与时代同行》，《人民日报》2008年11月11日第11版。

设犹如给水库加了一道绿色屏障,一可阻挡库外杂物和泥沙入库,二可加固库岸防治崩塌,三可消耗近岸区域土壤中的营养物质(如氮、磷等)减少其入库,四可将水域生态系统与陆地生态系统连接起来改善生态循环,五可在水库周边形成林带景观,生态效益十分显著。三峡水库开工建设后,库岸防护林建设即在部分地区启动,云阳、万州、忠县在库岸坡面建设柑橘种植园,不仅可有效保护库岸,还有很高的经济效益,当柑橘成熟时还成为库岸的一大景观。涪陵等地在库岸建植笋用竹,三年成林、五年郁蔽,不仅固岸效果好、景观优美,每公顷竹林还可产鲜笋 15 吨以上,经济效益也很突出。

第二,水土保持林建设的生态效益。泥沙淤积是江河大型水库面临的最大威胁,而减少泥沙淤积最有效的办法是搞好入库江河流域的水土保持,特别是水库周边区域的水土保持。发展林业增加森林覆盖率,优化林种及树种结构提高森林质量,是保持水土行之有效的办法。在吸收三门峡水库泥沙严重淤积的教训之后,1980 年代以来的江河大型水库建设,对水库周边及入库江河流域的水土保持林建设给予了重视。二滩水库建设加强了周边区域及上游地区的森林植被保护与建设,已初现了青山绿水景观。三峡水库的建设推进了重庆全境及鄂西的水保林、生态林建设,库区的森林覆盖率由 1997 年的 21.9% 上升到 2008 年的 29.1%[①],水土流失治理 13557 平方公里、流失的范围与强度已有所减少,生态效益已初步显现。

第三,陡坡地退耕的生态效益。耕种 25 度以上的陡坡地是导致水土流失的重要原因,在山区及丘陵区,陡坡地泥沙流失量占总量的 30% 以上,夏秋暴雨对陡坡地的冲刷构成江河泥沙的重要来源。为防治泥沙淤积的危害,随着江河大型水库建设,势必加快水库周边及流域范围内的陡坡地退耕还林还草,以保护水库安全和持久运行。以三峡水库为例,自开工建设便在库周区县开展陡坡地退耕还林、还草、还果,至 2009 年年底已有近 30 万公顷退耕,有的用于建设生态林、有的用于建设生态果园,有的用于种植牧草。用于营造生态林的陡坡地,五六年可基本成林,水土流失减少 50% 左右。用于种植水果(柑橘等)的陡坡地,6 年左右可形成郁蔽,再配以果园种草,可实现终年绿色覆盖,水土流失减少 70% 以上。用于种植牧草的陡坡地,当年即可实现地表全覆盖,水土流失减少 90% 以上[②]。

4. 防洪的生态效益

江河大型水库巨大防洪功能的发挥,可以使大坝下游广大地区,特别是江河两岸地

[①] 国家环境保护部:《长江三峡工程生态与环境监测公报(2009)》。
[②] 国家"十五"科技攻关重大专项"三峡库区生态环境安全及生态经济系统重建关键技术研究与示范"研究报告,2007 年 5 月。

区免遭或减轻洪灾威胁,避免因洪灾造成的森林植被破坏、土地毁损、疫病流行、人畜饮水困难,并进而免除洪灾后大范围内的森林植被恢复、土地复垦、应急防疫、人畜饮水应急保障负担。江河大型水库因其防洪能力强、惠及面广,使防洪所产生的生态效益覆盖范围宽、种类多、数量巨大。

第一,保护江河沿岸植被免遭损毁。江河一旦发生大洪水,如果不加控制,顺势而下的洪流就会席卷两岸,甚至会冲毁江河大堤,淹没大片地区。洪峰所至会将林木捣毁,淹没区内的植被也会溺亡,洪水所及往往所有植被摧毁,造成严重生态灾难。1981年汉江、嘉陵江上游发生大洪水,汹涌奔腾的洪流将沿江两岸林木连根卷走,汉中、城固一带的沿江护岸林被一扫而光,沿江滩地及洼地的植被全部被沙石掩埋,凤县、略阳、广元等沿嘉陵江两岸林木大部分被毁,其破坏之烈令人震惊。江河大型水库的兴建,可以调控洪水下泄流量与速度,消减洪水对坝下地区的冲击与破坏,保护江河两岸森林植被,使其发挥保护和稳定江(河)岸、连接水域与陆地生态系统、拦截泥沙和杂物进入江河、绿化美化环境的作用。

第二,保护江河两岸土地资源免遭破坏。江河发生大洪水特别是突发性大洪水,会对沿岸土地造成极大破坏,有的土层被冲走,有的被砾石填埋,有的被河沙淤积,使其丧失利用价值。沿岸土地,特别是耕地利用价值高,被毁后不仅造成生态损失,而且带来巨大的经济损失。江河沿岸土地被毁,植被难以恢复,使江河沿岸生态系统受损。而沿江两岸耕地被毁,还会造成部分农民失去生计。在历史上黄河多次溃堤泛滥甚至改道,毁坏大量耕地,故道成为荒漠,造成严重生态灾难。长江干支流洪灾毁地也不在少数,仅1981年汉江、嘉陵江的洪灾就毁坏土地数万公顷,毁坏的耕地便超过2万公顷。江河大型水库的兴建,可以有效蓄洪调洪,避免或减轻洪灾对坝下地区江河两岸土地的破坏,保护江河沿岸生态系统的根基。黄河上中游建设大型水库后,河南、山东就再未发生洪灾毁地事件,三峡水库建成蓄水后的近年内两湖地区也未发生洪水毁地现象。

第三,防治中下游河道淤积。中国的主要江河泥沙量大,大量泥沙在江河中下游低平地段沉积,淤高河床,有的甚至高过堤外平地、成为地上悬河(如黄河部分地段)。河床淤高减小行洪能力,遭遇大洪水极易溃堤、漫堤,造成毁灭性灾害。在南方雨水丰沛地区,河床淤高还会导致堤外低洼地带内涝积水,造成土地损坏和生态退化。在江河上游建设大型水库,再配合水土流失治理,一方面可以减少泥沙下泄、防止中下游河道淤积,另一方面还可利用水库的巨大水量放水冲沙、降低坝下江河河床,既可提高坝下江河行洪能力,又可减轻江河沿岸低洼地带的内涝危害,使江河沿岸生态系统得到改善并保持稳定。小浪底水库放水冲沙使黄河下游河床降低,三峡水库蓄水后使荆江段泥沙淤积减少,充分显了江河大型水库在这方面的作用。

5. 供水的生态效益

水是生命之源，是人类、动物、植物生存繁衍的物质基础，是生态系统赖以维系和改善的基本条件。中国水资源总量不足、时空分布不均的特点，导致部分地区终年严重缺水，部分地区季节性缺水，生态系统退化，生态灾害频繁发生。江河大型水库蓄水量大、补水能力强、吞吐量甚巨，是重要的供水源头，可以承担为缺水地区供水的重任。江河大型水库向缺水地区供水，可以使受水地区水资源短缺问题得到缓解，因缺水诱发的生态环境问题也有了解决的可能。

第一，向缺水地区补水的生态效益。中国黄淮海地区人口密集，城市众多，工农业发达，但严重缺水。为满足用水需要，一方面将地表水挤干用净，造成海河大多数支流和部分干流干涸，生态系统退化；另一方面超采地下水，在华北平原形成 9 万平方公里的地下大漏斗，造成地表变干，湿地消失，生态环境恶化。而长江流域水资源相对丰裕，可利用其干支流上的大型水库作为水源向黄淮海地区补水。目前正在建设的南水北调中线工程，就是从丹江口水库取水，每年向河南、河北、北京、天津调水 120 亿立方米。这一工程建成后，黄淮海地区的缺水状况将有很大改观，届时对域内地表水使用强度就会减轻，对地下水的抽采也将减少，使地表水保持一定径流，使地下水逐步得到补充，为生态环境的恢复与改善提供现实条件。

第二，向干旱地区调水的生态效益。中国西北地区严重干旱，水资源奇缺，生态环境恶劣，既是沙尘暴的源头，又是水土流失最严重的地区。包括青海、甘肃、宁夏、陕西、内蒙古、山西在内的六省区，虽黄河流经其境，但由于降水太少，水量不足，大量土地没有植被成为干旱荒漠，不仅当地生态灾害严重，而且还对华北、东北，以至江南地区造成生态危害。若能从水资源丰富的西南地区向西北地区调水，不仅能开发西北地区丰富的土地资源，还能改善西北地区的生态环境，并促进中国生态环境总体上的改观。规划的南水北调西线工程，就是在大渡河、雅砻江、通天河上游建设大型水库，向黄河调水 170 亿立方米，主要解决甘肃、宁夏、陕西、内蒙古、山西的严重缺水问题[①]，并相应增加黄河下泄流量，缓解河南、山东的缺水局面，促进黄河流域改善生态环境，发展经济。

第三，向城市供水的生态效益。中国现有的城市大多数缺水，为解决日益增长的用水，一些城市大量抽采地下水，一些城市挤占农业和生态用水。大量抽采地下水使地下水位大幅下降，导致地表土层变干或发生下沉，沿海城市超采地下水还使海水入渗，对城市生态环境造成严重负面影响。挤占农业和生态用水使城市周边农业萎缩，生态环

---

① 中华人民共和国水利部：《南水北调工程总体规划（征求意见稿）》，第 54 页，2002 年 1 月。

境退化,导致城市生态防护圈丧失,生态系统步入恶性循环。江河大型水库以其巨大的蓄水量,可以向缺水城市供水,以减少对地下水的超采和对农业与生态用水的挤占,促进城市及周边地区生态环境的改善。以北京、保定、石家庄、邢台、安阳、新乡、郑州这一连线缺水城市为例,大量超采地下水使水位降至 30 米以下(有些区域降至 50 米以下)[①],地表水分段拦截使大量河流干涸、湿地消失、城市及周边生态环境脆弱。南水北调中线工程建成后,丹江口水库可以向这些城市供水,使其减少对地下水的抽采和对农业和生态用水的挤占,使地下水逐步得到补充、河流保持一定流量,生态环境逐步得到改善。

四、效益的动态变化

江河大型水库与其他工程设施一样,有一定的"生命"周期,所不同的是这个周期比一般的工程设施要长。在这个周期之内,江河大型水库的运行状态会逐渐发生变化,其功能发挥也会随时间推移而发生改变,经济效益如此,社会效益与生态效益亦如此,只不过不同类型的效益变动趋势与速度各异而已。同时,江河大型水库在运行过程中还可能因其功能的调整和转换,效益也随之发生改变或转化,使某些效益得到增强,而另一些效益减弱。江河大型水库的效益变动与转化受众多因素的影响,既与自身运行演进的客观规律有关,也与其调度、管理、维护紧密相连,正是多种因素的共同作用,决定了这一变动与转化的方向与速度。

1. 运行动态变化

江河大型水库与其他大型基础设施有着基本类同的运行过程,但又带有自身鲜明的个性特征。与其他基础设施相类似,江河大型水库要经过调试运行、稳定运行、衰退运行三个大的阶段才能完成其"生命"周期。有所不同的是,其他基础设施在建成后才能投入运行,稳定运行时间较短,进入衰退期后很快就被淘汰(铁路、码头等除外),而江河大型水库在建设过程中可部分投入运行,完全建成后稳定运行时间长,进入衰退期后还可运行相当长的时间。之所以出现这种情况,是由水库建设及运行特征所决定的。

江河大型水库的大坝、发电厂房、船闸、输变电系统的建设是协同进行的,水库成库及库周的污染治理、生态环境保护工程也大致与大坝枢纽工程建设同步,当大坝建设到

---

① 中华人民共和国水利部:《南水北调工程总体规划(征求意见稿)》,第 4 页,2002 年 1 月。

一定高度,就可以蓄水形成一定库容,开始安装发电机组,使建成的部分投入运行。随着水库大坝的加高,蓄水量随之增加,安装的发电机组逐步增多,蓄洪调洪能力随之增强,水库投入运行的部分扩大。直至大坝全部建成,其他设施与设备安装全部完工,江河大型水库就可全部投入运行。江河大型水库的大坝枢纽工程(大坝及附属设施)从设计到建设,质量要求高,保险系数大,十分坚固耐久,而发电、输电、变电、船闸等设备可以更新,所以水库大坝枢纽是可以长期使用的。江河大型水库的库容大,且具有一定冲沙排沙能力,若周边地区的水土保持和污染防治工作做得较好,水库泥沙淤积就比较缓慢、水体也不会被污染,稳定运行的时间可以保持很长(图9—1)。

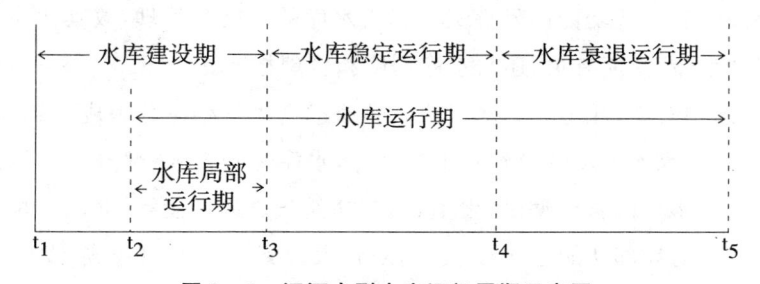

图 9—1 江河大型水库运行周期示意图

在图9—1中,江河大型水库在 t_1 时点开工建设,到 t_3 时点建成完工。建设期中的 t_2 时点,水库大坝建设已达一定高度,首台(批)发电机组安装调试完成,水库开始蓄水发电。在建设期中 t_2 至 t_3 时段,水库大坝继续增高,水库蓄水相应增加,发电机组安装并投入运行的数量随之增多,防洪、通航等功能亦逐步发挥,至 t_3 时点达到设计水平。从 t_3 时点开始到 t_4 时点这一阶段,水库设施、设备处于良好状态,水库库容保持在设计水平,水库运行处于平衡稳定时期。当水库稳定运行若干年后到 t_4 时点,设施及设备逐渐陈旧与老化,水库有效库容因泥沙淤积而减少,水库进入衰退运行期,运行能力逐渐减弱,直至 t_5 时点水库运行能力丧失而被淘汰。例如,三峡水库1993年开工建设,2003年大坝高程达到140米时开始蓄水、蓄水水位达到135米时,第一批2台70万千瓦发电机组安装调试完成并投入运行发电。之后每年增装4台70万千瓦发电机组并运行发电,至2007年水库大坝建成、蓄水至156米,到2008年大坝左右两岸电站26台70万千瓦发电机组全部安装并投入运行、蓄水水位达到设计的175米。到2009年水库进入稳定运行期,按设计的稳定运行40年计,可稳定运行至2048年,在这之后进入衰退运行期[1]。但因乌江的彭水、嘉陵江的草街、长江上游溪洛渡及向家坝等大中型水库[2]的修

---

[1] 长江水利委员会编:《三峡工程经济研究》,湖北科学技术出版社1997年版。
[2] 潘家铮、何璟主编:《中国大坝50年》,中国水利水电出版社2000年版,第1013—1017页。

建,拦截了长江干流、嘉陵江、乌江下泄的大量泥沙,使进入三峡水库的泥沙大为减少,淤积问题显著减轻,稳定运行期比预想的要长。

2. 功能动态变化

江河大型水库的功能是通过运行得以发挥的,由运行态势所决定,并随运行的动态变化而变动。江河大型水库建设过程中的局部运行,只能使其功能得到部分发挥。而江河大型水库建成后的稳定运行,才能使其功能得到全面充分发挥。但江河大型水库运行多年后,由于设施老化、泥沙淤积、正常运行受阻,其功能逐步衰减。江河大型水库一般具有多种功能,这些功能的发挥又有赖于水库的调度与管理,故其功能发挥不仅与水库运行所处"生命"周期有关,还与水库调度和管理相连。

与运行动态相对应,江河大型水库功能的动态变化可相应分为成长期、峰值期和衰退期三个阶段。当水库大坝建设到一定高度时,水库开始蓄水、部分发电机组进入安装调试并投入运行,水库的蓄洪调洪、发电、通航功能随之局部发挥,并随大坝枢纽工程建设的推进,所发挥的局部功能逐步成长、越来越大。到水库大坝建成、发电机组全部安装调试完成并投入运行,水库蓄水到设计最高水位,船闸等设施全部投入运转,各项功能得到充分稳定发挥达到峰值。水库稳定运行若干年之后,由于泥沙淤积、库容减小、设施老化等原因,运行障碍和制约因素增加,蓄水、调洪、发电、通航能力逐步减弱,功能发挥也随之衰退。再运行若干年后,水库丧失正常运行能力,基本功能随之消失(图9—2)。

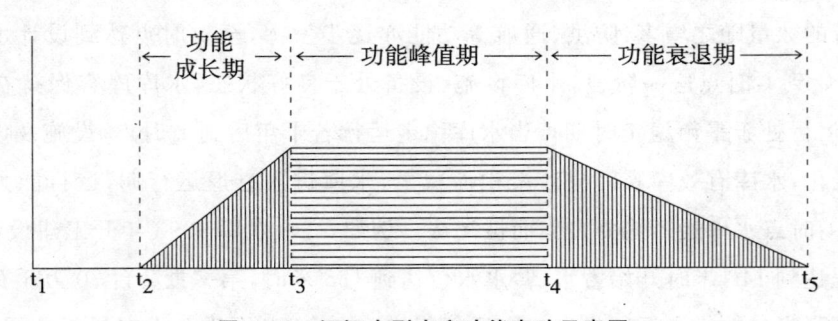

图9—2 江河大型水库功能变动示意图

在图9—2中,各时点与图9—1相对应。水库工程建设到t_2时点,开始蓄水发电,水库功能开始局部发挥。在t_2至t_3时段,随工程建设的推进,水库蓄水能力提高、发电机组安装增多,通航能力增强,水库功能逐步扩大,至t_3时点水库工程建设完工并达到设计要求,所有设施及设备投入正常运行,功能亦随之正常发挥。从t_3时点开始,水库设施、设备处于良好状态,满负荷稳定运行,功能得到充分发挥,并平稳保持到t_4时点,在t_3至t_4时期,水库运行虽在总体上保持稳定状态,功能发挥也不会出现大的波动,但随时间的推移,水库正常运行的一些障碍因子(泥沙淤积、设施老化等)会逐步产生或增加,经长期积累,到 t_4 时点情况就会发生转折。越过 t_4 时点,随水库泥沙淤积的增多、设施的老化陈旧,运行能力逐步减弱,所发挥的功能亦随之逐渐减弱。随着水库运行障碍因子的增多及影响程度的加重,再经逐年的积累到 t_5 时点,水库丧失运行能力,其功能发挥亦走向终结。江河大型水库功能的这一动态变化过程,犹如一个非等腰梯形的三条边线:梯形左侧边线较陡,反映水库功能从局部发挥到最大发挥的时间间隔较短;梯形的顶边平直且较长,反映水库可以在较长的时期内充分稳定发挥其功能;梯形右侧边线平缓,反映水库功能衰减是一个漫长的过程,在最大功能期之后还可以使用很多年。以三峡水库为例,开工建设后的第 11 年(2003)水库蓄水至 135 米,安装发电机组两台并生产电力、通航条件开始改善[①]。在此后的五年(2004—2008),水库蓄水水位逐步提高,发电机组安装并投入运行的台数逐年增加,发电能力逐年增加,通航能力逐年增强,防洪功能逐步发挥。到 2008 年 10 月水库蓄水至 175 米,最后一台发电机组完成安装调试并投入运行[②],整个工程达到设计要求。从 2009 年起,三峡水库步入稳定运行期,防洪、发电、通航等功能充分发挥。按设计要求,三峡水库防百年一遇大洪水、年发电 847 亿千瓦时、年通航 5000 万吨的功能可保持 40 年(2009—2048)[③],在此之后虽功能逐渐减弱,但过程缓慢,仍可在数十年内发挥蓄水、防洪、发电、通航等功能。

3. 经济效益的动态变化

江河大型水库的直接经济效益,主要体现在防洪减灾、抗旱防灾、电力生产、增加航运等方面。而这些效益的取得是与水库功能的发挥密切相关的,并随水库功能的变化而变动,且具有极高的同步性和一致性。当江河大型水库某方面的功能得到充分发挥时,该方面的经济效益随之彰显。当江河大型水库多方面功能同时充分发挥时,其总体经济效益达到最大。当江河大型水库某一方面或某些方面的功能减弱时,则与之相关的经济效益或总体经济效益随之下降。

江河大型水库的防洪经济效益,随其防洪能力的变化而变动。当水库大坝枢纽工程建设到一定程度时,便形成了一定的防洪能力,可以对较小的洪水进行拦蓄和调控,使大坝下游减轻洪灾损失,开始显现防洪经济效益。随水库大坝兴建高程上升,水库防洪库容增大,可以拦蓄和调控较大的洪水,大坝下游在较大洪水发生时减轻或免遭洪灾

[①] 长江水利委员会编:《三峡工程经济研究》,湖北科学技术出版社 1997 年版,第 122 页。
[②] 夏静:《三峡工程:人水和谐新见证》,《光明日报》2008 年 11 月 11 日。
[③] 长江水利委员会编:《三峡工程经济研究》,湖北科学技术出版社 1997 年版,第 121 页。

损失,防洪经济效益彰显。当水库大坝枢纽建成,水库防洪库容达到最大,可对更大的洪水进行拦蓄与调控,大坝下游在更大洪水发生时不成灾或不成大灾,防洪经济效益达到最大并可持续多年。当水库建成运行若干年后,因泥沙淤积使防洪库容缩小,拦蓄和调控洪水能力减弱,防洪经济效益亦随之降低。以三峡水库为例,开工建设第11年的2003年大坝建设达到135米,开始蓄水并具有一定蓄洪调洪能力,防洪经济效益初显;在2004—2006年间大坝建设高程上升、防洪库容不断增大,可以对较大洪水进行拦蓄和调控,汛期内大坝下游地区未出现洪水险情,防洪经济效益明显;2007年大坝枢纽主体工程建成,2008年11月蓄水至175米,从2009年起就可以拦蓄、调控百年一遇大洪水,确保在这类洪水发生时湖北、湖南及下游其他地区不发生大的洪灾,减少数百亿元甚至上千亿元的经济损失[1],且这一防洪功效至少可保持到21世纪中叶;在此之后防洪功能及效益虽有所下降,但即使运行100年之后,防洪库容仍可保留85.8%[2],防洪功能仍然巨大,可获得的防洪经济效益依然可观。

  江河大型水库发电的经济效益,随发电量多少和发电成本高低的变动而变化。当水库大坝建设到一定高度便开始蓄水、安装第一批发电机组并生产电力,发电经济效益开始发挥。随着大坝建设的加高,水库蓄水增多,发电机组安装并投入运行的数量增加,发电经济效益扩大。当大坝枢纽工程建设完工,所有发电机组安装完毕并投入运行,发电能力达到峰值并保持若干年,发电经济效益亦随之达到最大并保持相同时间。当水库运行若干年之后,因泥沙淤积使有效库容减少,发电能力逐渐下降,发电经济效益随之降低,但仍可维持很长时间。江河大型水库电力生产成本包括运行费、折旧费、摊销费、利息支出等,这些费用大多分年定额提取,故在年际间差异不大。由此一来,水库年际间的发电经济效益便主要由发电量多少决定(假设电价稳定),当水库大坝枢纽设施设备处于良好状态时发电经济效益就高,当设施及设备处于维修、维护、更新或水库进入功能衰退期,发电经济效益便会下降。以三峡水库为例,开工建设后第11年的2003年有两台发电机组投入运行,年发电量达35.1亿千瓦时,年电力产值达到近8亿元;2004—2008年另外24台发电机组陆续安装并投入运行,发电能力逐年增强,累计发电约2594亿千瓦时[3],电力产值累计达625亿元左右;从2009年开始至21世纪中叶的40年间,每年发电847亿千瓦时,年电力产值达203亿元左右(若大坝右岸山体内预留的6台70万千瓦发电机组及左岸山体内两台5万千瓦发电机组全部安装发电,每年发电量可达900亿千瓦时,年电力产值可达225亿元

---

[1] 长江水利委员会编:《三峡工程经济研究》,湖北科学技术出版社1997年版,第47—48页。
[2] 长江水利委员会编:《三峡工程综合利用与水库调度研究》,湖北科学技术出版社1997年版,第13页。
[3] 夏静等:《三峡工程:人水和谐新见证》,《光明日报》2008年11月11日。

左右）；到21世纪中叶之后，水库泥沙淤积增加，有效库容逐渐减少，发电能力逐步下降，发电经济效益亦随之降低，但据测算在运行100年（22世纪初）之后调节库容仍可保留91.5%[①]，发电经济效益延续的时间很长。

江河大型水库航运、供水、灌溉等方面的经济效益，亦随这些功能的变化而变化。当水库建成之后，库段江河变宽变深，通航能力显著提高，航运成本大幅下降，通航经济效益显著上升。当水库运行若干年后，泥沙淤积增加，航道变浅变窄，通航能力下降，航运经济效益随之降低。水库大坝枢纽工程建设完工并蓄水至设计水位时，库容及蓄水量达到最大，向缺水地区供水和为灌区输水的能力达到最强，供水和灌溉的经济效益也达到最高。当水库运行若干年后，因泥沙淤泥使库容减小，蓄水能力降低，供水能力随之下降，供水和灌溉经济效益随之减少。

4. 社会效益的动态变化

江河大型水库的社会效益主要体现在保护人民生命财产安全、促进社会经济发展、增进人民福利等方面。这些效益的取得是通过水库运行及功能发挥而实现的，随水库运行状况和功能发挥水平的变化而变动，具有极高的同步性和一致性。与经济效益的变动相类似，当江河大型水库处于良好运行状态时，多种功能便能得到充分发挥，获取的社会效益也越大。而当其运行状态不佳或功能衰退时，取得的社会效益则随之减少。

江河大型水库对人民生命财产安全的保护，是通过防洪减灾实现的。当水库大坝建设到一定高度，就能形成一定防洪库容，对洪水具备一定调控能力，减轻大坝下游地区洪灾威胁，防洪社会效益初显。随着水库大坝建设的增高，防洪库容随之增大，洪水调控能力增强，大坝下游地区洪灾威胁进一步减轻，防洪社会效益进一步扩大。当水库建成、库容达到设计标准并投入正常运行，便可对更大的洪水实施拦蓄与调控，避免或减轻坝下地区的洪灾损失，发挥更大的防洪社会效益并维持若干年。当水库运行若干年之后，因泥沙淤积减少了防洪库容，拦蓄和调控洪水的能力减弱，防洪的社会效益随之下降。以三峡水库为例，大坝建设的第11年（2003）便开始蓄洪调洪，使湖北、湖南沿江地区在一般洪水发生时不遭受人员和财产损失。建设的第12至第15年大坝逐渐增高，可以拦蓄和调控20年一遇大洪水，使两湖、安徽等省沿江地区在洪水发生时不遭受人员和财产损失；在2007年水库大坝建成后的几十年内，防洪库容达到220亿立方米左右，可以拦蓄和调控百年一遇特大洪水，使整个长江中下游广大地区在发生特大洪水时，大大减少财产损失，避免人员伤亡。当水库稳定运行四五十年之后，泥沙淤积逐年增多，防洪

---

① 长江水利委员会编：《三峡工程综合利用与水库调度研究》，湖北科学技术出版社1997年版，第13页。

库容逐渐缩小,拦蓄和调控洪水的能力亦逐渐减弱,防洪的社会效益也随之降低。

江河大型水库生产的电力对经济社会发展有很大促进作用,所发挥的社会效益巨大。这种效益的大小随水库发电功能的变化而变动。当水库大坝建设到一定高度,就开始蓄水和发电,并向缺电地区输送电力,促进其经济社会发展。在水库开始蓄水发电到建成期间,蓄水量和发电量逐步增大,供电能力逐年增强,可向更广的范围供电,在更大范围内促进经济社会发展。当水库建成之后,电力生产能力达到峰值,可以在数十年内稳定地为广大地区提供充足的电力,为这些地区的经济社会发展、劳动力充分就业提供可靠能源支持。在水库稳定运行数十年之后,发电能力逐渐降低,供电能力随之减小,其社会效益亦随之下降。充足的电力供应可以有力推进经济社会发展,根据国内外的经验数据,每增加供应电力1千瓦时,可增加产出五六元。以此推算,三峡水库在建设期间生产的电力提供给缺电的华东、华中地区使用,可增加产出13500—16200亿元;建成后的40余年内每年生产的电力供华东、华中、西南地区使用,每年可增加产出4235—5082亿元;到21世纪末若电力生产能力达到预期水平(设计能力的90%),则每年生产的电力仍可增加产出3811—4573亿元。若劳动生产率以20万元/人·年计,则三峡水库每年提供的电力可创造200万个左右的就业岗位。三峡水库生产的电力提供给鄂西、湘西、渝东及渝东南、黔北等长期缺电地区使用,可以极大改善这些地区居民的生活及生产条件,促进其经济社会发展。

江河大型水库蓄水量大,是重要的淡水水源,通过向缺水地区供水,可以显著改善这些地区的生活及生产条件,增进社会福利。一些江河大型水库作为灌溉水源,形成巨大灌区,使大范围内的居民受惠。如四川的昇钟水库(嘉陵江支流西河中游)为川北10余万公顷稻田提供自流灌溉,200余万农民受益。有的江河大型水库还是跨流域调水的水源,将丰水区的水资源调往缺水地区,改善这些地区的发展条件。如湖北的丹江口水库在大坝加高之后,库容可达290亿立方米,在丰水年可向河南、河北、北京、天津输水120亿立方米以上,在枯水年输水量也可达80亿立方米以上,可以大大缓解中原和华北地区的严重缺水局面,使城乡生活和生产用水得到极大改善。若按每增供1立方米淡水可增加产出两三元的经验数据估算,丹江口水库向上述地区供水在丰水年可增加240—360亿元的产出,而在枯水年也可增加160—240亿元的产出,受益人群达到数千万。同时,丹江口水库每年向河南、河北两省调水量均在30亿立方米以上,除缓解城市用水外,还可为农业用水提供有力支持,为促进粮食生产,保障粮食安全,增加农民收入作出贡献,且这一社会效益可延续数十年之久。

5. 生态效益的动态变化

江河大型水库的生态效益,一方面是由水库防洪、发电、航运、供水等产生的,另一方面是由水库建设带动生态环境保护而产生的。前一方面的生态效益与水库功能发挥直接相关，并与功能的变动同步。后一方面的生态效益则主要视生态环境保护工程的建设、运行、管理水平而定，与水库运行状况和功能变化没有必然联系。

江河大型水库巨大的防洪功能，可以使大坝下游地区减轻或免除洪灾危害，保护这些地区的土地资源、水资源、森林植被。水库防洪的这些生态效益随防洪功能的变化而变动，当水库大坝建设到一定高度可蓄洪调洪时其生态效益初显，当水库大坝增高蓄洪调洪能力增强时其生态效益增大，当水库建成蓄洪调洪能力最大时其生态效益亦达到最大，当水库运行多年后蓄洪调洪能力减小时其生态效益随之降低。以三峡水库为例，开工建设后的第 11 年开始蓄水，可拦蓄和调控一般洪水，防洪生态效益初显；2003—2007 年的建设期内，蓄水能力逐步增强，可拦蓄和调控 20 年一遇大洪水，防洪生态效益显著提高；2008 年年底水库建成，蓄水达最高水位，可拦蓄和调控百年一遇大洪水，防洪生态效益达到最大，并可保持几十年；到 21 世纪中叶后水库防洪库容降低、防洪功能下降，防洪的生态效益也会随之减少。

江河大型水库生产大量电力，可部分替代火电，减少火电用煤、降低污染物排放，保护生态环境，产生显著的生态效益，且这一效益与水库电力生产功能同步变化。当水库大坝枢纽工程建设到一定程度，部分发电机组就可安装发电，水电生产的生态效益初显；当水库大坝枢纽工程进一步建设，安装并投入运行的发电机组增多，水电生产能力的提高使其生态效益增大；当水库建设完成，所有发电机组投入运行发电，水电生产能力达到峰值使其生态效益也达到极大，并可保持数十年之久；当水库运行几十年之后电力生产能力下降，水电生产的生态效益亦随之降低。以三峡水库为例，当第一批两台 70 万千瓦机组投入运行发电时，比生产等量火电少耗煤近 400 万吨，减排二氧化碳 770 万吨、二氧化硫 16 万多吨、废渣上百万吨、废水上千万吨；当发电机组安装逐渐增多并投入运行，水电生产节煤减排的生态效益随之增大；当 26 台 70 万千瓦发电机组全部安装并运行发电，比生产等量火电每年少耗煤 5000 万吨，减排二氧化碳 1 亿多吨、二氧化硫 200 多万吨、氮氧化物和一氧化碳 38 万多吨、废渣上千万吨、废水数亿吨，生态效益巨大且可保持 40 余年；在本世纪中叶之后的数十年内，水库电力生产能力逐渐下降，其生态效益亦逐步减小，但速度较慢，即使到本世纪末水电生产的数量仍然很大，生态效益仍然可观。

有些江河大型水库坝高、水深、狭长，极大改善了江河航运条件，显著提高了航运能力并降低航运能耗，实现内河航运对铁路和公路运输的部分替代，减少陆路运输对生态环境的不利影响。水库航运所能发挥的生态效益由水库通航能力所决定，并与之同步变化。当水库大坝枢纽的船闸建成，水库蓄水到一定高度，库段江河的通航能力增强，航运经济效益初显。当水库建成蓄水至最高设计水位，通航能力达到最大，航运的生态效益亦达到最大，且可以保持几十年。当水库运行若干年后泥沙淤积使通航能力下降，航运的生态效益也随之降低。以三峡水库为例,在 2003 年 7 月至 2007 年年底的建设期间,大坝枢纽通过货物 19784 万吨,比建坝前增加货运量 12584 万吨,与公路运输相比,节省能源 438 万吨标准煤,相当于减排二氧化碳 1000 万吨[1]。大坝枢纽建成后,每年的航运能力增加 4000 万吨以上[2],比相同公路运量节省能源近 100 万吨标准煤,减排二氧化碳 200 万吨以上,并可保持 40 年以上。到 21 世纪中期之后,航运能力会逐渐下降,航运的节能减排作用会相应降低。

江河大型水库作为重要的水源地,向缺水地区供水,可显著增加这些地区的水资源,提高生态用水保障水平,改善生态环境。水库供水的生态效益主要由其供水能力所决定,供水能力越强生态效益越大,反之则越小。水库的供水能力会随其运行周期变化而变动,供水的生态效益亦与之同步变动。当水库大坝建设到一定高度,便可向缺水地区供水,供水生态效益开始发挥。当水库大坝加高、蓄水增多、供水能力增强,供水的生态效益随之增大。当水库建成蓄水至最高水位,供水能力达到最大,供水生态效益也达到最大。当水库运行数十年之后蓄水和供水能力减弱,供水生态效益随之降低。以丹江口水库为例,在大坝加高前库容较小,只能为水库周边地区供水,生态效益较小;当大坝加高之后,库容达到 290 亿立方米,可远距离向河南、河北、北京、天津调水,缓解这些地区超采地下水、挤占生态用水问题,发挥巨大生态效益并可保持数十年之久;当水库运行几十年后,蓄水和调水量下降,其供水的生态效益便会逐渐降低。

江河大型水库建设可以有力推动周边地区的污染治理和生态环境保护,进而产生长期的生态效益,并且不会随水库运行周期的变化而衰减。为保护江河大型水库水环境安全而开展的治污工程,使城镇污水和垃圾处理、工业"三废"治理、农村面源污染治理加快速度、提高水平、形成规范,在大范围内净化环境,并长期稳定发挥生态效益。为保障江河大型水库安全运行而开展的库岸防护林、库周水土保持林建设等,可以在水库周边大面积增加森林植被,保持水土、涵养水源、净化环境、美化景观,且建成之后可长期发挥作用,其生态效益还会逐步提高。

五、水库建设的负面效应

建设江河大型水库,可以防洪、发电、通航、形成景观,获得巨大的经济、社会、生态效益,但这并不意味着建设江河大型水库"百利而无一害",也不表示江河大型水库"无

---

[1] 夏静等:《三峡工程:人水和谐新见证》,《光明日报》2008 年 11 月 11 日。
[2] 长江水利委员会编:《三峡工程经济研究》,湖北科学技术出版社 1997 年版,第 62—63 页。

所不能"。在江河大型水库产生巨大效益的同时,也会带来一些负面效应。这些负面效应有的会直接导致经济损失,有的会诱发社会矛盾,有的则会对生态环境造成损害。克服或消解这些负面效应的影响,需要作出巨大而长期的努力,也要花费不小的代价。对江河大型水库建设及运行的负面效应进行分析,并将其与可获效益进行比较,可以更为客观全面地权衡其利弊得失。

1. 付出机会成本

江河大型水库建设要投入大量的资金、淹占不少土地和其他自然资源、消耗大量的物资,也需要投入一定的人力。这些投入的生产要素不具有专用性,可以用于经济社会发展的不同领域、不同方面、不同项目,但当其用于水库建设,便失去了用于其他方面或项目的机会。而这种机会的丧失又要付出一定的代价,即失去将这些生产要素投入其他发展项目可能获取的利益,这就是江河大型水库建设的机会成本。

江河大型水库建设工程浩大,建设时间短则几年,长则十余年,建设期内要投入巨额资金。这些资金在水库开工建设至首批发电机组运行发电的时段内,只有投入而没有产出。在首批机组发电至水库完全建成投入运行的时段,也是大量投入换来部分产出,亦即在较长的建设周期内,投入巨额资金的产出是比较少的。在资金极为充足、经济社会发展项目都不缺乏资金投入的情况下,资金已不是稀缺要素,水库建设与其他项目建设在资金使用上不存在互竞,将巨额资金投入江河大型水库建设,所付出的机会成本较少。当资金并不充裕、江河大型水库建设占用大量资金会导致其他建设项目难以进行时,就意味着其建设要以放弃其他建设项目为代价,而放弃这些项目的建设,也就失去了依靠这些项目获取利益的机会。所放弃的项目效益越好,江河大型水库建设投资的机会成本就越大。对于一个国家或一个地区或一个企业(或企业集团),资金始终是一种稀缺要素,不会多到应有尽有的程度,在一定时段内只能将有限的资金投向急需的或高回报的领域和项目上,而被迫放弃某些方面和项目的投资,这就使投资项目要付出机会成本,中国的江河大型水库建设就属于这种情况。三峡水库建设期长达16年(1993—2008),仅大坝枢纽工程建设、输变电工程建设、水库成库等就投入资金1800余亿元,建设的前11年只有投入没有产出。如此大的投入无疑对国民经济发展的其他方面和建设项目产生某些不利影响,特别是建设前期的影响较大。根据航空航天工业部运用宏观经济模型和三峡子模型的分析,建设三峡水库将在1992—2002年间对国民收入增长带来一定影响,与不建三峡水库相比,11年累计减少国民收入147亿元(1980年不变价),减少数额最多的年份(2000年)为25亿元[①]。由此可见,虽三峡水库建成的经

---

① 长江水利委员会编:《三峡工程经济研究》,湖北科学技术出版社1997年版,第167页。

济效益巨大,但巨额的建设投资也付出了一定的机会成本。

江河大型水库建设要淹没和占用土地,少则数千公顷,多则数万公顷。这些土地在淹占前有的是农业用地,有的是城镇用地,有的是基础设施用地,也有的是未利用土地。农业用地每年都有一定的农产品产出,可以获取农业收益。城镇用地支撑城镇经济社会发展并辐射带动农村,利用的效益较高。基础设施用地为区域经济社会发展创造良好条件的同时自身也能带来收益,利用的效益不低。未利用土地随技术进步可能被利用并产生效益。但这些土地一旦被水库建设所淹占,便完全丧失了原有的利用价值,原有利用方式下所能产生的效益随之损失殆尽,这些损失便是江河大型水库建设淹占土地的机会成本。同时,江河大型水库建设还要淹占一些矿产和原材料资源,这些资源和原材料的采掘及利用可带来不少的收益。但因水库建设的淹占,使这些资源难以开采与利用,可能获取的收益完全丧失,又带来江河大型水库建设淹占矿产及原材料资源的机会成本。以三峡水库建设为例,仅大坝枢纽工程占用和水库淹占土地就达 3.18 万公顷,其中耕地 1.72 万公顷、河滩地 0.39 万公顷、园地 0.74 万公顷、林地 0.33 万公顷[①],若以耕地年产出 1.5 万元/公顷、园地年产出 3.0 万元/公顷、河滩地年产出 0.3 万元/公顷、林地年产出 0.15 万元/公顷的一般水平计,淹占的这些土地每年就要减少产出近 5 亿元。如果将城镇、工厂、基础设施迁建和恢复重建及水库生态环保占地也计算在内,则三峡水库建设占地的机会成本就更大。

江河大型水库建设还要淹占地下矿产资源,使大坝周边地区矿产资源不能开采,水库淹没区的矿产资源难以开采或禁止开采,水库周边的矿产资源限制开采或禁止开采,造成这些资源利用价值的丧失。以三峡水库建设为例,大坝枢纽地区及水库淹没区的建材资源、煤炭资源、盐矿资源、天然气资源、金属矿资源等便丧失了开采利用的机会,而且水库周边的这些资源开采利用也会受到严格限制或禁止,其损失也不是一个小数。

2. 蒙受搬迁损失

江河大型水库建设要对坝区和淹没区内的城镇、工矿、机关、学校以及基础设施(交通、通信及能源设施、农业基础设施等)进行拆除、搬迁和恢复重建,在这一过程中要蒙受大量的物质财富损失。这些损失有些是有形的,有些是无形的,在一定时期内对水库周边地区的经济发展会带来负面影响。

江河大型水库建设要对坝区和淹没区内的城镇、农村居民点进行拆除,使这些长期建设积累起来的城乡房屋、公共建筑与设施化为乌有,不仅不能继续发挥作用,还要花

[①] 长江水利委员会编:《三峡工程经济研究》,湖北科学技术出版社 1997 年版,第 7 页。

费大量人财物力加以清除,损失十分巨大。以三峡水库建设为例,仅淹没的房屋就有3479.47万平方米,若以原值200—300元/平方米的低价格计算,其损失就高达69.5894亿元—104.3841亿元,若加上房屋内的配套设施(水、电、气、通信设施)及不便搬动和变现的器具,损失还要增加很多;若以较低的重置价500—600元/平方米计算,其损失更高达173.9735亿元—208.7682亿元,数额惊人。同时,淹占城镇在异地重建不仅建设要花费时日,且城镇功能的恢复更需要较长的时间,在这一时段内城镇工商业会受到较大冲击,城镇人口的就业也会受到不利影响。

江河大型水库建设也要淹占公路、铁路、码头、车站、输油输气管线、输电线路、通信线路、农业基础设施(水利设施、农田设施)等,这些设施有的要拆除,有的要废弃,无论作何处置,都将失去原有价值。江河大型水库一般地处深山狭谷,所淹占的基础设施不仅建设难度大,而且建设成本极高,将已建成使用中的这些基础设施废弃,损失巨大。以三峡水库建设为例,淹占公路1136.69公里、高压输电线路1987公里、通信线路3526杆公里、广播电视线路4478杆公里、码头655座、水电站114座(9.18万千瓦)、抽水站139座(1.01万千瓦),淹占的农田水利设施及其他基础设施亦不在少数。这些基础设施都是经过几十年艰苦努力才建设起来的,若按建设投资估算,其价值当在数十亿元以上。

江河大型水库建设还要淹占工矿企业,工厂搬迁会造成机器和设备的损毁而使生产难以恢复,矿山搬迁会因失去矿源或因开采和运输条件变劣而陷入困境。以三峡水库建设为例,淹没工矿企业1599个,绝大多数都因搬迁而丧失原有生产经营能力,不得不破产关闭,只有极少数企业通过转产存活下来,导致三峡水库周边大多数区县在1994—1998年期间(水库建设头五年)工业生产大幅下降,其直接和间接损失当有数十亿元之巨。

3. 付出损失代价

江河大型水库建成运行,在产生巨大经济效益的同时,也会带来经济损失。这些损失主要包括水库周边的洪灾损失和地质灾害损失,以及水库下游的堤防损失和其他损失。这几类损失虽不一定年年发生,但总是与水库运行相生相伴,其发生具有必然性。

江河大型水库在汛期要蓄洪调洪,当洪水发生时,水库水位处于高位且泄洪速度受到限制。如此一来,水库所在地区及上游地区的洪水在水库的滞留时间相对延长,加之水库坝前高水位对库尾水流的顶托作用,就可能造成库尾段水位高出水库最高水位的情况,给库尾地区造成洪涝灾害。若库段江河存在支流、地势较低的谷地,则支流地区和较低的谷地也容易遭受这类洪涝灾害。这类灾害一旦发生,轻者淹没土地、房屋、设施,重者造成重大财产损失和人员伤亡。例如三峡水库大坝建成蓄水后的2007年7月长江上游发生洪水,水量虽不如1998年的洪水大,但因为蓄洪调洪,使涪陵以上的库尾地区及库段长江支流地区水位猛涨,远高于1998年的洪水水位,大片土地被淹、集镇被冲、道路被毁。受灾最重的库尾陈家桥镇,低平地区一片汪洋,房屋被淹、工厂被毁、群众被洪水围困、农业受灭顶之灾,还发生了人员伤亡,损失巨大。

江河大型水库建成蓄水,会使库段江河的干流和支流的河岸大幅度抬升,大片原有陆地被淹没浸泡,造成新河岸(库岸)水下部分变型、水上部分失稳,造成库岸坍塌和滑坡。加之江河大型水库多建于山间谷地,水库建成蓄水淹没的多为坡面地带,这些坡面不少是沙石堆积而成,经水浸泡极易滑落,并诱发库岸之上的坡面垮塌,形成地质灾害。水库周边以滑坡、塌方、危岩崩落为主的地质灾害,往往造成水库被淤、土地被毁、房屋及基础设施被埋、人员伤亡,危害严重,损失巨大。以三峡水库为例,在建成蓄水后库段长江干流及支流水位上升数十米,水库腹地的巫山、奉节、云阳、万州等地已出现地灾险情(沙石堆积坡面局部垮塌、近岸危岩出现失稳、个别近岸局域发生地裂等)。对这些地质灾害不仅需要进行监测防范,还需要进行治理,一旦发生还要承担损失。

大江大河在千百万年的运行中形成了水沙平衡,江河大型水库建成后这种平衡被打破。由于上游泥沙在水库中沉积,使过坝泥沙大幅减少,在江河中下游沉积的泥沙亦随之减少。在过坝水流冲刷之下,便会逐渐掏蚀河床与河岸,使坝下江河河床受损。若水库大坝以下江河建有河堤,则过坝水流会对河堤堤基造成冲蚀,危害河堤安全。在江河大型水库的长期运行中,过坝水流对江(河)岸及河堤的冲蚀,会造成不小的损失,不可低估。以三峡水库为例,从2003年蓄水以来过坝江水泥沙减少,使荆江泥沙冲淤失衡,造成荆江大堤堤基冲蚀,不得不进行加固处理。

4. 所在地区付出发展代价

江河大型水库建设从立项论证、开工建设到建成后的运行,都对水库所在地及周边地区施加了较大的约束,使产业结构调整和传统产业的改造任务更为繁重,发展成本增加,也使新兴产业的发展空间受到一定限制,丧失某些发展机会,蒙受因失去发展机会的损失。

江河大型水库建设要经过系统、全面、深入的论证,论证时间短则几年,长则十余年甚至几十年。在论证过程中,水库规划建设地区的大型基础设施建设、大型工业发展项目、大型农业发展项目都会停止或被严格限制。这些地区的经济发展因而处于减缓或停滞状态,有时还会失去大好发展机会而陷入困境。以三峡水库建设为例,新中国成立后论证了40余年,直到1993年才开工建设。在三峡水库建设"不上不下"的几十年中,从宜昌至涪陵长江沿线及周边地区的几十个县,很少得到建设投资,既没有建铁路,也没有建高等级公路,在长江上没有建一座桥梁,大型工业项目和大中型农业基础设施项目几乎是空白。几十年的耽误,使这一地区基础设施薄弱、产业发展迟缓、经济极为落后、居民收入低,成了全国少数几个集中连片的贫困地区。

江河大型水库建设周期长,短则几年,长则十余年,若遇意外困难可长达几十年。在水库建设过程中,所在地区各级政府不仅要分出人力完成水库建设的多项工作,而且还要花费巨大人财物力建设水库相关的工程,使这些地区有限的人财物力不能集中用于本地经济发展,并造成相应的损失。以三峡水库建设为例,从开工准备到建成运行的20余年中,湖北、重庆两省市的省、县、乡三级政府,花了大量人力去完成3万余公顷的土地征用、130余万人的迁移安置、近1600家工矿企业的搬迁、100余个城镇的迁建、1000多公里公路及数千公里输电线路及通信线路恢复重建。由于搬迁重建补偿资金的不足,地方政府不得不花费巨大人财物力去完成城镇迁建及交通和通信设施的复建,并动用部分地方人财物力去解决土地征用、移民迁移安置中的一些紧迫问题。这些巨大的人财物力消耗,部分削弱了本地区经济发展的能力。

江河大型水库的建设与运行安全,对水库周边及纵深区域的经济发展提出了严格的要求,对可能引起水库周边地形、地貌、地质改变的经济活动会严加禁止,对可能诱发水库污染的产业发展会严格限制或禁止。这样一来,水库周边及纵深区域的产业发展就会受到较大约束,甚至不得不放弃很多发展机会而蒙受巨大损失。以三峡水库建设为例,为防治地质灾害,禁止在水库周边开矿、采石,原先沿江地区颇具规模的采矿业和建材业受到严重影响;水库周边及纵深区域天然气储量和开采量都很大,发展天然气化工业的资源条件极优,但为避免污染,天然气化工业被禁止发展;水库腹地周边盐矿储量巨大,发展盐化工的资源条件也绝佳,同样为了避免污染,这一产业也限制发展。这些具有资源优势、市场前景好、附加值高的产业被禁止发展,使地方经济蒙受巨大损失。

5. 付出生态环境代价

江河大型水库建设改变了江河运行态势,江河生态系统亦发生巨大变化,使江河生物生存繁衍面临困难、库段江河排沙能力与自净能力减弱、江河下游水沙失衡。这些问题本身会对生态环境造成损害,而为了消除这些损害、维护生态平衡,又要花费大量人财物力解决这些问题,这便是江河大型水库建设的生态环保代价。

江河大型水库建设使江河被大坝所截断,同时库段江河水位大幅上升,一方面一些水生动物(主要是鱼类)迁徙通道被阻塞,生存繁衍条件被破坏,物种难以存续;另一方面一部分近水陆生生物丧失生存繁衍地而趋于消亡,造成生物多样性的破坏。为挽救这些生物,就需要建设人工繁育设施及生存、栖息基地,不仅技术要求高,而且投资巨大。以三峡水库建设为例,水库阻断了中华鲟等珍稀鱼类的回游繁殖通道,淹占了树蕨等珍稀植物的生存繁衍地,不得不建立中华鲟人工繁殖基地,以人工放流加以保护,也被迫建设珍稀植物保护基地,以人工保护维持其延续。

江河大型水库建成之后,库段江河水流减缓,自净能力大为减弱。为防治水体污染,需要对水库周边的点源和面源污染进行高标准治理。这不仅要在源头上减少污染物的排放,还要建设不少的污染物无害化处理和资源化利用设施,并要花费巨资维持这些设施的运行。以三峡水库为例,为达到Ⅱ类水体,仅周边城镇便需建360余座污水处理厂、150余个垃圾处理厂,污水日处理能力500万吨、出水水质达到国标一级A标准,垃圾日处理能力1万吨,达到无害化及无二次污染,所有工矿企业"三废"有效治理、达标排放,农业污染物(化肥、农药、塑料制品)大幅减量,农业废弃物实现资源化利用。要达到这些要求,不仅设施及设备建设投资巨大,而且每年的运行成本高昂。

泥沙淤积对江河大型水库安全及持久运行影响极大,防治泥沙淤积是水库保护的重点。为有效防治水库的泥沙危害,需要沿水库最高水位线建库岸防护林,在水库周边建生态防护林,在水库纵深区域建水土保护林和水土保持工程,以减少水土流失和泥沙入库量。而护岸林、防护林、水保林和水保工程建设不仅需要大量一次性投入,而且还需要花费人财物力进行常年管护。以三峡水库为例,若在长达5578.21公里库岸建6米宽的护岸林带、沿库周建50米宽的防护林带,在水库周边各区县建设水土保持林(森林覆盖率达到45%)及进行流域治理,其投资额都会高达数百亿元,且每年的森林抚育与管护及工程维护消耗也很巨大。

第十章　中国江河大型水库建设及运行的利益分享

江河大型水库产生的经济、社会、生态效益,以及带来的改善发展条件、创造发展机会、展现国家实力、树立政府形象等好处,是其建设及运行所带来的利益。在一定的制度和体制之下,水库建设及运行所产生的利益为特定的主体分享,并形成特有的分享机制和利益格局。水库建设及运行利益的分享,体现的是相关主体的利益关系,反映的是相关制度和体制的特征及属性,影响的是经济社会发展。正是这种特定的利益分享机制,对中国江河大型水库建设及运行产生重大影响,对相关主体行为产生导向,进而诱发建设热潮的兴起和相关问题的产生。

一、江河大型水库建设及运行的利益与分享

江河大型水库作为具有多种功能的基础设施,其建设及运行可以带来巨大利益,这些利益有些是直接的,有些是间接的;有些是有形的,有些是无形的;有些是确定性的,有些是随机性的。正因为巨大潜在利益的存在,才诱使相关主体推进其建设。江河大型水库建设及运行所产生的利益,一部分可以外部化给社会,为社会公众所分享,大部分可以内部化给特定主体,为其所控制。正是利益(特别是经济利益)的内部化和主体控制,才产生水库利益的主体分享和博弈。

1. 建设及运行的利益

江河大型水库建设及运行的利益,是一个内涵广泛的概念,既包含水库建成运行所直接产生的、可观察和测度的经济效益、社会效益、生态效益,也包含水库建设过程中直接和间接为经济社会发展带来的机会及好处,还包含水库建设及运行对经济社会发展条件的改善、发展领域和空间的拓展、发展基础的强化,以及国家经济及技术实力的展示、政府能力的展现等。对于每一个具体的江河大型水库,因其类型及规模的不同,所产生的利益在种类及大小上存在很大差异。

江河大型水库在建成投入运行后可以产生发电、通航、养殖、旅游等经济效益,也可产生防洪、抗旱、供水等社会效益,还能产生增加可再生能源、减少环境污染、促进流域治理等生态效益。这些由水库运行带来的实际效益,都可以为人们所直接观察,且很多方面可以定量测度。对于综合型的江河大型水库,经济效益、社会效益、生态效益较为全面,如三峡水库不仅经济效益巨大,而且社会效益和生态效益也极为显著。对于专用型的江河大型水库,效益则主要表现在某一方面,其他方面则相形见绌,如发电水库主要产生经济效益、水源水库主要产生社会效益等。由于水库产生的经济、社会、生态效益与水库运行状况高度相关,而水库在不同年份和时段所面临的运行环境及条件又不完全相同,故江河大型水库在不同时期和不同年份所带来的效益也不尽相同,会有一定起伏变化。

江河大型水库建设需要消耗大量的原材料、机器设备,也需要消耗一定的劳动力,为建材、建筑、钢材、工程机械、发电及输变电设备等产业的发展创造了良好条件,为劳动者就业增加了岗位。以三峡水库建设为例,仅枢纽主体工程的土石方开挖量就达10259万立方米、土石方填筑量就达2933万立方米、混凝土浇筑量就达2715万立方米、消耗钢材28万吨、消耗钢筋35万吨[1],还需要制造32台70万千瓦水能发电机组、巨型船闸设备及升船设备等[2],为水泥生产业、工程建筑业、冶金业、工程机械制造业、运输设备制造业、大型发电及输电设备制造业、专用设施及设备制造业等创造了发展机会。同时,江河大型水库建设极大改善了周边区域原本十分落后的交通、通信条件,增强了这些地区与外界的联系,大大提高了这些原先封闭落后地区的发展能力。三峡水库的建设,促进了三峡地区铁路、高速公路、机场建设,交通运输条件彻底改观,通信设施设备全面升级换代,输电网和油气管网迅速建成,经济社会发展的硬件条件得到极大改善。

江河大型水库建成运行后,其防洪、供电、供水功能充分发挥,可以极大改善受益地区的发展条件、拓展经济社会发展领域及空间。防洪功能的发挥,使水库大坝之下广大沿江地区减轻或免遭洪灾威胁,有利于重新布局工农业生产,建设沿江经济带和产业区。供电功能的发挥,使受电地区获得能源保障,利用充足的能源促进经济社会发展。供水功能的发挥,使受水地区打破水资源短缺的限制,利用水库水源发展经济、保障生活、保护环境。以三峡水库为例,巨大的防洪能力可使长江中下游沿江区域(特别是湖北、湖南沿江区域)免除百年一遇洪灾危害、推进沿江经济社会的大发展,巨大的供电能力可为华中和华东地区提供电力,为其经济社会发展提供能源保障,巨大的蓄水能力可

---

[1] 长江水利委员会编:《三峡工程经济研究》,湖北科学技术出版社1997年版,第7页。
[2] 同上书,第21—23页。

调节长江中下游的流量,在干旱季节增加中下游的水量以缓解旱情。

江河大型水库建设不仅需要巨额投资,而且还需要先进复杂的技术,以及强有力的社会组织动员能力,中国能够在不同类型地区建设大型、超大型江河水库,充分显示了强大的经济实力、科技实力,也显示了政府有效的决策能力、强大的组织动员能力、高效的执行能力。如三峡水库这样的巨型水利枢纽工程,也是中国经济社会发展的标志,代表中国的形象,也昭示了中国的能力。

2. 建设及运行利益的分享

江河大型水库建设及运行利益的分享,泛指相关主体对水库建设及运行所产生利益的占有、利用、享受,重点是指相关主体对水库运行直接产生的经济效益、社会效益、生态效益的占有、利用及享受。利益分享反映了相关主体在水库建设及运行中的受益状况,以及他们之间的利益关系。利益分享与水库建设及运行的制度和体制、相关主体的地位紧密相连。有什么样的制度和体制,就会有相应的利益分享机制,并形成与之相对应的利益分享格局。主体的地位不同,对利益分享格局形成施加的影响不同,利益分享的结果也不一样。

相关主体对水库建设及运行利益的占有,是这些主体利用制度和体制赋予的权力,或依据自己所做的贡献,或利用自己特殊的地位与身份,或依仗某些优势及特定的能力,将水库建设及运行所产生的某些利益据为己有。这种占有可以是一个主体独占,也可以由少数几个主体共占,但具有很强的排他性。例如,只有大型国有电力企业才能充当江河大型水库的建设及运营业主,获得巨大的发展利益;大型水利工程建筑企业才能成为水库枢纽工程承包商,获得巨额工程建筑收益;大型发电设备制造企业利用技术优势才能成为设备供应商,获取巨额设备制造收益;中央政府和业主企业利用体制权力占有水库发电收益等。江河大型水库建设及运行的某些利益能为特定主体所占有,这类利益必须具有可控和可内部化的特征,只有当其人为可控并明确界定权属,才能被特定主体所占有。

相关主体对水库建设及运行利益的利用,指这些主体依其所处区位、所属行业特征以及与水库建设及运行的联系等,利用水库建设及运行所创造的条件、提供的机会,求取新的发展、获取新的或更多的好处。由于江河大型水库建设及运行的功能发挥有一定的时空限制,所以对其利益的利用也只能局限在一定时空范围。在水库功能所及范围内,众多主体对水库建设及运行所创造的条件、提供的机会的利用不具有排他性,个别主体也不可能将这些条件和机会据为己有。水库周边地区交通、通信、能源条件的改善,可为区内众多主体所利用,谋求更好更快的发展。水库防洪为大坝下游广大地区提供了安全保障,区内各类主体可充分利用这一条件,促进经济社会发展并增进福利。水库改善通航条件,众多航运企业可以有效利用,发展和壮大内河航运等。当然,不同主体因受主客观条件的影响,对水库建设及运行创造的条件和机会的利用程度是不同的,在利用获益上也存在很大差异,利用机会的均等在实际上不可能完全实现。江河大型水库建设及运行的某些利益能为众多主体非排他性利用,是因为这类利益在一定范围内具有不可控制又难以内部化的特征,公共品的性质明显,不能被特定主体所占有。

相关主体对水库建设及运行利益的享受,指这些主体或依据制度及政策赋予的权力、或利用自己的某种身份及地位、或依其所处区位、或根据与水库建设及运行的特定关系,与其他主体共同分享水库建设及运行所带来的某种利益。这种分享若只在极少数主体中进行便具有排他性,但若这种分享在众多主体中进行则排他性不明显。例如,水库防洪效益为下游广大地区的众多主体所共享,水库发电部分替代火电带来的生态效益为公众所共享,水库建成所形成的新景观为水库业主和旅游业主所开发利用,产生的利益由少数主体获取等。

江河大型水库建设及运行的利益分享还有直接与间接之分。直接分享是指相关主体直接得到水库建设及运行所带来的利益,如中央政府从中得到的政治和经济利益,业主从中得到的巨大发展和经济利益,水库下游地区得到的防洪减灾利益等。间接分享是指相关主体利用水库建设及运行提供的条件或创造的机会所获得的利益,如水库周边地区从中得到的经济社会发展利益,受电及受水地区利用新增水、电资源发展经济、改善民生、保护生态环境的利益等。

3. 利益分享机制

在中国现行制度及管理体制之下,江河大型水库建设及运行利益分享有其独特的机制。在水库建设及运行所提供的非排他性公共利益方面,遵循了一般公共品共享的原则,其利益由相关的众多主体所分享。在水库建设及运行所产生的可排他性特定利益方面,既有按政策的分享,也有按投资的分享,还有按主体角色及与水库建设及运行关联关系的分享以及按其他因素的分享,表现出多样性和混合型的特征。这种独特的分享机制,不仅决定了江河大型水库建设及运行利益的分配格局、相关主体的利益关系,同时还反映了中国在基本建设领域由计划经济向市场经济转变的过渡性特征。

江河大型水库建设及运行带来的社会效益和生态效益,无论是直接产生还是间接产生,都在其作用范围内由公众、政府、企业及事业单位所共享。这些分享主体不受身份与角色的限制,不必然与水库建设及运行相关联,也不必须为这些利益的产生而付出成本,更不必须为分享这些利益支付费用。水库建设及运行的社会效益和生态效益是政府的目标,政府通过投资为其付费并免费提供给相关主体享用。同时,江河大型水库建设及运行产生的社会效益和生态效益,其属性是典型的公共品,既难控制和内部化,又难以分割并确定权属,只能让相关主体免费分享。被众多主体无偿分享的水库社会效益有防洪、抗旱、供水、通航等方面,以三峡水库为例,巨大的防洪功能给长江中下游广大民众提供生命财产安全保障,巨大的蓄水和水量调度功能在2009年旱季增大下泄流量,使长江干流城陵矶及湖口水位回涨0.77米和0.19米,有效保障了两湖地区用水安全[①],对川江航道和荆江段枯水期航运条件的改善使长江航运安全便捷,这些效益都为广大区域内的众多主体无偿分享。

江河大型水库建设及运行直接产生的经济利益分享较为复杂,既有按体制与制度的分享,也有按投资的分享,还有按身份与地位的分享。水库建设及运营业主可以获取巨大的发展利益并占有水库的经济收益,但政策规定只有大型国有电力生产企业才能充当业主,这一利益便只能由少数几家中央直属的电力企业所分享。水库大坝枢纽工程建设的承包商可以获利,但只有少数具有很强经济技术实力的建筑企业才可能承包工程建设任务并分享这一利益。水库建设及运行的众多设施和设备供应商也有利可图,但只有少数具有生产能力的企业才能获得供货合同并获得这一利益。在现行体制下,江河大型水库属于国有资产,产生的经济利益属于国家所有。水库所在地方政府依政策所赋权力,向水库建设及运营征税,也能分享水库建设及运行的小部分利益。

江河大型水库建设及运行能为经济社会发展创造更好的条件,提供更多的机会,对这类利益的分享也较为复杂,既有按政策的分享,也有按区位、行业的分享,还有按相关主体职业及能力的分享。水库建设和运行对周边地区交通、通信、能源条件的改善,主要由该区域内的众多主体所分享,但利用这些条件促进经济社会发展,还要依靠该区域内地方政府、企事业单位和人民群众的努力。水库防洪和抗旱为下游地区创造了更好条件,只能由这些地区所分享,但这些地区的发展同样要依靠自身努力才能充分受益。江河大型水库的供电和供水区域是由中央政府规划设定,设定的地区才能分享水库供电、供水的利益,但受电、受水地区最终的受益还要取决于对这些新增资源利用的充分有效程度。江河大型水库对内河航道的改善、新的自然及人为景观的形成,只能为航运业及旅游业的业主所利用,并从中获益和发展壮大,而其他主体并不能分享这一利益。

4. 利益的分享主体

江河大型水库建设及运行产生的利益类型较多、表现形式多样、惠及范围广、分享

[①] 夏静、梁建强:《三峡水库新增抗旱功能》,《光明日报》2010年2月5日第6版。

的主体众多,这些主体或因投资而从水库建设及运行中获取回报,或因与水库建设及运行有某种联系而因此受益,或因所处特定区位、所在特定行业、具有某种优势而从水库建设及运行中获利。这些主体有的从水库建设及运行中直接受益,有的则从中间接得到好处;有的从中获得经济利益,有的从中得到社会或生态利益,还有的从中获得多种利益;有的从中只能获得一次性利益,而有的则可以从中长期受益。同时,水库建设及运行同类利益的不同受益主体中,受益程序和大小也存在很大差别,表现出极大的非均衡性。

按江河大型水库建设及运行利益的分享机制,分享主体可粗略分为政策性分享主体、投资性分享主体、竞争性分享主体、区位性分享主体及行业(部门)性分享主体等五大类。政策性分享主体是因国家制度和体制的相关规定,为其带来水库建设及运行利益的受益者。例如,政策规定江河大型水库为国有资产,中央政府是水库的所有者,并从中获得多种利益。政策规定大型国有电力生产企业才能充当业主,使这类企业从江河大型水库的建设及运行中获得巨大利益。投资性分享主体是通过向水库建设及运行投入人财物力而获取回报的受益者,由于江河大型水库建设及运行投入主体的选择也有严格的政策约束,故这类受益者也属于政策性分享主体。例如,中央政府、业主企业、地方政府为江河大型水库建设及运行投入大量人力、财力、物力,而成为多种利益的主要分享者。竞争性分享主体是利用自身的某些能力和优势,在与同类主体的竞争中获得某种机会或利用某些条件,而成为水库建设及运行的受益者。例如,技术实力强大的设计单位通过竞争获得水库大坝枢纽工程设计、技术及经济实力强大的建筑公司通过工程竞标获得水库工程建设项目、技术领先实力强大的制造企业通过竞标获得水库设施及设备的供货,就可争得参与江河大型水库建设及运行的机会,并成为其利益的分享者。区位性分享主体是利用自己所处的特殊地理位置,占有或利用江河大型水库建设及运行利益的受益者。例如,水库下游沿江地区的众多主体因处在防洪范围之内、自然成为水库防洪效益的分享者,水库周边地区的众多主体因靠近水库、而成为基础设施改善的利益直接分享者。行业性分享主体是利用自己所从事的特殊生产经营活动,对江河大型水库建设及运行产生的特定利益的分享者。例如,内河航运企业成为水库航运利益的分享者,旅游企业成为水库景观利益的分享者等。

按江河大型水库建设及运行利益的分享内容,分享主体还可分为经济利益分享主体、社会利益分享主体、生态利益分享主体、多种利益同享主体四类。经济利益分享主体是指从水库建设及运行中直接或间接获得经济利益的组织、团体及个人,所获得的经济利益既包括经济收益,也包括节约的成本和减少的损失。例如,中央政府是水库的所有者并直接获得其运营利税、业主直接掌握和分享水库运营收益、所在地政府直接分享水库的部分税收,成为水库经济利益的直接分享主体。而建设工程承包商、原材料及设备供应商则利用水库建设的机会获益,是水库经济利益的间接分享主体。对于受电、受水地区的多种主体,则是利用水库运行所创造的条件,通过更好地发展经济而获益,也属于水库经济利益的间接分享者。社会利益的分享主体是指从水库建设及运行中获得安全保障、生活及生产环境条件改善、福利增进的组织、团体及个人。例如,水库下游地区的工矿企业和城乡居民因免除或减轻洪灾危害、生命财产安全得到保障而成为水库社会利益的分享者,水库供电、供水覆盖区域的居民因用电用水得到保障、生活质量得到改善而成为水库社会利益的分享者等。生态利益的分享主体是指从水库建设及运行中获得生态环境改善、生态灾害减轻的地区、部门或居民群体,因水库生态利益覆盖范围较宽,其分享主体较多。例如,水电替代火电带来的废弃物减排、大范围内的众多主体都能从中受益而成为水库生态利益分享者,水库防洪保护下游沿江地区生态系统而使区内众多主体成为生态环境稳定的受益者,水库建设促进周边生态环境改善,使该地区内一些产业部门(林业、农业、旅游)成为受益者,也使城乡居民生活因环境改善而受益。

5. 利益的分享方式

江河大型水库建设及运行产生的利益类型不同、表现形式各异,其分享者的身份、地位、角色、能力也不一样,导致利益分享方式的差异。这种差别不仅表现在不同类型利益的分享上,也表现在不同主体的利益分享上。对于水库建设及运行所产生的经济利益、社会利益与生态利益,由于其表现形式不同,相关主体对其获得的方式各不相同。对于水库建设及运行利益的各种分享者,因受多种客观条件约束和主观条件限制,获得的方式自然存在差异。江河大型水库的建设及运行由中央政府主导,其利益分享自然要受到相关制度、体制和政策的约束,而这些约束又给利益分享方式带来直接影响。

从水库建设及运行利益向受益者传递的角度,相关主体对其利益有直接分享和间接分享两种方式。直接分享是指相关主体直接从水库建设及运行中受益,或水库的建设及运行将利益直接传递给相关主体。这里所说的利益主要是水库建设及运行所直接产生的经济利益、社会利益、生态利益及其他好处,但不包括间接或衍生的利益及好处。例如,由于江河大型水库的建设及运行,中央政府直接分享政治利益、社会利益和经济利益,业主企业直接分享发展利益与经济利益,水库下游地区直接分享防洪减灾利益,水库周边地区直接分享基础设施改善的利益等。间接分享是指相关主体利用水库建设及运行所创造的条件或提供的机会,从拓展发展空间、提升发展水平、降低发展成本中受益。这里所说的利益是相关主体创造的,而不是水库建设及运行直接给予的。例如,水库周边地区利用基础设施条件改善加快经济社会发展而获益,水库下游地区利用洪灾减轻的条件促进经济社会发展、生态环境改善而受益,受水和受电地区利用增加的水资源及电力资源加快经济发展、改善人民生活条件、保护生态环境而受益等。

从相关主体对水库建设及运行利益获取的角度,利益的分享又有分派式分享、竞争式分享和利用式分享三种方式。分派式分享是相关主体因受制度及政策惠顾、或因对水库建设及运行的贡献、或因所处特定区位及行业部门等,分享水库建设及运行的利益。例如,按现有体制,中央政府享有江河大型水库的所有权及其派生的利益,按现有政策规定国有大型电力企业拥有江河大型水库的建设及运营权并获得相关利益,按税收政策水库所在地方政府可以收税的方式分享水库运营的部分收益,由水库建设地址选择所决定,其所在地域得以分享水库建设及运行所带来的基础设施改善的利益;由水库防洪能力设计所决定,坝下特定区域才能分享防洪减灾的好处;由受电、受水区的划分所决定,某些区域才能分享增加电力资源和水资源供给所带来的好处等。竞争式分享是相关主体通过市场竞争,获得水库建设及运行利益。这种竞争往往在同类主体中进行,具有优势和实力的主体才能得到某方面的利益。例如,多个设计院经过竞争由某个院所争得水库建设工程的设计权并从中获取设计收益,众多原材料厂商通过竞争由某个(或某几个)厂商成为水库工程建设的原材料供应商并从中获得供货利益,多个设备制造商通过竞争由某个(或某几个)制造商成为水库建设及运行设施或设备的供应商并从中获得利益等。利用式分享是相关主体利用水库建设及运行创造的条件和机会,通过自身的发展间接获取利益。例如,水库周边地区利用水库建设及运行带来的条件改善发展经济、改善生态环境、获得经济社会发展带来的多种利益,水库下游地区利用水库防洪创造的有利条件发展沿江经济、改善人民生产生活条件、获得区域发展的多种利益,受电受水地区利用水库提供的电力和水资源发展工农业生产、改善城乡居民生活条件、保护区域生态环境、获得经济社会发展的好处,航运部门利用水库建设及运行对航道的改善发展内河航运、增加运量、降低成本、获得丰厚的经济利益等。

二、中央政府的分享

中央政府是江河大型水库建设及运行的决策主体、成本分摊与分担主体,也是利益的分享主体。中央政府作为决策者,通过江河大型水库建设及运行的谋划、推动,解决全国性或区域性经济、社会、生态环境方面的重大问题,可以获得巨大的政治利益。中央政府作为投资者和所有者,通过江河大型水库建设及运行可以增强财力,获得巨大的经济效益。中央政府作为人民利益的代表者,通过江河大型水库建设及运行为社会提供重要的公共品和公共服务，可以获得显著的社会效益和生态效益。由于中央政府的特殊地位及其在水库建设及运行中的特殊作用，使其成为多种利益的主要分享者。

1. 政治利益

江河大型水库建设不仅需要投入巨大的人力、财力、物力，还需要众多先进的技术、设施及设备。江河大型水库的运行也需要复杂的调度和精准的管理。中国能够依靠自己的力量在多种不同类型地区的大江大河上建设大型水库，特别是建设如三峡水库这样巨型的综合性水利枢纽工程，既反映了中国已具备的强大经济实力，也反映了中国在众多科学技术领域所取得的巨大成就。江河大型水库的建成及成功运行，在国际上从一个侧面展示了中国的能力和形象，在国内从一个侧面反映了发展的成就。而国家实力的反映、形象的树立及成就的展示，无不与中央政府联系在一起。当人们面对宏伟的大坝、高峡平湖的水库时，自然会对中央政府的能力与贡献产生高度的认同，使其获得宝贵的政治利益。

江河大型水库的建设及运行，需要严密的论证及科学的决策，需要对社会的动员和各类人力的组织，需要对大量物资的准备与调度，需要对巨额资金的筹集与分派，需要相关部门的行动协同和利益的协调。如三峡水库这样巨大的工程建设及运行，甚至要举全国之力才能完成。这些工作涉及面极广、工作量极大、难度极高，对于任何一个国家要完成这些任务都十分艰巨。中央政府以其独特的优势与能力，可以迅速而有效地组织动员全国各方面的力量，为水库建设和运行创造各种所需的条件，提供各种必要的支持，促进其顺利建成和有效运行，并且还能在同一时期为多座江河大型水库建设及运行提供支撑，表现出强大的组织动员能力。这种能力不仅表现在对中央部门和各级地方政府的组织动员上，也表现在对企事业单位和广大人民群众的组织动员上。中央政府的组织动员能力推动水库建设及运行进程，而水库建设及运行也促进了这一能力的增进。在江河大型水库建设及运行中所展现的强有力组织动员能力，提高了中央政府在政治上的权威性、行政力量的坚强性、行政效率的高效性。

江河大型水库一般都具有较为显著的防洪、抗旱、供水等公益功能，有些水库还是专门为防洪、抗旱、供水而建。这些功能都直接关系到广大人民生产、生活，甚至关系到人民生命财产安全。在中国千百年来大江大河屡次泛滥给人民带来深重灾难、旱灾频发经常给人民造成巨大损失、缺水地区人民长期饱受苦难的历史与现实背景下，中央政府推动江河大型水库建设及科学运行，减轻或消除洪灾危害，预防和减轻旱灾损失，解决缺水地区用水困难，使大范围地区的人民群众能够安居乐业、发展经济、改善生活，满足了他们祖祖辈辈的诉求,实现了他们梦寐以求的愿望。通过建设江河大型水库治水患、兴水利、造福人民的千秋伟业,树立中央政府勤政为民、造福社会的形象,提高了中央政府在人民群众中的威望,并得到人民的进一步拥护、信任和支持。

江河大型水库对保障国家能源供给、水灾和旱灾防治、水资源分配与利用具有长期而深远的影响,中央政府集中力量、投入大量的人财物力进行建设,并使其尽快在经济社会发展中发挥作用,这不仅能解决当前所需,也为国家中长期发展打下了坚实基础。江河大型水库的建设及建成后巨大作用的发挥,反映了中央政府的高瞻远瞩,对国家发展和长治久安的历史责任感及使命感,在人民群众中树立了富有远见、具有气魄、敢于承担、勇于负责的形象,可进一步得到人民的信赖。

2. 经济利益

江河大型水库一般都具有多种功能,除少数专用于发电、供水、灌溉的单一功能水库外,大多数水库兼有公益功能和经济功能。中央政府推动并投资江河大型水库建设及运行,除为社会提供公共品和公共服务外,还可从中获取巨大的经济利益。在现行体制下,江河大型水库属于国有,其建设所形成的固定资产及运营所带来的收益都直接为中央政府所有(少数有省级政府参与投资的水库归中央和地方政府共有)。江河大型水库既能从发电等功能发挥中产生巨大经济效益,又能从防灾减灾功能发挥中减少经济损失,中央政府可以直接从水库建设及运行中得到巨大的经济利益,使其对水库建设及运行的推动与投入得到很高的经济回报。

江河大型水库建设形成的固定资产,是能够在多年内创造财富的优质资产,中央政府拥有水库固定资产,便掌握了大量的财源,为增强自身财力提供了保障。以三峡水库为例,自开工建设至2009年11月,累计完成动态投资1863.44亿元(枢纽工程799.52亿元、输变电工程352.63亿元、移民工程711.29亿元)[1],以固定资产形成率99%计算[2],可累计形成固定资产1844.81亿元(大坝枢纽设施及设备791.53亿元、输变电设施及设备349.10亿元、水库库面704.18亿元)。这些固定资产投入使用后每年可生产大量电力并将其输送到华中、华东大片地区,获取巨大的经济利益。

江河大型水库的所有权归中央政府,电力生产及传输所产生的收益自然归中央政府所有。虽目前水库建设及运行、电力传输经营实行公司化运作,但业主企业都是中央政府的直属企业,业主对电力收益虽有一定的使用权,但所有权归中央政府是确定无疑

---

[1] 陈仁泽:《三峡建设资金监管有效,南水北调已投340亿元》,《人民日报》2009年12月5日第4版。
[2] 长江水利委员会编:《三峡工程经济研究》,湖北科学技术出版社1997年版,第126页。

的。因此,中央政府从江河大型水库电力生产及传输中可以直接得到很大的经济利益。以三峡水库为例,如达到设计要求,已安装的 26 台 70 万千瓦机组年发电 847 亿千瓦时,扣除自用电 0.2%,有 830 亿千瓦时电量上网,产值可达 207.50 亿元(0.25 元/千瓦时)。扣除折旧费 2.5%、大修理费 2.5%、库区维护基金 3%、预报监测费 1%、材料费(1.0 元/千瓦)及其他费用(1.25 元/千瓦)[①]计 19.0845 亿元,再扣除 1.0920 万职工[②]的工资福利费用 10.92 亿元(10 万元/人·年),年盈利可达 177.4955 亿元。若再减除电力生产向水库所在地上税(0.01 元/千瓦时,附加 8%)[③],则每年有 168.3479 亿元的发电净收益归中央政府所有。三峡水库生产的电力经电网输送,上网电价为 0.25 元/千瓦时,下网电价为 0.49 元/千瓦时,扣除输电 3.5% 的电量损失、固定资产折旧(输变电工程固定资产的 3.5%)和运行费(输变电工程固定资产的 3%)[④]两项成本,输电盈利可达 169.5365 亿元。若再扣除输电向地方上税(供电端收取电费的 10%,附加 8%)[⑤],则每年有 127.1503 亿元的输电净收益归中央政府所有。

江河大型水库提供巨大的电力和水资源,可以有力促进受电及受水地区工业、农业、服务业的发展,而这些产业特别是加工业和服务业的发展,又给中央政府增加了税收来源,使中央政府从江河大型水库建设及运行中间接获得经济利益。同时,江河大型水库防洪功能的充分发挥,使江河洪灾造成的抢险救灾和灾后重建支出大幅度减少,大大减轻了中央财政在这方面的支出负担。以长江为例,1998 年的特大洪水造成鄂、湘、皖、赣、苏等数省受灾,虽组织上百万人抗洪抢险,仍造成上千亿元的经济损失,救灾和灾后重建使中央财政压力陡增。三峡水库建成后,即使再发生 1998 年那样的大洪水,长江中下游广大地区也不会发生大的洪灾,可使中央政府在抗洪抢险和灾后重建上的支出大为减轻。

3. 生态利益

治理环境污染、防治生态灾害、保护生态环境,是维系国家经济社会可持续发展的大事,也是中央政府的重要任务和重大职责。在世界高度关注生态环境、气候变化及可持续发展的国际环境下,在生态环境日益成为国际政治、经济、外交手段的背景下,在中国生态环境问题严峻并对经济社会发展制约日趋严重的现实条件下,中央政府面临繁

---

① 长江水利委员会编:《三峡工程经济研究》,湖北科学技术出版社 1997 年版,第 126 页。
② 按 6 人/万千瓦职工定员标准计算。参见长江水利委员会编《三峡工程经济研究》第 126 页。
③ 按国务院 1984 年产品税条例及[1985]水电财字 100 号文件规定计算。
④ 长江水利委员会编:《三峡工程经济研究》,湖北科学技术出版社 1997 年版,第 126 页。
⑤ 同上。

重的生态环境保护任务和巨大的生态环境压力。通过江河大型水库建设及运行,可以实现有害气体减排和废弃物减量、江河沿岸地区生态环境保护、缺水地区生态环境恢复,使中央政府生态环境保护的努力取得进展、生态环境压力得到缓解。

建设江河大型水库利用可再生水能资源生产电力,替代中国电力生产占比太高的火电,可以大大减少煤炭的开采、运输和使用,带来煤炭资源、土地资源、水资源的节约,减少CO_2及其他有害气体排放和矿渣、煤渣等废弃物的产生,带来显著的生态环境效益。由于火电生产是中国温室气体排放的最大源头,用水电部分替代火电,可以有效改善生态环境,并改变污染大国的形象。江河大型水库电力生产能力强,对火电的替代作用大。以中国已建和在建的装机容量和发电量最大的前十位水库为例,在全部建成投入运行后,年电力生产能力可达3121.10亿千瓦时,若替代等量火电生产,以每千瓦时火电耗煤342克计(中国2009年大火电的水平),可少消耗标准煤近1.07亿吨(若按三峡水库开工建设时的火电煤耗计则为1.84亿吨),减少CO_2排放2.14亿吨以上、减少SO_2排放近500万吨、减少CO及氮氧气体排放100万吨以上,同时减少近3200万立方米煤渣、数十万吨粉尘排放及数千万立方米矿渣和矸石排放,还能节省上亿吨采煤用水和52座年发电量达60亿千瓦时特大火电厂的生产用水、节约大量的采煤用地、省去矿渣及煤渣占地,使中国在温室气体减排、环境污染治理、自然资源减耗方面取得重大进展。这些进展对内促进经济社会可持续发展,对外体现大国责任和对人类的贡献,从而使中央政府从中获得内政、外交的好处。

中国是世界洪灾严重的国家之一,江河泛滥不仅给人民生命财产造成惨重损失,而且也对生态环境造成巨大破坏。历史上的黄河改道使大片沃土变为荒漠,故道地区至今生态环境恶劣。1963年海河泛滥,华北平原大片地区生态环境遭到破坏,经过数年才得以恢复。长江及其支流的多次洪灾,每次都对沿岸地区及近岸低洼地区生态环境造成毁灭性破坏,树木植被遭毁、土壤被冲蚀或被沙石淹埋、低地变为沼泽,有的地段被毁后极难恢复。洪灾造成的生态灾害既影响国家生态环境保护,又影响经济社会发展。江河大型水库的建设及运行,可以减轻或避免洪灾带来的生态环境灾害,增强国家的生态环境安全,并可节省中央财政在救助重大生态环境灾害方面的支出。

中国水资源地域分布极不均衡,在缺水地区往往为保生活及生产用水而挤占生态用水,导致缺水区生态环境的恶化。江河大型水库建成后可向缺水地区调水,增加这些地区的水资源数量,使生态用水得到一定程度的保障,进而使这类地区的生态环境得到改善。缺水地区一般都是生态环境较为恶劣和经济社会发展较为滞后的地区,水库供水对其生态环境的改善将有力推进全国生态环境保护、扭转部分地区生态环境恶化的格局,水库供水对这类地区的经济社会发展亦将产生巨大促进作用,并推动经济发展与生态环境保护的协调与平衡。缺水地区的生态环境改善和经济社会发展是中央政府迫切希望实现的，江河大型水库建设及运行有利解决这一难题，可使这一希望变成现实。

4. 对资源要素控制的利益分享

江河大型水库的库容大，可以拦蓄大量的径流，形成可控制的水源供调配使用。江河大型水库发电装机容量大，电力生产能力强，巨大的电力可供大范围地区使用。这便使江河水资源和水能资源由分散不可控变为部分集中和可控，这种控制表现为拥有（或占有）、调控和分派，谁拥有了水库，谁便获得了占有、调控和分派江河水资源、水能资源的权利；也使水电的生产和供给集中可控，这种控制则表现为拥有、供给和市场占有，谁拥有了水库，谁便得到了水电的生产和供给权利。在现有体制下，江河大型水库是国有资产、直属中央政府所有，故江河部分水资源、水能资源及水库生产的电力为其所控制，而控制了这些重要的资源和要素可获取众多的利益。

水资源是经济社会发展、人民生产生活、生态环境保护的重要基础性、支撑性战略资源，且具有不可替代的特征，谁控制了这一资源，谁就有能力对经济社会发展施加重要影响。中央政府通过建设江河大型水库，将部分江河径流蓄积起来，形成巨大水源并控制在自己手中，按经济社会发展的需要进行科学合理的调度与分派，可以使水资源得到有效利用。在洪水发生季节，通过水库的蓄洪调洪，可以减轻或避免洪灾。在丰水季节，通过增加蓄水量，可以蓄积大量水源供缺水季节使用。在枯水季节，可以加大水库下泄流量，为下游地区增加水源。利用水库蓄水，可为缺水城镇提供可靠水源，保证其生活生产所需。利用水库作为水源地向缺水地区调水，可以增加其水资源供给，促进经济社会发展和生态环境保护。中央政府利用对江河部分水资源的控制，通过调度与分派，一方面可以实现对水资源的有效管理与充分利用，履行对社会公共资源管理的职责，彰显管理的效率与效能；另一方面又可以实现对经济社会发展和生态环境保护的有效调控，促进经济发展及社会进步和生态环境改善，并促进三者的协调，还有利于不同区域和不同部门在水资源利用上的利益协调，从而使中央政府在水资源的控制中分享到经济发展、社会进步、生态环境改善、利益关系协调的诸多利益。

电力既是重要的生产要素，又是重要的生活资料，充足的电力供应、适宜的电力价格可以促进经济发展、人民生活水平的提高。谁控制了电力的生产与供应，谁就有能力对经济社会发展和人民生活施加影响。中央通过江河大型水库的建设及运行，掌握大型水电的生产与供应，按经济社会发展的需要配置电力，使其发挥更大的效用。通过对供电区域的选择，一方面保证经济发达地区的用电需求，使其经济社会更快更好发展；另一方面给欠发达地提供基本电力保证，促进其经济社会步入快速发展的轨道。通过对受电行业的选择,保证优先发展行业的用电,控制产能过剩行业、高能耗行业、高污染行业的用电,促进产业结构的优化调整。通过对电价的调控,保持其合理的价格水平和相对稳定,为社会生产的正常开展和人民生活的正常进行提供保障。中央政府利用对大型水电的生产和供给,可以在促进经济发展、推进结构调整、协调区域关系、保持能源价格稳定等方面发挥重要的作用。而这种调节所产生的一系列积极后果,都会对中央政府的施政带来好处。

江河大型水库对水资源的大量蓄积和对电力的大规模生产,为水资源和电力资源的优化配置提供了条件,而中央政府对水库的控制又为这一配置的实现提供了可能。由于中国水资源和水能源地域分布极不均衡,对其在空间上进行优化配置,既有利于全国经济社会的发展,也有利于区域发展的协调平衡,还有利于强化区域间的依存与联系。这一优化配置的实现,在促进中央政府经济社会发展目标达成的同时,也强化了中央政府对经济社会发展的调控作用与能力。云南和贵州的水电输往广东、三峡水库的电力输往华东及华中,都使这些地区用电紧张局面及时得到缓解,为经济社会持续稳定发展发挥了重大作用。以丹江口水库为水源地的南水北调中线工程的建成,将极大缓解豫、冀、京、津的缺水状态,不仅可以为数十座城市发展增加新的活力,而且可以为农业生产提供可靠水源,为国家粮食安全作出贡献,实现中央政府经济社会发展的多重目标。

5. 利益分享机制

中央政府在江河大型水库建设及运行中,既是决策者、组织者,又是投资者、委托人,还是水库的所有者。由于所发挥的重要作用及所兼具的多重身份,中央政府在江河大型水库建设及运行利益分享中便有了特殊身份,加之其所拥有的行政权力,在利益分配上有更多的决定权,使其在利益分享中具有强势地位。中央政府的特殊身份和强势地位,决定了这一特殊主体分享水库建设及运行利益的方式和手段、分享利益的类型及数量的多寡,也决定了与其他主体的利益分享关系。而这些决定作用所反映的是利益分享机制,中央政府正是在这种特定机制下分享水库建设及运行的利益。

中央政府是国家的代表,江河大型水库建设及运行所反映的中国高超科学技术水平、强大的经济实力、国家的高效组织动员能力,以及所表现出的在重大建设项目上的统一意志、坚定决心、战胜困难的勇气和巨大的创造能力,这些树立国家正面形象、彰显国家实力的利益都为其所分享。正是如江河大型水库这样复杂艰巨工程的顺利建成和良好运行,给世界各国认识中国提供了生动的案例,也为国内人民更好认知自己的祖国提供了有力的证据。这些为国家争得地位、威望、信誉、形象的利益,自然只有由中央政府代表国家分享。

中央政府是江河大型水库建设及运行的决策者，领导者和组织者，发挥着决定性的作用。由其重大作用所决定，中央政府分享水库建设及运行所产生的众多政治利益。治理大江大河、防水患、兴水利是中华民族数千年的愿望，中央政府推动江河大型水库建设，防治洪灾、引水灌溉、保护人民安居乐业，造福人民，完成这一千秋伟业自然受到人民的拥戴。为给国家中长期发展打下坚实基础，中央政府投入巨大人财物力兴建江河大型水库，建设大型能源基地和水源基地，改善内河航道增强航运能力，推动区域经济社会发展，这一既推进当前发展又保证国家长治久安的重大举措，当然会得到全国人民的认同与支持。中央政府推动江河大型水库建设改变能源生产结构，减少矿物能源消耗和污染排放，改善生态环境，促进国家可持续发展，使人民共同受益，自然也得到广泛的拥护。这些结果无疑有利于树立中央政府具有远见卓识、对国家发展高度负责、关心人民疾苦和为人民谋利益、组织动员能力强大、施政效能极高的形象，从而使其从社会认同得到威信提高、公信力增强、号召力提升、凝聚力加强等诸多政治利益。

中央政府是江河大型水库的所有者，依法拥有水库固定资产的所有权，以及水库运营收益的所有权，并通过所有权的行使，获得水库建设及运行的经济利益。中央政府的所有权一方面来源于现行体制，另一方面来源于对水库的投资。在现行体制下，江河大型水库的建设及运行由中央直属的大型国有电力企业充任，中央政府顺理成章地就成了所有者，因这一规定是由中央政府作出，故带有自我确定的特征。中央政府成为所有者更重要的原因，是对江河大型水库建设及运行的大量投入（资金、人力、物力的投入）。对于江河大型水库建设及运行的巨大投入需求及回收期的漫长，只有中央政府易于解决与承受，通过财政支持、调拨国有资产、全国集资、发行政府债券、授信贷款等方式筹集大量资金，通过调动全国相关人力、物力为水库建设及运行提供支持。在众多的投入主体中，中央政府应当是最大的投入主体，如果没有中央政府的投入，江河大型水库的建设是难以完成的，更谈不上产生利益。从这个意义上讲，中央政府分享水库经济利益是收回投资和获取投资回报，所不足的是其他投资主体不能与其同等充分合理分享。

中央政府作为公共产品和公共服务的提供者，保护和改善生态环境是其职责所在。通过江河大型水库建设及运行，减少矿物能源消耗、降低污染物排放、治理水库周边地区污染、促进水库周边森林植被恢复，使生态环境得到一定改善，在一定程度上为经济社会发展创造了良好的环境，也在一定程度上改善了部分地区居民的生活条件。这样的结果对中央政府表示对生态环境保护的重视和履责，对公众则意味着分享生态环境改善的好处。在水库生态环境方面，中央政府是通过履行职责而分享社会认同、公众支持的利益。

三、业主企业的分享

业主企业不仅是江河大型水库建设及运行的组织、管理、指挥、责任承担主体,还是成本分摊与分担主体,也是利益分享主体。作为水库建设的组织者和管理者,业主获得在大型水利水电工程建设领域的发展机会,占领该领域的发展空间。作为水库建成后的运营者,业主可以实现对大型水利枢纽工程及巨大水资源的控制,并通过水库运行获取经济利益。作为水库建设及运行的投资者,业主可以通过水库运营收回投资并获取利润。业主是中央政府直属国有企业,在江河大型水库建设及运行中,既是中央政府的代理人,又是相对独立的经济主体,由于其特殊地位与作用,使其成为多种利益的重要分享者。

1. 业主企业获得的发展机会

对于一座特定的江河大型水库,其建设及运行由同一家中央直属大型国有电力生产企业充当业主。业主企业虽属国有,但它是一个生产经营主体,担负国有资产经营的重担和国有资产保值、增值的责任。水库建设及运行的业主也与其他企业一样,谋求好的发展领域、获取好的发展项目、追求良好的投资回报,事关企业生存与发展,谁占据先机谁就掌握了主动权。江河大型水库为国家重大基础设施工程,建设投资大、运行周期长、运行效益高,谁充当了这一工程建设及运行的业主,谁就赢得了巨大的发展机会。

首先,江河大型水库建设给业主企业注入大量资金,使其投资能力迅速增强。对于江河大型水库建设,中央政府(有的还有省级政府)通过多种渠道和方式对其直接投资,投入的资金由业主企业用于水库建设,且这部分资金既不用还本,也不用付息,这等同于政府为业主企业注入大量资金用于投资,这样的好机会是其他企业根本不可能得到的。同时,业主企业若通过发行债券和向银行贷款筹资,因受到政府支持也易于实现。如此一来,业主企业投资能力急剧膨胀,即使在自有财力较小的情况下,也有外部注入的大量资金投资大型水库建设。如三峡水库建设,中央政府通过用电加价、调拨葛洲坝电厂资金等,筹集超过 540 亿元资金[1],交由业主企业(长江三峡工程开发总公司)用于三峡水库建设,使其投资能力大增。

其次,江河大型水库建设及运行使业主企业占据水电生产重要地位。江河大型水

---

[1] 长江水利委员会编:《三峡工程经济研究》,湖北科学技术出版社 1997 年版,第 113 页。

库发电装机容量大、电力生产能力强,谁充当了业主谁就获得了水电开发的机会,并利用这一机会增加企业的资产,提高电力生产和供应能力,增加企业的产值和盈利,扩大企业在电力市场的占有能力和地位。如果一个电力企业拥有少数几座江河大型水库的建设权和运营权,则这个企业在数十年内的稳定生产经营就有了可靠的保证,并能在电力生产行业占据重要地位。例如,长江三峡工程开发总公司成为三峡水库的业主,就获得了三峡水库的建设权和经营权,从而使该公司陡然增加 1820 万千瓦的水电装机容量、每年 847 亿千瓦时的电力生产能力,并可保持 50 年的稳定生产经营[①],在水电生产中的地位得到明显加强与提升。

再次,江河大型水库建设及运行使业主企业发展能力增强。业主企业通过对某座江河大型水库建设及运行的组织、指挥、管理,积累丰富而宝贵的经验,为争当后续江河大型水库建设及运行业主创造更为有利的条件。业主企业通过已掌握的江河大型水库经营权,可以积累大量的财力,并将其投入新的江河大型水库建设及运营,也可将其投入火电、风电、核电、太阳能发电等电力生产经营,使企业发展壮大。长江三峡工程开发总公司将葛洲坝发电收益投资于三峡水库建设,以及该公司目前对其他江河大型水库建设的投资,是业主企业增强发展能力、获得更多发展机会的典型案例。而我国其他几个中央直属的大型国有电力企业在近年的扩张,则更加证明了充当江河大型水库建设及运行业主,对增强企业发展能力、扩大发展规模、拓展发展空间的巨大作用。

2. 业主企业获得的经济利益

江河大型水库建设及运行的业主企业虽为国有并直属于中央政府,但它在本质上是一个独立运行的经济主体,而不是一个公共机构。业主企业的这一本性决定了建设及经营水库是为了求得发展和获取经济利益,所追求的目标是利润最大化(不排除公共品、公共服务的提供),而水库建设及运行正好为其提供了机会。江河大型水库建设特定的投融资方式,使业主企业节省大量的投融资成本。江河大型水库建设形成的巨额固定资产,使业主企业资产总量大幅增加。江河大型水库的巨大发电收益,使业主企业财源不断、累进增加。

江河大型水库是国家重大基础设施工程,建成后又归国家所有,加之它具备的公共功能,故中央政府(有时还有省级政府)一般都要对其建设进行投资,这种投资可以通过财政拨款,也可以由政府募集,还可以将业主企业经营的其他国有资产的收益上缴部分划拨,且数额可观。政府的投资一般不要求还本付息,这不仅大大降低了业主企业在水

[①] 长江水利委员会编:《三峡工程经济研究》,湖北科学技术出版社 1997 年版,第 121 页。

库建设中的投融资成本,还大大减轻了水库建成后的还贷压力。以三峡水库的建设为例,中央政府采取用电加价、调拨国有资产为其投资540余亿元,约占建设总投资的30%,使业主企业减少了同等数额的贷款及相应的利息。当然,不是所有的江河大型水库建设都能得到政府投资,但由于工程建设受到中央政府的支持,业主企业也很容易从商业银行获得较为优惠的贷款,或从国外获得政府担保的贷款(如二滩水库建设),或通过发行债券筹资,获得资金的成本也较低。

  江河大型水库建设投资巨大,所形成的固定资产数量也十分惊人。水库建设所形成的巨额固定资产属于国家所有,但由业主企业经营、管理和调度使用,其结果便是水库建设导致业主企业固定资产的猛增。而业主企业又可以利用所控制和掌握的巨额固定资产的运营进行扩张、谋求更大规模的发展、新兴领域的开拓等。如三峡水库建设形成固定资产1844.81亿元左右,使业主企业的固定资产猛增。需要指出的是,在有政府对水库建设投资的情况下,业主企业所控制和掌握的水库固定资产并不全是由自己投资所形成的,如三峡水库的固定资产中有很大一部分是由中央政府投资形成的,业主企业无代价地获得了这部分巨额固定资产的占有权和经营权。

  江河大型水库发电装机容量大,年发电数十亿甚至数百亿千瓦时,且水电生产能力可稳定保持几十年。如此巨大的电力生产能力,使水库每年的发电收益巨大。水库发电收益虽属国家所有,但除以利税形式上交财政的部分(约占利润的60%左右)[①]外,其余部分留归业主企业使用。由于江河大型水库电力生产利润总额巨大,业主企业每年可使用的发电利润数量相当大,若将水库运行数十年的发电利润总和计算,则归业主企业使用的发电利润更大得惊人。仍以三峡水库的发电收益为例,年电力生产利润为177亿元左右,按60%—65%上交财政,留归长江三峡工程开发总公司使用的还有62—71亿元,若以此为据计算,在三峡水库建成后稳定运行的40年内,业主企业可得到2480—2840亿元的发电利润,其经济利益之大远非其他企业可比。同时,江河大型水库的大坝枢纽工程是一大景观,发展旅游也可以为业主企业带来收入。再者,业主企业还可利用广阔库面天然放养鱼类,也可获得可观收入。

3. 业主企业获得资源控制权

  江河大型水库库容大,可以拦蓄数十亿立方米、上百亿立方米的巨大水量,有的甚至能拦蓄数百亿立方米的水量。水库对径流的拦蓄,使江河水资源的一部分可以被人为控制,这种控制不仅改变了江河水资源的天然分布,也在一定程度上改变了江河径流

---

  ① 据长江水利委员会《三峡工程经济研究》第130页数据推算(湖北科学技术出版社1997年版)。

的运行态势,并对水库上游及下游地区经济社会发展、生态环境保护产生一定影响。江河水资源是流域地区发展的基础性资源,谁控制了这一资源(哪怕只是局部控制),谁就会对流域内不同区域的发展具有了影响能力。中央政府对水库水资源的调度有很强的调控能力,但因水库的运行由业主管理,业主企业便具有对水库水资源的一定控制权,并利用这一控制权为企业谋利,如在枯水季节为保证发电而减少下泄水量等。三峡水库的库容高达393亿立方米,占长江上游常年径流量4510亿立方米[①]的8.7%左右(在枯水季节占比更高),拦蓄和控制如此大量的水资源,使水库业主的水库调度行为对长江中下游经济社会发展产生重要影响。

江河大型水库在对江河径流拦蓄的同时,也实现了对大坝上游江河水能资源的蓄积,使这一部分江河水能资源可以人为控制和利用,这种控制不仅改变了江河水能资源的天然分布及动态变化,也对水库上游江河水能资源的开发利用产生重要影响。江河水能资源是重要的能源资源,谁控制了这一资源,谁就可以排他性地开发利用,并从中获得巨大利益。业主企业获得了某一江河大型水库的建设及经营权,就获得了某一段江河水能资源的开发利用权,并用于电力生产以获取经济利益。而天然水能资源的开发利用是不需要单独付费的,故江河大型水库业主企业就免费获得了大量水能资源的控制权及开发利用权。以三峡水库为例,三斗坪以上660余公里长江水能资源被人为控制,业主企业独自控制这一资源,可安装32台70万千瓦水轮发电机组生产电力,进而为企业带来巨大的经济利益。

江河大型水库发电装机容量巨大,电力生产能力强且高度集中,在电力生产领域及电力供给市场占有举足轻重的地位。一个江河大型水库生产的电力可供给大片地区,是这些地区主要的生产及生活用电来源,对水库电力有很大依赖。江河大型水库的业主企业掌握数十亿甚至数百亿千瓦时的电力生产能力,并可对这种能力加以控制,无疑对局部地区或全国的电力生产及供应都具有重大影响力量,而这种力量又可以为业主企业所利用,并为其带来好处。三峡水库在2009年生产电力798亿千瓦时[②],占当年全国电力生产总量3.7万亿千瓦时[③]的2.16%,其重要地位和在电力生产及供应中充当的角色由此可见一斑。三峡水库的电力主要供应华东及华中地区使用,并在供给总量中占有不小份额,对这两大重要经济区域的发展影响力甚为重大。长江三峡工程开发总公司作为三峡水库的业主,所运营的这个单体电站在全国电力生产和供给中占有如此

[①] 长江水利委员会编:《三峡工程综合利用与水库调度研究》,湖北科学技术出版社1997年版,第7页。
[②] 陈静、潘启雯:《"后三峡时代"建设中的社会与环境》,《中国社会科学报》2010年3月30日第1版。
[③] 国家发展改革委员会:《关于2009年国民经济和社会发展计划执行情况与2010年国民经济和社会发展计划草案的报告》,《人民日报》2010年3月17日第5版。

大的份额,自然在电力生产和供给市场上占据有利地位。当然,其他江河大型水库电力生产能力远不如三峡水库,但与火电与核电相比,一个装机容量较大的江河大型水库的电力生产能力,往往相当数个或十余个火电厂、核电厂生产的电力,水库业主所控制和掌握的电力生产和供应能力远大于单个火电或核电企业的业主。

4. 业主企业获得的社会影响

在现代社会,一个企业(尤其是大型企业)的发展,与其社会影响息息相关。社会影响主要指企业在经济社会发展中的作用、在社会公众中的形象、在政府心目中的地位等方面,而这一影响的形成是由企业提供的产品及服务的类型、数量、质量、覆盖面(市场占有率),以及提供的方式、有效性所决定。企业提供的产品及服务对国计民生越重要、数量越多、质量越好、市场占有率越高、提供的方式越便捷、对消费者的有效性越高,企业在公众中的形象就越好、社会的知名度和认同度就越高,企业对经济社会发展的影响也越大,政府对其重视的程度也会越高。社会影响是企业的宝贵资源,良好的社会影响使企业获得公众的信任与支持、政府的重视与关爱。

江河大型水库建设工程复杂、难度大、要求高,枢纽工程建成后宏伟壮观、水库成库后广阔秀美,在全国以至世界会产生很大影响。业主企业在中央政府支持和各方配合下,能够组织起多方面的人力,筹集大量的资金及物资,攻克众多技术难关,有效指挥调度与协调,完成水库建设任务,显示出巨大的实力与运筹能力,被社会所认同与肯定,也为政府所信任与依靠。公众对业主企业的认同与信任,为业主企业承担其他后续的江河大型水库建设、充当新的业主创造了有利条件。有的业主企业因建设某一江河大型水库的成功,而在世界水库建设中享有盛誉,并受到国外业界重视,承揽国外水库建设工程。以长江三峡工程开发总公司为例,以建设及经营葛洲坝水库为世人所知晓,但名声还不大,当成了三峡水库的建设及运行业主,并将其顺利建成并投入运营,全中国及全世界都知道这一大型国有电力企业,可谓名声大噪。三峡水库建设的成功,无疑扩大了业主企业的社会影响,增强了在江河大型水库建设及运营中的竞争能力,长江三峡工程开发总公司新承担的江河大型水库建设及运行任务就是明证。

业主企业在江河大型水库建设过程中,一方面要寻求中央政府的支持、得到地方政府的帮助,通过工程建设的顺利推进得到政府的信任;另一方面要依靠科研院所的技术支持、原材料及设施供应商的配合、工程建设方的努力、与这些单位和部门建立起相互依存的关系;再一方面要得到水库淹占区居民及相关单位和部门的支持与配合、与其建立起相互理解的关系。业主企业可以与受电及受水地区、内河航运部门、旅游部门、水产养殖部门建立起紧密的联系,也可以通过对水库周边经济社会发展和生态环境保护的参与和这些地区建立密切的关系,更可通过水库运行的良好绩效得到政府和公众的认同和赞许。所有这一切都有利于江河大型水库业主企业扩大社会影响、获得更多社会资源,而良好的社会影响和广泛的社会资源,可以为业主企业创造更好的发展条件,提供更多的发展机会。

江河大型水库有很强的防洪、供水、发电、通航功能,而这些功能的充分发挥,又能使很多地区、部门和社会公众受益,由此使水库名声大振,水库建设及运行业主企业的名声也随之鹊起,广为世人知晓。特别是江河大型水库防洪功能的发挥,使下游广大地区免除洪灾威胁,供水功能的发挥使缺水地免除缺水之苦,更为其树立了正面形象,而这些形象又会给业主企业带来"勇于承担社会责任"的美誉,使企业获得社会的更加信任与公众更加支持,并为自身发展创造出良好的社会环境。三峡水库防御百年一遇洪水的巨大公益功能,为华东和华中广大地区提供巨大电力的经济功能等,使其在全国家喻户晓,也使其业主企业由此知名便是明证。

5. 业主企业的利益分享机制

业主企业在江河大型水库建设中既是管理者、实施者,又是投资者、代理人,还是水库的经营者。由其作用和特殊身份所决定,业主企业在江河大型水库建设及运行利益分享中占据优势地位,并享有一定的特定权利。而这种地位及其对水库建设与运行的管理权,又使其在利益分享中有其独特的方式和手段,以及分享利益的类型和数量,同时也对其他主体的利益分享产生重要影响。毫无疑问,业主企业作为一个利益主体,会充分利用其有利地位和所掌握的权力,使水库建设及运行的利益更多地流向自己。

业主企业以其水库建设及运行组织管理者和实施者的身份,与江河大型水库建设的成功和所发挥的巨大效益联系在一起。凡是江河大型水库所显示的高超技术水平、投资实力、组织管理能力,以及水库效益发挥带来的巨大社会影响和所树立正面形象等,都为业主企业所分享。这一分享主要由其身份所决定,当然也与其在江河大型水库建设及运行中的贡献有关,属于身份加贡献的分享。由于业主企业是按现有体制与政策选择的,其身份取得主要由中央政府决定(有时存在少数几个大型国有电力企业的竞争),故其对水库建设及运行社会影响的分享,也可以视为政策(或体制)分享。

业主企业在江河大型水库建设及运行中所获得的巨大发展机会,与其为中央直属大型国有电力企业的身份相关,也与其经济、技术、管理能力相联。正是企业的特定身份和所拥有的实力,才使其成为江河大型水库建设及运行的业主,也因其充当了业主才从中获得了发展机会。从这个意义上讲,业主企业对发展机会的分享,既有身份的作用,同时也与自身实力相关。企业身份是由体制与政策决定的,故企业依靠身份对发展机会的分享属于体制性(政策性)分享。而企业实力要由自身努力获取,故企业依靠能力对发展机会的分享属于竞争性分享。

业主企业对江河大型水库建设及运行经济利益的分享机制较为复杂,这是由其多重身份所造成的。作为主要的投资者,业主企业从江河大型水库建设及运行中以收取回报的方式获得经济利益,在这一方面与其他投资者相类同。业主作为国有资产运营的代理人,占有并经营江河大型水库,负责这一巨额国有资产的保值与增值,资产运营所产生的巨额利润除按规定的份额上缴财政之外,其余部分留归企业使用。业主企业对江河大型水库运营收益的部分占有和使用,是由其取得国有资产经营代理人资格而实现的,取得了这一资格就获得了占有和使用水库部分收益的权力,故这一分享属于权力的分享。

业主企业在江河大型水库建设及运行中对资源控制权的分享,主要通过政府赋权和调度实现。业主企业利用中央政府赋予的组织、管理、运营权,通过工程建设蓄积水资源和水能资源,通过水库运行、调度确定江河水资源在大坝上下游的时空分布,通过电力输送决定供电的地域及数量。业主企业对水资源、水能资源及电力资源的控制,虽然要受政府相关政策、规定、规划、计划的约束,但拥有具体的调控权,且这种权利由政府赋予,只要不违背政府要求,这一调控权可以充分施展。正因为如此,业主企业对水资源、水能资源、电力资源的控制是一种政府赋权的有限控制,只有在政府规定的范围内才具有效力。当然,这并不排除业主企业为追求自身利益而违反政府规定去行使控制权的可能性。

四、所在地的分享

江河大型水库所在地区是其建设及运行的重要参与者、责任承担者,还是资源提供者、成本分摊和分担者,也是某些利益的分享者。作为参与者和责任承担者,所在地区从江河大型水库建设及运行中获得新的发展条件和机会,实现更好更快的发展。作为资源的提供者,所在地区从江河大型水库建设及运行中得到一定补偿,并将这一补偿作为建设投资,为区域发展注入新的活力。作为成本的分摊和分担者,所在地区虽不能直接从江河大型水库建设及运行中得到补偿,但可因此获得中央政府的政策扶持和投资支持,从而极大改善区域发展的外部环境和内部条件,促进区域传统产业改造和新兴产业发展,促进区域社会事业发展和生态环境保护,从发展中间接分享江河大型水库建设及运行的利益。

1. 社会影响

江河大型水库一般都是在江河干流的上游及江河支流上兴建，且大坝枢纽及水库库面大多在深山峡谷。因此，江河大型水库所在地区几乎都具有地处偏远、交通不便、经济贫困、社会落后、生态脆弱、空间封闭的特点，并由此导致经济社会发展的边缘化及低水平自我封闭或半封闭循环。这些地区少与外界进行物资、信息、资金、人才交流，加之发展条件的不利，经济社会发展缓慢，在国家和区域中的地位日益低微，不可能成为政府和社会关注的重点，政府对这些地区的发展虽不断扶持，但一般的扶持不足以改变其落后面貌。江河大型水库的建设及运行，使这些原本默默无闻的地区成为社会关注的热点，在社会上的影响迅速扩大。

江河大型水库建设是国家的重大工程，因其投资巨大、影响范围广泛，需要对其重要性、必要性、紧迫性进行宣传，以统一认识和意志。对江河大型水库的宣传，自然离不开对其所在地区的自然条件、生态环境、基础设施、经济状况、社会状况等方面介绍及分析、评论。如此一来，就将这类地区艰难的发展条件、低下的发展水平、群众艰苦的生产及生活展示在全国人民面前，引起大家的关注及政府的重视，从而获得社会的支持和政府的扶助。以三峡水库建设为例，长期以来人们熟知长江三峡的宏伟壮丽，但并不知晓三峡地区经济社会发展的艰难与贫困，正是三峡水库的建设，才使全国对三峡地区有了更多的了解，也使方方面面更加关心和支持三峡地区的经济社会发展与生态环境保护。

为确保江河大型水库的顺利建设及建成后的有效运行，所在地区的经济社会发展和生态环境保护的重要性突出显现，过去在国家及区域发展中的微弱地位发生急剧改变，受重视的程度大大提高。这一变化极大改变了这类地区长期所处的封闭半封闭状态，不仅使外部社会对其有更大的关注，对其发展有更多的支持，也使这类地区的政府与群众对自己的地位和作用有更好的认知，对外部发展有更多的了解，对自己的责任和使命有更深刻的理解，并由此回归国家经济社会发展的主流。而这一回归又使水库所在地区更快更直接地参与到国家经济社会发展的主要潮流之中，利用江河大型水库建设带来的社会影响，促进本地区经济社会发展，赶上全国前进的步伐。

江河大型水库建设及运行，需要所在地区人民群众的支持和参与，需要当地政府的全力支持与配合，他们的作用发挥至为关键。在江河大型水库建设中，淹占区民众让出家园、为工程建设提供土地资源，大量移民迁往异地生产生活，为工程建设创造前提条件，广大民众和相关部门为工程建设提供大量人财物力，支持其顺利推进，相关单位及部门努力搞好淹占城镇及基础设施迁建，为工程建设打下良好基础，地方政府组织征用土地、移民搬迁安置、解决移民就业及生产生活、协调和解决各种矛盾，为工程建设提供可靠保障。在江河大型水库运行中,地方政府和广大群众保护水库生态环境,治理点源和面源污染,保障水库安全持久运行。水库所在地民众和地方政府所做的这些贡献,会在社会上和中央政府层面产生深远的影响,并得到高度赞誉和肯定,并进一步引起全社会及中央政府对这类地区经济社会发展的重视与支持。同时,随着这类地区社会影响的扩大和地位的提高,其愿望与诉求也有更大的表达空间和更多的表达渠道,也更能引起社会和国家决策层的重视,进而为维护自身合法权益,争取更好的发展环境,获取更多发展机会增加了可能。

2. 发展机会

江河大型水库所在地区偏远封闭,多为山地峡谷,加之基础设施落后且建设困难,长期以来都只能依靠传统产业维持低水平运行,没有更多更好的发展机会。江河大型水库的建设及运行,使这些地区成为国家重大基础设施工程的所在地和国家或区域发展的重点地域。江河大型水库建设及运行的巨额投资、淹占搬迁带来的基础设施建设及城镇和农村民用设施建设、生态环保带来的污染防治及水土保持工程建设等,为所在地区传统产业改造、新兴产业发展提供了市场条件、资金及技术支持。对于这类地区而言,江河大型水库建设及运行带来的发展机会,真可谓千载难逢。

江河大型水库枢纽工程建设,淹占城镇的搬迁重建、淹占基础设施的恢复重建、移民安置所需生活及生产设施的建设等,需要大量的建筑材料,为水库所在地区发展水泥及制品业、石材开采及加工业、沙石采掘业、石灰及石膏生产业、竹木材加工业、建筑装饰材料生产及加工业、砖瓦生产业等创造了极好的发展机会,而这些产业的发展在当地既有丰富的原材料,又有较为丰富的劳动力,还有现成的技术支持,容易发展起来。同时,随建材业的发展,建材运输量大增,又可促进运输业的大发展。以三峡水库为例,在十余年的建设期内,不仅使所在地区原有的建材产业实现了技术升级、规模扩大、效益大增,还新建了一批大型建材生产企业,原本规模不大、效益不高、运转困难的建材产业,因三峡水库建设而获得发展机会,迅速成长起来。

江河大型水库淹占城镇迁建、淹占工矿企业和基础设施恢复重建、移民搬迁安置的生活及生产设施建设,需要完成大量的建筑任务,这又为水库所在地区发展建筑业创造了良好条件。建筑业是一个劳动密集型产业,有利于增加就业。以三峡水库为例,淹没的3479.47万平方米房屋要拆除,大量的生活及生产用房要重建,淹没的1136.69公里公路要重建,淹没的1599个工矿企业要拆除或迁建,淹没的输电网、通信网、输油及输气管网也要迁建,如此巨大的建筑任务为建筑业提供了广阔市场,加之这些建筑任务都有可靠的资金保证,也给建筑业发展提供了优越条件,故在水库建设的十余年间,所在地区的建筑业有了巨大发展。

江河大型水库的水质保护对污染防治提出了更高的要求,这就需要发展城镇污水及垃圾处理、工矿企业"三废"治理、农业废弃物处理等生态环保产业。而生态环保产业又包括设施建设、设备制造与安装、运行管理等,是一个大的产业系统。江河大型水库的建设及运行,既对生态环保产业发展提出了更高要求,也为其发展创造了机会。仍以三峡水库为例,为确保不被污染、总体达到Ⅱ类水体,需要在周边城镇建360余座污水处理厂、150余座垃圾处理厂(场),需要对所有工矿企业的废渣、废气、废水进行无害化处理,在水库周边农村地区实施沼气工程、对人畜粪便资源化利用,还要用缓释复合肥及农家肥替代化肥、用无毒无残留农药替代有毒高残留农药等,为生态环保产业发展提供了巨大空间。加之很多项目有专项经费支持,使生态环保产业发展面临大好机遇。

为防治泥沙淤积、确保江河大型水库安全运行,对水库周边地区的水土流失治理提出了更高要求,需要进行大规模林业建设、水土保持工程建设、流域治理,这又给这类地区的林业、果业、草业发展及水利工程建设、国土整治等带来机会,并进而促进农业的发展。以三峡水库为例,为保护库岸要建造5578.21公里的护岸林带,为防治水土流失要使周边区县的森林覆盖率达到45%以上(目前只有29%),这些造林任务有专项经费支持或补贴,给林业、果业、草业发展带来大好机会。为减少泥沙入库,还要对入库溪流的小流域植树造林、建设蓄引排水工程,坡耕地改造,并给予一定扶持,也为周边农业发展创造了机会。

3. 基础设施条件改善

江河大型水库所在地区多为偏远山区,山高、坡陡、谷深是其基本特征,交通、通信、能源等基础设施建设不仅十分困难,而且投资巨大、建设周期长,加之这类地区贫困落后,依靠自己的力量很难完成基础设施建设的艰巨任务。江河大型水库的建设及运行,一方面因自身需要而在所在地区建设必备的基础设施,另一方面因淹占补偿要在所在地区恢复重建一批基础设施,再一方面因水库所在地区重要地位而使中央(或省级)政府加大对其基础设施建设的支持。这几个方面的作用加在一起,使江河大型水库所在地区的基础设施建设速度加快、水平提高、条件迅速改善。

江河大型水库的大坝枢纽工程建设、水库成库的各项工程建设及工作开展、水库建成后的运行管理,都离不开便捷的通信、顺达的交通、可靠的能源。因此,在所在地区建设必备的交通、通信、能源设施是江河大型水库开工建设的必要准备,完善所在地区的交通、通信、能源设施是江河大型水库建设及运行的必备条件。因此,江河大型水库建设及运行业主都会将所在地区的基础设施(主要是与水库相关的部分)建设纳入计划,并高质量、高标准按期完成,这部分基础设施(主要是公路、通信、电力)建设可以部分改善所在地区的基础设施条件。

江河大型水库建设及运行(主要是建设)淹占区内的交通、通信、能源等基础设施,需要恢复重建。在恢复重建中,通过重新规划设计可以优化基础设施布局,通过新的建设标准可以提高基础设施恢复重建的等级,通过新技术应用可以提高基础设施恢复重建的技术层次与水平,使水库所在地区的基础设施条件在恢复重建过程中得到极大改善。以三峡水库为例,淹占的公路经恢复重建,在水库周边形成环形网络,过去的等外级公路变成了三级公路,过去的土石路面变成了水泥或沥青路面,达到了全天候通行。淹占的电力设施经恢复重建,全部进行了改造升级,输变电的可靠性及安全性大为提高,供电保障程度显著改善。淹占的通信设施经恢复重建,全部淘汰了落后的设施和设备,城乡有线通信实现程控化,无线通信实现全覆盖。

江河大型水库建设淹占的城镇需要进行迁建,以安置城镇移民和恢复城镇功能。在迁建中,通过重新规划设计使新建城镇基础设施和公共设施更加完善、功能更加配套,通过实施新的建设标准使新建城镇建设质量提高、更加适合人居,通过现代城镇建设理念的贯彻,使新建城镇对区域发展的集聚功能、辐射带动功能显著增强。以三峡水库建设为例,淹没或部分淹没的13个城市及县城、116年集镇通过迁建,建成区面积显著扩大,生活设施、生产设施、公共设施配套齐全,特别是部分或全部淹没的万州、涪陵两市及11座县城经扩建和迁建后成了现代气息浓郁的新城,城市风貌大为改观。

江河大型水库建设及运行,显著提高了其周边地区在国家经济社会发展中的地位和作用,加大了中央政府对这类地区基础设施建设的投入,使这类地区的交通、通信、能源设施状况迅速改观,不仅使区域内部交通畅达、通信快捷、能源充足,还使这些设施与外部形成网络,形成了与外界进行物资、信息、技术及人才交流的便捷通道。仍以三峡水库的建设及运行为例,这一大型水利枢纽工程大大提高了三峡地区在全国的地位,不仅使其成为巨大电力生产基础、水源供应地,还使其成为连接东西南北的交通要冲及西部重要的物资集散地,国家随之加大对这一地区的交通建设,新建了宜昌、万州、黔江三个机场,新建了达万(达县—万州)、渝遂(重庆—遂宁)、渝湘、渝鄂铁路,新建了渝遂(重庆—遂宁)、渝宜(重庆—宜昌)、渝南(重庆—南充)、渝黔(重庆—遵义)、渝湘、渝达(重庆—达州)高速公路,新建和扩建了九龙坡、寸滩、涪陵、万州、宜昌港口,使原来闭塞的三峡地区成了沟通南北、连接东西的水陆空交通枢纽。

4. 所在地区的经济社会发展得到多方扶持

所在地区在江河大型水库建设及运行中作出了重大的贡献,也作出了局部的牺牲,虽然不能从水库运行中直接参与利益分配（主要是经济利益分配），但却能够从中央政府、兄弟省市、水库业主企业对其经济社会发展的扶持、支援中得到一定的补偿。这些扶持主要包括中央政府对水库所在地区产业发展、生态环境保护、社会事业发展等方面的财政扶持，经济较发达省、直辖市、自治区对水库所在地区的支持和援助，水库业主企业对水库周边地区经济社会发展、生态环境保护、移民安置后期扶持的投入与支持等。这些扶持对江河大型水库所在地区的经济社会发展有重要促进作用，使其从发展中受益。

中央政府对水库所在地区的扶持主要体现在政策倾斜、基础设施建设及产业发展与生态环境保护投资、社会保障支持等方面。通过给予水库所在地区优惠的投资政策、信贷政策、税收政策，为其发展提供更为有利的社会环境。通过对水库所在地区基础设施建设、产业发展提供专项支持，推进区域经济发展。通过对水库所在地区污染治理、水土保持、生态保护工程进行投资，增强其可持续发展能力。通过中央财政对水库所在地区的转移支付，为区内城乡居民提供基本社会保障。以三峡水库为例，为促进三峡地区经济发展和支持移民搬迁安置，中央政府已先后出台了14类24项优惠政策和扶持措施，中央部委除安排巨额的公路、铁路、机场、码头、污水和垃圾处理工程建设投资外，还支持了多个专门发展项目的数十亿元投资（仅重庆市辖区内便达38.1亿元），每年投资10亿元建立产业发展基金支持柑橘、畜牧、水产和旅游业发展，投资40亿元用于生态环境建设与保护，投资11.3亿元（2006—2010年）补贴污水处理，投资40亿元用于地质灾害防治[①]。另外，中央财政每年向三峡地区转移支付数十亿元，用于所属区县教育、卫生、科技发展，为城乡居民提供基本生活和医疗保障。

在中央政府的组织动员下，经济发达的东部省、直辖市、计划单列市对水库所在地区的区县进行对口支援，援建教育、文化、体育、卫生设施，为部分移民安置区和贫困地区发展提供资金和技术援助，对这类地区的社会发展和经济发展起到了促进作用。三峡水库建设以来，对口支援省市提供社会公益资金11.8亿元，其他无偿援助资金8亿元，合作项目资金149亿元[②]。同时，东部省市还将一些大型企业引进三峡地区，带动其传统产业改造与新兴产业发展。为增加劳动力就业，东部省市还与所支援的区县进行劳务合作，将三峡地区农村劳动力组织起来到东部地区务工，增加农民劳务收入。

江河大型水库的建设及运行，与所在地区的经济社会发展和生态环境状况关系密切，业主企业通过对水库所在地区经济社会发展的支持，可以促进水库的顺利建成及建成后的有效持久运行。业主企业对水库所在地区的支持主要体现在缴纳税收、利用专

---

① 王显刚主编：《三峡移民工程700问》，中国三峡出版社2008年版，第33—36页。
② 同上书，第34页。

项资金扶持区域发展,建立专项基金用于移民后期扶持等。以三峡水库为例,业主企业每年要向湖北省和重庆市纳税(地税)9亿元左右,建立三峡库区基金(按0.8分/千瓦时征收,每年约8亿元)用于移民安置区建设、城镇困难移民扶助等,建立移民后期扶持基金和移民专项资金(按0.45分/千瓦时和0.5分/千瓦时计提,计提10年,每年约3.8亿元和4.2亿元)用于解决移民生产生活困难,投资4.5亿元用于支持水库周边区县电力发展,调整移民投资(仅重庆移民静态投资就增加59.7亿元)提高移民安置质量[①]。这些支持虽主要涉及水库移民安置,但大大减轻了水库所在地区的财政压力,有利于经济社会发展。

5. 利益分享机制

江河大型水库所在地区虽然是水库建设及运行的重要参与者、责任承担者、资源提供者、投资者,但由于体制与政策的限制、某些水库建设及运行工程与区域发展工程的交织及重叠、某些贡献计量与计价的困难等,使其在利益分享中不是以贡献和投资大小获取,也不是通过参与水库收益分配获取,而是按其对水库建设及运行的重要性和必要性为依据,主要通过中央政府的发展投资和再分配获取,直接从水库收益中分享的利益并不多。由于所在地区对水库建设及运行的重要性是其特定地理区位决定的,而这一区位又与水库相联系,故其对江河大型水库建设及运行利益的分享可视为特定区位分享,也可视为关联分享,当然,这一分享也与其所作出的贡献和所发挥的作用有关。

江河大型水库所在地区社会影响的扩大及在国家经济社会发展中地位的提高,主要是由其在水库建设及运行中的重要地位所决定的。江河大型水库的顺利建成及建成后的有效运行,与所在地区经济发展水平、社会环境、生态条件关系密切,故引起社会广泛关注,社会影响自然随之扩大。而江河大型水库所具有的巨大防洪、供水、发电、通航功能,使其对经济社会发展产生重要影响,其所在地区自然成为全国经济社会发展的重要区域,地位亦随之提高。从这个意义上讲,江河大型水库依特定区域而建,而特定区域又因水库建设产生社会影响和提高地位,正是江河大型水库与其所在地区的这一密不可分的关系,才使这类鲜为人知的区域为公众所注目,也使这类原本无足轻重的偏远区域地位上升。

江河大型水库所在地区发展机会的获得,主要是由其与水库建设及运行的密切联系及地理位置所决定的。水库建设及运行造成的大量拆迁重建都是在所在地区内进行的,水库的污染和泥沙淤积防治更是在周边地区进行,这就为水库所在地区发展建材

---

① 王显刚主编:《三峡移民工程700问》,中国三峡出版社2008年版,第34—35页。

业、建筑业、运输业、生态环保产业、林（草）业、水（干）果业、畜牧业创造了良好机遇，水库的大水面及周边的自然风光，也为所在地区发展水产养殖、旅游、内河航运等产业提供了优越条件。而这些发展机遇和条件是水库所在地区最易利用、也是可优先利用的，占有明显的先机和便利。

江河大型水库所在地区基础设施条件的改善，一方面源于对淹占基础设施的恢复重建，另一方面源于水库建设及运行所需的新建、改建，再一方面源于中央政府的投资新建，既带有补偿性质，也带有"搭便车"的特征。水库建设淹占的基础设施按新的更高标准恢复重建，使原有基础设施标准、质量、功能提高。水库建设及运行需要周边地区具备良好基础设施条件，业主企业会在水库周边投资建设较为完备的交通、通信、能源设施，使当地坐享基础设施的改善。江河大型水库建设及运行对所在地区作用与地位的提升，又带来中央政府对其基础设施建设的大量投入，使基础设施落后的状况迅速改变。

江河大型水库所在地区得到中央政府、经济发达省市、水库业主企业的支持与援助，一方面是因为这类地区在江河大型水库建设及运行中作出了重大贡献（包括蒙受某些损失），需要通过对其发展的支持给予一定补偿；另一方面是因这类地区的经济社会发展对稳定安置移民、保持社会稳定、为水库建设及运行创造良好社会环境极为重要，应当给予支持和帮助；再一方面是因这类地区的生态环境对水库安全及持久运行关系极大，应当给予必要的投入和扶助。鉴于这些理由，水库所在地区得到的多方扶持的利益，是以所发挥的重要作用和承担的重大责任为依据的，带有一定的补偿性、回报性。

五、其他主体的分享

江河大型水库建设及运行带来的利益，除被中央政府、业主企业、水库所在地区所分享外，还有相关产业部门、相关地区、相关企业也在不同领域以不同方式进行分享。江河大型水库的建设及运行，为相关产业部门（如内河航运、旅游、水产养殖等）的发展创造了良好条件，使这些产业部门从发展中受益。江河大型水库功能的发挥为相关地区（如防洪地区、受电地区、受水地区等）提供了安全保障和生产要素，使这些地区直接从中受益或从发展中受益。江河大型水库建设及运行为相关企业（如建材生产企业、设备创造企业、建筑企业等）创造了发展机会，使其从发展中受益。这些部门、地区、企业虽获得利益的方式和途径各不相同，但都是江河大型水库建设及运行的受益者，且有的主体受益还十分巨大。

1. 相关部门对水库建设及运行利益的分享

内河航运部门、旅游部门、水产养殖部门、水务部门、水库建设规划设计部门等,是江河大型水库建设及运行的受益者,可以从中获得可观的利益。这些部门虽生产经营领域各异、运行方式各不相同,但都与水库建设及运行相联系,并从中获得更好的发展条件、更多的发展机会、更大的发展空间。这些部门对更好发展条件和更多发展机会的获取甚至不需要或极少花费成本,其利益分享具有"搭便车"、免费享受的显著特征。

江河大型水库使河道加深变宽,库段江河急流险滩消除,航道等级提高、通航能力大大增强,加之水运运量大、成本低、便捷,为内河航运业发展创造了极佳的条件。随水库蓄水通航,航运业便得到极好发展机会并从中受益。以三峡水库为例,成库之后长江干流宜昌至重庆的 660 公里航道由三级上升为一级,三峡断面年通过量由 1998 年的不足 1900 万吨上升到 2009 年的 7400 万吨,过坝船舶载重量由 1998 年的不足 400 吨上升到 2009 年的 1780 吨,水运占运输总量比重由 30% 上升到 70%,航运业以 20% 的速度增长,受益巨大[①]。

江河大型水库成库之后,大坝枢纽工程的宏伟、水库高峡平湖的壮观、库周山水的秀美,以及水上交通的便捷,为旅游业发展提供了丰富工程景观和自然景观、人文景观,也提供了便利的条件。水库成库后形成的大水面也为天然放养适合深水及静水生长繁育的鱼类、生产"纯天然"水产品创造了良好条件。这两类产业的发展都是利用江河大型水库建设及运行所形成的资源和所创造的条件,通过"搭便车"而获得发展利益。以三峡水库为例,建成运行后三峡大坝、长江干流峡谷风光、长江支流风景、水库沿岸历史人文景观都成为旅游热点,旅游产业已在库周部分区县成为骨干产业。

江河大型水库的建设及运行,一方面使其成为水源供应地,另一方面使其成为水源保护地,而水源供应和保护都离不开水务产业的发展。水库建设及运行不仅对原有的生产生活供水提出了更高的要求,而且还扩大了供水的范围和领域,有的甚至要远距离供水,这给供水产业发展带来机遇。水库对水环境安全要求的提高,又使污水处理任务加重,为水环境保护产业发展提供了机会。这两方面的任务加在一起,使水务产业在水库周边区域迅速发展,并使其从中受益。以三峡水库为例,水库的建设及运行带动了周边地区城镇化的发展和农村新村建设,自来水生产与供给规模迅速扩大。而库周 200 余座污水处理厂的新建和原有数十座污水处理厂的改扩建,又使污水处理形成一个新的环保产业,获得有利的发展机会。供水的扩大与污水处理的加重,为水务产业发展提

---

① 肖一、刘敏、林海:《三峡通航:联通长江经济带的桥梁》,《光明日报》2010 年 3 月 11 日第 4 版。

供了条件,而水务产业发展的优惠政策与政府支持,更使其从中受益。

江河大型水库建设及运行是一项庞大而复杂的工程,需要完成的工程和工作众多,而每项工程及工作都需要科学的规划设计,如大坝枢纽工程及各构成部分的规划设计、水库成库的规划设计、淹占搬迁重建规划设计、移民安置规划设计、资金筹措规划设计等。这些规划设计技术要求高、工作量大,但回报也很高,规划设计费一般为项目总投资的1%—2%,高的可达3%左右,一个项目的规划设计费上千万元甚至上亿元,在江河大型水库建设中并不少见。因此,相关规划设计部门在江河大型水库建设及运行中具有极好发展机会,并能从中获取巨大的利益。当然,规划设计部门从水库建设及运行中获得的发展机会与利益,是靠自己的技术实力和卓有成效的工作取得的,不存在"搭便车"行为,但也有一些垄断部门包揽某些规划设计任务并收取较高的费用,便失去了公正性与合理性。

2. 防洪地区对水库建设及运行利益的分享

一般的江河大型水库因库容量大、通过科学调度具有很强的蓄洪调洪能力而发挥防洪功能,使水库大坝下游地区免遭洪灾威胁而受益。水库防洪对下游地区带来的利益既包括免除或减轻洪灾造成的人员伤亡、财产损失、生态环境破坏,也包括减轻了一年一度的堤防建设任务和抗洪抢险的压力,还降低了经济发展的自然风险,缓解了洪灾对发展的制约。这些利益惠及范围广、涉及的领域多,且数量巨大,防洪地区可以充分享受并不必付出专门的成本。

江河大型水库防洪带来的利益,因类型多、覆盖范围广泛,且有普惠性,故受益主体多、领域宽、受益方式多样。从受益主体看,水库防洪既能给广大人民带来好处,也使众多业主受益,还能使当地政府受惠。从受益领域看,水库防洪不仅能惠及经济发展,也能对社会发展发挥巨大作用,还能为生态环境保护产生积极影响。从受益方式看,水库防洪的利益既可通过减灾和免灾实现,也可通过减轻防灾抗灾支出实现,还可通过促进经济社会发展实现。防洪是江河大型水库的公共功能,是为下游地区提供的公共服务,凡是防洪区内的主体都能无偿分享。

防洪区内的广大人民群众,是分享江河大型水库防洪利益的最大群体。这一群体从水库防洪分享的利益包括:免除或基本免除洪灾对生命的威胁,免除或减轻洪灾对家庭财产的损失,免除或减轻城乡居民所从事生产经营活动的损失与破坏,减轻城乡居民防洪及抗洪抢险的负担与压力,为城乡居民提供安居乐业的环境,利用防洪提供的安全条件获得更多更好的发展机会等。水库下游广大人民群众对防洪利益的分享是一种赠予式无偿分享,对于洪水灾害频发的地区,江河大型水库给人民群众带来的防洪利益十分巨大。

　　防洪区内的工商企业、农业企业及农户,是分享江河大型水库防洪利益的又一大群体。这一群体从水库防洪分享的利益主要包括:免除或减轻洪灾对交通、通信、能源设施的损毁和破坏及由此引起的经济社会发展损失,免除或减轻洪灾对厂房、设施、设备的损毁和破坏,免除或减轻洪灾对原材料、半成品、产成品的损毁与破坏,免除或减轻洪灾对农田、水利设施、种植及养殖设施及农业生产的损毁与破坏,免除或减轻洪灾之后恢复重建的人财物力消耗,为农业、工商业发展提供安全保障,免除或减轻业主的洪灾损失。

　　防洪区内的地方政府也是江河大型水库防洪利益的重要分享者,从水库防洪分享的利益主要包括:减轻防洪、抗洪、抢险的组织动员及实施的压力和财政支出,减轻或免除洪灾损毁公共设施恢复重建的压力与人财物力消耗,减轻或免除洪灾对生态环境破坏的恢复及重建消耗,减轻或免除洪灾造成的受损人群救助的压力及财政支出,免除或减轻当地经济社会发展的洪灾威胁、有利于社会稳定、人民安居乐业、集中力量谋求发展。因政府属公共部门,故地方政府对水库防洪利益的分享也集中在公共领域,对于洪灾高发地区,地方政府从江河大型水库防洪中分享的利益是巨大的。

　　应当指出,防洪区对江河大型水库防洪利益的分享延续时间很长,但年际间有较大的波动。在水库正常运行期内,其防洪功能得到充分发挥,防洪区受益最大。当水库经过长期运行、因泥沙淤积防洪库容减小时,其防治功能会随之减弱,防洪区受益就会变小。又由于江河发生洪水有一定频率,且洪水还有大小之别,故发生大洪水的年份防洪区得到的减灾免灾好处较多。以三峡水库为例,在建成后的 50 年内,长江中下游地区都可持续分享防洪利益;运行到 100 年时,水库防洪库容仍可保持 85% 以上,防洪功能仍然强大,中下游地区仍可分享巨大的防洪利益。

3. 受电地区对水库建设及运行利益的分享

　　江河大型水库电力生产能力强(极少数水源水库除外),生产的电力便于远距离输送,供应广大地区使用。使用水库电力的地区为受电地区,这些地区因江河大型水库电力的输入而减轻电力生产的压力与负担,增加电力供应并改善电力来源构成,为经济社会发展和人民生活改善提供电力保障,进而获得显著的经济利益、社会利益和生态环保利益。由于受电地区使用江河大型水库的电力要按市场价格付费,故其对电力使用利益的获取是有偿获取;又由于电力只有用于生产生活才能产生效益,故受电地区对江河大型水库建设及运行利益的分享是一种间接分享。

　　在当代社会,电力是最重要的能源,是维持和促进经济社会发展的重要资源,不可或缺。对于电力供给不足的地区,输入江河大型水库的电力,一方面可以节省电力生产投资,另一方面可以避免因发展电力生产可能带来的生态环境问题,再一方面可以优化电力结构。中国电力消耗及缺口较大的是经济较发达的东部地区和部分中部地区,若自己生产电力只能发展火电、核电及少量其他电力,而发展火电、核电不仅需要巨额投资,还需要远距离运煤和解决核燃料供应,也需要解决火电生产中的污染及核电的安全问题。若大量输入西部江河大型水库的电力,就可以使这些问题迎刃而解。1990年代以来,云南、贵州、广西的江河大型水库向广东供电,川西及渝鄂江河大型水库向华中及华东地区供电,三峡水库发电后向华中、华东增加电力供应等,都使东部经济发达地区缓解了电力生产与供给的压力,并使水电在电力供应中的比重上升、火电占比下降。

受电地区因江河大型水库电力的输入而增加供电数量,减少了电力供需缺口,提高了电力保障能力,为区域经济发展创造了必要的条件。对于中国东部经济发达地区,西部水电的输入使其高新技术产业、现代服务业、外向型产业发展有足够的电力支持,从而提高发展水平、拓展发展空间,增强发展能力,继续充当全国经济发展的排头兵。对于中国的中部地区,西部地区的水电输入和本地水电生产的发展,为传统产业的改造、新兴产业的发展,接受东部产业转移提供了可靠的电力支持,进而促进其工业、农业、交通运输业的有效增长、结构的改善,以及发展质量和水平的提升,成为全国发展的新增长极。对于中国的西部地区,江河大型水库的建设及运行,为当地提供了较为充沛的可靠的电力来源,为自然资源的开发、特色工业的发展、传统农业的现代化改造、旅游产业的发展、城镇发展等提供了电力保障,推动其工业化、城镇化、农业现代化的进程,赶上全国发展的步伐。

受电地区对江河大型水库建设及运行利益的分享,不仅表现在水电输入对区域经济社会发展的保障与促进上,更表现在对区内企业(包括农业企业及农户)发展的能源支撑上。受电地区的企业因大量水电输入,不仅可以充分发挥现有生产经营的能力,还可以进一步扩大生产经营规模和水平,求得更大更好的发展。同时,企业的生产经营可以摆脱因电力供给不足造成的停工停产、缩小生产经营规模、中断生产经营过程的困境,使生产经营正常连续进行,一方面避免损失,另一方面可保持生产经营的稳定。

在当代社会,人们的衣、食、住、行都离不开电力,随着生活水平的提高,城乡居民对电力需求也越来越大。对于电力短缺地区,输入江河大型水库生产的电力,可以为区内人民提供生活用电保证,使人民的生活得以正常进行,并避免在夏季高温、冬季严寒季节因电力短缺给人民生活及身体健康带来的严重影响。同时,江河大型水库生产的电力向农村输送,不仅有利于提高农民的生活质量,还有利于科学、文化、信息在农村的传播,提高农民的综合素质。

当全国的输电网联通后,江河大型水库生产的巨大电力通过调度与调控,在更大范围内为用电地区提供电力,水库电力的使用地区将会有很大拓展与变化。但全国电力调度的结果,只会使水库生产的电力用到急需的地区,如此一来,受电地区可能因电力调度而在变动中增加,受电地区也会因急迫需要而输入江河大型水库的电力分享更多的利益。

4. 受水地区对水库建设及运行利益的分享

江河大型水库库容大、蓄水能力强,建成蓄水后就成为重要水源地,既可向周边城乡提供生产生活用水,还可远距离向缺水地区调水。受水区因水库水源的保障而减轻水源开发的压力与投资,因水库水资源的调入而满足生产生活的需要,为当地经济社会发展、人民生活改善、生态环境保护提供了必备条件,亦因水库水资源的调入而避免或减轻旱灾损失,进而获得经济利益、社会利益和生态利益。由于受水地区使用水库的水资源需要进行提水、引水、输水,使用者也需要支付一定费用,故这种使用是一种开发式利用,对水资源使用利益的分享是有偿或部分有偿的获取。

随中国城镇化的加快,城镇生产生活用水迅速增加,由于不少城镇缺乏可靠水源保证,用水日渐紧张,缺水也越来越严重,缺水城镇的发展受到的水资源约束也越来越大。一些缺水城镇以江河大型水库作为水源地,一方面可以保证充分供给,另一方面可以解决某些城镇缺乏可靠水源的实际困难,再一方面可以节省建设水源设施的巨额投资。由于输水技术的进步,江河大型水库不仅可以向周边缺水城镇输水,而且还可以远距离向缺水城镇输水,使受水范围扩大。同时,由于江河大型水库对水体的严格保护,一般水质较好,受水地区能获得优质水资源。缺水城镇因江河大型水库的供水使生产生活用水得到可靠保障,可从更快更好发展中得到众多利益。

江河大型水库库容量大,可作为大规模调水的水源地。缺水地区因水库水资源的大量调入而增大了供水量,减少或弥补了供水缺口,可以为经济发展、人民生活及生态环境保护提供水资源的基本需求保证,并从经济社会发展中受益。对于极度缺水地区,江河大型水库大量水资源的调入更是如获甘露,为其经济社会发展增添新的活力,从调水中的获益更多。如丹江口水库向河南、河北、北京、天津的调水,不仅可以大大缓解严重缺水的困境,还可以使原先因缺水受限的工业、农业、服务业因此而获得新的发展机会,使其潜力得到充分发挥,实现更加充分和更为有效的发展,并对区域生态环境改善发挥积极作用。

中国水资源季节分布不均,需要将丰水季节的部分水资源蓄积起来供缺水季节使用,江河大型水库对径流的拦蓄正好发挥这一作用。在缺水季节,水源不足的地区调入江河大型水库的水资源,可以保证经济的正常发展、人民生活的正常进行、生态环境的有效维护。特别是季节性缺水处于常态的地区,水库水资源的调入是其经济社会发展的基本保障,不仅为其生存提供保证,也为其发展提供支撑,可谓利莫大焉。还应指出的是,在旱灾发生时旱区调入江河大型水库的水资源,对于缓解旱情、减轻旱灾损失、保障人民生活具有重大作用,2009年冬至2010年春湖北、湖南大旱时三峡水库及时向两省补水,在一定程度上缓解了旱情、减轻了损失,保证了居民用水就是明证。

对于江河大型水库的受水地区,所分享的利益不仅仅体现在经济社会的发展方面,而且还体现在区域内人民群众的普遍受益方面。缺水地区(无论是常年缺水或季节性缺水)因调入水库蓄积的水资源,使城乡居民的生活用水有了可靠保障,避免因生活用水缺乏造成的困境。同时,缺水问题的解决也有利于居民就业及正常从事生产经营活动,并获得稳定的收入。对于缺水地区的农民,江河大型水库水资源的调入,对保证农业生产的正常进行、收成的稳定与提高、基本生活的保障、收入的增长都具有决定性的作用。由此可见,受水地区的受益的群体是很大的,受益的面也是很广的,带有普惠性。

5. 承包商及供应商对水库建设及运行利益的分享

江河大型水库建设及运行中,众多的工程项目需要建设承包商完成,众多的设施、设备、原料、材料需要供应商提供。由于工程项目类型的多样及规模的巨大、设施设备及原材料需求种类的众多及数量的庞大,为工程建设承包商及物资供应商带来巨大商机,他们从水库建设及运行中可以分享很大的经济利益。工程建设承包商通过承建工程项目从中获利,对水库建设及运行利益的分享是一种贡献性分享。物资供应商则是通过提供设施、设备及原材料从中获利,对水库建设及运行利益的分享是一种商业性分享。江河大型水库建设及运行的承包商和供应商数量较多,分属于多个产业和部门,故这类利益分享主体也是一个各不相属的群体且数量不少。

工程建设承包商是承担江河大型水库建设及运行中工程项目建设、设施及设备安装任务的企业,这些企业通过竞标获得工程承包权,通过完成工程建设(或安装)任务获得承包费并从中获利。江河大型水库建设涉及导流、截流、坝基、坝首、大坝、电厂、船闸、输变电、附属设施等一系工程项目建设及发电、通航、泄洪、排沙、输变电等多种设施及设备安装调试,水库运行涉及危岩滑坡治理、库岸防护、航道整治、水库监测等一系列工程建设,包含的工程建设项目类型复杂、数量众多,有些项目建设规模和投资十分巨大。相关企业一旦获得这些工程中某个项目的建设承包权,也就得到了一个极好的发展机会,并能从工程建设中获得丰厚的经济利益。同时,承包企业因完成江河大型水库的某项重大工程建设,会显著提高其声望与信誉,使其在其他项目建设的竞标中处于有利地位,为其带来后续利益。由于江河大型水库建设及运行工程项目的承包商涉及不少企业,所以通过工程承包从中分享利益的主体也较多。

供应商是为江河大型水库建设及运行提供机器、设施、设备、仪器、原料、材料的生产及营销企业,这些企业通过竞标获得物资供应权,通过提供物资实现自身发展并从中获利。江河大型水库建设不仅要消耗大量的施工机械、设备、原材料,还需要专用的发电、输变电、船闸、升船等机器、设备及设施,水库运行也需要多种仪器、设备、零配件、原材料等,这些物资都需要专门的厂家生产和经销商供应。相关企业一旦获得这些物资的生产权及供应权,便获得了巨大发展的机会,并可从中获得可观的经济利益。同时,这些物资的生产厂家及供应商对江河大型水库工程的供货,还能产生品牌效应,使所提供的物资品牌地位上升,有利于占领更多的市场。由于江河大型水库建设和运行所需设施、设备、仪器、机械种类很多及所需的原材料数量极大,故参与物资供应的生产厂家及经销商数量也很多,这些企业都从水库建设及运行的供货中分享到不菲的利益,受益面相当大。

应当特别指出,承包商和供应商不仅从江河大型水库建设及运行中获得商业机会和经济利益,一部分承包商和供应商还因此而得到了巨大的发展、技术水平得到大幅提高,成为某些领域的知名企业。例如在三峡水库的建设中,大坝建筑承包商因创造出革命性的混凝土浇筑施工工艺、创新性的混凝土温控防裂技术而成为水坝建筑知名企业,哈尔滨和东风两大水轮机厂的水轮发电机组设计制造能力由单机 32 万千瓦跃升至 70 万千瓦,成为世界水能发电机组制造的知名企业[1]。这类企业在江河大型水库建设及运行中的成长壮大,不仅为其自身发展开拓了广阔前景,还为国家在某些工程技术,制造技术领域的创新作出了贡献。

---

[1] 陈磊:《从葛洲坝到三峡大坝》,《科技日报》2009 年 8 月 7 日第 5 版。

第十一章　中国江河大型水库建设与库区发展

水库因库区的特殊自然条件而兴建,依库区的经济、社会和生态环境而运行,并对库区经济、社会发展以重大影响。库区给水库建设及运行提供必要条件,给予协助与支持,参与相关工程建设和工作开展,并对其建设进程和运行效益发挥重要作用。二者之间这种相互依存、相互影响的关系,使库区在江河大型水库建设及运行中具有特殊的地位。重视库区的建设、促进库区的发展,对于水库的顺利建成以及建成后的安全持久运行和功能充分有效发挥,无疑具有重要意义。

一、江河大型水库的库区

"库区"一词作为地域概念虽已广泛使用,但在内涵及范围上较为模糊,不同的人在不同的场合有不同的理解,并都有各自的依据。从常理讲,库区应当是与水库建设及运行关系密切、相互间存在直接物质交换和利益关联的地理区域。但由于对相互关系密切程度、物质交换类型及利益关联大小的认定有不同的标准,便产生了对库区内涵、边界、特征、功能判定的差异,进而造成对库区身份与地位的歧义,并影响库区的建设与发展。为正确认识库区的作用与功能、库区建设与发展的重要性,有必要对这些问题加以厘清。

1. 库区的界定

研究江河大型水库库区的相关问题,首先要规定什么样的区域才应被确认为是库区。依据人们对江河大型水库库区的一般认识,库区应具备以下条件中的某一条或某几条:第一,对江河大型水库建设所需自然资源、自然条件的满足有决定作用;第二,对江河大型水库建成后的安全、持久、稳定运行有直接而重大的影响;第三,直接参与江河大型水库建设及运行的工程建设和工作开展,并负有直接责任;第四,江河大型水库的建设及运行对其经济社会发展和生态环境保护产生了重大影响;第五,对江河大型水库的建设及运行作出了直接贡献或承担了直接的损失。

上述五条是针对某一区域与江河大型水库建设及运行的相互关系而言的,且每一条所反映的是这种关系的一个侧面,五条综合一起则基本可反映这种关系的全貌。当然,这五条所反映的内容在重要程度上也是有区别的,若仔细比较,就会发现第一、第二、第四条是极为重要的。当人们从不同的角度和侧面审视某一区域与水库建设及运行的关系时,就会将这些条件以不同的组合作为标准对库区进行界定与确认。很显然,判别条件的组合方式不同,对库区的界定与确认结果就大相径庭,出现很大的歧义。同时,人们研究库区的目的不同,对判别条件的选择就有较强的指向性和特别偏好,由此造成对库区界定与确认的巨大差异。

对库区的界定,目前在理论界和实际工作中虽无确定的标准,但有一些观点和实际做法可资借鉴:一是按进入江河大型水库径流的流域确定库区,可简称为流域法;二是按江河大型水库的周边地区确定库区,可简称为周边法。流域法又有大小之分,有的主张凡入库江河流域都应作为库区,有的则主张只有水库库段江河流域才应作为库区。周边法也有大小之别,有的主张江河大型水库周边(含库尾周边)的县级行政辖区应作为库区,有的则主张只将江河大型水库周边的乡(镇)级行政辖区或村辖区域作为库区。

按流域法界定江河大型水库的库区,主要着眼于水库的生态环境保护,搞好流域内的水土流失治理可以防治水库的泥沙淤积,搞好流域污染防治可以保持水库水质优良,对水库安全持久运行大有好处。但按流域法界定的库区面积太大,有些地区与江河大型水库建设及运行并无直接关联,用此法界定库区似有不妥。按周边法界定江河大型水库的库区,基本上考虑了上述五个方面的条件,且界定方法简单明了,界定的库区范围也十分有限。特别是按水库周边县级行政辖区的范围界定库区,既能较为真实地反映这一地区为江河大型水库建设及运行创造条件、提供资源、承担责任、作出贡献的现实,又能较为准确地的反映江河大型水库建设及运行对这一地区经济社会发展和生态环境保护的重大影响,也有利于采取措施对这一局部地区进行建设、促进其发展。

按江河大型水库周边县级行政辖区界定库区,则水库周边的所有县级(市、区、旗)行政辖区都是水库库区,它是水库周边各县级行政辖区所构成的地理区域,其构成单元是所包括的各个县(市、区、旗)。例如三峡水库,其周边湖北的夷陵、兴山、秭归、巴东及重庆的巫山、巫溪、奉节、云阳、开县、万州、忠县、石柱、丰都、武隆、涪陵、长寿、渝北、巴南、渝中、江北、南岸、九龙坡、大渡口、沙坪坝、北碚、江津等26个县级(市、区)行政辖区构成库区,面积达57197平方公里,人口近2000万。

2. 库区的内涵

按江河大型水库周边县级行政辖区界定的库区,是由一个或多个县(市、区、旗)所辖地域组合而成的特殊区域,这一区域大到跨省、小到跨县。构成库区的各个县(市、区、旗)虽各有特点、互有区别,但在与江河大型水库建设及运行的相互关系上、在作为一个行政层级的地位上、在辖区内推进经济社会发展增进人民福利上、在辖区内保护人民合法权益及维持安定团结上、在贯彻执行中央方针政策上,又有诸多相似或类同之处。正是这些共同点,才使这些互不相属的县级行政辖区组合而成为江河大型水库的库区,并使其具有丰富的内涵。

首先,库区是一个特殊的地理区域。按照库区的界定,它与水库是相伴而生的,有水库才会有库区。而水库之所以建在某一地区、这一地区可随之成为库区,是因这一地区是一个具备江河大型水库建设及运行良好条件的特殊区域。正是这一区域内有江河流经,有优越的建坝和成库条件,有可靠的水源保障及安全保证,才催生了江河大型水库在该区域的兴建,也才使区域内水库周边的县级辖区成为水库库区。从地理学的角度,库区是水库周边向外延伸到一定纵深的区域。江河大型水库是河道型水库,一般较为狭长,从大坝至库尾短则几十公里,长则数百公里,库区也一般为库段江河(包括入库支流)两侧的狭长地带,即由库段江河两侧县级行政辖区所组成的带状区域。

其次,库区不是一个独立的行政单元。对于绝大多数江河大型水库,都是跨县甚至跨省的,构成库区的是数个甚至数十个互不相属的县级行政单元。在现行的行政管理体制下,这些县级行政辖区的原有隶属关系没有改变,也没有将属于库区的县级辖区单列出来组成一个具有管理调控功能的特殊行政区域,所以库区是一个由多个相互独立的县级单元叠加而成的结合体,并不具有行政意义,也不是一个特定的管理层级。有些江河大型水库的库区并不跨越省(市、自治区)界,但组成库区的各县仍然是互不相属的,只不过是同一省级辖区内相互独立的同级单元。因此,库区经济社会的发展、生态环境的保护、相关政策的实施等,依然要依靠库区内各县通过自己的努力加以推进。

再次,库区肩负发展的艰巨任务。江河大型水库一般建在深山峡谷,周边县(市、区、旗)经济贫困、社会落后、生态环境退化是普遍现象,不少县还是国家或省定贫困县。库区各县几乎都面临加强基础设施建设改善发展条件、加快经济发展改变贫困面貌、加强社会建设促进文明进步、保护生态环境促进可持续发展的艰巨任务。面对这些发展任务,库区各县政府面临双重压力,一方面要承受中央和省级政府对经济社会发展要求的压力,另一方面要承受当地人民迫切要求改变贫困落后面貌的压力。在这种情况下,库区各县、乡(镇)政府会利用各种机会(包括水库建设及运行),采取多种手段和办法促进发展,以完成上级任务和满足群众要求。对于库区人民群众而言,他们一方面要充分利用原有的发展空间、维护已经获得的利益,另一方面也会寻求新的发展机会、谋求更多利益、增进自身福利。

最后,库区是一个独特的利益主体。库区作为与水库相伴而生的特定区域,是国家疆域的一部分,既存在与全国一致的总体利益,也存在有别于其他区域的特殊利益,如经济发展利益、社会发展利益、生态环保利益等。构成库区的县级辖区一方面在总体利益上与全国相一致,另一方面又在辖区利益上与全国利益相区别,在经济上谋求实力增强,在政治上谋求地位提高,在社会上谋求影响扩大,在生态上谋求环境改善。库区内的企事业单位作为企业和事业法人,谋求生产经营和服务的发展、壮大、提高,追求经济实力的强大和服务能力的增强,以及自身合法利益的保障。库区内的城乡居民有通过发展增进自身福利的愿望,有维护自己合法利益的权力,也有享受国家公民应有的政治权利,还有要求政府提供基本社会保障和公共服务的权利等。库区内的各类主体都有自身的利益,以及由国家法律和政策赋予的权利,应当受到充分尊重和有效保护。

3. 库区的基本特征

中国的江河发源于山地,水资源及水能资源富集的江河上游也主要是山地,江河大型水库主要分布在江河上游地区,库区因而具有典型的山地特征。这些特征不仅反映在自然条件和生态环境上,也反映在经济社会发展的条件和水平上,还反映在人文环境及传统观念上。正是这些与其他区域不同的特征,才使库区的发展面临特殊的环境,更大的困难和更艰巨的任务。

库区地处山区或丘陵区,山地库区群山耸立,峡谷深切,山高坡陡谷深,地形地貌复杂,立体气候明显;丘陵库区山丘连绵,沟谷广布,垦殖指数较高,植被稀少。山地库区坡面陡峭,耕地稀少且质量很差,耕地和人口主要集中于河谷地带。丘陵库区虽然耕地较多,土质较好,但人口众多且高度密集。由地形地貌所决定,库区危岩、滑坡、泥石流广为分布,夏秋雨季地质灾害频繁发生,在山区大风、冰雹、暴雨、冰雪危害极为严重,在丘陵区则旱灾频繁发生。山地的乱垦及森林植被的破坏、丘陵区的过度垦殖,导致库区大范围水土流失及生态环境的恶化。而沿江地带的不合理开发及污染物的过度排放,又造成库区水体、大气、土壤的污染和恶性循环。库区的这些自然条件及生态环境不仅对江河大型水库的建设及运行产生重大影响,而且对库区的经济社会发展造成很大的制约。以三峡水库库区为例,山地占幅员的74%,丘陵占幅员的21.7%,河谷平坝占幅员的4.3%,相对高差达2724米,河谷低而炎热、山地高而冷凉,伏旱发生频率达80%左右,洪灾约三年一次,体积大于10万立方米的危岩、滑坡1100余处,水土流失面积占幅员的58.4%,年侵蚀量达1.56亿吨。

库区矿产资源、生物资源、旅游资源丰富,为工业、农业、旅游业的发展提供了物质基础,但有些资源的开发难度大、开发成本高,依据这些资源形成特色产业并不容易。

以三峡水库库区为例,已探明的矿产有金、银、铜、铁、铀、硫、钾、煤、天然气、岩盐等数十种,其中天然气探明储量1100亿立方米、岩盐数亿吨,开发潜力巨大。已查明动物有800余种、植物4000余种,动物中珍稀物种数十种,饲养动物40余种,植物中珍稀物种1700余种、中药材1500余种、栽培植物近1000种。旅游资源有著名的长江三峡、小寨天坑、天坑地缝、巫山小三峡等自然景观,秭归屈原祠、兴山昭君故里、奉节白帝城、云阳张飞庙、忠县石宝寨、涪陵白鹤梁、丰都鬼城等人文景观。但因多种因素的影响,三峡库区的资源并未得到充分有效的开发利用,相关产业也未得到应有的发展。

库区受自然条件的限制、历史及政策因素的影响,交通、通信、能源、水利等基础设施十分落后,产业以传统农业和低水平工业为主,结构层次低下、附加值不高,地方经济实力弱小、居民收入低下,不少库区县为贫困县。以三峡库区为例,水库兴建前区内既无铁路,又无高速公路和一级公路,二级公路只占5%,土地产出率和劳动生产率极低,工业以简单制造业为主,缺乏现代工业支撑,服务业以传统的商贸业为主,现代服务业处于起步阶段,人均GDP不及全国平均数的一半,农民人均纯收入只有全国平均的50%,多数库区县为贫困县,大部分库区为连片贫困地区,基础设施建设任务繁重、工程艰巨、投资巨大,经济发展和脱贫致富难度很大、任重道远。

江河大型水库库区地处偏远,加之交通不便、经济落后,经济社会系统长期处于封闭半封闭状态,教育、科技、文化发展严重滞后,工业化和城镇化进程缓慢,农业人口比重大,居民的科技文化素质低、思想较为保守、创业和就业能力弱。在库区农村,农户独立进行小而全生产经营,组织化程度极低,先进技术难以推广、传统农业难以改造、现代农业发展更是困难重重。这种状况导致库区经济社会系统在低水平上循环,形成低效率均衡。

4. 库区的角色与身份

由中国的管理体制所决定,数十年来,对库区只有责任的定位,而对其充当的角色、应有的身份却没有明确的界定,起码在相关的政策文件上没有明确的体现。由于所充当的角色不明确,应有的身份未被确认,库区在江河大型水库建设及运行过程中只有尽义务的责任,而少有保护自身合法权益和分享水库利益的权利。加之库区所尽义务具有不确定性,随中央政府要求和水库建设及运行的需要而变化及加码,使库区的责任越来越大。如此一来,导致库区在义务和权利上的失衡,诱发库区利益与水库建设及运行利益的矛盾,既影响水库的顺利建设及安全持久运行,又严重影响库区发展。在江河大型水库建设及运行中,库区充当多重的重要角色,并至少涵盖下列三种类型。

第一,库区是江河大型水库建设及运行的自然资源提供者。大坝枢纽工程建设、水库成库、淹占城镇及企事业单位迁建、淹占基础设施恢复重建、移民安置需要占用大量土地资源,要依赖库区提供,库区因而成为土地提供者。库区对土地的提供不仅要求数量充足、时间及时,而且还要接受征地的低价补偿。同时,库区还是江河大型水库的重要水源地,为其提供水资源,以保证水库运行的需要。

第二,库区是江河大型水库建设及运行的任务承担者。在现行体制下,江河大型水库建设及运行的很多工作和工程项目是由库区承担并完成的。在水库大坝枢纽工程建设及成库阶段,土地的征用、移民的搬迁安置、淹占城镇及企事业单位的迁建、淹占基础设施的恢复重建、水库周边的点源污染防治等大量工作和工程项目建设都是由库区各级政府组织完成的。在水库建成投入运行后,水库周边的生态环保工程建设、水土流失治理工程建设、面源污染防治工程建设等,也是由库区各级政府组织当地民众完成的。

第三,库区是江河大型水库建设及运行成本的分担者。在现行体制下,江河大型水库建设及运行的部分成本是由库区相关主体分担的。在水库工程建设及成库阶段,移民搬迁安置需要库区地方政府补贴、移民最低生活保障要由地方政府承担,淹占城镇及企事业单位迁建需要库区政府投入,淹占基础设施恢复重建需要库区配套投资,水库周边污染治理要由库区投资完成(中央政府有一定补助)。在水库建成运行阶段,水库周边的生态环境保护、面源和点源污染治理、生态防护林和水土保持林建设等工程,都是由库区完成,并全部或部分承担建设、维护、运行费用。

由其角色和责任所决定,库区在江河大型水库建设及运行中是一个直接的参与主体,其参与程度涉及众多的工程建设项目及工作领域,不仅提供资源和服务,还承担了繁重的任务并分担了巨额成本。但在中国的江河大型水库建设及运行中,库区一直被作为服务者,其参与主体的真实身份始终未被承认。将库区作为服务者,库区就只有提供资源及服务、承担任务及分担成本的义务,而不能享有参与决策和分配利益的权利,使江河大型水库建设及运行的利益与库区发展的利益脱节,二者间的矛盾和不协调亦随之而生。若承认并确立库区的参与主体身份,则库区在为江河大型水库建设及运行作出贡献的同时,也能享有参与决策和分配利益的权利,从而使库区的权利与义务相对应,水库建设及运行利益与库区发展利益相一致,实现水库建设及运行与库区发展的协调和互利。

5. 水库对库区的依存

江河大型水库与库区相互依存,对于水库而言,其建设及运行对库区的依存度极高,既对其建设进度和成本有重大影响,又对其运行效率及效益有决定作用,甚至对水库的使用年限也产生直接影响。

在江河大型水库的建设阶段，水库工程的开工建设和水库成库，需要以淹占区的城乡居民让出土地为条件，同时还需要对淹占城镇及工矿迁移重建、对淹占的基础设施恢复重建、对淹占区的城乡居民迁移安置、对成库区域进行清理，也需要对水库周边的污染进行治理。这些工程和工作量大面广，又与众多主体的切身利益直接相关，水库业主无力承担且成本高昂，只能依靠地方政府、相关企事业单位及城乡居民完成。如土地征用及补偿、淹占居民财物调查与补偿、移民迁移安置的组织动员与实施、淹占城镇的拆迁与重建、淹占基础设施的拆迁与恢复、淹占工矿企业的迁建或关停并转、城乡污水及垃圾处理、工业"三废"治理等工程和工作，都是在水库所在省（直辖市、自治区）布置下由库区各级政府组织实施、群众广泛参与而完成的。如果不借助库区的力量而由水库业主承担这些复杂而繁重的任务，不仅需动员庞大的人力资源、花费巨额的成本，而且还难以在要求的时间内完成，甚至延误水库建设工期。

充足的水源是江河大型水库正常运行、功能充分发挥、获取效益的基础，而库区是水库的水源地，为水库运行提供所需水资源和水能资源。一方面库区本身集聚降水为水库提供部分水源，另一方面库区是水库所在江河的汇水地、集聚江河上游来水，为水库提供水源。若库区集水与汇水能力强，便可为水库运行提供丰富水源，使水库充分发挥效益。相反，若库区的集水和汇水能力弱，或因其他原因导致库区水源不足，就会给水库运行带来严重困难，轻者使功能和效益降低，重者可导致水库运行受阻，甚至关停。如加纳的阿科松博水库因库区缺水而陷于瘫痪状态，危地马拉的奇霍伊水库因库区缺水发电能力大减，洪都拉斯的埃尔卡水库因库区缺水发电能力减少一半，中国的某些江河大型水库同样存在水源不足而运行困难的问题。由此可见，江河大型水库的运行对库区水源的依赖很大。

江河大型水库的水质对其运行及功能发挥具有重大影响，而泥沙淤积对其安全运行和使用寿命有决定性作用，这两个方面都与库区的生态环保状况相关。库区城镇污水和垃圾处理、工业"三废"治理、农村面源污染治理做得好，污染物入库的数量就可大幅度减少，水库水质就可以保持良好状态，水库的供水、防洪、发电、通航、旅游、养殖等功能就可充分发挥。库区的水土保持、生态防护搞得好，水土流失和入库泥沙就会大大减少，水库淤积就会大为减轻，水库库容得以长期保持，使用寿命和功能发挥时间随之延长。

江河大型水库的建设及运行需要一个良好的社会环境，特别是所在地方政府和民众的帮助与支持。在水库工程建设及成库阶段，不少城乡居民要让出家园为水库提供用地，大量的拆迁、恢复重建、移民安置要地方政府组织、动员、实施，不少工程项目要地方政府承担建设重任。在水库建成运行阶段，水库安全及管理、各种利益关系的协调，也需要库区所在地方政府和广大群众的主动参与和配合。正是库区人民顾全大局,支持江河大型水库建设及运行,才使水库建设能在较短的时间内以较低的成本获得所需土地。正是库区所在地方政府的全力支持、艰苦工作,才使水库建设得以顺利进行,有序推进并在较短时期内完成。也正是库区所在地方政府和广大人民群众的主动参与,才使水库得到较好保护,安全得到较好保障。

二、江河大型水库建设及运行对库区发展的影响

江河大型水库作为国家大型基础设施,其建设及运行对库区有着长期而深远的影响,这种影响既有积极的方面,也有消极的方面;既涉及经济领域,也涉及社会和生态环境领域。江河大型水库建设周期较长、运行时间很长,对库区发展的影响具有长期性和持续性。江河大型水库的建设及运行是政府和企业的行为,与库区发展的行为并不完全一致,造成水库与库区间互相影响的复杂关系,在这一关系中水库方占有主导地位。

1. 对库区资源的影响

江河大型水库的建设及运行,对库区土地资源、生物资源、矿产资源都有较大的影响。这种影响不仅反映在数量的增减变动上,也反映在时空分布及结构、质量的变化上,还反映在可利用程度和水平的变动上。从总体上看,水库建设及运行除使库区水资源和水面可增加外,会造成库区其他自然资源的减少及部分自然资源可利用程度的降低,消极影响大于积极影响。

大坝建设及水库成库、淹占区各类搬迁重建、移民安置、水库周边生态环境保护等,都要占用土地,使库区的部分陆地变为水面,部分集体土地变为国有土地,部分农业用地转为工业及城镇用地,占用的土地资源中有相当一部分是质量优良的耕地。如此一来,使库区陆地面积减少而水面增加,集体土地减少而国有土地增加,农业用地减少而非农用地增加,耕地总量及河谷平坝优质耕地减少而劣质耕地比重增加。如三峡水库使库区 638 平方公里陆地变为水面,3.18 万公顷集体的农业用地转为国家的工程建设用地,河谷平坝的优质耕地减少 1.72 万公顷,优质高产果园减少 0.74 万公顷[1],使三峡库区土地资源数量、类型、结构发生改变。

---

[1] 长江水利委员编:《三峡工程经济研究》,湖北科学技术出版社 1997 年版,第 7 页。

江河大型水库的建设及运行并不直接造成库区降水的变化,但由于水库对所在江河上游来水的拦蓄,使原有的部分过境水资源在库区蓄积,导致库区水资源总量增加,水库周边地区地下水位上升。由于江河大型水库蓄水量大且水位上升,库区可利用的水资源增加且利用的方便程度提高。如果水库的水环境得到严格保护,则库区的优质水源会大幅度增加。又由于水库的库面较大(如三峡水库库面达 1084 平方公里①),使库区的水面面积显著扩大。受大水面的影响,水库周边地区的湿度会增大,冬季气温会有小幅上升(0.3—1.3℃),夏季气温会有小幅下降(0.9—1.2℃)②。

江河大型水库的建设及运行对库区生物资源影响较大。由于水库大坝阻断了江河的天然径流,隔断了水生生物迁徙的自然通道,从江河下游回游到上游繁殖生长的鱼类在库区会大量减少以至消失,一些随水流迁徙的水生植物和微生物也会受到影响。由于水库成库使原有的江河峡谷段急流变为静水且浅水变为深水,库区急流生存繁衍鱼类会大幅减少,而静水、深水鱼类会显著增加。因库段江河成为静水,水生植物(特别是恶性杂草)易于在库岸、库湾爆发式生长。而水库对原有陆地的淹没,使原来在淹没区(主要是河谷地区)生长繁衍的动植物(一部分珍稀物种)失去生存之地,其中的某些物种可能因此而消亡。

江河大型水库的建设及运行对库区的矿产资源影响也很大。虽然水库的建设及运行并未导致库区矿产资源储量的改变,但使库区可开发利用的矿产资源大量减少。一方面,水库成库使一部分矿产资源被淹没,使其无法开采利用;另一方面,为保证水库周边地质结构不被改变,水库周边的矿产资源也不能开发利用;另外,为防治水库污染和泥沙入库,库区某些易于造成污染和水土流失的矿产开发也会被禁止,导致这一部分矿产资源的闲置。例如三峡库区的建设及运行,使库段长江两岸的建筑材料(河沙、石料)不能开采利用,水库周边的天然气、岩盐、煤、石灰石等矿产被禁止开采,库区污染严重的煤矿被关闭。

江河大型水库库区实行严格的森林保护政策,不仅天然林严禁采伐,而且有很大一部分人工林也不能采伐,使库区森林资源利用受阻。同时,水库库区实行严格的陡坡地退耕还林政策、森林覆盖率一般要求达到 45% 以上,水库周边还要建造防护林带,使库区林地面积增加,而耕地面积相应减少。

2. 对库区生态环境的影响

江河大型水库的建设及运行,改变了江河原有形态及运行方式,也改变了江河水资

---

① 长江水利委员会编:《三峡工程经济研究》,湖北科学技术出版社 1997 年版,第 7 页。
② 王显刚主编:《三峡移民工程 700 问》,中国三峡出版社 2008 年版,第 16 页。

源时空分布的原有格局,还改变了江河生态系统的原有状态及运行演化模式,从而使江河水域生态系统及周边陆域生态系统受到人为干扰和在短期内的强制改变,进而对库区的水环境、生物多样性、地质灾害、地形地貌等产生重要影响,并对库区生态环境保护提出了新要求、新任务。

江河大型水库建成蓄水之后,库段江河水流极慢,自净能力大为减弱,库区城镇生活污水和垃圾杂物、工矿企业"三废"、农业废弃物、化肥及农药、农村生活污染物一旦进入水库,就会在水库中集聚,并不能依靠水库自身的能力加以净化,造成水库水体污染使水质变劣。江河大型水库的污染,又会造成水库下游江河的大范围污染,导致库区及水库下游广大地区丧失清洁水源,并诱发一系列生态环境灾害,如水库的富营养化、大量水生生物死亡、下游江河水质变劣、发生用水危机等。三峡水库成库之后,在春夏之交、夏季、夏秋之交三个时段,长江库段支流河口(如大宁河、小江、乌江等)水域的蓝绿藻、硅藻大量暴发,造成局部水域水质变劣;而万州、涪陵、重庆主城等城区库段水体因污染物集聚,水质明显下降,由成库前的Ⅱ—Ⅲ类降为Ⅲ类甚至更差,特别是近岸水体水质下降更为显著。

江河大型水库成库之后,库段江河的急流险滩被深水库面所取代,对库区生物多样性带来重大影响。一是水库淹没导致一部分动植物失去生存繁衍场所,二是大坝阻隔导致部分生物迁徙困难,三是水体变化导致生物种群发生改变。这些影响对库区生物多样性的保持大多是负面的,使生物物种减少,甚至造成某些珍稀物种的消亡。以三峡水库为例,蓄水之后对数十种植物(特别是对荷叶铁线蕨等五种珍稀植物)、40余种鱼类(特别是对圆口铜鱼等10余种珍稀鱼类和白豚、中华鲟等一、二类保护鱼类)产生不利影响甚至生存威胁[①],但静水鱼类、河虾等数量有显著增多,空心莲子草(水花生)、水浮萍、水葫芦等水生植物在库湾、库汊等有恶性发展之势,对水体产生污染。

江河大型水库建成蓄水后,库段江河流速缓慢,入库泥沙会在水库中沉积而淤积水库,使水库库容(特别是有效库容)减少,功能下降,严重的还会使水库运行出现障碍并缩短水库的使用寿命。如黄河三门峡水库因泥沙严重淤积,不仅导致水库功能的很快丧失及运行的严重障碍,还造成渭河河床的抬升,诱发水灾及土地退化。而黄河上游所建其他大型水库,也因库区水土流失严重而出现严重淤积。三峡水库建成运行时间虽然不长,但在长江库段支流河口已出现泥沙淤积现象。

江河大型水库建成蓄水后,水位显著抬升,淹没江河两岸的坡面陆地,这些被淹坡面因水浸泡可能失稳而出现滑坡,坡面上方山体也可能因支撑坡面滑塌而出现崩垮,进

---

① 王显刚主编:《三峡移民工程700问》,中国三峡出版社2008年版,第14—15页。

而造成地质灾害,危害水库安全运行及人民生命财产安全。同时,江河大型水库为了防洪,往往采取冬春高水位、夏秋低水位运行,在夏秋两季形成巨大的水库消落区,这一区域因水陆季节性交替生态环境恶劣,植物难以生长、土壤易于流失,还易于被污染。以三峡水库为例,重庆库区在蓄水运行后的 2002—2004 年,地质灾害发生次数分别为 568 起、1249 起、1543 起,直接经济损失分别为 20636 万元、29817 万元、50714 万元,有逐年增加之势[①]。三峡水库的冬春季与夏秋季水位相差 30 米(海拔 145—175 米),仅重庆库区内形成的消落区就达 290.0329 平方公里[②],治理难度很高。

3. 对库区固定资产的影响

库区虽经济社会发展滞后,城乡居民也比较贫穷,但经过多年的努力和集聚、积累,仍然形成了数量可观的固定资产,包括公共基础设施(交通、通信、能源设施)、农业基础设施、城镇基础设施、工矿设施与设备、城乡居民生产及生活设施等。在江河大型水库建设及运行中,这些固定资产有一部分(地处淹占区的部分)要被拆迁或损毁、弃置,使库区原有固定资产减少。但江河大型水库的建设及运行又会带来淹占基础设施恢复重建、淹占城镇迁建、淹占工矿企业搬迁、淹占财产补偿,以及对库区发展的扶持,使库区的固定资产数量增加、质量提高。

江河大型水库淹占区内的交通、通信、能源设施,以及农业基础设施,是库区政府和民众经过长期努力逐步建设起来的,在当地经济社会发展中发挥重要作用。因水库兴建,这些设施只能废弃,影响水库运行的还要拆除,从而导致库区这类固定资产的减少。但水库淹占的交通、通信、能源设施要进行恢复重建,且建设的质量、规格会有所提高,又会带来这类固定资产的增加。在被淹占的基础设施中,农田水利设施、部分桥梁及码头,因不再需要而废弃,不再恢复重建,导致库区这类固定资产减少。除恢复重建外,水库建设及运行还会带来库区基础设施的新建,从而使库区基础设施类固定资产总量增加、质量提高。如三峡水库建设因淹占使库区水陆交通、通信、油气管网、输变电、农田水利设施损失巨大,但经恢复重建和新建使公路网、电网、通信网大为改善,高速公路、铁路四通八达,基础设施类固定资产大幅增加。

江河大型水库淹占区的城镇(或其部分)要进行拆迁,房屋、道路、生产及生活设施、各类服务设施等固定资产要报废,库区城镇原有固定资产因此减少。但淹占城镇通过迁建、规划布局更加合理、规模明显扩大、设施更为配套完善、功能显著增强,库区城镇

---

① 重庆市统计局、重庆市移民局:《1992—2004 年三峡工程重庆库区统计资料汇编》,2005 年 5 月。
② 戴思锐、徐江等:《三峡水库重庆库区消落区利用规划(研究报告)》,2004 年 4 月。

固定资产大幅增加。三峡水库建设淹没县城 8 座、部分淹没县城 3 座、淹没集镇 116个,虽损失巨大,但经迁建,8 座重建的县城规模拓展、设施完备、功能完善、现代化水平大幅提升,3 座部分迁建的城市经迁建、扩建、改建面貌也焕然一新,116 座集镇经迁建也成了农村经济社会发展的极点,整个库区城镇的固定资产显著增加。

江河大型水库淹占区的工矿企业及某些近岸工矿企业需要拆迁,原有的房屋、设施、矿场需要拆除,机器设备需要拆迁。由于库区的加工业多为低端传统工业,不少企业机器设备陈旧,产品市场竞争力弱,而矿业多为原矿采掘且设施设备落后,按"三原"规定拆迁(原规模、原标准、原生产能力),造成这些企业无法恢复生产经营,大多数只能破产关闭。如此一来,便造成库区工矿企业固定资产的减少,并且不能通过迁建而弥补。三峡水库淹占工矿企业 1599 个,除极少数拆迁后恢复生产经营外,绝大多数都破产和关闭了,其固定资产随之报废。

应当提出,库区原有固定资产的减少是水库淹占造成的,但库区固定资产的增加却并非全由恢复重建或补偿所致。库区基础设施类固定资产的增加除恢复重建因素外,还有中央和地方政府的投资因素。而库区城镇固定资产的增加更是迁建投资、地方政府投资、兄弟省市对口支援和居民投资的结果。至于库区农业和工矿企业原有的固定资产,在遭受淹占损失后大多未能重置,更不用说增加了。

4. 对库区经济发展的影响

江河大型水库建设及运行占用库区资源,淹占工矿企业及城镇,淹没河谷农产区,在一定时期内对库区经济发展造成较大的冲击。江河大型水库建设及运行又改变库区经济发展的条件及环境,促进库区改革开放,增加库区建设投资,推动库区参与全国经济的分工协作,使其步入快速发展的轨道。江河大型水库的建设及运行还给库区经济发展提出了更高的要求,促进其产业结构的优化调整,经济发展方式的转变,实现经济发展与生态环境保护的协调和可持续发展。这些影响一方面为库区经济发展带来良好机遇,另一方面也使库区经济发展增加了很大难度。

库区多为山区,由其特定地形地貌所决定,河谷地带是其经济发展条件最好、发展水平最高的地区,也是库区中富裕的地区。在河谷地带,耕地多为冲积台地或山间平坝,土层深厚,土质肥沃、集中连片、适宜耕种,加之水利条件较好、气候温和,产出水平较高,是库区粮食、油料、蔬菜、水果的集中产地。河谷地带在库区虽面积不大,但在农业发展中占有极其重要的地位。河谷地带因其水陆交通相对便利,也是库区城镇最为密集、工矿企业最为集中、商贸服务业最为发达的地区。江河大型水库的建设及运行,使库区的河谷地带被淹占,导致优质高产农产区的永久丧失、部分工矿企业的关闭和破产、工业和商贸服务业的重构、三次产业的布局调整,对库区经济发展造成很大冲击。三峡水库建设淹没河谷耕地 1.72 万公顷、工矿企业 1599 个、城镇 129 座,对库区粮食、油料、蔬菜、柑橘生产造成不利影响,导致 1997—2003 年工业增加值指数下降(2004 年才恢复到 1996 年水平),造成商贸服务业因城镇搬迁而发展缓慢。

江河大型水库的建设及运行,带来库区基础设施(主要是交通、通信、能源设施)的更新改造和新建扩建,极大改善了库区经济发展的基本条件,显著增强了与外界的经济联系,带动了外界对库区发展的投资,增强了中央政府和省级政府对库区发展的支持,大大缓解了库区经济发展长期面临的基础设施落后、投资严重不足、低水平封闭(半封闭)循环的困境。同时,水库的建设及运行也为库区传统产业的改造、新兴产业的发展、参与区域分工与协作,融入国家经济发展主流提供了更多机会,也创造了更好的条件。在这些有利条件下,库区经济容易冲破原有低水平循环、走上快速发展轨道。以三峡库区为例,三峡水库的兴建带来库区高速公路及高等级公路、铁路网的快速形成,内河航运及空运设施及条件的极大改善,输电网及通信网的更新换代,经济建设投资的连年高速增长(既高于西部地区,也高于全国),促进了库区高效特色农业发展、工业结构调整和技术改造、新型服务业发展,使一、二、三产业在经过水库建设初期的调整转型之后,步入了发展的快车道。

江河大型水库的建设及运行,对库区经济发展提出了更高的生态环保要求。一方面,对库区现有产业的污染排放数量控制更加严格,对污染治理标准显著提高,如对工业"三废"排放及治理、农业面源污染防治等,都设定了高于一般地区的要求。这便造成库区某些产品的生产成本上升,市场竞争力减弱,生产者盈利减少。另一方面,对库区污染严重又难于治理的产业要淘汰,对污染较重但可治理的产业要进行技术改造,对有利于生态环境改善的产业要促进其发展。而要进行产业结构调整和产业技术改造,就需要增加投入,同时还需要先进适用技术的支撑,这无疑会加大库区经济发展的难度。再一方面,由于库区产业进入的环保要求高,使一些库区有资源支撑、经济效益高但有一定污染的产业不能在库区发展,使库区丧失一些发展机会而受损。当然,生态环保要求的提高也会催生库区环保产业(如林业、草业、环保设备制造业、水务业等)和循环经济的发展。

5. 对库区社会发展的影响

江河大型水库建设及运行,导致库区社会发展条件的改变,也引起库区社会结构的局部变化,并对库区民众的传统观念与习俗造成一定冲击。移民的搬迁安置,不仅造成库区人口数量的变化,也带来人口分布的改变,还引起库区部分民众(主要是移民)生产、生活方式的变化。而淹占补偿又触及到众多主体的切身利益,不仅造成财产关系的改变、利益格局的变化,还导致众多的利益博弈,甚至利益矛盾与冲突。这些变化对库区社会发展带来深远的影响。

江河大型水库的建设及运行,打破了库区社会长期所处的封闭半封闭局面,扩大了与外界的联系,促进了与外界的合作,增强了与发达地区的交流,使库区社会的传统观念发生改变,眼界提高、视野扩大,发展意识、维权意识、自主意识增强,教育、卫生、科技、文化发展加快,社会保障水平提高。以三峡水库重庆库区为例,1996—2004年间客运总量增加了120%,邮电业务量增加了721%,高中在校生增加了265%,初中在校生增加了65%,职中在校生增加了150%[1]。目前,城乡居民的最低生活保障、基本医疗保障实现了全覆盖。

江河大型水库淹占城镇的搬迁和移民迁移安置,打破了库区社会原有的稳定,也诱发了一些社会矛盾,对库区社会发展带来深远影响。第一,水库淹占导致部分城镇社区和农村社区解体,社区居民四散分离,失去原有生存与发展的依托,并由此产生一系列心理障碍和现实社会问题。第二,水库非自愿移民的大规模大范围迁徙,涉及众多主体的复杂利益关系,处理和协调的难度极大,加之迁移安置中的诸多实际困难,极易产生社会矛盾,甚至诱发群体事件。第三,由于安置资源的有限,部分移民的安置质量得不到有效保证,造成安置之后生产、就业、生活困难,引起移民的不满、上访或返迁,并由此带来一系列社会问题。第四,移民安置后生产及生活条件改变,有相当部分家庭收入及生活水平下降需要扶持,还有一部分人基本生活困难需要救济,对库区造成不小的财政压力。第五,移民安置以政府为主导,并带有一定的行政强制,当移民安置中或安置后遇到困难和问题,就会将矛头指向政府,甚至采取极端行为给政府施加压力,影响社会稳定。为解决这些社会矛盾,库区不仅要花费大量人力做疏导工作,还要花费巨额财力和物力解决实际问题。以三峡水库重庆库区为例,因城镇迁建和移民安置引发的群体事件每年发生上百起(2001年为304起、2004年为313起),来信来访每年上千起(2001年为1508起、2004年为3475起),失业率上升(城镇登记失业率由2001年的3.7%上到2004年的4.3%),城镇低保人数猛增(由2000年的3.3267万人上升到2004年的14.5597万人)[2],使库区维持社会稳定的压力和财政负担大大加重。

江河大型水库的淹占补偿,关系众多主体利益,涉及多重利益博弈,加之一些技术上的困难,极易引起利益纷争和社会矛盾。首先,水库淹占财物种类繁多、规格各异,对

---

[1] 重庆市统计局、移民局:《1992—2004年三峡工程重庆库区统计资料汇编》,2005年5月。
[2] 同上。

其进行计量难于精准,往往带来纷争;其次,水库淹占财物类型复杂、质量差异大,对其计价也难于精准,目前由中央政府定价也招致了各方非议;再次,在实际的淹占补偿中,对淹占财物计量不足,计价偏低的倾向导致相关主体利益受损,造成社会不公。这些问题使库区政府面临众多的利益矛盾和冲突,处于中央政府补偿规定与民众诉求的夹缝中艰难应对,如果不在补偿政策上作出调整、被淹占财物得不到合理补偿,由此引发的社会矛盾就不可避免。

三、库区在江河大型水库建设及运行中的贡献与损失

江河大型水库建设及运行与库区相互依存的密切关系,使库区的地位与作用凸显。库区对水库建设及运行的资源提供、工程建设及工作任务的承担、成本的分摊与分担以及对相关损失和风险的承受,体现出库区的重大贡献。正是库区的这些贡献,才使中国的江河大型水库工程在批准立项后能迅速开工建设、工程上马后能顺利推进、水库建成后能投入有效运行,并随之带来水库建设及运行的高速度、高效率和低成本。库区在为江河大型水库建设及运行作出贡献的同时,也要承担相应的损失,为水库提供资源使自己拥有的资源减少,承担水库工程建设和工作任务就要消耗人财物力,分担水库建设及运行成本就要增加自身的支出或减少收益。

1. 提供资源并蒙受资源损失

江河大型水库建设及运行需要占用土地资源,也需要有充足的水资源,还要淹没或损毁一部分生物资源、矿产资源、人文历史资源及自然景观资源。这些资源原为库区所有或为库区所用,构成库区资源和财富的一部分,为满足水库建设及运行需要,库区只有放弃这些资源的所有权或使用权,其结果一方面满足了水库建设及运行对资源的需求,另一方面则导致了库区资源的减少。

江河大型水库建设及运行用地主要包括五类:一是水库大坝及辅助设施和配套设施建设占地,分布在坝址及周边河谷地带;二是水库淹没占地,分布在水库最高水位线之下的河谷地区及山间平坝;三是淹占城镇及工矿企业迁建占地,分布在水库周边地势开阔平坦地区;四是淹占基础设施恢复重建占地,分布在水库周边地区;五是水库生态环保占地,分布在水库周边及纵深区域。这些土地绝大多数为库区农用土地,由库区低价或无偿提供给水库建设及运行使用。对于第一、二类占地,由国家按水利设施建设用地的低补偿标准征用,将农村集体土地变为国有土地供水库建设使用。对第三类占地,

由地方政府按城镇建设用地征用补偿标准,将农业用地转为城建用地。对第四类占地,由地方政府按公共设施建设用地低补偿标准征用,将农业用地转为公共建设用地。对第五类占地,在既不征用又无补偿的情况下,通过行政和诱导手段限定用途和使用范围,将农业用地转为生态环保用地。通过土地所有权、使用权、用途的转换,库区为江河大型水库建设及运行提供了所需土地,同时也使自己丧失了大量土地资源。以三峡水库为例,水库淹没陆地面积达 632 平方公里[1],水库淹占城镇、工矿、基础设施迁建占地 110 余平方公里,水库周边在海拔 175—195 米的 20 米高程内建防护林带占地 400 平方公里[2],仅此几类占地,三峡库区就要为水库建设及运行提供上千平方公里土地,损失大量土地资源,特别是损失了河谷地带的优质耕地和园地 2.46 万公顷[3]。

江河大型水库成库使淹占区和水库近岸的历史遗存、人文景观、文化资源受到威胁,有些可能被损毁,有的则会降低其价值,导致库区历史文化资源的减少。水库淹占也会改变江河峡谷风光、急流险滩的原始风貌,使库区独特自然景观资源减少。水库淹占使一些矿产埋入水底难以开采,也使水库周边一些矿产因保护库岸及防治污染不能开采,使库区可利用矿产资源减少。以三峡水库为例,水库蓄水使库区上千处文物需要保护,如著名的屈原祠、昭君故里、大溪古人类遗址、张飞庙、白帝城、石宝寨、白鹤梁便名列其中,少数可以防护或搬迁,大多只能留下影像资料后被淹没。水库蓄水也使长江三峡的雄伟、险峻、奇特风貌减弱,急流险滩消失,虽高峡平湖别有一番景象,但原始自然景观已荡然无存,"两岸猿声啼不住,轻舟已过万重山"的情景不会再有。水库淹占也使库区部分天然气、盐矿不能开采,江滩的沙、石等建筑材料不能利用,水库近岸的金属及非金属矿不能开采,水库周边的煤矿被关闭。

江河大型水库建成后的运行离不开充足的水源保障,特别是发电、供水、抗旱、航运等功能的发挥要以充足的水源为前提。江河大型水库的水源一是来源于库区,二是来源于水库上游江河流域,这两种水源都要经过库区汇入水库,为其提供水源。为保证水库水源的补充,库区不仅需要保持水土、涵养水源,还需要减少对入库水源的拦截,实施节约用水、减少水资源消耗,这便给库区水资源的利用施加了一定约束。同时,为了保持水库水质良好,库区还要搞好水环境治理,防治水库水体污染,从而增大水资源保护的责任与压力。再者,江河径流本属公共资源,但一经水库拦蓄,库段江河水资源就在一定程度上被政府和水库业主所控制,库区要利用这些水资源就会受到一定限制。

---

[1] 王显刚主编:《三峡移民工程 700 问》,中国三峡出版社 2008 年版,第 29 页。
[2] 戴思锐、徐江等:《三峡水库重庆库区消落区利用规划(研究报告)》,2004 年 4 月。
[3] 长江水利委员会编:《三峡工程经济研究》,湖北科学技术出版社 1997 年版,第 7 页。

2. 提供社会支持和生态环境支撑

江河大型水库建设及运行离不开社会的支持,这种支持主要体现在社会公众及相关机构的认同、配合、参与、支持上。库区与水库关系最为直接也最为密切,库区的社会支持对江河大型水库建设及运行尤为关键。江河大型水库的建设及运行也离不开生态环境的支撑,这一支撑主要涉及水库的库岸防护、周边森林防护及水土流失治理、污染防治与水环境安全、生物多样性保护、地质灾害防治等方面,而这些支撑主要是由库区提供,库区的生态环境对江河大型水库建设及运行影响极大,所及范围涵盖成本、效率、安全、寿命等诸多方面。

库区的社会支持,首先表现在公众对江河大型水库建设及运行的认同与配合上。库区人民群众受"国家兴亡匹夫有责"传统文化影响,及共产党和人民政府的长期教育、引导,赞同和支持江河大型水库建设及运行。淹占区的居民愿意舍弃世代生存繁衍的家园让出土地,水库周边的居民愿意让出部分土地用于安置移民、淹占城镇及工矿企业迁建、淹占基础设施恢复重建,并且接受(虽不情愿)较低的土地征用补偿和财物淹占补偿,按政府要求和水库建设及运行需要,支持和参与相关工程建设和工作开展,参与水库运行管理、维护水库安全。正是库区人民群众的有力支持,才使江河大型水库得以顺利建设、有效运行并降低成本。库区人民对江河大型水库建设及运行的支持,虽有政府组织动员和行政强制的作用,但人民群众的真心认同和拥护才是根本。以三峡水库为例,若没有人民群众的认同与配合,在短期内完成3.18万公顷农地征用、3479.47万平方米房屋拆迁、129座城镇迁建、1599家工矿企业拆迁[1]、大量淹占基础设施的恢复重建是根本不可能的,130余万移民[2]的迁移安置更是不可想象的。

库区的社会支持,还表现在库区政府及相关部门对江河大型水库建设及运行的支持、参与及扶助上。库区各级政府及相关部门以"局部利益服从全局利益",向人民群众广泛宣传江河大型水库建设的目的意义,组织动员广大群众支持和参与水库建设,主动参与水库建设的各项前期工作,积极承担诸如淹占补偿、移民安置等复杂而艰巨的工作任务,组织群众及相关部门完成淹占城镇、工矿、基础设施的迁建与重建,努力完成水库周边生态环境保护的相关工程建设,认真做好移民安置的生产恢复、生活保障工作,参与水库运行管理及保障水库安全,并为部分工作开展和工程建设分担成本。正是由于库区各级政府所作的巨大努力及给予的有力支持,才使江河大型水库的建设及运行减

---

[1] 长江水利委员会编:《三峡工程经济研究》,湖北科学技术出版社1997年版,第7页。
[2] 王显刚主编:《三峡移民工程700问》,中国三峡出版社2008年版,第29页。

少了许多障碍和困难,得到多方的协同与配合,并为顺利建成和有效运行创造了条件。例如三峡水库在建设及运行过程中,湖北省和重庆市各级政府都成立了移民局,组织实施淹占调查与补偿、移民迁移安置及后期扶持,协调和解决相关矛盾及纠纷,各级政府组织实施淹占拆迁和恢复重建,积极完成相关工程建设,并提供相应财政支持,为水库建设及运行提供了良好社会环境。

库区为江河大型水库提供生态环境支撑,主要体现在对水库周边生态环境的保护与改善上。由于现行的水库建设未将周边生态环境保护与改善纳入预算,故这方面的工程建设及工作任务由库区承担,中央政府根据水库建设及运行的要求,将生态环境保护与改善作为库区建设的任务交由库区完成。如此一来,水库库岸防护林及周边生态防护林、水土保持工程、点源及面源污染防治工程的建设及运行与维护的任务就落到了库区头上,库区各级政府和人民群众按中央政府要求完成这些任务,为江河大型水库的顺利建设及建成后的安全运行提供生态环境支撑。

3. 库区直接承担水库建设及运行的大量工作并分担成本

在江河大型水库建设及运行的现行体制下,很多实际工作(特别是大量的群众工作)不是由水库业主承担,而是交由库区各级政府完成的。所涉及的工作主要包括淹占土地补偿、淹占财产补偿、移民迁移安置及安置后的生产及生活保障、淹占城镇及工矿企业的迁建规划与组织、淹占基础设施恢复重建的规划与组织实施、生态环境保护的组织动员及实施等,有些工作由库区独立完成,有的工作由库区与水库业主合作完成;有的工作由库区承担成本,有的工作由水库业主承担成本,有的工作则由上级政府进行财政补贴。

江河大型水库建设及运行淹占范围大,征用的土地多,且这些土地绝大多数是农村集体所有的农用地,又为数以千计甚至万计的农户承包经营。要从众多的土地所有者和使用者手中征用大量土地,不仅要做大量的说服教育工作让他们放弃土地,还要调查掌握被征土地的权属、类型、产出,为补偿提供依据,也要给被征土地的所有者和使用者一定补偿,为在迁入地获取土地提供条件。在中央政府对征用土地计算范围、分类标准、补偿标准作出严格规定的条件下,由库区各级政府完成征地工作,使其面临艰巨的任务和巨大的困难:一是土地被征使大批农民失去基本生产资源,就业与生计受到极大影响,要让其放弃土地难度极大;二是淹占土地中只有一部分(耕地、园地、林地、已利用河滩地)计入补偿面积,而其余土地白白占用,土地所有者和使用者难以接受;三是淹占土地面积按图量算而不经实际测量,导致量算结果与实际淹占面积不符(一般偏小),土地所有者和使用者有异议;四是淹占土地征用补偿标准太低,造成土地所有者和使用者利益受损；五是被征用的河谷土地产出水平高，土地所有者和使用者不愿轻易放弃。这些因素加在一起，使库区各级政府要花费极大精力做大量的群众工作，对突出的问题还要花费一定财力和物力进行解决，对迁建和恢复重建用地还要提高补偿标准、贴付一部分征地成本。

江河大型水库建设及运行产生的城镇和农村移民，也是由库区各级政府为主导进行迁移安置。由水库移民自身特点及安置资源的有限所决定，移民安置任务极为繁重、工作难度很高。首先，移民数量庞大，安置工作面大量广。其次，安置资源有限，难以保证安置质量，更难满足移民要求。再次，移民迁往外地生产、生活充满不确定性，顾虑较多。在这种情况下，库区各级政府不仅要寻找合适的安置地点，并为移民创造基本生产、就业、生活条件，还要做艰苦耐心的说服动员工作，组织实施移民迁移安置，并解决移民安置后的各种困难。为促进移民安置的稳定，库区各级政府还要花费人财物力加强对移民区的建设，促进移民生产发展，就业增加、收入提高，并对贫困移民实施救助。库区不仅承担了艰巨的移民安置任务，而且还为此付出了巨大的成本。如三峡水库的130余万移民，从1984年试点开始至2009年基本完成历时25年，库区所承担的工作、付出的艰辛、分担的成本之大可想而知。

江河大型水库建设及运行要淹占城乡居民和企业事业单位大量财产、物资，其补偿工作也由库区各级政府完成。由于淹占财物的复杂性及与众多主体直接利益的相关性，使淹占财物的补偿比淹占土地补偿更为困难。一是淹占财物种类繁多、规格质量复杂，在数量确认、质量评价上容易产生分歧。二是淹占财物计价十分复杂，有时难以找到参照和依据，在补偿计价上不易达成共识。三是中央政府对淹占财物规定的计量范围不全、补偿标准太低，导致相关主体不满，甚至不接受。面对这些困难，库区各级政府和公务人员一方面要花费大量时间和精力进行说服动员，使相关主体顾全大局并接受规定的补偿；另一方面还要重视解决相关主体在迁移、重建中的实际困难，在其他方面给予一定的损失补偿；再一方面采用一定的行政强制，完成补偿任务。如此一来，不仅使库区承受巨大的工作压力，还要分担部分补偿成本，有时还要冒与群众发生对立及冲突的风险。

江河大型水库淹占城镇及工矿企业迁建、淹占基础设施（交通、通信、能源、水利）的恢复重建，在经费包干的条件下由库区各级政府组织实施，并在规定时间内完成。由于城镇迁建、工矿企业迁建、基础设施重建涉及规划设计、土地征用及占地农民安置、施工建设及组织管理等一系列工作，库区各级政府要花费大量人力、物力及财力才能完成。加之库区对城镇和工矿企业迁建和基础设施重建要考虑未来经济社会发展的需要，建设的规模、规格、标准一般较高，包干经费往往不足，需要库区自己追加建设投资。其结果便造成库区在承担繁重搬迁重建任务的同时，还要分担一部分搬迁重建成本。

4. 库区直接承担不少工程项目并分担成本

在现行体制下，很多本属江河大型水库建设及运行的工程项目，特别是水库生态环保及安全保障项目，既不由水库业主承担，也不由水库业主出资（未纳入预算），而是交由库区各级政府、企业及民众承担并分担成本。这类工程项目主要有库周城镇高标准污水处理工程和垃圾处理工程、工矿"三废"高标准治理工程、库区农业清洁生产及废弃物治理工程，水库护岸林工程及生态防护林工程、库区水土保持工程等。这些工程建设规模和投资巨大，运行及维护成本高，中央和省级政府虽给予一定资助，但建设任务和投资责任仍主要由库区担负。

江河大型水库自净能力弱，为防治水体污染，必须对库周城镇污水和垃圾、工矿企业"三废"、农业面源污染进行高标准治理，减少污染物入库。污染防治虽属库区经济社会发展的职责与义务，但为保护水库水质，防治标准和要求大为提高，这便导致库区治污范围扩大、治污设施建设及运行成本增加，治污任务加重。以三峡水库为例，为使水库达到Ⅱ类水体，库周污水处理能力要达到500万吨/日，出水质量要达到国标一级A标准，污水处理厂建投资要因此增加35亿元左右（增加20%左右）、每年的运行费也要增加5.4亿元左右（增加30%左右）。同理，三峡库区的垃圾处理、工矿"三废"治理、农业面源污染治理的设备投资和运行费也要增加且数额巨大。这些增加的治污任务和投入是为保护水库水质而产生的，却在上级政府要求下由库区承担。

为稳定江河大型水库库岸及对近库坡面进行防护，需要在水库最高水位线之上建库岸防护林和生态防护林，其造林及营林任务也由库区承担。由于江河大型水库一般较为狭长、库段江河还有不少支流及沟谷，故库岸很长、库岸防护林和生态防护林的造林占地面积很大，造林任务很重，且投资巨大。在未纳入水库建设预算的情况下，库岸防护林和生态防护林是在中央和省级政府补贴下由农民植造和管护。如此一来，库区各级政府不仅要组织、指挥、指导农民植造和管护库岸防护林和生态防护林，而且还要担负一部分投资；而库周农民不仅要将部分承包地用于植造库岸防护林和生态防护林，同时还要承担造林及营林的劳动投入和部分资金投入。以三峡水库为例，若在海拔175—195米高程范围内植造护岸林和防护林带，造林面积将达400平方公里左右（仅重庆库区即有295平方公里），以新造林和现有林地改造平均投资750万元/平方公里、育林和管护费每年45万元/平方公里的标准计，即使不考虑占地成本，库岸防护林及生态防护林植造也需投资30亿元以上，每年的育林及管护费达1.8亿元以上，这些投入大多要由库区农民及各级政府承担。如果造林占用农民承包地要征用，则所需征地费至少在 120 亿元（以 3000 万元/平方公里计）以上，这一土地成本完全由库区农民承担。有人还主张在三峡水库两岸山脊以下坡面建植防护林，则面积将达 1000 平方公里左右，库区承担的造林任务和分担的成本还会大幅度增加。

为防治江河大型水库泥沙淤积，要在库区开展大规模水土流失治理。一方面要在库区建设水土保持林，使森林覆盖率达到 45% 以上（比一般地区高 10 个百分点左右），减少水土流失范围，降低水土流失强度；另一方面要在库区建设水土保持工程设施，防治泥沙进入水库。库区建设水土保持林和水土保持工程设施涉及范围广、建设规模大，不仅需要巨额建设投资，还需要不少的维护费用，在现行体制下主要靠库区各级政府组织农民建设及维护，其投入主要由库区农民承担（政府给予一定资助和扶持）。水土保持虽属库区生态环保任务，但超出一般地区要求的建设任务及投资都因保障水库安全而发生，由库区农民和各级政府承担无疑是对水库建设及运行的贡献。以三峡水库为例，为了防治水库泥沙淤积要提高库区森林覆盖率 10 个百分点，增加的林地面积将达到 5600 平方公里以上，以新造林和现有林地改造平均投资 300 万元/平方公里、每年育林和管护费 7.5 万元/平方公里的低标准计，增加的造林及残次林改造投资将达 168 亿元，每年增加的育林及管护费将达 4.2 亿元，这一繁重的建设任务和巨额投资都主要由库区农民和各级政府承担。

5. 库区直接和间接承受多种损失

江河大型水库建设及运行不可避免地要带来损失，其中多种损失都与库区相关，并由库区直接和间接承受而又得不到相应的补偿。水库给库区造成的损失发生在规划论证、勘测设计、工程建设、建成运行的各个阶段，有些损失是由水库建设及运行直接造成的，有些损失则是由此诱发的，有些损失的发生具有确定性，有些损失发生则具有随机性，有些损失只发生一次或少数几次，有些损失则反复发生。由水库导致损失的特点所决定，库区承受这些损失具有多样性、反复性及长期性的基本特征，有时也具有突发性、随机性的特点。

在江河大型水库建设的规划论证阶段，其库区的大中型基础设施建设、新兴产业发展（特别现代工业发展）、传统产业的重大技术改造、大规模城镇建设与发展都会暂缓，中央和省级政府既不会将重要建设项目布局在这类地区，也不会向这类地区进行大规模投资，民间资本进入这类地区也会受到多种限制。在此期间，这类地区的经济社会发展就会十分缓慢，甚至处于停滞状态，如果规划论证的时间很长，就会失去很多发展机会、丧失发展时机。以三峡水库为例，因建设规划论证历时 40 年（新中国成立后）久拖不决，湖北宜昌市和恩施州及原四川的万县、涪陵、黔江地区，在此期间国家投资极少

(据粗略统计每年人均不足5元),基础设施建设严重滞后(无铁路、无高等级公路、无机场、无大型码头、无大中型水利设施、通信网和电网极为落后),几乎没有现代工业和现代服务业,农业以传统种养业为主,城镇发展缓慢,经济社会发展耽误了几十年,造成这一地区经济落后、人民贫困。

在江河大型水库的工程建设阶段,因淹占、拆迁、移民及承担某些工程项目建设,使库区蒙受资源损失和发展损失。首先,水库淹占城镇及基础设施迁建使库区失去河谷地带的优质土地,对农业生产造成一定冲击和损失,且这一损失是永久性的。其次,水库淹占了库区工业最集中、城镇最密集、基础设施条件最好的河谷地区,使库区原有的工业、城镇、基础设施的主体部分遭到破坏,虽要恢复重建,但有相当部分工矿企业无力恢复生产,迁建城镇功能恢复也需要数年,基础设施恢复重建也需花费三五年时间,在恢复重建期内库区工商业发展会遭受不小的损失。再次,在水库大坝枢纽工程建设的同时,库区要开展多种生态环保工程建设,并为此消耗大量人财物力,挤占一部分其他建设投入,从而导致经济社会发展的部分损失。以三峡水库重庆库区为例,1997年工矿企业大规模拆迁导致工业下降,历时八年才恢复到拆迁前的水平(以拆迁前的1996年工业增加值指数为100,1997年下降到93.1,2001年下降到89.8,2002年回升至91.5,2003年回升至96.5,2004年才达到102.2)[①],其发展损失十分巨大。同时,库区要改扩建和新建300余座污水处理厂、100余个垃圾处理厂(场),配套投资数额庞大,在库区财力不足的情况下,势必影响工业、农业、服务业及基础设施建设投资,又会造成一定的发展损失。

在江河大型水库建成运行之后,库区不仅要为保障水库安全而承受某些发展损失,而且还要遭受水库运行所带来的一些灾害损失。一是库区在水库周边地区建设生态屏障,要将大量土地用于植树造林,失去了发展其他农业项目获得收益的机会。二是为防治面源污染,库区农业要减少化肥、农药使用,可能导致减产减收,同时还要控制畜牧业发展规模,导致规模损失。三是为防治工业污染,库区工业发展的环评标准提高,一些高附加值工业项目不能在库区发展,使库区失去很多发展机会而受损。四是水库蓄水易于引起库周近岸滑坡和危岩崩塌,库区要遭受地质灾害损失。五是水库蓄洪会导致库尾地区水位上涨,引发洪灾,使库尾地区蒙受洪灾损失。以三峡库区为例,水库近岸大量土地用于造林使粮油生产受到不利影响,库区农业生产结构强制性调整和清洁生产要求提高使生产成本上升、效益下降,库区天然气化工和盐化工产业发展受限而失去巨大发展收益,水库蓄水后库区地质灾害急增(2002—2004年分别为568起、1249起、

---

① 据重庆市统计局、移民局《1992—2004年三峡工程重庆库区统计资料汇编》资料计算。

1543起)、经济损失增大(2002—2004年分别为20636万元、29817万元、50714万元)、人员伤亡猛增(2002—2004年分别为26人、58人、105人)[①],2007年7月水库蓄洪导致库尾沙坪坝、九龙坡、大渡口、江津的沿江低洼地区被淹并造成重大损失就是明证。

四、库区发展的必要性和重要性

库区与水库相伴而生,二者存在密不可分的关系。水库的建设及运行对库区发展产生重大影响,而库区的发展又对水库建设及运行发挥重要决定作用。库区是一个特殊的地理区域,不仅有特定发展目标和建设任务,更有自身的利益诉求。从损失补偿的角度,库区在为江河大型水库建设及运行投入大量人财物力之后,应当得到相应回报。从社会公平的角度,江河大型水库的建设及运行应当维护库区的合法权益。从水库与库区关系的角度,二者应当相互促进,实现互利双赢。而要达此目的,库区的发展就必须认真解决。

1. 加快库区的发展是其自身的迫切需要

江河大型水库库区由于自然条件、区位条件不利及社会、政策、人为因素的影响,长期处于封闭(半封闭)落后状态,经济发展严重滞后,社会发展极为缓慢,生态环境十分脆弱,原本就面临繁重的建设与发展任务。库区为改变贫困落后面貌虽经多年艰苦努力,但终因基础设施建设投资巨大、产业发展受资源和市场约束强烈、新的生产要素进入受阻、对外物资及信息和技术交流困难、上级政府扶持力度太小等方面的限制,单靠自身力量难以摆脱困境,更难步入快速发展的轨道。对于这类地区,如果没有中央和省级政府的大量投入,基础设施建设很难完成,发展条件也得不到改善。如果没有新的生产要素进入,尤其是资金和技术的引进,新的产业体系就不可能形成,经济也不可能有大的发展。如果与外界不进行充分的物资、信息、要素交流,经济社会发展就不可能走出低水平循环的怪圈。库区在江河大型水库建设前并无优势可言,难以得到上级政府和外界的有力支持,故其发展十分困难,成为贫困落后的地区,有的甚至是连片的贫困地区。如三峡库区因山高谷深、交通不便、国家投资少、外部资金及技术进入不足等原因,在三峡水库建设前的40余年内发展缓慢,26个县(区、市)中有11个贫困县,库区腹心地带更是连片贫困地区。

对于长期建设不足、发展缓慢、原本贫穷的库区,当地各级政府和广大群众具有加

---

① 据重庆市统计局、移民局《1992—2004年三峡工程重庆库区统计资料汇编》资料计算。

快发展改变落后面貌的强烈愿望和内在动力,并通过艰苦的努力取得一定进展,只不过因条件的限制和自身力量的不足未达到理想的效果。在这种情况下,中央和省级政府以及社会公众有责任和义务为其发展创造良好条件,为其建设提供必要帮助和扶持,使其尽快跟上全国发展的步伐。这不仅是促进区域协调发展的需要,也是消除贫困的需要,还是实现社会公平的需要。政府和社会对库区这一类贫困地区的扶持,应从国家经济社会发展和生态保护的宏观高度着眼,而不应囿于即期投资回报,只要这类地区走上了快速发展轨道,国家的整个经济社会发展和生态环境保护都会得到显著改善。

江河大型水库的建设及运行,对库区发展无疑是千载难逢的机遇。水库建设及运行使库区基础设施得到根本改善,经济社会发展的基础条件约束被消除。中央政府对库区发展的优惠政策,极大改善了发展的社会环境。水库建设的巨额投资,对库区发展提供了前所未有的资金支持。水库建设及运行对人财物力的巨大需求,对库区发展产生巨大的拉动。但是,条件的改善并不能自然带来库区的发展,水库的建设与库区的建设也并不完全一致。实践证明,如果水库的建设及运行不重视库区的发展要求和权益保护,则可能对库区发展造成阻碍。如果库区不主动利用水库建设及运行带来的机遇,则库区的发展不会有大的进展和起色。如果水库建设及运行不与库区的建设发展协同、整合,则库区不仅难以步入发展的快车道,还可能遭遇新的约束和困难。中国在1990年代之前的江河大型水库建设中,忽视库区发展、导致库区贫困落后的延续,以致诱发社会、经济矛盾,就是极其深刻的教训。

2. 促进库区的发展是对其所受损失的必要补救

江河大型水库的建设及运行,使库区丧失某些发展机会而受损,这些损失只有通过促进发展才能得到补救。首先,江河大型水库建设工程要经过周密的规划、科学的论证、严格的审批才能开工,耗时短则十余年、长则几十年,在这一时期库区发展因受多种限制而遭到抑制,以致很多大好发展机会被迫放弃,在其他地区飞速发展时只能等待,导致经济社会发展的缓慢和停滞,拉大了与其他地区的发展差距,甚至造成贫困落后。当水库建设工程上马之后,就应当努力促进库区的发展,把耽误的时间抢回来,缩小与其他地区的发展差距,尽快赶上全国发展的步伐,从而使库区在水库建设前遭受的损失在水库建设后得到及时补救。否则,库区就难以赶上全国发展进程、长期处于落后状态。其次,为防治工业对水库的污染,库区内禁止发展污染较重或发生污染事故风险高的工业项目,使库区失去发展这类产业的机会而受损。如三峡水库周边就禁止发展天然气化工和盐化工产业、禁止采矿,使库区失去发展这些产业的机会而蒙受巨大损失。

如果促进三峡库区低污染或无污染的工业发展，其机会损失便可得到补救，否则其工业发展就会受到严重影响。再次，为防治农业对水库的污染，对库区畜牧业、高耗化肥和农药的种植业也有一定限制，使库区农业失去一些发展机会而受损，如果不对高效生态农业发展进行扶持，库区农业发展空间也会被挤压。

江河大型水库建设及运行，会淹占库区大量土地、工矿企业和城镇、基础设施，对库区工业、农业和服务业造成不小的冲击，并带来很大的损失。土地的大量占用，使库区用于农业发展的基本资源减少，并失去产出水平高的河谷农区，粮食、油料、蔬菜、水果生产都会遭受一定的损失，畜牧及水产业也要受到不利影响，其损失不仅数量不少，而且具有长期性。如三峡水库淹没耕地 1.72 万公顷、园地 0.74 万公顷，库区每年减少粮食生产 15 万吨以上、水果 10 万吨以上。淹占工矿企业搬迁，使有些失去生产条件，有些无力恢复生产而破产倒闭，库区在一定时期内工业生产能力大幅度下降，损失严重。如三峡水库淹没工矿企业 1599 家，在搬迁过程中绝大多数破产倒闭，导致库区在 1997—2003 年间工业大幅下滑，到 2004 年才恢复到 1996 年的水平。城镇的大量淹占，使库区原有商业、交通、物流体系遭到破坏，在迁建后的相当长时间内才可恢复，其间的损失十分巨大。如三峡水库淹占城镇 129 个，迁建短则几年、长则十余年，其间库区城镇功能受到削弱，城镇经济发展受到很大影响。在这种情况下，只有努力推进库区传统农业改造和现代农业发展、工业结构和布局调整及新兴工业发展、传统服务业改造与现代服务业发展，才能使库区化解冲击并走上健康发展轨道。否则，库区就会在水库淹占冲击下举步维艰，并变得更为落后和贫困。

江河大型水库建设及运行，还会给库区带来一些灾害和负担，使库区蒙受一些损失。一是在洪水发生时水库的蓄洪调洪会抬高库尾水位，使库尾地区遭受洪灾损失。如三峡水库 2007 年 7 月中旬因蓄洪导致长江干流库尾地区遭受洪灾，低洼地区被洪水淹没、房屋及道路严重受损、工厂设备及农作物被毁，并造成人员伤亡。二是水库蓄水导致近岸区域滑坡增加、危岩垮塌，毁坏土地、道路及房屋，给库区居民的生产、生活及生命财产造成损失，且这一地质灾害在水库建成后的数十年内都会发生，其危害时间很长。三是因泥沙在库尾沉积，使库尾河床抬升，导致库尾河段行洪不畅，造成库尾地区土地退化、洪灾频发、损失惨重。如三门峡水库造成渭河严重淤积，河床抬高，沿岸大片土地沙化。面对这些灾害及损失，应当加强防灾减灾的能力建设以减轻危害，建立有效的补偿机制使库区实现灾后恢复重建。否则，库区在反复遭受灾害重创后难以恢复和发展。

3. 扶持库区发展是对其所作贡献的应有回报

库区不仅为江河大型水库建设及运行提供土地资源、水资源，而且实际承担水库工程建设的不少项目并为之付出成本,同时还承担了大量的艰巨工作任务并为此消耗大量人财物力,作出了巨大贡献。在现行水库建设体制下,对于库区的这些贡献,既未通过市场交易机制进行足额补偿,又未通过利益分享机制给予回报,所能得到的多为精神上的褒奖。对资源和人财物力有限而又急需发展的库区而言,如果将其稀缺的资源、资金、物资、人力投入水库建设及运行又得不到回报,就必然造成其发展受损。在这种情况下,通过扶持库区的发展,并使之从中获得相应报偿就显得非常必要。

江河大型水库建设及运行要占用大量土地,不仅水库枢纽工程建设要占地、水库成库要淹地,淹占城镇、工矿、基础设施恢复重建要占地,移民安置要占地,而且水库生态环境保护也要占用土地,这些土地都由库区提供。按现有规定,水库淹占土地按基础建设用地征用、补偿按征用前三年单位面积平均产值的 6—30 倍计算(实际按 7—10 倍计补),淹占城镇迁建占地按城建用地征用、补偿按征用前三年单位面积平均产值的 9—30 倍计算(实际按 9—15 倍计补),淹占基础设施恢复重建占地按基础设施建设用地征用、补偿按征用前三年单位面积平均产值的 6—15 倍计算(实际按 6—9 倍计补),移民安置用地在安置地进行调剂、按淹占土地补偿标准对迁入地进行补偿,水库生态环保用地不进行征用和补偿、由库区通过土地利用结构调整自行解决。由于被征用土地基本为农地,产出水平不高(未利用土地还无产出),加之计补年限过短,造成征地补偿多则每公顷十余万元,少则每公顷 3—5 万元,而且还有一部分不计补偿,使库区以远低于市场价为水库建设及运行提供土地,等于为水库建设及运行分担了大部分征地成本。同时,水库周边生态环保用地(库岸防护林和生态防护林占地、水土保持林占地等)既不征用也不补偿,使库区无偿为水库建设及运行提供大量土地,亦等同地为其承担这些用地的成本。以三峡水库为例,坝区和水库占地 647.28 平方公里、淹占城镇迁建占地 58.1 平方公里(规划数,实际占用比此多),淹占基础设施复建占地 22.76 平方公里、淹占工矿企业迁建占地 33.3 平方公里,若按 1993 年征地时的较低市价(城镇和工矿建设征地 0.45 亿元/平方公里、基础设施建设征地 0.15 亿元/平方公里)计算,水库建设征地补偿价不足市场价的一半,库区征地损失补偿 75—80 亿元。若将未纳入征用的水库生态环保用地计入补偿范围,则库区损失的征地补偿就更大,这等同于库区为三峡水库建设及运行承担了巨额用地成本。在库区作出如此巨大贡献后,应当通过扶持其发展加以回馈。

在江河大型水库建设及运行中,库区承担了不少工程建设项目,并为此承担了部分或全部成本。一是承担水库周边城镇污水和垃圾高标准处理和工业"三废"高标准治理工程建设,并分担部分建设投资和全部运行费用。二是承担水库护岸林和生态防护林工程建设,并分担绝大部分造林和抚育成本(中央政府有少量补贴)。三是承担水土保持工程建设(含水土保持林建设和水保工程设施建设),并全部承担建设和管护成本。

四是承担水库周边地质灾害防治工程,并承担监测防治费用。五是承担水库周边农业面源污染防治工作,并承担设施建设投资及运行费用。这些工程建设都是为水库安全持久运行服务的,库区承担建设并投资,贡献很大,应当通过扶持库区的发展使其得到应有回报。

在江河大型水库的建设及运行中,有大量艰难复杂的工作是由库区承担并完成的,而且还为此消耗了大量人财物力:一是承担土地征用及补偿工作,二是承担淹占财物的补偿工作,三是承担淹占城镇、工矿、基础设施的迁建和恢复重建工作,四是承担移民的迁移安置工作,五是承担水库安全管理的部分工作。这些工作虽然都有相关项目的投资,但由于涉及面广、工作量大、又牵涉众多主体和民众的切身利益,加之各种政策的约束、工作任务十分繁重、难度极大,库区在完成这些工作时不仅要消耗大量人力,有时还要投入一定的财力和物力。以三峡水库为例,这些工作由库区来做,历时20余年,各级政府组织专门力量、动员大量人力、贴补不少财力和物力才得以完成,并为水库建设及运行节省了大量投资。对库区在这些工作中所作出的重大贡献和巨大付出,只有通过扶持其发展,促进其走上快速发展的轨道并从中受益,才能使其得到应有的报偿。

4. 促进库区发展是江河大型水库建设及运行的需要

库区为江河大型水库建设及运行提供特定的社会环境和生态环境,这种社会环境和生态环境对水库建设及运行产生重大影响。库区良好的社会环境可以为水库建设及运行提供优越的条件,使工程建设顺利开展、运行安全进行,并能节省成本。库区良好的生态环境可以保护水库安全、运行稳定,并延长使用寿命。而库区社会环境和生态环境的优化,是要通过经济社会发展和生态环境保护才能实现的,即只有通过库区的发展,才能为江河大型水库建设及运行提供良好的社会环境和生态环境。从这个意义上讲,库区的发展应当作为水库建设及运行的组成部分,进行认真筹划和切实推进。

江河大型水库建设要淹占大量农村和城镇居民拥有及使用的土地、房屋、生产及生活设施、私人财产及物资,涉及土地征用、淹占补偿、移民迁移等一系列复杂工作。只有当这些居民愿意放弃原有家园、接受所给予的补偿、接受迁移安置,才能为水库建设提供所必需的土地,为工程建设创造必要的条件。只有淹占的企事业单位协同配合,愿意接受规定的补偿与迁建,水库建设才可能获得这部分土地资源。也只有库区各级政府愿意接受并认真完成征地、补偿、迁建复建、移民安置等工作任务,这些工作才可能顺利完成,为水库建设创造良好条件。居民的愿意、企事业单位的配合、地方政府的接受,是由这几类主体对江河大型水库建设的认同与支持决定的,而这种认同与支持不仅与对中央决策的信任及对国家发展大局的顾全相关,也与水库建设对他们带来的利益及损失相连。作为利益主体,如果水库建设能有力促进库区发展,给他们带来巨大的预期利益,其认同与支持程度就越高,江河大型水库建设的社会环境就越好,工程建设及相关工作就越顺利。否则,其认同与支持程度就会大打折扣,水库工程建设及相关工作就会遭遇众多障碍而困难重重。因此,促进库区发展,增加库区各类主体的利益预期,是为江河大型水库建设创造良好社会环境的有效途径和手段。

江河大型水库的安全持久运行有赖于良好的生态环境,库岸防护林可以稳定和保护水库的库岸、防止崩塌,库周生态防护林可以提供生态保护屏障、保障水库安全,库区水土保持可以防治水土流失、减少水库泥沙淤积,库周点源和面源污染治理可以防治污染物入库、保障水环境安全。库区良好的生态环境是要依靠有效的保护和相关工程建设才能实现,生态环境保护是库区发展的重要组成部分,只有当库区的发展受到重视并取得进展,江河大型水库的生态环境才可能改善,安全持久运行才会有可靠保障。同时,库区的生态环境保护要花费大量的投入,且这类投入不能像经济建设项目那样通过运营收回投资和获利盈利,这就需要有一定的补偿机制。对库区生态环境保护的补偿,除上级政府及水库业主的直接投资、补贴外,更重要的就是扶持和推进库区的经济社会建设与发展,使其通过有效的建设与发展,改善和优化生态环境,为江河大型水库安全持久运行提供可靠的生态环境保障。

江河大型水库建设及运行产生的移民大多在库区安置,如三峡水库130多万移民只有20万左右迁出库区,其余都在库区内安置。移民搬迁安置不易,但安置后的稳定更难,要让移民在迁入地稳定下来,就要解决好他们的生产、就业和生活,同时还需要为他们创造良好的发展条件,这就需要加快库区的发展。通过基础设施和公共服务设施建设可以改善移民生产及生活条件,通过传统农业改造和现代农业发展可以增加农村移民收入,通过二、三产业发展可以增加城镇移民就业,通过社会事业发展可以为移民提供科技、教育、卫生服务,通过社会保障体系建设可以为移民提供基本生活保障。因此,扶持和促进库区的发展,能有效推动移民发展生产、增加就业,提高收入,增强移民安置的稳定性。

5. 促进库区发展是协调全局与局部利益的需要

江河大型水库是国家重要基础设施,其建设及运行是为了解决全国或流域经济、社会发展中的重要问题,代表全局利益。库区作为一个特定地域,有其建设与发展目标,也有其增强经济实力、提高社会发展水平、增加居民收入、改善居民福利的利益追求,代表局部利益。水库建设的全局利益与库区发展的局部利益在某些方面表现出较高的一致性,但在另一些方面也表现出明显的矛盾甚至冲突。当二者出现矛盾和冲突时,总是以"局部利益服从全局利益"为由,以牺牲库区利益为代价,去换取水库的利益。如此一来,不仅使库区利益受损,而且给水库建设及运行造成不少障碍,并带来一系列经济社会矛盾。

江河大型水库建设及运行虽可带来库区基础设施条件的改善、发展机会的增多,但对土地的大量占用、城镇和工矿企业的搬迁、生态环保要求的提高,使库区农业、工业、服务业受到不小的冲击,并面临布局与结构调整、生产经营方式转变、技术变革与更新等艰巨任务。由于基础落后、财力薄弱,单靠库区自身力量难以完成这些任务,如果缺乏必要的扶持和帮助,可能导致库区经济发展的低迷与停滞。在低成本占用库区大量资源、对经济社会发展造成冲击、对产业发展带来较大约束的情况下,江河大型水库建设及运行在某些方面损害了库区的合法权益。这种为获取水库利益而对库区利益的损害,不能简单以"局部利益服从全局利益"为由强加于库区,而应以扶持库区发展的方式进行弥补,即通过资金、技术、人才的扶助,促进库区的经济发展和社会建设,协调水库建设与库区发展的利益关系。之所以应当如此,一是因为江河大型水库的建设及运行除实现防洪、发电、供水、航运等功能外,本身就有促进所在地区经济社会发展的责任和义务;二是因为江河大型水库的建设及运行所追求的全局利益理应包含库区的利益,不能撇开库区的利益去追求所谓的全局利益;三是若以损害库区利益去追求水库的利益,会引发众多经济及社会矛盾,最终将导致水库利益的损失。

江河大型水库建设及运行中的不少工程项目和实际工作是由库区完成的,库区实际上为水库建设及运行分担了相当一部分成本。在库区为水库建设及运行分担成本又得不到补偿和回报的情况下,其利益受到明显损害,一是使库区白白失去大量资源(特别是土地资源),二是使库区的大量人财物力消耗没有回报,三是挤占了库区发展的资源和要素。这种将水库建设及运行的部分成本转嫁给库区做法,不能以"局部利益服从全局利益"为理由,也不具有公正性和合理性,除应当对库区所作贡献给予必要的补偿外,还应当通过扶持其发展使之得到相应的回馈。这一方面因为库区不能以投资人的身份直接分享水库经济利益,让其承担建设及运行成本有违常理,如果库区实际分担了成本就应得到回报;另一方面因为江河大型水库建设及运行效益好、投资回报高,没有必要将一部分成本转嫁给库区,贫困的库区若实际分担了成本更应得到较高的补偿和更多的回报;再一方面因为库区人财物力十分有限,让其承担某些水库工程建设和工作任务,在现实条件下无力完成,只有扶持其发展使实力增强,才有可能完成这些艰巨任务。

库区作为江河大型水库所在的特定区域,其建设与发展水平不仅和自身利益直接相关,而且和水库建设及运行的利益紧密相连。如果水库的建设及运行有效推动了库区建设的加快和发展水平的提高,库区不仅能因此而受益,而且在实力增强后会对水库建设及运行提供更多的支持,使其功能充分发挥、效益更好。如果水库的建设及运行阻碍了库区的建设与发展,甚至损害了库区的利益,则库区不仅会因此而受损,而且在受损后会对水库建设及运行产生反感和对立,使其遭遇诸多困难和障碍,功能难以充分发挥,效益也会大打折扣。从这个意义上讲,促进库区发展是协调水库和库区利益的有效手段,也是实现二者互利双赢的有效途径。

五、库区发展的任务及思路

江河大型水库库区的发展,因特定的区位、条件及要求所决定,在发展任务和思路上与其他区域既有类同又有很大差异。库区作为一个地理区域也与其他区域一样,需要搞好经济建设、社会发展、生态环境保护、实现现代化。库区又是一个与江河大型水库相连的特定区域,其发展要适应水库建设及运行的特殊要求,有着与其他区域不同的重点。库区作为传统贫困区域,与其他贫困地区面临某些相同的困难和问题,也存在某些类同的发展思路。但库区又是一个经济、社会、生态环境受水库建设及运行重大影响的区域,其发展的理念和思路、路径和方法有自身特点。

1. 库区发展条件的变化

库区一般为地处偏远的山区或丘陵区,具有山高坡陡、地形地貌复杂、生态环境多样、耕地量少质差等自然特征,基础设施严重不足、产业发展水平低下、贫困现象严重等经济特征,社会封闭落后、居民科技文化素质不高、思想观念陈旧等社会特征,森林植被破坏严重、水土流失普遍、生物多样性减少等生态特征。由于江河大型水库的兴建及运行,库区的自然条件、经济社会状况、生态环境态势都会发生一定的改变,在有些方面向好的方向转变,而在其他方面则向不利的方向变化,并进而对库区发展产生有利或不利的影响。

江河大型水库的建设及运行,可以使库区发展条件在某些方面得到改善,并产生好的作用。首先,使库区建设与发展的社会环境得到改善。水库的建设及运行使库区受到中央和省级政府重视、社会广泛关注,政府的扶持、社会的帮助、民间的投资会因此而增加,由过去的边缘化区域转变为重点建设和发展区域。其次,使库区的基础设施和公共设施条件得到改善。通过淹占基础设施和公共设施的迁建、恢复重建及新建,使库区的交通、通信、能源设施和教育、医疗设施及城镇公共设施体系形成,质量和规格提升、功能增强,不仅发展的基础条件约束被打破,而且还迅速改变了封闭状态,拓展了建设与发展空间。再次,为库区发展带来了新要素。水库的建设及运行为库区带来了大量的投资,淹占搬迁和恢复重建带来了先进技术,产业布局与结构调整又带来了先进的发展理念和思路,外部企业的进入又带来了现代经营管理经验。最后,为库区带来了新的发展机会。水库的建设及运行可使库区发展与之相关和配套的产业,结构与布局调整使库区加快传统产业改造和新兴产业发展,条件的改善使库区优势特色产业发展前景广阔。

江河大型水库的建设及运行,也使库区建设与发展条件在某些方面或在特定时期恶化,产生不利影响。第一,库区农业用地减少。水库建坝和成库要淹占大量土地、淹没重建要占用不少土地、水库生态环境保护占用土地更多,这些土地原来大多数是农用地,其中不少是河谷地带的优质耕地,被占用之后造成库区农用地(特别是优质耕地)的减少,对库区农业生产造成一定冲击,尤其是对河谷地带的粮油种植业、蔬菜种植业、水果生产业影响较大。第二,库区生态环保要求提高。为保护水库水质和防治水库泥沙淤积,对库区污染防治、水土流失治理、清洁生产等提出了高于一般地区的要求,库区在资源开发利用、产业布局与结构调整、生产方式转变、技术选择等方面因此受到一定的约束,并对产业发展成本和市场竞争力产生影响。第三,库区失去一些发展机会。在水库建设项目论证期,库区的建设与发展受到人为限制,使其失去不少发展机会;在水库建设上马后又禁止某些生态环保风险高的产业在库区发展,使库区在诸如化工、冶金、矿产、造纸、规模化养殖等产业领域的发展受到极大约束。第四,库区人口和社会发展改变。移民的迁移安置使人口数量、地域分布、城乡分布发生改变,并对其生活、生产、就业、收入等产生重大影响,移民又造成城乡社区的变化并对其日常运行提出了新的要求。第五,库区的经济社会矛盾增加。水库淹占补偿、移民迁移安置、移民生产(就业)与生活等,都会产生大量的矛盾,由于涉及众多主体的切身利益,若处理不当容易引起不满情绪,甚至出现群体事件,对库区发展产生不利影响。

应当指出,江河大型水库建设及运行对库区基础条件的改善,只是为库区发展的顺利推进提供了可能,只有库区有效把握和充分利用,才能将可能变为现实。但江河大型水库建设及运行对库区发展条件的不利变更,对库区建设与发展却带来了现实的障碍和实际的困难,需要认真应对才能克服。并且,江河大型水库建设及运行对库区发展条件的有利和不利影响体现在不同方面,某些条件的改善不能消减另一些条件的恶化,可谓利弊分明。在这种情况下,充分利用条件改善的机会,认真克服条件恶化提出的挑战,才是推进库区发展的明智之举。

2. 库区发展的目标

库区作为一个地理区域，有其自身需要的发展目标，且这一目标应与其他区域大体保持一致，以满足国家发展总体目标的要求。库区一般又属于经济社会较为落后的地区，基础较为薄弱，在发展目标确定上应与其他区域有所差别。库区还是与江河大型水库建设及运行关系极为密切的地区，对水库工程建设及功能发挥影响很大，其发展目标的确定还必须适应水库建设及运行的特殊要求，以保证水库工程的顺利建成、水库功能的充分发挥、水库运行的安全持久。由库区的属性所决定，其建设与发展目标的确定一要考虑自身需求，二要适应水库需要，三要适合自身特点。按这一设想，可以提出下述中期目标，以作为库区发展的努力方向。

(1) 库区经济建设与发展的中期目标

  A. 建成可有效支持库区经济发展的现代基础设施体系

  B. 建成特色高效、资源节约与环保的现代产业体系

  C. 建成可有效支撑库区经济发展的现代社会化服务体系

  D. 劳动生产率、资源产出率、单位产出能耗达到所在省(直辖市、自治区)先进水平

  E. 人均 GDP、城乡居民收入达到所在省(直辖市、自治区)先进水平

(2) 库区社会建设与发展的中期目标

  A. 基本生活保障、基本医院保障、养老保障城乡全覆盖

  B. 基本住房保障、饮水安全保障、食品安全保障城乡全覆盖

  C. 普及城乡十二年制义务教育、普及适龄劳动者职业教育，教育质量达到所在省(直辖市、自治区)先进水平

  D. 劳动力充分就业，失业率不高于所在省(直辖市、自治区)平均水平

  E. 城乡居民恩格尔系数不高于所在省(直辖市、自治区)平均水平，城乡居民收入比小于 2.5

(3) 库区生态环境保护的中期目标

  A. 森林覆盖率达到 45% 以上，森林布局、林种及树种结构合理

  B. 水土流失面积占幅员面积 10% 以下，流失强度 500 吨/平方公里以下

  C. 城镇污水和垃圾、工业"三废"100% 无害化处理及达标排放，农业废弃物 80% 资源化利用

  D. 大气质量达到 A 级日数超过 300 天/年，主要水体水质达到 II 类

  E. 生态系统结构改善、功能显现、稳定性增强，资源循环利用格局基本形成

上述"中期目标"，是指库区在水库建成运行 10—15 年内经济、社会、生态环境方面

应当达到的发展水平。之所以按水库建成运行10—15年为库区提出发展目标,一是因为在水库建设期间库区虽也在发展,但主要还是调整和准备,水库建成运行之后的经济社会发展才容易走上快车道,生态环境保护才容易大规模开展;二是因为库区经济社会发展滞后,生态环境脆弱,加之水库建设及运行的冲击,发展存在不少困难,要经过较长的艰苦努力才可能见到成效,经水库建成运行后10—15年的发展,应当取得较大进展,成果也应有充分显现;三是因为在水库建成运行后,应尽快使库区经济社会发展、生态环境保护取得较大进展,这对满足库区发展要求、确保水库安全持久运行,稳定移民,缓解水库建设及运行中产生的社会及经济矛盾十分必要,若在10—15年实现上述目标,就是一个不错的结果。

3. 库区发展的任务

不同江河大型水库的库区因地理区位、资源条件、生态环境、范围大小、发展基础等方面存在差异,其发展的具体内容和重点有较大区别。但绝大多数江河大型水库库区都地处偏远,基础设施严重不足,经济贫困、社会落后、生态环境脆弱,这些共同特点决定了不同江河大型水库的库区面临类同的发展任务。在经济发展上急需改善基础条件、调整产业结构与布局、构建现代产业体系、增加居民收入、增强区域可持续发展能力,在社会发展上急需促进教科文卫体系完善与质量提升、构建和提升覆盖城乡的社会保障体系、协调不同社会群体的利益关系并保持社会和谐稳定,在生态环境保护上急需进行森林植被恢复、污染治理、水土流失治理、生物多样性保护、资源节约与循环利用等。按库区发展的中期目标,从水库工程建设开工至建成运行10—15年内,应主要完成下列发展任务。

(1)库区经济发展的主要任务

　　A.建设城乡互通的现代交通网、通信网、能源网,建设完善的农业基础设施体系

　　B.改造传统农业,构建现代特色高效生态农业体系,推进农业生产专业化、规模化、组织化、现代化

　　C.改造传统工业,促进新兴工业、高技术加工业发展,构建新型工业体系

　　D.推进现代生产和生活服务业发展,构建现代服务业体系

　　E.促进节能减排、资源节约和循环再生,发展低碳经济

　　F.提高经济发展质量和效益、增强区域经济实力

　　G.促进城乡居民创业和就业,增加居民收入

　　H.促进城乡及库区内外的分工与协作,发挥比较优势,拓展发展空间

(2)库区社会发展的主要任务

A. 搞好城乡十二年制义务教育，改善办学条件，全面提高教育质量

B. 搞好城乡职业技术教育，显著提升劳动者创业和就业能力

C. 建设覆盖城乡的科技、文化、体育、医疗、卫生网络，为城乡居民提供相关服务

D. 建立和完善城乡基本生活、基本医疗、基本养老保障体系

E. 建立城乡基本住房保障、饮水安全保障、食品安全保障体系

F. 加强城乡基层组织建设，搞好服务，调解矛盾，保护权益，促进社会安定团结

G. 调节收入分配，缩小收入差距

H. 认真解决移民和贫困居民的生产及生活困难，对其生产、经营和就业进行扶持

(3) 库区生态环境保护的主要任务

A. 植造库岸防护林和库周生态保护林，并抚育成林和严加管护

B. 营造水土保持林，兴建水土保持工程，并进行小流域治理

C. 建设(包括新建、改建、扩建)城镇污水和垃圾处理设施，并保持正常运行

D. 严格治理工业"三废"，实现达标排放

E. 严格控制化肥、农药使用，搞好农业废物资源化利用

F. 建设危岩滑坡监测网，做好地质灾害预测预报

G. 建设生态环境(特别是水库生态环境)监测网，对生态环境灾害进行监测预报

H. 搞好水库消落区生态环境保护和污染治理，搞好水库库面污染物清理

如果从江河大型水库建设立项就开始推进上述各项工作，并在水库建成运行后再建设十余年，则经二十年左右的时间，上述发展任务是可以完成的。一旦这些任务完成，则库区的经济社会发展和生态环境保护就可以达到较高的水平，成为一个经济发达、社会文明、环境优美的好地方，实现水库建设及运行与库区发展的双赢。

4. 库区发展的思路

江河大型水库库区既是一个经济社会落后、需要加快发展的地区，也是一个条件和基础相对较差、发展难度较大的地区，还是一个与水库关系密切、需要为水库建设及运行提供支持和保障的特定地区。由库区自身的特点和江河大型水库的要求所决定，其发展比一般地区有更为严格的要求和更高的标准。与此相适应，库区的发展应打破常规，在模式、途径、体制、机制上进行探索与创新，走出一条经济发展与生态环境保护相结合、经济社会发展居民共同参与和直接受惠、库区文明富裕与水库效能充分发挥兼得的新路子。

江河大型水库与库区相互依存，水库的建设及运行应当为库区的发展创造条件和

提供支持,库区的发展也应当满足水库建设及运行的需要,以实现相互促进。对于水库业主而言,对淹占库区的土地、基础设施、城镇、工矿、财物进行足额补偿,对移民提高安置质量和安置后的扶持,将库区直接为水库建设及运行服务和配套的项目纳入预算并进行建设,让库区参与水库建设及运行决策并分享其部分利益(特别是经济利益),以利于促进库区的发展。对于库区而言,其发展要为水库建设及运行提供足够的资源(主要是土地资源),为水库创造良好的社会环境,为其提供所需要的生态条件,在充分参与水库工程建设和工作开展中寻求发展机会,促进经济社会发展水平的提升和生态环境的改善。

经济发展是库区最重要也是最艰巨的任务,但为了水库的安全持久运行和功能的充分发挥,库区的经济发展必须在节约资源、防治污染、严控水土流失、保护生态环境的要求下进行。为实现经济发展和生态环境保护的有机结合,库区应当将经济功能和生态功能兼优或经济功能优且对生态环境无害的高效特色产业作为发展的重点,并应用先进技术使其经济效益和生态效益充分发挥。在农业领域重点发展高效特色生态种植业和养殖业,利用现代农业技术提高劳动生产率和资源产出率,实现农业的区域专业化、规模化及组织化,提高农业效益和农民收入。在工业领域重点发展无污染、低污染或污染易于治理的优势特色加工业和制造业,以及相宜的高新技术产业,工业向园区集聚、实现集群式发展、增强工业发展活力,推动企业技术创新,实现资源低消耗、污染低排放,提高产品质量和附加值,增强工业的市场竞争力。在服务业领域重点发展现代金融、商贸、物流、旅游等生产及生活服务业,及文化、创意产业,扩大服务业规模、提升服务业水平,拓展服务业空间,利用现代信息技术促进服务业的网络化,提高服务业的效率和效益。

社会发展是库区发展的又一重要任务,除搞好十二年义务教育提高青少年素质、搞好职业教育提高劳动者创业及就业能力、搞好医疗卫生保障人民身体健康、搞好社会保障为人民提供基本生存保证之外,重点要搞好水库移民的后期扶持增强安置稳定、搞好扶贫工作使贫困人口脱贫致富、协调利益关系促进社会安定团结。移民迁移安置后会在生产、经营、就业、生活上遇到不少困难,必须给予一定帮助,使其走上生产和生活正轨,才能使其尽快稳定。库区农村贫困问题较为普遍,应当通过改善生产及生活条件、扶持产业发展、培育发展能力才能使之改变。库区城镇也有一部分贫困人口(包括部分移民),应通过扶持其创业和就业摆脱贫困。库区因淹占补偿、移民迁移安置等容易引起一些利益矛盾,应当及时协调与舒解,避免矛盾积累和激化,以维持社会稳定。

生态环境保护更是库区发展的硬任务,除搞好面上的森林植被恢复、污染防治、生物多样性保护之外,重点要搞好水库的水环境安全和库区的水土流失治理。保护水库水质关系到库区及水库下游广大地区用水安全,防治水土流失既关系到水库安全运行和使用寿命,又关系到库区经济社会发展,对水库和库区都至关重要。库区的生态环境保护要处理好与经济发展的关系,脱离经济发展的单纯生态环境保护和破坏生态环境的经济发展都不可取,只有在经济发展中保护生态环境,在生态环境保护中发展经济,实现经济效益与生态效益的兼顾和优化,才能取得好的效果。生态环境保护要充分尊重自然规律和利用自然力量,凡能自然恢复的生态环境就应减少人为干预,不能自然恢复的生态环境需要人工辅助但要科学、合理、适度。生态环境保护还应推进低碳生产与生活,减少资源消耗,降低废弃物排放,实现资源再生和循环利用。

5. 库区发展的推进

库区发展任务繁重而艰巨,不仅需要大量的投资和先进技术的支持,而且资金筹措和技术支撑也面临不少困难。江河大型水库库区发展需要科学的筹划和有效的管理,但库区是由水库周边互不隶属的县级辖区所组成,协调这些县(市、区)的发展思路和行动也非易事。要完成库区建设与发展的任务,实现其目标,不仅需要统筹的规划、严密的组织、投入的保证、技术的支撑,还需要有效的推进和严格的管理,也需要相关各县(市、区)的协调配合和共同努力。

库区的发展涉及经济、社会、生态环境等众多方面,加之包括的地域范围较大,使其较为复杂。为顺利开展和有效推进,需要事先进行科学的规划。库区发展规划应当与水库建设规划同步进行,其内容应当包括库区发展的总体规划及经济、社会、生态环境建设与发展的专门规划,提出发展的目标、任务、措施,明确发展的主体及职责,确定发展的要求和进度,并筹划水库建设与库区建设的衔接和协调,作为库区发展的指导。为使规划科学、合理、可行,其制定应深入调查研究、广泛征询意见和建议(特别是库区干部和群众的广泛参与)、反复论证,使之臻于完善。为增强规划的权威性,经过科学论证的规划可以由中央政府(或相关部委)正式发布,作为库区发展的依据。

库区的发展任务有些是自身所要求的,有些是江河大型水库建设及运行专门需要的,有些是库区和水库共同所需的,分清责任、明确投资主体对库区发展十分重要。在现行体制下,无论是库区需要还是水库需要,凡是库区内的发展任务都是由库区的地方政府和公众承担的,但投资主体没有明晰界定,导致责任不明,一些建设项目投资无保证。由地方政府和公众承担库区发展任务,有利于发挥地方政府的组织动员优势和调动群众的积极性,无疑是明智之举,但发展投资应分清主体,明确责任。按"谁受益谁投资"的原则,凡库区自身所需的发展项目应由库区投资,凡水库建设及运行专门需要的项目应由水库业主投资,凡水库和库区共同需要的发展项目应由双方分摊投资。在这一原则要求下,库区应当筹措自身经济社会发展和生态环境保护相关发展项目所需的投资,而水库业主应当将库区直接为水库建设及运行服务的项目投资纳入预算,以解决库区发展的基本投资需求。应该指出的是,由于库区投资能力的弱小及筹资的困难,加之江河大型水库所发挥的防洪、抗旱、供水等公共功能,中央和省级政府有责任对库区发展进行财政投入,受益地区有义务对库区进行一定补偿,以促进库区的发展。

库区发展领域多、任务重,且必须长期坚持,需要广泛动员、精心组织、严格管理。因此,库区建设与发展的任务应当分解到县(市、区),由县级政府承担动员、组织、管理的责任,按规划要求推进库区经济社会发展和生态环境保护。按县(市、区)推进库区发展有诸多便利和好处:一是库区各县(市、区)有推进本辖区发展的责任和内在动力,对这一责任会勇于承担并认真完成;二是县级政府拥有组织资源、社会资源和一定的财力资源,可以充分调动这些资源为本辖区发展服务;三是县级政府有能力应用经济手段、行政手段及时协调和解决本辖区发展中的矛盾、困难、问题,使其得到顺利推进;四是在规划要求和上级政府督促下,库区各县(市、区)在发展中会自然形成一种竞争机制,可以促进县级政府将库区的发展搞好;五是县级政府作为一级基层政权,对上可以寻求中央和省级政府对库区发展的支持,对下可以广泛组织动员群众参与库区发展,使其得到有效推进。

库区发展要取得良好成效,离不开先进科学技术的支撑。在经济发展领域,要依靠现代农业科技及管理实现库区农业现代化,依靠高新技术及先进适用技术改造传统工业和发展现代工业,依靠信息技术等先进技术发展现代服务业。在社会发展领域,依靠科学的教育思想和先进的教育手段提高教育质量,依靠现代医疗卫生技术提高医疗水平,依靠现代社会管理技术及信息技术提高社会保障质量。在生态环保领域,依靠先进的生产技术实现清洁生产,依靠先进的设备和工艺技术治理污染,依靠先进的生物技术和工程技术防治水土流失。因此,中央和省级政府应鼓励和引导科技成果和科技人员向库区流动,库区县级政府应高度重视高新技术、先进适用技术在发展中的应用,力争做到每个发展项目都有成熟可靠的先进技术支撑,都有可靠的技术依托单位作支持,有经验丰富的技术人员提供专门的技术服务。

第十二章　中国江河大型水库建设与移民权益保护

江河大型水库淹占面积大,产生的城乡移民多。水库建设及运行要以淹占区移民的迁移为前提,只有得到移民的充分支持和有效配合,才可能顺利进行。迁移导致移民失去原有家园、蒙受资源和财产损失、生产(就业)、生活及发展条件的改变,需要对其损失给予合理补偿,对其生产(就业)、生活进行妥善安置。移民的损失补偿关乎其财产权的保护,移民的安置关乎其生产(就业)、生活及发展,都涉及移民的根本利益。移民的合法权益是否得到充分尊重和有效保护,又决定其对水库建设及运行的认同与支持。因此,搞好移民的损失补偿和生产(就业)、生活安置,维护其合法权益,对移民和水库建设及运行都极为重要。

一、水库建设及运行中的移民

"移民"作为一个事项,是指人口的迁移活动,即人口由原来的生产、生活地永久性迁往其他地方(包括国外)的事件。"移民"作为一类人群,是指被迁移的城乡居民,即因自愿或被迫由原来的生产、生活地永久性迁往其他地方(包括国外)的居民。江河大型水库移民,既指因水库建设及运行淹占需要迁移的城乡居民,也指将淹占区居民由原住地迁出移往新地点进行安置的工作。由于中国江河大型水库建设较多,不少水库淹占范围较大,加之人口密集,导致水库移民数量庞大,给迁移安置造成巨大压力,以致使之成为江河大型水库建设及运行的难点,亦成为社会关注的焦点。

1. 水库移民的界定

研究水库移民的相关问题,首先要对移民的身份进行确认,确定什么样的居民才算是水库移民。确定水库移民的身份需要合理的标准,按中国江河大型水库建设及运行的历史经验及人们的一般认识,水库移民应当同时具备以下三个条件:第一,与江河大型水库建设及运行直接相关的居民;第二,基本生产及生活资料(含设施)被江河大型水库建设及运行淹没或占用的居民;第三,因江河大型水库建设及运行的直接影响无法在原住地生产和生活的居民。

凡同时具备上述三个条件的城乡居民都应当是水库移民,其移民身份亦应予确认,并需将其从原住地迁出移往异地进行生产和生活安置。除此之外,在江河大型水库建设及运行中还有两类居民的情况较为特殊:

第一类,基本生活设施(如住房)被江河大型水库建设及运行淹没或占用、失去基本生活条件,但基本生产资料尚存,生产经营活动可以就地延续;

第二类,基本生产资料被江河大型水库建设及运行淹没或占用、生产经营无法就地延续,但基本生活设施(如住房)尚存,就地生活具备一定条件。

这两类居民受江河大型水库建设及运行的直接影响虽反映在生产或生活的某一方面,也不一定要迁移到外地,但居民的生产与生活是密切相关的,没有基本生活条件的生产经营无法正常开展,没有基本生产条件的生活也不会有可靠的保证。基于这一理由,这两类居民无论是否迁移,都应视同水库移民,搞好生活安置或生产安置,并与其他移民一样享受相关政策待遇。

按照上述分析,江河大型水库移民应当包括以下几部分:①水库大坝枢纽工程(主体及附属)建设占地范围内的原住民;②水库成库范围内(含风浪波及和洪水浸没区)的原住民;③水库淹没城镇迁建占地范围内的原住民;④水库淹没工矿及基础设施迁建集中连片占地范围内的原住民;⑤水库生态环境保护工程建设集中连片占地范围内的原住民。

将这几部分居民确认为水库移民,是以江河大型水库建设及运行对其生产生活的直接影响与对其补偿与安置需要为依据的。水库坝区和成库区内的原住民,因生产生活资料被淹没或占用,不仅需要对其损失进行补偿,还必须将其迁往异地进行安置,其移民身份确定无疑。水库淹占城镇及工矿企业迁建是水库建设的组成部分,因需成片占地且数量不少,占地范围内的原住民也会失去基本生产和生活资料,同样需要对其损失进行补偿,同样需要对其生产生活进行安置(不一定需要迁移),同样应当视为水库移民。水库某些生态环保工程建设(如库岸林、库周防护林等),也需要集中连片占地,占地范围内居住虽可继续生活,但因失去了基本生产资料(如耕地)、生产经营活动又受到严格限制,其生存与发展面临巨大困难,也需要对其损失给予补偿、对其生产生活进行安置(不一定需要迁移),也应视为水库移民。

在中国现行的相关政策规定中,对水库移民的确认较为严苛,只将坝区占地及水库淹没范围内的原住民界定为移民,给予淹占损失补偿及进行生产生活安置。而对其他地域内受水库建设及运行占用基本生产与生活资料的居民,只给予一定的淹占补偿(有些还不予补偿),而不作为水库移民对待。如此界定虽人为减少了水库移民的数量,也降低了水库移民安置的成本,但使一部分被江河大型水库建设及运行占用了基本生产资料或生活资料的居民,得不到相应的损失补偿,也得不到应有的生产生活安置,导致这部分居民生产、生活及发展的困难。

2. 水库移民的类型

水库移民类型的划分,一是为了准确界定移民的身份,二是为了合理确定其损失的补偿,三是为了决定其恰当的生产及生活安置方式。就目前的水库移民政策而言,不同类型的移民在损失补偿方式与标准、生产(就业)及生活安置方式与标准、后期扶持方式与标准等方面是有区别的,对水库移民进行分类,可以在相关政策执行和分享上"对号入座"。

按原有户籍划分,水库移民可分为城镇移民和农村移民两大类。城镇移民是指拥有城镇户籍、在城镇就业和生活或在农村从事非农职业和生活、因江河大型水库建设及运行淹占所在城镇或就业地点而需要搬迁和安置的城镇居民,如水库淹占城镇的户籍居民、水库淹占区内分布在农村的国有企业及事业单位的居民等。农村移民是指拥有农村户籍、在农村从事农业和生活或进入城镇从事非农产业和生活、因江河大型水库建设及运行淹占原住地基本生产和生活资料而需要迁移和安置的农村居民。城镇移民和农村移民的划分依据主要是原有的户籍。符合移民条件又有城镇户籍的居民就是城镇移民,符合移民条件又属农村户籍的居民就是农村移民。

按原有的区域分布划分,水库移民可分为坝区建设移民、水库淹没区移民、水库淹占城镇及工矿和基础设施迁建与复建占地区移民、水库生态环保及安全保障工程建设区移民四类。坝区建设移民是指水库大坝枢纽工程及附属设施建设用地范围内的原住民,这些居民都需要从原住地迁出在异地进行生产及生活安置。水库淹没区移民是指水库规划正常蓄水后洪水回水线以下区域内的居民,这些居民也需要从原住地迁出,异地安置。迁建与复建占地移民是水库淹占城镇、工矿企业、基础设施迁建和恢复重建占地区域内的原住民,这些居民虽不一定迁出,但需要进行生产及生活安置。水库环保及安全工程建设区移民是指水库库岸林、水库生态防护林建设区内及库周危岩滑坡治理区内的原住民,这些居民虽不一定迁移,但也需要进行生产安置或生活安置。

按受淹占的类别划分,水库移民可分为淹占基本生活资料(如住房)移民、淹占基本生产资料(如土地、生产经营设施)移民、基本生活及生产资料双淹占移民三类。基本生活资料淹占移民,是指其住房等基本生活资料被水库建设及运行淹没或占用,而其土地或生产经营设施(如工厂、商店等)未被淹占的居民,这些居民需要从原住地迁出进行生活安置,但不需要进行生产安置。基本生产资料淹占移民,是指其土地(特别是耕地)及生产设施（如工厂）和经营设施（如商店）等基本生产资料被水库建设及运行淹没或占用，但其住房等基本生活资料未被淹占的居民，这些居民需要进行生产安置，但不一定需要从原住地迁出，不需要进行生活安置。基本生活资料和生产资料双淹占移民，是指因水库建设及运行被淹没或占用了住房等基本生活资料及土地和生产经营设施等基本生产资料，无法维系原有生活及生产的居民，这类居民因丧失了基本的生活和生产条件，既需要进行生活安置、又需要进行生产安置，若这类居民原住地在水库坝区或淹没区则必须迁出、异地安置。

应当指出，水库移民虽然可以根据不同的标准分为不同的类型，但这种划分仅仅为了对其准确识别、合理补偿、恰当安置。不同类型的移民虽身份不同，所处地域不同，受水库建设及运行淹占的情形不同，需要安置的内容也不同，但他们所享有的国家公民权利是相同的，即享有同等的政治权利、维护自己合法经济利益的权利和相关政策受惠权利。因此，凡被水库建设及运行淹没或占用基本生活或生产资料、使其生活或生产受到重大影响的居民都应作为水库移民，不能因其类型不同而进行选择性确认；凡水库建设及运行淹没或占用移民的资源和财产都应合理补偿，在补偿范围和标准上一视同仁，不能因其类型不同而区别对待；凡生活或生产（就业）需要进行安置的移民，都应根据不同的情况给予恰当安置，不能因其类型不同而在安置质量和标准上有所差别。

3. 水库移民的数量

江河大型水库移民的数量，关系到水库建设及运行的淹占补偿、移民的迁移安置规模和投资以及迁移安置的实施等，既与移民的切身利益相关联，也与水库建设及运行成本相联系。江河大型水库建设周期长，移民安置也需长时间才能完成，从移民数量统计到移民迁移安置完成需要延续多年，其间移民数量会因人口的自然增长和机械增长而发生变化，也会因水库建设及运行中淹占范围的变化而发生改变。因此，准确确定江河大型水库移民的数量并不是一件容易的事。

江河大型水库移民数量有移民基数、规划移民数、实有移民数、实际安置移民数之分，这四个数据彼此相关但又各不相同。移民基数是依据水库建设及运行规划设计的淹占范围，对淹占区内符合移民条件的居民进行统计，在统计时点（某年）实有的移民数量。规划移民数是根据移民统计时点到迁移安置时点的时间跨度（以年计）、一定的人口增长率（三峡水库移民人口增长率定为12‰）、利用移民基数计算的移民数量，规划移民数是移民安置规划制定、移民经费安排的基本依据，一旦确定便不易调整和变动。实有移民数是水库淹没和占用区内符合移民条件的居民、在统计时点的基数加上安置等待期内（统计时点至安置时点的时间跨度）的人口增长数，实有移民是更为贴近水库移民的真实数量。实际安置移民数是从安置试点至安置完成的全过程中,通过不同方式和不同渠道实际安置的移民数量,这一数量与规划移民数应较为接近,但不一定反映实有移民数量。

对于某个特定的江河大型水库,一旦建设及运行规划设计被确定下来并严格实施,所淹没和占用的地域也随之确定,这些地域内应当迁移安置的居民人数亦相应确定,从这个意义上讲,水库移民数量应当是一个客观真实数据(实有移民数量)。这一客观真实的移民数主要由三个因素决定:一是水库建设及运行淹没和占用的地域大小,淹占地域越大移民就越多,反之则移民便较少;二是淹占区内人口的密集程度,人口越密集移民就越多,人口稀疏移民就少;三是移民迁移安置的时间跨度,时间跨度越长,移民的自然增长和机械增长数量就大,移民人数就会显著增加,时间跨度越短,移民数量增长便较少。这三个因素也是客观的、可测度的,故水库移民的真实数据也是可获得的,且应当得到认同与重视。

江河大型水库的移民数量虽客观真实存在,但要经过人为的确认才能确定下来。由于确认的程序、标准和方法不同,确认的结果会出现较大的差异,甚至与实有移民数量相去甚远。从这个意义上讲,人为确定的水库移民数量带有一定程度的主观性。人为确定的水库移民数量与真实数量存在差异,主要由五个因素所决定。一是对水库淹占地域的认定。若只将大坝枢纽建设和水库淹没作为淹占地域,就会导致水库移民数量的人为减少;若将大坝枢纽建设、水库成库、水库淹占搬迁重建、水库生态环保等用地都纳入淹占范围,则据此确定的移民数量便较为真实。二是对水库移民身份的认定。若以其基本生活及生产资料是否被水库建设及运行淹占,且基本生活与生产是否因此而受到重大影响为标准确定移民身份,所确定的移民数量就较真实;若以其他标准或对这一标准附加条件确定移民身份,则确定的移民数量就会失准。三是移民基数统计的质量。如果对移民的统计调查设计严密、程序合理、方法科学、工作细致,则移民基数及据此推算的移民数量就较准确,否则便会出现不同程度的失准。四是移民安置等待期人口增长率的确定。若安置等待期内人口增长率定得太低,据此确定的移民数量增长就会人为缩小,使规划移民数少于实际移民数。五是机会主义行为的干扰。某些利益主体为其自身利益,利用参与水库移民确认的机会,采取机会主义行为,干扰水库移民数量的正确确定,导致移民数量的失准。

按中国目前的水库移民政策及相关规定,水库移民仅包括大坝枢纽建设和水库成库需要搬迁住房和耕地淹没需要生产安置的人口,水库移民的安置和相关政策的惠及也仅局限于这部分居民。而水库淹占城镇迁建、淹占工矿及事业单位迁建、淹占基础设施复建等造成的住房搬迁人口及耕地占用需要生产安置的人口,只作为城镇建设、工业和基础设施建设、公共设施建设的征地人口,虽也要进行补偿和安置,但不作为水库移民,也不能享受水库移民的相关政策。至于水库生态环保和安全保障工程建设占地所涉及的居民(主要是水库周边农民),既无占地补偿,也无生活或生产安置,更没有将他们作为水库移民。如此一来,便人为压低了水库移民的数量。以三峡水库为例,目前所谓的130余万移民,就只包括大坝枢纽建设区和水库淹没区内淹没住房和耕地需要迁移安置的城乡居民,若将淹没城镇(129个)及工矿和基础设施迁复建占地(约110平方公里)、海拔175—195米高程防护林建设占地(约400平方公里)范围内住房需搬迁、生产需安置的居民也实事求是地作为移民对待,则三峡水库的移民数量就应当在160万人以上。人为压低水库移民数量虽节省移民安置成本,但严重损害了一部分居民的合法权益,并由此造成一些社会矛盾和经济利益冲突。

4. 水库移民的性质与特征

江河大型水库移民因其产生的特殊背景,有其特定的性质,这些性质又决定其思想和行为,并进而对补偿、安置产生重要影响。江河大型水库移民又是一个庞大的群体,构成成分比较复杂,不同构成部分有不同的利益诉求和行为方式,显示出不同的特征,这些特征同样对补偿、安置产生重要影响。这些因素加在一起,一方面对江河大型水库建设及运行发挥重大作用,另一方面又对移民的生存与发展产生决定性影响。

江河大型水库移民,是因水库建设及运行淹没或占用基本生活和生产资料、失去生活或生产基本条件而产生的,加之水库用地的征用具有强制性,所以水库移民属于非自愿移民,亦即水库建设及运行淹占区内的居民无论是否自愿,都必须让出基本生活和生产资料,接受生活及生产安置。水库移民的非自愿性,虽不必然产生拒绝让出基本生活及生产资料(主要是土地和房屋)和抗拒搬迁安置,但一定会产生较高的淹占补偿预期和生活、生产安置期望。在中国,由于人民群众对国家建设的支持及政府的有效组织动员,水库淹占区的居民无论是否情愿,都会顾全国家建设大局,为水库建设及运行让出家园,不会出现反对水库建设而拒绝让出基本生活及生产资料,也不会反对水库建设而抗拒搬迁。但水库移民作为利益主体,具有维护自己合法权益、获取最大利益的强烈愿望,一是希望淹占损失能得到优厚的补偿(补偿不得少于损失),二是希望能搬迁到生活、生产、发展条件较好的地区,使自己的生活得到改善、生产(经营)得到发展、收入得到提高。一旦这些愿望得到满足,他们就乐于让出家园迁往异地,如果这些愿望得不到满足且差距较大,他们就会认为水库建设及运行损害了自己权益,在出让基本生活及生产资料、搬迁安置上讨价还价,或进行某些抵制。水库移民工作中产生的矛盾和问题,主要就是由实际的淹占补偿水平和安置质量与移民期望的巨大落差造成的。

江河大型水库建设及运行淹占范围广,移民数量较大且构成复杂,虽不同类型的移民、不同水库的移民存在较大差异,但中国的水库移民作为一个群体,仍有很多共同特征,主要表现在以下五个方面。

第一,水库移民数量庞大。据估计,中国水库移民总数达2500多万人[1],数量极为巨大,如此巨大的水库移民,对迁移安置工作造成很大的压力和困难。中国的单个江河大型水库的移民数量也很惊人,如长江三峡水库移民超过130万人[2]、黄河三门峡水库移民达到42.1万人、汉江丹江口水库一期和二期工程移民超过60万人[3],其他江河大型水库移民也多在数万至十余万人之间,只有极少数江河大型水库移民在万人以下。如此大量的移民,不仅要花费大量的人财物力进行迁移安置,而且在资源约束下还难以保证安置质量。

第二,水库移民中农村移民占绝大多数。在中国现有的2500多万水库移民中,农村移民占2288万人[4],占比高达91.51%。除三峡等少数水库城镇移民多于农村移民外,其他江河大型水库因多建于城镇稀少的山区,移民多为农村居民。农村移民文化水平较低,技术素质不高,转行转业能力不强,生产及生活适应能力较弱,主要依靠耕地进行农业安置,在耕地严重不足的情况下,要将农村移民安置好是件极大的难事。

第三,水库移民对政府依赖极强。由江河大型水库建设及运行的体制及水库移民的松散状态所决定,水库移民在权益维护、安置地和安置方式选择、安置后的生活、生产及发展等方面,都依赖于政府解决。这一方面是因为水库移民的补偿及安置政策由中央政府制定,安置工作由省级政府负责并以县为基础实施的管理体制所致;另一方面是因为水库移民自己解决这些问题的能力弱,由此造成凡水库移民有困难和问题都要求政府解决,凡水库移民有不满意的事项都要向政府讨说法的局面。

第四,水库移民构成复杂。水库移民既有城镇居民也有农村居民,其生活、生产经营、就业、收入等差异较大。水库移民既有老人、小孩,又有青壮年,他们在生活、就业、发展等方面的能力及要求也不一样。在城镇移民中,既有公务员、企事业单位职工,也有普通市民,其生活、就业、发展条件和诉求各不相同。在农村移民中,既有以农为生的纯农民,也有兼业的兼营农民,还有以非农为生的名义农民,他们对生活及生产安置的诉求也存在很大差异。由于水库移民的构成复杂、诉求多样,加之数量庞大,使安置工作的难度极大。

---

[1] 王显刚主编:《三峡移民工程700问》,中国三峡出版社2008年版,第28页。
[2] 同上书,第29页。
[3] 同上书,第421页。
[4] 同上书,第28页。

第五,水库移民身份的传承。水库移民本来是因水库建设及运行淹占了基本生活及生产资料的城乡居民,这些居民自身才具有移民身份。由于这些居民的迁移安置不仅对自身,而且对子孙后代的生活、生产(就业)、发展都会产生有利或不利的影响,便客观上形成了移民身份在代际间的传承,即上一辈是移民其子孙后代也自认为是移民。这一传承的目的,是当遇到困难和问题时,便于以"水库移民"身份找政府解决。

5. 水库移民的角色与身份

从1950年代至今的中国江河大型水库建设及运行中,移民的补偿及安置政策虽几经变化,但移民所充当的角色没有改变,移民的身份定位与所作贡献也极不相称,使其在江河大型水库建设及运行中多有奉献的义务,而少有保护自身合法权益和分享水库利益的权利。随着移民维护自身权益意识的增强,这种义务与权利的失衡便诱发了不少社会及经济矛盾,一方面对移民的合法权益造成一定程度的侵害,另一方面对水库的顺利建设及安全持久运动带来不利影响。在江河大型水库建设及运行中,移民充当多重的重要角色,并至少包括以下四种类型。

第一,移民是江河大型水库建设及运行的直接支持者。江河大型水库的建设及运行,不仅需要先进的技术,巨额投资更离不开社会公众的支持,特别是水库淹占区移民的支持。淹占区的移民生活、生产、发展受水库建设及运行影响最大也最直接,他们对江河大型水库建设及运行的态度(支持或反对),对水库工程建设的进行和水库建成后的运行影响很大,在某些方面和环节甚至起关键作用。正是由于移民的认同与支持,江河大型水库建设才可能迅速获得所需土地资源并进行施工,工程建设才得以顺利进行并节省成本,建成之后才可安全持久运行。

第二,移民是江河大型水库建设及运行的土地提供者。江河大型水库建设及运行需要占用土地,这些土地绝大多数为农村集体所有并为农村移民使用,少数为国家所有且直接或间接为城镇移民使用。为了满足水库建设及运行对土地的需要,移民在得到一定补偿后放弃土地的所有权或使用权,为水库提供所需的土地资源。正是移民让出土地,才使江河大型水库的建设及运行成为可能。也正是移民按规划进程搬迁,才使江河大型水库顺利建设和安全持久运行。如果没有移民对土地的有效提供,中国江河大型水库建设的高速度和低成本是不可能实现的。

第三,移民是江河大型水库建设及运行成本的分担者。在淹占土地低价征用、淹占财物不足额补偿、迁移低标准安置条件下,移民损失了部分土地转让费、淹占财产补偿费、迁移安置费,与此相对应,水库业主则减少了这些费用的支出,这等同于移民为江河大型水库建设及运行分担了部分土地征用费、淹占财物补偿费、迁移安置费。正是移民分担了这些费用,才使江河大型水库建设及运行在这几方面的支出大为降低,从而减少了成本。

第四,移民是江河大型水库建设及运行的风险承受者。在中国的江河大型水库建设及运行中,移民安置的难度最大,风险也很高。由于移民数量庞大、安置资源有限的约束,安置质量难以充分保证,势必造成移民安置质量总体水平不高,部分移民的安置标准较低。如此一来,便造成一部分移民在安置后生产经营难以正常开展,就业及创业发生困难,收入与生活得不到可靠保证,发展前景渺茫。移民安置后产生的这些问题虽可得到政府的某些扶持和帮助,但最终还得靠自己解决,安置风险还得由移民自己承受。

由移民充当的多重角色所决定,其身份应当是江河大型水库建设及运行的重要参与者,是主体而不是客体。之所以如此定位,是因为移民是以国家利益而不是以个人利益决定对江河大型水库及运行的态度(支持或反对),是以江河大型水库建设及运行需要而不是以自身得失让出土地与家园,是以中央政府的相关规定而不是以市场交易接受淹占土地和财物的补偿与安置,并以土地低价出让、淹占财物不足额补偿、低标准迁移安置的方式为江河大型水库建设及运行分担了成本。移民参与主体身份的定位,意味着移民作为一个群体,在江河大型水库建设及运行中既要承担一定的责任和义务,也应分享一定的权益,且权利与责任、利益与义务应当大致对应或基本平衡。

二、移民的贡献

在江河大型水库的建设及运行中,有众多主体为之作出了贡献,移民群体是其中之一。由移民自身的角色与特点所决定,在江河大型水库建设及运行中作出了政治贡献、经济贡献和社会贡献,而且这些贡献均十分显著。政治贡献主要表现为对国家大型水利工程的支持,以及由此体现的以国家利益为重的奉献精神。经济贡献主要表现为对水库建设及运行所需资源(主要是土地和水资源)的提供,以及对部分成本的实际分担。社会贡献主要表现为对社会稳定的维护,以及对库区经济社会发展所作出的努力。移民所作的贡献应当得到社会认同与尊重,亦应得到相应报偿。

1. 支持贡献

江河大型水库建设及运行投资巨大、影响深远、相关主体众多、利益关系复杂,要获得成功离不开社会各个方面的大力支持与协同配合。这种支持与配合一方面体现在对水库建设项目的认同上(支持或反对),另一方面体现在对水库工程建设和建成运行的行动上(参与、观望或干扰)。如果社会公众对某一江河大型水库建设及运行高度认同并积极支持,则该水库不仅易于立项建设,且建设易于顺利推进,建成后也易于有效运行。如果社会公众对某一江河大型水库的建设及运行存疑较多,对其利弊评价分歧较大,则该水库便不易立项建设,即使立项建设,其工程建设及建成后的运行也会遭遇众多困难和阻力,难以获得理想效果。

在对江河大型水库建设及运行有重要影响的社会公众中,移民是一个影响力很大的群体,其影响涉及水库建设立项、工程建设开展、建设成本、运行保障等诸多方面。移民因其原住地被淹占、生活及生产资料丧失,需舍弃家园迁往他乡生产生活,受水库建设及运行冲击最大也最直接,加之移民迁移安置的诸多困难,使移民的影响能力大增。一方面,移民对水库建设及运行所持支持或反对的态度,对建设立项起重要作用,若移民支持和拥护则水库易于立项建设,若移民反对和抵制则水库建设难以立项。另一方面,移民是否按政府设定的条件接受搬迁安置,对水库工程建设的进度、成本产生重大影响,如果移民接受低标准补偿和安置并按规划迁移,水库工程建设就能如期开工、淹占补偿和安置费用就能降低;否则,水库工程建设就会受阻、淹占补偿和安置费用就会增加。再一方面,移民的奉献精神及行为理性,对水库建设的顺利推进及建成后的安全持久运行产生重要影响,若移民顾全国家建设大局,正确处理个人权益与水库建设的关系、理性表达自己的诉求,就会对水库建设及运行创造一个良好的社会环境;否则,就会使水库建设及运行困难重重。

中国的水库移民与其他公民一样,具有期盼国家兴旺发达的强烈愿望,也具有"国家兴亡、匹夫有责"的责任感,加之党和政府的长期教育引导,在对国家经济社会发展有重大作用的江河大型水库建设及运行上,会采取支持和拥护的态度。虽然移民在淹占补偿、搬迁补贴、安置标准等方面尚不满意,少数移民甚至采取较为激烈的办法进行抗争,但都是为了在这些方面维护自己的合法权益或争取更多的利益,而不是反对江河大型水库建设及运行。正是由于移民对江河大型水库建设及运行的认同与支持,才使工程建设有了最直接的社会基础,并能顺利通过立项;才使水库所需土地资源得到满足,得以开展工程建设及建成后的正常运行;才使低标准补偿和安置得以实现,降低水库建设及运行成本;才使库区社会保持稳定,为水库建设及运行提供一个良好的社会环境。如果没有移民的支持与协同配合,中国江河大型水库建设的高速度和低成本根本不可能实现,大规模移民条件下的社会基本稳定局面也不可能出现。无论从何种角度考察,移民的认同与支持,都是江河大型水库顺利建成和正常运行的重要基础。以三峡水库为例,仅坝区及水库淹没区的移民就多达130余万人,如果没有他们的认同与支持,颇具争议的三峡工程很难立项,也不可能接受较低的淹占补偿,更不可能在安置条件较差的情况下按规划实现迁移,正是移民"舍小家顾大家"的奉献精神,才为三峡工程的成功创造了条件。

2. 资源贡献

江河大型水库为河道型水库,一般较为狭长;加之库段江河多为狭谷地带,支流、溪沟、山谷广布,水库淹占面积较大,范围较广。如此一来,江河大型水库建设及运行占用大量土地资源就在所难免,而提供足够的土地资源亦成为其必要条件。江河大型水库建设及运行对土地的需求主要包括以下五个部分。

第一,水库大坝枢纽工程建设用地。包括水库大坝及电厂建设用地、船闸建设用地、变电站建设用地、大坝及电厂配套和辅助设施建设用地、坝区生活设施建设用地等。大坝枢纽工程规模越大占地越多,如三峡大坝枢纽建设用地就多达15.28平方公里。

第二,水库淹没占地。包括水库成库后最高蓄水线之下的原陆地面积,以及水库最高蓄水线之上的浪击区面积(一般为最高蓄水线之上2米高程范围),是水库建设及运行用地的主体部分。如三峡水库淹没陆地面积多达632平方公里,超过水库建设及运行占地总量(不含水库周边生态环保用地)的65%。

第三,水库淹占城镇、工矿、基础设施迁建和恢复重建用地。包括水库淹没城镇迁移重建用地,淹没或损毁工矿及企业迁建用地,淹没或毁坏交通、通信、能源设施及农业基础设施恢复重建用地,这部分用地多少因水库区位而异,在人口密集区占地较多,如三峡水库建设在这几方面的用地就达114.16平方公里。

第四,水库农村移民安置用地。包括农村移民生活及生产用房建设用地和农业生产用地,若农村移民数量较大,这部分用地数量也较多。如三峡水库农村移民数量庞大,若以每人建房用地50平方米、生产用地0.056公顷计,共需用地204.29平方公里。

第五,水库周边生态环保用地。包括库岸防护林建设用地、生态防护林建设用地、污染治理工程建设用地等。若水库大、生态环保要求高,这部分占地很多。以三峡水库为例,若在水库周边海拔175—195米高程范围内建设防护林带,占地就多达400平方公里。

在江河大型水库建设及运行所需的土地资源中,上述前三个部分都是由移民提供的。这三部分土地中的极小部分原为城镇土地,属于国有但主要归城镇居民使用;绝大部分为农村集体土地,归农民承包使用。这些土地及其之上的设施原为移民基本生产及生活资料,为了水库建设及运行,移民让出了这些赖以生存与发展的土地。正是移民在规定时间内让出了这些土地,才使水库大坝枢纽工程如期开工建设、水库实现分期蓄水并局部运行、水库生态环保工程能分期建设,也才使水库淹没城镇得以顺利搬迁重建、淹没工矿企业实施迁建和恢复生产、淹没基础设施得以有效恢复重建。如果没有移民及时让出土地,不仅水库工程建设难以如期开工,开工建设后也会遇到众多纠纷,造成建设工期延误并增大建设成本,同时在水库建成运行后也会遭遇众多麻烦并影响运行安全。

还应当指出,江河大型水库建设及运行用地是通过政府征用,而不是市场交易得到的,在这一征地制度下,移民只能按政府规定的补偿价格将土地转让给水库使用。由于征用土地的补偿价格较低,移民实际上是低补偿条件下让出土地的。同时,江河大型水库淹占的是沿江河谷地带,其土地中有相当一部分是肥沃的台地和山间平坝,是产出水平高的农耕地,移民让出的这些土地很多是优质耕地,而若就地后靠安置就只能得到质量较差的坡地。即便如此,移民仍然以国家重点工程建设为重,为江河大型水库建设及运行让出土地,其实际贡献巨大。

3. 成本分担贡献

在中国现行的水利工程建设体制下,江河大型水库建设及运行的成本是由多种主体共同分担的,水库移民便是其中之一。从表面上看,移民被淹占的土地、房屋、财产得到了补偿,在生活及生产(就业)上也得到了安置,移民也未对江河大型水库建设及运行投资,似乎并没有承担什么成本。但如果深入分析水库淹占的补偿标准和移民的安置水平以及移民在其中的得失,便可发现移民在江河大型水库建设及运行中,通过淹占补偿和安置的损失,无可争辩地分担了成本,作出了实实在在的贡献。

首先,移民为江河大型水库建设及运行分担了部分征地成本。江河大型水库建设及运行用地实行国家征用、政府统一规定征地补偿标准,并且有很强的强制性。在这一体制下,将水库用地定性为基础设施建设用地(具有公益性)而非商业用地,征地补偿价格按征用前三年平均产值的 6—15 倍计算(最高可达 30 倍,但一般为 10 倍左右)。由于征用的土地多为农业用地,年产值较低(以现价计每公顷耕地及园地年产值仅数千至上万元、每公顷林地和草地年产值仅数百元至上千元,未利用土地没有产出),导致土地征用补偿低。征用农地的补偿用于农村移民安置的用地支出,补偿费低必然导致农村移民在安置地难以获得应有的土地,低补偿节省的水库征地成本最终是移民承担。由于江河大型水库建设及运行征地面积很大,故移民所实际分担的土地征用费数量惊人。

其次,移民为江河大型水库建设及运行分担了部分淹占财产补偿成本。江河大型水库淹占范围大,淹占移民的房屋、生活设施、生产设施、果树、林木等财产数量十分巨大。对这些淹占财产,按政府规定的统一补偿标准进行补偿,由于计补范围不全、标准很低,使移民被淹占财产不能得到全额补偿,并以损失的方式为水库承担了部分补偿成本。以三峡水库淹占移民房屋补偿为例,按1993年5月价格计,砖混结构房屋补偿标准城镇为258元/平方米、农村为185元/平方米,砖木结构房屋补偿标准城镇为195元/平方米、农村为134元/平方米,木结构房屋补偿标准城镇为138元/平方米、农村为100元/平方米,按当时的市价,这一补偿标准还达不到重置价的2/3。同时,对房屋内不便移动和变现的水电气设施、装修、家具不单独计补,使这些损失得不到补偿。又如对移民经长期努力建设的农田设施、水利设施、道路等,不单项计补,而按人均500元左右的标准补偿。再如对移民的小型养殖场、种植园、小型企业等,只简单按面积和个数低标准补偿(圈舍50元/平方米、柑橘园10800元/公顷、粮油加工厂1500元/个、砖瓦窑1200元/个、石灰窑1000元/个等),远低于建设成本,更没有考虑其生产经营损失。低标准补偿,减少了江河大型水库淹占财产补偿的成本,但这部分成本并未消失,而是转由移民承担。

再次,移民为江河大型水库建设及运行分担了部分安置成本。江河大型水库的移民数量多,不仅安置难度大,而且还要花巨额安置成本。城镇移民安置要解决住房、就业、社保等一系列问题,农村移民安置要解决生产及生活用房、承包地、生产生活条件、社保等一系列问题,要解决这些问题都需要花费巨大的成本。而在迁移补助费、安置过渡期补助费、淹占土地及财产补偿费偏低的情况下,移民自己要承担一部分安置成本:一是在迁入地购房或建房移民要贴补(因淹房补偿低),二是在迁入地移民要自己重新购置家具及日常用品(因原有家具及日常用品难以搬迁和变现且未获补偿),三是城镇移民在迁入地的新环境中就业、创业、生活要额外花费学习与适应的成本,四是就地后靠安置的农村移民在迁入地要花费改善生产条件和生活条件的成本(因就地后靠安置条件较差),五是外迁农村移民在迁入地要花费学习与适应成本。由于移民安置标准低且实际安置中有一部分移民还未达标,使移民自身承担了相当一部分安置成本,不仅增加了移民的负担,还影响了移民的稳定与发展,甚至造成了部分移民的生产、生活困难。

4. 移民对社会稳定的贡献

水库移民属于非自愿移民,因江河大型水库建设及运行的需求,无论他们是否愿意,都必须放弃原有家园,迁往异地生活、生产(就业)、发展,他们之所以成为移民具有一定的被迫性,加之江河大型水库的移民数量庞大,移民一直是国内外的一大难题:一是将大量非自愿移民从原住址迁出,二是将大量诉求各异但期望很高的移民妥善安置,三是在大规模人口迁徙中不发生社会混乱并保持社会稳定。在中国的江河大型水库建设中,大规模的移民虽然也存在不少问题,也发生过一些矛盾,但总体上做到了有序迁移安置且保持了社会的稳定。能做到这一点,移民功不可没。

出于对国家重大工程的认同与支持,在江河大型水库的立项论阶段,移民以期待的方式保持了淹占区的社会稳定;在水库淹占调查和补偿阶段,尽管补偿范围不完全和补偿标准较低,但绝大多数移民还是能做到以理性的方式表达诉求和维护权益,当愿望不能实现时仍能顾全大局,维护社会稳定;在迁出阶段,尽管故土难离、迁出后的生产及生活有很大的不确定性,但还是能按迁移规划的要求,分期分批迁出淹占区,做到了平静而有序的迁移;在安置阶段,尽管安置质量不高,但绝大多数移民还是能接受安置,按规划在迁入地落户,做到了大规模移民的平稳流动;在安置之后,移民努力适应新环境,让生产及生活走上正轨,遇到困难尽力克服,解决不了时才寻求政府帮助,总体保持了水库库区和移民迁入区的社会稳定。

中国在大规模水库移民中能保持社会稳定,没有出现大的社会矛盾与冲突(局部的矛盾与冲突时有发生),主要归因于移民的国家主人翁精神,支持国家大型工程建设的责任感,以及对政府的信任。

首先,移民有强烈的主人翁精神。水库移民与其他公民一样,具有强烈的爱国主义精神,期望国家兴旺发达、繁荣富强,并以主人翁的身份积极投身国家建设与发展。移民无论自身有何利益诉求,但都认定江河大型水库建设及运行有利于国家经济社会发展,应当支持和拥护,并以让出家园、按规划进行迁移作为支持的实际行动。

其次,移民有顾全大局的奉献精神。水库移民与其他公民一样,受传统文化的影响及党和政府的长期教育引导,为国家建设与发展作贡献的精神根深蒂固。虽然移民也是经济人,在江河大型水库建设及运行中也追求利益最大化(高额的淹占补偿、高标准的安置等),但当自身诉求和愿望不能满足时,虽心有不愿却能在行动上顾全大局,按政府要求搬迁安置,为水库建设及运行创造条件。

再次,移民对政府高度信任。中国共产党及其所领导的人民政府,在推动国家发展、维护人民权益、增进人民福利等方面孜孜以求并取得巨大成效,使其在全国人民中享有很高威望。在这一社会背景之下,移民对政府的关心及解决问题的能力深信不疑,他们在淹占补偿、搬迁安置、安置之后生产及生活中遇到困难和问题,都是首先向政府提出诉求、寄希望于政府解决,且在大多数情况下能得到政府正面回应,因此,移民愿意按政府要求实施迁移安置。

应当特别指出,水库移民的奉献精神和对政府的信任,成就了中国江河大型水库的建设与发展,也创造了大规模非自愿移民条件下社会稳定的奇迹,移民的精神弥足珍贵。但移民的奉献精神和对政府的信任不可滥用,更不能作为损害他们合法权益的借口。移民的奉献精神越强烈、对政府越信任,江河大型水库建设及运行就越应保障和维护他们的合法权益,并满足他们的合理诉求,而政府也应越重视他们财产权利、政治权利的保护,以及他们的生产(就业)、生活与发展。只有如此,大规模水库移民可能产生的社会问题才可能从根本上化解,社会稳定才可能长期持续。

5. 移民对水库库区发展的贡献

江河大型水库移民数量大,为减少移民远距离迁移安置的高成本及可能产生的适应性问题,水库移民仍以库区内部安置为主。水库淹占区的城镇移民随城镇、企事业单位迁建在库区内部安置,水库淹占区内的农村移民一部分就地后靠安置,一部分迁往库区之外(包括外省、市)安置,淹没城镇、工矿、基础设施恢复重建占地的移民就地安置,在库区内部安置的移民在总体上占绝大多数。众多的移民在库区安置,从多方面推动和促进库区的经济发展、社会进步和生态环境保护,移民对库区发展带来了机遇,也为库区发展带来了新的活力。

首先,移民迁移安置拉动了库区建材、建筑等产业的大发展。大量的移民从水库淹占区迁出在库区其他地方落户,需要建设生活及生产用房,为库区建筑业、建材业及相关的上下游产业提供了巨大而又集中的市场,可以大大促进这些产业在库区的发展。以三峡水库为例,130多万移民除近20万农村移迁出库区外,近120万城乡移民在库区内安置,其生活及生产(经营)用房需求数量十分巨大(据重庆库区调查,1992年至2004年间,移民建房实际完成2590.67万平方米[①]),拉动了三峡库区近20年来水泥、石灰、石材、沙石料、木材加工、钢材、铝材等建材行业的发展,同时也极大拉动了建筑、装修、地产行业的大发展,对库区经济发展起到巨大促进作用。

其次,开发性移民促进了库区经济发展。20世纪后期中国的水库移民采用开发式安置,即给移民创造和改善生产经营条件、扶持其就业和创业、实现稳定安置。在这一政策引导下,一部分城镇移民积极发展商业、贸易、餐饮、娱乐、运输、加工等产业,促进了迁建城镇经济发展,一部分农村移民积极发展高效特色种植业、规模化养殖业、农产品加工业和营销业,促进了库区农业及农村经济的发展。以三峡水库重庆库区为例,城镇移民中有相当一部分购买或租用迁建新城镇的铺面从事商业、餐饮业或其他服务业,

---

[①] 据重庆市统计局、重庆市移民局《1992—2004年三峡工程重庆库区统计历史资料汇编》第75页数据整理。

农村移民发展柑橘种植业、中药材种植业、蔬菜种植业、规模化养猪业、肉牛及肉羊养殖业,使库区的这些产业得到很大发展,柑橘产业还成了全国重要基地。

再次,移民后期扶持为库区发展增强了后劲。中央政府对移民实施后期扶持政策,除了每年给水库移民发放一定数额的扶持款,还投入专项资金支持移民发展生产、增加就业。这些扶持加上相关的税赋优惠,可以极大调动水库移民创业和就业的热情,使库区的发展更有后劲。以三峡库区为例,移民在20年扶持期内,每人每年可获得600元扶持资金,四口之家每户可获后期扶资金2400元。城镇移民再争取一些贷款以此可开展小规模经营活动,农村移民以此可开展小规模农业开发。如此逐年积累,则三峡库区城乡经济将稳步发展。

此外,库区因安置了大量移民、为江河大型水库建设及运行承担了更大的责任,中央政府会加大对库区的支持,水库业主企业也会支持库区发展,这无疑对库区经济社会发展和生态环境保护十分有利。以三峡库区为例,中央政府不仅给予了优惠的发展政策,而且在交通、通信、能源、水利建设上给予了大量投资,在污染防治、地质灾害防控、水土流失治理等方面给予大力扶持,还在高新技术产业发展、高效生态农业发展、林业发展等方面给予专项支持。水库业主也建立了库区发展基金,每年投资10余亿元用于库区建设与发展。三峡库区近20年基础设施大为改善、产业发展迅速、人民收入和生活水平提高,生态环境明显改善,这些都是与移民的贡献分不开的。

三、移民的损失

为全面认识水库移民,深刻理解搞好移民工作的必要性和重要性,不仅应了解移民的巨大贡献,更需要认清移民在江河大型水库建设及运行中所蒙受的损失。事实上,水库移民所作的贡献与所遭受的损失在很多情况下是相联系的,往往在某些贡献的背后就是移民的损失。水库移民的损失既有物质方面的显形损失,包括土地、房屋、财产等被淹占,也有非物质方面的隐形损失,包括社会资源、传统习俗、生活及生产经验的丧失。有些损失对移民产生即期而短暂的不利影响,而有些损失则会对移民生活、生产(就业)、发展带来较为长期的负面作用。

1. 自然资源损失

江河大型水库建设及运行要淹占大量的土地资源、水资源、生物资源和景观资源,这些资源原为移民所有或所用,由于淹占使这些资源或改变用途、或遭受损失,失去了原有的利用价值。同时因为移民的搬迁,他们也失去了这些资源利用的权利与机会。

移民迁移到新住地虽然也可以得到土地资源、水资源和生物资源,但其数量、质量、利用价值并不可能与原地的资源相对等,再加上移民原住地与安置地区位不同、基础设施条件不同、自然气候也存在差异,移民在迁入地获得的资源与原住地丧失的资源在利用与产出上就会产生差别,如果这种差别是负面的,移民在江河大型水库建设及运行中就会遭受自然资源损失,进而对生产、经营、收入、生活及发展产生不利影响。

　　土地资源是移民的基本生产资源,由于中国土地资源的不足,水库移民在安置地难以获得数量充足且质量优良的土地,导致移民使用的土地数量减少、质量变差、价值降低。以三峡水库移民为例,巫山、奉节、云阳等淹占县城的移民,从交通便捷、工商业较发达的老城迁到新城,三五年内在工商业发展上赶不上老城,万州、涪陵等部分淹没城镇的移民,从城镇沿江的繁华地带迁往边缘区,所使用的土地利用价值急剧下降。就地后靠安置的农村移民,他们失去了河谷地带平整而肥沃的土地,在安置地只能得到贫瘠的坡地,有些还是新垦的陡坡地,且数量严重不足(人均 0.05 公顷左右),土地资源占有和使用的损失,使不少后靠安置移民生产困难,农业收入降低。

　　水资源是移民的基本生产和生活资料,水库移民从水资源丰富的沿江地区迁移到别的地方,对水资源的占有和使用在一定程度上向不利方向转化,进而对生产及生活产生负面影响。首先,沿江淹没城镇移民由江河两岸迁往距江河较远或较高的新城镇,失去了用水的便利,也会增加用水成本,对这部分城镇移民生活、生产经营带来一定不利影响。其次,就地后靠安置的农村移民,从沿江河谷迁往山地,生活及生产用水状况恶化,部分移民不仅无水源灌溉农田,甚至生活用水都较为困难,特别在干旱季节缺水十分严重。再次,一部分移民迁往缺水地区安置,由于水资源不足,生产难以正常开展,收入没有保障,生活发生困难。

　　江河大型水库淹占的河谷地带,生物资源和景观资源(峡谷自然景观)十分丰富,有的还极为独特和珍贵,具有极高的价值。这些资源的淹占和移民的迁移,使移民丧失了分享和利用这些资源的机会和权利。河谷地带丰富的生物资源原本为这一地区居民提供多样性的生态环境,也提供了特色种植和养殖业发展的条件,由于淹占造成物淹人迁,移民便失了这些生物资源的恩惠,也不可能在迁入地再获得和利用这些资源。河谷的峡谷危岩、急流险滩、奇山异石风景独特,是宝贵的旅游资源,当地居民可依托这些资源发展旅游及相关产业,同样由于淹占造成部分景观消失、居民外迁,移民亦丧失了对其利用的可能。

　　自然资源是人类生活、生产、发展的基础,移民在江河大型水库建设及运行中的资源损失(数量减少、质量降低、区位变化),会带来多方面的不良效应,使移民处于不利地位,严重的还会影响移民安置的稳定性。通过安置地的慎重选择和安置中的资源分配,减少移民资源损失,并在安置后改善移民资源的质量和产出效率,是水库移民安置中值得高度重视的问题。

2. 财产损失

在江河大型水库建设及运行中,移民的房屋、固定性生产及生活设施,不便搬运及变现的家具与器物、在产品、果树及林木等财产被淹占,虽可获得补偿,但因补偿范围不全、标准较低,使移民蒙受一定的财产损失。按常理,移民的淹占财产应全额补偿,但由于补偿政策的偏差(补偿范围划定过窄、补偿标准规定过低)、淹占统计的复杂、淹占物估价困难,导致补偿的不足额,使移民遭受不应有的财产损失。

移民在迁移前拥有的生活及生产用房是家庭最重要的不动产,淹占后分类按面积计补,虽名义上按重置价补偿,但实际补偿价远低于重置成本,更不合理的是对与房屋联为一体的室内装修、水电气设施及其他屋内固定设施一概不单独计补,使移民在淹占房屋补偿中遭受不小损失。三峡水库淹占房屋,以 1993 年 5 月价确定补偿标准,仅为城镇同类清水房售价的 1/2 强、为农村同类清水房建设成本的 2/3 弱。若将淹占房屋内不便移动的财产考虑在内,当时所定补偿标准只及重置价的一半左右。更为严重的是,库区大范围内的移民搬迁,导致建筑和建材价格快速上涨,移民购房和建房成本自 1990 年代后期至今大幅上升,使移民房产损失巨大,城镇移民为购置新房要贴数万元,农村移民建新房要贴数千至上万元。

移民被淹占的家具、生活器具、机器、设备、运输工具、农机具、某些家用电器等,在迁移过程中不便搬迁运输,有的不能变现只能舍弃,有的虽可变现但只能贱卖,损失很大但得不到任何补偿。这些器物为生活、生产所需,移民迁入安置地还需重新购置,使移民两头受损。移民在原住地集资兴建的社区供电、供水、供气、通信设施在淹占后没有任何补偿,使移民原有投资全部损失。农村移民在原住地长期投资投劳建设的水利设施、农田基本设施、交通设施及其他生产、生活设施,在淹占后既不按成本计补,也不按效用计补,仅按移民人头给予极低补偿,与移民多年投入相去甚远,使移民多年的辛劳付诸东流。

城乡移民原有的商铺、企业被淹占后,既不按投资成本也不按生产经营规模和盈利进行补偿,而是按所占房屋面积或以企业分类按个数低价计补,对相关的机器、设备等更不纳入计补范围,不仅给移民造成很大的生产经营损失,有的连投资成本也难收回。农村移民原有的养殖场(猪场、牛场、鸡场、鱼塘等)和种植园(果园、菜园、苗木园等)被淹占后,不是按建设投资和产出及盈利为依据补偿,而是按建筑面积和土地面积低价补偿，给移民造成重大财产损失。以三峡水库淹占补偿为例，养畜（禽）场以圈舍面积50—100元/平方米的价格计补，柑橘园以8.64万元/公顷的价格计补，菜园以11.25万元/公顷的价格计补（1993年5月价），养畜（禽）场的补偿价不及当时建设成本的一半，而柑橘园和菜园的补偿价只及当时两年的产值水平，使原来从事养殖业、水果业、蔬菜业的移民损失巨大。对淹占零星林木和果树的补偿更低，如涪陵被淹没的盛产期桂圆树每棵补偿100多元，还不到一年的产值。

水库移民在淹占补偿中蒙受财产损失，多年积累的财富一部分白白流失，合法权益受到损害。同时，由低补偿造成的财产流失，削弱了移民本来就较弱小的经济实力，进而影响移民在安置之后的生活及生产恢复与发展。水库移民淹占财产的低补偿，在本质上是对移民合法财产的部分剥夺，无论是出于政策原因或是工作及技术因素，都会引起移民的不满，江河大型水库建设及运行中出现的一些矛盾，很多都与移民的财产损失有关。

3. 生产经营损失

江河大型水库淹占区移民在迁移前的长时期内，利用本地资源、区位、市场、基础设施等条件，从事某些具有优势与特色的生产经营活动，解决了他们的就业，增加了他们的收入，维持了他们的生计，促进了他们的发展。但迁移之后由于条件的丧失，移民便失去了从事这些生产经营活动的机会，在就业、收入及生活等方面受到不利影响。生产经营活动对移民的生存与发展极为重要，优势特色生产经营活动的丧失，会导致移民就业与收入的恶化、生活水平的降低，损失巨大且延续时间较长。

水库淹占城镇地处江河沿岸，部分淹占城镇的淹占部分也为沿江（河）繁华地段，这些区域的移民在迁移前从事商贸、餐饮、运输等生产经营活动的条件十分优越，大多从事这些行业并可获得较高收入，往往一个小店铺、小摊点的经营就可养活一家人，若有房屋出租还可获得很高租金。当这些移民迁往远离江岸的新城或者城镇的边缘地带，生产经营条件变差，原有生产经营活动难以开展或效益大降，造成很大的生产经营损失。三峡水库部分淹占的万州、涪陵两市及忠县、长寿等县城，淹占的都是沿江繁华地段，水陆交通发达，人流物流量大，当地居民以地利优势在商贸、物流、仓储、运输、餐饮、娱乐等领域创业和就业，收入丰厚。水库淹占使这些居民迁往城市边缘地带，虽然也可从事商贸等生产经营活动，但由于区位差，生意清淡，就业和收益状况急剧恶化，有些甚至发生生计困难。

部分水库移民在迁移前利用河谷沙石资源及矿产资源，建设采沙场、采石场生产建筑材料，建设矿井生产金属和非金属矿产品，利用石灰石生产水泥、石灰，利用河沙生产灰砖，并利用水运之便向外地销售。这些产品市场需求量大、生产成本较低，从事这些产品生产经营的移民收益较高、生活富裕。水库的淹占使移民迁出河谷地带，失去了从事这些生产经营的条件，再也难以获取收益，损失很大。有些建材资源和矿产资源开采场地虽未淹没，为保护水库周边地质稳定也不能开采。同时，为了防治水库污染，水库周边的煤矿等也要关闭，移民原先在这一区域的相关生产经营同样不能继续进行，从而蒙受生产经营损失。

水库淹占的河谷地区气候独特、土地肥沃、生物多样，这一地区的农村居民利用这些有利条件，长期从事优质粮油、蔬菜、水果、畜产品、水产品生产，不仅以此为生，而且能取得较高的收益和维持较好的生活水平。水库淹占使这里的农民成为移民并迁往外地谋生，使原来的农业生产经营无法延续，从而遭受损失。以三峡水库农村移民为例，他们利用长江河谷有利的气候条件和生态环境，种植优质柑橘（脐橙、锦橙等）、早熟蔬菜、加工蔬菜（榨菜等）、特色水果（桂圆、早熟梨等），养殖肉猪、肉羊、肉兔、名优水产，产出水平高，生产效益好，生活水平较高。水库淹占后，移民的果园、菜园、养殖场被毁，生产经营终止，原有收入来源断绝，损失非常惊人，果园面积较大的移民每年的损失上万元、菜园面积较大的移民每年损失数千元、规模养殖的移民每年损失数万元。同时，这些移民在迁移之后难以恢复优势特色农产品的生产经营，迁往外地的农村移民因自然环境改变不可能恢复只适合长江河谷的产品生产，而就地后靠的农村移民因海拔增高及水资源限制，也难以恢复柑橘、榨菜、名特水产的生产。

水库移民因为搬迁，被迫放弃和终止原有的生产经营活动，并蒙受一定的损失，若原有的生产经营十分有利则损失就很大。如果移民在安置地因条件限制，既不能恢复原来从事的生产经营，又不能从事新的具有优势和特色的生产经营，则移民在生产经营上就会遭遇两头受损，既丧失了原来有利的生产经营又接受了不利的生产经营，这无疑是对移民的重大打击。

4. 社会资源损失

移民也与其他公民一样，生活、生产、发展都是在一定社会环境中进行的，都离不开一定的社会资源。社会资源的内涵丰富、类型众多，就移民个人及家庭而言，主要包括生活及生产空间的范围和社会环境条件、与政府及其他公共部门的联系、与其他社会成员的联系范围及关联程度、与相关企业及其他非公共部门的联系、与亲友及族群的联系、社会威望与影响力等方面。社会资源是非物质的无形资源，需要长期培育才能获得。社会资源又是极为重要的资源，每个人、每个家庭的生活、生产（就业）、发展都不可或缺。水库移民在原住地经长期培养积累了丰富的社会资源，但随着迁出故土到外地落户,这些社会资源亦随之大部或全部丧失,并对移民生活、生产、发展及心理产生不利影响。

首先,水库移民因迁徙失去了原有社区资源。水库移民在迁移前长期在原住地生活、生产、发展,因族缘(血缘)、业缘或别的机缘与其他人群和家庭在该地域集聚,形成以城镇居委会或农村村社为基本单元的社区。这些社区内不仅有居委会、村委会等为其成员提供一定的公共服务,而且社区成员间在生活、生产、经营、就业、发展方面形成了一定的分工、协作、互助关系,并形成了一定的正式或非正式行为规范及准则。移民在原有的社区内可以平等的身份谋求生存与发展,并可分享社区的公共服务和其他成员的帮助,也可与其他成员协同发展或为其他成员提供帮助,使其生活、生产、发展有一个安全而稳定的小环境。移民搬迁安置使其原有社区解体,在安置地又要与陌生的人和家庭组成新社区或加入其他社会成员已经组成的社区。如此一来,原有的社区资源完全丧失,新的社区资源需要重新获取,对移民生活、生产、发展以致心理造成很大冲击。

其次,水库移民因迁徙造成大量社会关系的中断。水库移民在迁移前长期的生活、生产、发展过程中,与当地政府部门、社会事业单位、相关企业、其他社会成员建立了一定的联系,并以多种方式彼此交往,进而在相互认识和了解的基础上构建了社会关系网络。移民利用这一网络与其他社会成员及机构进行物质、资金、技术及信息的交流,为其生活、生产、发展提供支持,既可节省各种交易费用,又可带来诸多便利和提高交易效率。但随着移民的迁移,他们原来所建立起来的社会关系网络,或因远距离迁移不能继续利用,或因生活及生产的改变而部分或全部失去利用价值,导致部分或全部瓦解。在原有社会关系网络瓦解、新的社会关系网络尚未形成的条件下,水库移民在安置区的生活、生产、发展会遭遇多方面的社会障碍和困难,而要克服这些障碍和困难,有赖于移民在安置区社会关系网络的构建,但这需要较长的时间。

再次,水库移民因迁徙造成亲友关系的疏离。水库移民与其他公民一样,有父母、兄弟、姐妹、亲戚朋友,并由这些人群构成关系密切的亲朋网络。在中国的传统文化背景下,亲戚朋友之间形成了较为固定的团结、协作、互助的亲密关系。随着移民的迁移安置,与亲戚朋友的空间距离增大甚至变得十分遥远,亲朋虽仍可相聚却变得稀少和困难,在生活、生产、发展中的相互支持、协作与互助亦随之变得难以进行。如三峡水库部分农村移民远迁省外,与亲戚朋友相隔数百甚至上千公里,见上一面尚且不易,更谈不上在日常生活及生产中互相帮助与支持。与亲友在空间上的分离一方面使移民丧失部分亲情和友情,另一方面也使移民在迁入地失去亲友的帮助与支持。

5. 知识与技能损失

水库移民迁移前在原住地特定社会环境、自然环境下长期生活、生产及发展,通过学习和实践积累了丰富的生活经验和生产经营知识与技能。这些经验、知识与技能是移民的重要无形资产，为移民在原住地的生活、生产与发展提供支持，弥足珍贵。但移民的这些无形资产带有较强的地域特征，它们仅适宜在移民原住地区域内应用。当移民迁徙之后，他们的生活环境发生变化，生产经营条件发生改变、生产经营活动与迁移前也不相同，导致他们原有的经验、知识与技能因不适应新的环境或派不上用场而失去了利用价值，而且新环境中所需生活经验和生产经营知识与技能还需重新学习积累。

水库移民迁移前长期在河谷地区生活，积累了在这类特定地区的生活经验。这些经验包括适应当地生态环境和气候条件的人居经验、衣着经验、作息经验、食物及烹调经验、疫病防治经验等，内容极为丰富，为方便生活、提高生活质量、保障身体健康发挥了重要作用。如三峡水库移民迁徙前长期生活在长江河谷，为适应山区地形及夏季炎热、终年潮湿的环境，积累了夏季消暑、冬季防寒、终年防潮的民居建筑经验、不同季节的作息经验及衣着经验，富于营养且风味独特的食物及烹调经验、消暑除湿的疫病防控经验等，由此吊脚楼民居、麻辣食品、饮茶习俗便应运而生，并成为鲜明的地域特色。当移民迁出河谷地带后，由于生活环境条件的改变，原有的生活经验便不适应新的环境，不得不部分或全部放弃并重新学习和积累。移民生活经验的损失与其迁移的空间距离密切相关，二者呈同方向变动。若迁移距离不远，安置区与迁出区环境条件差异不大，移民原有的生活经验大多可继续使用而损失较小。若迁移距离很远，安置区与迁出区环境条件完全不同，移民原有的生活经验便不能发挥作用而只有放弃。如三峡库区迁移到山东的农村移民，连煮饭都要重新学习。一部分水库移民在迁移前利用当地特有资源和条件，应用自己所掌握的生产经营技术，发展采掘、加工、制造、运输、物流、生产及生活服务等产业，并以此谋生。但搬迁安置之后，因资源、条件、市场的变化，原来从事的产业失去发展机会，移民所掌握的这些生产经营知识、技术、经验也失去了用场，只能闲置和放弃。例如三峡水库的部分移民，在迁移前利用所掌握的技术和营销经验，从事建筑原料采掘和建筑材料加工、榨菜和水果加工，水上运输、蔬菜及柑橘营销、畜产品（猪牛羊肉）加工及营销等产业，并以此谋生。迁移安置后这些产业发展的条件丧失，移民难以继续从事这些产业，所掌握的生产技术、营销经验也随之变得毫无用处。

水库农村移民在迁移前利用当地独特的自然资源和生态环境、应用长期学习积累的技能与经验，从事某些具有优势和特色的种植业、养殖业、水产业生产，并获取较高的收益。但搬迁安置后，安置区的自然资源和生态环境发生改变，原来从事的优势特色农业不能移植，移民原来掌握的相关技能与经验也不可能继续应用，只能闲置和放弃。例如三峡水库的农村移民，利用长江河谷温暖的气候、丰沛的水源、良好的土壤条件，利用长期积累的生产技能种植柑橘、早熟蔬菜、榨菜，养殖肉猪、肉羊、肉兔、名贵水产，还有数千沿江渔民从事捕鱼。这些移民凭借其专业技能从事某一产业,产出水平高、产品质量好,可获得较高收益。但搬迁安置后,从事这些产业的条件消失,这些移民原有的专业技能只能白白丢失。

应当指出,水库移民的经验、知识与技能是其生活、生产、经营、创业、就业的重要手段,也是其自身的重要资源和财富,对其生存与发展有很大影响。水库移民的搬迁安置,导致其所拥有的经验、知识与技能因不能继续应用而部分或全部丧失,对其生活、生产、发展带来不利影响。而安置区新环境下的生活经验和生产技能的重新学习积累,移民又需要花费成本与付出代价。

四、保护移民合法权益的重要性和必要性

水库移民因水库建设及运行而产生,移民与水库之间关系密切而又复杂。一方面,江河大型水库的建设及运行要淹占移民的家园,对移民带来资源和财产的损失,对移民生活、生产、发展造成巨大冲击;另一方面,移民为维护自己的权益,必然要求水库业主或政府对淹占的资源和财产进行充分的补偿,对生活及生产进行妥善安置,对发展给予关注与扶持。在淹占补偿、迁移安置及后期扶持中,如何满足移民的合理诉求、保护移民的合法权益,便成为江河大型水库建设及运行必须面对和解决的重大问题。这些问题的有效解决,不仅对移民的生存与发展极为重要,而且也为社会安定团结和水库顺利建设及有效运行所急需。

1. 合理的淹占补偿是保护移民财产权利的需要

水库移民与我国其他公民一样,享有宪法和法律赋予的经济权利,特别是合法财产不容侵害,不能以任何理由加以剥夺。在江河大型水库建设及运行中,移民赖以生活、生产及发展的土地、水源、生物等自然资源要被淹占,多年积累建设的房屋、生活及生产设施等固定资产要拆毁或弃置,果园、菜园、林木等财产要废弃,但移民对原有资源和财产的让渡不是无偿的,要求淹占方给予补偿与赔付。加之淹占的资源和财产对移民生存与发展至关重要,移民要求补偿与赔付应达到充分有效,资源与财产权益不能受损。作为水库移民,要求对淹占资源及财产进行合理补偿和赔付,是为了维护自己的合法财产权利。作为淹占方(水库业主、政府),对淹占资源及财产给予合理补偿和赔付,是对移民合法财产权利的尊重。

江河大型水库建设及运行所淹占的土地资源,绝大多数原本为农村移民所在集体所有并为其承包使用,农村移民原来就是依靠这些土地从事生产经营,维持自己的基本

生计。这些土地被水库淹占之后，农村移民有两条出路可供选择，一是在迁移安置地重新获得土地继续从事农业生产经营，二是放弃农业从事非农职业。对于大多数农村移民只能选择农业安置，便需要利用淹占土地的补偿费在安置地换取（类似购买）所需土地。可以想见，淹占土地补偿如果很低，移民在迁入地换取土地的费用就很少，获取数量足够、质量优良土地的机会就会减少。对少数非农生产经营或就业的农村移民，淹占土地补偿费是其投资的重要来源，若土地补偿太少，他们的非农生产经营就会大受影响。由此可见，淹占土地的补偿事关农村移民的土地权益，如果补偿太低就会对农村移民的土地权益造成损害，只有合理补偿才能保护农村移民的土地权益。

江河大型水库建设及运行淹占的移民生活、生产用房，对一般移民家庭而言是最大的家产，有些家庭甚至要经过两三代人的积累才能购买或兴建。城镇移民原有住房被淹占后要在迁建城镇重新购买，农村移民原有住房被淹占后要在安置地购买或兴建，城乡移民原有生产用房被淹后要造成财产及生产经营损失，而移民重新购房和建房的支出都有赖于原有房屋的淹占补偿。如果淹占房屋的补偿不足，移民用补偿费就不能换取与淹占前相当的生活、生产用房，若要保持原有的房屋面积和质量，就必须由自己贴补缺口。由于购房或建房的费用不菲，由自己贴补的费用往往不是一个小数，有的移民甚至要靠贷款。房屋及其内在设施是移民的主要财产，也是移民的基本生活及生产设施，关系到移民的安居乐业。如何使淹占补偿至少让移民能重新获得与淹占前面积与质量相当的房屋（包括屋内设施），不仅涉及对移民房产权益的尊重与保护，而且还关系到移民在迁移后的正常生活与生产。

江河大型水库建设及运行淹占移民的不便搬运和变现的生活及生产设施和设备、器具，以及果树、林木，是移民长期积累的财富，有些是重要的生活用品，有些是重要的生产资料，在迁移安置后还需重新购置或建造，对这些淹占财物如只进行部分补偿或补偿标准过低，就会给移民的财产造成直接损失，并使移民在迁入地重新购置这些财产而贴补费用。同时，移民在原住地的道路、电网、通信网、供水、农田水利建设等方面进行了长期艰苦努力，投入了大量的人财物力，并建成了一批公共基础设施，在生产及生活中发挥了重要作用。这些公共基础设施是移民的共有财产，在淹占后应给予充分补偿，使移民能收回部分投入和弥补丧失这些公有财产的部分损失。如果对淹占的公共基础设施只进行选择性补偿或低水平补偿，就会对移民的共有财产权益造成损害。

2. 稳定安置是保障移民生存和发展权益的需要

水库移民从淹占区迁出到安置区落户，在新的环境下重新开始生活、生产与发展，这是一个巨大的转变。移民能否在安置地尽快走上生活、生产正轨,事关水库移民的生存与发展。如果移民安置质量较高,在安置区的生活、生产及发展条件得到基本保证,生活、生产就易于快速恢复,发展也会有良好预期,便会在安置地稳定下来。若移民安置质量较差,在安置区的生活、生产及发展条件恶劣,生活、生产便难以恢复甚至发生困难,发展前景自然十分渺茫,便不会甘于在安置地受困。安置质量的高低不仅直接影响水库移民安置的稳定,而且关系水库移民生存与发展权益的保护。

安置地的交通、通信、能源等基础设施条件,对移民生活、生产及发展影响很大。如果安置地的基础设施较为完备,就会为移民的日常生活提供极大的便利,为移民生产经营活动提供有效的支撑,为移民的发展提供更广的领域和更大的空间。如果安置地的基础设施较差,移民的生活、生产及发展便会面临诸多困难,甚至受到极大的限制。对于城镇移民,迁移到基础设施完备的新城或新镇落户,其就业与创业便易于实现。对于农村移民,迁移到基础设施完备的地域落户,其生活易于走上正轨,生产经营活动易于恢复与发展,生病就医、子女就学等问题易于解决。由于基础设施建设投资大,建设周期长,如果移民安置区原有基础设施较差,很难在短期内改变,对移民恢复正常生活、生产会造成极大困难,若将水库移民安置在这类地区,对移民生存与发展极为不利。

无论是城镇移民或是农村移民,对安置地的生活用房及生产经营用房都十分重视和关切。生活用房的数量与质量直接关系到移民在安置地的基本生活条件保障,而生产经营用房的数量与质量又关系到移民在安置地的生产经营恢复及发展,如果用房问题不能很好解决,移民在安置地很难生存与发展,更谈不上稳定。水库移民在安置地的用房主要是用原住地房屋淹占补偿费购买或建造,不足部分由自己贴补,一部分外迁农村移民在安置地的用房则是委托迁入地政府利用补偿费建造。当移民淹占房屋补偿费较低时,移民用补偿费在迁入地便不能购买或建造与原住地数量及质量相当的房屋,要保持或提高用房标准就必须自己贴补资金;否则就会导致用房水平下降,并进而对生活及生产经营造成不利影响。

水库淹占的城镇移民,有的要迁往新建城镇,有些则要从城镇沿江地带迁往边缘地带,就业和创业条件在一段时间内会有所恶化。城镇移民的就业与创业,既关系到他们对社会经济发展进程的参与,更关系到他们的生活、收入与发展。如果不能有效解决城镇移民的就业与创业,他们就失去了工作机会和收入来源,生活便没有保障,发展更无从谈起。对于失业的城镇移民虽可享受城镇居民最低生活保障,但会沦为生活水平低下、发展机会渺茫的弱势群体,当这类移民较多时还会产生一系列社会经济问题,甚至影响社会稳定。

水库淹占的农村移民,一部分在本乡(镇)本村后靠安置,一部分在本省(直辖市、自治区)的其他县(区)安置,一部分迁往省外安置。农村移民无论在哪里安置,在安置地所获得的承包土地(特别是承包耕地)的数量及质量,对其生产经营、收入与生活、发展都有重大影响。农村移民若能在安置地获得数量充足、质量优良、水利设施配套的耕地和其他农用土地,就可以利用土地资源发展种植业、养殖业、林业等,有技术专长者可以发展高效特色农业,并通过农业发展解决就业、基本生计及增加收入等实际问题。如果农村移民在安置地获得的承包土地(特别是耕地)数量太少、质量太差,或农业基础设施(主要是农田水利)短缺,则土地产出的总量过少、低而不稳、效益低下,必然导致生计难以维系。因此,让农村移民在安置地获得足够的优质承包土地(特别是耕地),既是其稳定安置的基础,也是维护其生存与发展权益的基本保障。

3. 后期扶持是对移民贡献的应有回报

水库移民由淹占区迁出在异地安置,其生活、生产、就业的自然环境、社会环境都会发生或大或小的变化,加之举家迁徙面临的各种实际问题及所遭受的有形及无形损失,在安置地必然会遇到多种困难,并对其生活、生产、发展造成不利影响。在这种情况下,移民需要政府、水库业主、社会的扶持和帮助,才能克服困难与障碍,使生活、生产、就业恢复正常并步入发展正轨。而政府、水库业主和社会在分享水库好处的同时,也有责任去解决移民面临的困难和问题,并对移民在江河大型水库建设及运行中所作贡献给予应有的补偿与回报。

水库移民的后期扶持,是通过政策倾斜、投资拉动、技术支持、公共品提供、社会保障等措施,改善其生活、生产、就业条件,提高其生产、经营、就业和创业能力,并为其提供基本生活保障。后期扶持既带有弥补移民安置质量不高的补课性质,也带有解决移民现实困难的实用特征,还带有对移民贡献进行一定补偿与回报的特点,但无论出于何种目的,对移民进行后期扶持都是十分必要的。由于移民数量的庞大和安置资源的约束,相当部分水库移民的安置标准低、安置质量不高,有的移民甚至安置在生活、生产条件恶劣的地区。这些移民如果没有外力的扶持与帮助,单靠自身努力是难以改变不利生存与发展条件的,也很难依靠自己的能力走上生活、生产的正轨,其结果只能是既难安居也难乐业,并逐步贫困化及边缘化。

水库的城镇移民从沿江城镇迁往重建城镇、从沿江城区迁往城镇边缘地带,由于新建城镇及地区存在公共设施不配套、区位变化、人流及物流量小、产业发展跟不上等问题,就业和创业都会遇到极大困难,导致相当部分城镇移民在一定时期内难以在本地获得就业岗位,处于失业或半失业状态,基本生活发生困难。在这种情况下,如果不采取有效措施扶持移民城镇和城区的经济发展、不帮助和扶持移民创业与就业,不给予贫困移民以救助，就会导致工作岗位严重不足，相当部分城镇移民成为无业游民而生活不保，贫困移民困苦加深。而如果采取有力措施扶持移民城镇工商业的发展，扶持包括移民在内的居民大量创业，就会在较短时期内提供大量的就业岗位，满足移民的就业需求，使其在短暂失业后能获得工作机会并拥有较为可靠的收入来源，步入工作与生活的正常轨道。

农村移民从河谷地带迁出，或就地后靠在山地落户，或迁往本省（直辖市、自治区）的外县外乡落户，或迁往外省（直辖市、自治区）落户，其生活、生产、发展条件发生了很大的改变，面临不少困难和问题。对于就地后靠安置的农村移民，因山区耕地匮乏且基础设施较差，所得到的承包耕地面积较少、零星分散、质量较差、基本没有灌溉条件，有些移民的承包耕地还是新开垦的坡地，这些耕地种植成本高、产出水平低，移民难以依靠它维持生计。在其他地区安置的农村移民，由于耕地资源的限制，同样面临获得的承包耕地较少、零星分散、农业基础设施不足的问题，远距离迁移的农村移民还面临生活、生产的重新学习和适应的困难，对生产发展、生活安定造成不利影响。面对这些问题，只有通过多种扶持措施，改善移民安置区的生活及生产条件，帮助移民发展高效特色农业，提高土地产出水平和农业效益，引导多领域创业和多渠道就业，才能尽快使其安居乐业。否则，农村移民在土地资源稀少、自身适应能力有限的约束下，很难在短期内走上生活、生产正轨，一部分家庭还可能出现生产下降、收入减少、生活水平降低，甚至发生基本生活困难的情况。

4. 保障移民合法权益是维护社会安定团结的需要

江河大型水库建设及运行的移民数量大，迁出、安置不仅涉及的地域范围很广，而且涉及众多复杂的利益关系。庞大的移民在大范围内的流动易于对社会造成冲击，而错综复杂的利益关系又可能诱发社会经济矛盾，二者加在一起便可能对社会安定带来不利影响。在中国的特定环境下，这种影响不是由于移民反对水库建设而发生，而是因移民的合法权益受损所引起。为保证水库移民迁移和安置有序而平稳进行，保持社会的稳定，保障移民的合法权益便成为关键。

水库移民的合法权益包含很多方面，就其迁移和安置而言，主要是财产权、生存权和发展权，对移民合法权益的保障主要是对其财产权益、生存权利和发展权利的保障。保障移民的合法权益，必须尊重其公民地位和利益主体地位，不因江河大型水库建设及运行而遭到削弱；必须保护其财产权益，不因江河大型水库建设及运行而受损或被剥夺；必须维护其生存与发展权利，不仅不因江河大型水库建设及运行而恶化，而且还应得到一定改善。公民地位和利益主体地位的尊重主要涉及移民对迁移、安置的有效参与和对其意愿的重视,财产权益的保护主要涉及移民淹占财产的合理补偿,生存与发展权利的维护主要涉及移民的稳定安置。若在这几个方面都能做得很好,大量水库移民的迁移安置就不会产生大的矛盾,也不会影响社会安定。

水库移民迁移中淹占补偿范围的确定和类别的划分、淹占物的分类及计量、淹占物的补偿标准确定、搬迁补贴等,安置中地点的选择、生活及生产安置标准的确定、过渡期补贴等,以及安置后的政策扶持、资金补助、生产经营恢复与发展、社会保障等,都与移民的切身利益息息相关。如果这些问题的决策、管理与实施吸纳移民充分参与,并尊重他们合理的诉求,便能较好地体现移民的意愿和保障他们的合法权益,使迁移、安置中的矛盾和冲突减少。如果这些问题由政府或水库业主单方面决定,移民只有执行的义务而没有提出异议的权利,则可能违背移民的意愿并对他们的合法权益造成损害,矛盾和冲突随之产生,水库移民对社会的冲击便难以避免。

水库淹占补偿直接关系到移民的财产权益,移民接受补偿的底线是补偿费能弥补淹占损失的实际价值,或补偿费可重置淹占的财物,最希望的是补偿费高于实际的淹占损失。如果对淹占的资源、财产、物资统计比较全面,质量和规格判定较为准确,数量测度较为精准,价格确定较为合理,则淹占补偿就易于满足移民接受的底线,若适度从优则移民淹占财产还有一定增值,移民的财产权益因此而得到保护,利益矛盾和冲突自然会减少,迁移工作也易于顺利进行。但若对淹占资源、财产、物资少统漏计、压低等级、少计数量、过低估价,就必然造成补偿费低于淹占的实际损失,导致移民原有财产的部分剥夺,引起不满情绪的滋生,并引发利益矛盾与冲突,部分移民还可能以上访、拒绝迁移等方式进行抗争,对社会安定造成冲击。

安置质量包括安置地经济社会发展水平、基础设施条件,就业及创业条件、自然气候条件,以及用房数量与质量、承包土地数量与质量(非农安置移民除外)等,对移民的生活、生产、就业与发展具有决定性、长久性影响,受到高度关注。如果较好解决了移民的用房问题,就可使其安居。如果较好解决了城镇移民的就业,就为其提供了收入与生活的保障。如果将农村移民安置在经济发展水平较高、基础设施条件较好,土地资源又较丰裕的地区,其生活就易于步入正轨、生产经营也易于恢复并得到发展。但若城镇移民安置后不能就业,农村移民安置在生活及生产条件恶劣地区难以维持生计,就会使一部分城镇移民成为无业游民,一部分农村移民就会上访甚至返迁,对社会安定造成一定的冲击。

5. 维护移民合法权益是江河大型水库建设及运行的需要

江河大型水库建设及运行离不开人民群众的支持,特别离不开与之密切相关的移民群体的支持。如果没有移民的认同与配合,江河大型水库的建设及运行将会寸步难行。移民为江河大型水库建设及运行让出家园,既是对国家建设和发展大局的顾全,也是为自身的福利增进寻求新的机会,他们在支持水库建设及运行的同时,不仅不会放弃自己的合法权益,还会竭力维护这些权益。当江河大型水库建设及运行充分维护了移民合法权益或使之增进,移民就会给予充分的支持和有效的配合。如果江河大型水库建设及运行损害了移民的合法权益或使之减少,移民便会采取反制措施,使其遭遇困难与障碍。

从根本上讲,江河大型水库建设及运行的目的是促进经济发展、社会进步和人民福利增进,造福于社会和公众。这一目的不仅应体现在水库建设及运行的结果上(功能的发挥上),还应当反映在水库建设及运行的过程中。以此为依据,维护和增进移民的合法权益,应当成为水库建设及运行的基本准则。江河大型水库建设及运行需要淹占移民家园,移民也应予以配合,但这应当是有偿的,淹占的资源和财物应按实际价值补偿,原有家园失去之后应得到适宜生活、生产、发展的新家园。江河大型水库建设及运行也追求成本的节约和经济效益的提高,但不应通过损害移民合法权益来实现,移民在让出家园后只应得到关怀与帮助,不应再承受其他损失。

水库建设及运行淹占的资源是移民的生存之本,淹占的财产、物资是移民多年积累的劳动成果,移民自然会十分珍惜。如果淹占补偿能够弥补移民的资源及财产损失,或淹占补偿可带来移民的资源改善和财产增值,则移民就易于接受迁移并让出家园,为水库建设及运行提供所需土地和相关支持。若淹占补偿不能弥补移民的资源、财产损失,他们便会因利益受损而对水库的建设及运行进行抵制或干扰,使水库建设立项增加困难、工程建设难以及时开工也难以按计划推进、水库成库难度加大、水库运行受到干扰,导致水库建设成本增加、运行效益降低。因此,维护移民合法财产权益有利于江河大型水库的建设及运行,而损害移民的合法财产权益只会起到相反的效果。

安置质量的高低关系到移民长期的生活、生产、就业与发展,反映安置质量的安置区生活条件(如用房、公共设施等)、生产经营及就业条件(如基础设施、经济发展水平、资源等)、发展条件(如区位、教育、科技等)便备受移民关注。若将移民的安置地选择在生活、生产、就业及发展条件都较为优越的地区,或至少选择在不逊于原住地的地区,则移民就易于接受安置、按要求的时间迁往安置地,为水库建设及运行让出资源,并在安置地正常生活、生产与发展。但若降低安置质量,将移民安置在生活条件艰苦、生产经营及就业条件恶劣、发展条件极差又不易改变的地区,移民便不愿接受安置而拖延搬迁,有的甚至会抗拒搬迁,使水库工程建设、蓄水成库、调控运行因不能及时获得所需土地资源而受到阻碍,不仅会延误建设工期、增加建设成本,还会影响水库建成后的正常运行和功能的有效发挥。

水库移民安置之后,在新的环境条件下会遇到不少困难与问题,需要帮助与扶持。如果认真搞好后期扶持,使移民在生活上安定下来,生产经营及就业走上正轨,实现安居乐业,就可为江河大型水库建设及运行创造良好社会环境。如果移民安置后的实际困难得不到及时解决,生产经营难以正常进行,就业无法解决,收入低下或无保障,基本生活难以维持,移民的上访和返迁便难以避免,并对水库建设及运行造成干扰与冲击。

五、移民合法权益保护的目标与任务

江河大型水库建设及运行对移民的权益影响最大也最为直接,保护其合法权益不仅是移民的迫切要求,也是政府和水库业主的重要任务。在江河大型水库建设及运行的过程中,水库移民的知情权与参与权、土地权、财产权、生存与发展权、社会保障权是其主要权利,且容易遭到损害,应该重点加以保护。这些权利相互关联、相互影响,在很大程度上决定水库移民的命运与前途,不仅应当全面保护,还应当有明确具体保护目标和任务,并采取切实可行的保护措施加以实现。否则,水库移民的合法权益就不可能有可靠保障,权益纠纷便不可避免。

1. 知情权与参与权的维护

江河大型水库建设及运行对移民冲击很大,在很大程度上改变其生活、生产、就业及发展,与移民的权益关系最为直接与密切。移民作为直接相关者,有权知道江河大型水库建设及运行的规模及目标、功能与效益、成本与风险、经济社会及生态影响等情况,以便明确自己的相关责任与义务,对利弊得失进行评估,作出相应的价值判断。他们也有权参与江河大型水库建设及运行立项的决策,淹占补偿政策及迁移安置政策的制定与实施、后期扶持及社会保障政策的制定与实施,使其能表达自己的意愿和诉求,与政府及水库业主建立正常的沟通渠道,理性维护自己的合法权益。若移民的知情权得不到尊重,就会造成对江河大型水库建设及运行目的意义不清,对功能与作用不明、对利弊得失难以评判,并导致认知上的模糊和支持上的乏力。若移民的参与权得不到尊重,将其排除在江河大型水库建设及运行的管理决策之外,便会造成移民表达意愿和诉求正规渠道的丧失,也会使移民失去维护自己合法权益的正常途径,并导致移民通过非正常渠道表达诉求和非理性方式维护权益,产生矛盾与冲突。因此,维护水库移民的知情权与参与权,无论对移民或是对江河大型水库建设及运行都有利。

维护水库移民的知情权,就是要让其如实了解水库建设的规模及淹占范围、水库的功能与作用、水库建设及运行对经济社会和生态环境的影响、水库建设及运行对移民生活及生产与发展的影响、移民的权利与义务、淹占补偿的相关政策、迁移安置的规划等相关信息。首先,政府和水库业主应通过多种渠道采用多种方式主动向移民传达这些信息,使移民能够通过多种途径便捷地获取这些信息。其次,要为移民提供及时的信息服务,帮助他们获取并正确认知这些信息,避免信息传递的滞后和误读。再次,信息的公布应全面、真实、准确,对移民应当知道的信息不能隐瞒,更不能报喜不报忧,也不能模棱两可。水库移民最关心的是淹占、补偿、迁移、安置等与切身利益相关的问题,这些方面的有关信息更应当让其充分了解和掌握。

维护水库移民的参与权,就是要让其全程参与江河大型水库建设及运行的相关决策与管理,诸如水库建设的立项论证及决策、水库建设及运行的成本预算与分担、水库建设及运行效益的分享、移民身份确认与移民人口核定、淹占土地的面积量算及补偿标准确定、淹占房屋的质量评估及面积计算与补偿标准确定、淹占财物及设施的认定及计量与计价、安置地及安置方式选择、生活及生产安置标准确定、搬迁及安置过渡补贴方式与标准核定、后期扶持方式及标准确定、社会保障政策制定等,都应当让移民充分参与、发表意见、表达诉求。为有效发挥移民在江河大型水库建设及运行管理决策中的作用,一是应当直接吸纳移民的代表参与相关政策的制定与执行,二是在相关政策制定中应在移民中进行论证,三是对移民的合理诉求应当给予重视与正面回应。

2. 土地权益的维护

土地是重要的生活资料,更是重要的生产资料,且十分稀缺和珍贵,对农村移民和城镇移民都是如此。土地权益在形式上表现为所有权和使用权,实际上却反映了财产权、收益权与占有权、处置权。江河大型水库建设及运行占用大量土地,移民失去了对这些土地的所有权和使用权,并丧失了这些土地的财产权利,失去了利用这些土地休养生息的权利,丧失了依靠这些土地生产经营、就业创业、获取收入、谋求发展的机会,对移民的生存与发展产生重大影响。对淹占土地进行合理补偿,充分弥补移民的土地权益损失,不仅为水库移民所关注,也应是江河大型水库建设及运行中认真解决的重要问题。

江河大型水库建设及运行淹占的土地,是通过国家征用获得的,既改变了这些土地的所有权(将农村集体土地转变为国有土地),又改变了这些土地的使用权(将其他主体使用的土地转交给水库业主使用),还改变了这些土地的用途(由城镇用地、农业用地等变为水库用地)。维护移民的土地权益,就是在要求他们放弃原有土地所有权或使用权的同时,对其所遭受的实际损失进行合理的补偿。所谓合理,一是对淹占的土地不论何种类型、何种用途都应纳入补偿范围,不能选择性补偿;二是对淹占的土地应如实丈量面积且如实计补,不能人为缩小或扩大淹占面积;三是对土地建设投资应纳入计补范围,不能只考虑面积;四是应考虑土地的区位与质量、产出水平与潜力,分类计价补偿;五是应确定适当的计补年限,使补偿与移民的损失大体相当。

城镇移民原来使用的土地,主要是生活用房及生产经营用房占用,所有权归国家,使用权通过购买、租赁等方式获得。这些土地因与房屋连在一起,补偿时应将房屋与土地分开计补,亦即对房屋占地和房屋本身单独计补,才能体现对城镇移民土地使用权益的维护。同时,城镇土地因区位不同其使用价值差异很大,以级差地租反映的土地价值差别显著,对城镇移民房屋用地的补偿不仅应当考虑面积,还应当充分考虑区位所决定的使用价值。如果对城镇移民的生活及生产经营用房补偿,只按房屋的类型及面积计补,而不单独对房屋用地计补,或不考虑房屋用地所在的区位及与此相关的级差地租,则城镇移民的土地使用权及与此相关的就业或创业权益、收益权益、生活权益就会受损。三峡水库淹占城镇移民从老城迁往新城,或从城镇繁华的沿江地带迁往边缘区,只考虑房屋补偿不考虑土地补偿,也不考虑用地区位因素,导致移民在搬迁后的一定时期内就业及创业困难、收入下降、生活水平降低就是明证。

农村移民原来使用的土地,一部分是生活及生产用房占地,一部分是农业生产用地。这些土地虽属集体所有,但移民是集体的成员,亦应作为土地的所有者。农村移民用房占地或由上辈留存,或由集体赋予,或购买使用权获得,而农业用地是通过承包获取。农村移民用房占地及农业生产经营用地,都是经过投资改造或改良(平整、防护、土壤改良等)的土地,附着投资价值。同时,农村移民还有公共生活、生产设施用地(如交通、水利、教育、休闲设施用地),以及公共闲置土地,其数量不少。保护农村移民的土地权益应当将淹占的所有土地纳入补偿范围,不能将淹占的宅基地、公共设施用地、未利用土地排除在外;应当对淹占的土地分类、分质量、分产出、分投入计补,而不能简单按耕地、林地等粗糙分类计补;对淹占土地单位面积的产出估计不仅应考虑当期水平和当期价格,还应充分考虑土地产出潜力及未来物价(特别是农产品价格)的变化,对淹占土地补偿费计算的年限确定,应充分考虑农村移民永久性失去原有土地的长期损失。

3. 房产权益的维护

生活用房是所有移民必备的生活资料,生产经营用房是农村移民和部分城镇移民的重要生产资料,房屋更是水库移民家庭的主要财产。移民原有房屋无论是购买所得或自建所得,都是多年甚至几代人辛劳的积累,来之不易、十分珍惜。江河大型水库建设及运行淹占移民的房屋,使移民既丧失了对其所拥有的财产权,也失去了对其继续使用的机会,进而对移民生活及生产经营以至发展造成重大影响。对淹占房屋进行合理补偿,有效弥补移民的房屋损失,既关系到移民的房屋权益保护,也关系到移民迁移安置的用房保障,是移民关注的大事,也是江河大型水库建设及运行中必须做好的工作。

无论是城镇移民或是农村移民,由水库淹占区迁往安置区都必须购买或建造房屋,房屋需求具有刚性。据此,江河大型水库建设及运行淹占移民原住地的房屋,就应当在安置地为移民解决用房问题,使移民在安置地可获得面积及质量与原住地相当的房屋,亦即按质按量补偿移民的房屋淹占损失。同时,房屋又是移民的基本所需,为了保证移民的基本生计,在安置区为移民提供的用房(包括生活及生产用房),还应达到维持移民正常生活及生产经营所需的面积与质量,为移民提供基本用房保障。因此,水库淹占移民房屋的补偿,应以保证移民在安置地用房水平不降低和基本用房需求得到保障为标准。

移民的生活用房是一个配套的生活设施,移民的生产用房也是一个系统的生产设施,要经过装修并安装水电气管线、通信及广播电视线路、厨具及洁具和固定在房屋上的其他设施和设备才能使用。同时,房屋还有配套院落(独有或公用)、防护等设施,才能达到功能齐全、安全方便。因此,对水库淹占房屋的补偿,不仅应考虑淹占房屋的面积与类别,还应考虑附着在房屋上的各种设施、设备、装潢以及与房屋配套的周边设施,一并纳入房屋补偿范围。只有这样界定淹占房屋的补偿范围和内容,移民的房产权利才可能得到有效维护。如果淹占房屋只以面积和类别计补,而不将房屋内外装修、与房屋固定在一起的设施及设备、与房屋使用配套的周围设施纳入计补范围,则移民就会白白损失这一部分房产权益。

淹占房屋的补偿,是为了让移民在安置地用补偿费获得与原住地面积和质量相当的房屋,从这一目的出发,淹占房屋的补偿标准既不应以原值(原来购买或建造成本)为依据确定,也不应以在迁出地的重置价为依据确定,而应以移民在迁入地获得房屋时的重置价为依据确定。按这一办法确定淹占房屋的补偿标准,一是可避免因房价上升带来的房产增值在补偿过程中被侵蚀,二是可避免因房屋的地区差价带来对淹占房屋的低补,三是可避免因淹占房屋补偿估价期至移民迁移期之间房价变动可能遭受的房产权益损失,同时可以确保移民利用补偿费在迁入地能获取与原住地面积和质量相当的房屋。对于原住地房屋面积较小、质量较差的移民,淹占房屋的补偿应适当从优,使其在迁入地能获得基本生活及生产经营所需的用房。

城镇房屋所在区位不同,其使用价值也不一样,在价格上存在很大差异。对城镇淹占房屋的补偿,应充分考虑房屋的区位因素,对淹占优势区位的房屋以较高的价格补偿,使这类区域的移民能用补偿费在迁入城镇的优势区域获得相应的房屋。由于江河大型水库建设及运行淹占的是沿江城镇或城镇的沿江部分,这些地段都是工商业发展较好的区域,房屋的区位占优、使用价值很高,如不考虑区位因素,而仅按房屋面积和类别进行一般补偿,则这一部分城镇移民的房产权益将遭受巨大损失。

4. 其他财产权益的维护

水库移民从淹占区迁出到异地安家落户,损失的不仅是土地和房屋,还有多种其他财产。这些财产主要包括:家用电器、家具及生活用品,因不便远距离搬运或搬运成本过高只能低价处理或弃置;工具、生产用具、机器、设备、车辆,因不便搬运或失去利用机会,只能低价处理或弃置;农村移民的果园、菜园、林场、养殖场及其在产品,因无法继续生产经营而放弃;农村移民多年投资积累建设的农田设施、水利设施、交通道路设施、能源(电网)设施、通信设施、文化教育设施,因淹占失去效用。这些财产都是移民经过多年艰苦努力积累和创造的,对淹占造成的损失应通过合理补偿,维护他们的财产权益。

对于移民搬迁过程中的生活用品损失与补偿,应当区分情况予以分类处理。对于不便拆卸、搬迁或搬迁易损的物品,应纳入淹占财产损失补偿,按重置价予以赔付。对于可拆卸及搬运的物品,近距离迁移的移民可给搬运费让其带入安置地继续使用,远距离迁移的移民因难以搬运而应予损失补偿,对不便搬运又不能变现的物品应按重置价补偿,对不便搬运但可低价变现的物品可按重置价的一部分(重置价与变现价差)补偿。如此一来,便可保证移民在迁移中的生活用品损失得到有效弥补,并能利用补偿费在迁入区重新购置以满足生活所需。

对于移民原有的生产工具、用具、机器、设备、运输车辆等,在搬迁过程中若有损失也应予补偿。有些器物不便搬运或易于损坏,而不得不弃置或低价处理,应按重置价或其一部分(重置价与处理价差)进行补偿。有些器物具有专用性,因淹占失去了利用价值,应当按现价进行补偿。有些器物不仅不便搬运,还不便变现,应当按重置价进行补偿。至于对便于搬迁的器物,则可给予运费补偿让移民带入安置地继续使用。而对可就地变现又不会受到损失的器物,则不应给予补偿。在现行的淹占补偿办法中,对这些生产工具、设施、设备等不予单独计补,而由移民自行处置,由于搬运或变现的困难,使其蒙受不小的财产损失。

水库淹占移民原有的果园、菜园、林场及零星果树、林木,要经过投资建设、培育多年才能见效,但见效后效益发挥时间很长。对其补偿应依据投资和效益大小确定,使移民能收回投资并获得合理回报。若简单以淹没前年均产出计补几年,不考虑投资、不考虑所形成的设施及在产品、不考虑所能带来的长期收益,就必然损害移民的财产权益。水库淹占移民的养殖场(养猪场、养鸡场、种畜场、鱼塘等),不仅应按重置价补偿设施建设费用,还应补偿在产品(搬迁前的存拦畜禽等)的损失、及中断生产经营的损失。如果仅对养殖设施计补,则移民所遭受的在产品及生产经营损失将很巨大。

水库移民经过多年投资投劳,在原住地社区建设了不少交通、通信、能源、水利等基础设施,以及文化、教育等服务设施,为社区成员共有财产并为社区成员所利用。江河大型水库建设及运行淹占之后,使社区内的移民失去了这些财产,应当对其补偿。对移民共有财产淹占的补偿,首先应逐项评估作价(其估价不应低于评估时的建设成本),然后将所有淹占财产作价加总照价补偿,最后将补偿费分摊给移民,以维护他们对原有共有财产的权益。如果不对淹占的移民共有财产进行逐项评估,而只按移民人数象征性补偿,则他们多年积累的共有财产就会大部分流失。

5. 生存发展权益的维护

水库移民的搬迁安置关系到长期的生存与发展,无论从其对水库建设及运行的贡献或政府对移民的责任,还是水库建设与运行对其回报的角度,都应当提高安置质量,为移民提供较好的生活环境、生产及就业条件,尽快恢复正常的生活、生产及就业,并走上新的发展轨道,以维护其正当的生存与发展权益。水库移民无论来自城镇或农村,无论其原住地生活、生产、发展条件的优劣,他们都是为水库建设及运行而放弃家园迁往异地,有权要求得到较好的安置,政府和水库业主也有责任将他们安置好。

水库移民在安置后的生存与发展,受安置质量的影响和制约,较高的安置质量是移民维持较好生存和较快发展的基本前提。移民安置质量主要反映在安置地的自然资源、气候条件、基础设施条件、经济社会发展水平,以及移民在安置地可获得的土地资源的数量与质量、可获得的生活及生产用房的面积与质量、可获得的就业机会、可获得的科技教育及文化卫生资源,还有安置区对移民的接受程度和移民融入安置区的难易程度等。如果安置区的资源和基础条件较好、经济社会发展水平较高、移民有较好的生活及生产用房,并可获得数量较多且质量较好的土地、有较多较好的就业机会、移民受当地居民和政府欢迎和帮助,其安置质量就高、生存与发展权益就能得到有效维护。否则,移民安置质量就差,其生存和发展权益就会受到伤害。

江河大型水库的农村移民数量大、安置任务繁重,加之安置资源的约束,要保证安置质量、维护农村移民的生存发展权益绝非易事。农村移民生活、生产与发展对安置条件和安置质量的依赖程度很高,安置条件和质量必须保证。农村移民安置应当选择自然资源(特别是土地和水资源)相对丰富、气候条件相宜、基础设施(交通、通信、能源、农田水利等)较为完善、科技及教育较为先进的地区,为其生存与发展提供一个较好的环境条件。农村移民安置应解决好生活及生产用房,生活用房的面积及质量应满足正常需要,且不应低于安置地原住民一般用房水平,生产用房的面积和质量应满足移民家庭小规模畜禽养殖的需要,生活及生产用房还必须配套适用,也应有小型场院。农村移民安置要重点解决用地问题,使移民得到相对充足、质量较好、生产力较高的承包耕地和有开发利用价值的非耕地,能够利用承包地进行正常生产经营,并能通过农业生产经营维持全家的基本生活。只要农村移民安置质量达到了这样的水平,其生活、生产与发展便有可靠的保障。

江河大型水库的城镇移民,一般是从淹占城镇迁移到新建城镇,或从城镇淹占区迁移到新建区进行安置,迁移距离相对较近。由于恢复重建的新城及原有城镇新建区的基础设施都较为完备,故城镇移民安置主要任务是解决好住房和就业。城镇移民在安置地的住房主要用原有房屋淹占补偿费购买,不足部分由自己贴补。对于淹占房屋补偿较多或经济条件较好的移民家庭,在迁入地购买所需住房没有太大困难,但对淹占房屋补偿较少而经济又较困难的移民家庭,在迁入地购买所需住房便力所不及,应通过建设经济适用房等办法加以解决,以满足基本生活所需。新建城镇或新建城区工商业发展相对迟缓,移民就业与创业会发生困难,应通过加快工商业和公共事业发展创造就业岗位,逐步解决城镇移民的就业问题,使移民有较为稳定的工作和收入来源。

无论是城镇移民或是农村移民,安置之后的新环境会对其生活、生产、就业、发展产生重大影响,也会面临不少困难和问题,对安置质量不高的移民则会更加严重。在这种情况下,对移民的后期扶持便显得尤为必要:一是通过农村安置区建设,改善农村移民的生活、生产及发展条件,并帮助他们恢复与发展生产、增加收入;二是通过加快移民安置城镇(或城区)的工商业发展,增加就业岗位,并帮助城镇移民创业和就业;三是对移民中的困难家庭及人群提供基本生活、医疗、养老保障,使其基本生活得以正常维持;四是对个别安置在生活及生产条件极为恶劣又难改变、基本生存难以维系的农村移民进行重新安置,使他们获得应有的生存与发展条件;五是对城乡移民进行经济补贴,为其生活、生产与发展提供一定的财力支持。

第十三章　中国江河大型水库建设及运行主体的利益博弈

江河大型水库建设及运行参与主体众多,每个主体都有明确的目的,或实现某些理想,或担当某些责任,或追求某些利益等。这些参与主体数量虽多,但充当重要角色又发挥重大作用的较少,主要有中央政府、水库建设及运营业主、水库所在地方政府、水库移民及其他受益者等。这些主体因其目标上的差异、利益取向上的不同、关注重点的区别,在江河大型水库建设及运行管理决策、成本分担、利益分享、责任承担等方面存在错综复杂的互助—竞争、合作—博弈关系。

一、在决策中的博弈

在现有管理体制下,中国江河大型水库建设及运行的决策主要包括建设规划编制、项目建设立项审批、功能定位与规模确定、运行调度设计、相关政策制定等方面。这些决策关系到建不建水库、建什么样的水库、水库如何运行、水库发挥何种功能、水库产生多大效益、相关主体的责权利及行为规范,直接决定相关主体的目标能否实现以及实现目标可能付出的代价。因此,各相关主体的博弈首先在江河大型水库的管理决策领域展开,都试图通过对决策的参与、干预、影响,体现自己的意愿、实现自己的目标,并使自己处于有利地位。

1. 规划编制中的博弈

按中国水利工程建设的规定,只有列入建设规划的江河大型水库才可申请建设,未被纳入国家规划的没有建设的可能。因此,推动某个或某些江河大型水库建设的主体,便想方设法将其纳入国家建设规划,而反对其建设的主体则力图将其排除在建设规划之外,导致不同主体在水库建设规划中的博弈。

江河大型水库建设事关全局,规划由中央政府主导。规划工作是一个复杂过程,首先要组织专家和技术人员对江河水系的水资源及水能资源进行调查、勘测、计算、分析,其次要依据调查分析结果形成初步规划方案,再次要对初步规划方案进行论证、修改、完善并形成成熟规划方案,最后由中央政府审批后形成建设规划。整个规划过程由中央政府组织领导,列入建设规划的江河大型水库,主要根据全国水资源和水能资源分布及科学合理开发利用、经济社会发展的需求、区域发展与生态环境保护需要、国家经济实力与技术水平等多种因素综合权衡决定,其着眼点在于江河治理、水资源和水能资源的科学开发与合理利用、全国经济社会的可持续发展。但中央政府的规划要受到来自地方政府和电力企业增加水库建设的压力,导致建设规划的扩大。

江河大型水库建设规划虽由中央政府主导,但省级政府仍可发挥重要作用。规划制定需要省级政府参与,他们利用参与的机会对建设规划的制定施加影响,要求将某个(某些)水库列入规划之中或排斥在规划之外。一方面,中央政府确定规划要征求省级政府的意见,他们可以在这一环节对规划方案的确定产生重要影响;另一方面,他们可以列出众多理由要求中央政府改变或调整建设规划。由于江河大型水库建设及运行对地方经济发展的促进作用,故地方政府总是力图将自己辖区内有条件兴建的水库尽可能列入国家建设规划之中。为达此目的,地方政府不仅主动参与中央政府主导的江河大型水库建设规划工作并对其施加影响,而且还主动对辖区内的江河大型水库建设进行规划,以引起中央政府的重视。地方政府的这种热情,既为中央政府制定建设规划增添了活力,也使规划在其影响下降低了科学性、合理性和可操作性。

国有大型电力生产企业(公司或集团)是江河大型水库建设及运营的业主,可以从中获得巨大的发展机会和丰厚的收益,规划建设的江河大型水库越多对其越有利。因此,这些企业总是希望有更多的江河大型水库列入建设规划,以便为自己创造更大的发展空间、更多的盈利机会。为达此目的,国有大型电力生产企业利用其重要的经济地位和与政府的密切关系,对中央政府主导的建设规划制定施加影响,使规划能体现他们的某些意愿。同时,这些企业还利用地方政府对江河大型水库建设的热情,联合地方政府对建设规划施加影响,推动更多的江河大型水库列入建设规划。这些企业具有很大的能量,他们对江河大型水库建设规划制定的影响不可小视。

江河大型水库的防洪区、受水区、受电区等受益主体,在不分担成本和承担损失及风险的情况下,可以直接或间接获得利益,总是竭力促进江河大型水库列入建设规划。由于江河大型水库功能覆盖有一定地域性,故受益地区的政府和民众便会对于己有利的江河大型水库提出规划建设的要求,从而对建设规划的制定产生影响。而江河大型水库的淹占区及周边地区,因要蒙受损失和承担风险,对这样的水库列入建设规划会有所保留。

2. 建设立项中的博弈

列入国家建设规划的江河大型水库,只有通过建设立项才能开工建设。江河大型水库的建设立项要经过一系列复杂的过程,一是要提出详细的建设及运行方案,二是要对项目建设的经济合理性、技术可行性、安全可靠性、生态环保安全性、社会影响性等进行全面论证,三是要对经过论证的成熟建设方案进行审批。在这一过程中,相关主体为追求自己的目标,在特定江河大型水库是否立项建设、功能如何定位、规模大小确定等方面进行博弈,并对建设立项产生重要影响。江河大型水库建设立项由中央政府决策,一方面,立项论证由中央政府指定的机构进行,论证机构和个人对中央政府负责;另一方面,某座江河大型水库是否立项建设要由中央政府(或主管部门)审批,且审批结果具有指令性。中央政府对江河大型水库建设立项的决策,主要考虑的是国家的发展与长治久安,对特定江河大型水库的建设立项无疑会作出自己的判断,并会促成急需的江河大型水库建设立项,而对可缓建的江河大型水库立项予以阻止。但中央政府对大型水库建设立项的决策,会受到地方政府和电力企业立项要求的干扰,还会受到某些社会成员(如环保主义者)的质疑。

江河大型水库建设可以为所在地区带来巨额投资、改善基础设施条件、提供新的发展机会,故所在地方政府总是努力促成水库立项建设。为达到这一目的,地方政府通过参与立项论证,力争将辖区内的江河大型水库列入建设计划;通过作出某些有吸引力的承诺,吸引中央政府和有关部门对辖区内江河大型水库建设立项的支持;通过组织新闻媒体宣传,寻求社会公众对建设立项的支持。有些地方政府还主动进行勘测设计,提出建设方案,向中央政府申请立项建设。地方政府对江河大型水库建设立项的这些努力,一方面造成地方与中央在水库建设立项上的博弈,另一方面也导致了不同区域在水库建设立项上的竞争,从而使中央政府和水库建设业主在博弈中占据主导地位,对地方政府支持水库建设提出很多严格的要求。

江河大型水库建设为国有大型电力生产企业带来巨大的发展机会、丰厚的利润,增强其市场地位,这些企业总是希望有更多的江河大型水库通过建设立项,并采用多种手段加以推进:一是主动对江河大型水库进行勘测设计并提出建设方案,二是利用与中央政府的紧密关系推动对建设立项的论证与审批,三是通过与相关部门及机构的联系促进建设立项论证的通过,四是联合地方政府对建设立项施加影响。还有个别国有大型电力生产企业先斩后奏,对江河大型水库先开工建设、造成既定事实,再迫使中央政府审批。国有大型电力生产企业对建设立项的追逐,有可能造成立项论证的失准和审批的失误,严重的还可能造成江河大型水库建设的盲目上马。

江河大型水库的防洪区、受水区、受电区以及内河航运、水电设备制造行业等，是江河大型水库建设的受益者，自然希望并促进建设立项，特别希望能直接给自己带来利益的江河大型水库尽快立项建设。他们会直接或间接施加影响，以达到促成建设立项的目的。至于江河大型水库的淹占区及周边地区的居民，虽会顾全大局而服从中央政府的决定，但当水库建设对他们造成的损失不能得到弥补时，对建设立项便会有所保留，并对中央政府的决策施加影响。

3. 功能定位上的博弈

江河大型水库一般为多功能水库，兼具防洪、发电、供水、通航、旅游等功效。但多功能并不表示这些功能的地位相同，更不意味着这些功能的重要程度对等，而是有主有次：有的江河大型水库以防洪为主兼有其他功能（如三峡水库），有的水库以发电为主兼有其他功能（如二滩水库），有的水库以供水为主兼有其他功能（如丹江口水库）等。江河大型水库的功能是由建设方案确定的，有什么样的建设方案就会建成一个具有什么功能的水库。由于水库功能及其主次差异对不同主体的成本与收益有不同的影响，故相关主体会在江河大型水库功能定位上展开博弈，以实现自己所追求的目标。

中央政府推动江河大型水库建设，一是为了江河治理、防治洪涝灾害，二是为了开发水能、生产可再生清洁能源，三是为了蓄积水源、调节水资源分配，四是为了整治航道、发展内河航运，主要追求社会公共目标，当然也有增加财源、彰显形象等功利目标。因此，中央政府会按全国及区域经济社会发展需要，确定特定江河大型水库所应发挥的功能，以达到治理江河、科学合理开发利用水资源及水能资源的目的。一旦中央政府对某一江河大型水库的功能有了明确的定位，便会成为其建设的基本依据和要求，并具有很强的约束力。

江河大型水库所在地方政府，最为关心的是本辖区的经济社会发展，对水库功能定位的倾向，也多以是否有利于辖区经济社会发展为依据。对大坝兴建在江河入境边缘的大型水库，希望有更大的防洪功能和发电功能，以保障自身免遭洪涝灾害和增加电力供应。对大坝兴建在江河出境边缘的大型水库，希望有很强的通航功能、旅游功能及环保功能，以使自己享有航运之利、旅游业及淡水养殖业发展之便，以及生态环境的保护与改善。对大坝兴建在辖区腹地的江河大型水库，则希望多种功能兼备，以分享其综合效益。地方政府的这些偏好会通过多种渠道和以不同的方式进行表达，并对中央政府的江河大型水库功能定位产生影响，且这种影响在很多场合能发挥实际作用。

建设及运营业主推动江河大型水库建设，一是为了更多占有电力生产和供应市场、壮大企业实力，二是为了获取更多盈利、使企业发展壮大。因此，对水库功能定位追求的是电力生产,即扩大发电装机容量、增加电力生产。业主企业一方面会利用与中央和地方政府的关系对水库功能定位施加影响,另一方面也会遵从中央政府在水库功能定位上的要求与约束。

江河大型水库的其他受益主体,因受益领域不同,对水库功能定位的倾向存在很大的差别。水库大坝下游地区的政府和民众,希望水库有强大的防洪功能,以解除洪涝威胁。受水地区则希望水库有强大的蓄水功能,以保证生活及生产供水。航运部门则希望水库改善航道和通航能力,以发展内河航运。而旅游、水产、环保等部门,对水库功能定位又有不同的倾向。这些受益主体与中央政府、水库所在地方政府、水库业主企业,在江河大型水库功能定位倾向上有的趋同,有的相悖,存在明显的合作—博弈关系,共同对水库功能定位施加影响,但中央政府居于主导地位。

4. 规模选择上的博弈

江河大型水库的规模主要指大坝的长度、高度和水库的长度、面积、库容,这些指标融合在一起,基本能反映水库的大小。水库的建设规模一方面决定其成本,另一方面决定其功能,再一方面决定其影响范围。江河大型水库的建设规模不同,消耗（占用）的资源就不一样,花费的成本也不相同,其功能与效益亦存在巨大差异。而由规模大小引发的这些差异,会对建设及运行主体的责任担当、成本分担、风险承受、利益分享等带来不同的影响,并使他们得到不同的结果。在这种情况下,各相关主体就会趋利避害,各自选择于己有利的水库建设规模,而对那些于己不利的水库建设规模加以排斥,从而形成在江河大型水库建设规模上的博弈。

对于一个特定的待建江河大型水库,虽然有不同的建设规模可供选择,但在客观上存在一个适度的规模,在这一规模上可实现技术经济的合理、水资源及水能资源的充分利用、设定功能的有效发挥、建设目标的达成。中央政府从全国江河治理、水资源和水能资源开发利用、经济社会发展和生态环境保护的总体需要出发,根据特定江河大型水库的功能设定,经过深入全面的分析论证与反复比较,选择其适当的建设规模。中央政府对江河大型水库建设规模的选择要面对地方政府、业主企业、防洪地区、淹占区的不同意见与要求,形成多个主体与中央政府在水库建设规模选择上的博弈,且某些重要主体的意见与要求对中央政府的选择有重大影响。

江河大型水库建设规模直接决定所在地区被淹占的范围、移民数量、经济社会发展条件的改变,责任与风险的承担等。水库大坝越高越长、水库长度和面积越大,对所在地区的淹占范围就越大,移民数量也越多,对地区经济社会发展条件改变也越大,冲击也越强,当地政府与居民所承担的建设责任也越大,遭遇的水库风险也会增大。但水库建设规模越大,对所在地区的投资也越大,对当地经济社会发展的促进作用也越大,同时也使所在地区水资源蓄积量增大,江河航运条件显然改善,基础设施条件建设加快等。地方政府通过利弊得失的权衡,会提出一个对自己损失较小而获益较多的水库建设规模。若水库建设规模虽大,但能带来发展条件的巨大改善、发展机会的大量增多、中央投资的显著增加,则地方政府也乐于接受。地方政府对辖区内江河大型水库建设规模的意见和建议,一般会受到重视并对中央政府的选择产生重要影响。

江河大型水库建设规模,一方面决定其建设成本,另一方面决定其功能与效益。水库建设规模越大,建设周期越长,投资越大,防洪、供水、发电、航运能力也越强。江河大型水库业主既是水库建设的主要投资者,也是水库经济效益的主要获得者,其投资的回收和利润的获取都要依靠水库的电力生产。因此,水库业主对规模的选择,主要依据建设投资的大小、发电能力的大小、投资回报的高低,投资较少而发电量大的建设规模是其首选,投资大而发电量也巨大的建设规模也在选择之列,投资大而发电量小的建设规模难为其接受。业主企业根据计算、分析、权衡,对江河大型水库建设规模作出自己的判断和选择,并利用其能力及与相关部门的联系,向中央政府及水利主管部门表达自己的意向。由于水库业主的特殊身份,故其意愿一般会受到重视,并对中央政府的水库建设规模选择产生重大影响。业主与地方政府在江河大型水库建设规模的选择存在差异,他们在这一问题上也存在博弈。

江河大型水库的防洪区、受水区、受电区、航运部门等受益主体,为了分享更多的水库建设利益,一般倾向于建设规模更大的水库,以提供更大的防洪保障、更多的水资源和电力供给,改善更长的江河航道。与这些受益者的倾向相反,水库淹占区及周边地区的居民则更愿意建设规模较小,减少淹占区范围和面积,以免除部分民众的家园丧失。当然,在中央政府确定了江河大型水库的建设规模之后,他们也会从支持国家建设的角度予以接受,但这种接受是以对其损失充分补偿为前提条件的。

5. 政策制定中的博弈

在中国现行的管理体制下,江河大型水库建设及运行的许多责、权、利问题,不是通过市场而是利用政策加以调节和解决的。由于政策的作用巨大且具有指令性,故相关主体都试图对政策的制定施加影响,使政策能体现自己的意愿与要求,以借助政府这只看得见的手,维护自己的权益或争取更多的利益。江河大型水库建设及运行主体的权力、责任和利益各不相同,他们对政策关注的重点也不相同,加之他们在权责利上存在互竞,所以必然导致在相关政策制定中的博弈。

中央政府或其所属部门是江河大型水库建设及运行政策的制定者,制定的政策应当体现效率与公平。所谓效率就是相关政策应当有利于促进江河大型水库的顺利建成，以及建成之后的安全持久运行和功能的充分发挥。所谓公平就是相关政策要能维护不同主体的合法权益，使每一主体的权责能基本对应，使不同主体的利益关系能够协调。但由于中央政府也是江河大型水库建设及运行的投资者和利益分享者，可能利用政策向其他主体强行分派本不应承担的任务及本不应分担的成本，削弱其他主体维护合法权益的能力和减少分享利益的机会，以使自己的成本降低和利益增加，从而使所制定的政策失去公平性。若出现了这种情况，其他主体也不会甘愿负担加重和利益受损，而采取多种手段和办法与中央政府展开博弈，以促成中央政府相关政策的调整。

作为业主的国有大型电力生产企业，是江河大型水库建设及运行的主要投资者和获利者，要自主承担投资的回收和运营的盈亏。面对这样的情况，业主企业向其他主体转移任务与责任、转嫁建设及运行成本、侵蚀其他主体的权益，便是减少自己投资、降低自身风险、增加自己收益最便捷的方法。但企业没有权力向其他主体发号施令，只有借助中央政府的力量来达到自己的目的，于是便通过对政策制定的参与，影响政策的内容和取向，使其体现自己的需求。中央政府在相关政策制定中虽不会受制于业主企业，但业主企业为中央政府的直属企业，其利益与中央政府的利益直接相关甚至互为一体，中央政府的政策制定不可能不考虑业主企业的要求，也不可能通过削减业主企业的利益去维护和增进其他主体的利益。当然，其他主体也不会甘愿受损，也会通过不同的渠道和利用不同的方式去影响中央政府的政策制定，从而在江河大型水库建设及运行的政策制定中形成多方博弈。

江河大型水库所在地方政府，在水库建设及运行中既要遭受一些损失，又要完成很多工作任务，还要承担一定的成本。地方政府在作出贡献之后希望有所回报，对遭受的损失能有相应的补偿、对所完成的工作能有所报偿、对水库的利益（特别是经济利益）能有所分享，并希望将这些诉求反映在相关政策中。为达此目的，地方政府会利用参与政策制定的机会，向中央政府表达自己的愿望与要求。地方政府的诉求虽然可能与中央政府和业主企业的利益相悖，但中央政府的政策要依靠地方政府实施，江河大型水库建设及运行的很多工作要靠地方政府完成，其诉求因此会受到重视，并在政策制定中得到一定体现。政策制定博弈中，地方政府虽不算是强势一方，但其作用仍不可忽视。

江河大型水库的移民，因其资源、房屋、财产被淹占，并需移迁到异地生活、生产和发展，最关心的是淹占损失的足额补偿、合法财产权益的有效维护、迁移安置质量的保证，并希望在相关的政策制定中予以高度重视和充分体现。由于移民组织松散，又不能直接参与政策制定，他们的意愿和诉求只能通过地方政府表达，在相关政策制定的博弈中处于弱势地位，其权益需要中央政府给予保护。水库周边的居民虽不受迁移之累，但他们要为江河大型水库的生态环境保护和安全运行承担很多重要的建设任务,并要为此消耗资源和支付成本,也希望能得到与之相称的补偿和回报,但由于没有参与相关政策制定的机会,其诉求也只能由地方政府代为表达。应当指出,由于水库移民的搬迁安置和水库周边地区的建设与发展都要由地方政府完成,而他们诉求的满足程度又与这些工作的完成密切相关,故地方政府也会为其代言,并以此增强在相关政策制定博弈中的地位。

二、在任务承担上的博弈

江河大型水库要通过大坝枢纽工程建设、水库成库、生态环保工程建设才能建成,而建成之后还要做好水污染防治、库区面源污染治理、水土流失治理,才能保障安全持久运行并使功能得到有效发挥。按常理,江河大型水库建设及运行的任务应由业主企业承担并完成,但由于业主企业能力的局限和中央政府的干预,业主企业只承担并完成部分任务,而其余的任务便转移给别的主体承担。这种转移不仅加重了相关主体的责任,同时也加重了他们的多种负担并为此支付成本,从而导致相关主体在江河大型水库建设及运行任务承担上的博弈。

1. 在淹占土地征用和补偿任务承担上的博弈

江河大型水库建设及运行用地的国家征用,就是国家收回、征用需要淹占的国有土地和农村集体土地,转为国有土地后交由水库使用。由于土地征用是一项具体而又复杂的工作,中央政府不可能自己去征地,于是便在制定土地征用和补偿政策后,将征地和补偿的具体任务分派给其他主体承担。水库业主是征用土地的使用者,理应承担土地征用和补偿的任务并承担补偿费和工作经费,但因业主企业缺乏相应的人力资源及社会资源,只有将这一任务交由水库所在地政府完成。地方政府有丰富的人力资源及社会资源,与征用土地的所有者和使用者关系密切并对其有重要影响力,让其完成土地征用及补偿无疑是明智之举。中央政府在江河大型水库建设及运行征地及补偿中的分工策略是:中央政府制定土地征用和补偿政策,水库业主支付土地征用补偿和征用工作经费,水库所在地方政府完成土地征用和补偿任务。

江河大型水库建设及运行的业主,为了获得所需要的土地,理应由自己或委托其他主体完成土地的征用与补偿。但由业主自己或委托其他主体征地和补偿,都会面临不少实际困难。一方面,由业主自己征地和补偿,要组织大量的人力,花费很长的时间,消耗大量的费用,加之与大量土地所有者和使用者协商可能遇到的困难和问题,其完成的难度极大;另一方面,若业主将土地征用和补偿的工作委托给地方政府,有可能不被接受或虽接受但要求提供较高的条件。在这种情况下,业主企业便会求助于中央政府,期望中央政府将土地征用和补偿的工作任务交由地方政府完成。而中央政府为及时征得土地并节省征地成本,便会将这一工作交给地方政府完成。水库所在地政府对于中央政府分派的任务,自然难以拒绝和反对,尽管难度很大,还得努力完成。

江河大型水库所在地政府,既不是水库业主也不是征用土地的使用者,没有完成土地征用和补偿的责任。但因其具有承担并完成征地和补偿的能力,所以中央政府将这一任务交其承担。而地方政府在接受这一任务时也深知存在的困难,一是征用土地要求众多民众让出家园使工作难做,二是征用土地的面积确认易于发生分歧且难以达成共识,三是征地时间要求紧迫、工作压力巨大,四是在土地征用和补偿政策约束下缺乏调控手段,五是存在与众多民众发生矛盾和产生对立的风险。在这种情况下,地方政府在努力推进征地和补偿工作的同时,也会向中央政府要政策、向业主企业要资金,以改善征地条件、处理征地和补偿中的矛盾,而中央政府和水库业主也会在一定程度上满足地方政府的要求。

2. 在淹占城镇及基础设施迁建任务承担上的博弈

中央政府作为江河大型水库建设及运行的主导者,希望淹占城镇、工矿、基础设施尽快拆迁并为水库让出土地,也希望淹占城镇、工矿、基础设施能尽快完成迁建或恢复重建,使当地经济社会发展在短期内恢复正常。为此,中央政府就需要选择有能力和优势的主体,去承担并完成水库淹占城镇及基础设施的迁建或恢复重建。在可供选择的主体中,水库业主虽有淹占拆迁和恢复重建的责任,但无所需能力,而水库所在地方政府虽无淹占拆迁和恢复重建的直接责任,但与其经济社会发展密切相关,且具有承担并完成这一任务的多种条件及优势。在这种情况下,中央政府就会选择由水库业主承担淹占拆迁和恢复重建的经费,而由地方政府承担并完成淹占拆迁和恢复重建的工作任务。中央政府的这一选择无疑具有指令性,同时也兼顾了水库业主和地方政府的权益,他们都可以接受。

江河大型水库建设及运行业主是淹占土地的使用者,有责任完成淹占城镇、工矿、基础设施的拆迁和恢复重建,所需经费是水库建设成本的一部分,必须自己承担。淹占拆迁和恢复重建涉及大量的综合规划、大规模组织动员、大量的人财物力调度、复杂的协调和管理,水库业主根本无力承受也难以完成,而由地方政府完成无疑是明智的选择:一是因为地方政府具有完成这一任务的能力和优势,二是因为水库业主与地方政府沟通协调相对容易,三是中央政府便于对地方政府施加约束,四是可以快速推进淹占拆迁和恢复重建,五是可以节省淹占拆迁和恢复重建成本。于是水库业主一方面请求中央政府将淹占拆迁和恢复重建的任务交由地方政府完成,另一方面也主动积极与地方政府配合,为淹占拆迁和恢复重建提供资金及其相关条件。地方政府出于对中央政府的服从,以及对本地区经济社会发展的责任,也会接受淹占拆迁和恢复重建任务。

水库所在地方政府面对中央政府安排、水库业主要求,对淹占拆迁和恢复重建任务难以拒绝。一方面,地方政府难以找到充分理由拒绝承担这一任务,强行拒绝也不太可能成功;另一方面,地方政府若拒绝这一任务,显得不顾国家建设和发展大局,并因此可能背上恶名;另外,淹占城镇及基础设施的迁建和恢复重建关系到所在地区的经济社会发展,地方政府如不加主导,对本地区的发展可能造成不利的影响。水库所在地方政府承担淹占拆迁和恢复重建的任务,也掌握了这方面的主动权,并利用这一主动权与中央政府和水库业主展开博弈:一是请求中央政府批准扩大迁建城镇的规模,提高复建基础设施的规格和标准;二是要求业主企业拨付更多的拆迁和恢复重建资金,并以此达到提高城镇发展水平,改善基础设施条件,促进本地区经济发展的目的。

3. 在淹占补偿任务承担上的博弈

江河大型水库建设及运行要淹占居民、企业、事业单位的房屋、生活及生产设施和设备、生活及生产资料、在产品等物资财产,需要进行补偿。按"谁造成损失就由谁赔偿"的逻辑,淹占财产的补偿应当由水库业主承担。由于水库业主承担这一工作的实际困难,便需要寻求其他主体来承担并完成淹占财产的补偿工作。

中央政府作为江河大型水库建设及运行的决策者,总是希望最有能力和最具优势的主体承担并完成淹占财产补偿这一复杂而艰巨的工作,并在可供选择的主体中进行分工与协作。中央政府负责制定水库淹占补偿的政策,以规范各相关主体的行为。业主企业提供淹占补偿的资金及相关工作经费,以保证淹占补偿工作的正常进行。至于淹占补偿工作的承担,可供中央政府选择的只有水库业主和水库所在地方政府。水库业主有淹占补偿的责任,但缺乏承担这一任务的能力。地方政府没有淹占补偿的直接责任,但具有承担并完成这一任务的能力和优势,负有维护淹占财产主体合法权益的义务。在这一情况下,中央政府便会将淹占财产的调查统计、补偿资金和工作经费交由水库业主承担,将具体补偿工作交由水库所在地方政府承担并完成。这样的安排虽有利于发挥相关主体的优势,但地方政府在实施淹占补偿工作中会受到很大的约束,并导致工作难度加大,进而发生与中央政府和水库业主的博弈。

江河大型水库建设及运行造成的财产淹占损失,要由业主进行补偿。水库业主为了节省补偿费用,一方面要依靠中央政府制定相关政策对补偿范围和标准作出规定;另一方面要对淹占财产的数量、类别调查和认定进行操控。水库业主无力承担淹占财产补偿的具体工作,希望水库所在地方政府代其完成,并要求按自己所希望的范围和标准进行补偿。为了同时达到这些目的,水库业主先是以多种理由请求中央政府将淹占财产的具体工作交由地方政府承担,再通过对政策制定的影响对淹占财产的补偿诉求和地方政府补偿工作施加约束,进一步通过对淹占财产的计量和计价的主导控制补偿水平。中央政府对水库业主的请求会根据自己的判断作出决定,从有利完成工作任务的角度会将淹占财产补偿的工作交由地方政府承担,补偿范围及标准的确定则会兼顾水库成本和相关主体财产权益保护,业主主导淹占财产计量和计价的诉求也易于得到认同。如此一来,就会使地方政府在淹占财产补偿工作中处于不利地位,一方面会在补偿范围及标准上与中央政府和水库业主博弈,另一方面在补偿水平上与淹占财产的主体进行博弈。

江河大型水库所在地方政府本与淹占财产补偿无直接关系,但因中央政府的安排和支持国家重大工程建设的职责,不得不接受这一复杂而艰巨的任务。水库淹占财产大到房屋、机器、设施、设备,小到生活及生产器物,都是相关主体多年辛劳积累的结果,又多为这些主体迁移之后生活、生产及发展的依靠,都不愿在淹占补偿中受到损失,这在客观上对补偿工作带来极大困难。加之中央政府的政策对淹占补偿范围和标准作出了规定,业主企业主导对补偿财产的类别、数量和估价又做了界定,地方政府只能对照落实,不能根据实际情况进行调整,便使补偿工作更为困难,有时甚至会出现受淹占财产主体与地方政府的对立。在这种情况下,地方政府也不会甘愿受困,一方面会请求中央政府调整和完善淹占财产补偿政策以缓解利益矛盾,另一方面要求水库业主追加补偿资金以解决某些突出问题。为保证淹占财产补偿工作的正常推进,中央政府和水库业主对地方政府的正当要求也会作出正面回应,使其工作压力得到一定疏解。

4. 在移民安置任务承担上的博弈

江河大型水库建设及运行淹占范围大,在此范围的居民都必须进行迁移安置,造成大规模水库移民。水库移民从原有家园迁出到异地落户,生活、生产、就业、发展条件发生改变,本身就是一件难事。加之数量庞大,安置资源有限、对新环境适应能力较弱,使移民安置工作量大,难度很高。按理移民安置工作也应由水库业主完成,但移民要达到"迁得出,安得稳,逐步能致富",水库业主是力所不及的,而要多个主体协同配合才有可能做好。与水库移民安置有关的主体是中央政府、水库业主、移民迁出地方政府、移民迁入地方政府,他们在移民安置工作承担上会发生博弈。

中国的江河大型水库规模大，需要迁移安置的移民数量也很大。为搞好水库移民的安置，中央政府除制定政策对移民安置相关问题作出规定外，还将移民安置工作进行分解，并将相关工作分派给最具能力和优势的主体承担。水库移民迁移安置要投入大量资金，这些资金是水库建设成本的组成部分，中央政府自然要求水库业主支付。水库移民安置地选择、移民在安置地生活及生产条件的准备、将移民从淹占区迁出并送到安置地等工作，需要精心策划、周密组织、耐心动员，还要解决许多实际困难与问题，中央政府当然将其交由与移民关系密切又有群众工作经验的迁出地政府承担。移民安置之后的生活及生产恢复与发展，与安置地政府和群众的关心分不开，中央政府只能将这一工作交由安置地政府承担。

江河大型水库建设及运行对土地的淹占导致移民的产生，水库业主应当对移民进行妥善安置。水库移民数量大，安置不仅要花费大量资金，而且还需要做大量细致的群众工作，解决很多实际困难和问题。对于水库业主，一方面需要承担移民安置的经费，另一方面因力所不及而希望其他主体承担移民安置的具体工作。为了控制和节省安置经费，水库业主总是将移民人口调查牢牢控制在自己手中，通过对移民人口的严格审核达到控制安置经费的目的。为了将移民安置这一困难任务交由其他主体完成，水库业主请求中央政府将移民迁移安置交由水库所在地方政府承担，将移民安置的生活及生产恢复与发展交由安置地政府承担，而自己只需给移民迁出地和安置地政府拨付一定工作经费。这样一来，水库业主便在花费较小代价的情况下，将移民迁移安置的繁重任务转移给了水库所在地方政府和移民安置地政府。当然，这种转移是在中央政府支持下实现的，水库业主自身是不可能做到的。

江河大型水库所在地政府和移民安置地政府在中央政府的要求下，对移民安置工作难以拒绝，但他们接受这一工作会遇到很多困难。对于水库所在地政府，一是给移民（特别是农村移民）找到合适的安置地比较困难，二是在移民政策的严格约束下对安置中出现的实际问题难以处理，三是在安置资源的约束下移民安置质量难以保证，四是大量移民迁移安置的组织动员难度很大，五是在安置补偿较低及安置质量不高时容易引发移民与地方政府的对立。对于水库移民安置地政府，一是在安置资源约束下难以满足移民的多种要求，二是在安置资金较少时难以保证移民有较好的生活及生产（就业）条件，三是帮助移民适应新的生活及生产（就业）环境有不小的难度。在这一情况下，水库所在地政府会请求中央政府将移民安置在生活、生产及发展条件较好的地区，并提高安置标准，也会要求水库业主增加安置经费，以减少安置工作的阻力和困难。而移民安置地政府则会向中央政府和水库业主提出增加安置经费及加强后期扶持，以帮助移民走上生活及生产的正轨。

5. 在生态环境保护任务承担上的博弈

水库周边及库区的生态环境保护包括城镇污水和垃圾处理、工业"三废"治理、库岸防护林和库周生态林建设、库区水土流失治理、库区农业及农村面源污染治理等。由于江河大型水库一般较为狭窄长且库岸曲折迂回，生态环保工程和工作涉及范围大、类型复杂、任务繁重。这些生态环境保护工程和工作既是水库建设及运行的任务，也是水库所在地区生态环保的组成部分，加之这些工程和工作是在当地辖区而非水淹占区内实施，故其责任承担就可能在相关主体间推诿而发生博弈。

中央政府无论作为国家经济社会发展的宏观管理者，或是作为江河大型水库的所有者，都要求搞好水库周边及整个库区的生态环境保护，以保证水库安全持久运行；同时也希望将水库建设及运行的任务进行适当分流，调动多种主体共同参与，以加快建设进程，提高建设质量。在江河大型水库周边生态环境保护任务的完成上，可能的承担主体有水库业主、水库所在地方政府、水库周边工矿企业、库区城乡居民，而其他主体则没有承担这一任务的可能。水库业主有完成这一任务的责任，但没有相应的人力资源、社会资源和组织动员能力。水库所在地方政府有完成这一任务的部分责任，且具有丰富的人力资源、社会资源和组织动员能力。水库周边的工矿企业和居民，本来就负有清洁生产、防治污染保护环境的责任与义务，也有完成这一任务的潜力。在这种情况下，中央政府可以此为由将污染治理、"三废"治理、水土保持等环境保护任务（或其中的某些部分）交由水库所在地方政府、库周工矿企业和居民完成。如果这一设想能够实现，则江河大型水库周边繁重的生态环境保护任务，便可分解给众多主体承担。

水库业主为使江河大型水库持久运行并取得良好效益，自然希望有良好的生态环境为水库运行提供生态屏障，但自己又不愿承担这一任务和巨大投入。在这一情况下，水库业主便会设法将这一任务转嫁给其他主体承担，从而使自己既享受生态环境保护带来的好处，又无须为此而分担责任。在可被转嫁的对象中，水库所在地方政府及周边工矿企业和居民无疑是首选。水库业主往往以周边为地方行政辖区而非水库范围为由，将水库周边生态环境保护的任务完全推给地方政府；以工矿企业本应环保达标为由，将"三废"治理的任务完全推给库周工矿企业；以防治污染、保护生态环境、保持水土是当地居民应尽责任为由，将点源和面源污染治理、生态保护林建设、水土流失治理的任务完全推给库区居民。而在转嫁这些任务的同时，又将生态环保的标准大幅度提高，以满足江河大型水库生态环境保护和安全持久运行的需要。水库业主的这一如意盘算若能实现，便可在不承担任何责任的情况下，享受水库周边生态环境保护带来的各种好处。

江河大型水库周边生态环境保护的确在当地行政辖区内进行，当地政府、工矿企业及城乡居民也确有责任，中央政府将这一任务分派给水库所在地方政府、水库周边企业和居民也有正当理由，水库业主将这一任务推给这些主体也有借口。但这些主体也能找到正当的理由加以应对：对普通要求的生态环境保护任务会予以接受并努力完成，以履行生态环保责任；对江河大型水库专门要求的生态环保任务、高于一般标准的生态环境保护任务，只会有条件地接受（中央政府和水库业主给予投资）。由于水库的特定生态环境保护与周边的一般生态环境保护紧密联系在一起而难以严格区分，地方政府、周边企业和居民便可以水库生态环境保护为由，向中央政府和水库业主讲条件、提要求。最终造成满足了条件和要求的生态环保项目被接受和完成，而未满足条件和要求的生态环保项目被弃置。

三、在成本分担上的博弈

江河大型水库因其功能多样、参与主体众多、中央政府强力介入与干预，其建设及运行成本由多种主体分担。这些主体主要包括中央政府、水库业主、水库所在地方政府、水库移民、水库周边企业及居民等，他们或因追求水库的某种功能，或为获得水库某些利益，或需履行某种责任，或因与水库建设及运行存在某种联系，而主动或被动地分担水库建设及运行成本。由于江河大型水库建设及运行成本科目众多、相关主体权责与利益关系的复杂、行政力量的干预，在成本分担上容易出现权利与责任不对应、传递与转嫁、强加与免除等问题，并由此产生成本分担博弈。水库建设及运行成本分担直接决定相关主体的付出，他们之间的博弈难有双赢或多赢的结果，故较为激烈。

1. 在按功能分摊上的博弈

江河大型水库建设成本主要由三个部分构成，一是水库大坝枢纽工程建设成本，二是水库成库成本，三是水库生态环保工程建设成本，各个部分中又包含众多具体的科目。这些成本无论属于哪一部分，都应当按水库功能在相关部门进行分摊，并进一步依据功能的分享主体进行分担。江河大型水库的功能有两大类，一类是电力生产等经济功能，另一类是防洪、供水、航运等公益功能。水库的经济功能可以产生收益并内化给业主，业主是水库经济功能的主要分享者。水库的公益功能可以为经济社会发展提供公共品和公共服务，这是政府应履行的职责，中央政府是水库公益功能的提供者。因此，江河大型水库建设成本应当主要在中央政府和水库业主之间进行分摊与分担。

中央政府通过江河大型水库建设，可以为经济社会发展提供防洪、供水、航运等公共品和公共服务，并可从电力生产中获取收益，自然应当分担水库建设的一部分成本。按投入与受益对应的原则，中央政府分担的成本不仅应当全部包括水库形成防洪、供水、航运能力的专用成本及其应分摊的公共成本，还应当包括水库形成电力生产能力的部分专用成本和公共成本。如三峡水库建设投资分摊研究表明，发电应分摊投资的75%、防洪应分摊21%、航运应分摊4%[1]，则中央政府除应分担25%的防洪及航运投资外，对75%的发电投资还应分担一部分。由于江河大型水库建设投资的巨大和中央政府财力的有限，为减轻投资压力，中央政府一是将生态环境保护成本排除在预算之外以减少成本总额，二是加大业主分担成本的份额，三是利用专项基金进行投资。以三峡水库建设为例，投资预算仅包括枢纽工程建设、水库淹没处理补偿、输变电工程建设三个部分[2]，这三部分投资预算中，中央政府的直接投入是利用全国用电加价（每0.003元/千瓦时）建立三峡工程建设基金，占投资预算的14%，与应分担的份额相去甚远。

水库业主通过电力生产获取收益，加之江河大型水库发电量巨大、投资回报高，建设成本主要应由业主承担。但业主为追求经济效益最大化，总是希望减少自己的成本支出和投资压力。为此，水库业主一方面将周边生态环保成本从预算中排除以减少建设成本总额，另一方面动用自己掌握的国有资产作为对水库建设的投资，再一方面减少或免除税赋及利润上缴以用于水库建设投资。以三峡水库建设为例，将周边污染防治、水土流失治理、库岸防护等生态环保工程上千亿元投资排除在预算之外使总成本大幅减少，变成了一个不完全成本。业主的筹资一是来源于葛洲坝电厂的发电利润，占预算投资的5%；二是来源于三峡水库自筹资金（发电利润、折旧基金、减税资金），占预算投资的60%。在业主筹集的资金中，葛洲坝电厂的利润属国有资产，且其中一部分应上缴中央财政，三峡水库自筹资金中的发电利润也属国有资产且有一部分应上缴，而减免的税赋则本应是中央财政收入。业主利用政策优惠，将一部分本属中央政府的资金作为自有资金投入水库建设，从而提高在建设成本分担上的比重。

水库业主是中央直属电力生产企业，中央政府是江河大型水库所有者的代表，由于这种特殊的关系，二者在水库建设成本分担博弈上具有鲜明特点：首先，二者都力图将水库建设的某些成本排除在预算之外，以减少成本总额和降低投资压力；其次，二者都力图让对方多分担建设成本，使自己的投资压力减轻，并提高自己的投资回报；再次，二者的博弈易于妥协与协调，虽在成本分担上会有此消彼长的结果，但在水库的经济利益上高度一致，且业主的投资与中央政府的投资难以严格区分。

---

[1] 长江水利委员会编：《三峡工程经济研究》，湖北科学技术出版社1997年版，第41页。
[2] 同上书，第20—27页。

2. 在淹占土地补偿成本分担上的博弈

江河大型水库淹占土地面积大,土地征用补偿费用甚巨,是水库建设成本的重要组成部分。中央政府和业主是江河大型水库建设及运行的主要投资者,为减少水库建设投资,自然都希望减少淹占土地补偿成本。为减少补偿成本,一方面少计淹占土地的面积,另一方面压低淹占土地的补偿标准,使淹占土地的补偿双重下降。水库业主通过建设规划设计,将淹占城镇、工矿、基础设施的迁建和复建占地、水库周边生态环境保护占地排除在水库占地之外,又通过淹占土地调查将淹占的未利用土地、公共设施占地排除在外,使本该纳入补偿范围的土地面积大幅减少,使这部分土地的所有者和使用者自己承担淹占损失。中央政府则通过制定水库建设淹占土地补偿政策,将补偿标准定得很低,从而减少淹占土地的补偿成本,利用低补偿使淹占土地的所有者和使用者间接分担部分补偿成本。

水库所在地方政府,是淹占城镇、工矿、基础设施恢复重建或迁建的组织者,由于这部分占地未单独计补,恢复重建和迁建用地的征用费往往出现很大缺口。地方政府为减轻财政压力,又会要求中央财政支持以弥补征用土地费用的不足。水库周边的库岸防护林和生态保护林建设要占用大量土地,这些土地属于农村集体所有、归农民承包使用。由于这部分土地没有纳入水库占地征用范围,也没有给予任何补偿,故这些土地的所有者和使用者既不会放弃所有权及使用权,也不会按水库生态环保要求去建设库岸防护林和生态保护林,从而使这类生态环境保护落空。中国江河大型水库周边生态环境保护讲了几十年,可有重大作用的库岸防护和生态保护林就是建不起来,土地的征用和补偿未解决是其重要原因。

江河大型水库淹占土地补偿费虽不直接给移民,但补偿费的高低与移民的切身利益直接相关。对于城镇移民,淹占的房屋用地补偿不足,在安置地购房或建房就要为土地使用而弥补费用,他们就可能要求地方政府补贴以减轻自己的负担。对于农村移民,淹占土地补偿费实为移民在安置地获得承包地和宅基地的"赎买金",淹占土地补偿低,付给移民安置地的土地补偿金就少,移民在安置地得到的宅基地和承包地数量就较少、质量就较差,生活、生产、发展就会遇到不少困难。在这种情况下,农村移民可能采取拒绝搬迁、搬迁后上访或返迁的办法加以应对,这三种应对办法无论哪一种发生,最后都要由政府解决,从而使政府承担无限责任。

3. 在淹占财产补偿成本分担上的博弈

江河大型水库淹占的财产种类繁多、数量很大,需要的补偿费用不少,是水库建设成本的重要组成部分。淹占财产一部分属城乡居民家庭所有,一部分属企事业单位所有,还有一部分属社区集体所有。作为淹占方的中央政府和水库业主,为减少建设成本支出,总是企图将淹占财产补偿压低,直接和间接将淹占财产的补偿成本转嫁给财产所有者分担。而作为淹占财产所有者的居民、企事业单位和社区集体,又总是希望被淹占的财产能得到足额补偿,以免遭受财产的损失。水库淹占财产补偿方和受补方利益取向不一致,补偿方向受补方转嫁成本,必然引发二者的利益矛盾,并围绕补偿成本分担展开博弈。

中央政府和水库业主是淹占财产补偿的责任主体,应当对淹占财产的所有者或使用者进行赔偿。为了减少水库建设的巨额投资,二者都有减少淹占财产补偿以节省成本的冲动,这与淹占土地的补偿相类似。为减少淹占财产补偿支出,一是将部分淹占财产排除在补偿范围之外,二是压低淹占财物的补偿标准,使淹占财产补偿总额下降。水库业主通过对淹占财产调查的控制,一是严格限定淹占财物的统计范围,使部分淹占财物被人为排除;二是对淹占财物不是按件而是按类统计,并在质量与等级上模糊;三是对不便与建设物分离、不便变现和搬迁的淹占财物加以排除,使一部分淹占财产得不到补偿,导致其所有者或使用者分担部分淹占财产的补偿成本。中央政府则通过政策制定,给淹占财产补偿限定范围、确定较低的补偿标准,使淹占财产得不到足额补偿,又导致其所有者或使用者分担一定份额的补偿成本。

淹占区城乡居民的家庭财产被淹占后若得不到充分足额的补偿,就要遭受直接的财产损失。这些居民为保护自己的财产权益,往往采取多种办法与政府和水库业主进行周旋:一是到政府部门上访,反映自己的愿望与诉求,有时甚至以"群体事件"的方式进行激烈表达;二是拒绝搬迁或拖延搬迁,将提高淹占财产补偿作为搬迁的前提条件,个别居民甚至以极端手段拒迁;三是"秋后算账",即水库移民在迁移安置之后凡遇到生活、生产(就业)、发展的困难,都将其归咎于补偿低,都要求政府解决,并且延续一代又一代。淹占区居民的这些做法,一方面对江河大型水库建设造成干扰,严重时甚至会影响建设进程;另一方面为解决这些问题要花费大量的人力和费用,使相关成本增加;再一方面是损害政府的形象,削弱与群众的关系,并使政府承担无限责任。在这些矛盾和压力之下,中央政府和水库业主还得采取救助、后期扶持等加以弥补。

水库淹占的城镇及交通、通信、能源设施,要由水库所在地方政府组织迁建和恢复重建。在淹占补偿不足的情况下,地方政府为完成迁建和复建任务及推进区域发展,虽不能像居民那样与中央政府和水库业主对抗,但仍有不少办法与之展开博弈:一是以城镇迁建的名义获得更多的土地征用权,通过征用土地的收入扩大迁建规模,提高迁建水平;二是通过将交通、通信、能源设施的复建纳入国家基本建设规划,争取国家基本建设投资,使淹占基础设施的复建扩大规模,提高标准;三是以多种理由要求业主追加淹占补偿,以增加迁建和复建资金。地方政府的这些办法有其合理性与正当性,中央政府和水库业主不能完全拒绝,往往会给予一定程度的满足。如此一来,地方政府虽在淹占财产上分担了部分补偿成本,但又由其他渠道从中央政府和水库业主那里得到了部分弥补。至于淹占工矿企业的迁建,虽按"三原"标准补偿对其造成很大损失,但当其迁建和生产经营发生困难时,企业又通过债务减免、职工社保等方面从政府财政那里得到一定弥补。

4. 在周边污染治理成本分担上的博弈

江河大型水库周边的污染治理量大面广,相关的工程及设施建设任务重、投资大,且建成之后的运行及维护工作量大、成本高。水库周边的污染治理标准又比普通地区高,更加大了治理成本。水库周边的污染治理,既有利于保护水库水体,使之免遭污染,又有利于保护周边地区自身的生态环境。由于这一功能的双重性,导致水库业主和水库周边相关主体在治理成本分担上的相互推诿,都以对方受益为由,将污染治理成本推给对方承担。为了逃避和推脱责任,水库业主与周边有关主体在污染治理成本分担上展开博弈,并对污染治理产生重大影响。

水库业主以周边地方政府辖区内的污染治理应由区内相关主体负责为由,将周边城镇的污水和垃圾处理设施建设成本推给地方政府,将设施运行成本推给城镇居民,将"三废"治理成本推给企业,将农村面源污染治理成本推给农民,同时还要求污染治理达到水库水质保护所需要的标准。为达此目的,水库业主一方面将周边污染治理排除在工程建设及成本预算之外,并借助中央政府的力量将水库周边污染治理作为硬任务交由地方相关主体完成;另一方面又利用环保法规对水库周边污染治理确定较高的标准,以满足水库水质保护的需要。若能如此,水库业主就可以在不支付成本的情况下,分享周边污染治理所带来的诸多好处。水库业主的这一图谋,在一定程度上会得到中央政府认可,因为水库业主的做法也可减少中央政府的投资。有了中央政府的认可,水库业主推卸周边污染治理成本的目的便可能达到。

按现行规定,水库周边城镇污水和垃圾处理设施由地方政府投资建设,运行费用由城镇居民分担。若水库周边城镇较多,污水处理厂和垃圾处理厂(场)建设规模及投资巨大(如三峡水库周边需建污水处理厂360余座、垃圾处理厂150余座,总投资数百亿元),地方政府的财力根本无法承受。在这种情况下,地方政府只有通过向中央政府申请建设立项,从中央财政获取专项资金用于建设(三峡水库周边城镇污水和垃圾处理设施就是利用国债资金建设)。如此一来,便形成水库业主将周边污水和垃圾处理设施建设成本转嫁给地方政府、地方政府又向中央政府要建设投资、最后由中央财政付费的局面。由于库周污水和垃圾处理的标准高,导致处理成本高昂,城镇居民治污负担加重,往往造成治污费收取困难,不能维持设施正常运行,造成污染治理目标落空。

要求周边企业按水库水质保护的标准治理"三废",企业要支付更高的设施及设备投资和更多的运行费用。当企业难以承受时,往往只按行业要求的一般标准进行"三废"治理,若要求按更高标准治理,则会向政府提出补贴或税收减免,从而使水库业主的打算落空、或转由政府支付因提高"三废"治理标准而增加的成本。要求水库周边农民治理面源污染、保护水库水质,农民就需要调整产业结构,减少化肥和农药使用,对农业废弃物进行无害化处理和资源化利用等,而这些都需要不少的投资,增加生产成本,减少收益。在没有相应补偿的情况下,农民不愿意也无能力完成这些任务,水库业主不承担成本而指望农民搞好面源污染治理也不现实,目前库周农业发展并未按水库业主和政府所希望的要求转变就是明证。

5. 在周边生态防护林成本分担上的博弈

江河大型水库周边生态防护林是保障水库安全持久运行的重要工程,因其面积巨大、要求很高而需投入大量成本。库周生态防护林在地方行政辖区内建设,对改善所在区域生态环境有良好作用,故其既与水库保护有关,又与周边辖区生态环境改善相联。正是这一原因,水库业主试图以生态保护属地职责为由,将其成本完全推给周边地区相关主体;周边相关主体则以保护水库是业主责任为由,将其成本完全推给水库业主承担。双方各有所据,都力图推卸水库周边生态防护林建设及管护成本的责任,并为此展开博弈。

江河大型水库业主和中央政府为减少投资,自然希望将水库周边生态防护林建设及管护的巨额投资从预算中排除。但水库周边生态防护林又不可或缺,故只有将这一投资转移给水库周边的相关主体(地方政府、居民、企业等)承担。为达此目的,水库业主在建设规划中将生态防护林建设排除在外,在预算编制中将相关投资加以删除,一旦中央政府批准建设规划,业主推脱水库周边生态防护林建设及管护成本的行为就变得合法。与水库业主的行为相对应,中央政府又以行政手段,将水库周边生态防护林建设及管护的全部责任(包括成本承担)分派给所在地方政府,并提出满足水库防护的建设标准,作为任务完成。

水库所在地方政府对中央政府分派的建设生态防护林的任务不能拒绝,但又无力承担巨额的建设及管护成本。以三峡水库为例,若在最高水位线(海拔175米)之上20米高程内建防护林需要投资数十亿元,若在水位线之上50米高程内建防护林需要投资上百亿元,若在水库周边26个县(区)建水土保持林则需投资上千亿元。在这种两难的情况下,地方政府一方面表现出积极承担任务的姿态,另一方面则力争将生态防护林建设列入国家重大公共工程建设规划,若获得中央政府投入就认真推进,若未获中央政府投入便会采取拖延和等待的办法加以应对。如此一来,江河大型水库周边生态防护林建设成本因业主逃避承担,一部分转嫁给地方政府,一部分转移给中央政府,当地方和中央政府也不承担这一成本时,生态防护林建设便必然落空。

水库库岸防护林、库周生态保护林、库区水土保持林的建设与管护,离不开当地农民的参与。首先,防护林建设用地是未征用的农民承包使用土地,没有农民的同意不可能用其建设防护林。其次,使用农民的承包地建设防护林,可能对农民生产经营及收益带来不利影响,农民不可能轻易改变土地用途。再次,大范围、大规模的生态防林建设与管护需要农民直接参与,没有广大农民的积极参与,这一巨大工程是不可能完成的。在没有占地补偿或补偿不足的情况下,水库周边农民不会将承包土地用于建设水库防护林。在没有水库业主或政府投入的情况下,农民更不会自己垫付成本去建设和管护水库防护林。寄希望于农民投入建设水库周边生态防护林的想法,不具有充分的合理性和较高的现实性,往往导致生态防护林建设的落空。当然也有例外,就是用果树林和经济林代替普通生态保护林,因有较高的产出而被农民接受。但遗憾的是水库周边只有部分地域才适合种植果树和经济林木,这一办法不具有普遍适用性。更为重要的是,有些果树林和经济林生态防护功能不强,不能有效替代生态防护林,最终仍会导致水库周边生态防护林建设的失败。

四、在利益分享上的博弈

江河大型水库的建设及运行,既能带来发展机会,又能带来防洪、供水、发电、航运、旅游、养殖等多种利益。在目前的体制下,这些机会和利益虽有一定的分享机制,并形成了相应的分享格局,但由于机会和利益的多样化及相互关联的复杂、分享主体的众多及价值取向的不同,使相关主体在江河大型水库利益分享上出现竞争与博弈。这种博弈可出现在两个主体之间,也可出现在多个主体之间,可出现在某一特定利益分享上,还可出现在连带相关利益的分享上。正是利益分享的博弈,决定了相关主体的利益关系,并对中国江河大型水库建设及运行产生重大影响。

1. 在发展机会分享上的博弈

江河大型水库建设对水电生产、大坝建筑施工、大型水电站专用设施及设备制造与安装、建筑材料生产、大型输变电设备生产与安装、内河航运等产业带来重要发展机会,这些产业部门中的企业谁参与了水库的工程建设，或有效利用了水库工程设施，谁就会分享到这一发展机会并从中受益。由于这些产业部门内的同类企业众多，他们在争取参与水库工程建设和利用水库设施机会上会发生较为激烈的竞争，相互博弈在所难免。江河大型水库建设及运行，也会给库区、防洪区、供水区、供电区带来新的发展机会，有些发展机会在不同地域间存在竞争性，为了获得更多更好的机会，不同区域间也会发生博弈。

江河大型水库发电量巨大，谁充当了业主谁就获得了建设和经营权，并相应获得了在电力生产上的重大发展机会。为此，国有大型电力生产企业为争当江河大型水库业主而进行激烈竞争。由于水库业主选择最终要由中央政府确定（水库所在省级政府也有部分决定权），故这种竞争主要反映在取得中央政府的认可上。为取得竞争优势，国有大型电力生产企业间竞相圈占江河大型水库建设地盘、开展江河大型水库的勘测设计与规划论证、争取自己规划设计的水库上马建设。为增强竞争力量，国有大型电力生产企业还与省级政府合作，共同争取某些江河大型水库立项建设。更有甚者，个别国有大型电力生产企业未经中央政府批准，就擅自充当业主建设江河大型水库。

江河大型水库建设需要大量的原材料、价值昂贵的大型专用设施及设备、大量的施工机械与设备等，这为相关生产企业带来了重大发展机遇。水库建设所需种类繁多的原材料、专用设施设备、各种施工机械与设备均采用招投标办法采购，凡是能在招投标中胜出的企业便能成为供应商，分享水库建设所带来的巨大商机，并获得自身的发展。江河大型水库建设所需的原材料、大型专用设施及设备、施工机械与设备，质量要求很高，只有部分企业有能力生产和提供，有些专用设施及设备（如大型水轮发电机组、巨型船闸等）只有极少企业能够生产。但即便如此，受巨大利益的吸引，这些企业在招投标中的竞争仍十分激烈。为争夺水库建设这一商业机会，相关企业以各自的技术和人才实力、产品质量、技术服务、价格优势作为主要手段，在招投中进行激烈竞争，而最终只能由技术力量雄厚、产品质量精良、技术服务周全、价格合理的企业中标，获得江河大型水库建设带来的发展机会。

江河大型水库建设工程浩大、难度和质量要求极高、建设周期长，对于工程建设企业而言，若能承建这样的高水平巨型工程，对其发展可谓难逢难遇。江河大型水库的工程建设（主要是大坝枢纽工程建设）项目采用招投标制选择施工企业，有实力的建筑施工企业在招投标过程中，以技术实力、装备水平、建筑施工经验、过往建筑施工业绩、标价等方面的优势，相互进行竞争，最终只能由技术实力强、装备水平高、经验丰富且业绩突出、标价合理的企业中标，获得水库工程建设的机会。

江河大型水库建设及运行，可以改善库区、防洪区、受电区、受水区的经济社会发展条件,使这些区域更好更快发展。由于对不同区域的条件改善类型不同(如对库区主要是改善基础设施条件、对防洪区主要是改善防灾抗灾条件,对受电区主要是改善能源供给条件、对受水区主要是改善水源供应条件),故不同区域在分享水库带来的发展机会时,虽有一定竞争但不会出现零和博弈的激烈场景。当然不同地区内的相关主体,在分享水库带来的发展机会时,会产生较强的互竞态势。至于江河大型水库所带来的航运便利、旅游业发展的机会等,同行业内部的不同企业间存在较为激烈的竞争。这些同行业的企业通过政府的经营许可、自己的经营实力、市场的运作等手段,进行竞争与博弈,其优势者得到更多发展机会,而处于劣势的企业只能得到较少的发展机会或被排挤出局。

2. 在防洪利益分享上的博弈

江河大型水库的库容巨大,可以通过运行调度拦蓄和调节洪水,使水库大坝下游地区免遭或减轻洪涝灾害。水库防洪功能有一定限度,只能为水库下游一定地区提供安全保障,而不能解决下游所有地区的洪灾危害。从这个意义上讲,江河大型水库的防洪利益是由特定区域享受的,并不存在与其他地区分享而发生竞争的问题。但是,水库防洪功能的发挥要影响水库运行的态势,这种态势既包括防洪准备阶段的水库水位下降,也包括蓄洪调洪期间的水库水位上升,这些态势可能给水库业主和周边地区带来不利影响,甚至遭受损失,由此便造成防洪受益主体与其他相关利益主体的博弈。

江河大型水库利用巨大的库容蓄洪调洪,可以大大减轻甚至避免下游一定范围内的洪灾损失,产生巨大的防洪利益,一是减轻或避免洪涝灾害造成的巨大生命财产损失,二是节省大量的防洪抢险人财物力消耗,三是增强沿江地区经济社会发展的安全性。水库防洪能力受其库容(主要是防洪库容)决定,故防洪区域有一定范围,在这个范围内才能享受防洪利益。如三峡水库总库容393亿立方米、防洪库容221.5亿立方米,可有效防控百年一遇大洪水,能有效保障湖北、湖南、安徽、江苏沿江地区的安全。作为防洪受益地区,自然希望水库充分发挥防洪功能,即在洪水来临前完全空出防洪库容,在洪水发生时尽可能多尽可能长时间拦蓄和调控洪水,以免除洪灾威胁及损失,同时也免除抗洪抢险的人财物力消耗。为达此目的,防洪受益地区便会要求水库业主在每年的汛期(夏秋两季)对水库按防洪需要实施调度及运行,同时还会请求中央政府进行干预与监督。

江河大型水库要充分发挥防洪功能,保证水库大坝下游地区充分享受防洪利益,就必须在夏秋两季减少水库蓄水、预留尽可能大的防洪库容,而在洪水来临时尽可能多地拦蓄洪水、用尽可能长的时间调控洪水下泄,在汛期过后再增加水库蓄水,达到最高蓄水水位。水库按这一要求运行,会对其他功能发挥带来不利影响,同时还可能带来某些损失:一是在夏秋两季水库水位低、蓄水少,可能降低电力生产能力,而蓄洪调洪时水位太高、流量巨大,又容易影响水电生产的安全,这无疑会给水库业主带来一定损失;二是汛期之后降水量会急剧减少,水库上游干支流来水随之减少,在保持一定下泄流量的情况下,水库蓄水可能达不到最高水位而导致蓄水量不足,使冬春两季发电量降低,减少水库业主发电收益;三是水库在夏秋两季无论是防洪的低水位或蓄洪调洪时的高水位,对航运和旅游都有不利影响,会减少相关业主的收益。因此,水库业主及航运和旅游企业更希望在夏秋两季让水库保持较高水位、在秋季提早蓄水,使水库的发电、通航、旅游功能得到充分发挥。由于这种愿望与防洪要求有矛盾,会受到防洪受益地区的反对,也会受到中央政府的制止。

江河大型水库蓄洪调洪,可免除或减轻大坝下游洪灾危害,但会造成水库水位暴涨、大量洪水在水库存积、库尾江河干支流洪水涌堵,导致水库周边特别是库尾地区发生洪灾。以三峡水库为例,建成运行后的2008年发生大洪水,通过蓄洪调洪,下游地区的湖北、湖南安全无恙,可是万州以上的水库周边地区却受灾严重,库尾地区的沙坪坝、九龙坡、大渡口、北碚、江津的低洼地带被淹没数天,甚至造成人员伤亡。2010年的洪水更造成库尾地区长江干支流水位奇高,如北碚水文站嘉陵江水位高达202米、北碚主城嘉陵江段水位高达198米,远高于三峡水库的最高水位175米,淹没沿江不少地方,造成不小的经济损失。这种"下游防洪、上游受淹"的结果,造成了水库库区与下游地区防洪利益分享上的矛盾。当水库库区以牺牲自己的利益为下游地区提供安全保障时,自然希望下游受益地区能作出某些补偿,当这一愿望不能实现时,只能寄希望于政府补偿。很可惜,目前尚未建立起应有的损失补偿机制,在灾害发生后仅有民政部门的应急式救济。

3. 在电力使用权分享上的博弈

江河大型水库电力生产能力很强,少则年生产电力数十亿、上百亿千瓦时,多则年生产电力数百亿千瓦时,最大的三峡水库若32台机组全部投入运行,年生产电力可达900亿千瓦时左右。在中国经济社会快速发展、用电量急增、电力供给偏紧的情况下,获得充足的电力供应,对区域经济社会发展十分重要。哪个区域获得了充足的电力,就拥有了更好更快发展的基本条件,甚至获得发展的先机。不同区域在江河大型水库电力使用权分享上是一种互竞关系,存在一定的博弈。中国当前虽已形成南方和北方两大输电网且有一定互通,上网电力也难以区分由哪一电厂生产,但从电力输送目的地仍可判断水库所生产电力的使用地区。

中国经济社会发展和电力生产在地域间分布不均衡,也不匹配。东部地区城市密布、经济社会较发达,对电力的需求量大,但电力生产不足、供需缺口大。中部地区经济社会发展较快,对电力需求增长快,但电力生产能力不强,供需矛盾日益上升。西部地区经济社会发展相对滞后,对电力需求较少,但水电生产能力强,全国的大型水电站绝大部分在西部。面对这样的电力供求格局,为优化电力配置、提高电力利用效率与效益,中央政府通过国有南方电网和中国电网两大输电企业,将西部江河大型水库生产的电力优先输往东部,部分输往中部,少部分留在西部使用。如云南、贵州、广西江河大型水库生产的电力主要输往广东,四川、重庆江河大型水库生产的电力主要输往华东,青海、甘肃、宁夏江河大型水库生产的电力主要输往华北。在目前,江河大型水库生产的电力优先被发达地区分享,而经济欠发达地区分享较少。

由于西部大开发战略的实施,近年西部地区经济社会发展速度加快,对电力需求迅猛增加,形成电力供应缺口。在这一背景下,西部地区要求提高水电使用份额、增加水电使用数量的呼声越来越高。面对西部地区的要求,中央政府会对水电的区域配置作出适当调整,增加西部地区对水电的分享,形成西部与东部在江河大型水库电力使用上的竞争。为避免零和博弈的不利结局,西部地区采取的策略是加快江河大型水库建设进程,增加水电生产能力,在增加本地区用量的同时,还有更多的水电输往东部。

近十年来,中部地区崛起进程加快,不仅作为主要农产品、矿产区的地位得到强化,而且传统产业改造、新兴产业发展十分迅猛,随之而来的是对电力需求的急剧增加,特别是对如水电这样的清洁能源的增加。由于中部地区多属平坦地带,虽境内江河不少,但并不适宜建设江河大型水库以生产电力。因此,中部地区自然希望更多利用西部地区的水电,一方面增加电力供应以满足经济社会发展的需求,另一方面用水电部分替代火电以减轻环境污染。由此又诱发中部与东部地区对西部水电使用的竞争。由于中部地区与西部地区紧邻的优势,西部江河大型水库生产的电力被中部地区分享的机会更多,中部地区在水电使用竞争中占有一定优势。

应当指出,中国的江河大型水库是国有大型电力生产企业运营的,电网运营也是由国有大型企业主导的,在这一体制下,中央政府对江河大型水库所生产电力的区域配置发挥决定性作用。不同区域对江河大型水库电力的使用权竞争与博弈,最终都要通过中央政府的调节才能达成目的。因此,不同区域在这一竞争和相互博弈中,最主要的是获得中央政府的支持,有了这一支持就可以更多地分享水库电力的使用权;否则,便只能在水库电力使用权分享中处于不利地位。

4. 在水资源分享上的博弈

　　江河大型水库库容巨大、蓄水能力很强，使其成为重要的水源地，既可供周边生活及生产使用，又可向缺水地区输水、调水，还可向下游江河补水。江河大型水库供水能力虽然很强，但蓄水能力总归有限，在总量既定的情况下，不同区域、不同用途、不同主体在对水库水资源利用上存在一定的竞争，为分享更多的水资源，相互间还会产生博弈。水资源是经济社会发展和生态环境保护的基础性资源，在中国水资源总体不足而地域及季节分布又极为不均的条件下，不同区域、不同行业、不同主体对水资源的分享本来就存在竞争，而江河大型水库水量大而集中、水质相对较好，自然成为相关主体竞相利用的对象。

　　库区得"近水楼台"之便，可以便捷地使用江河大型水库的水资源，但若库区使用的水资源太多，可调出库区的水资源量就会减少，库区与其他地区对水库水资源的利用存在竞争关系。库区想以"近水"优势多利用水库的水资源，而库区之外的需水地区又会通过博弈对其制衡，其主要手段是请求中央政府对库区用水施加限制与约束。江河大型水库水资源的数量分享只是一方面，还有一方面是水质分享。水库水资源无论由谁使用、也无论作何种用途，都要求水质洁净，特别是生活用水还有很高的水质要求。而水库水质只有库区通过点源和面源污染治理、水土流失防治、水环境安全维护等一系列措施方可保障。这些措施的实施要消耗大量的人财物力，库区很难自觉完成，会向区外用水主体提出水库水质保障补偿，若不能成功会转而向中央政府提出同样要求，在水库水质分享上与相关主体展开博弈。

　　江河大型水库是向周边地区供水和远距离调水的理想水源地，对于缺水城市和缺水地区而言，大量水资源的调入可增加经济社会发展和生态环境保护的基本要素及稀缺资源，其重大作用显而易见。因此，缺水城市、缺水地区对于调用水库水资源会展开竞争与博弈，都会以各种理由为自己争取用水机会。由于江河大型水库水资源的调度会对全国水资源宏观配置产生影响，所以要受到中央政府的调控。在这一背景下，需水城市和地区便会通过向中央政府提出用水请求，中央政府根据论证确定是否调用水库水资源、调往何处，最终只有最需调用又易于调用的城市和地区才可能利用江河大型水库的水资源。有的江河大型水库作为水源向特定区域调水，其水资源的分享由中央政府确定。如丹江口水库是南水北调中线工程的水源，受水地区河南、河北、北京、天津的用水量由中央政府核定。

　　中国冬春两季降水较少、江河中下游地区可能出现旱情和缺水，这时的江河大型水库便成为向下游补水的主要水源。当这种情况出现时，水库下游地区就会要求增大水库下泄流量为其补水。如果旱情较重,中央政府会同意水库下游地区的请求,并责成水库业主完成下泄补水任务。如 2009 年冬至 2010 年春湖北、湖南大旱,三峡水库紧急向下游地区补水,极大缓解了两省旱情。

江河大型水库的水资源分享不仅在区域之间存在竞争与博弈,而且也诱发相关主体之间的利益矛盾与博弈。这一博弈主要在水库业主与其他用水主体间展开。江河大型水库要正常发电和航运,发挥其他功能,就必须保持一定的蓄水量和蓄水高程,否则,发电和通航能力就会大大降低。在夏秋两季降水较多、上游来水充足、水库补水并不困难,水库周边用水、向远距离地区调水、向下游泄水等,对水库维持正常运行影响不大。但在冬春两季因降水减少而上游入库水量不足,若周边用水、向区外调水或下泄水量过大,则水库便不能保持正常运行所需要的蓄水量和水位高程,从而影响水库的正常发电与通航。这时便会在水库业主和其他用水主体间产生水资源分享的博弈,水库业主会以维持水库正常运行为由控制其他主体的用水量,而其他主体又会以客观需要为由要求提供足够的水量,如果双方不能达成共识,则会请求中央政府裁决。

5. 在经济效益分享上的博弈

江河大型水库建成运行,在防洪、发电、供水、航运、旅游、养殖等方面发挥重大作用,并能产生巨大的经济效益。这些经济效益有些是直接产生,可以直接获取;有些是间接产生,要通过利用才能获得;有些是通过减少和避免损失而产生和得到。水库运行产生的直接和间接经济效益是由不同主体分享的,除不具排他性的公共效益可以自由分享外,凡可分割和排他的经济效益的分享都具有竞争性,相关主体为增加自己分享的数量或份额会展开博弈。

江河大型水库防洪功能的发挥,使水库大坝下游广大地区减轻或免遭洪灾危害,防洪区内的所有居民及企事业单位,均能分享生命财产安全保障的好处,也能因减少抗洪抢险的人财物力负担而受惠,他们分享的是公共效益,并不存在竞争性和非公平性。但江河大型水库为防洪区所创造的发展条件和机会,不同主体对其利用的能力存在巨大差异,在实际的利用上,防洪区内的主体间也存在竞争。江河大型水库供水、供电使受水区和受电区居民及企事业单位都能分享电力、水资源,那些抓住了电力及水资源增加机会,充分加以利用的主体,会从中获得更多的利益。

江河大型水库为内河航运、湖光山水旅游、淡水养殖创造了良好条件,相关主体利用这一条件可以发展相关产业而获取经济效益。但无论是航运业主或是旅游业主、养殖业主,他们对水库的利用都存在竞争关系。首先,在江河大型水库从事航运、旅游、养殖需要具备必要条件,不同的航运业主、旅游业主、养殖业主在条件和资质上存在竞争,只有符合条件的业主才有利用水库发展相关产业的机会。其次,符合条件的业主在江河大型水库从事航运、旅游、养殖,还需要相关部门的许可,同类产业众多业主在进入许可上存在竞争。再次,江河大型水库的航运、旅游、养殖都有一定规模限制,获准进入许可的同类业主,会在生产经营规模分配和占有上展开竞争,占有规模大的业主获利较多。

江河大型水库的经济效益主要来源于电力生产,一部分由水电生产利润所构成,另一部分由电力输送利润所构成。由于发电量和输电量巨大,江河大型水库的电力生产效益数量惊人,少则每年数十亿元、多则每年上百亿甚至数百亿元。除此之外,还有水库大坝枢纽旅游观光、水库天然鱼类及自然放养鱼类捕捞等收益。这些直接收益极少一部分作为地方税归水库所在地政府所有,其余部分作为国有财产在中央政府和水库业主间分割使用。按现有的相关规定,江河大型水库直接获得的利润(主要是电力生产利润)大约10%左右用于交纳地方税和建立库区发展基金,60%左右上缴中央财政,余下部分留归业主使用。但实际上,业主上缴中央财政的部分远低于政策规定,水库直接获取利润的大部分都被其占有,用于新的江河大型水库建设投资及改善企业内部福利。在这一分享格局下,中央政府的分享权利被弱化,对江河大型水库建设和运行作出重大贡献的地方政府和移民被排除在效益分享之外,而水库业主占据了分享的主导。水库经济效益分享的失衡,导致了水库业主、中央政府、地方政府、水库移民之间的利益博弈,业主以发展水电为由尽量截留利润,中央政府为增强财力而强化业主企业的利润上缴,地方政府则通过向中央政府申请建设投资而弥补水库利益分享的损失,而移民则通过向政府要求扶持和帮助对水库利益进行间接分享。

五、博弈的策略与手段

中央政府、水库业主、水库所在地方政府、水库移民及库周居民、其他利益相关者,在江河大型水库建设及运行中为实现各自目标,在管理决策、责任承担、成本分摊、利益分享等方面既彼此依存,又相互竞争与博弈。这些主体的目标不同、所处的地位和拥有的资源不同,竞争能力存在很大的差异,在博弈中会采取与之相应的策略与手段,使其处于有利地位。不同主体竞争策略和手段的应用,不仅决定博弈的结果,而且对江河大型水库建设及运行产生重大影响。

1. 中央政府的博弈策略与手段

中央政府是江河大型水库建设及运行的决策者和宏观管理者,其主要目标是治理江河、兴水利、除水害、生产清洁能源。中央政府又是江河大型水库的所有者,要为其建设及运行投资,希望有良好的经济效益。以此为目标,中央政府在江河大型水库建设及运行中与其他主体进行博弈,所采取的策略是"掌握主导、协调利益、分散成本"。掌握主导是指中央政府或其所属部门作出江河大型水库建设及运行的重大管理决策(如水库建设项目由中央政府审批、水库功能定位由中央政府审定、相关政策由中央政府制定等),以保证建设及运行的有序进行。协调利益是指中央政府调控与平衡江河大型水库建设及运行中的重大权责利关系(如相关责任的担当、工作任务的分派、成本的分摊、权益的分享等),以避免相关主体的过度竞争和机会主义行为。分散成本是指将江河大型水库的建设及运行成本分由多类主体承担,以减轻中央政府和水库业主的投资压力,或将水库建设及运行的某些成本分不同时段投入,以减轻一次性投资的压力,如将水库部分建设及运行成本转由地方政府、移民及其他主体分担,将水库周边生态环保投资加以剥离等。

中央政府与其他主体博弈常采用行政手段。通过行政审批确定水库建设立项、规划设计及业主选择,通过财力调度与政府集资为水库建设筹措资金,通过行政动员为水库建设及运行调度与整合人财物力,通过行政力量将水库建设及运行的众多工作和任务在相关主体间分派,利用行政机构的有效运作为水库建设及运行创造良好的条件,从而实现中国江河大型水库建设及运行的有序、高效和低成本。中央政府的行政手段之所以在博弈中屡见成效,是因中央政府拥有最高的行政权力,其他博弈主体都要受这种权力的制约,还由于中央政府有很高的威信,其他博弈主体会对其行政行为表示服从。

中央政府与其他主体博弈又一常用的手段是政策。通过相关政策的制定和实施,界定相关主体的角色,明确相关主体的职责,赋予相关主体的权利,规范相关主体的行为,协调相关主体的关系,使不同主体各就其位、各负其责、各享其利,将相关力量组合起来形成合力,共同推进江河大型水库的顺利建设和有效运行。政策手段可使相关主体的博弈有章可循、有法可依。之所以会产生这一效果,是因为政策具有权威性和强制性,权威性表示政策一经决定便不可轻易更改,所有主体必经接受并不能反对,强制性表示政策一经颁布所有主体就必须执行,否则就会受到惩罚,使参与博弈的主体只能按政策办事。

中央政府与其他主体博弈也常采用经济手段。利用多种办法为水库建设融资,利用财政专项扶持库区经济发展和生态环境保护,通过转移支付帮助移民安置区发展,建立专项基金对移民进行后期扶持等。经济手段的应用一是对未纳入预算的水库建设项目给予一定补偿,二是对为水库建设及运行作出贡献而未得回报的主体给予一定报偿,三是对在水库建设及运行中遭受损失的主体给予一定的弥补。这一手段的应用,一方面解决了江河大型水库建设及运行中某些项目的投资问题,另一方面体现了水库建设及运行对实际贡献者合法权益的维护,再一方面反映了水库建设及运行对受损居民实际困难的关注。虽然目前中央政府的经济手段还不够有力,也未完全解决上述几个突出问题,但这一手段的应用缓解了江河大型水库建设及运行中的利益矛盾与冲突,也降低了相关主体在利益博弈中的竞争强度,发挥了一定的协调作用。

2. 水库业主的博弈策略与手段

作为水库业主的中央直属国有大型电力生产企业,是江河大型水库建设及运行中的法人代表,虽承担一定的社会责任,但其主要目标是生产水电、获取更高的经济效益,使国有资产保值增值,并使自身发展壮大。为实现这一目标,水库业主在江河大型水库建设及运行中与其他主体的博弈,所采用的主要策略是"依靠政府、少担成本、多获利益"。依靠政府是指水库业主依靠中央政府和水库所在地方政府的力量,为水库建设及运行创造条件、协调矛盾、推进工程建设和相关工作开展(如依靠中央政府筹措资金、制定土地征用及淹占补偿和移民安置政策、依靠地方政府完成淹占迁建和移民安置等),以减轻投资压力和工作负担。少担成本是指水库业主通过不完全成本预算、水库建设及运行部分项目及工作外推外卸、向其他主体直接和间接转嫁成本等,减少自己的成本负担,以缩短投资回收期、增加盈利、提高投资回报率。多获利益是指水库业主排挤其他合法主体对利益的分享、挤占其他主体应分享的利益、逃避某些经济责任以增加盈利,过多占有和支配江河大型水库建设及运行的经济效益。水库业主的这一博弈策略反映了强烈的逐利倾向,表现出典型的内部人控制特征,并诱发与其他主体的利益矛盾和冲突。

在江河大型水库建设及运行的过程中,水库业主与其他主体博弈首先采用的手段是对中央政府力量的利用。业主以中央直属企业的身份以及与中央政府的密切关系,往往利用中央政府的力量去达成自己的目的。利用中央政府的力量建立基金、发行债券、调动国有资产为水库建设筹资,低价征用土地、将水库建设及运行的部分任务及成本转嫁给其他主体,利用中央和地方政府的力量实现淹占的低补偿和移民的低标准安置,利用中央政府的扶持获得众多政策优惠。如此一来,水库业主在与其他主体的博弈中便占有极大优势,并造成对其他主体合法权益的侵蚀,当然也遭到其他主体的抵制与反对。

水库业主与其他主体博弈采用的另一手段,是对"国家重大基础设施建设工程"桂冠的利用。业主以江河大型水库的多功能为据,重点强调其防洪、供水、抗旱、通航等公共功能,而淡化水库电力生产的巨大经济功能,使其拥有"重大水利工程"、"重大基础设施工程"、"重大清洁能源工程"等多项桂冠,并以此为由向中央政府要投资、要政策优惠

（融资、税收政策等），向农民要低价土地，向地方政府要人财物力支持，"名正言顺"地向其他主体转移工程项目建设和工作任务，转嫁水库建设及运行成本。由于有这些桂冠的保护，水库业主侵害其他主体权益的行为便有了合法的外衣，若其他主体对这类行为进行抵制与反对，还可能背负"不顾全国家发展大局"、"不支持国家重大工程建设"等恶名。正因为如此，水库业主的这一招还容易奏效。

水库业主与其他主体博弈采用的再一种手段是内部控制。业主利用水库规划设计、工程建设组织管理、水库运行管理之便，控制江河大型水库工程建设项目和预算，控制淹占土地、财物、人口的统计与核定，控制淹占补偿、移民安置规模和水平，控制水库水资源调度与利用，直接和间接控制水库直接经济效益的分享和使用。业主对江河大型水库建设及运行的内部控制，虽会受到中央政府的制约，但其控制能力仍然很强。有了这种控制能力，业主企业就可将水库建设及运行的部分投资责任推给中央政府，将部分工程建设和工作任务推给地方政府，也可将淹占资源、财产、物资的补偿压缩在严苛范围内，并对其价值进行低估，将移民安置人数控制在较小范围，并降低安置标准，还可在一定程度上决定其他主体对水库水资源和水库利益的分享。

3. 地方政府的博弈策略和手段

水库所在地方政府（省、县、乡级政府）肩负贯彻中央政府大政方针、落实中央政府决策部署、促进本地经济社会发展、维护本地安全稳定和人民安居乐业的重任，对于江河大型水库的建设及运行，自然只能积极支持、努力参与，并充分利用这一机遇谋求本地区的发展。以此为宗旨，地方政府在江河大型水库建设及运行中与其他主体的博弈，所采取的策略是"积极参与、借机发展、维护稳定"。积极参与是指地方政府对江河大型水库落户本地表示欢迎与支持，按照中央政府的要求并配合水库业主搞好征地、拆迁、恢复重建、移民安置，保护水库周边生态环境等，为水库建设及运行创造良好条件。借机发展是指地方政府利用江河大型水库建设及运行的机会，加快交通、通信、能源、农田水利等基础设施建设，加快城镇化与工业化进程。促进稳定是指地方政府对水库建设及运行中出现的各种矛盾、纠纷及时化解与排除，对利益关系进行沟通与协调，对人口的迁徙和流动进行有效管理，保持社会的安定团结。

在江河大型水库建设及运行过程中，地方政府与其他主体博弈首先采用的手段是"承担加索取"，这一手段主要针对中央政府和水库业主。对中央政府要求或水库业主委托的工程建设和工作任务，地方政府积极承担，以此表示对中央政府决策的服从、对国家重大建设项目的支持、对水库业主的配合与协同。但在接受任务之后，紧接着就会以完成工程建设项目和工作任务为由，向中央政府要发展的优惠政策、要建设投资，向水库业主要相应的投入和工作经费。这种先承接任务再索要投入的手段，既可使地方政府获得"拥护中央决策、支持国家建设"的美名，又使其向中央政府和水库业主索取投入有了充足的理由，还使地方政府完成这些任务有了基本条件的保证。

地方政府与其他主体博弈采用的另一手段是"关联与搭便车"，这一手段也是针对中央政府和水库业主。地方政府将淹占基础设施恢复重建与改造新建、将淹占城镇迁建与城镇改建扩建、将淹占工矿企业搬迁与工业结构调整升级、将水库周边生态环境保护与生态环境建设及改善、将水库周边面源污染防治及水土流失治理与农业生产结构调整及现代农业发展等联系在一起，利用水库建设及运行中相关工程项目实施，使用水库建设投资和国家相关投入，将本地发展中的某些重要任务与水库建设捆绑在一起完成。江河大型水库建设及运行与周边地区的建设与发展密不可分，这为地方政府将二者联系起来提供了可能，而只要将二者联系起来，也就为地方发展搭水库建设便车提供了机会。加之搬迁、重建、生态环境保护等主要由地方政府组织完成，这也为搭便车提供了方便。

地方政府与其他主体博弈有时也会采用行政手段，这一手段主要针对其辖区内的相关主体。地方政府要承担并完成水库淹占补偿、搬迁重建、迁移安置等工作任务，面临极其复杂的利益关系、矛盾甚至冲突，涉及的单位与个人数量庞大而范围又十分广泛。为完成这些困难任务并保持社会稳定，除向中央政府和水库业主寻求支持外，也动用行政资源和利用行政手段加以推进。一方面，利用与群众的广泛联系，做耐心细致的组织动员工作，及时调解利益矛盾与纠纷；另一方面，利用所掌握的人财物力，解决部分群众的实际困难，部分满足他们的合理诉求；再一方面，对影响水库建设及运行和社会安定的行为，利用行政手段加以制止与防范。地方政府在与辖区内相关主体的博弈中，行政手段的应用主要是疏导性的，强制手段只在极端情况下有选择地应用。

4. 移民的博弈策略和手段

淹占区的移民是受江河大型水库建设及运行影响最大而又最直接的居民群体。作为国家公民，移民具有"舍小家、顾大家、支援国家建设"的意愿，愿意放弃原有家园，为水库让出土地。作为利益主体，移民又具有保护自身财产权益的决心，追求更好的生活、良好的生产及发展条件与机会的强烈动机，对安居乐业和美好生活的向往。为达此目的，移民在江河大型水库建设及运行中与其他主体博弈，所采用的策略是"接受搬迁、维护权益、长期追索"。接受搬迁是指移民为支持国家重大工程建设、顾全国家发展大局，愿意放弃自己的家园，为江河大型水库建设及运行让出地盘，迁往异地生活、生产（就业）和发展。维护权益是指移民对水库淹占的资源、财产、物资要求给予足额补偿

(最好是优惠补偿),使其财产权益不遭到侵害;同时还要求迁移安置到生活、生产(就业)、发展条件较好的地区,使其迁移后能尽快恢复正常的生活、生产(就业),并能得到更好的发展。长期追索是指移民将迁移安置视为政府行为,认为政府对其负有长期的不可推脱的责任,一旦遇到困难和问题都要求政府解决,且一代代加以延续。

在江河大型水库建设及运行过程中,移民与其他主体博弈首先使用的手段是"支持加条件",这一手段主要针对政府和水库业主。移民与其他公民一样,认为江河大型水库建设及运行关系国家发展大局,有支持的义务与责任,若对其抵制或反对,就会遭到社会的鄙弃,故理性选择放弃家园、为水库让出土地。同时,移民也深知水库建设是中央政府的决定,一旦作出决定便难以更改,强行抵制或反对也无济于事,同意搬迁是现实的选择。但移民愿意为江河大型水库建设及运行让出家园、迁往异地是有条件的,一是要求对淹占的资源、财产、物资进行充分足额的补偿,二是要求迁移安置地具有较好的生活、生产(就业)、发展条件,三是要求迁移安置后收入有所提高、生活有所改善(至少不比迁移之前差)。如果这些条件能较好满足,移民就会顺利搬迁,否则就会抵制与反对。移民的这一手段既体现了奉献精神,又反映了合理诉求,但面对强大的政府和水库业主,其作用十分有限。

移民与其他主体博弈使用的另一手段是"力争与反制",这一手段也主要针对政府和水库业主。移民被水库淹占的资源、财产、物资补偿不仅关系其财产权益,而且还决定其迁移之后的生活、生产与发展。当补偿不足时移民会采取论理、上访等办法据理力争,当这些办法失灵时,就会拒绝搬迁甚至制造群体事件与政府和水库业主对抗。移民安置质量对其生活、生产(就业)、发展具有决定性影响,如果安置地生活条件不好、生产(就业)条件很差、发展前景渺茫,移民便会要求更换到条件较好的地方安置,若这一要求被拒绝,移民就会采取拒绝搬迁,或在迁移安置后自行返迁并要求重新安置,对政府和水库业主进行反制。由于水库淹占资源、财产、物资的补偿受相关政策规定的刚性约束,而移民安置资源又极为有限,故移民的"力争与反制"手段只能发挥一定的作用。

移民与其他主体博弈的再一手段是"秋后讨账",这一手段主要是针对政府而采用的。在移民看来,江河大型水库是中央政府决定兴建的,淹占补偿和迁移安置政策也是由中央政府制定的,淹占补偿和迁移安置是由地方政府组织实施的,政府就应当对他们负责到底。他们不仅将淹占补偿的不足和迁移安置质量的不高归咎于政府,而且还将迁移安置后所遇到的困难和问题的责任也加在政府头上。移民在淹占补偿和迁移安置过程中也会表达诉求,但会受到一定的行政约束和强制,于是在安置过后与政府算老账。一旦生活、生产、发展遇到困难和问题,就会归因于淹占补偿低、安置质量差,并以此为由要求政府解决。一些困难和问题解决了,新的要求又可能随之提出,有的水库移民甚至过了几代人还在要求政府解决困难和问题。移民这种"秋后讨账"的办法,使政府对移民承担了无限责任,并成为移民及其子孙后代追索的对象。

5. 周边主体的博弈策略和手段

这里所说的周边主体主要指水库库区的工矿企业、城镇居民和农民,这些主体因邻近水库,受其建设及运行的影响较大,且在成本分担及利益分享上与其他主体存在博弈。这些主体基于对国家发展的期盼而支持江河大型水库的建设及运行,同时又受自身权益保护和谋求发展的驱使而趋利避害。为实现这一目的,这些主体采取的策略是"积极支持、维护权益、趁机发展"。积极支持是指这些主体对水库周边的生态环境保护、安全防护的工程建设及工作开展给予支持、配合、参与,为水库的顺利建设及安全运行作出贡献。维护权益是指这些主体对水库建设及运行占用的资源和造成的损失要求给予充分补偿,对所承担的建设工程和完成的工作任务要求成本补偿,使自身合法权益免遭损害。趁机发展是指这些主体利用水库建设及运行的机会和投资条件,改善发展条件、转变发展方式、拓展发展领域、提高发展效益,并从中得到实惠。

在江河大型水库建设及运行过程中,水库周边主体与其他主体博弈首先采用的手段是"应承加条件",这一手段主要针对政府和水库业主。当政府和水库业主要求周边工矿企业高标准治理"三废"、城镇居民治理点源污染、农村居民搞好水土流失治理和防治面源污染时,他们都会表示赞成和拥护。但要具体实施并完成这些工程建设和工作任务,他们就会提出资源占用补偿的条件、损失补偿的条件、投资的条件等。当这些条件得到满足时,他们就会完成政府和水库业主要求的任务,否则便会以多种理由进行拖延。水库周边主体这一手段,既可免除"不服从政府决定"、"不支持水库建设"的恶名,又能避免为水库建设及运行分担成本,还可保护自己的某些权益。

水库周边主体与其他主体博弈采用的另一手段是"拖延与等待",这一手段也主要针对政府和水库业主。水库周边的城镇污水和垃圾处理、农业和农村生产及生活废弃物处理、库周防护林建设、库区水土流失治理等,对江河大型水库安全持久运行和功能充分发挥极为重要,中央政府和水库业主都急迫希望能将这些工作做好、不能拖延和等待。水库周边相关主体利用这一点,采取"你急我不急"的办法反客为主,等待中央政府和水库业主给政策、给投资、给技术。当这些项目实施的相关政策落实、投资到位、技术服务跟上时,他们便会按要求推进项目的完成;否则,他们又会继续等待。为保障水库安全及功能充分发挥,中央政府和水库业主对水库周边生态环境保护不能等待,只有通过给政策、给投资、提供技术支持的办法,促进相关主体去完成这些任务。

水库周边主体与其他主体博弈采取的再一手段是"选择与利用",这一手段既针对政府和水库业主,也针对其他主体。水库周边主体对中央政府和水库业主的要求是否接受,不只看有无政策支持和资金及技术投入,还要看完成这些任务能否给自己带来后续的好处,只愿意接受和完成那些在即期和未来于己有利的任务,表现出极强的选择性。水库周边主体也会充分利用承担相关任务、水库周边安全保障工程建设投资、水库管护、社会力量对库区的支持等机会,改善自己发展的基础条件,调整产业结构,改造传统产业和发展新兴产业,拓展发展领域与空间,谋求更多的实惠。

第十四章 中国江河大型水库建设及运行主体的利益协调

江河大型水库建设及运行的重要主体（中央政府、水库业主、水库所在地方政府、水库移民、其他主要相关者），在管理决策权分享、工程及工作任务承担、成本及风险分担、利益分享等方面，存在极为复杂的利益关系，在某些方面存在一致性，而在另一些方面存在矛盾和冲突。主体的利益取向及相互间的利益关系，决定相关主体在江河大型水库建设及运行中的行为，并对工程建设及相关工作开展、建设及运行成本、运行效率与效益产生重大而直接的影响。协调相关主体的利益关系，对规范和调整其行为、推进江河大型水库顺利建成、保障江河大型水库安全持久运行具有重要而关键的作用。

一、对管理决策权的共同分享

江河大型水库建设及运行的管理决策，无论对中央政府、水库建设及运营业主，还是对水库所在地方政府、水库移民和周边居民、其他主体，都有重要的利益导向和规定作用，决定这些主体的利益关系。各主体为维护自身利益，总是首先对管理决策施加影响或进行控制，并使其体现自己的利益诉求。相关主体对江河大型水库建设及运行管理决策权的竞争，实质上是对有关权力和利益的竞争。防止某些主体对江河大型水库建设及运行管理决策的垄断和控制，让重要主体和利益相关者共同分享管理决策权，可以从源头上协调相关主体的利益。

1. 对规划编制的参与

为了对江河进行科学治理，对全国水资源和水能资源进行合理开发，编制全国江河大型水库建设规划，将其作为建设立项的重要依据，是十分必要的。事实上，中央政府极为重视江河大型水库建设规划的编制与修订，并将建设立项严格限制在规划范围内。因其导向及约束作用，规划具有影响江河大型水库建设及运行相关主体潜在利益的功能，并引起相关主体对规划的关注，试图通过对规划编制施加影响，体现其利益诉求。

若在规划编制过程中,让可能涉及的主体有效参与,充分表达意愿与诉求,不仅能使规划更加科学和完善,还能从源头上协调他们的利益。

中国江河大型水库建设规划的系统编制始于1950年代,且随经济社会发展而多次修订、补充、完善。几十年的规划编制与修订,虽技术手段越来越先进、科学性和民主性也有所增强,但以中央政府为主的体制却没有大的变化。江河水资源和水能资源调查由中央政府的水利、水电部门组织专业人员完成,可供建设大型水库的江河区段也由中央水利、水电部门组织专家调研论证,主要江河、主要水系的大型水库建设规划方案,亦由中央水利、水电部门牵头、会同相关部门组织有关专家评估论证后提出,而所形成的规划方案还要通过中央政府的审查批准,才对江河大型水库的建设立项具有指导作用和约束力。这种以水利及水电部门为主导、中央政府审批的规划编制体制,由于缺乏相关部门和主体的充分、有效参与,有可能造成建设规划更多体现水利及水电部门的利益诉求和中央政府的偏好,进而导致规划在某些方面的缺陷,以及诱发相关部门及主体间矛盾与冲突的潜在风险。

江河大型水库建设及运行,不仅关系到江河治理和水资源及水能资源开发,而且与国家和区域经济社会发展紧密相联,特别是与土地资源利用、农林牧渔业发展、生态环境保护、能源业发展、人口迁徙与分布、水资源分布与利用等关系密切。因此,江河大型水库建设规划的编制,应当广泛吸收国土、农林、气象、环保、能源、人力、交通等部门参与,使这些部门的发展要求和利益诉求能够在规划中得到充分体现,并对水利、水电部门的利益诉求形成一定的制衡和约束,达到从源头协调江河大型水库建设中部门利益关系的目的,进而使水利、水电开发与相关部门发展实现良性互动和互补、互促、互进,也保证所编制的规划方案更加科学合理。

江河大型水库建设及运行,对所在地区的经济社会发展影响巨大,对淹占区内城乡居民的生产、就业、生活会带来极大改变,对周边地域的资源利用、经济发展、生态环境保护产生综合影响。这些影响不仅涉及水库所在地区即期的财产权益和中长期的发展权益,而且关系到水库所在地区内众多居民、企事业单位的现实利益和发展利益。因此,江河大型水库建设规划的编制,也应当广泛吸收相关地区的地方政府(特别是省级和县级政府)、城乡居民代表、企事业单位代表、其他社会公众代表参与,使这些与水库建设及运行直接相关而利益关系又极为密切的主体,充分表达自己的意愿、需要及诉求,并使其正确的意见和合理的诉求能够在规划中得到体现。让这些主体分享规划编制的权利,一是可使这些主体在规划阶段就能与其他主体公平竞争与博弈,二是使这些主体可以充分表达自己的意愿与诉求并引起其他主体的关注,三是可对其他主体的意愿与诉求施加一定压力和约束,并维护自己的权益。

2. 对立项的参与

江河大型水库对经济社会发展影响巨大而深远，其建设要经过严格论证与审批。论证与审批是对江河大型水库建设项目把关，只有通过论证认可并获得中央政府批准的水库才能建设。论证与审批直接决定江河大型水库能否开工建设，进而决定与之相关主体的利益，自然引起相关主体的高度重视，总是企图对论证与审批施加影响，争取出现自己所期待的结果。如果在论证与审批过程中，让江河大型水库建设及运行的利益相关者或其代表参与，充分表达意愿和诉求，就可能在建设立项的关键环节使相关主体的权益达到一定的平衡。

在传统上，江河大型水库建设的立项论证主要集中在四个方面：一是建设的重要性和必要性，二是技术上的可行性，三是经济上的合理性，四是生态环境影响。而建设立项的审批，主要依据论证的结果而定，通过了论证且投资有保障的水库建设项目就会获得批准。由于论证的内容主要涉及管理层面和技术层面，而不包括相关主体的利益关系，因此论证的参与者主要是中央政府的相关管理部门和相关领域的专家，且以水利、水电部门为主导。论证内容对水库建设及运行技术经济方面的突出和对相关主体利益影响的忽视，使论证内容存在残缺，并可能由此得出有偏误的结论。将直接受水库建设及运行重大影响、与其利益密切相关的一些主体排除在水库建设立项决策之外，又使这些主体不能在此关键环节表达意愿与诉求，更不能使其利用立项决策对其他主体施加约束，也不能使其通过对立项决策的有效参与维护自己的合法权益。

江河大型水库建设及运行，既给所在地区的发展带来机会，也给所在地区造成困难和损失。水库建设及运行可以改善所在区域的基础设施条件，推进传统产业改造与新兴产业发展，促进生态环境保护，也会占用大量土地，造成沿江（河）城镇搬迁，产生大量移民，对产业发展造成短期冲击，造成地方政府工作压力增大，生态环保要求提高，这些都涉及地方政府的职责而备受关切。如果让地方政府参与立项论证，就会权衡水库建设对本地区经济社会发展的利弊，从利害相关者的角度对水库建设立项表达意愿与诉求。这种表达的作用并不能简单归结为对水库建设立项的赞成或反对，而是反映水库建设重要相关方对利弊得失的关注，并引起其他主体对这一问题的重视，特别是使中央政府和业主对水库所在地区合法权益和合理诉求的关注，以此对其他主体的行为形成制约，进而维护本地区的权益。同时，地方政府从水库建设与区域发展关系的角度审视利弊得失，能更加全面而具体地展示江河大型水库建设及运行中的利益关系，为协调相关主体的利益提供鲜活的依据。

江河大型水库建设及运行，使淹占区的城镇要搬迁，工矿企业要迁移，基础设施要恢复重建,居民要让出家园迁往异地,水库周边地区的居民、企事业单位要分担水库建设和保护的部分任务,这些都与水库移民、水库周边居民、相关企事业单位的即期利益和长期发展密切相关,受到这些主体的特别关注和重视。如果让这些主体参与立项论证,他们就会详细比较水库建设可能给自己带来的损失、利益及机会,从直接利益相关者的角度对水库建设立项表达意愿与诉求。这一表达使相关利益主体成为水库建设立项决策的影响力量,对其他主体的意愿与诉求施加约束和制衡,也使其利益受到其他主体(特别是中央政府及业主)的重视,进而维护自己的权益。此外,这些主体从水库建设与特定群体利益关系的角度评判利弊得失,能从微观层面分析水库建设的社会影响,并为协调相关主体利益关系提供社会伦理依据。应当指出的是,相关主体对水库建设立项决策的参与谈不上为己争利,更多的是在对江河大型水库建设的支持下,维护自己的合法权益,并由此求得与其他主体的利益均衡。

3. 对方案决策的参与

江河大型水库建设方案涉及众多方面,与相关主体利益关系密切的主要是水库大坝高度、成库范围及淹占区域、总库容及防洪库容、发电能力及通航能力、建设投资等。水库建设的这些指标直接关系到淹占的土地、城镇、工矿、房屋、基础设施,也关系到建成之后可能发挥的供电、供水、通航等功能,与所在地区的发展、淹占区及周边地区居民和企事业单位的利益、防洪及受电和受水区的利益、运营业主的投资回报、中央政府的建设目标实现紧密相关。由于这些主体的目标及利益取向存在差异,在水库建设方案上有不同的主张。如果在水库建设方案论证和决定过程中,让相关主体或其代表充分参与、表达意见、提出主张,便可彼此沟通见解、照顾关切,在利益关系上达到某种平衡。

在习惯上,江河大型水库建设方案是由业主聘请专门机构设计的,再由中央主管部门聘请技术和经济专家进行论证,最后由中央政府批准。这种以水库建设及运营业主和中央政府为主导的决策方式,虽易于保证中央政府公共目标及经济目标的实现,也有利于业主最佳或理想投资方案的达成,但可能忽视水库所在地区的经济社会发展,也可能忽视水库淹占区及周边地区居民和企事业单位的利益,还可能低估城镇搬迁、工矿迁建、基础设施复建、移民安置等方面的巨大影响和实际困难。将水库所在地方政府、淹占区和周边地区相关主体排除在建设方案决策之外,一方面使他们的意见和要求得不到及时有效的表达,另一方面使他们不能在决策环节通过正常程序与合法手段维护自身权益,再一方面使他们不能在决策过程中对其他主体施加制衡。其结果只能使江河大型水库建设方案主要体现中央政府的意志和业主的意愿,相关主体的利益协调因缺乏机制保障而削弱。

江河大型水库的坝高、库容、功能设定、建设投资方案（预算方案）不同，淹占的土地、城镇、工矿、基础设施、居民生活及生产资料随之不同，需要迁建的城镇与工矿、需要恢复重建的基础设施、需要迁移安置的城乡移民也存在很大差异，对所在地区经济社会发展的影响方向和程度也不相同。水库所在地方政府既要承担中央政府分派的水库建设任务，还要承受水库建设对本地区经济社会发展的冲击（短期冲击较大），也要利用水库建设的机会促进本地区的发展，对水库建设方案自然高度关注。如果让地方政府参与水库建设方案的决策，就会通过不同方案对本地区经济、社会发展影响的比较及利弊权衡，提出建设方案选择的意见和建议。地方政府参与水库建设方案决策，不仅有利于维护所在地区的利益，而且还可能完善和优化建设方案。以三峡水库建设为例，原来推荐的方案正常蓄水位为160米、防洪限制水位140米、坝顶高程185米、发电装机1674.2万千瓦、年发电量762亿千瓦时，后经重庆市政府提议，建设方案改为正常蓄水位175米、防洪限制水位145米、坝顶高程185米、发电装机1820万千瓦、年发电量847亿千瓦时，不仅使重庆发展条件大为改善，而且使水库综合功能与效益大为提升。

江河大型水库的建设方案不同，淹占地域及范围随之不同，受淹占影响的居民、企事业单位也不一样。水库建设投资预算方案不同，不仅影响部分建设任务在相关主体间的分派及成本分担，还影响淹占补偿的范围和水平。由此引起淹占区及水库周边地区居民、工矿企业、事业单位等相关主体对水库建设方案的关注，并存有维护自己合法权益的强烈愿望。在这背景下，如果让这些主体的代表参与水库建设方案的决策，他们就有机会通过不同方案的比较，在决策的正式场合提出自己的意见与建议、表达自己的愿望与诉求，使水库建设方案（包括投资预算）的选择能够体现他们的利益。

4. 对运行管理决策的参与

江河大型水库运行管理包括：蓄水、排水、供水的水资源调度，污染防控、治理、监测的水环境管理，库岸防护、周边生态防护、水土流失治理的安全保障，水体、水面、消落区、景观、周边地区的开发利用管理，防洪、发电、航运、供水的功能管理等多个方面。为保证水库的安全持久运行和功能的充分发挥，各方面的管理都要制定相应的目标、标准、实施办法，以规范相关主体的行为。这些带有决策性的管理目标及措施，不仅与中央政府和水库业主的导向及利益有关，而且与水库所在地方政府、周边居民及企事业单位、防洪及受电和受水地区的利益密切相联。让这些利益相关主体参与运行管理决策，有利于协调不同主体的利益关系。

江河大型水库的运行管理，涉及全国或区域经济社会发展的多个方面，由中央政府或分管水利的部门作出决策,日常运行的管理则由水库业主进行操控。在这种运行管理决策模式下,中央政府主要重视公益性目标(防洪、抗旱、供水)的实现,而水库业主则更加注重经济收益的增加,至于水库所在地区、水库周边居民、企事业单位及其他相关主体的利益便可能被忽视。同时,这种运行管理决策模式是中央政府和水库业主做决定,其他相关主体只能遵守并执行。水库所在地方政府、周边居民和企事业单位虽然承担众多运行管理任务、分担不少运行管理成本、承受不少运行风险和损失,却被排除在管理决策之外,成为责任和规则的被动接受者。他们的利益与诉求无从表达,更谈不上利用决策机会争取和维护自己的合法权益。

江河大型水库运行中的水环境管理,包括城镇污水和垃圾处理厂的建设规模、技术指标及处理标准,农业及农村面源污染防治范围、领域及标准,工矿企业"三废"治理标准等。江河大型水库运行中的安全保障管理,包括库岸防护林、生态保护林、水土保持林建设范围、规格、标准,地质灾害防治的范围及标准等。由于水库的水环境及安全保障管理与周边地区的生态环境保护和经济社会发展密不可分,故这些管理决策对周边地区的发展权益,对周边地区居民、企事业单位的实际利益影响很大,且正面与负面影响并存。在这种情况下,如果让水库所在地方政府、周边居民及企事单位的代表参与水库水环境保护和安全保障管理决策,他们就会将水库的安全运行与自身的发展结合起来,寻求二者的平衡,并据此表达愿望与诉求、维护和争取自己的合法权益、实现与其他主体的利益协调。同时,这些主体对决策的参与,也使水库的水环境管理和安全保障管理的办法与措施更加切合实际,更容易被地方政府、周边居民及企事业单位所接受,实施的效果可能会更好。

江河大型水库运行中的水位调控和水资源利用管理、水面资源和水体资源保护与利用管理,水库及周边景观资源保护与利用管理、水库周边土地资源、生物资源、矿产资源利用管理等,都与所在地区的经济社会发展、周边居民的生活及生产、周边企事业单位的发展及相关主体的利益紧密相关。这些主体的利益有的与中央政府和水库业主的取向一致,有的则存在矛盾与冲突。如果这些领域的管理决策吸收相关主体(或其代表)参与,他们不仅能在决策过程中充分表达自己的意愿与诉求,还能在与其他主体的博弈中达成某种均衡。这种均衡一方面表现为在管理目标上大体一致,另一方面表现为不同主体间对彼此权益的相互关切与尊重,再一方面表现为不同主体的基本利益得到较高程度的满足、利益关系达到协调。

5. 对政策制定的参与

江河大型水库建设的资金筹措、土地征用、淹占补偿、移民安置、工程建设及工作任务分担、成本分摊等,都是必须解决的大问题。在中国现行的体制下,这些重大问题都是利用政策手段而非市场机制加以解决的,即利用政策确定筹资方案、规定征地范围、确定淹占补偿标准、规定移民安置办法与措施、分派建设任务、分摊建设成本等。在政策的刚性约束下,相关主体在水库建设中的地位、作用、职责、权益及相互关系被确定下来,只能各就其位、各负其责,不能有所违背。用政策手段规范相关主体的行为可能有较高的效率,但要求政策具有很强的科学性和公正性。而政策又受制定者价值取向及偏好的影响,面对水库建设中众多主体的不同利益诉求,要制定出一个大家认同的好政策绝非易事,这就有必要将相关主体引入政策制定过程,以求政策的完善。

江河大型水库建设政策的权威性要求,使其制定者只能由中央政府担任。按常理,中央政府代表全国人民利益,由其制定政策容易做到科学和公正,也易于得到社会认同。但在江河大型水库建设上,中央政府既有公益目标也有功利目标,是重要的利益相关者,而不是超然的第三方。由于中央政府在江河大型水库建设中的特殊角色与身份,加之与业主的密切关系,在政策制定中关注更多的是全局利益、建设成本的节约、建设效率的提高、建设效益的增加,而对相关地区的局部利益、相关居民的个人利益、相关部门及单位的微观利益,可能被置于次要地位。在这种情况下,承担不少建设任务和工作责任并受到一定冲击及影响的水库所在地区、为水库建设让出家园的移民、为水库建设及运行提供生态环境保护的周边居民和企事业单位的权益就可能被忽视。为避免因政策失准导致的相关主体利益关系失衡,较为有效的办法是吸纳相关主体对政策制定的参与。

江河大型水库建设的土地征用、淹占城镇迁建、淹占工矿的迁建补偿、淹占基础设施的恢复重建、移民迁移安置、水库周边的生态环保等多方面的政策,牵涉到水库所在地区土地资源配置和农业发展、城镇及工业布局、工商业发展与结构调整、基础设施建设与升级换代、人口迁徙与社区变动,以及由此引发的产权变动、利益关系变动、经济及社会矛盾的产生,对水库所在地方政府推进经济社会发展、维持社会稳定提出了巨大的挑战。在要求地方政府完成土地征用、淹占城镇迁建、淹占工矿企迁建并恢复生产、淹占基础设施恢复重建、淹占补偿和移民迁移安置、水库周边生态环境保护等任务的情况下,只有让其参与相关政策的制定,并使其依据实际情况充分表达意见,才可能使政策规定更加符合实际,具有更高的科学性、公信度及可操作性,从而使政策能体现和协调江河大型水库建设的全局利益和区域发展的局部利益,也使地方政府更有积极性和更有条件去完成上述各项艰难而又繁重的任务。

江河大型水库建设的土地征用补偿政策、淹占房屋及财产的补偿政策关系到农村集体的土地所有权、农民的土地使用权、城乡居民的财产权,移民安置政策关系到移民的生存权和发展权,淹占工矿企业的迁建政策关系到这些企业的生存与发展及职工的就业和收入,淹占城镇的迁建政策关系到城镇移民的生活、就业,淹占基础设施的恢复重建政策关系相关部门的建设投资、运营,而水库周边的生态环境保护政策更关系到区内居民、企事业单位的生活、生产、发展。这些政策的对象是广大的城乡居民和企事业单位,政策的内容主要是界定相关主体的权责,对象的庞大和内容的敏感无疑对其提出了极高的要求。为使这些政策能较为公正准确地界定相关主体的权利与责任,吸纳淹占城镇及工矿的代表、淹占基础设施的代表、城乡移民的代表、水库周边居民及企事业单位的代表参与政策制定,让他们在政策制定过程中表达诉求,并尊重和采纳他们正确意见和合理要求,就可以使政策能体现与协调江河大型水库建设的全局利益和居民及单位的个体利益,进而使政策更加可行及发挥更好的调节作用。

二、对任务的公正分担

以政府为主导的江河大型水库建设及运行,虽进行了以业主制为表征的市场化改革,但仍带有浓厚的计划色彩。加之江河大型水库具有较为显著的公益功能,且建设及运行极为复杂、涉及面广、任务艰巨而又繁重,故其建设及运行任务并不是由水库业主独立完成的,而是由中央政府、水库业主、地方政府、相关居民群体、企事业单位等多个主体协同完成的。由多个主体分担水库建设及运行任务,无疑有利于动员多方力量加快水库建设和保障水库有效运行。但分担水库建设及运行任务需要具备一定能力,还需要消耗一定人财物力,也会对相关主体的利益产生影响。如何依据不同主体对水库利益的分享、与水库建设及运行的关联关系、所具有的实际能力,公正分担水库工程建设和工作任务,便成为协调相关主体利益的重要内容,也是推进水库顺利建设和安全运行的重要手段。

1. 建立任务公正分担的机制

江河大型水库从勘测设计、资金筹措、工程建设、水库成库到建成运行,需要经过长达十余年甚至几十年的时间、完成众多的工程建设项目和组织管理工作任务。水库投入运行后,也需长期做好维护、维修、管理的工作。这些工程建设及工作任务性质不同、难度各异,不同的建设项目和工作任务适宜由不同的主体承担并完成,以提高效率和降低成本。在适宜承担水库建设及运行任务的主体中,有些是直接的受益者或责任承担者,而有的却不是,有的还可能是利益的受损者。让后一类主体分担水库建设及运行的某些任务,有可能造成对其利益的侵蚀而失去公正。面对这一问题,建立一套完善的机制,使江河大型水库建设及运行的任务在适宜的主体间分担,既能提高效率又能协调他们的利益关系,就显得十分必要。

　　江河大型水库建设及运行任务的分担,应当遵从社会公认的某些基本规则,才易于被承担者所接受。从社会认同的角度,水库归谁所有,谁就有责任组织建设及运行;谁是江河大型水库建设及运行的业主,谁就有义务分担并完成建设及运行的任务;谁是水库的直接受益者,谁就应该承担建设及运行任务。由此推断,江河大型水库建设及运行的责任承担者和直接受益者才应当是任务的分担及完成主体。这里所说的责任主体是指水库的所有者及建设运营业主,所有者应当承担管理决策任务,而业主应当完成建设及运行的各项工程和工作任务。这里所说的直接受益者是指可直接分享水库运行利益或所提供服务的地区、部门、单位及个人,这些受益者有责任分担水库建设及运行的某些任务。这里所说的任务包括江河大型水库建设及运行所涉及的组织管理及决策、工程项目建设及维护与维修、相关工作的开展与实施等。

　　在应当分担江河大型水库建设及运行任务的责任主体和受益主体中,一部分主体没有能力分担并完成应由其承担的全部或部分任务,一部分主体虽有能力分担并完成应由其承担的任务,但因要付高昂的成本和巨大的代价而不宜由自己分担。在这种情况下,责任主体和直接受益主体无力分担或不宜分担的水库建设及运行的那一部分任务,就需要寻找新的分担主体去完成,而适宜承担并有能力完成这部分任务的新主体,可能既不是江河大型水库建设及运行的责任者,也不是直接的受益者。让非责任者和非直接受益者分担水库建设及运行任务,应当有一套公正有效的机制。首先,应当采取委托方式让其分担相应的任务,而不宜采用行政分派的办法对其强加任务。其次,应为其完成所分担的任务提供所需要的条件,如资金、物资、技术等,而不能将这些负担转嫁给受托主体。再次,应为其所分担并完成的任务给予合理的报酬和补偿,使其在分担并完成水库建设及运行任务中不遭受经济损失。

　　江河大型水库建设及运行中的某些工程项目和工作任务具有双重需要、双重功能的特征,一方面既是水库建设及运行所必须完成的任务,也是水库所在地区经济社会发展需要解决的问题;另一方面既有利于水库综合功能的发挥和安全持久运行,也有利于水库所在地区的经济社会发展和生态环境改善。如水库周边城镇污水和垃圾处理、农村面源污染治理、生态防护林建设及管护、水土流失治理等工程和工作,对水库和所在地区都是需要的,也都是有好处的。对于这类项目建设和工作任务,应按照其主要功能在水库业主和周边相关主体之间进行有差异的分担,水库业主不应以地方需要为由将这些任务全部推给周边地区,而周边地区的相关主体也不能以水库建设及运行需要为由将这些任务全部推给水库业主或中央政府。

2. 确定任务公正分担的方式

江河大型水库建设及运行的众多任务,需要由多个不同的主体分担并完成。由于这些主体的角色和地位不同、与水库的利益关系也不一样,在任务分担上应该有不同的方式,以体现其差异。就水库的建设及运行而言,其任务的分担方式包含三重含义,一是以何种理由让某个(或某些)主体分担某种(或某类)任务,二是以何种方式让某个(或某些)主体分担某种(或某类)任务,三是以何种依据确定分担者的具体责任。这三个方面都直接关系到任务分担者的权利、责任和义务,解决好这三个方面的问题,就能较好的体现任务分担的公正,并通过任务的公正分担协调他们的利益关系。

从责任承担的角度,江河大型水库建设及运行的业主应当承担全部工程建设和工作任务,但由于业主资金资源、社会资源、人力资源的限制,不可能完成建设及运行的全部任务,以责任为由分担任务不太可行。从受益承担的角度,江河大型水库建设及运行的任务应当在受益主体间分担,这一分担虽然公允但却存在三个障碍:一是建设及运行任务不便在受益主体间进行划分,二是有些受益主体是一个无严密组织的群体、无法确定任务的具体承担者,三是有些受益主体无力承担任务,以受益为由分担任务也不具可操作性。从承担能力的角度,江河大型水库建设及运行的任务应当分派给有能力的主体承担,这一分担具有可操作性并可以保证任务的完成,但存在一些潜在缺陷:一是若任务分担者并非水库建设及运行的责任和受益主体便会产生不公正,二是需要一定的强制以保证任务分担的落实。在江河大型水库建设及运行任务的按责任、按受益、按能力分担方式中,按能力分担可行性最高,且具有完成任务的潜在高效率和低成本,但要有效维护任务分担者的合法权益,才能取得好的效果。

中国江河大型水库建设及运行任务一般由中央(或省、直辖市、自治区)政府分派,即先将建设及运行的任务进行分类,再将不同类别的任务分派给最有条件和能力的主体承担并完成。这种任务分担方式的好处是易于确定承担主体、界定各方责任、落实各项任务,其缺陷是行政强制色彩浓厚、可能损害某些主体的合法权益、某些任务难以完成。中央或省级政府向相关主体分派江河大型水库建设及运行任务,具有极强的指令性,相关主体只能服从,不可抗拒也不能讲条件。在这种情况下,只有当任务分派给责任承担者或受益者、且任务及责任与受益相对应时才能达到公正,而当任务分派给非责任承担者或非受益者、或任务大于责任及受益时便有失公允。但在实际的操作中,政府将水库建设及运行的任务全部分派给责任承担者或受益者是不可能的,使分派的任务完全与应承担的责任和应分享的利益对应也是做不到的,某些任务分担主体的利益受损难以避免。有鉴于此,江河大型水库建设及运行的任务应当由水库的所有者和业主承担,有能力承担的任务应自己完成,无能力承担的任务可以按一定条件委托给其他主体完成。这种分担方式既可保证水库建设及运行任务的完成,又能维护相关主体的合法权益,实现公平与效率的统一。

江河大型水库建设及运行任务的分担者有不同的责任类型,有些分担者不仅要完成任务还要承担完成任务的成本,有些分担者则只负责完成任务而不承担成本,有些分担者只负责工程建设或工作开展的组织管理,而有些分担者则需直接承担工程建设或工作任务。责任类型不同,分担者为完成任务所投入的自然资源和人财物力也不一样,应当根据不同分担主体对江河大型水库建设及运行应承担的责任和从中分享的利益进行划分。对于水库的所有者中央政府和水库业主国有大型电力企业,他们的责任应是对分担的任务组织实施并承担成本。对于其他的任务分担者,特别是对水库建设及运行不承担直接责任又不能直接从中受益的分担者,他们的责任应当限定在分担任务的完成,不仅不应承担完成任务的成本,水库业主还应给他们一定的补偿和酬劳。

3. 中央政府和业主应分担的任务

江河大型水库属国有资产,由中央直属大型国有电力生产企业建设与运营,这一体制决定了中央政府对水库的所有者身份和大型国有电力企业对水库建设及运行的业主身份,而所有者及业主的身份又决定了中央政府和业主的权利与责任。中央政府的权利是拥有建成的江河大型水库并利用其实现经济社会发展目标,业主的权利则是利用江河大型水库的建设及运行实现自身的发展壮大。中央政府的责任是为水库的建设及运行作出科学决策和提供必要的条件,而业主的责任则是保证其顺利建设及建成后的安全持久运行。这些权利和责任的决定,在客观上确定了中央政府和业主企业所应分担的水库建设及运行的任务。

根据中央政府对江河大型水库建设拥有的权利和应有的责任,以及所具备能力及自身特点,所应分担的任务主要有五个方面:第一,对江河大型水库的建设立项、功能定位、建设方案、运行调度等重大问题作出决策;第二,对江河大型水库建设及运行的相关政策、法规作出明确的规定;第三,对社会进行组织动员,为江河大型水库建设及运行提供良好社会环境;第四,调度必要的物资、技术力量,为江河大型水库建设及运行提供物资和技术保障;第五,筹措部分资金,为江河大型水库建设及运行提供一定的投资保障。

中央政府具有最高的行政权威,拥有大量的社会资源、人才资源、物资资源和资金资源,有能力也有条件完成上述五方面的任务,同时还具有高效率。这五方面的任务都是江河大型水库建设及运行的重大问题,若能很好完成,则其他任务的完成就有了基本保障。

根据业主对江河大型水库建设拥有的权利和应有的责任，应当分担的任务主要有十个方面：第一，组织专业技术人员对江河大型水库建设进行可行性论证，对其建设方案和运行方案进行规划设计；第二，征用江河大型水库建设及运行所需土地，并对所征用的土地进行补偿；第三，对淹占的城镇及工矿迁移复建，对淹占的基础设施恢复重建，对淹占财物进行补偿；第四，对江河大型水库建设淹占区内的城乡居民进行迁移、安置；第五，对江河大型水库的大坝枢纽建设、水库成库的相关工程项目进行招标建设，并对建设项目进行组织、管理、协调、监督；第六，对江河大型水库建设及运行所需设施、设备、原材料进行招标采购，保障其供给；第七，对江河大型水库周边的污染防治、生态保护、地质灾害防治、水土流失治理工程进行建设；第八，对江河大型水库建成后的日常运行进行管理，保证其功能的充分发挥；第九，对江河大型水库大坝枢纽、水库库面及水体、水库周边环境管理和维护，保障水库安全持久运行；第十，筹措资金，为江河大型水库建设及运行提供资金保障。

上述十个方面的任务虽应由水库业主分担并完成，但由于业主只在资金、技术、管理方面具有优势，而在社会组织动员、人力资源方面缺乏实力，故凡涉及工程建设和投资方面的任务（如第一、五、六、八、十及第九项的一部分）便有能力承担并完成，而凡涉及大量组织动员、消耗大量人力的任务（如第二、三、四、七及第九项的一部分）就无力承担。在江河大型水库建设及运行的现实中，业主是将第二、三、四项任务委托给水库所在地方政府分担并完成的，而对第七项全部及第九项的一部分任务根本就没有承担，干脆推给地方政府和当地企事业单位及居民。

4. 地方政府应分担的任务

江河大型水库所在地方政府对水库建设及运行不负有直接责任，也不能直接分享其所创造的经济利益，本不应分担其建设及运行任务。但江河大型水库是国家重大基础设施项目，其建设及运行关系国家经济社会发展，所在地方政府应当予以支持与配合，力所能及分担部分建设及运行任务也属应当。同时，江河大型水库的建设及运行，对当地基础设施条件的改善、传统产业改造和新兴产业发展、工业化和城镇化的加快、生态环境保护都有明显的促进作用，地方政府在利用这些机遇时分担部分任务也算公正。再者，江河大型水库建设及运行的一些任务，涉及大量的群众组织动员、涉及量大面广的实施推进，这类任务只有靠拥有丰富社会资源、完善组织体系和行政力量的地方政府才能完成，由地方政府分担这类任务，也是江河大型水库建设及运行的需要。

根据地方政府的特点及所具备的条件与优势，应当分担的任务主要有六个方面：第一,宣传江河大型水库建设及运行的重要性和必要性,宣传相关政策和法规,组织动员辖区内居民积极支持和参与;第二,接受水库业主委托,为江河大型水库建设及运行征用所需土地,并按相关政策规定对征地进行补偿;第三,接受水库业主委托,对淹占财产、物资进行清查,并按规定对淹占财物进行补偿;第四,接受水库业主委托,对淹占城镇、工矿、事业单位进行迁建,对淹占基础设施进行复建;第五,接受水库业主委托,对水库移民进行清查,并按相关政策规定和时间要求进行迁移安置;第六,维护辖区内正常的经济社会秩序,为江河大型水库建设及运行提供良好环境。

上述六个方面的任务中,第一和第六项是地方政府对江河大型水库建设及运行应尽的职责,理应很好完成,其余四项是水库业主无力承担而委托给地方政府,且业主要为这些任务的完成承担成本,而地方政府又有条件和能力分担并完成这些任务,故这种分担亦属公正。地方政府对当地情况熟悉,可资利用的组织资源、人力资源较多、与群众的关系密切,对土地征用、淹占补偿、恢复重建、移民安置等涉及大量群众工作的任务,具有分担和完成的能力和优势,不仅可以提高效率,还可节省成本,将这些任务委托给地方政府分担也是明智之举。

水库所在地方政府除分担上述任务外,还要按中央政府要求分担与江河大型水库建设及运行直接相关的以下五个方面的任务,并承担相应的成本:第一,按江河大型水库水质保护的高要求,对辖区内城镇污水和垃圾进行高标准处理,对工业"三废"进行高标准治理;第二,按江河大型水库水质保护的高要求,对辖区内农业及农村面源污染进行严格治理;第三,按江河大型水库库岸防护要求,建设库岸防护林带并进行抚育管护;第四,按江河大型水库生态防护要求,建设库周防护林带并进行抚育管护;第五,按江河大型水库泥沙淤积防控要求,建设水库周边地区水土保持林和水土保持工程。

上述五个方面的任务,每一项都既与江河大型水库的建设及运行相关,也与所在地区的经济社会发展相连。城镇污水和垃圾处理及面源污染治理,既是保护水库水质的需要,也是所在地区污染治理的要求。库岸防护林和生态防护林建设,既是保护水库的需要,也是所在地区江河治理的要求。水土保持林及水土保持工程建设,既是防治水库泥沙淤积的需要,也是所在地区水土流失防治的要求。因此,这些任务就应当由水库业主与地方政府共同分担,而不应当由地方政府全部承担。同时为保证水库安全及持久运行,这五个方面的任务有远高于一般地区的标准,高出一般要求标准的任务应当由水库业主分担。如果这几项任务委托给地方政府,并为此而支付成本和酬劳,也可以达到任务分担的公正。

5. 其他主体应分担的任务

在江河大型水库的建设及运行中,工程项目的实施和任务的推进都需要众多主体的参与,或履行某种职责,或分担并完成某项工程及工作,都在事实上承担了一部分任务。这些参与主体有些是水库建设及运行的责任承担者或受益者,有些则与责任及利益没有牵连,还有些是被动地与水库建设及运行扯上关系。对于这些不同类型的参与主体,亦应根据其所该承担的责任、对水库建设及运行的利益分享、自身能力及条件分担相应的任务,以体现公正。在江河大型水库工程建设和工作开展的非责任承担和非收益获得者中,分担任务的主要是周边的城乡居民及企事业单位、淹占区的移民、移民安置区的政府及居民。

江河大型水库淹占区的移民需要迁往异地进行生活与生产安置。在淹占补偿合理、安置地生活生产及发展条件基本满足(不逊于原住地)、又有一定后期扶持的条件下,移民应完成三项任务:一是按时间要求从原住地迁往安置地,为水库建设及运行让出土地;二是在安置地尽快使生活、生产、就业走上正轨,并主要通过自身努力求得发展,逐渐融入当地经济社会;三是在迁移中或安置后如遇困难和问题,应通过正常渠道和理性方式寻求解决,以维护社会稳定。如果移民完成了这三项任务,就为江河大型水库建设及运行作出了应有的贡献。除此之外,不应当给移民增加其他任务,特别不应让移民自己去改变安置区恶劣的生活、生产(就业)和发展条件,这对他们是力所不及的,也是不公正的。

江河大型水库周边的工矿企业对水库生态环境安全影响很大,应当分担的任务有三个方面:一是对水库可能造成严重污染又难以治理,或对水库可能造成其他安全隐患的,应迁建或拆除、关闭;二是按行业规定的治污和排污标准,对所产生的废渣、废气、废水进行处理;三是按规定或合约使用水库的水资源,避免对水资源的过度消耗,保证水库的正常运行。但在实施中又给工矿企业增加一些新任务或提高了完成任务的标准,如要求按高于行业规定的标准治理污染、承担水库安全保护及保障方面的工作等,这些附加的任务本应由水库业主分担,可以委托给工矿企业完成,但若强加便有失公正。

江河大型水库周边的城乡居民,其生活及生产活动与水库运行关系密切,应当分担的任务有五个方面:一是不在水库库面、水体及库岸开展有害的生活及生产经营活动,尽到保护水库安全的公民职责;二是按清洁生产、文明生活要求,减少污染物排放,减轻水库污染来源;三是按本地区生态保护要求,对水库周边宜林荒山、荒坡、荒滩进行造林绿化,增加森林植被,为水库提供生态防护;四是根据本地区水土保持要求,营造水土保持林、建设水土保持工程,减少水土流失面积和强度,减少水库泥沙淤积;五是减少化肥、农药、塑料制品的用量,搞好农业废弃物的资源化利用,保护水库的水环境安全。

在实际操作中,对水库周边居民的要求远远超过了这五个方面并提高了相应的标准,主要表现在:第一,按水库水质保护的特定需要,要求周边居民生活、生产、经营达到更高的环保标准;第二,按水库生态保护的特定需要,要求周边居民按更高的覆盖率和更高的质量建设生态防护林;第三,按水库防治泥沙淤积的需要,要求周边居民按更大范围、更高标准建设水土保持林和水保工程;第四,按水库水环境保护的需要,要求周边农业及农村以更高的标准、更严格的要求防治面源污染;第五,按水库安全持久运行的需要,要求周边农民按严格规定进行土地利用和生产经营的调整。

上述五方面的任务都是江河大型水库建设及运行的构成部分,本应由水库业主分担并完成,将其强加给周边居民有失公正。当然,水库周边居民具备承担这些任务的条件,业主可以将这些任务委托给他们完成,但应为此提供必需的支持和条件。

三、对成本的合理分摊

江河大型水库建设及运行工程浩大,要消耗大量的人力、财力和物力,付出的成本十分巨大。由于江河大型水库既有防洪、灌溉、供水等公益功能,又有发电、航运、旅游、养殖等产业功能,故其建设及运行成本首先应在公共部门和产业部门间进行分摊。又由于江河大型水库建设及运行任务由多个主体分担,而成本的分摊又往往与任务的分担联系在一起,故其成本又应在不同任务主体间进行分摊。由多部门、多主体分摊建设及运行成本,有利于调动各方面的人财物力、减轻中央政府和水库业主的投资压力,但也给某些部门或主体造成压力与负担,甚至对其权益造成侵害。根据不同部门和主体对水库利益的分享、与水库建设及运行的责任关联、所具有的承受能力,合理分摊成本,便成为协调相关部门和主体利益关系的重要内容,也是确保水库建设及运行投资的重要手段。

1. 建立成本合理分摊的机制

江河大型水库从勘测设计到建成运行,包含众多的工程项目建设及维修与维护、工作的开展与推动,每项工程的建设和工作的开展都需要花费人财物力而产生成本,只有当这些成本有相应的主体承担时,这些工程建设和工作任务才可能完成。因此,将水库建设及运行成本落实到承担主体、明确责任、准备好人财物力投入,才能保证水库的顺利建设及建成后的有效运行。由于江河大型水库的多功能性和受益的多主体特征,其建设和运行成本应该在不同部门及主体之间进行分摊。为避免成本分摊中的推诿、转嫁、"搭便车"等机会主义行为,实现成本的合理分摊、提高分摊的效率,建立一套分摊机制是十分必要的。

按常理，江河大型水库的建设及运行成本，应按"谁受益谁承担"的原则分摊，即由受益者承担成本，而非受益者无成本分摊责任。这里所指的成本是第五章及第六章所列的江河大型水库建设及运行的全部成本，而不是其中的某些部分。只有将全部成本进行分摊，才能为水库所有工程建设和工作开展提供投入保障。否则，就不可能建设一个完全合格的水库，也不能保证其安全持久运行。这里所谓的受益者，是指直接从水库建设及运行中得到经济利益、安全保障利益、政治利益的部门、区域及个体（企业或个人）或由其组成的群体，有的受益者明确而固定且受益可测度，有的受益者较为模糊而不固定且受益不易测度，有的受益者为可独立分担成本的主体，有的受益者则为难以独立分担成本的群体。由于受益者的情况各不相同，还需要对其进行分类，按不同的类别确定江河大型水库建设及运行成本的承担主体及分摊的数量与份额。

在直接受益者众多而类型又较为复杂的情况下，按"谁受益谁承担"的原则将成本分摊到受益主体，在操作上存在诸多困难。一是有的受益者为一庞大群体，又未形成一个统一的利益主体，既难以向其中的每个成员分摊成本，又不能从中确定一个代理人承担成本。二是有的受益者属于某一大类，成员构成容易发生变动，要确定具体的成本承担者比较困难。三是有的受益者的受益水平具有不确定性或难以准确测定，使成本分摊因依据不充分而发生争议。四是有的受益者经济实力弱小，根本没有承担成本的能力，对其进行成本分摊没有实际意义。在这一背景下，应当寻求一些替代办法，实现江河大型水库建设及运行成本的合理分摊。首先，将水库功能划分为公益功能和商业功能两部分，实现成本在公共部门和产业部门间的合理分摊；其次，将公共部门应分担的成本按公共功能的作用范围，在政府部门之间进行分摊；再次，将产业部门应分担的成本按受益大小，在不同的行业或业主之间进行分摊；最后，对不便划分承担对象或相关主体无力承担的成本，最简单的办法是先由中央政府（水库所有者）或水库业主分担，再设法收回。

应当指出的是，江河大型水库建设及运行成本，既包括人力、物力、财力的消耗，也包括资源和环境的消耗，还包括确定性和随机性的资源及财产损失。在进行成本分摊时，不仅应考虑人财物力消耗和资源环境消耗的合理分担，而且也应考虑水库建设及运行直接或间接造成的资源和财产损失的合理分担，亦即应全面考虑所有成本的分摊问题。无论是水库建设及运行消耗的人财物力、消耗的资源和环境，还是因其造成的资源和财产损失，都应按"谁受益谁承担"的原则分摊到相关的主体，而不应因成本领域或其内容及承担主体不同有所区别。

2. 中央政府应分摊的成本

中央政府是江河大型水库建设及运行的重要主体，不仅负有管理决策、组织动员的重大责任,还应分摊相当部分的成本。中央政府对成本的分摊,既与利益的分享相关,也与其历史使命及公共责任相连。中央政府直接分享和利用江河大型水库产生的巨大经济利益、政治利益、社会效益,应当为其建设及运行分摊相应的成本。江河大型水库建设及运行是江河治理的重要手段,中央政府为完成历史使命而分摊成本责无旁贷;是国家重大水利设施、能源设施,关系国家经济社会长远发展,中央政府应当为其建设及运行投资;具有很强的防洪、抗旱、供水功能,且能在大范围甚至跨区域发挥效用,中央政府应当为此承担成本。

根据中央政府的使命、责任及对利益的分享,以及所具备的掌握和支配人财物力的能力,应当分摊的成本主要有八个方面:第一,水库建设及运行相关规划、管理、决策、组织动员的成本;第二,与水库建设及运行相关的重大经济社会问题、重大生态环境问题、重大公共工程技术问题、重大公共安全问题的科学研究、技术开发、试验示范的成本;第三,水库防洪、抗旱、供水等公共功能形成及发挥所需专项投资的成本,以及按受益比例分摊的大坝枢纽建设、水库成库及其他建设成本;第四,水库周边城镇污水和垃圾处理设施建设与农村面源污染治理设施建设(水库保护特别要求的部分)的部分成本,以及污染企业迁建和污染产业转型的部分成本;第五,水库周边生态保护林、水土保持林建设与抚育、水土保持和地质灾害防治(水库保护特别要求的部分)工程建设及维护的部分成本;第六,水库移民后期扶持及移民安置区经济社会发展支持的部分成本;第七,水库建设及运行意外灾害的损失补偿部分成本;第八,相关遗留问题处理的部分成本。

除上述应分摊的八个方面的成本外,中央政府还应当承担虽与水库建设及运行相关但又未列入成本预算的一些支出,一是为江河大型水库建设及运行配套的库区交通、通信、能源等基础设施建设的部分成本,二是为给江河大型水库建设及运行创造良好环境、支持库区经济社会发展和生态环境保护的部分成本。这两个方面的成本本应是江河大型水库建设及运行成本的一部分,但因其发生在水库周边而非水库之内、加之与地方政府和其他主体有关,故一般未列入水库成本预算。由于这些成本注定要发生,在没有其他主体承担或其他主体无力承担的情况下,最终只能落到中央政府头上。

中央政府对上述成本的分担,一部分属于完成某些使命(治理江河)和履行某些责任(提供公共品和公共服务)的支出,是国家公共财政支出的内容,应纳入国家公共财政预算;一部分属于基本建设投资,是国家建设与发展支出的内容,应纳入国家发展预算。这两类支出虽性质不同,但对中央政府而言,其来源都是财政收入。按财政收支平衡的原则,中央政府对江河大型水库建设及运行成本的分摊,应充分考虑财政支付能力,将分摊的数量控制在财力可承受的范围内。当财力不足时,应当暂缓建设水库或通过中央政府举债筹措资金,而不应将本应由中央政府分摊的成本转嫁给其他主体。

3. 业主应分摊的成本

业主承担江河大型水库建设和运营的重任，不仅应搞好水库大坝枢纽工程建设、水库成库、水库运行及功能发挥的各项组织、管理，还应分摊大部分成本。业主对江河大型水库建设及运行成本的分摊，主要是由其对水库利益的分享所决定的，同时还与其为中央直属大型电力企业的身份相关。江河大型水库可以蓄积大量的水资源和水能资源，这些资源为水库业主占有和使用，业主为获得这些资源的占有和使用权，就应当为此分摊大部分成本。江河大型水库可以生产大量的电力，并能产生巨大的收益，这些收益虽归国家所有，但很大部分为业主占有和使用。业主作为最大的受益者，责无旁贷应为建设及运行分摊大部分成本。业主作为中央直属大型电力生产企业，一方面应使国有资产保值增值，另一方面负有较大的社会责任，投资江河大型水库建设及运行，在这两方面都可发挥良好作用，由其分摊成本的大头亦合情合理。

根据业主企业对利益的分享、应尽的责任，以及所拥有的财力，应当分摊的成本主要有十二个方面：第一，勘测、设计、可行性论证的成本；第二，重大专门技术问题、经济问题、生态环境问题、社会问题的研究、开发、试验、示范的成本；第三，发电及输电功能形成及发挥的专项投资成本，以及按受益比例分摊的大坝枢纽建设、水库成库及其他建设成本；第四，库岸防护及库周危岩滑坡治理成本；第五，淹占区历史文化遗迹、文物古迹保护成本；第六，淹占区动植物保护、珍稀物种种群存续成本；第七，周边城镇污水和垃圾处理设施建设与农村面源污染治理设施建设（水库保护特别要求的部分）的部分成本，以及污染企业迁建和污染产业转型的部分成本；第八，周边生态保护林、水土保持林建设与抚育、水土保持和地质灾害防治工程建设及维护（水库保护特别要求的部分）的部分成本；第九，水库移民后期扶持及移民安置区经济社会发展支持的部分成本；第十，伴生灾害的损失补偿成本；第十一，水库运行、维护、维修成本；第十二，相关遗留问题处理的部分成本。

除应分摊的上述十二个方面的成本外，业主还应承担与水库建设及运行相关但又未列入成本预算的一些支出，一是为水库库区经济社会发展提供必要的支持、营造良好社会环境的成本，二是为水库库区生态环境保护提供必要的支持、营造良好生态环境的成本，三是对周边地区相关主体因保护水库所消耗的资源及人财物力进行必要补偿的成本。

业主对上述成本的分摊，绝大部分属于投资，少部分属于履行社会责任。作为中央直属国有大型电力生产企业，对江河大型水库建设及运行的投资是一种商业行为，主要应当考虑的是投资的能力、投资的效益与效率、投资的稳健和风险、投资对企业近期及中长期影响等。如果对某一江河水库建设及运行的投资是有利的,业主应当为此分摊相应的成本,承担起应有的投入责任,而不应将本应自己分摊的成本转嫁给其他主体。

4. 地方政府应分摊的成本

地方政府可视为所在辖区利益的代表,从成本分摊的角度,所涉及的地方政府有两类,一类是水库所在地方政府,一类是水库公共产品及公共服务受益区域的地方政府。这两类地方政府与江河大型水库建设及运行的关系不同,对其成本分摊的缘由、内容及方式也不一样。水库所在地方政府不仅不能直接分享水库的经济利益,而且还要蒙受某些损失,按理不应分摊水库建设及运行成本。但水库所在地区能从水库建设及运行中间接受益,且负有支持水库建设及运行的责任,为其分摊部分成本亦当成理。而受益地区可以直接分享水库提供的公共品或公共服务,减少或免除自己提供这些公共品和公共服务的负担,故受益地方政府应当分摊一部分成本。

根据支持水库建设及运行的职责,以及所在地区对水库利益的间接分享,加之对承受能力的估量,所在地方政府应分摊的成本有以下六个方面:第一,在辖区内对干部和群众进行支持江河大型水库建设及运行的宣传教育、组织动员成本;第二,在水库淹占补偿、移民搬迁安置等工作中协调关系、化解矛盾、维护社会稳定的成本;第三,在淹占城镇迁建、淹占基础设施恢复重建等工作中发生的组织、管理、协调成本;第四,按常规标准在辖区内建设城镇污水和垃圾处理厂、防治农村面源污染、建设生态防护和水土保持林、建设水土保持工程的部分成本;第五,扶持移民安置区经济社会发展、改善移民生活及生产条件的部分成本;第六,为移民提供最低生活保障、基本就业保障等公共服务的成本。

水库所在地方政府对以上六方面成本的分担,既反映了地方政府对水库建设及运行应有的支持与配合,也反映了地方政府对本辖区经济社会发展和生态环境保护的职责。若将其分摊的成本限定在这一范围内便具有充分的合理性,若将其分摊的成本范围扩大便会造成其负担的无故增加而失去公正。

根据对水库利益的分享,以及由此产生的职责,受益地区地方政府应分摊的成本有以下四个方面:第一,所分享水库公共功能形成及发挥的部分成本;第二,所分享水库公共功能发挥对水库周边地区造成损失的部分补偿成本;第三,水库周边生态环境保护的部分成本;第四,接受部分水库移民,并分摊一部分安置成本及后期扶持成本。

受益地区地方政府分摊上述四个方面的成本,反映了江河大型水库建设及运行中利益分享与成本分摊的对应关系,也体现了"谁受益谁承担"的公正原则。特别是下游广大地区,因水库的蓄洪调洪而减少或免除洪灾损失,因水库在干旱季节向下游补水而增加水资源数量,对其带来的利益十分巨大。可这些利益的获得是以水库建设巨额投资、移民让出家园、水库周边地区的巨大努力和付出为代价的,受益地区的地方政府应当为分享江河大型水库提供的公共品和公共服务分摊一定的成本,既包括其供给能力形成的一部分建设成本,也包括其供给能力维持的一部分成本,还包括为提供这些公共品和公共服务所产生的一部分损失成本。

5. 航运等受益部门应分摊的成本

江河大型水库建成后,库段江河变深变阔,不仅极大改变了航运条件,也形成了高峡平湖的壮丽景观,还为一些鱼类生存繁衍创造了良好条件,并由此使内河航运、水上旅游、水库渔业发展从中受益。库段江河变深变宽,水流减缓,一方面大幅增加通航能力,扩大航运量,另一方面也显著降低航运成本。大坝枢纽增添了人工美景,为旅游业发展增加了新的活力。而水库宽阔的水面、巨大的水体,更为天然放养鱼类创造了良好条件。这些受益部门应当根据受益情况,分担一部分水库的建设及运行成本。

根据航运部门的责任和受益情况,应当分摊的成本主要包括以下四个方面:第一,船闸建设及运行的部分成本;第二,升船机建设及运行的部分成本;第三,库段江河航道整治及航标建设和维护的部分成本;第四,水库共用设施建设及运行的部分成本。

航运部门之所以只分摊某些专用设施建设及运行的部分成本,是因为建设大坝截断江河还有防洪、发电等目的,相关主体有责任解决建坝后的通航问题,应分担部分成本。同时,航运利益为一些航运企业所获,而航运企业又处于变动状态,不便向其分摊水库建设及运行成本,为这部分成本分摊带来困难。在这种情况下,要么由中央政府承担,将库段江河航道改善作为公共品提供;要么由水库业主承担,通过收取一定的航道费收回投资。

根据旅游部门的责任和受益情况,应当分摊的成本包括以下四方面:第一,旅游码头的建设及运行的部分成本;第二,旅游景点的建设及维护的部分成本;第三,库段江河航道整治及航标建设和维护的部分成本;第四,水库共用设施建设及运行的部分成本。

与航运部门对水库建设及运行成本的分摊类似,旅游部门也只需对某些专用设施的成本分摊一部分。所不同的是,大坝枢纽的旅游一般是由水库业主开展的,而水库的库段江河旅游是由不同旅游公司开展的,在成本分摊上应当有所区别。

江河大型水库只适合天然放养鱼类,不适合人工集约化养殖,而渔业收益主要靠捕捞。如果水库业主自养自捕,则相应的水库建设及运行成本分摊也只能自己承担。由于水库库面的巨大且与上游连通,放养鱼类难以收回,也难以阻止库周居民零星捕捞,故渔业的获益者具有不确定性,其应当分摊水库建设及运行的成本难以找到明确主体。

在这种情况下,这一部分成本一般由水库业主承担。

四、对利益的公平分享

江河大型水库建设及运行会带来不少发展机会,也会产生巨大的经济效益、社会效益和一定的生态效益。水库产生的这些利益由哪些主体分享、如何分享及分享多少,反映了相关主体的利益关系。在一定的管理体制下,加之相关主体地位和力量差异的影响,使这一利益关系形成一定的格局,并逐渐成为一种利益分享定式。水库建设及运行中产生的利益应当在对其作出贡献的主体间分享,贡献大小不同分享的利益也应不同,且分享的利益与所作的贡献在份额上应大致相当。根据不同主体实际承担的任务和分担的成本,对水库利益进行公平分享,便成为协调相关主体利益关系、减少利益矛盾与冲突的重点。

1. 建立公平分享机制

江河大型水库建设及运行带来的利益,有些是无形的好处,有些是有形的财富;有些是不能内部化的公共品,有些是可内部化的私人品;有些只能被特定主体分享,有些可由多个主体竞争分享。水库的利益分享就是相关主体对于这些利益的分配,体现了主体之间的利益关系。由于公共利益及特定主体的独占利益在分享上不存在竞争性,故水库利益的分享主要集中在具有竞争性的私人品领域,特别是经济利益领域。水库利益的有限性和分享主体的非唯一性,决定了多个相关主体在利益分享中的竞争与博弈。为规范这些主体在利益分享竞争中的行为,使利益分享实现公平,建立相应的分享规则并进而形成公平分享的机制,无疑是极为重要的。

在市场经济体制下,江河大型水库作为一项基础设施工程,所产生的利益应当按"谁建设谁分享"、"谁投资谁受益"的原则,在相关主体之间进行分配,亦即水库建设及运行产生的利益(特别是经济利益)只能在对其真正参与并进行了投资且作出了实际贡献的主体间进行分享,同时还要求利益分享应与其贡献相对应。这里所说的参与是指承担并完成了水库建设及运行的某些工程建设或工作任务,投资包括对水库建设及运行的资金、资源、人力、物力等投入,贡献是指在水库建设及运行中所发挥的不可替代的作用。只有具备了这些条件的主体才应参与水库利益的分享,不具备这些条件的主体,则应当排除在利益分享之外。

上述原则对江河大型水库所产生的经济利益的分享无疑是有效的,因为可以将水库利益分享视为投资回报,谁投资谁得回报天经地义。但对水库产生的社会效益和生态效益的分享,这一原则会遭遇困难,因为这两种效益属公共品或公共服务为公众所分享,可他们并不为此而投资。对于江河大型水库防洪、供水、抗旱、污染物减排等公共利益的产生,可视为政府的需求(因政府有提供的责任),政府对水库建设及运行投资获得这些公共品和公共服务,免费由公众分享。至于江河大型水库建设及运行给某些主体带来的发展机会、地位提升,如库区发展条件的改善、水库业主发展机会的增加、政府威望的提高等,因其有特定的针对性和指向性,且只能为特定主体所利用,不存在竞争分享中的公平问题。

对相关主体在江河大型水库建设及运行中的参与、投资、贡献进行认证,是水库利益公平分享的基础。水库建设及运行的参与者众多,只有那些承担并完成了某些工程建设和工作任务且为此分担部分或全部成本的参与者,才应成为水库利益的分享者;而对那些虽承担并完成了某些工程建设和工作任务但得到了充分报偿的参与者,就不应成为水库利益的分享者。江河大型水库建设及运行需要大量人力、物力、财力及资源的投入,只有那些以所有者(或使用者)身份为其满足了某种需要,又不能在短期内收回或即期得到充分补偿的投入者,才应成为水库利益的分享者;而对那些虽然满足了水库建设及运行某种需求但在即期得到了有效回报的投入者,就不具有分享水库利益的资格。江河大型水库建设及运行占用的资源、消耗的人力、对某些主体造成的损失,因难以准确计量和计价,对其提供者及受损者的补偿亦难充分合理,且为节省往往被压低,使这些主体在实际上为水库分摊了成本而成为"贡献者",这些"贡献者"也应分享水库的利益。按这一标准确认,江河大型水库建设及运行的利益(主要是经济利益),主要应由中央政府、水库业主、水库所在地方政府、水库移民、水库周边有关主体分享,其分享份额则应依实际贡献决定。

2. 中央政府应分享的利益

在现行体制下,中央政府既是江河大型水库建设及运行的宏观决策者、组织者、管理者,也是重要的投资者,最终还是水库的所有者,因此,中央政府对江河大型水库拥有财产权、收益权和支配权,而且在利益的分享中占有主导地位,这种地位不仅决定其自身所分享的利益,同时也对其他主体的利益分享产生决定性的影响。中央政府对江河大型水库利益的分享包括经济利益、社会利益(政治利益)、生态利益等方面,比其他主体获益全面。

在水库建设及运行较为成功的情况下,中央政府应从中获得以下社会(政治)利益:第一,国家经济技术实力展现带来的国际地位的提高;第二,治理江河、防灾减灾、造福人民带来的政府威望的提升;第三,大型工程建设培育的社会组织动员能力的增强。

在水库建设及运行利益公平分享的情况下,中央政府应从中分享的经济利益主要是:第一,按相关政策、法规对江河大型水库建设及运行收取的税费;第二,按投资份额从江河大型水库运营中获得利润分成;第三,从业主企业的运营获利中提取应上缴中央财政的份额;第四,从水库防灾、减灾中节省中央财政的抗洪、防涝、抗旱支出;第五,从水库防灾、减灾中节省中央财政的灾后恢复重建的支出。

在江河大型水库建设及运行较为成功的情况下,中央政府应从中获得以下生态利益:第一,国家可再生能源供给能力的增强,对化石能源依赖的减少;第二,污染物排放的减少,环境质量的改善;第三,减轻洪涝、干旱灾害对生态环境的破坏。

中央政府对江河大型水库社会效益和生态效益的分享,是对相关公共利益的获取。获得这些利益,使中央政府的政治地位加强、管理调控能力提高、拥有的社会资源增加,有利于促进经济社会发展。但这些利益不为中央政府所独享,更多的是普惠于社会及公众,特别是江河大型水库公共功能所及的地区、行业及人民群众。从直接受益的角度,中央政府是从江河大型水库建设及运行中获取公共利益,并作为公共品和公共服务提供给社会分享。在这一过程中,中央政府得到的是社会的认同和拥护,而社会及公众得到的是实惠。

中央政府对江河大型水库经济利益的分享,本来应包括权利分享(从税收中获取)、投资分享(从利润分成中获取)、减责分享(从减少抗灾和灾后重建支出中获得)三个部分,但在现实的水库利益分配中并未充分实现。一是水库建设及运行的优惠政策使相当部分税费被减免,中央政府失去了部分税费收入;二是水库运营利润由业主按很低的固定比例上缴中央财政,使中央政府失去了部分投资收益,只有减少抗灾及灾后重建支出的间接收益被中央政府全部获得。中央政府分享的江河大型水库经济利益是国家财政收入的重要来源,丰厚的水库收益可以增强财政实力,并可增加国家对经济社会发展的投入,使水库投资产生乘数效应。如果中央政府在江河大型水库建设及运行中不能充分获得应属自己的经济利益,则正当的财源就会减少,对经济社会发展的调控能力会随之受损,对水库的投资也可能被消耗而得不到应有回报。

3. 业主应分享的利益

江河大型水库建设及运行的业主,担负水库建设组织、管理、筹资和运行经营的重任。水库业主为中央直属电力生产企业,负责国有资产的经营和保值增值,对江河大型水库建设及运行进行投资就是为了获取经济利益,按投资份额及其他贡献分享水库的利益(特别是经济利益),也就成为其正当权利。当然,业主除了分享水库的经济利益外,还可分享水电发展机会、水库资产经营管理、水资源及水能资源控制等方面的利益。业主作为江河大型水库经营管理者的特殊地位,在水库利益分享中具有一定的操控能力,这种能力不仅使其占据有利地位,而且对其他主体的利益分享产生一定不利影响。

在水库建设及运行利益公平分享的情况下,业主应从中分享的经济利益主要是:第一,在不用还本付息的条件下,获得中央政府(或省级政府)对水库巨额投资的使用权;第二,在不承担全部投资的条件下,获得对水库的经营权;第三,对水库运行收益拥有一定的支配权;第四,按投资份额从水库运营中获得利润分成;第五,利用水库库面、水体及大坝枢纽发展非主营业务获取的收益。

在水库建设及运行较为成功的情况下,业主还能从中获取对水库水资源及水能资源一定程度的控制权、对电力市场一定程度的控制权、对江河大型水库运行一定程度的控制。

在现行体制下,业主对江河大型水库建设及运行利益的分享远远超出了公平分享的范围,除分享上述利益外,还以其特定身份和地位占有了以下利益:第一,占有因税费减免而少向中央财政上缴的收益;第二,占有因按很低固定比例上缴而少向中央财政缴纳的利润;第三,占有本应由其他主体(水库所在地方政府、移民等)分享而未能分享的水库部分利益;第四,占有本应用于水库周边生态环境保护和安全维护而未予支付的水库部分收益。

业主对水库利益的分享,本来只应包括投资性分享(按投资份额分享)和地位性分享(以业主地位分享),但实际上还得到了控制性分享。按投资份额分享水库利益体现了公平,作为业主因负有特殊责任而分享某些利益也有一定合理性,但由于业主对水库运营及其收益的控制而多分享利益,甚至占有其他主体的利益,就会产生利益分享的不公并导致利益矛盾与冲突。

业主对水库建设及运行利益过多分享和占有,一方面减少了中央政府应分享的水库利益,另一方面也侵蚀甚至剥夺了某些主体分享水库利益的权利,既导致了中央政府财源的减少,又损害了某些主体的财产权益。大量的水库利益流向业主并由其把持,表面上看是增加了国有资产,但实际上既未被国家所掌握和利用,也未被民众所分享。同时,业主还利用这些国有资产在水电行业形成垄断,在其他行业圈占地盘,对国民经济发展造成负面影响。更有甚者,有的业主因其财力雄厚,在企业内部搞高工资、高福利,造成国有资产的浪费和流失,并演化为行业分配的不公,诱发社会矛盾。

4. 所在地区应分享的利益

江河大型水库建设及运行中,所在地区有支持、协调、配合的义务,也有接受委托有偿完成某些工程和工作的责任,但没有分担投资的任务。若仅仅如此,则所在地区除收取相关税费外,不应分享水库的利益特别是经济利益。可是在现行体制下,所在地区不仅承担了江河大型水库建设及运行的部分工程及工作,而且还为此分担了部分成本,同时也遭受了某些损失。在这种情况下,所在地区就不仅是水库建设及运行的支持者,而且是任务承担者、成本分担者和众多付出的贡献者,加之所处特定区位,这一地区应当而且有条件分享水库的利益。在水库建设及运行较为成功的情况下,所在地区应从中获得如下条件改善与发展机会:第一,使交通、通信、能源条件得到显著改善,并节省这些基础设施建设的部分投资;第二,通过淹占城镇迁建,城镇设施得到完善和配套,工商业发展有了更好的条件和基础;第三,通过淹占工矿企业迁建,调整和优化工业结构与布局,促进企业技术改造;第四,通过对农业发展的新要求,促进农业产业结构调整及现代农业发展;第五,打破原有封闭、半封闭状态,增强与外界联系,使发展空间大为拓展。

在利益公平分享、损失合理补偿条件下,所在地区从江河大型水库建设及运行中应分享以下经济利益:第一,从水库建设及运行中收取相关的税费;第二,按对水库建设及运行的实际投入份额从运营中获得利润分成;第三,获得对水库生态保护和安全维护投入的全额补偿;第四,获得水库运行对其造成损失的全额补偿;第五,获得因水库论证、建设、运行所造成的发展损失的部分补偿。

在水库建设及运行较为成功的情况下,所在地区应从中分享以下生态效益:第一,获得国家对城镇污水和垃圾处理设施建设的更多投入,使区内城镇污染得到有效治理;第二,获得国家对农业及农村面源污染治理的更多扶持,使区内面源污染物减量、农业废弃物资源化利用取得重大进展;第三,获得国家对林业发展的更多投入,使区内森林覆盖率提高、水土流失减少,生态环境显著改善;第四,获得国家对地质灾害防治的更多投入,使区内地质灾害危害减轻;第五,促进区内工矿企业"三废"治理,减少区内工业废弃物排放。

所在地区对水库建设及运行利益的分享,有的属"搭便车"分享,有的属投资性分享,有的属补偿性分享。对发展条件改善和发展机会增加的分享是搭水库建设及运行的顺风车,因水库在辖区内建设的特定条件,使区内的某些基础设施可以依靠水库业主或中央政府来建,某些发展条件可以随水库建设及运行而改善。所在地区对水库经济利益的分享,是因为对水库的建设及运行进行了人财物力的投入,这些投入应当得到回报。所在地区因水库建设及运行或失去某些发展机会,或遭受某些损失,或付出某些代价,应当得到相应的补偿,以弥补部分付出及损失。

在现行体制下,水库所在地区一般可分享发展条件改善和发展机会增加的好处,也能分享生态环境改善的某些利益,但却难分享水库的经济利益。这主要是因为将所在地区对水库生态环境保护和安全保障所承担并完成的污染防治工程、生态保护工程、水土保持工程排除在水库建设之外,也将其维护维修排除在水库运行之外,同时还将这些工程的建设和维护投资排除在水库成本之外,使所在地区在这方面的巨大投入得不到应有回报。如此一来,不仅使水库业主节省(实际上是转嫁)了大量建设及运行成本,而且还使本应所在地区分享的利益留存于业主,造成极大不公。

5. 其他主体应分享的利益

除了中央政府、水库业主、地方政府之外,移民、水库周边居民及工矿企业与江河大型水库建设及运行的利益关系也很密切。这三类主体有的要为水库让出土地资源而迁徙,有的要为水库建设及运行承担任务,有的则因水库建设及运行需要对生活和生产活动进行调整。若按市场规则对这些主体的损失进行足额补偿,对其贡献给予合理回报,则这些主体不应再分享经济利益。但在现行体制下,这些主体所遭受的损失只得到了部分补偿,所作的贡献没有或很少得到回报,使他们在事实上为江河大型水库建设及运行分担了部分成本。在这种情况下,这些主体就不仅是水库建设及运行的相关者,而且是投资者,他们应当从中分享利益。

在淹占土地低价征用、淹占房屋及财产低价补偿、低标准迁移安置的情况下,水库移民减少了土地出让收益,降低了房屋拆迁补偿收益,损失了部分财产,而水库建设及运行因此而减少了成本投入,这在实质上等同于移民承担了这部分成本。同时,水库移民迁移要面临众多无形损失和生活及生产风险,甚至遭遇很多困难,他们为水库建设及运行作出了很大的牺牲与贡献。鉴于这两方面的原因,水库移民应当从水库建设及运行中分享以下利益:第一,以淹占补偿不足部分作为投资,依其份额分享水库运营利润;第二,按某一定额标准从水库运营收益中分享后期扶持;第三,因安置质量差造成生活及生产困难的移民,从水库运营收益中分享特殊补助。

为了水库的安全持久运行和功能的充分发挥,水库周边的城乡居民要进行污染防治、生态环境保护、水土流失治理、地质灾害防治,需要大规模的工程建设与维护。这些工程建设不仅需要投入大量的人财物力,还需要占用不少的土地及其他资源。这些工程的运行和维护不仅需要大量的人力,还需要不少的资金。在这些投入由水库周边居民全部或部分承担时,这些居民便为水库建设及运行分担了巨额的成本。他们作为水库建设及运行事实上的投资者和贡献者,应当从中分享以下利益:第一,将水库在周边地区的生态环保用地纳入征地范围,并给予足额补偿,使周边农民在承包地被迫改变用途后能得到弥补;第二,将水库建设及运行在周边地区造成的生产及财产损失纳入补偿范围,使周边居民得到损失补偿;第三,按对水库建设及运行的实际投入,按份额分享水库运营利润;第四,对因满足水库建设及运行需要而调整生产结构、改变生产方式的居民进行补贴。

水库周边的工矿企业因水库建设及运行的需要,有的需要搬迁,有的需要关闭,有的需要转产,有的需要进行技术改造,都需要追加投入或遭受某些损失。在所追加的投入中,有些是自身发展所需要的,有些则是水库建设及运行带来的。在蒙受的损失中,大多数是因水库建设及运行所诱发的。对因水库建设及运行所带来的企业投入追加或损失发生,要么应由水库业主给予补偿,要么将其视为投资按份额分享水库利润,而不应由企业自己承担。

事实上,水库移民、水库周边居民及工矿企业在为水库建设及运行作出重大贡献之后,很难从其运营收益中直接分享利益,就连水库移民的后期扶持资金也不是直接来源于水库收益。之所以如此,是因为目前的江河大型水库建设及运行,没有对淹占补偿和移民稳定安置负起完全责任,也没有将水库周边的生态环境保护和安全保障作为必须完成的任务,而是将这些责任及任务强加给移民、周边居民及企业。同时,还将这些主体的贡献视为理所当然,一方面要求他们为水库建设及运行承担任务、分担成本、蒙受损失,另一方面又不给予相应的补偿,更不让其分享水库经济利益。

五、对风险的按责分担

江河大型水库因其建设及运行的复杂性,以及受自然和人为、确定和非确定因素的影响,在可能带来巨大利益的同时,也可能发生大小不等、程度不同的风险。水库的风险既可能是经济的,也可能是社会的,还可能是生态的,或者是综合的。无论何种风险,一旦发生就会造成损失,并给某些主体造成危害。所不同的是,风险类型不同损失的属性存在差异,风险大小不同损失的程度有轻重之别,遭受危害的主体及所受危害程度也不一样。当水库风险发生时,就存在由谁承担责任和分担损失的问题,这便直接涉及相关主体的利益关系。准确划分风险责任,按风险责任大小有差别的分担风险损失,就成为协调相关主体利益关系的又一重要任务。

1. 建立风险按责分担的机制

江河大型水库建设及运行涉及的地域范围和行业领域极为广泛,一旦发生风险,影响范围大、涉及的行业和主体多,使很大范围内的众多行业及主体遭受不同性质和不同程度的损失。水库建设及运行风险产生的原因有多种(为获得并发挥水库功能所诱发的、某种自然因素所引起、人为因素造成等),使风险责任的确定存在一定困难。风险影响对象和造成损失的类型不同(影响水库自身的建设及运行、影响水库周边及上游和下游地区、造成直接损失和间接损失等),使风险的分担呈现极为复杂的局面。在这种情况下,建立水库风险的责任划分及损失分担机制,对于协调相关主体在水库建设及运行中的利益关系便十分必要。

按常规,江河大型水库建设及运行中出现的风险,应按"谁造成谁负责"的原则确定责任主体,应按"谁负责谁分担"的原则确定分担主体。即江河大型水库建设及运行发生的风险,由其诱发者承担责任并担负损失,若诱发者给自己带来风险当由自身承受,若诱发者给其他主体带来风险则应承担责任并负责赔偿。这里所指的风险是第八章中所列的江河大型水库建设及运行全过程中的各种类型,而不是其中的某些部分,只是对未发生者不作考察。风险损失,不仅包括经济损失,也包括社会和生态环境损失,不仅包括直接损失,也包括可测度的间接损失。风险诱发者,是指由其行为或应由其负责的活动带来水库建设及运行某种风险的主体,这类主体可以是组织或群体,也可以是企业或个人。与风险诱发者相对应的还有风险受损者,即因水库建设及运行产生某种(或某些)风险使其遭受损失的主体,这类主体同样可以是组织或群体,也可以是企业或个人。风险诱发者虽不希望风险发生但却实际上带来了风险,风险受损者虽不愿受损却要被迫接受,建立风险分担机制就是要协调这两类主体的利益关系。

无论风险属何类型,都是在建设及运行中发生的,都能与水库扯上关系。风险无论是由建设及运行引起,还是由自然因素引起,都与水库直接和间接相关。从这个意义上讲,水库风险可视为其建设及运行的一种代价或特殊的成本。若这一推断成立,则水库风险的责任承担和损失分担者,就应当是其建设及运行的责任主体和受益主体。这些主体既然对水库建设及运行负有责任,自然也应担当由此所带来的风险。这些主体既然能从水库建设及运行中获得利益,就应当为获得这些利益而伴生的风险分担损失(支付风险损失这一特殊成本)。只有如此,江河大型水库建设及运行主体与风险责任主体才会一致,水库风险"谁造成谁负责"、"谁负责谁分担"的原则才能落到实处,并具有可操作性。

为体现江河大型水库风险分担的"谁造成谁负责"、"谁负责谁分担"原则,有必要严格区分水库风险的受损者与承担者:受损者是指当水库风险发生时,受该风险危害而蒙受损失(经济、社会、生态等方面)的主体;承担者是指对水库风险发生负有责任,特别是对风险损失负有补偿或赔偿责任的主体。很显然,不能将二者混为一谈,更不能将风险损失一概由受损者承担。有些受损者既不是水库建设及运行的责任人,也不是其受益者,他们遭受的风险损失是由其他主体造成的,不应由自己承担,而应当得到补偿与赔付。有些受损者是水库建设及运行的责任人或受益者,他们遭受的风险损失在一定程度上是由自己造成的,应当由自己承担。同时,水库风险分担所体现的是相关主体的权利、责任和义务,水库的非责任和非受益主体对风险损失有权索取赔付,水库风险诱发主体有责任和义务对风险受损者进行赔偿。

2. 中央政府应分担的风险

江河大型水库建设及运行的重大事项由中央政府决策,相关的政策法规由中央政府制定,中央政府在享有这些权利的同时,对水库建设及运行的结果,包括所带来的风险及其损失,自然负有不可推卸的责任。中央政府从水库建设及运行中可以获得巨大的政治利益、公共服务利益、经济利益及生态环保效益,是主要的受益者,自然也应当分担在这些利益产生过程中所发生的风险损失。只有如此,才能实现中央政府决策权利和风险责任、获取利益与分担风险损失的平衡,这一平衡在中央政府这样的权威主体上的体现,也有利于实现水库风险的按责分担,并在这一方面实现相关主体利益关系的协调。按中央政府所负的责任及可获得的利益,应当对以下风险承担责任并赔偿(补偿)风险损失:第一,对规划及布局失误、失准诱发的风险承担管理责任和相应的损失;第二,对建设立项决策失误诱发的风险负决策责任,并分担由此造成的部分损失;第三,对建设方案决策失误诱发的风险承担决策责任,并分担所造成的部分损失;第四,对水库运行重大事项决策失误诱发的风险承担决策责任,并分担由此造成的部分损失;第五,对淹占补偿、移民政策的失准及偏差诱发的风险承担决策责任,并承担由此引发的社会风险,以及分担受损主体的部分经济损失;第六,对建设及运行任务分派不当、成本分摊失准诱发的风险承担管理责任,并承担由此产生的任务不能完成及相关主体利益矛盾的损失;第七,对建设及运行利益分享决策失准诱发的风险承担决策责任,并承担由此产生的相关主体利益矛盾与冲突,及中央政府水库收益被侵蚀的损失;第八,对水库建设及运行可能产生的生态风险(水体污染、水库淤积、生物多样性受损、江河流域生态系统退化等)负有部分管理责任,并承担部分治理成本;第九,对库区经济社会发展受水库建设及运行不利影响的风险承担决策责任,并承担由此产生的对库区发展的扶持性投入;第十,对江河大型水库建设及运行造成的流域水资源分布改变的风险负有管理调度责任,并部分承担由此产生的经济、社会、生态风险损失。

中央政府除了分担上述直接风险外,还要分担诸如水库建设对国家经济发展、对区域经济发展、对全国生产力布局、对区域关系等方面某些负面效应所产生的间接风险。中央政府应当分担的水库风险,包括工程建设及投资决策失误或失准造成的风险、政策失误或政策缺陷造成的风险及与水库建设及运行相伴而生的风险。水库建设及运行的重大决策或相关政策，都是由中央政府作出决定，如果出现失误而导致了某些风险的产生，自然应由中央政府承担责任并分担损失，其他主体不应当也无能力承担这两类风险，要减少这两类风险的分担，就只有减少决策和政策失误。至于水库的某些伴生性风险，是中央政府为提供某些公共品和公共服务及获取经济利益必然会遭遇的，也只能由自己承担相应的责任及分担相应的损失，这类风险难以完全避免，但通过对水库建设及运行的科学管理与调度，可以降低风险的发生、减少风险损失。

3. 水库业主应分担的风险

水库业主负责工程建设、成库及建成后的运营，是水库建设及运行的重大决策及相关政策制定的重要参与者和实施者，对水库建设及运行中出现的风险负有直接的责任，包括对风险损失的赔偿（补偿）责任。水库业主从水库建设及运行中可以获取难得的发展机会，并能从中获得巨大的经济利益，有责任分担在其所获利益产生过程中发生的风险及其损失。水库业主虽为中央直属国有企业，但它是独立的企业法人，对水库风险的分担也有其独立责任，而不应与中央政府的责任混为一谈。业主的资产虽属国有，但它掌握和支配这些资产，并有自身独特的利益，其利益也不等同于国家利益。在为获得利益而分担风险这一点上，业主亦应独立履责，不能推卸责任。按业主应担负的责任及可获得的利益，应当对以下风险承担责任，并部分或全部赔偿（补偿）相应的风险损失：第一，对勘测及论证失误、失准诱发的风险承担工作责任，并分担相关风险损失；第二，对建设及运行方案设计失误诱发的风险承担工作责任，并分担相关风险的部分损失；第三，对建设及运行项目投资决策失误诱发的风险承担决策责任，分担相关风险造成的部分损失，并承担由此带来的生存与发展冲击；第四，对组织、实施、管理失误诱发的风险承担工作责任，并分担由此造成的风险损失；第五，对淹占补偿、移民安置政策执行偏差诱发的风险承担工作责任，并分担相关风险所造成的即期损失和长期损失；第六，对部分任务向外转嫁诱发的风险承担管理责任，并分担由此造成的水库功能下降、安全性降低、使用寿命缩短的部分损失；第七，对部分成本向外转嫁诱发的风险承担决策与管理责任，并分担由此产生的矛盾冲突与博弈损失；第八，对生态环保及安全保障风险承担管理责任，并分担由生态环境及安全保障风险造成的部分损失；第九，对库区经济社会发展造成某些损失的风险承担责任，并对这些损失进行部分或全部赔偿（补偿）；第十，对流域水资源时空分布改变的风险承担管理及调度责任，并分担由此造成的部分损失；第十一，对过多占有水库利益、侵蚀其他主体权益诱发的利益冲突风险承担后果，并承担由这一冲突引起的企业社会地位与信誉降低的损失；第十二，对过度竞争导致的企业在水电领域的盲目扩张风险，承担管理决策责任和经济损失。

业主应当分担的水库风险,一类属于工程建设及运行管理中出现失误或偏差造成的,一类属于相关政策、法规执行中出现偏差或违法违规诱发的,一类是由其自利行为引发的,一类是水库建设及运行相伴而生的。对于前三类风险,主要是由水库业主工作上的缺陷及自身某些不当行为造成的,因此应为这些风险的发生承担责任,并分担部分或全部风险损失。至于第四类风险有其发生的必然性,虽并非由业主诱发,但因其对水库建设及运行负有直接责任,并是水库利益的主要分享者,所以也应当对此承担责任,且应分担相应的风险损失。

4. 地方政府应分担的风险

水库所在地方政府对其建设及运行没有直接的责任,也不能从中直接分享经济利益,从责任承担和利益分享的角度,都不应分担水库的风险。但所在地方政府对江河大型水库这样的国家重大工程项目有支持与配合的责任,在履行这一责任的过程中可能会诱发一些经济、社会、生态风险,并要为这些风险承担部分损失。同时,水库所在地区因其特定区位,很容易受到江河大型水库建设及运行中多种风险的侵害,一旦出现风险往往首当其冲,而诱发风险的主体又往往逃避责任,使地方政府被迫承担风险责任,并对某些风险损失进行补偿或救济。按所在地方政府对江河大型水库建设及运行应负的支持责任,以及可能分担的相关任务而诱发的问题,应当对以下风险承担责任,并部分或全部分担相应的风险损失:第一,对水库建设及运行的不恰当建议和意见产生的风险承担决策责任,并分担由此产生的相关损失;第二,对淹占城镇和工矿企业搬迁、淹占基础设施恢复重建决策失误产生的风险承担决策责任,并部分承担由此造成的相关损失;第三,对淹占土地、房屋及其他财产补偿工作失误造成的风险承担工作责任,并部分或全部分担由此造成的相关损失(如化解社会矛盾、补偿某些经济损失等);第四,对移民安置失误造成的风险承担工作责任,并部分承担由此造成的相关损失;第五,对部分移民安置后生活、生产、就业困难承担工作责任,并部分承担其支持和救助的任务。

除应分担的上述风险外,水库所在地方政府还要被迫承受其他主体转嫁的一些风险,主要有:第一,对因补偿不足造成的淹占城镇和工矿企业搬迁及基础设施恢复重建困难的风险承担责任,并分担由此造成的部分风险化解成本;第二,对因补偿不足造成的淹占土地征用、淹占房屋拆迁、淹占财产补偿困难的风险承担责任,并分担由此产生的部分风险损失及化解风险的成本;第三,对因安置标准低造成的移民难以搬迁和安置不稳的风险承担责任,并分担部分风险损失;第四,对因安置质量差造成的移民生活、生产、就业困难的风险承担责任,并分担由此产生的风险损失和解决这些困难的成本;第五,对因无偿担负水库生态环保、安全保障工程建设引发的地方财政压力风险承担责任,并分担由此产生的相关支出;第六,对因水库建设及运行诱发的灾害风险承担责任,并分担部分灾害损失。

对于水库所在地方政府,应当分担的五种风险是其在履行应有职责的过程中或因决策偏差、工作失误、责任所在造成的,应当由自己分担而不能逃避和推卸。不应分担而又被迫接受的六种风险,是其他主体将具有风险的任务交由地方政府完成,既不承担相应责任,也不分担风险损失,将风险责任和风险损失全部或部分推给地方政府。水库所在地方政府既分担了自己应当分担的风险,也被迫分担了其他主体转嫁的风险,造成风险负责加重、风险损失赔偿(补偿)和化解成本增加,对其造成巨大的社会压力和沉重的财政压力。如果不消除其他主体(主要是中央政府和水库业主)对地方政府的风险转嫁,江河大型水库建设及运行的风险分担便无公平可言,地方政府所承受的压力更得不到缓解。

5. 移民及周边居民对风险的被迫分担

移民要为江河大型水库建设及运行让出家园,迁往异地生活、生产及发展,对水库建设及运行作出了贡献和牺牲,按理应得到更多关照,而不应该承担风险。周边居民虽对江河大型水库建设及运行负有支持的义务,但不承担直接责任,也不能从中直接分享经济利益,不存在分担水库风险的理由。但因他们与水库建设及运行关系密切,水库风险便与他们如影随形,在一定条件下,水库风险就自然地落在他们头上,并被迫接受风险危害和承受风险损失。除移民和周边居民外,水库周边的其他主体(如企业)和水库下游的一些主体也要分担水库的某些风险,但不如他们那样典型与沉重。移民被迫分担的江河大型水库建设及运行的风险主要有以下五类:第一,在土地强行低价征用情况下,承受土地权益流失风险,并遭受土地的部分权益损失;第二,在淹占财物低价不完全补偿条件下,承受财产权受侵害的风险,并遭受部分财产流失的损失;第三,在安置质量不高的情况下,承受生活、生产、就业困难的风险,并遭受收入和生活水平下降的损失;第四,在安置地社会环境迥异的情况下,承受难以融入当地社会的风险,并遭受社会资源不足的损失;第五,在安置不稳的情况下,面临迁出地和迁入地政府两不管的风险,并遭受由此带来的多种损失。

水库周边居民被迫分担的风险主要有以下五类:第一,对水库蓄水造成的周边低洼地带地下水位上升,承受湿害带来的风险,并遭受生活、生产上的损失;第二,对蓄洪调洪造成的库周及库尾水位高涨,承受洪灾风险并分担部分洪灾损失;第三,对水库建设及运行诱发的山体滑坡,承受地质灾害风险并分担部分地质灾害损失;第四,对水库建设及运行提出的高标准生态环保要求,承受改变生活及生产方式的风险,并分担相应的成本和承受相关的损失;第五,对水库生态保护和安全保障的工程建设要求,承受土地及其他资源被无偿占用的风险,并分担由于资源流失造成的损失。

　　移民分担的五类风险,一部分是由于淹占的低价和不完全补偿造成的,一部分是由于低标准安置造成的,都属于外在的强加风险,是本来可以消除的。如果对水库淹占的资源和财产按实际数量、规格、质量以合理的价格进行补偿,移民就不会遭受也不会承担财产损失的风险。如果移民安置充分保证了应有的标准和质量,移民安置后的生活、生产、发展的风险也就消除了。水库周边居民承受的五类风险,基本上都是江河大型水库建设及运行必然要发生的,在客观上无法避免。同时,这些风险发生的地点集中在水库周边,这一带的居民遭受这些风险也在所难免。但是,这些风险是水库建设及运行造成的(诱发的),周边居民并无承担这些风险的责任,更无分担风险损失的理由,迫使其分担这些风险毫无道理。

第十五章 中国江河大型水库建设的功过是非

建设江河大型水库开发利用水资源和水能资源，在世界是一个颇受争议的问题。1980年代以来，中国的江河大型水库建设越来越多、越来越大，对其功过与是非的争论也随之而起，并由过去对个别水库的评价转变为对整个江河大型水库建设的论争，支持者论证其功效，反对者历数其危害，折中者指出其利弊，见仁见智，各抒己见。江河大型水库建设涉及经济、社会、生态、资源、技术等多个方面的问题，可以从不同的层面进行分析与解读，而从利益关系的角度对其功过与是非进行论证和评判，具有一定的综合性及现实针对性，可能得出一些更有价值的结论。

一、江河大型水库建设既有必要也须有节制

历经千百万年形成的江河是一个巨大的自然系统，对促进人类文明、社会进步、经济发展、生态演化、环境变迁发挥着重大作用。江河（特别是大江大河）又蕴藏巨大的水资源和水能资源，可供人类开发利用以满足某些需要。江河大型水库建设是利用工程措施将水资源和水能资源在局域集中，并按人们的需要进行开发利用。这一开发利用方式因改变江河系统的形态与运行、改变水资源和水能资源的分布而受到争议，争论的焦点一是该不该建设江河大型水库，二是江河大型水库建设利大于弊或弊大于利，三是江河大型水库建设多少为宜。

1. 江河大型水库建设是缓解水资源供求矛盾的需要

随着工业化、城镇化进程的加快，中国工业用水和城镇居民生活用水量大幅增加。随着现代农业发展，干旱半干旱地区农业用水短缺急需解决。随着生态环境保护的加强，地下水的抽采会受到限制，而生态环保用水总量会明显增加。中国的水资源本不丰裕，加之时空分布不均，供求矛盾日益突出，对经济社会发展和生态环境保护的约束越来越大。水资源供求矛盾若得不到缓解，有可能成为继石油、天然气、铁矿石之后，对中国发展又一关键的资源约束。

中国的地理及气候决定了降水不丰、分布不均,正常年份大陆地区平均降水642.5毫米,最高的海南为1750毫米,最低的新疆为151.5毫米。在31个省、直辖市、自治区中,只有15个年降水超过800毫米,有5个年降水不足400毫米,其余11个年降水在400—800毫米,且多数在500—600毫米[1]。总的态势是南方降水多而北方降水少,国土面积最大的几个省区降水量很小(新疆为151.5毫米、内蒙古为282.1毫米、西藏为571.6毫米、青海为289.6毫米)[2],年际间降水量变幅大,可达正负30%左右[3]。同时,各地区降水主要集中在夏秋两季,占70%左右,冬春两季只占30%左右,造成季节不均。降水的巨大时空差异,导致中国部分省区严重缺水、部分省区水有剩余,夏秋水丰、冬春水缺。由于降水相对不足,全国水资源总量(大陆地区多年平均)只有27460.3亿立方米(其中地表水26478.2亿立方米、地下水8149.0亿立方米、地表与地下水重复量7166.9亿立方米),产水模数(多年平均)也只有29.5万立方米/平方公里[4],导致供水不足、用水紧张。

水资源的总量不足及时空分布不均,造成中国2/3的城市供水不足、上百座城市严重缺水,北方大多数工业区、矿产区用水紧张或严重缺水,部分南方城市季节性缺水,对工商业发展和城市居民生活造成极大影响。由于地表水供给不足,不少城市和工矿大量抽采地下水,挤占农业和生态用水,又造成地下水位急剧下降,对农业发展和生态环境造成很大损害。降水不足和季节分布不均及其变动,使中国农业饱受旱灾威胁。在1990—2009年的20年间,旱灾连年发生,年均旱灾面积2499.21万公顷(最高的2000年为4054.1万公顷、最低的2008年为1213.7万公顷),年均成灾面积1328.18万公顷(最高的2000年为2677.7万公顷、最低的1998年为506.8万公顷),平均成灾率高达53.1%(最高的2000年为66%、最低的1996年为31%)[5],使农业遭受巨大损失。

面对工农业发展、城乡居民生活、生态环保巨大的用水需求,以及区域性、季节性供水的不足,中国建设江河大型水库、在丰水地区和丰水季节蓄积水资源、供缺水地区和缺水季节使用,无疑是明智之举。江河大型水库蓄水量大,少则上亿立方米,多则数十亿甚至上百亿立方米,通过输水、调水,可为大片地区提供生产、生活、生态用水,缓解水资源的供求矛盾,在经济社会发展中发挥巨大的不可替代的作用。若因存在某些负面

---

[1] 据《2010年中国水利统计年鉴》第17页资料分析,中国水利水电出版社2010年版。
[2] 同上。
[3] 同上。
[4] 据《2010年中国水利统计年鉴》第16页资料分析,中国水利水电出版社2010年版。
[5] 据《2010年中国水利统计年鉴》第52页资料分析,中国水利水电出版社2010年版。

影响而否定江河大型水库建设,则中国的水资源供求矛盾将无法得到缓解,经济社会发展受水资源约束会更加严重。

2. 江河大型水库建设是防治洪涝灾害的迫切要求

中国地形地貌及江河分布及流向的特点、降水在夏秋两季集中的特征,使每年的5月至9月成为汛期,江河水位猛涨、泛滥成灾,给人民生命财产造成巨大损失。随着经济社会的发展、国家实力的增强,治理江河、根治水患既是人民的迫切愿望,也成为政府不可推卸的责任和应当完成的历史使命。历代治水均采用疏河导流、筑堤拦水两策,虽发挥不小作用,但不能对洪水实施调控,小灾可免而大灾难防,使洪涝灾害屡发不止。

中国从古至今的洪涝灾害记载不绝于史,其严重危害怵目惊心。即使是在1990—2009年的20年间,洪涝灾害发生及其损失仍十分惊人。在这20年中年均洪涝受灾面积1361.12万公顷(最高的1991年为2459.6万公顷、最低的2001年为713.8万公顷),年均成灾率高达56.02%(最高的2003年为63.80%、最低的2009年为43.40%)。1994—2009年的16年中,洪涝灾害使每年平均受灾人口达到15996.1万人(最多1996年为25384万人、最少的2004年为10673万人),造成的人员死亡年均达2401人(最高的1996年为5840人、最低的2009年为538人),带来的直接经济损失年均高达1254.75亿元(最高的1998年为2551亿元,最低的2001年为623亿元)[①],危害巨大、损失惨重。

应当指出,中国的洪涝灾害不仅因大江大河泛滥而生,也可由小江小河泛滥而发,一些主要江河的支流发生泛滥产生的洪涝灾害不可小视。近几十年国家集中力量治理黄河、长江、淮河、海河等大江大河,使其洪涝灾害大幅度下降。可对小江小河特别是对大江大河的一些重要支流治理相对不足,导致洪涝灾害频繁发生,轻则淹没沿岸农田,重则冲毁两岸基础设施、土地和房屋,甚至造成人员伤亡。更为严重的是,小江小河的洪涝灾害较为分散,仅在局部范围成灾、容易被社会所忽视。但小江小河数量很多,发生洪涝灾害的频率不低,所造成的损失同样不小。

面对频繁发生的洪涝灾害和巨大的生命财产损失、面对广大人民(特别是沿江人民)治理江河、防治水患的强烈愿望,建设江河大型水库栏蓄调节洪水、控制洪水下泄流量与速度、减轻或避免洪涝灾害,既是治理江河不可缺少的一策,也是防治水患、确保人民生命财产安全的壮举。当然,利用江河大型水库蓄洪调洪也要带来一些损失,也需要其他治水措施的配合而付出代价,但与洪涝灾害造成的巨大损失相比,这些损失与付出就显得微不足道了。应当强调的是,沿江沿河是中国城镇和人口密集、工农业发达的地

---

① 根据《2010年中国水利统计年鉴》第52页资料分析,中国水利水电出版社2010年版。

区,也是公路、铁路、油气管网、电力及通信网密布的区域,不可能用搬迁避让的办法防治洪涝灾害,而只能通过对洪水的调控减灾防灾,建设江河大型水库便是拦蓄和调控洪水、减轻或避免洪涝损失的有效手段。

3. 江河大型水库建设是保障国家能源安全的需要

中国既是一个人口大国,也是一个经济大国,对能源的需求数量巨大,目前已成为能源消耗大国,并随经济社会发展需求还将上升。可目前中国已探明的石油、天然气资源和核燃料资源不足,探明的煤炭资源虽多但主要分布在内蒙古、新疆等地,运往内地成本很高。其他如可燃冰、页岩气等资源虽储量可观,但开发利用的难度大、成本高,仅具利用前景而不具利用现实。中国的矿物能源资源不足、难以满足自身需要,目前石油、天然气已大量进口,石油的进口依存度已超过50%,煤炭近年也开始大量进口。按现在的发展态势,在不久的将来中国的矿物能源(煤炭除外)会主要依赖进口,在价格剧烈波动和复杂的国际关系形势下,中国的能源安全不容乐观。

中国虽然矿物能源资源不足,但水能、风能、太阳能资源丰富,充分开发利用这些能源,对保证国家能源安全和经济社会可持续发展具有重大意义。首先,大规模开发水能、风能、太阳能,可以实现对石油、天然气等矿物能源的部分替代,弥补石油、天然气资源的不足,并降低其进口依赖;其次,水能、风能、太阳能是可再生资源,可以永续开发利用而不枯竭,能够源源不断地提供大量能源;再次,国家疆域内的水能、风能、太阳能可根据经济社会发展的需要进行自主开发利用,不受制于人、受国际形势变动的影响较小,比在国外开发能源资源风险要小得多;最后,水能、风能、太阳能是清洁能源,对生态环境负面影响较小,总体上有利于国家生态环境的保护与改善。

在水能、风能、太阳能资源中,水电是现有技术条件下易于获取的可再生能源,不仅在一次性投资后可连续多年获取,而且产能量巨大、产能比较稳定、产能集中又便于输送。中国水能资源极为丰富,大陆地区水能资源理论蕴藏量在1万千瓦及以上的河流有3886条,水能理论蕴藏量年电量60829亿千瓦时、平均功率69440万千瓦,技术可开发装机容量54164万千瓦、年发电量24740亿千瓦时,经济可开发装机容量40180万千瓦、年发电量17534亿千瓦时,开发前景十分广阔。

面对国内能源需求巨大且增长迅速、石油及天然气等矿物能源储量不足需要大量进口、国际能源争夺激烈的形势,充分开发利用水能资源,建设江河大型水库生产水电、增强自有能源的产出能力、增加可再生能源的比重,不仅对提高中国能源安全具有战略意义,而且对增加电力生产与供给、缓解电力生产不足和用电紧张具有现实作用,也对减少矿物能源消耗、降低环境污染及保护生态环境具有重大影响。同时,水能是中国的资源优势,建设江河大型水库生产水电,既是现实的选择亦属经济理性使然。建设江河大型水库生产水电也存在一些经济、社会、生态问题,更算不上完美无缺,但其功能与问题相比显然利大于弊。再者,与火电(燃煤发电)、核电相比,水电的负面问题较少且有很多优势。在这种情况下,中国建设江河大型水库生产电力不仅非常必要,而且还应当搞好。

4. 江河大型水库建设已经显现巨大成效

中国从1950年代至2009年的近60年内,先后建成了544座大型水库、3259座中型水库、83348座小型水库。这些坐落在江河上的各型水库在治理江河、防洪抗旱、发电供水等方面都发挥了重要作用,不同大小的水库其功能各有侧重、作用大小亦有很大差别。江河大型水库在防洪、发电、灌溉、供水、通航等方面发挥了巨大作用,为经济社会发展作出了重大贡献,功不可没。

江河大型水库总库容和防洪库容大,在汛期可以有效拦蓄上游洪水,经人为调节控制下泄流量,减轻或避免下游洪涝灾害。黄河龙羊峡、刘家峡、小浪底等大型水库的修建,加之中下游的堤防建设,使这条千百年泛滥成灾的"害河"得到一定治理,干流已多年未发生洪灾。三峡水库的建成蓄水,也使近几年长江上游洪水发生时湖北、湖南等中下游地区安全度汛、免除了洪灾威胁。其他江河大型水库、中型水库在汛期的蓄洪调洪,保护了大片的土地(特别是耕地)、大量的基础设施、不少的城镇和农村,在防洪减灾中发挥了重大作用。据统计,因江河水库建设、堤防建设,至2009年得到保护的耕地已达4654.7万公顷,受到保护的人口已达58978万人[1],土地除涝面积已达2158.4万公顷[2]。

中国近60年的江河水库建设,极大促进了水电产业的发展。1949—1978年,水电装机容量由16万千瓦增加到1728万千瓦,发电量由7亿千瓦时增加到466亿千瓦时,分别增加了107倍和65.57倍。2009年水电装机容量达到19629万千瓦,发电量达到5717亿千瓦时,分别比1978年增加了41.12倍和11.26倍[3]。在水电生产中,江河大型水库发挥了骨干作用。在2009年的水电装机和发电中,仅少数100万千瓦及以上的大型水库装机就达7485万千瓦,占38.13%;发电2304亿千瓦时,占40.30%[4],若将所有大型水库的装机和发电能力考虑在内,则占比会更高。同时,中国的少数超大型江河水

---

[1] 《2010年中国水利统计年鉴》,中国水利水电出版社2010年版,第41页。
[2] 同上书,第55页。
[3] 据《2010年中国水利统计年鉴》第729页资料分析计算,中国水利水电出版社2010年版。
[4] 据《2010年中国水利统计年鉴》第708页资料分析计算,中国水利水电出版社2010年版。

库其装机容量和发电量巨大,如三峡水库装机容量1820万千瓦、年发电847亿千瓦时,龙滩水库装机490万千瓦、年发电131亿千瓦时,小湾水库装机420万千瓦、年发电188.9亿千瓦时,生产的电力可满足大片地区使用。

中国的江河水库建设极大改善了农业灌溉条件,使农业抗旱能力显著增强。2009年灌溉面积达到6516.5万公顷,其中农田有效灌溉面积5926.1万公顷(占耕地面积的48.69%)、林地灌溉面积177.5万公顷、牧草地灌溉面积124.7万公顷[①]。农业灌溉中虽有一部分是提灌、井灌和引水灌溉,但主要还是依靠水库灌溉,大中小型江河水库在农业灌溉中发挥了主要作用,而大中型水库又发挥了骨干作用。2009年全国225个2万公顷以上的灌区基本上都是依靠大中型水库形成的,其中1553.5万公顷农田也主要是大中型水库灌溉的[②]。有些江河大型水库以其巨大的蓄水能力可以保灌大片农田,如漳河水库灌溉面积可达26.05万公顷、青铜峡水库36.67万公顷、克孜尔水库16.70万公顷、昇钟水库15万公顷、汾河水库近10万公顷,对农业发展的贡献很大。

5. 江河大型水库建设应精心规划、从严控制

江河大型水库建设是经济社会发展的需要,已建成的江河大型水库除极个别外也的确发挥了重大作用,在防洪、发电、供水、灌溉、通航等方面显现出巨大的功能。中国的水能开发起步较晚、目前的开发程度还不高(以技术可开发量计算为36.24%,以经济可开发量计算为48.85%),与开发程度高(70%—80%)的国家比,还有较大的开发潜力,有选择有限度地建设江河水库不仅必要而且有益。但江河大型水库建设毕竟是投资巨大、影响深远的重大工程,所带来的不只是好处,也有经济、社会、生态问题,同时也存在一定风险。这些问题和风险一旦发生,其后果严重且代价极大,故江河大型水库建设应慎之又慎,切忌盲目。

首先,江河大型水库建设应着眼于流域和全国水资源、水能资源的科学合理开发。江河大型水库无论建在哪条江河上,对流域及毗邻地域的水资源分布及配置、水能开发与利用都会产生重要影响,不仅应考虑所在江河区段的水资源和水能资源的开发利用,还应考虑对所在江河整个流域水资源和水能资源综合开发利用的影响。无论在哪条江河上建设梯级大型水库,都会对全国或大区的水资源分布及配置、水能开发利用产生不同程度的影响,都应当从宏观角度考虑其协调与平衡。如果仅依据水资源及水能资源储量和开发的便利,在某些江河或其区段建设大型水库,而不顾干流与支流、上游与下

---

① 《2010年中国水利统计年鉴》,中国水利水电出版社2010年版,第65页。
② 据《2010年中国水利统计年鉴》第67页资料分析,中国水利水电出版社2010年版。

游、相邻流域水资源和水能资源开发的全局合理性和总体协调性，就会造成江河大型水库的盲目建设，也会造成水资源和水能资源的浪费或破坏。

其次，江河大型水库建设必须综合权衡利弊得失。江河大型水库建设可以防洪、发电、供水、通航、灌溉，带来的利益是明显而巨大的，但江河大型水库建设及运行造成不小的淹占损失（淹占土地、城镇、工厂、基础设施、房屋及财产损失等），造成大量移民搬迁与安置，将连续的江河切割为数个阶梯状人工湖而使其形态、运行方式及水资源和水能资源的时空分布发生改变，进而对江河流域生态系统产生不利影响，还可能遭遇自然灾害和环境污染的冲击。这表明，江河大型水库带来的利益要付出较大的代价，并不是"免费午餐"，其建设及运行有负面影响，而不是"完美无缺"。在这种情况下，江河大型水库建设就应对其利弊得失进行综合权衡，这种权衡不仅应比较利弊的大小，还应比较利弊的类型，不仅应比较得失的多少，还应比较得失的影响。只有那些对经济社会发展有重要支持作用、负面影响较小或易于克服的江河大型水库才值得建设，而对经济社会发展作用不大，或作用虽大负面影响也大且不易克服的江河大型水库是不应当建设的。

再次，江河大型水库建设必须从严控制。江河大型水库建设虽可以发挥多种功能，但中国近30年兴起的建设高潮，主要还是为了生产水电，其着眼点是对水能的经济开发。在电力市场巨大需求和水电高效益的诱引下，政府和国有大型电力企业对江河大型水库建设趋之若鹜，一方面推动更多的江河大型水库立项论证和开工建设，另一方面加紧江河梯级开发规划审批、为后续水库建设增加项目储备。在短期利益的驱使下，不考虑（或不重视）长远的经济、社会、生态环境影响，必然导致江河大型水库（也包括中小型水库）建设的过度膨胀。黄河上游龙羊峡至青铜峡段规划建设大型水库25座，已建成12座；大渡河规划建设大中型水库22座，已有部分建成和在建；雅砻江规划建设21座大中型水库，已有部分建成和在建；金沙江石鼓至雅砻江口段规划建设8座大中型水库，已在建或已完成开工准备；湘江干流规划建设11座大中型水库，已有6座建成和2座在建；资水规划建设13座大中型水库，已建成9座和2座在建；沅水规划建设13座大中型水库，已建成7座和2座在建；柳江规划建设9座大中型水库，已建成5座；澜沧江中下游规划建设8座大型水库，已建成5座。这些江河开发较早，平均几十公里河段就有一座水库，完整的江河已被密集的水库分割与肢解，这种势头如不控制，其他江河也会遭遇同样的命运。在江河上密集建设水库（大中小型都一样），产生的大量移民难以稳定安置、水资源和水能资源在流域的配置不易协调、江河形态和运行方式改变产生的生态问题难以解决，只有通过对建设的严格控制，才能使这些问题得到缓解。

二、江河大型水库建设的体制机制亟待改革

中国的江河大型水库建设以政府为主导、以中央直属大型电力生产企业（集团）为依托、以行政手段集中力量推动的现行体制和机制，虽然具有决策高效、行动快捷、节省成本等方面的优势，但同时也存在决策的科学性和民主性不强、行动的盲目及行为的不规范、成本及风险的转嫁和对相关主体合法权益的侵害等矛盾和问题。随着市场经济体制的不断完善、区域协调发展要求的增强、生态环保呼声的提高、居民维权意识的增强，江河大型水库建设的现行体制机制暴露的矛盾和问题越来越多，实施的阻力也越来越大，亟待进行改革，以适应变化了的新形势。

1. 对建设工程的准确定位

江河大型水库一般具有防洪、发电、通航、供水、灌溉等功能，虽不同的水库只能发挥其中的一两种主要功能，而其他功能相对有限，但由于同时存在发挥这些功能的潜力，往往被认定为具有公益性的多功能水库。这种对江河大型水库功能及属性判别的失准，使其得到了多项堂皇的桂冠，获得了远高于一般工程建设项目的地位，进而又取得了享受国家政策扶持、要求各方大力支持与配合、向其他主体转嫁任务及成本的权利，导致多种矛盾和问题的产生。

江河大型水库可依据其建设目的和所发挥的主要功能，对其属性进行准确定位。主要用于防洪的江河大型水库建设应归属于公益性工程项目，主要用于供水、灌溉、通航的江河大型水库建设应归属于准公益性工程项目，主要用于发电的江河大型水库建设应归属于商业性工程项目。有些江河大型水库可同时发挥多种功能，且几种功能的作用都很大，则可依据其最主要的功能确定主体属性，依据其他功能确定附带属性。如三峡水库防洪、发电、通航功能都很强，但装机容量和发电量特别大，其建设在主体上是一个巨大的电力工程项目，具有典型的商业性，同时也兼有公益工程的属性。就全国绝大多数江河大型水库而言，其建设目的主要是生产电力，主要功能是水电生产，应当属于电力工程项目。而只有主要用于城市居民生活和工业生产供水和农业灌溉的少数江河大型水库建设，才应界定为公共工程或准公共工程建设项目。

江河大型水库的功能和属性不同，在经济社会发展中所发挥的作用也不相同，运行机制也不一样。主要用于防洪的江河大型水库，提供的是蓄洪调洪、防灾减灾服务，获得这一服务的是防洪区内的众多主体，由于这类服务具有公共品特性、难以收取服务费，只能由公共部门（政府）免费提供。主要用于通航、供水、灌溉的江河大型水库，提供

便捷的航道、丰富的水资源等准公共品,获得这些准公共品的是内河航运业主、受水区的众多主体,由于可以向分享者收取一定费用,这类准公共品的提供也需要公共部门(政府)参与。主要用于发电的江河大型水库,提供的是电力这类能源产品,供受电地区众多主体生活、生产使用,由于电力属私人品、用电可以计量收费,所以这是一种产业投资及运营行为,可以通过市场由企业运作。

江河大型水库所提供的产品和服务的属性不同,其建设及运行的体制不应一样。主要提供公共品和公共服务的江河大型水库,建设及运行成本应由政府的财政投入解决,并享受国家公共工程建设及运行的各种优惠政策,亦应得到相关地区和主体的支持与配合。主要提供准公共品和准公共服务的江河大型水库,建设及运行成本应由政府和业主共同分担,也应部分享受国家公共工程建设及运行的相关优惠政策,也应得到相关地区和主体的支持与配合。主要提供私人品(或服务)的江河大型水库,建设及运行成本应完全由业主承担,生产经营按一般工业企业的要求进行,不应享受公共工程的政策优惠,也不应无偿要求相关地区和主体分担任务及承担成本。但在现有的江河大型水库建设中,无论提供的主要产品和服务是否具有公益属性,都往"公共工程"上面靠并享受了相关的优惠政策,受到多方眷顾,低价征用土地、淹占低标准补偿、贷款保障等成了"理所当然"的事。

2. 政府职责的转变

江河大型水库无论作何用途,也无论发挥什么功能,一旦建设就会使流域或大区水资源和水能资源的分布、配置、开发利用发生改变,也会对全流域以致全国经济、社会、生态环境产生影响。对于这种关系国家基础资源开发、江河治理、经济社会发展、生态环境保护的大事,中央政府必须搞好宏观管理与调控,省级政府必须服从全国大局和搞好辖区管理,使江河大型水库建设在政府严格的管理和监控下进行。

中央政府对江河大型水库建设的管理与调控,主要是规划制定、立项论证与审批、相关政策制定、建设及运行的指导与监管等。中央政府根据全国经济社会发展的需要、着眼于全国水资源和水能资源科学合理开发利用,制定主要江河开发治理规划,为江河大型水库建设限定范围、限制数量、确定目标,可达到宏观调控的目的。对具体的建设项目进行严格的技术、经济可行性论证,进行系统的经济、社会、生态环境影响(近期、中期、长期)评价,并按严格的程序进行审批,可以对每座江河大型水库建设层层把关、减少或避免建设决策失误。由中央政府制定投融资政策、土地征用政策、淹占补偿政策、移民安置等政策具有权威性,可以指导和规范相关主体的行为。对江河大型水库建设质量及安全性进行严格监管,对水库运行中公益性功能发挥进行指导和监督,对相关政策执行进行指导与督促,可以使其建设顺利进行,使其功能得到有效发挥。

省级政府对江河大型水库建设的管理与调控,主要是对中央政府宏观规划的补充完善,对具体的建设立项及建设方案提出意见和建议,对中央制定的相关政策贯彻执行,对江河大型水库建设及运行中出现的矛盾和问题指导解决,完成中央政府交办的其他管理和调控任务。同时,省级政府也需要对辖区内中央政府未规划的江河开发作出规划,作为中央宏观规划的补充,并为辖区内的江河水库建设提供指引。但省级政府对辖区内江河开发的规划应与中央政府的规划保持协调,不能造成对中央宏观规划的干扰、更不允许与其相悖。

政府有责任对江河大型水库建设进行组织动员,宣传建设的目的意义、功能与作用,使其得到社会的认同与支持;也有责任协调建设中出现的矛盾和问题,使其得以顺利推进。中央政府还有责任对以防洪、供水、灌溉为主的江河大型水库建设投资,地方政府也有责任为辖区内防洪、供水、灌溉为主的江河大型水库建设投资,通过政府财政投入为社会提供水利方面的公共品和公共服务。

除了管理调控、组织动员、为公益型水库(主要提供公共品和公共服务的水库)投资外,政府不应对江河大型水库建设及运行大包大揽、承担过多过重的责任,更不能充当事实上的业主。对于以发电为主的江河大型水库建设及运行,业主应该承担主要责任,政府不应直接为其承担筹资、征地、淹占补偿、移民安置的责任,只能在某些方面提供帮助。对于以防洪、供水、灌溉为主的江河大型水库建设及运行,政府主要是提供投资支持,其他责任也应由业主承担。将政府责任限定在管理、调控、支持范围内,一方面是由现代服务型政府的职责规范所决定的,另一方面是江河大型水库建设市场化改革的要求,再一方面是为了减小政府在江河大型水库建设及运行中的经济风险、社会风险。政府从众多责任中解脱出来,也有利于强化对江河大型水库建设的监管与调控。

3. 业主的角色定位与职责强化

中国江河大型水库建设的体制改革,使业主成为建设及运行的主体。但目前的这一改革带有鲜明的过渡性特征,政府并未放弃对江河大型水库建设及运行的直接操控,业主也未充分发挥建设及运营的主体作用。在这种情况下,政府承担了不少应由业主承担的责任,而业主顺势将应由自己承担的责任推给政府(中央和地方),并将企业行为转换为政府行为,将企业目标转换为政府目标,导致一系列矛盾与冲突。深化江河大型水库建设体制改革,明确业主的角色定位并强化其职责,是化解相关主体权利和责任不对称、利益关系失衡、利益矛盾扩大的重要手段。

业主必须成为江河大型水库建设及运行实质上的主体,承担建设及运行的主要责任。以发电为主的江河大型水库应实行商业化运作,业主应承担资金筹措、土地征用、淹占补偿、移民搬迁安置、水库大坝枢纽和成库工程建设、水库生态环保工程建设、水库安全保护工程建设、水库运行管理等方面的责任,自己无力承担的可以委托给其他主体,但不能无偿将任务和成本转嫁给其他主体分担。以防洪、供水、灌溉为主的江河大型水库也应企业化运作,除建设及运行投资主要由政府承担外,其他任务同样应由业主完成,政府可以为其提供帮助,但不应包揽应由业主承担的责任,同时业主还应按政府要求提供公共品和公共服务。

由于目前体制改革的过渡性特征,业主还未成为江河大型水库建设及运行的真正主体,也未完全承担应有的责任,对政府有很大的依赖性。生产电力为主的水库建设项目的选择主要跟随政府的决策,而不是根据企业发展的利弊权衡,建设及运行效益的提高不是完全建立在科学决策和有效管理基础上,而是寄希望于国家的政策优惠及成本与风险向其他主体的转嫁,具体表现在建设资金依赖政府融资或政策性贷款,在成本上通过征用土地低补偿、淹占财产低赔付、移民搬迁安置低标准减少支出,在投资上通过将水库周边生态环保和安全保障工程建设与维护推给其他主体减小负担,在工作上将土地征用、淹占补偿、移民安置等繁重艰难的任务推给地方政府以减轻压力。以防洪、供水、灌溉为主的水库建设,项目选择由政府决策、投资主要由政府承担、建设及运行由业主负责。但是,在建设预算和运行补贴既定的情况下,业主仍然会采用征地低补偿、淹占低赔付、移民低标准安置的办法降低建设成本,通过向其他主体转嫁建设任务、转嫁建设及运行成本的办法减少投资,将征地、淹占补偿、移民安置的任务推给地方政府以减轻压力。

江河大型水库建设及运行的业主,在政府荫庇之下还未真正自立。业主对政府的依赖和不完全承担应有责任,使其不能完全经历和充分承受江河大型水库建设及运行各种困难的磨炼和考验,不利于成长与壮大。政府分担过多应由业主承担的责任,既加重了政府的负担,也增加了政府在江河大型水库建设中的多种风险。业主向其他主体转嫁任务和成本,也诱发了不少经济社会矛盾,甚至在局部范围内诱发了利益冲突。因此,让业主真正成为江河大型水库建设及运行的主体、承担起应负的责任是十分重要的,业主是中央直属的大型国有电力生产企业(集团),它们有实力成为货真价实的主体,也有能力承担相应的责任,政府不应该也无必要对其特别关照。

4. 相关政策应当调整

江河大型水库的建设及运行涉及众多产权关系、利益关系、任务分派、责任承担、成本分担、利益分享等复杂问题,需要中央政府制定相关政策加以规范与协调。中央政府的政策具有很高的权威性、很强的指令性和约束性,但作用的发挥有赖于政策本身的科学合理、公平公正、切实可行。如果政策自身存在偏差或缺陷,则不仅不能发挥正面作用,还会引发更多的矛盾与冲突。现行江河大型水库建设及运行的相关政策存在严重的工程倾向(追求低成本、高效益、损害库区和移民权益),应当加以调整。

江河大型水库的投融资政策应进行改革,形成以业主为主体的体制。防洪、供水、灌溉为主的水库,难以通过提供产品和服务收回成本,其建设应主要由政府投资、运行由政府进行补贴。发电为主的水库可通过生产与提供电力收回成本和获取盈利,建设及运行的投资应由业主自己承担,政府不应承担投资或融资的责任,若政府利用财政资金或国有资产对这类水库进行投资,也应当有偿使用,业主需要还本付息。让业主承担投融资的任务与责任,既有利于慎重选择江河大型水库建设项目、节省建设及运行成本,也有利于减轻政府的投资压力和经济风险。

江河大型水库建设的征地政策应当完善,使其有利于保护土地所有者和使用者的合法权益。首先,应明确规定水库大坝枢纽建设、水库淹没、水库淹占城镇及工矿和基础设施迁建、水库生态保护和安全保障用地均属水库建设用地,都应按规定征用。其次,凡征用的土地无论原来作何用途、有无产出,也无论归谁所有或使用,都应分类补偿而不得遗漏,且土地及其附着物应分别补偿、不得相互取代。再次,征用土地补偿价格应由水库业主与土地所有者或使用者按市场交易方式协商确定,政府可以规定最低补偿价,但不应强行规定补偿价。同时,土地征用任务应以水库业主为主完成,无力承担时可委托其他主体,但不能在限定低价补偿的条件下,将征地任务推给地方政府。

江河大型水库建设的淹占补偿政策应进行调整,以保护其所有者的财产权。首先,对淹占房屋、设施、设备、器具、在产品、生活用品,凡不便搬迁和变现的,都应纳入补偿范围,不应遗漏,更不能人为排除。其次,对淹占的财产无论作何用途、无论归谁所有,都应分类补偿,不能区别对待,更不能将某些淹占财产排斥在外。再次,淹占财产应按重置价或市场交易价补偿,不便确定的应由水库业主与财产所有者协商定价,对生产经营设施的淹占还应补偿一定时段内的生产经营损失。同时,淹占财产的补偿任务也应以水库业主为主完成,无力承担时也可委托其他主体,但同样不能在限定低标准补偿条件下,将淹占补偿的任务推给地方政府。

江河大型水库建设的移民政策更有必要进行调整,以保证移民的安居乐业。首先,安置方式和安置地点的选择要充分尊重移民的意愿,不能强制,更不允许胁迫。其次,无论移民原住地的情况如何,都应当将他们安置在生产、生活、发展条件较好的地方,使城镇移民有基本的就业保障,农村移民能正常生产与生活,收入及生活水平有所改善或至少不降低。再次,保证移民在不额外付出的情况下,住房和生活条件不低于原住地的水平,最好是有所改善。最后,移民在安置后生活、生产、发展中遇到自身不能解决的困难,可以及时得到政府和水库业主的帮助。同时,移民安置应是水库业主完成的重要任务,无力承担时虽可委托其他主体,但不能在限定低标准条件下,将移民安置的任务推给地方政府。

5. 利益关系需要正确处理

江河大型水库在建设及运行中,涉及全国利益与地方利益、总体利益与局部利益、公共利益与个体利益等方面的重要关系。在处理这些利益关系时,中国政府一直提倡、社会公众也原则认同"地方利益服从全国利益"、"局部利益服从总体利益"、"个人利益服从公共利益",并在国家发展中发挥了良好作用,是重要而宝贵的精神财富。但在实际的执行中,将全国利益与地方利益、总体利益与局部利益、公共利益与个体利益截然对立起来,将社会认同的价值观绝对化甚至推向极端,进而造成这些利益关系的矛盾与冲突。

江河大型水库无论主要发挥发电功能或防洪、供水、灌溉功能,还是发挥多种功能,对全国或大片区域经济社会发展都有重要促进作用,其建设及运行代表了全国或总体利益。而水库所在地区虽只是全国的微小组成部分,但也需要搞好经济社会发展,也有自身的目标与追求,所代表的主要是地方利益或局部利益。如果江河大型水库建设能够支持和促进所在地区发展、所在地区又能为江河大型水库建设创造良好条件并利用所带来的发展机遇,则二者的利益就能协调起来实现双赢。可现在的实际做法与此相反,片面强调所在地区对江河大型水库建设的支援与贡献,不仅要为其提供资源、创造良好的社会环境,还要承担不少工程建设和工作任务,并分担部分成本和某些风险,从而给所在地区带来了不小的经济负担、巨大的工作压力和社会压力。江河大型水库建设及运行以全国利益、总体利益为名损害所在地区局部利益的做法,不仅毫无公平和合理可言,而且在损害所在地区利益的同时,也给水库自身带来不少危害。有的江河大型水库所在地区因长期贫困落后,导致移民安置不稳、社会环境恶化,周边生态环境破坏、水库淤积加剧,造成水库功能下降、效用降低就是明证。

江河大型水库功能的有效发挥,可以促进经济社会发展、增进社会福利,从这个意义上讲其建设及运行代表了公共利益。江河大型水库淹占区及周边地区的居民和企事业单位,拥有资源和财产权利、生存发展权利,属于个体利益。按理,淹占区的居民和企事业单位愿意搬迁为水库建设让出土地、周边居民和企事业单位积极参与水库生态环境保护和安全保障,就是个体利益服从了水库建设的公共利益。如果水库业主对淹占进行了充分的补偿、对移民进行了妥善安置、给为水库建设及运行作出贡献的主体以应有的回报,则江河大型水库建设的公共利益与相关主体的个体利益就可以协调平衡。但实际的做法却并非如此,在片面强调"服从"和"奉献"的情况下,不仅要求淹占区居民和企事业单位让出土地而迁往外地、接受淹占资源及财产的低价非完全补偿、接受不利的搬迁安置条件,而且要求周边居民和企事业单位无偿承担水库生态环保及安全保障的相关工程建设与工作任务,并分担部分或全部成本。这既给淹占区居民和企事业单位造成了严重的经济损失,增大了搬迁安置后的生活、生产及发展困难与风险,也给周边居民和企事业单位增加了很大的经济负担和工作压力。江河大型水库建设及运行以公共利益为名损害相关主体合法权益的行为,不仅有违相关法规,还造成了利益矛盾和冲突,并诱发了社会矛盾而破坏社会的稳定,所发生的一些群体事件就是这一利益矛盾和冲突的具体表现。

应当指出,江河大型水库建设以全国利益、总体利益、公共利益至上,以维护这些利益为名损害地方利益、局部利益和个体利益,不仅在理论上谬误、在法理上失据,而且在做法上极为有害。有必要对相关政策进行修改,使水库所在地区、相关部门及主体的权益得到应有的政策保护;也有必要对一些错误的、不当的做法作出改变,使水库所在地区、相关部门及主体的合法权益不再受到损害。还有必要采取一些补救措施,对过去的受损者给予一定补偿,以化解利益矛盾与冲突。

三、江河大型水库建设要三大效益兼顾

江河大型水库无论在哪条江河上建设,也无论在同一条江河上建多少个大型水库,都会产生一定的经济、社会、生态效益,同时也会带来一定的负面影响。所不同的是,有的江河大型水库或水库群效益巨大、三大效益协调、负面影响较小,而有的江河大型水库或水库群效益较小、三大效益不协调、负面影响较大。因此,有必要对建设大型水库的江河及其地段进行选择、对江河流域的大型水库建设进行科学规划、对江河大型水库建设进行精心设计,以实现经济、社会、生态效益的优化与协调,控制和减少其负面影响。

1. 必须讲求经济效益

江河大型水库建设投资巨大、建设周期及运行周期长,对经济社会发展影响深远,必须将经济效益放在重要位置加以权衡。江河大型水库建设的经济效益,既包括工程建设带动相关产业发展的经济效益,也包括建成运行提供产品和服务带来的直接经济效益,还包括建成运行提供产品和服务产生的间接经济效益。对于社会而言这三种经

济效益都是重要的，但对于水库业主而言，只有通过运行提供产品和服务取得的直接经济效益，才能被其掌握与支配（部分或全部），才是最重要的。经济效益的高低，不仅决定江河大型水库建设的投资回收、投资回报和业主的盈利，也决定其对经济社会发展的实际贡献。

对于主要用于发电的江河大型水库，其直接经济效益是每年电力生产的净收益和水库使用期内电力生产的总收益，建设及运行成本越低、发电装机容量和发电量越大，使用年限越长，经济效益越高，反之效益便较低。这类水库建设规模越大，对建筑、建材、水电设施及设备需求也越大，带动这些产业发展的间接经济效益也越大，反之，如果规模不大，这类效益则较小。这类水库电力生产越大越稳定、供电范围及用户越多，解决缺电地区用电能力越强，产生的间接经济效益越大，反之则越小。因此，在水量充足江河的优越建坝成库地段建设大型水库，可以降低建设成本，增加发电装机容量和发电量，搞好水库周边生态环境保护可以防治污染和减少泥沙淤积，延长其使用寿命并保持稳定运行，进而显著提高其经济效益。

主要用于防洪、供水、灌溉的江河大型水库，直接经济效益是数量有限的发电和供水净收益，间接经济效益是防洪减少灾害损失的经济效益、供水促进受水地区经济发展增加的收益、抗旱减少旱灾损失和增加农业产出的收益，以及水库建设带动建筑、建材等产业发展的经济效益。这类水库的总库容、防洪库容越大，防洪和供水、灌溉能力就越强，带来的经济效益就越大；地理位置优越、水头越高、离受水地区越近，供水和灌溉成本就越低、发挥的经济效益也就越好。因此，在控制江河径流的咽喉部位建防洪水库、在靠近受水区且地势较高的部位建供水和灌溉水库，可以获得更好的经济效益。

如果在某条江河上建设多个梯级水库，则这些水库建设的经济效益，要从该江河水资源和水能资源开发利用的全局加以权衡，不能单独评判某座水库的经济效益，而应综合评价该条江河上所有梯级水库总体的经济效益。只有当这些梯级水库的总体经济效益达到最大时，这种开发在经济上才是合理的。由于同一条江河上多座水库在水资源和水能资源利用上存在互竞性，如果其中的某座（或某几座）水库建设不当，就会影响其他水库功能的有效发挥，造成梯级水库总体经济效益的下降。因此，江河梯级水库建设应当统一规划，充分考虑水资源和水能资源在不同区段上的分布与配置，以及各水库间功能的协同与配合，以达到梯级水库经济效益的提高。

2. 必须高度关注社会效益

建设江河大型水库无论是生产电力，或是用于防洪、供水、灌溉等，最终目的都是为了促进经济社会发展、增进社会福利。从这个意义上讲，江河大型水库建设就不局限于水资源和水能资源的开发利用,而是对江河的治理和促进社会文明进步,对其社会效益必须给予高度关注。江河大型水库建设的社会效益,一是表现为对社会提供公共品和公共服务,二是表现为对社会发展条件的改善和机会的增加,三是表现为对相关社会成员利益的增进和协调。这些效益带有很强的公共性,受到政府和公众的关注,但也与水库业主有关。社会效益的产生与分享和政府及水库业主的行为相关,同时也对江河大型水库的建设及运行产生重要影响。

基于对社会效益的应有关注,在江河大型水库建设的总体格局中,应当特别重视防洪、供水、灌溉水库的建设。通过防洪水库特别是蓄洪调洪能力强的防洪水库建设,治理江河水患,保障江河沿岸人民生命财产安全,使其世代安居乐业。通过供水水库建设,增强供水能力,满足城乡居民生产、生活用水;通过灌溉水库建设,开拓大中型灌区、增加农业灌溉面积、增强农业抗旱能力,确保农产品供给安全。对于以发电为主的江河大型水库,也必须要求有较大的防洪库容和供水能力,以便保证防洪、供水等社会效益的发挥。

江河大型水库建设可以增加公共品和公共服务的供给,也可以增加电力生产与供应。水库的防洪、供水、灌溉功能只能在特定区域发挥,即这些公共品和公共服务只能对特定区域提供,其他区域不能分享。水库生产的电力便于远距离输送,分享地区可由人为选择。因此,对防洪、供水、灌溉的分享主要由江河大型水库的建设区位及库容大小所决定,而对电力的分享主要由人为调度所决定。在这种情况下,主要用于防洪、供水、灌溉的江河大型水库建设,应当重视地域分布,优先建设防洪、供水、灌溉需求急迫的水库,并优先安排城乡居民生活用水、主要农产区灌溉用水。在水电调度上,不仅应考虑城市和经济发达地区的需求,更应重视农村和经济落后地区的需求,为农村和欠发达地区提供必需的电力、为其发展提供有效支持。

江河大型水库的建设中的淹占补偿与移民搬迁、成本分担与利益分享等,都会对社会发展带来一定的影响甚至冲击,尊重相关主体的正当权利、保障相关主体的合法权益,可以减少负面影响和缓解甚至避免社会矛盾。过去几十年的事实证明,靠淹占低补偿、移民低标准安置、成本向其他主体转嫁降低建设成本,会引发众多社会矛盾,产生众多社会问题,有些矛盾和问题甚至历经数十年都难以消除,使政府背负沉重的包袱,付出巨大的社会和经济代价。有鉴于此,江河大型水库建设不应以任何理由损害相关主体的合法权益,更应避免因侵权诱发社会矛盾。因此,有关各方必须对淹占财产给予充分合理的补偿,对移民进行稳定妥善的安置,对水库所在地区的发展给予有效的扶持。

3. 必须十分重视生态效益

江河大型水库可以防洪、供水、灌溉,对洪涝地区和干旱缺水地区的生态环境有一定保护作用。水库生产的水电对燃煤发电有替代功能,对减少煤炭消耗和污染物排放有显著作用,也有利于保护环境。但这并不意味着江河大型水库建设及运行就是生态环保的,它的大坝要将连续的江河径流截断,改变江河的天然形态及运行方式,改变江河水资源的天然时空分布,对江河流域生态系统产生巨大冲击和诸多负面影响。因此,充分发挥江河大型水库建设对生态环境保护的正面作用、减轻对生态环境的负面影响,是必须十分重视的大问题。

目前的江河大型水库建设,基本依据是所在江河的年径流量和水能蕴藏量,而水能蕴藏量又细分为技术可开发藏量和经济可开发藏量,一般按经济可开发藏量规划水库建设。按这一思路建设江河大型水库,完全着眼于水资源和水能资源的经济利用价值,而忽略了江河水资源和水能资源在流域的生态环保价值。为了维系和保护江河流域的生态环境,为流域内经济社会发展和人类生存繁衍提供良好生态条件,不仅应准确测算江河水资源和水能资源的技术可开发藏量和经济可开发藏量,还应当科学测算其生态可开发藏量,并以生态可开发藏量作为水库建设的基本依据。所谓江河水资源和水能资源的生态可开发藏量,是指不改变江河基本运行态势、不改变江河水资源基本分布、不对江河生态系统造成在现有技术经济条件下难以修复的冲击、不对江河流域及相邻区域带来生态环境破坏的实际可开发藏量。按江河水资源和水能资源生态可开发藏量的限定建设大型水库,可以将水资源和水能资源的开发利用与江河流域生态系统保护有机结合起来。

中国的主要江河都有了开发规划,有些规划已获中央政府批准并已实施。这些规划的共同点在于建设梯级水库,对江河水资源和水能资源进行经济开发,如黄河龙羊峡至青铜峡段规划建设25座水库、已建成12座,长江宜宾至宜昌段规划建设5座水库、已建成2座,澜沧江中下游规划建设8座水库、已建成5座。在大小江河上密集建设水库,特别是建设大型水库,从根本上改变了江河的自然形态和运行方式,对江河自身及流域生态系统造成巨大冲击,其负面影响巨大而深远,在现有经济、技术水平下难以人为消除。为保护江河及流域生态系统安全、为经济社会发展和居民生存提供良好生态环境条件,应当对原有江河开发规划进行必要调整,严禁在江河上密集建设水库。应当以生态可开发藏量为依据,重新审视和安排江河大型水库建设,取消一部分对生态环境负面影响大的水库建设规划。

江河大型水库对所在地区及其上下游地区生态环境都会产生一定程度的负面影响,在建设及运行中加强生态环境保护,有利于减轻和削弱负面影响。首先,应当将水库周边纵深区域生态防护林和水土保持林及水土保持工程纳入建设规划,认真建设与维护,保护水库生态环境安全,防治泥沙淤积。其次,将水库周边点源和面源污染治理纳入建设规划,防治水库水体污染及可能导致的环境危害。再次,通过工程措施、生物措施为受水库建设影响的珍稀动植物创造生存和繁衍条件,保护生物多样性。最后,水库必须保持一定水平的不间断下泄流量,使下游江河径流不低于建库前的同季节水平,以保持下游江河维持生态稳定。

4. 要兼顾三大效益

江河大型水库建设的根本目的,在于推进人类的文明进步,增进人民的福利,从这个意义出发,水库建设及运行理所当然应追求经济效益、社会效益和生态效益的兼顾与协调平衡。在这三大效益中,经济效益是基础,在经济上得不偿失的江河大型水库是不值得建设的;社会效益是核心,诱发社会矛盾和冲突的江河大型水库建设是有害的;生态效益是关键,破坏生态环境造成巨大生态环境风险的江河大型水库建设是后患无穷的。江河大型水库建设及运行若能达到三大效益兼优最为理想,但这种情况往往很少,更多的情况是三大效益优劣不一致、不协调甚至相互背离,在这种情况下就需要理性选择和正确取舍。

江河大型水库建设对三大效益的兼顾,应当在江河水资源和水能资源的开发利用中得到充分体现。在江河上建设梯级水库开发利用水资源和水能资源,既应计算不同梯级水库建设可能获取的直接和间接经济效益,以判断其经济合理性,也应测度不同梯级水库建设占用土地及淹没财产和安置移民的规模,以分析其社会压力,还应研究不同梯级水库建设对江河流域生态系统的直接与间接干扰和冲击,以评估其生态环境风险。通过分析、测算与评估,选择总体经济效益较好、淹占资源和财产较少、移民安置任务较轻、生态环境负面影响最小的梯级水库建设方案。按这一思路开发江河,虽江河水资源和水能资源的经济利用可能不充分,经济效益也可能不是最好,但可以减少土地和财产淹占、减少移民数量、减轻社会矛盾与冲突,也可以减小梯级水库建设对江河生态系统带来的负面影响,降低生态环境风险。

每个江河大型水库建设,无论其主要作用与功能在哪个方面,都应力求三大效益的兼顾。首先,应选择优越的建坝地址和成库区域,使水库建设及运行成本较低、对水资源和水能资源利用效率较高、直接和间接经济效益较好,且淹占损失较轻、移民数量较少,同时对江河生态系统的负面影响较小或容易人为消除。其次,要用足够的资金对淹占的资源和财产进行全额并适度从优补偿,不给企事业单位和居民个人造成资源财产损失,用足够的人财物力安置好移民,使他们在安置后的生活及生产(就业)与发展条件有明显改善,支持和帮助库区的经济社会发展,使水库建设真正成为库区发展的机遇。再次,要用足够的人财物力建设与维护水库周边生态防护工程、污染治理工程、安全保障工程,防治水库污染、泥沙淤积,保证水库安全持久运行。

在江河大型水库的运行中,更应高度重视三大效益的协调与兼顾。对于同一条江河上的多座水库的运行,应着眼于流域水资源和水能资源的科学合理利用,通过优化调度,使这些水库运行的总体经济效益较高、社会效益较大、对生态环境负面影响较小。梯级水库在汛期应协同发挥蓄洪调洪功能,充分发挥防洪的社会效益,在枯水期则应保持一定下泄流量,保证下游用水,充分发挥供水及灌溉的社会效益及生态效益。对于单个江河大型水库,其运行应当通过主要功能的发挥和综合功能的实现体现三大效益的兼顾。防洪、供水、灌溉为主的水库,通过公共品和公共服务的有效提供,实现直接的社会效益和生态效益及间接的经济效益,三大效益易于协调与兼顾。发电为主的水库,在平时通过增加电力生产提高经济效益,但在汛期就应主要发挥防洪功能以保证社会效益,在枯水期就应加大泄水流量以发挥应有的社会效益和生态效益。在汛期和枯水期,发电水库发挥防洪、供水功能要损失一部分发电收益,这时应坚持社会效益和生态效益优先。

5. 江河大型水库建设应全额预算

中国江河大型水库建设中存在的矛盾和问题,大多与追求建设的低成本、经济的高效益有关,并在建设预算中得到充分显现。江河大型水库建设作为一项巨大工程,有其特定的建设目标、任务及严格的标准,所需消耗的人财物力在客观上有一定数量,不能随意增减。水库建设成本的节约只能通过科学的管理实现,而不能通过减少建设任务、向其他主体转嫁负担加以降低。为实现低成本与高效益,江河大型水库建设的成本预算对枢纽工程打得较足、对淹占补偿和移民安置打得很紧、对生态环境保护和安全保障安排很少,偏重于工程项目建设投资,忽略其他建设需要,是一种不完全的预算。这种不完全预算,一方面不能真实反映江河大型水库建设的投资需求、人为压低建设成本、误导决策;另一方面造成水库建设在某些项目上投资严重不足,在某些项目上没有投资保证;再一方面为水库建设成本留出缺口,为将其向其他主体转嫁创造机会。

为确保江河大型水库各项建设任务的顺利完成,为建设经济效益、社会效益、生态效益为社会认可和满意的水库,也为了水库建成后的安全持久运行和功能的充分发挥,其建设投资必须全额预算。所谓全额预算是指凡水库建设应完成的工程和工作的人财物力消耗都应逐项纳入预算、不得有遗漏,凡应完成的工程和工作的人财物力消耗都应足额预算,不留缺口。全额预算可以真实反映江河大型水库建设的成本,按这样的预算筹资,可以保证各项工程建设和工作开展的资金投入,为建设任务的完成提供投入保障。但目前的江河大型水库建设预算既未完全包括应完成的所有工程和工作,也未对某些工程和工作的投入作出足额安排。前者如对库岸防护林、库周生态保护林、库周点源污染治理、库区面源污染治理及水土流失治理等工程建设及维护投资未列入预算,后者如对淹占土地、房屋、财产、基础设施、移民安置等预算严重不足。遗漏的预算项目建设规模大、范围广、投资惊人,不足额预算的项目量大面广、缺口数量也很大,导致预算的江河大型水库建设成本远低于实际建设的需要。同时,未列入预算或预算不足的工程和工作,往往因无投资保证或投资不足而不能完成建设任务和保证建设质量。已经建成运行的江河大型水库生态环保工程缺失、淹占补偿矛盾众多、移民安置不稳等,就是显著的不良后果。

鉴于江河大型水库建设预算存在的问题,目前亟须解决的是增加淹占补偿预算、移民安置预算和生态环保工程预算。淹占补偿预算应当满足水库所有建设项目对淹占土地、房屋、设施、设备、器物、在产品等资源和财产价值足额补偿或重置(重建)需要,保障其主体不因淹占而遭受财产损失。移民安置预算应满足将移民从淹占区顺利迁出,在安置区为其提供至少不低于或优于迁出区的生活生产及发展条件,使其生产经营(就业)能走上正轨,收入和生活水平有一定提高,发展条件有一定改善。应补列生态环境工程和安全保障工程建设预算,以满足江河大型水库周边点源和面源污染防治、库岸防护林和生态保护林建设、水土保持林及水土保持工程建设(应由水库业主分担部分)的投资需要,一方面保证这些重要工程建设的落实,另一方面避免将水库建设的这一部分任务和成本转嫁给所在地方政府及居民。加进这几部分预算可能使江河大型水库的建设预算大大增加,也可能改变对其建设效益的评价,但这样的预算能较为真实地反映其投资需求,据此评判的建设效益也更为可靠。

四、江河大型水库建设应促进库区经济社会发展

江河大型水库建设对所在地区,特别是库区经济社会发展既有积极的促进作用,也有消极的负面影响,若前者大于后者则对库区有利,若后者大于前者则对库区不利,最终出现的结果要视如何处理水库建设与库区发展的关系而定。如果把江河大型水库建设与库区发展定位为相互依存和促进的关系,即水库建设为库区发展提供机会和创造条件、库区为水库建设提供良好环境和有力支持,库区经济社会发展就会因水库建设而兴。如果把江河大型水库建设与库区发展割离开来、形成支配与奉献的关系,水库建设为追求低成本向库区转嫁负担而库区被动接受,则库区经济社会发展就会因水库建设而受损。很显然,江河大型水库建设不应以损害库区发展为代价,而应以促进库区经济社会发展为己任。

1. 应促进库区发展条件的改善

大型水库一般在江河中上游的山区或丘陵区兴建,这些地区山高谷深、沟壑纵横,交通、通信、能源、水利等基础设施极为落后,严重制约经济社会发展。江河大型水库建设可以将自身需要与库区要求结合起来,推动库区交通(特别是公路)建设、有线及无线通信网络建设、输电网建设、水利设施建设,一方面为水库建设及运行提供必要的条件,另一方面改变库区基础设施落后的状况,为经济社会发展提供必备的基础。

江河大型水库建设需要向库区运进大量的物资、设备、材料,也需要使用电力和其他能源,更离不开便捷的通信,前期准备需要在库区建设公路(有时还需建设铁路)、输电线路、通信网络。在兴建这些设施时,要将水库建设及运行的需要与库区发展的需求结合起来进行规划和建设,使库区基础设施条件得到改善。同时,江河大型水库建设要淹占库区的一部分基础设施,需要对其恢复重建。恢复重建不应当是对淹占设施的复制,而应当根据库区经济社会发展需要,与库区基础建设规划有效衔接,整合相关投资对其进行提升式复建。通过复建优化库区交通、通信、能源、水利设施布局,提高这些基础设施的质量规格、技术水平和运行功能,为库区经济社会发展提供有效支撑。

江河大型水库建设从规划到立项,一般要经过一个较长的过程,在这一时段内中央和省级政府会严控所在地区的基础设施建设投资。当水库建设立项之后,中央和省级政府便负有向水库库区弥补基础设施建设欠账的责任,应当在基础设施建设的项目安排和投资上给予较大的倾斜,使库区的交通、通信、能源设施得到显著改善并与全国联网,使水利设施有明显改观,农业灌溉和人畜饮水条件得到较大改善。如果中央和省级政府对库区基础设施建设加大投入,加上水库淹占基础设施的恢复重建,再加上水库自身所需基础设施的建设,则库区基础设施便可在较短的时间内得到显著改善。

应当指出,江河大型水库所在地区多为山地或丘陵,地形地貌复杂且较为偏远,因历史和自然原因,经济社会发展滞后、经济实力很弱。对于工程艰巨、投资巨大的基础设施建设,单靠自身的力量很难完成,必须要有中央和省级政府的大力支持及江河大型水库建设的有效带动,才能改变其落后状况。在这种情况下,水库建设作为一项国家重大工程,有责任也有条件结合工程建设及运行需要,对库区交通、通信、能源、水利建设加以促进及帮助,并利用这些条件的改善提高水库建设及运行的效益。同时,中央和省级政府帮助这些地区建设基础设施也有不可推卸的责任,利用江河大型水库建设的时机加以支持,既可以节省投资也可以加快建设进程。库区虽经济社会发展落后,但自然资源较为丰富、发展潜力巨大,只要基础设施条件得到改善,发展潜力会逐渐释放。如果盘点江河大型水库建设给库区带来的好处,最大的好处莫过于基础设施条件的改善。

2. 应促进库区经济发展

江河大型水库建设作为一项工程，与所在地区特别是库区经济发展有不同的目标和任务，不能混为一谈，但二者又存在密切的关联关系，且相互影响、相互制约，又不能截然分开。江河大型水库建设与库区经济发展的关系处理得当，二者就会相互促进、实现双赢，否则便会相互削弱、两败俱伤。几十年的实践证明，将江河大型水库建设与库区经济发展割离开来，只顾水库建设而不顾库区经济发展的做法，不仅是有害的也是得不偿失的，只有将二者有机结合起来，进行同步推进，才能获得良好效果。

江河大型水库建设造成的河谷地带被淹占、农村移民的后靠安置、对生态环保要求的提高，使库区农业和农村经济发展的重要性凸显。充分利用库区自然资源和环境条件，应用现代科学技术发展高效特色生态农业（特色粮油种植业、特色林业及果业、草食畜牧业、特种药材及土特产生产业、旅游观光农业等），不仅可以改变库区贫困，稳定安置农村移民，提高农民的收入与生活水平，还能有效保护和改善水库周边生态环境，防治水库污染和泥沙淤积，使水库安全持久运行。因此，江河大型水库建设应通过农村移民后靠安置、生产生活后期扶持、移民安置区建设，并结合扶贫与区域开发、水库生态环保工程建设，支持库区发展市场前景好、经济效益和生态效益双优、能给农民（包括移民）直接带来实惠的农业产业。通过高效特色生态农业的发展，实现库区农业的现代化转型、市场竞争力的提升及农民福利的提高，保障江河大型水库的安全持久运行、功能的充分发挥。

江河大型水库建设也要造成库区工商企业的淹占与搬迁、工业和商贸服务业的布局及结构调整、工商业发展的转型，使库区工业和商贸业发展面临新的机遇与挑战。促进库区新型工商业的发展，推动传统工商业的改造与升级，优化工商业的结构与布局，对于促进库区经济发展，增加就业，增强库区经济实力，稳定安置城镇移民具有重大意义。江河大型水库建设应通过淹占工矿企业搬迁、淹占城镇迁建、城镇移民安置、城镇移民后期扶持和就业支持、中央和省级政府对库区发展的扶持，加速传统工商业改造升级，加快现代工商业的发展，调整工商业的结构与布局，建立起库区的特色工商业体系，为区域经济发展提供产业基础。为达到促进库区工商业发展的目的，淹占工矿企业的搬迁应与技术改造升级或转产相结合，使其在搬迁后能发展壮大，淹占城镇搬迁应充分考虑工商业发展需要，使新建城镇（或其中的一部分）有利于工商业的发展壮大。

江河大型水库建设需要大量的建材、建筑和运输，在确保产品和服务质量的前提下，应尽可能多地使用库区的建筑材料、建筑力量和运输力量，促进库区建材及制品业、建筑及安装业、运输业发展，并使其成为库区经济发展的新增长点。江河大型水库建成运行后，库段江河的航运业、水产养殖业、旅游观光业发展条件改善，应当在严格监管的条件下，允许库区利用这些有利条件发展内河航运、天然养殖、库面及库周旅游观光和休闲等产业，并优先吸纳移民就业，使这些新兴产业在库区发展壮大，同时也发挥江河大型水库的多种功能。

3. 应促进库区生态环境的改善

江河大型水库建设使库段江河自净能力减弱，承受污染的能力大为下降，水体被污染、水质变劣的风险增加。如果水库水体受到污染，不仅对其运行和功能发挥造成极大危害，而且严重影响库区及水库下游生态环境和水资源供给。水库污染源于上游及周边生态环境恶化和污染物排放，特别是周边生态环境状况的影响最为直接。为确保水库生态环境特别是水环境安全，库区生态环境保护与改善便成了江河大型水库建设中的一项重要任务，这直接关系到江河大型水库的安全持久运行，也关系到库区及下游地区的经济社会发展。

江河大型水库的众多工程建设可以与库区生态环境保护相结合，进而改善库区的生态环境。水库淹占区的珍稀动植物保护工程可以保持库区生物多样性，水库蓄水前的清库工程可以清除积存垃圾和污物以改善库区环境，水库周边污染防治工程可以减少库区污染，水库周边生态防护工程可以增加库区森林植被、防治水土流失，面源污染防治工程可以促进库区农业废弃物的资源化利用和农村环境条件改善。如果将这些工程搞好，库区的生态环境就可以得到有效改善，水库的生态环境安全也可以得到基本保证。

对已建、在建、拟建的江河大型水库，其库区都存在程度不同的点源和面源污染、森林植被不足、水土流失等生态环境问题，都有必要进行治理。一方面，江河大型水库建设应当将淹占区珍稀动植物保护、库岸防护林植造与管护、库周生态保护林植造与管理、库面及水体生态安全保护等工程作为重要内容，进行专项投资建设。另一方面，江河大型水库建设也应当对库区为保护水库而超过一般标准的城镇污水和垃圾处理、工矿企业"三废"治理、森林植被恢复、水土流失治理、面源污染防治等，给予一定的投资支持和运行补贴。再一方面，江河大型水库建设还应当对库区为保护水库而进行的工矿企业被迫搬迁、转产或关闭给予一定的补贴，对农民被迫改变土地用途、被迫放弃有利可图的生产经营项目、被迫改变生产方式增加的投入和遭受的损失给予一定的补偿。当这些投资和工程建设得到落实，库区的生态环境就能随江河大型水库建设而改善。

应当指出，江河大型水库的生态环境保护主要依赖于库区，主要的生态环保工程也需要在库区而非水库淹占区建设，从这个意义上讲，库区生态环境的保护与改善应当是水库建设不可缺少的部分。而库区作为一个特定地域，经济社会发展也需要保护和改善生态环境，从这一角度看，库区有责任完成这一任务。由于生态环境保护与改善具有正外部性，如果由江河大型水库建设完成库区生态环境保护，则库区无偿分享其好处；如果由库区完成生态环境保护，则水库无偿分享其好处。这种"搭便车"的机会主义行为阻碍了库区的生态环境保护与改善，对江河大型水库的安全运行和库区经济社会发展产生了不良影响。

对已经建成运行的江河大型水库进行考察，无论从生态效益分享的角度，还是从生态环境保护责任及能力的角度，库区生态环境保护与改善都应是水库建设的重要内容，水库建设应当促进库区生态环境的改善，这一责任不可推卸。首先，库区的一些生态环境保护工程（如生物多样性保护、库岸林建设、生态防护林建设、地质灾害防治等）是直接为水库保护服务的，应当由水库建设完成。其次，库区的一些生态环保工程（如污染治理、水土流失治理、森林建设等）是因为水库保护需要才提高建设标准和要求的，水库建设应当为此承担部分责任。再次，库区生态环境保护与改善任务繁重、投资巨大，将其推给库区政府和居民根本无法承受，更不要指望其完成。因此，江河大型水库建设将库区生态环境保护与改善作为任务和责任，并认真完成才是正途。

4. 应促进库区的城镇化

除少数江河大型水库库区的人口和城镇较为密集外，绝大多数地处山区的水库库区人口和城镇均较稀疏、城镇化水平较低。人口居住的分散、城镇的稀少及规模的微小，使资源、产业、资金、人才的积聚难以发生，工商业难以发展，区域政治、经济、科教、文化中心难以形成，这些区域的经济社会发展十分缓慢。加快江河大型水库库区的城镇化进程、形成具有库区特色的城镇体系，对于促进库区经济社会发展、为水库安全持久运行营造良好社会环境具有重要意义。

江河大型水库大坝枢纽工程建设和建成后的运行，可以在坝区积聚相当数量的人口及一批专业技术人才，还可以在坝区集聚一批机械制造与加工、设备维修与维护、建材与建筑、生活及生产服务、旅游观光企业，水库的运行、管理、调度也需要在坝区建立相应的机构，完全可以依托大坝枢纽建立城镇，在坝区形成新的经济、科技、文化中心。这样的城镇可以为水库的工作人员提供稳定的生活基地，为给水库运行服务的企业提供发展的最适场所，为相关生产及生活服务业发展提供良好平台，形成城镇依大坝枢纽生成与发展、大坝枢纽靠城镇的全方位服务而运行的良性互动格局。

江河大型水库建设淹占城镇的搬迁与重建，一方面可以根据库区经济社会发展的需要适当扩大其规模，另一方面可以完善城镇的设施与功能，在库区形成现代城镇体系，使其成为库区政治、经济、科教、文化中心，成为库区经济社会发展的增长极。利用移民搬迁，为城镇移民在迁建城镇创造就业和创业机会，为有条件的农村移民在城镇落户提供方便。利用迁建城镇的完善条件和国家对库区发展的优惠政策，吸引国内外工商企业在迁建城镇发展。利用淹占工矿企业搬迁，将其集中在迁建城镇的工业园区发展。这样便可利用江河大型水库建设的机会，加快库区城镇化的进程，提高城镇化的质量。

江河大型水库建设形成的山色水景、库周生态环境改善形成的自然景观、库周林果及特色产业发展形成的田园风光，是库区宝贵的独特资源，可以充分利用这些资源，在水库周边环境优美、交通便捷的区域建设休闲型集镇，供人们度假、休闲、疗养、旅游观光。依托这类集镇可发展库区新兴的休闲产业、保健产业、观光产业，增加劳动力就业，发展库区经济。当然，这类集镇的建设需要突出特点，融入自然环境，具有独特的风貌与文化内涵，并能提供自然与人文的享受，才可能繁荣和发展。

应当指出，江河大型水库建设虽为库区城镇化发展提供了契机，但不会自然而然地实现城镇化，库区城镇化进程的加快、质量的提升，一方面要充分利用江河大型水库建设的各种机遇，另一方要进行周密规划、积极引导、努力推动。库区应根据经济社会发展要求，充分利用水库大坝枢纽建设及维护、淹占搬迁、移民安置、水库运行推进城镇化，水库建设及运行也应主动配合与支持库区的城镇化发展。同时，还要强调库区的城镇化应当是经济社会发展的渐进过程，只能因势利导，不可人为赶超，加之库区经济社会发展基础较为薄弱，起点相对较低，库区的城镇化只宜稳步推进，不能急于求成。

5. 应促进库区生态经济区的形成

江河大型水库的库区作为一个地理单元，与其他地理区域一样需要发展经济、科教、文化，促进区域文明、进步、富裕，增进区内居民福利；库区又与其他地理区域不同，负有为江河大型水库建设及运行营造良好社会环境、保障生态安全、维护其持久运行的重任。库区的这种双重任务对其经济发展和生态环境保护提出了更高的要求，在经济发展上不仅要改变原有贫困落后面貌，还要实现小康与富裕；在生态环境保护上不仅应达到一般的要求，还要按水库安全要求实现更高标准。为使库区成为经济发达、生态环境优美的区域，将库区建设成为生态经济区就极为必要。

所谓的生态经济区，就是经济发展与生态环境保护有机结合及高效适配、生态经济系统结构优化和运行高效、资源集约及永续利用、经济及生态效益协同增进、生存和发展条件不断改善、居民福利逐步增进的区域。要把江河大型水库的库区建设成为生态经济区，首先要选择市场前景好、对区域经济发展具有重要促进和支撑作用、对生态环境亲和能力较强的产业加以发展；其次要为这类产业的发展提供先进科学技术及必备的基础设施和必要的资金扶持，充分发挥经济效益和生态效益；再次是要组织生产经营主体（主要是企业和农户）直接参与这些产业的发展，并直接从中受益。库区生态经济区建设的这几个方面，都是与江河大型水库的建设及运行相关的，可以在其中发挥重要作用。

江河大型水库建设淹占工矿企业的搬迁，可以与库区工业结构优化调整相结合，保留市场前景较好、经济效益较高、污染较小或易于治理的产业，淘汰资源消耗大、污染严重、市场前景不好的产业，支持有条件的企业转产、发展生态环保型加工业或制造业。江河大型水库建设淹占城镇的迁建，可以与县级工业园区建设相结合，将搬迁的加工、制造企业集中到园区发展，并吸引国内外工商企业在园区发展新型加工或制造业。库区一般都拥有较为丰富的自然资源，也具有大量生产和提供农副土特产品的能力，为众多特产加工业的发展提供了基本条件，如果采用先进的加工技术，库区的工业发展就能取得良好的经济效益和生态效益。同时，水库周边点源和面源污染治理，为污水处理、垃圾处理、农业废弃物处理、工业"三废"治理的设施、设备、原材料提供了市场，江河大型水库的生态环保工程建设，可以支持库区发展生态环保产业，实现经济发展与生态环保的统一。

高效特色生态农业在库区生态经济区建设中具有十分重要的意义，江河大型水库建设及运行应通过推进其发展，促进库区生态经济区的形成。江河大型水库的护岸林建设可以与景观塑造结合，选择树冠美观、观赏性强的耐湿树种建造库岸防护林带，为旅游业发展提供景观资源。水库周边防护林工程建设可与水果种植业、特种经济林业发展相结合，既可发挥有效的生态环保功能，又有较高的经济效益。库区水土流失工程建设可以与经济林、用材林、中药材及特产种植、种草养畜等农业产业发展相结合，既有效保持水土，又使特色农业得到充分发展。库区高效特色生态农业发展既能为江河大型水库提供可靠的生态环保屏障，也能科学合理地开发利用自然资源，促进传统农业的改造与现代农业发展，还能显著提高农民（包括农村移民）的收入。

生态经济区建设的关键是要协调好区域经济发展和生态环境保护的关系，要做到二者的协调难度很大，除了技术层面（产业选择、技术支持）上的原因外，还涉及相关主体的利益关系。对于贫困的库区需要加快经济发展，而经济发展要消耗资源、干扰环境、排放废弃物，对于江河大型水库安全运行需要生态环境保护与改善，二者的利益与需求并不完全一致。要让库区将经济发展与生态环境保护结合起来，就需要对库区产业结构进行调整，改造和替代传统产业，推进新兴产业发展，更新装备与技术，而这些都需要增加投入。为此，江河大型水库建设及运行应通过工程项目投资、发展支持等方式,促进库区经济发展与生态环境保护的有机结合,及经济系统与生态系统的协调整合和良性循环,使库区逐渐发展成为生态经济区。

五、江河大型水库建设必须保护移民的合法权益

江河大型水库建设给移民带来巨大的冲击,为了给水库建设让出土地,必须放弃世代生存繁衍的家园,搬迁到异地他乡生活、生产(就业)、发展。他们失去的是原有土地、房屋、财产及长期积累的社会资源及生活生产经验,得到的是有限的淹占补偿、安置地的有限资源、政府帮助和扶持的承诺,面临的是安置地的陌生环境、生活及生产的调整与适应、发展的不确定性。在这种情况下,对移民淹占损失足额补偿保护其财产权,提高移民安置质量保护其生存权与发展权,便成为江河大型水库建设必须完成的任务。

1. 必须保护移民土地权益

江河大型水库淹占区的移民,都占有和使用一定面积的土地,并以此作为生活、生产经营、发展的基础。城镇移民以房屋及附属设施的方式占有并使用一定面积的国有土地,农村移民以宅基地和承包地的方式占有并使用一定面积的集体土地,他们以此作为基本的生活及生产资料,进行生产经营活动,维持基本生计。移民的土地权益包括占有和使用权、合法生产经营收益权、合法转让权等,这些权益对移民的生活、生产(就业)、发展十分重要,在江河大型水库建设及运行中必须严加保护。

城镇移民占有和使用的土地始终与所拥有的房屋及附属设施联系在一起,房屋的淹占使原来占有和使用的土地丧失,安置地房屋的获得又使其重新占有和使用一定面积的国有土地,在这一失和一得之间,城镇移民的土地权益会发生改变。当安置地获得的房屋占地较多、区位较好时,城镇移民的土地权益可能增加,相反则移民的土地权益会减少。而城镇移民在安置地的房屋占地大小及区位又是与原有房屋淹占补偿相联系的,在不追加投入的情况下,补偿较高使移民可以在更好的区位购买更大面积的房屋而增加土地权益,补偿较低则移民只能在较差的区位购买较小的房屋而减少土地权益。为有效保护城镇移民的土地权益,对淹占房屋的补偿不仅应考虑其类型和大小,还应考虑其占地与区位,使移民能够用补偿费在安置地购买类型及大小相当、区位和占地相似的房屋,使土地权益不因淹占而受损。

农民移民占有和使用的土地,既与所拥有的房屋及附属设施占地相关,更与承包的农业用地相连。江河大型水库建设的淹占,或者使其丧失房屋及附属设施占地(宅基地),或者使其丧失承包的农业用地,或者使其同时丧失这两类用地,迁移安置又使其在

安置地重新获得一定面积和质量的宅基地和承包地，在宅基地和承包地的丧失和重新获取之间，农村移民的土地权益也会发生改变。当在安置地获得的宅基地面积较宽且区位较好、获得的承包地面积较多且质量（土质、适耕性、水利设施等）较好时，农村移民的土地权益便得到了保护，否则其土地权益就会受损。土地（特别是农业生产承包的耕地）是农村移民维系其基本生活、生产和谋求发展最重要的资源，土地权益是农村移民最重要的权益，为保护这一权益，淹占土地的补偿应确保农村移民在安置地获得区位较好面积足够的宅基地、质量较好面积不少于迁出地水平的承包地（重点保证耕地），使其土地权益至少不蒙受损失。

需要指出，城镇移民的土地权益可以随住房问题一并解决，只要利用淹占补偿在迁入地购买房屋的面积和区位不逊于迁出地，其土地权益就得到了充分保护。但农村移民的土地权益维护要复杂得多，一方面在土地资源稀缺的条件下满足众多农村移民的土地需求存在实际困难，另一方面在支付较少土地占用费的情况下让安置地为农村移民提供数量较足、质量较好的土地很难办到。在这种情况下，应通过提高淹占土地补偿费，用充足的补偿费在安置地购买数量较足、质量较好的土地（主要是耕地），按不低于迁出地的水平提供给农村移民使用，以保护其土地权益。对于不愿再从事农业、不需要在农村占有和使用宅基地和承包地的农村移民，同样应通过提高淹占土地补偿费，并将补偿费直接支付给这类移民，让他们用于购买（或建造）房屋及创业投资。

2. 必须保护移民财产权益

江河大型水库建设及运行淹占区内的移民，都拥有自己的房屋、生活器具和用具、生产设施及设备、林木、果树、在产品等财产，或满足生活所需，或保障生产经营需要，或为发展提供条件，都不可或缺。这些财产是移民长期积累所形成的，凝结了他们多年的辛苦与付出，受到高度关切与珍惜，在淹占之后应当给予全额补偿，使其财产权益得到有效保护。移民财产权益保护不仅关系到对其合法财产权利的尊重，还关系到他们搬迁安置后的生活、生产与发展，充分保护可促进顺利搬迁安置，妄加损害则会诱发一系列社会矛盾。

房屋是普通移民家庭最重要的财产，是其财产权保护的重点。移民因江河大型水库的淹占而丧失原有的房屋，通过搬迁安置在迁入地获得房屋，在丧失原有房屋和获得新房屋之间，房屋的财产权益可能发生变化。当淹占房屋的补偿费足够多、用其可以在迁入地购买或建设与原有房屋面积、质量和区位相当的用房，其房屋财产权益得以保持。当淹占房屋的补偿费不足，只能在迁入地购买或建设比原有房屋面积小、质量和区位差的住房，其房屋财产权益便受到损害。因此，移民淹占房屋的补偿应以在迁入地获得同等质量、同等面积、类同区位房屋的重置价为依据,而不应以原房屋购买价或建设价作为依据。同时,移民的房屋财产不仅包括房屋本身,还应包括附着在房屋上不便拆迁的设施及设备(水电气管线、装修、装饰、厨卫设备、安全设施等),对其应与房屋一并补偿,以使移民在迁入地能够用于重置。

移民家庭的生产工具、器具、机器、设备及生活用具等,或因体积大不便远距离运输,或因迁入地不能使用而废弃。移民的这些财产在搬迁过程中有的很难变现,有些只能贱价出售。为避免移民在这些财产上的损失,有必要对其分类补偿,完全不能变现的按残值补偿,只能贱卖的给予一定补贴。移民家庭的零星果树、林木也是其财产的一部分,若以现行的按棵低价计补,其财产权益会受到损失,应当根据耕地计补年限计算水果产量和木材蓄积作为补偿依据。还有少数移民从事某些专门生产经营(如江河捕捞)的设施、设备及工具(如渔船、渔具),因搬迁而失去利用价值又无法变卖,也应当按残值给予补偿,以保护这类移民的特殊财产权益。

部分移民家庭建有果园、菜园、苗木花卉及中药材种植园,或建有养畜场、养禽场、养鱼场,或建有采矿场、建材厂、加工厂等,这些种植园、养殖场、矿场和加工厂的建设需要花费投资,生产经营可以获取一定的收益,是移民的一大笔财产。江河大型水库淹占之后,移民的这些资产将完全丧失,应当对其补偿以保护其财产权益。移民的这类资产包含两种财产权益,一种是建设投资形成的固定资产,一种是生产经营带来的收益,这两种权益都应当得到保护。因此,这类资产的淹占补偿应当包括两个部分,一部分是所形成固定资产的残值(可按使用年限折算),另一部分是生产经营的净利润(可按使用年限计算),只有将这两部分因淹占造成的财产损失全部补偿给移民,才能使他们的这类财产权得到保护。

移民在原住地经过长期努力,通过投资、投劳、提供积累,在社区内建设了不少公共生活设施、农业基础设施、交通设施、能源设施、通信设施、文化体育设施,有些社区还建有工厂、企业、果园、林场等,这些资产虽属集体所有,但都是本社区移民积累起来的,淹占之前归他们共同享用,淹占之后应对他们进行补偿。对这类资产的淹占补偿,应逐项计算固定资产残值和生产经营利润,经各项累计计算补偿总额,再按社区成员分摊给个人。

3. 必须保证移民安置质量

江河大型水库移民属于非自愿移民,因水库淹占而被迫搬迁,无论他们原来生活、生产、发展条件的状况如何,都必须保证安置质量,使其在安置之后能安居乐业、顺利发展。移民安置质量主要体现在安置之后的生活条件、生产经营及就业条件、发展条件、这些条件越好移民就能通过搬迁而获益,这些条件不好移民就会因搬迁而受损。移民安置质量的好坏直接决定每一个移民家庭的生存与发展,甚至对其命运产生重大影响,是移民的根本利益所在。在过去的江河大型水库建设中,移民安置质量总体上不高,对不少移民生活、生产、发展造成了难以克服的困难,诱发了不少社会矛盾,这一教训应当记取。

城镇移民的安置质量主要由用房和就业(创业)状况所决定,用房体现在房屋质量、面积、区位、社区环境、服务设施等方面,就业体现在机会、稳定性、收入等方面,创业体现在机会、社会环境、市场环境等方面。如果移民在迁入城镇利用淹占补偿费可购得质量、面积、区位不逊于原有水平的房屋,且社区环境和服务设施有所改善,则房屋安置的质量就较高,移民安居的问题就得到了有效解决,部分移民还可利用房屋创业。否则,移民的安居问题就解决得不好,房屋安置质量就差。为保证城镇移民房屋安置质量,就应使其在迁入城镇获得房屋的质量、面积、区位不低于搬迁前的水平。如果移民在迁入城镇能充分就业或创业并获得稳定收入,则就业安置的质量就高,移民的生计问题就能得到有效解决。相反,移民的就业安置便未落到实处,收入没有可靠来源,生活也难有保障。为提高城镇移民就业安置质量,必须发展经济、广开就业渠道,提供创业激励,增加移民就业,并对失业移民实施救助。

农村移民的安置质量主要由用房、安置地自然条件和社会环境、可获得承包地(主要是耕地)数量及质量、基础设施状况、经济社会发展水平等方面所决定。用房决定移民是否能安居,自然条件和社会环境决定移民融入新环境的难易,承包地决定移民的生产与生活,基础设施决定移民的生产、生活条件,经济社会发展水平决定移民生产经营及就业的空间及福利。如果农村移民用补偿费在迁入地获得的房屋在质量、面积、区位上不比搬迁前的差,则其房屋安置质量就算达到了要求,安居问题就得到了较好解决,否则,房屋安置质量就差、安居问题就未完全解决。为解决农村移民安居问题,一定要使其在迁入地的房屋在质量、面积、区位上至少与搬迁前相当,或有所改善。如果将农村移民安置在自然条件相宜、社会环境相近、经济社会发展水平较高、基础设施较为完备、可获得承包地较多且质量较好地区,则移民在生态环境和社会环境上易于适应,生活、生产、发展条件较好且机会较多,农业生产经营易于发展、基本生活有可靠保障,安置质量就高。否则,农村移民就可能因自然条件恶劣、基础设施严重缺乏、承包地量少质差而难以正常生活、生产,不仅不能发展还会深陷困境,安置质量便很低下。为确保安置质量,必须将农村移民安置在自然条件较好、经济社会发展水平较高、基础设施较为完备、能获得数量较多质量较好承包地的地区。

移民的安置质量虽然受经济社会发展水平、安置资源(特别是土地资源)的限制,但关键还是对安置的投入，包括淹占补偿投入、搬迁安置投入等。如果对移民淹占房屋按重置价补偿，其房屋安置质量就有可靠保证。如果对迁建城镇就业改善有一定投入，城镇移民的就业安置质量就会提高。如果对淹占土地补偿充足，为移民在安置地购买足够数量的优质土地，农村移民的生产安置质量就有保证。如果对移民淹占财产足额补偿，其搬迁安置后就易于恢复正常生活及生产。相反，如果为了减少安置成本而不顾安置质量，不仅会给移民生活、生产、发展造成极大困难甚至痛苦，而且诱发的经济社会矛盾还要付出巨大的代价去化解，这既违背江河大型水库建设的宗旨，也必然导致得不偿失的后果。因此，加大移民安置投入，保证移民安置质量，为移民提供较好的生活、生产、发展条件，使其能安居乐业，才是解决江河大型水库移民问题的正途。

4. 应重视移民安置遗留问题的解决

江河大型水库建设及运行淹占范围大、移民数量多，即使十分重视安置质量，仍然可能出现一些遗留问题，主要表现在少数移民安置地选择不当、部分移民安置地生活及生产条件恶劣又难以改变、少数移民对安置地自然条件和社会环境难以适应、个别移民因突发变故生计困难、少数移民返迁等。这些问题不仅对移民生活、生产、发展产生重大影响，还对江河大型水库库区和移民安置区的社会稳定造成一定冲击，需要及时解决。虽然这些问题发生在移民安置之后，但大多与移民安置直接相关，应当作为移民安置工作的一部分认真做好。

少量移民被安置在地质灾害（滑坡、泥石流、危岩）频发地区，生命财产安全受到严重威胁，有的甚至已经出现险情，原安置应属决策失误，应对其进行重新安置并补偿相关损失。有的农村移民被安置在自然保护区、生态保护区，他们无法开展正常的生产经营活动，收入和生活来源无保障，原安置应视为无效，也应重新安置。部分移民安置地的生活及生产条件恶劣，造成移民生产困难、收入低下、生活不保，对有发展前景的应投资改善生活及生产条件，对改善无望或不经济的应对其重新安置。这几类移民安置的遗留问题都是因安置决策失误、失准和安置质量低下造成的，其责任不在移民，也不在当地政府，无论是重新安置还是投资改善生活及生产条件，都应当由江河大型水库建设业主承担。

部分农村移民远迁外省安置，由于自然条件、社会环境、生活及生产方式、语言等与故乡差异较大，对其适应有一个过程，但只要安置质量较好，不适应的问题可以逐步解决。为使移民尽快适应新的环境，最有效的办法是安置地政府组织当地村民对移民进行帮扶，帮助移民解决生活、生产上的实际困难。只要有当地政府的关心和群众的帮助，移民就能较快融入当地社会。对于在安置之后遭遇天灾、疾病或其他意外事故而使生活、生产、就业陷入困境的移民,则应由安置地政府通过救助、社保等方式加以解决。这类移民安置遗留问题不是由安置质量引起,江河大型水库建设业主不应承担相关责任。

部分农村移民在迁往外省、外县安置后,又放弃安置地的房屋、土地,返回原籍所在地区。这些移民返迁的原因可能多种多样,但主要还是安置地生活、生产、发展条件太差,生产经营困难又无力克服,收入低下生活艰难,条件恶劣改变无望,使其采取这一风险极大的行为。由于返迁移民既离开了迁出地又脱离了安置地,既失去房屋又失去了土地,成了既无基本生产资料又无基本生活资料、谁也不管的"流民",只能靠打工、无证经营小买卖等艰难度日。对因安置质量太差造成的返迁移民,有可能改善安置条件的应主要由安置地政府为其改善生活及生产条件,动员其返回安置地,难以改善安置条件的应由水库建设业主对其重新安置。对非安置质量原因返迁的移民,应动员其返回安置地生活、生产与发展。无论哪一类返迁移民,库区政府和水库建设业主都应给予关心和必要的帮助并加强管理,重视解决他们的实际困难,满足他们的合理诉求,教育和引导他们放弃不合理的要求,使他们重新回归正常生活、生产、发展的轨道。

应当指出,中国江河大型水库建设移民数量众多,因安置质量上存在缺陷,造成移民安置遗留问题很多,不仅近期建设的水库移民安置存在遗留问题,而且过去的水库建设移民安置也积存了大量的遗留问题。农村移民占水库移民的90%以上,移民安置的遗留问题又主要反映在农村移民身上,主要是安置地生活及生产条件差、生产经营难以发展、收入低下生活艰难所致。对于新建的江河大型水库,应当强制性提高农村移民的安置标准,保证安置质量,减少安置遗留问题的产生。对于过去累积下来的农村移民安置遗留问题,一方面应由中央政府和水库业主共同出资加强安置区基础设施建设,显著改善生活及生产条件,扶持产业发展,使移民脱贫致富;另一方面对安置在生态环境恶劣、资源极度贫乏、不适合人居的移民重新迁移安置(可与生态移民、扶贫移民工程相结合);再一方面对返迁农村移民能重回安置地的为其创造条件,不能再回安置地的应进行重新安置。对移民安置的遗留问题只有主动解决才能逐步化解,若任其积累就可能酿成严重后果,解决的难度和代价会更大。

5. 应搞好移民后期扶持

江河大型水库建设移民的后期扶持政策,是1990年代初在三峡水库建设中明确提出的,有一个完整的提法是"前期补偿、后期扶持"。其内在含义是移民搬迁不仅可以得到相应补偿而且安置后还可以得到帮助与支持,即使补偿不足后期也能得到弥补。事实证明,前期补偿不足会造成移民安置质量低下、移民生活及生产(就业)困难而安置不稳、一般的扶持也难以解决安置质量低下造成的问题，因此，有必要对他们给予有力的扶持，以改善他们安置后的生活、生产、发展环境，使他们尽快适应新的环境，安居乐业。

水库建设移民的后期扶持，是在移民安置后的一定时期内，对其恢复正常生活及生产（就业）、实现安居乐业、步入有效发展正轨，所给予的资金、物资、技术及政策支持。与搬迁安置主要为移民提供生活、生产、发展条件不同，后期扶持是帮助移民解决生活及生产（就业）中的某些困难，改善生活及生产（就业）条件，扶持其发展生产和增加就业或创业，使其收入增加及生活改善。因此，后期扶持虽在一定程度和范围内可以弥补移民安置的某些不足，但不能替代安置的作用，更不能因有后期扶持而降低安置的质量。移民的后期扶持一方面直接关系到他们的生存与发展，另一方面也关系到移民安置区的经济社会进步，江河大型水库建设业主及政府对此都负有责任，直接针对移民的后期扶持投入应由水库建设业主承担，而针对移民安置区建设的投入则主要应由政府分担。

城镇移民的后期扶持，重点是帮助他们增加就业和开展创业。增加城镇移民就业，一要利用政策诱导和投资支持发展劳动密集型产业，创造更多就业岗位；二要对移民进行专门化的技能培训，增强他们的就业能力并能获取较高的就业收入；三要给吸收移民就业的企业一定的税收优惠，增加移民就业的机会。激励城镇移民创业，首先应在生产经营准入、从业证照办理等方面给予便利，其次应在投资上给予信贷支持（解决担保问题），再次应在税收上给予一定期限的减免。同时，随着城镇发展新增的公共就业岗位、水库建设及运行中的某些就业岗位，也应向城镇移民倾斜。若这些措施能较好落实，加上迁建城镇经济的恢复与发展，城镇移民的就业问题可以逐步解决。

农村移民的后期扶持，重点是在帮助他们渡过安置初期生活及生产（就业）的困难、改善他们在安置地的生活及生产条件，扶持他们发展生产，扩大经营，增加收入。农村移民迁入安置地，生活及生产条件会发生程度不同的变化，也会遇到不少困难，应给予足够的资金、物资，特别是某些生活及生产资料的补贴，使其渡过难关。安置区的交通、通信、能源、农田水利设施是农村移民生活、生产、发展的重要条件，缺乏的应加快投资建设，不完善的应加快建设配套。政府可将这些区域的基础设施建设优先安排，使移民的生活、生产、发展条件尽快改善。农村移民在安置区能否稳定，最终还要看生产经营能否较好的发展、收入能否增加、生活能否改善，扶持其发展生产、扩大经营就成为重要任务。应在资金和技术上扶持农村移民发展高效种植业、养殖业，提高土地产出率、劳动生产率和农业效益。在有条件的安置区，还应扶持农村移民发展高效特色农业、林业、果业、拓展农业发展空间。农村移民只要生产得到有效发展、收入显著增加、生活水平显著提高，稳定就不成问题。

参 考 文 献

Andersson，Thomas 等著、王晶等译:环境与贸易——生态、经济、体制和政策,清华大学出版社1998年版。
Cernea，Michael、郭建平、施国庆:《风险、保障与重建:一种移民安置模型》,载唐全利、施国庆主编:《移民与社会发展国际研讨会论文集》,河海大学出版社2002年版。
长江流域水资源保护局:《保护长江水资源促进流域经济可持续发展》,《决策与咨询》2003年第4期。
长江水利委员会编:《三峡工程经济研究》,湖北科学技术出版社1997年版。
长江水利委员会编:《三峡工程移民研究》,湖北科学技术出版社1997年版。
长江水利委员会编:《三峡工程综合利用与水库调度研究》,湖北科学技术出版社1997年版。
长江水利委员会编:《三峡工程生态环境影响研究》,湖北科学技术出版社1997年版。
陈国强:《三峡库区持续发展论》,《科技导报》1994年第9期。
陈绍军等:《水库移民社会风险预警系统初探》,《水电能源科学》1998年第3期。
陈艳等:《水库移民社会风险评价》,《水利经济》2005年第2期。
重庆市统计局:《重庆统计年鉴》(2005—2010年各卷),中国统计出版社。
戴思锐等:《三峡库区农村移民稳定安置研究》,国务院三峡建委移民研究课题报告,2003年。
戴思锐等:《三峡库区生态环境安全与生态经济系统重建研究与示范》,国家"十五"重大科技攻关专项研究报告,2006年3月。
邓英陶、崔鹤鸣、王小强、杨双:《再造中国》,文汇出版社1999年版。
范晓:《水电工程对地质环境的影响及其灾害隐患》,自然之友网2005年4月29日。
傅秀堂:《论水库移民》,武汉大学出版社2001年版。
高辉清:《中国能源发展战略报告》,《财经界》2005年第12期。
国办发[1994]14号:《国务院办公厅关于开展对三峡工程库区移民工作对口支援的通知》,1994年3月27日。
国三峡委发办字[1995]1号:《国务院三峡工程建设委员会〈关于批准三峡工程水库移民补偿性投资概算总额及切块包干方案〉的通知》,1994年12月29日。
国三峡委发计字[1994]056号:《关于同意实行〈长江三峡工程水库淹没处理及移民安置规划大纲〉的通知》,1994年7月。
国务院三峡工程建设委员会办公室、移民开发局:《长江三峡工程移民专题专家组论证工作纲要》,1986年7月22日。
国务院三峡工程建设委员会办公室、移民开发局:《长江三峡工程初步设计水库淹没实物指标调查大纲》,1986年7月22日。
国峡移发[1995]7号:《国务院三峡工程建设委员会、移民开发局关于颁发〈长江三峡工程库区移民规划管理规定〉的通知》,1995年1月26日。
国峡移发[1995]9号:《国务院三峡工程建设委员会、移民开发局关于颁布〈长江三峡工程水库淹没处理及移民安置规划评估办法〉的通知》,1995年1月26日。
国峡移发[1993]10号:《关于三峡工程库区移民安置规划有关问题的通知》,1993年5月29日。

国峡移发[1993]11号:《关于三峡库区移民工程规划设计有关问题的通知》,1993年5月29日。
湖北省统计局:《湖北统计年鉴》(2005—2010年各卷),中国统计出版社。
姜文来:《水资源价值初探》,《中国水利》1999年第5期。
李锦秀等:《三峡工程对库区水流水质影响预测》,《水利水电技术》2002年第10期。
李力:《对区域分配中的中央与地方关系问题探讨》,《税务与经济》1998年第3期。
刘海波:《利益结构视角下的中央与地方关系》,《北京行政学院学报》2006年第1期。
卢纯主编:《三峡移民管理概论》,中国三峡出版社1999年版。
卢金友:《三峡工程下游河床冲刷对护岸工程的影响》,《人民长江》2002年第8期。
罗守成等:《试论水利水电工程施工期地质灾害》,《环境地质研究》第3辑,地震出版社1995年版。
[美]麦卡利编著、周红云等译:《大坝经济学》,中国发展出版社2001年版。
潘家铮、何璟主编:《中国大坝50年》,中国水利水电出版社2000年版。
全国人民代表大会:《关于兴建长江三峡工程的决议》,1992年4月3日第七届全国人民代表大会第5次会议通过。
沈立人:《正确处理中央与地方的经济关系》,《江苏经济探讨》1996年第3期。
唐继锦、贾华:《中外水库移民比较研究》,广西教育出版社1999年版。
王浩:《中国水问题:现状、趋势与解决途径》,清华大学当代中国研究中心,http://www.thcscc.org/laogong/wh.htm,2005年。
王五洲:《三峡库区移民安置和经济发展》,《武汉大学学报》(哲学社会科学版)1995年第4期。
王显刚主编:《三峡移民工程700问》,中国三峡出版社2008年版。
王显刚、欧会书、陈联德等:《重庆三峡移民志》(第一、第二卷),中国三峡出版社2008年版。
徐彬:《中国未来水资源形势严峻》(专题),《决策与信息》2004年第8期。
徐风:《水资源的经济特性分析》,《中国水利》1999年第5期。
严汉平:《区域协调发展的困境与路径》,《光明日报》2006年5月16日。
杨建荣:《宏观调控下中央与地方的关系调整》,《财政研究》1996年第3期。
张宝欣主编:《开发性移民理论与实践》,中国三峡出版社1999年版。
张坤民:《可持续发展论》,中国环境科学出版社1999年版。
赵纯勇、周端庄主编:《世界江河与大坝》,中国水利水电出版社2000年版。
《中国电力年鉴》编辑委员会:《中国电力年鉴》(2006—2010年各卷),中国电力出版社。
《中国水利年鉴》编纂委员会:《中国水利年鉴》(2006—2010年各卷),中国水利水电出版社。
《中国水力发电年鉴》编纂委员会:《中国水力发电年鉴》(2006—2010年各卷),中国电力出版社。
中华人民共和国国务院:《关于提请审议兴建长江三峡工程的决议案》、《关于提请审议兴建长江三峡工程决议案说明的附件》,1992年3月16日。
中华人民共和国国务院令(第126号):《长江三峡工程建设移民条例》,1993年6月29日国务院第6次常务会议通过,1993年8月19日颁布实施,2001年2月21日废止。
中华人民共和国国务院令(第299号):《长江三峡工程建设移民条例》,2001年2月15日国务院第35次常务会议通过,2001年2月21日颁布,同年3月1日起实施。
中华人民共和国水利部编:《水库移民工作手册》,新华出版社1992年版。
中共中央:《关于三峡水利枢纽和长江流域规划的意见》,1958年3月25日成都会议通过,1958年4月5日中央政治局批准。
周竞红:《走向各民族共同繁荣——民族地区大型水资源开发研究》,中国水利水电出版社2010年版。
朱启贵:《可持续发展评估》,上海财经大学出版社1999年版。